中文版

# SolidWorks 2016
## 完全实战技术手册

吕英波 张莹/主编

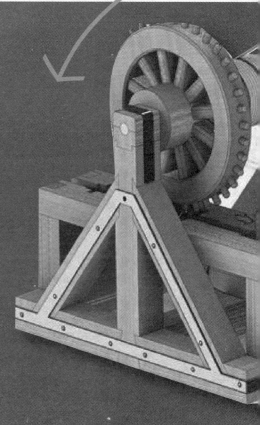

清华大学出版社
北京

## 内 容 简 介

本书从软件的基本应用及行业知识入手,以SolidWorks 2016软件的模块和插件程序的应用为主线,以实例为引导,按照由浅入深、循序渐进的方式,讲解软件的新特性和软件操作方法,使读者能快速掌握SolidWorks的软件应用技巧。

对于SolidWorks软件的基础应用,本书讲解的非常详细。通过实例和方法的有机结合,使本书内容既有操作上的针对性,也有方法上的普遍性。本书图文并茂,讲解深入浅出、易烦就简、贴近工程,把众多专业和软件知识点,有机地融合到每章的具体内容中。本书的体例结构生动而不涩滞,内容编排张驰有度,实例叙述实用而不浮烦,能够开拓读者思路,提高读者阅读兴趣,使其掌握方法,提高对知识综合运用的能力。通过对本书内容的学习、理解和练习,能使读者真正具备SolidWorks设计者的水平和素质。

本书既可以作为高等院校机械CAD、模具设计、产品设计等专业的教材,也可作为对制造行业有浓厚兴趣的读者的自学读物。

本书封面贴有清华大学出版社防伪标签,无标签者不得销售。
版权所有,侵权必究。侵权举报电话:010-62782989 13701121933

**图书在版编目(CIP)数据**

中文版SolidWorks 2016完全实战技术手册 / 吕英波,张莹主编. -- 北京:清华大学出版社,2016
(2018.9重印)
ISBN 978-7-302-39568-3

Ⅰ. ①中… Ⅱ. ①吕…②张… Ⅲ. ①计算机辅助设计-应用软件 Ⅳ. ① TP391.72

中国版本图书馆CIP数据核字(2015)第046563号

责任编辑:陈绿春
封面设计:潘国文
责任校对:徐俊伟
责任印制:杨 艳

出版发行:清华大学出版社
网 址:http://www.tup.com.cn, http://www.wqbook.com
地 址:北京清华大学学研大厦A座  邮 编:100084
社 总 机:010-62770175  邮 购:010-62786544
投稿与读者服务:010-62776969, c-service@tup.tsinghua.edu.cn
质量反馈:010-62772015, zhiliang@tup.tsinghua.edu.cn

印 刷 者:清华大学印刷厂
装 订 者:三河市铭诚印务有限公司
经 销:全国新华书店
开 本:188mm×260mm  印 张:40.75  字 数:1178千字
版 次:2016年2月第1版  印 次:2018年9月第6次印刷
定 价:89.00元

产品编号:061412-01

SolidWorks 三维设计软件是法国达索公司的旗舰产品。自问世以来,以其优异的性能、易用性和创新性,极大地提高了机械工程师的设计效率。在与同类软件的激烈竞争中已经确立了其市场地位,成为三维机械设计软件的标准,其应用范围涉及机械、航空航天、汽车、造船、通用机械、医疗器械和电子等诸多领域。

## 本书内容

本书以 SolidWorks 2016 为基础,详细讲解了 SolidWorks 的基本功能及其插件的应用。

全书分 5 大篇共 27 章,包括基础篇、机械设计篇、产品设计篇、模具设计篇和其他模块设计篇。

- 第 1 篇 基础篇(第 1～9 章):以循序渐进的方法介绍了 SolidWorks 2016 软件的基本概况、常见的基本操作技巧、软件设置与界面设置、参考几何体的创建、草图指令及其应用、文件与数据管理等内容。
- 第 2 篇 机械设计篇(第 10～15 章):主要讲解跟机械零件设计相关的功能指令,包括基本实体特征、高级实体特征、特征编辑与操作、零件装配设计、机械工程图设计及机械设计综合案例等内容。
- 第 3 篇 产品设计篇(第 16～21 章):主要讲解跟产品外观造型相关的功能指令及其应用,包括基本曲面特征、高级曲面特征、曲面编辑与操作、产品检测与分析、产品高级渲染和产品设计综合案例等内容。
- 第 4 篇 模具设计篇(第 22～25 章):主要讲解关于模具设计相关的功能指令及模具设计插件的综合应用,包括模具设计基础、SolidWorks 手动分模、SolidWorks 模具设计案例等内容。
- 第 5 篇 其他模块设计篇(第 26～27 章):SolidWorks 除了上述模块及插件应用外,行业应用十分广泛的还有钣金结构件设计模块和管道与线路设计模块,本篇着重讲解了关于这两个模块的应用。

## 本书特色

本书从软件的基本应用及行业知识入手,以 SolidWorks 2016 软件的模块和插件程序的应用为主线,以实例为引导,按照由浅入深、循序渐进的方式,讲解软件的新特性和软件操作方法,使读者能快速掌握 SolidWorks 的软件设计技巧。

本书的内容也是按照行业应用进行划分的,基本上囊括了现今热门的设计与制造行业,可读性十分强。让不同专业的读者能学习到相同的知识,确实不可多得。

本书以一个指令或相似指令 + 案例的形式进行讲解,讲解生动而不乏味,动静结合、相得益彰。全书多达上百个实战案例,涵盖各行各业,其中不乏有专家点评。

本书既可以作为高等院校机械 CAD、模具设计、钣金设计、电气设计、产品设计等专业的教材,也可作为对制造行业有浓厚兴趣的读者的自学读物。

## 光盘下载

目前图书市场上,计算机图书中夹带随书光盘销售而导致光盘损坏的情况屡屡出现,有鉴于此,本书特将随书光盘制作成网盘文件。

下载百度云网盘文件的方法如下:

(1)下载并安装百度云管家客户端(如果是手机,请下载安卓版或苹果版;如果是电脑,请下载 Windows 版);

（2）新用户请注册一个账号，然后登录百度云网盘客户端；

（3）利用手机扫描本书章前页或者前言的百度云盘二维码，可进入光盘文件外链地址中，将光盘文件转存或者下载到自己的百度云网盘中；

（4）本书配套光盘文件在百度云网盘下载地址：

https://pan.baidu.com/s/1mjXuUlc

（5）扫描下方第一个二维码加入手机微信群：设计之门—教育培训。扫描下方第二个二维码加入：设计之门 - 官方群，有好礼相送。

- 加入微信群或 QQ 群便于读者和作者面对面交流，时时解决学习上的问题；
- 我们会在微信群或 QQ 群中放出大量辅助设计视频课程的降价优惠活动；
- 根据读者的需求，我们会在各大在线学习平台如腾讯课堂、网易云课堂、百度传课等，上传教学视频或在线视频教学。

## 作者信息

本书在编写过程中得到了设计之门数字艺术网校的大力帮助，在此诚表谢意。设计之门数字艺术网校是专门从事 CAD/CAM/CAE 技术的研究、开发、咨询及产品设计与制造服务的机构，并提供专业的 SolidWorks、Pro/ENGINEER、UG、CATIA、Rhino、Alias、3ds Max、Creo 以及 AutoCAD 等软件的培训及技术咨询。

本书由山东建筑大学的吕英波、张莹老师主编，参与本书编写的还有黄成、孙占臣、罗凯、刘金刚、王俊新、董文洋、张学颖、鞠成伟、杨春兰、刘永玉、金大玮、陈旭、黄晓瑜、田婧、王全景、马萌、高长银、戚彬、张庆余、赵光、刘纪宝、王岩、郝庆波、任军、秦琳晶、李勇、李华斌、张阳、彭燕莉、李明新、杨桃、张红霞、李海洋、阮夏颖、林晓娟、李锦、郑伟。

感谢您选择了本书，希望我们的努力对您的工作和学习有所帮助，也希望您把对本书的意见和建议告诉我们。

设计之门微信公众号：设计之门

官方 QQ 群：159814370  368316329

Shejizhimen@163.com  shejizhimen@outlook.com

# 目录 CONTENTS

## 第1篇 基础篇

### 第1章 SolidWorks 2016 概述 … 1

1.1 了解 SolidWorks 2016 … 1
  1.1.1 SolidWorks 的发展历程 … 1
  1.1.2 SolidWorks 的功能概览 … 1

1.2 SolidWorks 设计意图体现 … 5
  1.2.1 零件建模与加工工艺分析 … 5
  1.2.2 在建模过程中体现设计意图 … 7
  1.2.3 装配体约束关系、要求体现设计 … 9

1.3 SolidWorks 2016 的安装 … 10

1.4 SolidWorks 2016 用户界面 … 11
  1.4.1 菜单栏 … 12
  1.4.2 功能区 … 12
  1.4.3 命令选项卡 … 12
  1.4.4 设计树 … 13
  1.4.5 状态栏 … 13
  1.4.6 前导视图工具栏 … 13

1.5 任务窗格 … 14
  1.5.1 SolidWorks 资源 … 14
  1.5.2 设计库 … 14

1.6 SolidWorks 帮助 … 16

1.7 SolidWorks 指导教程 … 17

1.8 课后习题 … 18

### 第2章 踏出 SolidWorks 2016 的第一步 … 19

2.1 环境配置 … 19
  2.1.1 系统选项设置 … 19
  2.1.2 管理功能区 … 20

2.2 SolidWorks 2016 文件管理 … 21
  2.2.1 新建文件 … 22
  2.2.2 打开文件 … 22
  2.2.3 保存文件 … 23
  2.2.4 关闭文件 … 24

2.3 控制模型视图 … 25
  2.3.1 缩放视图 … 25
  2.3.2 定向视图 … 26
  2.3.3 模型显示样式 … 28
  2.3.4 隐藏/显示项目 … 29
  2.3.5 剖视图 … 29

2.4 键盘和鼠标应用技巧 … 31
  2.4.1 键盘和鼠标快捷键 … 31
  2.4.2 鼠标笔势 … 31

2.5 综合实战——管件设计 … 34

2.6 课后习题 … 38

### 第3章 踏出 SolidWorks 2016 的第二步 … 39

3.1 选择对象 … 39
  3.1.1 选中并显示对象 … 39
  3.1.2 对象的选择 … 40

3.2 使用三重轴 ································ 44
   3.2.1 三重轴 ······························ 44
   3.2.2 参考三重轴 ······················ 46

3.3 注释和控标 ································ 48
   3.3.1 注释 ································ 48
   3.3.2 控标 ································ 48

3.4 使用 Instant3D ·························· 50
   3.4.1 使用 Instant3D 编辑特征 ··· 50
   3.4.2 Instant3D 标尺 ················ 52
   3.4.3 活动剖切面 ······················ 52

3.5 综合实战——支座零件设计 ······ 54

3.6 课后习题 ···································· 57

# 第 4 章 踏出 SolidWorks 2016 的第三步 ·············· 59

4.1 参考几何体 ································ 59
   4.1.1 基准面 ······························ 59
   4.1.2 基准轴 ······························ 62
   4.1.3 坐标系 ······························ 63
   4.1.4 创建点 ······························ 64

4.2 录制与执行宏 ···························· 65
   4.2.1 新建宏 ······························ 66
   4.2.2 录制/暂停宏 ···················· 66
   4.2.3 为宏指定快捷键和菜单 ···· 66
   4.2.4 执行宏与编辑宏 ·············· 66

4.3 FeatureWorks ····························· 67
   4.3.1 FeatureWorks 的特点 ········ 67
   4.3.2 关闭和激活 FeatureWorks ··· 68
   4.3.3 FeatureWorks 识别方法与类型 ·························· 69
   4.3.4 FeatureWorks 操作选项 ····· 70
   4.3.5 FeatureWorks 选项设置 ····· 71

4.4 综合实战——台灯设计 ·············· 73
   4.4.1 基座建模 ·························· 73
   4.4.2 连杆建模 ·························· 77
   4.4.3 灯头建模 ·························· 77

4.5 课后习题 ···································· 78

# 第 5 章 草图绘制实体 ············ 80

5.1 SolidWorks 2016 草图环境 ········ 80
   5.1.1 SolidWorks 2016 草图界面 ··· 80
   5.1.2 草图绘制方法 ·················· 81
   5.1.3 草图约束信息 ·················· 81

5.2 草图动态导航 ···························· 82
   5.2.1 动态导航的推理图标 ······ 83
   5.2.2 图标的显示设置 ·············· 83

5.3 草图对象的选择 ························ 84
   5.3.1 选择预览 ·························· 84
   5.3.2 选择多个对象 ·················· 85

5.4 绘制草图基本曲线 ···················· 85
   5.4.1 直线与中心线 ·················· 85
   5.4.2 圆与周边圆 ······················ 88
   5.4.3 圆弧 ································ 90
   5.4.4 椭圆与部分椭圆 ·············· 92
   5.4.5 抛物线与圆锥双曲线 ······ 94

5.5 绘制草图高级曲线 ···················· 95
   5.5.1 矩形 ································ 95
   5.5.2 槽口曲线 ·························· 96
   5.5.3 多边形 ······························ 97
   5.5.4 样条曲线 ·························· 98
   5.5.5 绘制圆角 ·························· 101
   5.5.6 绘制倒角 ·························· 102
   5.5.7 文字 ································ 105

5.6 综合实战 ···································· 106
   5.6.1 实战一：绘制棘轮草图 ···· 106
   5.6.2 实战二：绘制垫片草图 ···· 110

5.7 课后习题 ···································· 112

# 第6章 草图操作工具 — 113

## 6.1 草图实体的操作 — 113
- 6.1.1 剪裁实体 — 113
- 6.1.2 延伸实体 — 115
- 6.1.3 等距实体操作 — 116
- 6.1.4 镜像实体 — 118
- 6.1.5 复制实体 — 119
- 6.1.6 分割实体 — 123
- 6.1.7 线段 — 124

## 6.2 草图实体的阵列 — 125
- 6.2.1 线性草图阵列 — 125
- 6.2.2 圆周草图阵列 — 127

## 6.3 转换实体 — 129
- 6.3.1 转换实体引用 — 129
- 6.3.2 交叉曲线 — 130

## 6.4 修改草图和修复草图 — 130
- 6.4.1 修改草图 — 130
- 6.4.2 修复草图 — 131

## 6.5 综合实战：绘制花形草图 — 131

## 6.6 课后习题 — 133

# 第7章 草图尺寸与几何约束 — 134

## 7.1 草图几何约束 — 134
- 7.1.1 几何约束类型 — 134
- 7.1.2 添加几何关系 — 135
- 7.1.3 显示/删除几何关系 — 136

## 7.2 草图尺寸约束 — 138
- 7.2.1 草图尺寸设置 — 139
- 7.2.2 尺寸约束类型 — 144
- 7.2.3 尺寸修改 — 145

## 7.3 插入尺寸 — 148
- 7.3.1 草图数字输入 — 148
- 7.3.2 添加尺寸 — 149

## 7.4 草图捕捉工具 — 150
- 7.4.1 草图捕捉 — 150
- 7.4.2 快速捕捉 — 151

## 7.5 完全定义草图 — 152

## 7.6 爆炸草图 — 153

## 7.7 综合实战 — 153
- 7.7.1 绘制手柄支架草图 — 153
- 7.7.2 绘制转轮架草图 — 156

## 7.3 课后习题 — 158

# 第8章 3D草图与空间曲线 — 159

## 8.1 认识3D草图 — 159
- 8.1.1 3D空间控标 — 159
- 8.1.2 绘制3D直线 — 160
- 8.1.3 绘制3D点 — 163
- 8.1.4 绘制3D样条曲线 — 163
- 8.1.5 曲面上的样条曲线 — 163
- 8.1.6 3D草图基准平面 — 164
- 8.1.7 编辑3D草图曲线 — 166

## 8.2 曲线工具 — 168
- 8.2.1 通过XYZ点的曲线 — 168
- 8.2.2 通过参考点的曲线 — 169
- 8.2.3 投影曲线 — 170
- 8.2.4 分割线 — 172
- 8.2.5 螺旋线/涡状线 — 176
- 8.2.6 组合曲线 — 177

## 8.3 综合实战 — 178
- 8.3.1 风扇建模 — 178
- 8.3.2 音箱建模 — 183

## 8.4 课后习题 — 189

## 第 9 章 SolidWorks 文件与数据管理 ······ 191

- 9.1 SolidWorks 文件结构与类型 ······ 191
  - 9.1.1 外部参考 ······ 191
  - 9.1.2 SolidWorks 文件信息 ······ 193
  - 9.1.3 SolidWorks 文件类型 ······ 193
- 9.2 版本文件的转换 ······ 193
  - 9.2.1 利用 SolidWorks Task Scheduler 转换 ······ 194
  - 9.2.2 在 SolidWorks 2016 软件窗口中转换 ······ 196
- 9.3 文件的输入与输出 ······ 196
  - 9.3.1 通过 SolidWorks Task Scheduler 输入、输出文件 ······ 196
  - 9.3.2 通过 SolidWorks 2016 窗口输入、输出文件 ······ 197
- 9.4 输入文件与 FeatureWorks 识别特征 ······ 198
  - 9.4.1 FeatureWorks 插件载入 ······ 199
  - 9.4.2 FeatureWorks 选项 ······ 199
  - 9.4.3 识别特征 ······ 200
- 9.5 管理 Toolbox 文件 ······ 202
  - 9.5.1 生成 Toolbox 标准件的方式 ······ 203
  - 9.5.2 Toolbox 标准件的只读选项 ······ 204
- 9.6 SolidWorks eDrawings ······ 205
  - 9.6.1 激活 eDrawings ······ 206

## 第 2 篇 机械设计篇

## 第 10 章 创建基本实体特征 ······ 208

- 10.1 凸台 / 基体 ······ 208
  - 10.1.1 拉伸凸台 / 基体 ······ 208
  - 10.1.2 旋转凸台 / 基体 ······ 213
  - 10.1.3 扫描 ······ 216
  - 10.1.4 放样凸台 / 基体 ······ 222
  - 10.1.5 边界凸台 / 基体 ······ 225
- 10.2 材料切除工具 ······ 226
  - 10.2.1 拉伸切除 ······ 226
  - 10.2.2 异型孔向导 ······ 227
  - 10.2.3 旋转切除 ······ 229
  - 10.2.4 扫描切除 ······ 229
  - 10.2.5 放样切除 ······ 230
  - 10.2.6 边界切除 ······ 231
- 10.3 综合实战 ······ 234
  - 10.3.1 豆浆机上盖设计 ······ 234
  - 10.3.2 豆浆机底座设计 ······ 237
- 10.4 课后习题 ······ 239

## 第 11 章 创建高级实体特征 ······ 241

- 11.1 形变特征 ······ 241
  - 11.1.1 自由形 ······ 241
  - 11.1.2 变形 ······ 244
  - 11.1.3 压凹 ······ 248
  - 11.1.4 弯曲 ······ 250
  - 11.1.5 包覆 ······ 253
  - 11.1.6 圆顶 ······ 254
- 11.2 扣合特征 ······ 257
  - 11.2.1 装配凸台 ······ 257
  - 11.2.2 弹簧扣 ······ 258
  - 11.2.3 弹簧扣凹槽 ······ 259
  - 11.2.4 通风口 ······ 259
  - 11.2.5 唇缘 / 凹槽 ······ 260
- 11.3 综合实战：轮胎轮毂设计 ······ 263
  - 11.3.1 轮毂设计 ······ 263
  - 11.3.2 轮胎设计 ······ 266
- 11.4 课后习题 ······ 268

# 第 12 章 特征编辑与操作 …… 269

- 12.1 常规工程特征 …………………… 269
  - 12.1.1 圆角 …………………………… 269
  - 12.1.2 倒角 …………………………… 270
  - 12.1.3 筋 ……………………………… 272
  - 12.1.4 拔模 …………………………… 273
  - 12.1.5 抽壳 …………………………… 274
- 12.2 特征阵列操作 …………………… 276
  - 12.2.1 线性阵列 ……………………… 276
  - 12.2.2 圆周阵列 ……………………… 278
  - 12.2.3 曲线驱动的阵列 ……………… 279
  - 12.2.4 草图驱动的阵列 ……………… 280
  - 12.2.5 表格驱动的阵列 ……………… 280
  - 12.2.6 填充阵列 ……………………… 281
  - 12.2.7 随形阵列 ……………………… 282
- 12.3 复制与镜像操作 ………………… 282
  - 12.3.1 镜像 …………………………… 282
  - 12.3.2 复制 …………………………… 283
- 12.4 修改实体特征操作 ……………… 285
  - 12.4.1 移动面 ………………………… 285
  - 12.4.2 分割 …………………………… 286
  - 12.4.3 利用 Instan3D 修改实体 …… 287
- 12.5 综合实战 ………………………… 288
  - 12.5.1 工作台零件设计 ……………… 289
  - 12.5.2 创建十字启子 ………………… 290
- 12.6 课后习题 ………………………… 293

# 第 13 章 零件装配设计 …… 294

- 13.1 装配概述 ………………………… 294
  - 13.1.1 计算机辅助装配 ……………… 294
  - 13.1.2 了解 Solidworks 装配术语 … 295
  - 13.1.3 装配环境的进入 ……………… 296
- 13.2 开始装配体 ……………………… 297
  - 13.2.1 插入零部件 …………………… 298
  - 13.2.2 配合 …………………………… 299
- 13.3 控制装配体 ……………………… 302
  - 13.3.1 零部件的阵列 ………………… 302
  - 13.3.2 零部件的镜像 ………………… 303
  - 13.3.3 移动或旋转零部件 …………… 304
- 13.4 布局草图 ………………………… 305
  - 13.4.1 布局草图的功能 ……………… 305
  - 13.4.2 布局草图的建立 ……………… 306
  - 13.4.3 基于布局草图的装配体
    设计 …………………………… 306
- 13.5 装配体检测 ……………………… 307
  - 13.5.1 间隙验证 ……………………… 307
  - 13.5.2 干涉检查 ……………………… 308
  - 13.5.3 孔对齐 ………………………… 308
- 13.6 控制装配体的显示 ……………… 309
  - 13.6.1 显示或隐藏零部件 …………… 309
  - 13.6.2 孤立 …………………………… 310
- 13.7 其他装配体技术 ………………… 310
  - 13.7.1 智能扣件 ……………………… 310
  - 13.7.2 智能零部件 …………………… 311
  - 13.7.3 装配体直观 …………………… 312
- 13.8 大型装配体的简化 ……………… 313
  - 13.8.1 零部件显示状态的切换 ……… 313
  - 13.8.2 零部件压缩状态的切换 ……… 313
  - 13.8.3 SpeedPak …………………… 314
- 13.9 爆炸视图 ………………………… 315
  - 13.9.1 生成或编辑爆炸视图 ………… 315
  - 13.9.2 添加爆炸直线 ………………… 316
- 13.10 综合实战 ………………………… 316
  - 13.10.1 自上而下——脚轮装配
    设计 …………………………… 316
  - 13.10.2 自下而上——台虎钳装配
    设计 …………………………… 320
- 13.11 课后习题 ………………………… 324

# 第 14 章 机械工程图设计 …… 326

## 14.1 工程图概述 …… 326
### 14.1.1 设置工程图选项 …… 326
### 14.1.2 建立工程图文件 …… 327

## 14.2 标准工程视图 …… 329
### 14.2.1 标准三视图 …… 329
### 14.2.2 模型视图 …… 329
### 14.2.3 空白视图 …… 330
### 14.2.4 预定义的视图 …… 331
### 14.2.5 相对视图 …… 332

## 14.3 派生视图 …… 332
### 14.3.1 投影视图 …… 333
### 14.3.2 辅助视图 …… 333
### 14.3.3 局部视图 …… 334
### 14.3.4 剪裁视图 …… 335
### 14.3.5 断开的剖视图 …… 335
### 14.3.6 断裂视图 …… 335
### 14.3.7 剖面视图 …… 336
### 14.3.8 旋转剖视图 …… 337

## 14.4 标注图纸 …… 337
### 14.4.1 尺寸标注 …… 338
### 14.4.2 公差标注 …… 339
### 14.4.3 注解的标注 …… 340
### 14.4.4 材料明细表 …… 341

## 14.5 操作与控制工程图 …… 343
### 14.5.1 对齐视图 …… 343
### 14.5.2 视图的隐藏和显示 …… 344

## 14.6 工程图的打印、输出 …… 344
### 14.6.1 一般工程图的打印、输出 … 344
### 14.6.2 为单独的工程图纸指定设置 …… 346
### 14.6.3 打印多个工程图文件 …… 346

## 14.7 综合实战——阶梯轴工程图 …… 346

## 14.9 课后习题 …… 350

# 第 15 章 SolidWorks 机械设计案例 …… 352

## 15.1 轴套类零件设计 …… 352
### 15.1.1 设计思想 …… 352
### 15.1.2 泵轴零件实例 …… 353

## 15.2 盘盖类零件设计 …… 355
### 15.2.1 设计思想 …… 356
### 15.2.2 阀盖设计实例 …… 356

## 15.3 叉架类零件设计 …… 359
### 15.3.1 设计思想 …… 359
### 15.3.2 叉架设计 …… 359

## 15.4 箱体类零件设计 …… 362
### 15.4.1 设计思想 …… 363
### 15.4.2 箱体设计 …… 363

## 15.5 铰链合页装配设计 …… 367
### 15.5.1 设计思想 …… 368
### 15.5.2 造型与装配步骤 …… 368

## 15.6 阀盖零件工程图设计 …… 370

# 第3篇 产品设计篇

# 第 16 章 基本曲面特征 …… 375

## 16.1 曲面概述 …… 375
### 16.1.1 SolidWorks 曲面定义 …… 375
### 16.1.2 曲面命令介绍 …… 376

## 16.2 常规曲面 …… 376
### 16.2.1 拉伸曲面 …… 376
### 16.2.2 旋转曲面 …… 379
### 16.2.3 扫描曲面 …… 382
### 16.2.4 放样曲面 …… 384
### 16.2.5 边界曲面 …… 391

## 16.3 平面区域 …… 391

16.4 综合实战——玩具飞机造型 …… 392
16.6 课后习题 …………………………… 395

## 第17章 高级曲面特征 ……… 396

17.1.1 填充曲面 ………………… 396
17.1.2 等距曲面 ………………… 399
17.1.3 直纹曲面 ………………… 403
17.1.4 中面 ……………………… 404
17.1.5 延展曲面 ………………… 404
17.2 综合实战——牛仔帽造型设计 … 406
17.3 课后习题 …………………………… 409

## 第18章 曲面编辑与操作 …… 410

18.1 曲面操作 …………………………… 410
18.1.1 替换面 …………………… 410
18.1.2 延伸曲面 ………………… 411
18.1.3 缝合曲面 ………………… 412
18.1.4 剪裁曲面 ………………… 412
18.1.5 解除剪裁曲面 …………… 415
18.1.6 删除面 …………………… 415
18.2 曲面加厚与切除 …………………… 420
18.2.1 加厚 ……………………… 420
18.2.2 加厚切除 ………………… 421
18.2.3 使用曲面切除 …………… 421
18.3 综合实战——灯饰造型 …………… 422
18.5 课后习题 …………………………… 427

## 第19章 产品检测与分析 …… 428

19.1 测量工具 …………………………… 428
19.1.1 设置单位/精度 …………… 428
19.1.2 圆弧/圆测量 ……………… 429
19.1.3 显示XYZ测量 …………… 430
19.1.4 面积与长度测量 ………… 430
19.1.5 零件原点测量 …………… 430

19.1.6 投影测量 ………………… 431
19.2 质量属性与剖面属性 ……………… 431
19.2.1 质量属性 ………………… 431
19.2.2 剖面属性 ………………… 432
19.3 传感器 ……………………………… 433
19.3.1 生成传感器 ……………… 433
19.3.2 传感器通知 ……………… 434
19.3.3 编辑、压缩或删除传感器 … 435
19.4 统计、诊断与检查 ………………… 435
19.4.1 统计 ……………………… 435
19.4.2 检查 ……………………… 436
19.4.3 输入诊断 ………………… 437
19.5 分析 ………………………………… 437
19.5.1 几何体分析 ……………… 437
19.5.2 拔模分析 ………………… 438
19.5.3 厚度分析 ………………… 440
19.5.4 误差分析 ………………… 440
19.5.5 斑马条纹 ………………… 441
19.5.6 曲率分析 ………………… 442
19.5.7 底切分析 ………………… 443
19.5.8 分型线分析 ……………… 443
19.6 综合实战 …………………………… 444
19.6.1 测量模型 ………………… 444
19.6.2 检查与诊断模型 ………… 446
19.6.3 产品分析与修改 ………… 449
19.7 课后习题 …………………………… 451

## 第20章 产品高级渲染 ……… 453

20.1 产品渲染概述 ……………………… 453
20.1.1 认识渲染 ………………… 453
20.1.2 PhotoView 360 概述 ……… 454
20.1.3 启动PhotoView 360 插件 … 454
20.1.4 PhotoView 360 菜单及
工具栏 …………………… 455
20.2 PhotoView 360 渲染功能 ………… 455

| | |
|---|---|
| 20.2.1 渲染步骤 ………………… 455 | 22.2.4 模具设计依据 …………… 506 |
| 20.2.2 应用外观 …………………… 456 | 22.3 产品设计、模具设计与加工 |
| 20.2.3 应用布景 …………………… 459 | 制造 ……………………………… 506 |
| 20.2.4 光源与相机 ………………… 459 | 22.3.1 产品设计阶段 …………… 506 |
| 20.2.5 贴图和贴图库 ……………… 467 | 22.3.2 模具设计阶段 …………… 514 |
| 20.2.6 渲染操作 …………………… 471 | 22.3.3 加工制造阶段 …………… 516 |
| 20.3 综合实战 …………………………… 472 | **第 23 章 SolidWork 手动分模 ·· 522** |
| 20.3.1 渲染钻戒 …………………… 472 | 23.1 SolidWorks 模具工具介绍 ……… 522 |
| 20.3.3 渲染灯泡 …………………… 474 | 23.2 产品分析工具 ……………………… 522 |
| 20.4 课后习题 …………………………… 477 | 23.3 分型线设计工具 …………………… 523 |
| **第 21 章 SolidWorks 产品设计** | 23.4 分型面设计工具 …………………… 524 |
| **案例 …………………… 479** | 23.4.1 用于创建区域面的工具 …… 524 |
| 21.1 电吹风造型设计 …………………… 479 | 23.4.2 用于创建延展面的工具 …… 524 |
| 21.1.1 壳体造型 …………………… 479 | 23.4.3 修补孔的工具 …………… 525 |
| 21.1.2 吹风机附件设计 …………… 484 | 23.5 成型零部件设计工具 ……………… 527 |
| 21.1.3 电源线与插头设计 ………… 487 | 23.5.1 分割型芯和型腔 ………… 528 |
| 21.2 玩具蜘蛛造型设计 ………………… 489 | 23.5.2 拆分成型镶件 …………… 528 |
| 21.3 洗发露瓶造型设计 ………………… 495 | 23.6 综合实战——风扇叶分模 ……… 529 |
| 21.4 工艺花瓶造型设计 ………………… 498 | 23.7 课后习题 …………………………… 534 |
| **第 4 篇 模具设计篇** | **第 24 章 IMOLD V12 注塑模具** |
| **第 22 章 模具设计基础 ………… 500** | **设计 …………………… 535** |
| 22.1 模具设计概述 ……………………… 500 | 24.1 IMOLD V12 SP4 简介 …………… 535 |
| 22.1.1 模具种类 …………………… 500 | 24.1.1 IMOLD 特征设计工具 …… 535 |
| 22.1.2 模具的组成结构 …………… 500 | 24.1.2 IMOLD 设计流程 ………… 536 |
| 22.1.3 模具设计与制造的一般 | 24.1.3 IMOLD V12 工具………… 537 |
| 流程 ……………………………… 502 | 24.1.4 相关 IMOLD 模具设计 |
| 22.2 模具设计常识 ……………………… 503 | 术语 …………………………… 537 |
| 22.2.1 产品设计注意事项 ………… 504 | 24.2 IMOLD 数据准备过程 …………… 538 |
| 22.2.2 分型面设计主要事项 ……… 504 | 24.2.1 输入模型 ………………… 538 |
| 22.2.3 模具设计注意事项 ………… 505 | 24.2.2 数据准备 ………………… 539 |
| | 24.2.3 拔模分析 ………………… 540 |

24.3 IMOLD 项目管理 ⋯⋯⋯⋯⋯⋯ 541
24.4 IMOLD 型芯/型腔设计 ⋯⋯⋯⋯ 543
 24.4.1 分型线设计 ⋯⋯⋯⋯⋯⋯ 543
 24.4.2 分型面设计 ⋯⋯⋯⋯⋯⋯ 544
 24.4.3 侧型芯分型面设计 ⋯⋯⋯ 546
 24.4.4 补面工具 ⋯⋯⋯⋯⋯⋯⋯ 547
 24.4.5 创建型腔/型芯镶块 ⋯⋯ 549
 24.4.6 复制曲面 ⋯⋯⋯⋯⋯⋯⋯ 549
24.5 IMOLD 模腔布局 ⋯⋯⋯⋯⋯⋯ 550
 24.5.1 模腔布局类型与方向 ⋯⋯ 551
 24.5.2 模腔数量 ⋯⋯⋯⋯⋯⋯⋯ 551
24.6 IMOLD 浇注系统设计 ⋯⋯⋯⋯ 551
 24.6.1 浇注系统设计概述 ⋯⋯⋯ 551
 24.6.2 浇口设计 ⋯⋯⋯⋯⋯⋯⋯ 553
 24.6.3 流道设计 ⋯⋯⋯⋯⋯⋯⋯ 554
24.7 IMOLD 模架设计 ⋯⋯⋯⋯⋯⋯ 555
24.8 IMOLD 顶出系统设计 ⋯⋯⋯⋯ 556
 24.8.1 顶杆设计 ⋯⋯⋯⋯⋯⋯⋯ 556
 24.8.2 滑块设计 ⋯⋯⋯⋯⋯⋯⋯ 557
 24.8.3 内抽芯（斜顶）设计 ⋯⋯ 558
24.9 IMOLD 冷却系统设计 ⋯⋯⋯⋯ 559
24.10 综合实战：手机壳分模 ⋯⋯⋯ 560
 24.10.1 数据准备和新建项目 ⋯⋯ 560
 24.10.2 分型线与分型面设计 ⋯⋯ 561
 24.10.3 补孔和沿展面 ⋯⋯⋯⋯ 562
 24.10.4 创建型腔和型芯 ⋯⋯⋯ 564
24.11 课后习题 ⋯⋯⋯⋯⋯⋯⋯⋯⋯ 566

## 第25章 SolidWorks 模具设计案例 ⋯⋯ 567

25.1 产品与模具任务 ⋯⋯⋯⋯⋯⋯ 567
25.2 模具设计准备过程 ⋯⋯⋯⋯⋯ 568
25.3 型芯与型腔设计 ⋯⋯⋯⋯⋯⋯ 569
 25.3.1 分型线、分型面设计 ⋯⋯ 569
 25.3.2 补孔和延展面 ⋯⋯⋯⋯⋯ 571
 25.3.3 创建型腔和型芯镶块 ⋯⋯ 572
25.4 浇注系统设计 ⋯⋯⋯⋯⋯⋯⋯ 574
 25.4.1 创建分流道 ⋯⋯⋯⋯⋯⋯ 574
 25.4.2 创建浇口 ⋯⋯⋯⋯⋯⋯⋯ 574
25.5 模具模架设计 ⋯⋯⋯⋯⋯⋯⋯ 575
25.6 顶出系统设计 ⋯⋯⋯⋯⋯⋯⋯ 576
 25.6.1 顶杆设计 ⋯⋯⋯⋯⋯⋯⋯ 576
 25.6.2 外抽芯（滑块）设计 ⋯⋯ 577
 25.6.3 内抽芯（斜销）设计 ⋯⋯ 578
25.7 加载模具标准件 ⋯⋯⋯⋯⋯⋯ 579

# 第5篇 其他模块设计篇

## 第26章 钣金结构件设计 ⋯⋯⋯ 581

26.1 钣金设计概述 ⋯⋯⋯⋯⋯⋯⋯ 581
 26.1.1 钣金零件分类 ⋯⋯⋯⋯⋯ 581
 26.1.2 钣金加工工艺流程 ⋯⋯⋯ 582
 26.1.3 钣金结构设计注意事项 ⋯⋯ 583
26.2 SolidWorks 2016 钣金设计工具 ⋯ 583
26.3 钣金法兰设计 ⋯⋯⋯⋯⋯⋯⋯ 583
 26.3.1 基体法兰 ⋯⋯⋯⋯⋯⋯⋯ 584
 26.3.2 薄片 ⋯⋯⋯⋯⋯⋯⋯⋯⋯ 587
 26.3.3 边线法兰 ⋯⋯⋯⋯⋯⋯⋯ 588
 26.3.4 斜接法兰 ⋯⋯⋯⋯⋯⋯⋯ 589
26.4 折弯钣金体 ⋯⋯⋯⋯⋯⋯⋯⋯ 591
 26.4.1 绘制的折弯 ⋯⋯⋯⋯⋯⋯ 591
 26.4.2 褶边 ⋯⋯⋯⋯⋯⋯⋯⋯⋯ 592
 26.4.3 转折 ⋯⋯⋯⋯⋯⋯⋯⋯⋯ 593
 26.4.4 展开 ⋯⋯⋯⋯⋯⋯⋯⋯⋯ 595
 26.4.5 折叠 ⋯⋯⋯⋯⋯⋯⋯⋯⋯ 595
 26.4.6 放样折弯 ⋯⋯⋯⋯⋯⋯⋯ 596

26.5 钣金成型工具 ················· 597
　26.5.1 使用成型工具 ············ 597
　26.5.2 编辑成型工具 ············ 598
　26.5.3 创建新成型工具 ········· 599
26.6 编辑钣金特征 ················· 600
　26.6.1 拉伸切除 ·················· 601
　26.6.2 边角剪裁 ·················· 602
　26.6.3 闭合角 ····················· 603
　26.6.4 断开边角 ·················· 604
　26.6.5 将实体零件转换成钣金件 ··· 604
　26.6.6 钣金设计中的镜像特征 ····· 605
26.7 综合实战——ODF 单元箱主体设计 ························· 606
26.8 课后习题 ······················· 608

# 第 27 章　管道与线路设计 ······ 610

27.1 SolidWorks Routing 概述 ········· 610
　27.1.1 Routing 插件的应用 ········· 610
　27.1.2 Routing 选项设置 ············ 611
　27.1.3 Routing 文件命名 ············ 612
　27.1.4 管道、管筒及线路设计术语 ···························· 612
27.2 Routing 零部件设计 ·············· 613
　27.2.1 连接点 ························ 613
　27.2.2 线路点 ························ 616
　27.2.3 设计库零件 ··················· 616
　27.2.4 管道和管筒零件设计 ········ 618
　27.2.5 弯管零件设计 ················ 619
　27.2.6 法兰零件 ····················· 620
　27.2.7 变径管零件 ··················· 620
　27.2.8 其他附件零件 ················ 620
27.3 管道线路设计 ······················ 621
　27.3.1 管道步路选项设置 ··········· 621
　27.3.2 通过拖 / 放来开始 ··········· 622
　27.3.3 手动步路 ····················· 622
　27.3.4 自动步路 ····················· 622
　27.3.5 开始步路 ····················· 623
　27.3.6 编辑线路 ····················· 624
　27.3.7 更改线路直径 ················ 624
　27.3.8 覆盖层 ························ 625
27.4 管筒线路设计 ······················ 628
　27.4.1 创建自由线路的管筒 ········ 628
　27.4.2 创建正交线路的管筒 ········ 629
27.5 综合实战——锅炉管道系统设计 ·························· 630
27.7 课后习题 ··························· 634

第1篇 基础篇

# 第 1 章 SolidWorks 2016 概述

学习本教程，首先要了解入门知识。本章将着重讲述 SolidWorks 2016 软件简介、SolidWorks 2016 的安装、SolidWorks 2016 的界面、系统选项设置、SolidWorks 参考几何体及标注与控标等要点知识。读者可通过入门知识的学习，对 SolidWorks 2016 软件有个初步印象，并为后续的课程打下良好基础。

百度云网盘

360云盘 密码6955

- 了解 SolidWorks 设计意图体现
- 掌握 SolidWorks 的安装方法
- 掌握 SolidWorks 2016 工作界面
- 了解 SolidWorks 资源和设计库
- 查看帮助文档

## 1.1 了解 SolidWorks 2016

SolidWorks 软件是法国达索公司旗下的一款世界上第一个基于 Windows 开发的三维 CAD 系统。下面就 SolidWorks 软件最新版本 SolidWorks 2016 在行业中的应用做简要介绍。

### 1.1.1 SolidWorks 的发展历程

SolidWorks 公司成立于 1993 年，由 PTC 公司的技术副总裁与 CV 公司的副总裁发起，总部位于马萨诸塞州的康克尔郡（Concord，Massachusetts）内，当初所赋予的任务是希望在每一个工程师的桌面上提供一套具有生产力的实体模型设计系统。从 1995 年推出第一套 SolidWorks 三维机械设计软件至今，它已经拥有位于全球的办事处，并经由 300 家经销商在全球 140 个国家和地区进行销售与分销该产品。SolidWorks 软件是世界上第一个基于 Windows 开发的三维 CAD 系统。该系统在 1995—1999 年获得全球微机平台 CAD 系统评比第一名；从 1995 年至今，已经累计获得 17 项国际大奖，其中仅从 1999 年起，美国权威的 CAD 专业杂志 CADENCE 连续 4 年授予 SolidWorks 最佳编辑奖，以表彰 SolidWorks 的创新、活力和简明。至此，SolidWorks 所遵循的易用、稳定和创新三大原则得到了全面的落实和证明，使用它，设计师大大缩短了设计时间，产品快速、高效地投向了市场。

由于 SolidWorks 出色的技术和市场表现，成为 CAD 行业一颗耀眼的明星，终于在 1997 年由法国达索公司将 SolidWorks 全资并购。并购后的 SolidWorks 以原来的品牌和管理技术队伍继续独立运作，成为 CAD 行业一家高素质的专业化公司，SolidWorks 三维机械设计软件也成为达索企业中最具竞争力的 CAD 产品。

### 1.1.2 SolidWorks 的功能概览

SolidWorks 采用了参数化和特征造型技术，能方便地创建任何复杂的实体、快捷地组成装配体、灵活地生成工程图，并可以进行装配体干涉检查、碰撞检查、钣金设计、生成爆炸图；利用 SolidWorks 插件还可以进行管道设计、工程分析、高级渲染、数控加工等。可见，

SolidWorks 不只是一个简单的三维建模工具，而是一套高度集成的 CAD/CAE/CAM 一体化软件，是一个产品级的设计和制造系统，为工程师提供了一个功能强大的模拟工作平台。

对于习惯了操作以绘图为主的二维 CAD 软件的设计师来说，三维 SolidWorks 的功能和特点主要有以下几个方面：

### 1．参数化尺寸驱动

SolidWorks 采用的是参数化尺寸驱动建模技术，即尺寸控制图形。当改变尺寸时，相应的模型、装配体、工程图的形状和尺寸将随之变化，非常有利于新产品在设计阶段的反复修改，如图 1-1 所示。

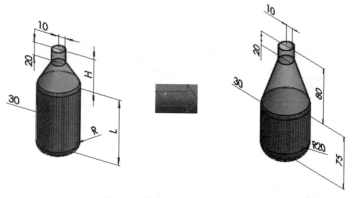

图 1-1　参数化尺寸驱动设计

### 2．三维实体造型

在传统的二维 CAD 设计过程中，设计师要绘制一个复杂的零件工程图，由于不可能一下子记住所有的设计细节，必须经过【三维→二维→三维→二维】这样一个反复不断的过程，时刻都要进行投影关系的校正，这就使得设计师的工作十分枯燥和乏味。

而 SolidWorks 进行设计工作时直接从三维空间开始，设计师可以马上知道自己的操作会导致的零件形状。由于把大量烦琐的投影工作让计算机来完成，设计师可以专注于零件的功能和结构，工作过程轻松了许多，也增加了工作中的趣味性。实体造型模型中包含精确的几何、质量等特性信息，可以方便准确地计算零件或装配体的体积和重量，轻松地进行零件模型之间的干涉检查，如图 1-2 所示。

图 1-2　三维实体造型

### 3．3 个基本模块联动

SolidWorks 具有 3 个功能强大的基本模块，即零件模块、装配体模块和工程图模块，分别用于完成零件设计、装配体设计和工程图设计。虽然这 3 个模块处于不同的工作环境中，但依然保持了二维与三维几何数据的全相关性，如图 1-3 所示。

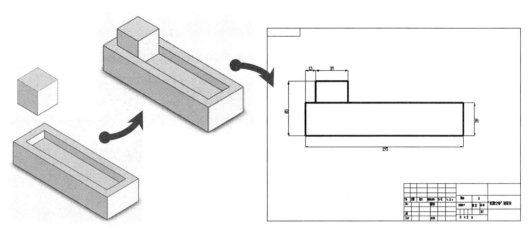

图 1-3　零件模块、装配体模块和工程图模块的联动设计

#### 4．特征管理器（设计树）

设计师完成的二维 CAD 图纸，表现不出线条绘制的顺序、文字标注的先后，不能反映设计师的操作过程。

与之不同的是，SolidWorks 采用了特征管理器（设计树）技术，如图 1-4 所示。可以详细地记录零件、装配体和工程图环境下的每一个操作步骤，非常有利于设计师在设计过程中的修改与编辑。设计树各节点与图形区的操作对象相互联动，为设计师的操作带来了极大方便。

的专业软件公司成为自己的黄金合作伙伴。

SolidWorks 向黄金伙伴开放了自己软件的底层代码，使其所开发的世界顶级的专业化软件与自身无缝集成，为用户提供了高效而又具有特色的 COSMOS 系列插件（如图 1-5 所示）：有限元分析软件 COSMOSWorks、运动与动力学动态仿真软件 COSMOSMotion、流体分析软件 COSMOSFloWorks、动画模拟软件 MotionManager、高级渲染软件 PhotoWorks、数控加工控制软件 CAMWorks 等。

图 1-4　特征管理器

#### 5．源于黄金伙伴的高效插件

SolidWorks 在 CAD 领域的出色表现及在市场销售上的迅猛势头，吸引了世界上许多著名

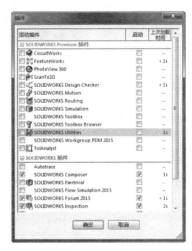

图 1-5　SolidWorks 插件

#### 6．支持国标（GB）的智能化标准件库 Toolbox

Toolbox 是同三维软件 SolidWorks 完全集成的三维标准零件库。

SolidWorks 2009 中的 Toolbox 支持中国国家标准（GB），如图 1-6 所示。Toolbox 包含了机械设计中常用的型材和标准件，如角钢、槽钢、紧固件、联接件、密封件、轴承等。在 Toolbox 中，还有符合国际标准（ISO）的三维零件库，包含了常用的动力件——齿轮，与中国国家标准（GB）一致，调用非常方便。Toolbox 是充分利用了 SolidWorks 的智能零件技术而开发的三维标准零件库，与 SolidWorks 的智能装配技术相配合，可以快捷地进行大量标准件的装配工作，其速度之快，令人瞠目。

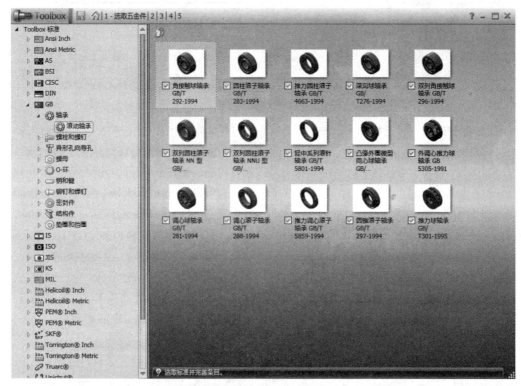

图 1-6  Toolbox 标准件库

有了 Toolbox，你无须再翻阅《机械设计手册》来查找标准件的规格和尺寸，无须进行零件模型设计，无须逐个进行垫片、螺栓、螺母的装配。当用户打开 Toolbox，看到鲜艳的五星红旗标志时，会备感亲切。

### 7．eDrawings——网上设计交流工具

SolidWorks 免费为用户提供了 eDrawings（一个通过电子邮件传递设计信息的工具），如图 1-7 所示。该工具专门用于设计师在网上进行交流，当然也可以用于设计师与客户、业务员、主管领导之间进行沟通，共享设计信息。eDrawings 可以使所传输的文件尽可能地小，极大地提高了在网上的传输速度。eDrawings 可以在网上传输二维工程图形，也可以进行零件、装配体 3D 模型的传输。eDrawings 还允许将零件、装配体文件转存为 .exe 类型。

用户无须安装 SolidWorks 和其他任何 CAD 软件，就可以在网上快速地浏览 eDrawings 的 .exe 文件，随心所意地旋转查看三维零件和装配体模型，轻松地接受设计信息。eDrawings 还提供了在网上进行信息反馈的功能，允许浏览者在图纸上需要更改的位置夸张地圈红批注，并用留言的方式提出自己的建议，发回给设计者进行修改，因而是一个非常有用的设计交流工具。

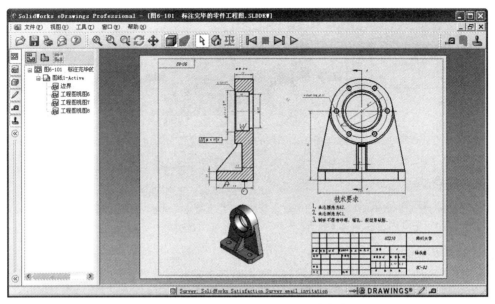

图 1-7 SolidWorks eDrawings 网上设计交流工具

### 8. API 开发工具接口

SolidWorks 为用户提供了自由、开放、功能完整的 API 开发工具接口，用户可以选择 Visual C++、Visual Basic、VBA 等开发程序进行二次开发。通过数据转换接口，可以很容易地将目前市场上几乎所有的机械 CAD 软件集成到现在的设计环境中来。支持的数据标准有：IGES、STEP、SAT、STL、DWG、DXF、VDAFS、VRML、Parasolid 等，可直接与 Pro/E、UG 等软件的文件交换数据。

## 1.2 SolidWorks 设计意图体现

SolidWorks 软件是用户进行产品设计的工具，用户通过该软件在计算机上对产品进行设计构思，模拟零件制造、加工及装配的过程。但是如何体现设计者在制造加工过程中的若干问题，如何正确运用基本操作命令体现设计意图、处理问题，是设计中非常主要的问题。本节通过对典型事例归纳，总结出设计过程中如何体现设计者设计思想和意图的方法。通过这些方法，使设计者更好地将设计思想融入三维设计过程中，更好地运用三维软件解决实际问题。

### 1.2.1 零件建模与加工工艺分析

在三维软件中对零件进行三维建模，实质是对零件加工过程进行模拟，对零件加工的工艺过程进行描述，是在三维软件的环境下进行的虚拟加工。

零件的常用建模方法分析——零件建模的常用方法有：层叠法、旋转法和加工法。下面以过轮轴为例，分别用这 3 种方法进行建模，对比分析它们的优劣。

#### 1. 旋转法

在一幅草图上画出零件多个复杂的外形轮廓，通过旋转命令【一步到位】生成零件。此方法常常用于回转零件的建模，如图 1-8 所示为过轮轴旋转法建模。

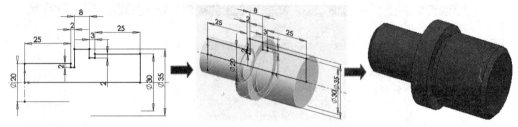

图 1-8　过轮轴的旋转法建模

### 技术要点

从上面可知，该方法只有一个草图和一个旋转命令，建模步骤非常简单。但是如果要对零件进行编辑修改往往比较不方便，常会出现【牵一发而动全身】的关联错误。

### 2．层叠法

单独建立零件的每个特征，用堆积的方式，将各个特征层层堆叠起来，如图 1-9 所示为过轮轴层叠法建模过程。

图 1-9　过轮轴的层叠法建模

### 技术要点

通过上述实例，不难发现该建模方法局部性强，缺乏总体布局，没有毛坯选择，没有总体的特征规划。但此方法适用于大型的焊接件，其建模思想与焊接方法正好吻合。

### 3．加工法

顾名思义，加工法就是模拟零件产品实际加工的过程，首先生成零件的基本特征，也即实际加工的毛坯，然后通过一道道工序逐渐加工，最终生成成品零件。

过轮轴加工法建模如表 1-1 所示。

表 1-1　过轮轴加工法建模

| 建模过程图 | 实际加工方法 |
| --- | --- |
|  | 毛坯的生成（通常采用车削、铸造或者其他方法生成棒料毛坯） |
|  | 夹持工件的一端，在车床上对工件进行圆柱面、砂轮越程槽、端面倒角车削 |
|  | 掉头工件，夹持已加工的圆柱面，对工件的另一端完成圆柱面、砂轮越程槽、端面倒角车削 |

过轮轴工艺分析：在实际加工过程中，首先生成毛坯（通常采用车削、铸造或者其他方法生成棒料毛坯），然后将工件的一端夹持在车床的三爪卡盘上，加工其另一端，完成圆柱面、砂轮越程槽、端面倒角车削。然后掉头工件，夹持已加工的圆柱面，对工件的另一端完成圆柱面、砂轮越程槽、端面倒角车削。在该加工过程中，装夹一次完成多道工序，从而节省装夹时间，提高生产效率。

**技术要点**

加工法最符合零件实际生产过程，它的建模过程符合零件实际加工步骤，也体现了一个专业设计者的设计过程。通过设计过程反映加工工艺过程，使得设计出来的零件能很好地加工出来。

通过上述方法对比，我们不难发现，加工法最符合实际生产过程，它的建模顺序符合实际加工步骤，也符合一个专业设计者的设计过程。因此，在建模之前，我们有必要对产品零件进行特征规划，这样不仅使设计者对后续的建模有个总体把握，而且对于最后的编辑修改也很方便。

事实上，我们对零件的三维建模过程实质是对零件加工过程进行模拟。脱离加工的建模就成了【空中楼阁】，所以建模命令与加工方法的关联、对应，就是建模命令对加工方法的抽象描述，零件建模是建立在它的加工的基础上的，而建立的模型如果无法加工，那么它也失去了实际的生产意义。

零件的加工，首先是从毛坯的选择开始的；而在建模过程中，基本特征的生成，即毛坯的生成，往往被忽视。因此在造型时根据产品的主要结构建立特征草图，通过拉伸、旋转等建立一个合理的【毛坯】是零件建模的第一步。

毛坯建模完成后需进行后续特征规划。在特征规划的过程中，应该考虑以下问题：

- 基本特征反映零件的整体面貌（例如选择圆柱棒料作为毛坯，表明该零件的整体外形为圆形）。
- 每个特征应尽量简单，这便于特征的修改和管理。
- 应明确特征之间的关系和特征的实现方法。

## 1.2.2 在建模过程中体现设计意图

使用 SolidWorks 建立模型的方法多种多样，关键是要正确地表达零件的加工信息，全面地将设计者的思想融入设计建模中。

在 SolidWorks 零件建模中体现设计者设计意图有如下 3 种方法：

- 绘图平面的选择。
- 添加几何关系。
- 尺寸标注。

**1. 绘图平面的选择体现设计意图**

绘图平面的选择能体现设计者的设计思想与意图。建立模型后，需要确定一些重要的尺寸，这些尺寸对零件的安装定位等起决定性作用，而对其余尺寸的要求不高。选择绘图平面不仅有利于将重要尺寸体现出来，而且还能为后续零件模型的编辑修改提供方便。

如图 1-10 所示选择基体的柱体表面作为其上圆柱的草图绘图平面。在加工制造时需要保证圆台上顶面与柱体上顶面尺寸要求。在对尺寸进行修改时，修改下面柱体的高度，圆柱体高度保持不变，零件的总高发生变化。

如图 1-11 所示选择前视基准面，即基体柱体底面作为其上圆柱的草图绘图平面。表现出上面圆柱体上顶面相对于基体柱体下底面高度 180 为重要尺寸，即总高保持不变。在对尺寸进行编辑修改时，修改下面圆柱体的高度，不会影响整个零件的总高。

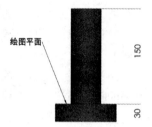 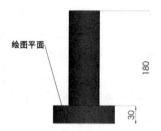

图 1-10　选择柱体上表面为绘图平面　　　　图 1-11　选择前视基准面为绘图平面

通过对图 1-10 和图 1-11 的比较不难发现，选择不同绘图平面能够体现不同的设计意图。因此，在设计过程中，应当根据实际要求选择合适的平面作为草图的绘图平面。

### 技术要点

基准面的选择可以从两个方面体现设计者的意图：一是利于设计者保证重要尺寸，便于后续修改；二是基准面往往代表了设计基准，它同工艺基准、装配基准协调配合体现设计、加工、装配的一致性，利于生产的顺利进行。

#### 2．添加几何关系体现设计意图

通常在草图中确定一些几何关系或辅助的几何元素可以减少尺寸的重复标注，而且还有利于体现设计者的设计思想与意图。

如图 1-12 所示零件几何关系的添加：添加圆心与水平中心线为【重合】的关系；草图绘制【镜像实体】，选中【复制】复选框，选择竖直中心线为【镜像点】。镜像后，两个实体就自动地添加上相等共线的几何关系。

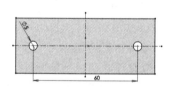 

图 1-12　添加几何关系体现设计意图

### 技术要点

添加几何关系有利于简化零件的尺寸标注，将零件的特征、草绘图元通过几何关系关联，将设计者的思想通过图元几何关系表达出来。如添加草图中多个孔径【相等】的关系后，修改一个圆的直径，便可使跟它具有【相等】关系的孔径相应地变化。

#### 3．尺寸标注体现设计意图

与实体关联时，不同的标注方法体现不同的设计意图。

如图 1-13 所示，对于孔而言，在水平方向上，不同的标注方法体现不同的设计意图。两圆孔圆心均在水平中心线上，表明两孔均上下对称。

- （a）选择左右两端分别对两孔各自进行定位，左、右两端面为通孔的设计和安装基准。
- （b）两孔圆心在中心线上，两孔互为基准。对两孔间的距离要求高，两孔的水平距离 60mm 为重要尺寸。
- （c）左端面为设计基准，左孔相对于设计基准 10mm，右孔相对于左边孔 60mm。
- （d）左端面为设计基准，右孔相对于设计基准 70mm，左孔相对于右孔 10mm。

第 1 章 SolidWorks 2016 概述

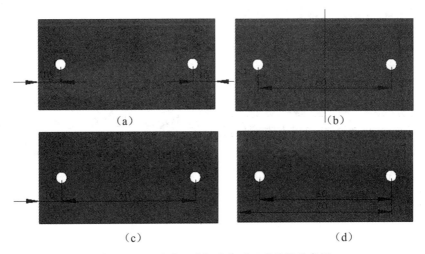

图 1-13 不同的尺寸标注体现不同的设计意图

**技术要点**

尺寸标注是通过图元之间的尺寸位置关系限定其位置和尺寸的。合理的尺寸标注往往能使设计者通过图形和尺寸表达自己的设计目的。

### 1.2.3 装配体约束关系、要求体现设计

在 SolidWorks 下进行装配体的设计，实际上是根据装配实体的形状特点创建实体模型的，并把这些模型按照装配关系进行装配，得到装配体的三维实体模型。装配体的设计过程就是一个模拟实际零件与零件、零件与部件装配的过程。

设计者通过采用合理的装配配合关系，能够体现设计意图，表达设计目的。通常能够采用不同的配合命令达到装配的效果，但是往往却体现出设计者不同的设计意图。

通常在进行配合的时候，选择两个接触平面的配合关系为【重合】，而在实际装配过程中，往往需要对其进行调整，比如在该两配合面之间加垫片、密封环、垫圈，在两个接触面间加入润滑油形成一层油膜等。下面以减速器装配体中轴承端盖与箱体的配合为例进行介绍。

轴承端盖用于轴承外圈紧固、防尘和密封。通常在轴承端盖与箱体之间添加调整垫片，从而调整轴承端盖与轴承外圈的距离，达到装配要求。可见，轴承端盖与箱体之间并不是简单的重合，如图 1-14 所示，选择平行和距离的配合来达到轴承端盖与箱体之间的装配要求。

图 1-14 轴承端盖与箱体的配合

## 1.3 SolidWorks 2016 的安装

SolidWorks 软件产品的安装分单机安装和多个客户端安装，这里仅对单机安装的过程做详细介绍。

**动手操作——安装 SolidWorks 2016**

SolidWorks 2016 的安装可以在有网络或无网络连接的情况下进行。

**1. 安装主程序**

将购买的软件安装光盘放入计算机的光盘驱动器中。

**01** 在安装光盘目录中，双击 setup.exe 图标，进入 SolidWorks 2016 安装管理程序界面。

**02** 保留该界面中各选项的默认设置，接着单击【下一步】按钮，准备进入下一页面，如图 1-15 所示。

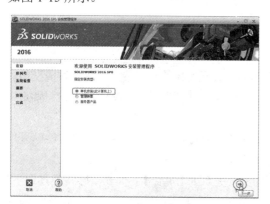

图 1-15　SolidWorks 2016 安装管理程序界面

**03** 随后弹出序列号输入界面。在序列号文本框内依次输入 SolidWorks 产品提供的标准序列号，然后再单击【下一步】按钮。

**技术要点**

若用户在安装前已断开网络，那么系统会弹出安装警示对话框。此时可单击【取消】按钮，直接进入下一安装操作，如图 1-16 所示。

**04** 经过系统查询序列号正确无误后，安装程序再弹出创建管理镜像界面。用户可以根据需要，通过单击界面中的【更改】按钮，更改要安装的产品、是否创建映像、设置安装路径等。选中【我接受 SolidWorks 条款】复选框后，单击【现在安装】按钮，进入 SolidWorks 主程序的安装进程，如图 1-17 所示。

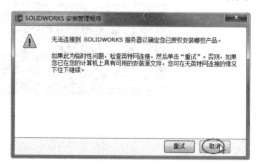

图 1-16　安装警示对话框

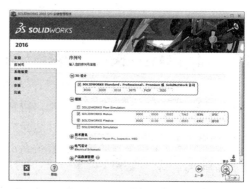

图 1-17　创建映像管理

**05** 经过一定时间的程序安装过程后，再单击安装界面中的【完成】按钮，结束 SolidWorks 主程序安装操作，如图 1-18 所示。

图 1-18　完成安装

第 1 章　SolidWorks 2016 概述

**2．产品激活**

**01** 在 SolidWorks 安装完成后，必须首先激活个人计算机的许可，才能在该计算机上运行 SolidWorks 产品。

**02** 在桌面上双击 SolidWorks 2016 图标，启动 SolidWorks 2016 软件，如图 1-19 所示为启动界面。

**03** 如图 1-20 所示为【SolidWorks 产品激活】对话框，通过该对话框可以手动激活产品，也可以通过互联网进行激活。

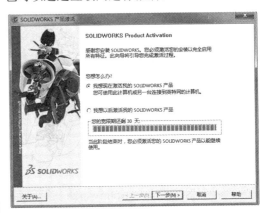

图 1-20　【SolidWorks 产品激活】对话框

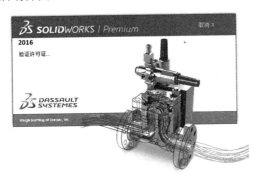

图 1-19　SolidWorks 2016 启动界面

## 1.4　SolidWorks 2016 用户界面

SolidWorks 软件是法国达索公司旗下的一款世界上第一个基于 Windows 开发的三维 CAD 系统。下面就 SolidWorks 软件最新版本 SolidWorks 2016 在机械行业中的应用做简要介绍。

SolidWorks 2016 经过重新设计，极大地利用了空间。虽然功能增加不少，但整体界面并没有多大变化，基本上与 SolidWorks 2014 保持一致，如图 1-21 所示为 SolidWorks 2016 的用户界面。

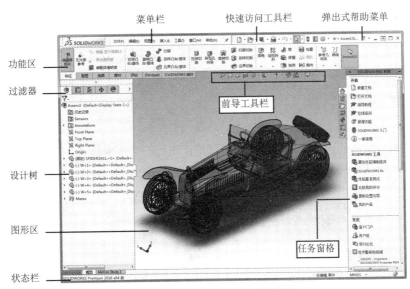

图 1-21　SolidWorks 2016 用户界面

SolidWorks 2016 用户界面中包括菜单栏、功能区、命令选项卡、设计树、过滤器、图形区、状态栏、前导功能区、任务窗格及弹出式帮助菜单等内容，下面分别介绍。

### 1.4.1 菜单栏

菜单栏中几乎包括 SolidWorks 2016 的所有命令，如图 1-22 所示。

图 1-22　菜单栏

菜单栏中的菜单命令，可根据活动的文档类型和工作流程来调用，菜单栏中许多命令也可通过命令选项卡、功能区、快捷菜单和任务窗格进行调用。

### 1.4.2 功能区

功能区对于大部分 SolidWorks 工具及插件产品均可使用。命名的工具选项卡可以帮助用户进行特定的设计任务，如应用曲面或工程图曲线等。由于命令选项卡中的命令显示在功能区中，并占用了功能区大部，其余工具栏默认是关闭的。要显示其余 SolidWorks 工具栏，则可通过执行右键菜单命令，将 SolidWorks 工具栏调出来，如图 1-23 所示。

### 1.4.3 命令选项卡

命令选项卡是一个上下文相关工具选项卡，它可以根据用户要使用的工具栏进行动态更新。在默认情况下，它根据文档类型嵌入相应的工具栏，例如导入的文件是实体模型，【特征】选项卡中将显示用于创建特征的所有命令，如图 1-24 所示。

图 1-23　调出 SolidWorks 工具栏

图 1-24　【特征】选项卡

若用户需要使用其他选项卡中的命令，可单击相应的选项卡按钮，它将更新以显示该功能区。例如，选择【草图】选项卡，草图工具将显示在功能区中，如图 1-25 所示。

图 1-25　【草图】选项卡

**技术要点**

在工具栏执行右键菜单中的【使用带有文本的大按钮】命令,命令选项卡中将不显示工具命令的文本。

### 1.4.4 设计树

SolidWorks 界面窗口左边的设计树提供激活零件、装配体或工程图的大纲视图。用户通过设计树将使观察模型设计状态或装配体如何建造,以及检查工程图中的各个图纸和视图变得更加容易。设计树控制面板包括 FeatureManager(特征管理器)设计树、PropertyManager(属性管理器)、ConfigurationManager(配置管理器)和 DimXpertManager(尺寸管理器)标签,如图 1-26 所示。FeatureManager 设计树如图 1-27 所示。

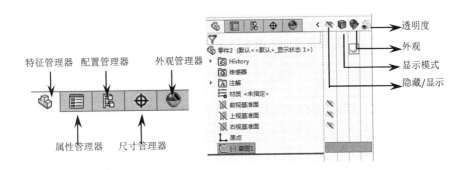

图 1-26 设计树标签　　图 1-27 FeatureManager(特征管理器)设计树

### 1.4.5 状态栏

状态栏是设计人员与计算机进行信息交互的主要窗口之一,很多系统信息都在这里显示,包括操作提示、各种警告信息、出错信息等,所以设计人员在操作过程中要养成随时浏览状态栏的习惯。状态栏如图 1-28 所示。

图 1-28 状态栏

### 1.4.6 前导视图工具栏

图形区是用户设计、编辑及查看模型的操作区域。图形区中的前导视图工具栏为用户提供了模型外观编辑、视图操作工具,它包括【整屏显示全图】、【局部放大视图】、【上一视图】、【剖面视图】、【视图定向】、【显示样式】、【显示/隐藏项目】、【编辑外观】、【应用布景】及【视图设定】等视图工具,如图 1-29 所示。

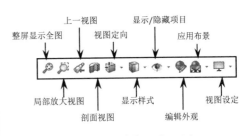

图 1-29 前导视图工具栏

## 1.5 任务窗格

任务窗格向用户提供了当前设计状态下的多重任务工具，通过它可以打开【SolidWorks 论坛】、【SolidWorks 资源】、【设计库】、【文件探索器】、【查看调色板】、【外观/布景】和【自定义属性】等工具面板，如图 1-30 所示。

图 1-30　任务窗格

### 1.5.1 SolidWorks 资源

【SolidWorks 资源】面板的主要内容有命令、链接和信息，其中包括【开始】、【社区】、【在线资源】、【机械设计】、【模具设计】及【消费品设计】等任务，如图 1-31 所示。

用户可以通过【开始】任务中的命令来新建零件模型，并可参考指导教程来完成零件模型的设计。同理，在每个任务中用户皆可参考相关的指导教程来完成各项设计任务。

> **技术要点**
>
> 用户在设计过程中还可在【SolidWorks 资源】面板底部参考【日积月累】提示来操作。单击【下一提示】命令将显示其他提示。

### 1.5.2 设计库

任务窗格中的【设计库】面板提供了可重复使用的元素（如零件、装配体及草图）的中心位置。它不识别不可重用的单元，如 SolidWorks 工程图、文本文件或其他非 SolidWorks 文件，如图 1-32 所示。

用户从【设计库】中调用标准件至图形区以后，根据实际的设计需求还可对该标准件进行编辑。

图 1-31　【SolidWorks 资源】面板

图 1-32　【设计库】面板

## 1．文件探索器

通过【文件探索器】可从 Windows 系统硬盘中打开 SolidWorks 文件。文件可以通过外部环境的应用软件打开，也可以从 SolidWorks 中打开。【文件探索器】面板如图 1-33 所示。

图 1-33 【文件探索器】面板

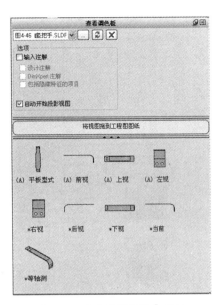

图 1-34 【查看调色板】面板

从 SolidWorks 中打开的文件只能是零件图标的文件。用户还可以通过【文件探索器】直接将零件文件拖动到 SolidWorks 的图形区中。

## 2．查看调色板

查看调色板可快速插入一个或多个预定义的视图到工程图中。它包含所选模型的标准视图、注解视图、剖面视图和平板形式（钣金零件）图像。用户可以将视图拖到工程图纸中以此生成工程视图。【查看调色板】面板如图 1-34 所示。

**技术要点**

仅当创建工程图文件后，才可以使用【查看调色板】面板来查看模型的视图。

## 3．外观/布景

【外观/布景】面板用于设置模型的外观颜色、材质纹理及界面背景，如图 1-35 所示。通过该面板，可以将外观拖动至特征管理器的特征上，或直接拖动至图形区的模型中，以此渲染零件、面、单个特征等元素。

## 4．自定义属性

使用任务窗格中的【自定义属性】面板可以查看并将自定义及配置特定的属性输入到 SolidWorks 文件中。

在装配体中，可以将这些属性同时分配给多个零件。如果选择装配体的某个轻化零部件，还可以在任务窗格中查看该零部件的自定义属性，而不将零部件还原。如果编辑值，则会提示将零部件还原，这样可以保存所做的更改。

初始使用自定义属性时，【自定义属性】面板中没有要定义的属性页面，此时可单击面板中的【现在生成】按钮，打开【属性标签编制程序】窗口，如图 1-36 所示。

**技术要点**

要设置自定义的属性类型，在窗口左侧双击属性类型，然后在【自定义属性】面板中再双击该类型，即可在窗口右侧弹出的文本框中输入要定义的属性文本。

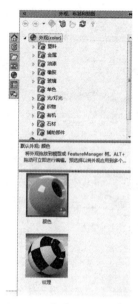

图 1-35 【外观/布景】面板　　图 1-36 【属性标签编制程序】窗口

## 1.6　SolidWorks 帮助

SolidWorks 帮助分为本地帮助文件（.chm）和基于 Internet 的 Web 文档。当用户计算机的 Internet 连接较慢或无法使用时，最好使用本地帮助文件。

在菜单栏执行【帮助】|【SolidWorks 帮助】命令，程序会弹出【SolidWorks】窗口，如图 1-37 所示。

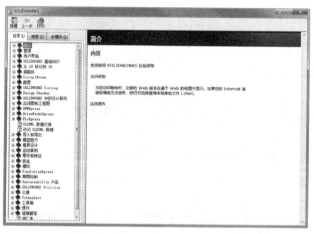

图 1-37　【SOLIDWORKS】窗口

**技术要点**

在菜单栏执行【帮助】|【使用 SOLIDWORKS Web 帮助】命令，可以切换本地帮助与 Internet 连接的 Web 帮助，如图 1-38 所示。

第 1 章　SolidWorks 2016 概述

图 1-38　打开 Web 帮助

## 1.7　SolidWorks 指导教程

SolidWorks 的指导教程包括文件指导教程、机械设计指导教程及模具设计指导教程等。在任务窗格的【SolidWorks 资源】面板中，选择【开始】选项区域的【指导教程】命令，即可打开【SOLIDWORKS 指导教程】窗口，如图 1-39 所示。

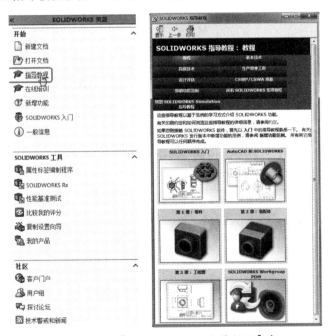

图 1-39　打开【SOLIDWORKS 指导教程】窗口

用户也可以在菜单栏执行【帮助】|【SOLIDWORKS 指导教程】命令，来打开该窗口。【SolidWorks 指导教程】窗口中包括从文件创建开始到所有的 SolidWorks 应用模块的教程。指导教程是以范例的形式向用户介绍 SolidWorks 功能的。

要学习某一教程，可在窗口右侧的教程启动按钮群组中单击该按钮，或者在窗口左侧的目录列表中选择教程目录，随后即可进入教程学习中。

## 1.8 课后习题

填空题

(1) SolidWorks 的发展历程是什么？
(2) SolidWorks 的功能和特点主要包括哪几个方面？
(3) SolidWorks 2016 用户界面中包括有哪些内容？

读书笔记

# 第 2 章 踏出 SolidWorks 2016 的第一步

本章将着重介绍 SolidWorks 2016 的系统选项设置、SolidWorks 文件管理、模型视图的操控及键盘和鼠标的应用等要点知识。读者可通过入门知识的学习，对 SolidWorks 2016 软件有个初识印象，并为后续的课程打下良好基础。

百度云网盘

360云盘 密码6955

- 了解 SolidWorks 环境配置
- 掌握 SolidWorks 文件管理的方法
- 掌握 SolidWorks 2016 控制模型视图的方法
- 了解 SolidWorks 键盘和鼠标的应用方法
- 掌握系统选项的设置方法
- 掌握打开、保存、关闭文件的方法
- 进一步提高工作效率

## 2.1 环境配置

尽管在前面介绍了一些常用的界面及工具命令，但对于 SolidWorks 这个功能十分强大的三维 CAD 软件来说，它所有的功能不可能都一一罗列在界面上供用户调用。这就需要在特定情况下，通过对 SolidWorks 的环境配置选项进行设置，来满足用户设计需求。

### 2.1.1 系统选项设置

使用的零件、装配及工程图模块功能时，可以对软件系统环境进行设置，这包括系统选项设置和文档属性设置。

在菜单栏执行【工具】|【选项】命令，程序弹出【系统选项（S）-普通】对话框，对话框中包含【系统选项】选项卡和【文档属性】选项卡。

【系统选项】选项卡中主要有工程图、颜色、草图、显示/选择等系列选项，用户在左边选项列表框中选择一个选项，该选项名将在对话框顶端显示。

同理，若单击【文档属性】选项卡，对话框顶部将显示【文档属性（D）】名称，横线后面显示的是选项列表框中所选择的设置项目名称，如图 2-1 所示。在【文档属性】选项卡中主要有工程图中图形标注，包括注解、尺寸、表格、单位等选项设置。

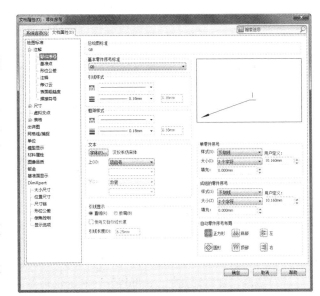

图 2-1 【文档属性（D）】选项卡中

## 2.1.2 管理功能区

SolidWorks 功能区包含所有菜单命令的快捷方式。通过使用功能区，可以大大提高设计效率，用户根据个人的习惯可以自定义功能区。

### 1. 定义功能区

合理利用功能区设置，既可以在操作上方便快捷，又不会使操作界面过于复杂。在菜单栏执行【工具】|【自定义】命令或在功能区右击,在弹出的快捷菜单中选择【自定义】命令，程序会弹出如图 2-2 所示的【自定义】对话框。

在【自定义】对话框中，选择想显示的每个功能区复选框，同时取消选择想隐藏的功能区复选框。当鼠标指针指在工具按钮上时，就会出现对此工具的说明。

如果显示的功能区位置不理想，可以将光标指向功能区上按钮之间的空白位置，然后拖动功能区到想要的位置。如果将功能区拖到 SolidWorks 窗口的边缘，功能区就会自动定位在该边缘。

图 2-2 【自定义】对话框

### 2. 定义命令

在【自定义】对话框的【命令】选项卡下，通过选择左侧的命令类别，右侧将显示该类别的所有按钮。选中要使用的按钮图标，将其拖放到功能区上的新位置，从而实现重新安排功能区上按钮的目的，如图 2-3 所示。

图 2-3 拖放按钮至功能区中

### 3. SolidWorks 插件

为了使操作界面简单化，SolidWorks 的许多插件没有放置于命令选项卡中。在菜单栏执行【工具】|【插件】命令，程序将弹出【插件】对话框，如图 2-4 所示。

该对话框包含两种插件：SolidWorks Premium Add-ins 插件和 SolidWorks 插件。SolidWorks Premium Add-ins 插件添加后将置于菜单栏中；而 SolidWorks 插件添加后则置于命令选项卡中。选中要添加的插件对应的复选框，然后单击【确定】按钮，即可完成插件的添加。

第 2 章　踏出 SolidWorks 2016 的第一步

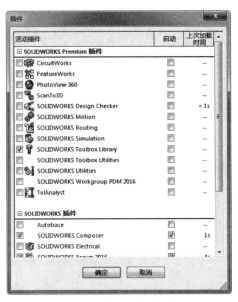

图 2-4　【插件】对话框

## 2.2　SolidWorks 2016 文件管理

管理文件是设计者进入软件建模界面、保存模型文件及关闭模型文件的重要工作。下面介绍 SolidWorks 2016 管理文件的几个重要内容，如新建文件、打开文件、保存文件和退出文件。

启动 SolidWorks 2016，弹出欢迎界面，如图 2-5 所示。欢迎界面中您可以通过在顶部的标准工具栏中单击相应的按钮来管理文件，还可以在界面右侧的【SOLIDWORKS 资源】管理面板来管理文件。

图 2-5　SolidWorks 2016 欢迎界面

## 2.2.1 新建文件

**01** 在 SolidWorks 2016 的欢迎界面中单击标准工具栏中的【新建】按钮，或者在菜单栏执行【文件】|【新建】命令，或者在任务窗格【SOLIDWORKS 资源】面板的【开始】选项区域选择【新建文档】命令，将弹出【新建 SolidWorks 文件】对话框，如图 2-6 所示。

图 2-6 【新建 SolidWorks 文件】对话框

### 技术要点

在 SolidWorks 2016 界面顶部通过单击右三角按钮，便可展开菜单栏，如图 2-7 所示。

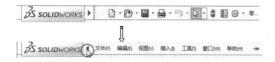

图 2-7 展开菜单栏

**02**【新建 SolidWorks 文件】对话框中包含零件、装配体和工程图模板文件。

**03** 单击【高级】按钮，用户可以在随后弹出的【模板】选项卡和【Tutorial】选项卡中选择 GB 标准或 ISO 标准的模板。

- 【模板】选项卡：在【模板】选项卡中显示的是具有 GB 标准的模板文件，如图 2-8 所示。

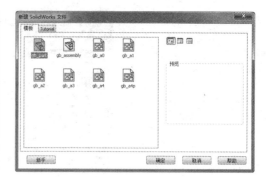

图 2-8 显示 GB 标准模板文件

- 【Tutorial】选项卡：显示具有 ISO 标准的通用模板文件，如图 2-9 所示。

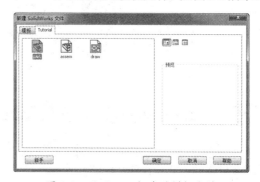

图 2-9 显示 ISO 标准的模板文件

**04** 选择一个模板文件后，单击【确定】按钮即可进入相应的设计环境，例如选择【零件】模板文件，将进入到 SolidWorks 零件设计环境中；选择【装配】模板文件，将创建装配体文件并进入到装配设计环境中；选择【工程图】模板文件将创建工程图文件并进入到工程制图设计环境中。

### 技术要点

除了使用 SolidWorks 提供的标准模板，用户还可以通过系统选项设置来定义模板，并将设置后的模板另存为零件模板（.prtdot）、装配模板（.asmdot）或工程图模板（.drwdot）。

## 2.2.2 打开文件

打开文件的方式有以下几种：

- 直接双击打开 SolidWorks 文件（包括零件文件、装配文件和工程图文件）。
- 在 SolidWorks 工作界面中，在菜单栏执行【文件】|【打开】命令，弹出【打开】对话框。通过该对话框打开 SolidWorks 文件。

## 第 2 章 踏出 SolidWorks 2016 的第一步

- 在标准工具栏中单击【打开】按钮 ，弹出【打开】对话框。在对话框中选中【缩略图】复选框，并找到文件所在的文件夹，通过预览功能选择要打开的文件，然后单击【打开】按钮，即可打开文件，如图 2-10 所示。

图 2-11 【最近文档】面板

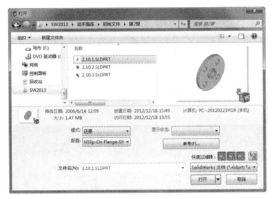

图 2-10 【打开】对话框

**技术要点**

SolidWorks 可以打开属性为【只读】的文件，也可将【只读】文件插入到装配体中并建立几何关系，但不能保存【只读】文件。

若要打开最近查看过的文档，则可在标准工具栏中单击【浏览最近文档】按钮，随后弹出【最近文档】面板，如图 2-11 所示。用户可以从【最近文档】面板中选择最近打开过的文档。用户也可以在菜单栏中的【文件】菜单中直接选择先前打开过的文档。

从 SolidWorks 中，您可以打开其他格式的文件，如 UG、CATIA、Pro/E 及 CREO、RHINO、STL、DWG 等，如图 2-12 所示。

图 2-12 打开其他格式的文件

**技术要点**

SolidWorks 有修复其他格式文件的功能。通常，不同格式的文件，在转换时可能会因公差的不同会产生模型的修复问题，如图 2-13 所示，打开 CATIA 格式的文件后，SolidWorks 将自动修复。

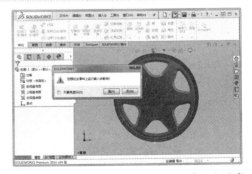

图 2-13 打开 CATIA 格式文件后的诊断与修复

### 2.2.3 保存文件

SolidWorks 提供了 4 种文件保存方法：保存、另存为、全部保存和出版 eDrawings 文件。

- 保存：是将修改的文档保存在当前文件夹中。
- 另存为：方法是将文档作为备份，另存在其他文件夹中。

- 全部保存：是将 SolidWorks 图形区中存在的多个文档修改后全部保存在各自的文件夹中。
- 出版 eDrawings 文件：eDrawings 是 SolidWorks 集成的出版程序，通过该程序可以将文件保存为 .eprt 文件。

初次保存文件，程序会弹出如图 2-14 所示的【另存为】对话框。用户可以更改文件名，也可以沿用默认名称。

图 2-14　【另存为】对话框

### SolidWorks eDrawings 出版程序

SolidWorks eDrawings 应用程序为用户提供生成、观阅及共享 3D 模型和 2D 工程图的强大功能。要使用 eDrawings，必须在安装 SolidWorks 时一并安装。

SolidWorks eDrawings 还可以为其他 2D、3D 软件所用，包括 AutoCAD、Autodesk Inventor Series、CATIA、UG、Pro/E、Solid Edge。但前提是这些软件必须在 eDrawings 安装之前安装。

利用 SolidWorks eDrawings Publishers（CAD 应用程序插件）可以生成 eDrawings 文件，还可以使用 SolidWorks eDrawings 浏览器来观阅 eDrawings 文件，也可以对 eDrawings 文件进行标注（通过标注评述进行查看），如图 2-15 所示。

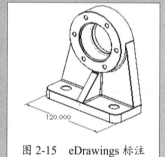

图 2-15　eDrawings 标注

## 2.2.4 关闭文件

要退出（或关闭）单个文件，在 SolidWorks 设计窗口（也称工作区域）的右上方单击【关闭】按钮 即可，如图 2-16 所示。要同时关闭多个文件，可以在菜单栏执行【窗口】|【关闭所有】命令。关闭文件后，最终退回到 SolidWorks 初始界面状态。

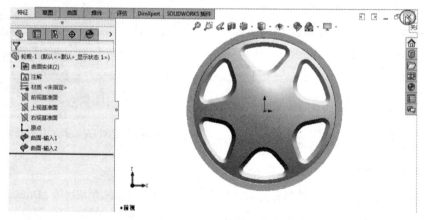

图 2-16　关闭单个文件

**技术要点**

SolidWorks 软件界面右上方的【关闭】按钮 ✖，是控制关闭软件界面的按钮。

## 2.3 控制模型视图

在应用 SolidWorks 建模时，用户可以利用【视图】工具栏或者前导视图工具栏中的各项命令进行视图显示或隐藏的控制和操作，【视图】工具栏如图 2-17 所示。

图 2-17 【视图】工具栏

### 2.3.1 缩放视图

在设计过程中，需要经常改变视角来观察模型，观察模型常用的方法有整屏显示、局部放大或缩小、放大所选范围、旋转、翻转和平移等。

如表 2-1 所示列出了【视图】工具栏中的缩放视图工具的说明及图解。

表 2-1 缩放视图工具的说明及图解

| 图　标 | 说　明 | 图　解 |
|---|---|---|
| 整屏显示全图 | 重新调整模型的大小，将绘图区内的所有模型调整到合适的大小和位置 | |
| 局部放大 | 放大所选的局部范围。在绘图区内确定放大的矩形范围，即可将矩形范围内的模型放大为全屏显示 | |
| 放大或缩小 | 动态放大或缩小绘图区内的模型。在绘图区内按住鼠标左键不放并移动鼠标，向上移动则放大图像，向下移动则缩小图像 | |
| 放大所选范围 | 放大所选模型中的一部分。在绘图区中选择要放大的实体，再单击【放大所选范围】按钮，即可将所选实体放大为全屏显示 | |
| 旋转视图 | 在零件和装配体文档中旋转模型视图 | |

续表

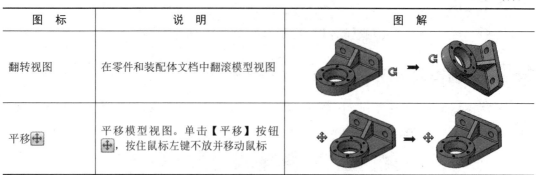

| 图 标 | 说 明 | 图 解 |
| --- | --- | --- |
| 翻转视图 | 在零件和装配体文档中翻滚模型视图 | |
| 平移 | 平移模型视图。单击【平移】按钮，按住鼠标左键不放并移动鼠标 | |

## 2.3.2 定向视图

在设计过程中，通过改变视图的定向可以方便地观察模型。在前导视图工具栏中单击【视图定向】按钮，弹出定向视图下拉菜单，如图 2-18 所示。

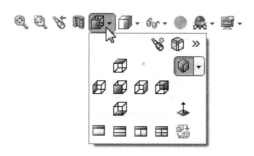

图 2-18 定向视图下拉菜单

如表 2-2 所示列出了定向视图下拉菜单中各视图定向命令的使用方法及说明。

表 2-2 定向视图命令的使用方法及说明

| 图标与说明 | 图 解 | 图标与说明 | 图 解 |
| --- | --- | --- | --- |
| 前视：将零件模型以前视图显示 | | 上视：将零件模型以上视图显示 | |
| 后视：将零件模型以后视图显示 | | 下视：将零件模型以下视图显示 | |
| 左视：将零件模型以左视图显示 | | 等轴测：将零件模型以等轴测视图显示 | |
| 右视：将零件模型以右视图显示 | | 上下二等角轴测：将零件模型以上下二等角轴测视图显示 | |

## 第 2 章 踏出 SolidWorks 2016 的第一步

续表

| 图标与说明 | 图 解 | 图标与说明 | 图 解 |
|---|---|---|---|
| 左右二等角轴测：将零件模型以左右二等角轴测视图显示 | | 正视于：正视于所选的任何面或基准面 | |
| 单一视图：以单一视图窗口显示零件模型 | | 连接视图：连接视窗中的所有视图，以便一起移动和旋转（在单一视图中该功能不能使用） | |
| 二视图－水平：以前视图和上视图显示零件模型 | | 二视图－垂直：以前视图和右视图显示零件模型 | |
| 四视图：以第一和第三角度投影显示零件模型 | | | |

用户还可以利用视图定向的更多选项功能来定义视图方向、更新视图或重设视图。在前导视图工具栏中单击【视图定向】按钮，显示如图 2-19 所示的视图方向面板，再单击面板右侧的展开按钮，展开更多的视图选项。

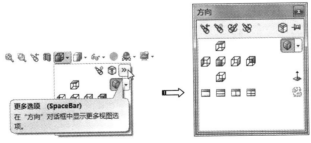

图 2-19 展开更多视图选项

- 上一视图：单击该按钮，返回上一视图状态。

- 新视图：单击该按钮，弹出如图 2-20 所示的【命名视图】对话框，可以将当前的视图方向以新名称保存在【方向】对话框中。

图 2-20 【命名视图】对话框

- 更新标准视图：将当前的视图方向定义为指定的视图。
- 重设视图：将所有标准模型视图恢复为默认设置。
- 视图选择器：显示或隐藏关联内视图选择器，以从各种标准和非标准视图方向进行选择，效果如图 2-21 所示。

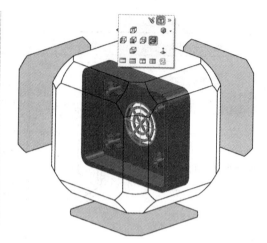

图 2-21 视图选择器

### 技术要点

在任何时候均可以按空格键，通过弹出的【方向】对话框方便、快捷地改变视角来进行操作。

## 2.3.3 模型显示样式

调整模型以线框图或着色图来显示有利于模型分析和设计操作。在前导视图工具栏中单击【显示样式】按钮，弹出视图显示样式下拉菜单，如图 2-22 所示。

图 2-22 视图显示样式下拉菜单

如表 2-3 所示列出了前导视图工具栏中的模型显示样式菜单命令的说明及图解。

表 2-3 模型显示工具的说明及图解

| 图 标 | 说 明 | 图 解 |
| --- | --- | --- |
| 带边线上色 | 对模型零件进行带边线上色 |  |
| 上色 | 对模型零件进行上色 |  |

## 第 2 章 踏出 SolidWorks 2016 的第一步

续表

| 图 标 | 说 明 | 图 解 |
|---|---|---|
| 消除隐藏线 | 模型零件的隐藏线不可见 | |
| 隐藏线可见 | 模型零件的隐藏线以细虚线表示 | |
| 线架图 | 模型零件的所有边线可见 | |
| 上色模式中的阴影 | 在上色模式中的模型零件下面显示阴影 | |

### 2.3.4 隐藏/显示项目

前导视图工具栏中的【隐藏/显示项目】工具，可以用来更改图形区中项目的显示状态。单击【隐藏/显示项目】按钮，则弹出如图 2-23 所示的下拉菜单。

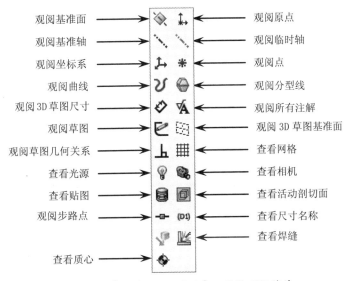

图 2-23 【隐藏/显示项目】工具的下拉菜单

### 2.3.5 剖视图

剖面视图功能以指定的基准面或面切除模型，从而显示模型的内部结构，通常用于观察零件或装配体的内部结构。

在前导视图工具栏中单击【剖面视图】按钮,然后在弹出的属性管理器【剖面视图】面板中选择剖面(或者在弹出式设计树中选择基准面),再单击面板中的【确定】按钮,即可创建模型的剖面视图,如图 2-24 所示。

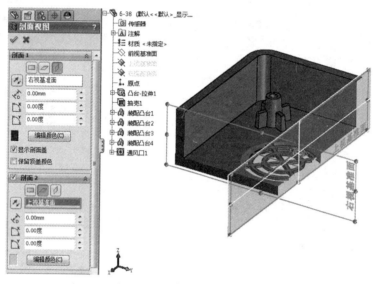

图 2-24　创建模型的剖面视图

在 PropertyManager(属性管理器)中,除了选择 3 个基准面作为剖切面,还可选择用户自定义的平面来剖切模型,还可以为剖切面设置移动距离、翻转角度等。PropertyManager(属性管理器)的【剖面视图】面板中各选项含义如下:

- 剖面 1:创建剖面视图的第一个平面,也可以创建多个剖面视图。
- 参考剖面:可以选择前视、上视和右视基准面,也可以在绘图区中选择平面作为参考剖面。
- 反转截面方向:单击此按钮,反转显示剖面视图,供用户选择。
- 等距距离:剖切面的偏移距离,输入值可平移剖切面。
- X 旋转:输入角度值可使剖切面绕 Z 轴旋转。
- Y 旋转:输入角度值可使剖切面绕 X 轴旋转。
- 编辑颜色:单击此按钮,可以打开【颜色】对话框来编辑剖切面的颜色,如图 2-25 所示。
- 保留顶盖颜色:选中此复选框,以显示颜色剖切面。
- 剖面 2:选中此复选框,可以通过第二个剖面的选项来创建剖切面。创建剖面 2 后,还可以继续创建第三个剖面。

图 2-25　【颜色】对话框

- 保存:单击该按钮,弹出【另存为】对话框。可以保存模型剖切视图和工程图注解视图,如图 2-26 所示。

图 2-26　【另存为】对话框

**技术要点**

利用剖面视图工具只能创建 3 个剖切面。要创建剖面 3，必须先创建剖面 2。

## 2.4 键盘和鼠标应用技巧

鼠标和键盘按键在 SolidWorks 软件中的应用频率非常高，可以用其实现平移、缩放、旋转、绘制几何图素及创建特征等操作。

### 2.4.1 键盘和鼠标快捷键

基于 SolidWorks 系统的特点，建议读者使用三键滚轮鼠标，在设计时可以有效地提高设计效率。如表 2-4 所示列出了三键滚轮鼠标的使用方法。

表 2-4　三键滚轮鼠标的使用方法

| 鼠标按键 | 作　用 | 操作说明 |
| --- | --- | --- |
| 左键 | 用于选择命令、单击按钮和绘制几何图元等 | 单击或双击鼠标左键，可执行不同的操作 |
| 中键（滚轮） | 放大或缩小视图（相当于 🔍） | 按【Shift+鼠标中键】并上下移动光标，可以放大或缩小视图；直接滚动滚轮，也可放大或缩小视图 |
| | 平移（相当于 ✥） | 按【Ctrl+鼠标中键】并移动光标，可将模型按鼠标移动的方向平移 |
| | 旋转（相当于 🔄） | 按住中键不放并移动光标，即可旋转模型 |
| 右键 | 按住鼠标右键不放，可以通过【指南】在零件或装配体模式中设置上视、下视、左视和右视 4 个基本定向视图 |  |
| | 按住鼠标右键不放，可以通过【指南】在工程图模式中设置 8 个工程图指导 |  |

### 2.4.2 鼠标笔势

鼠标笔势作为执行命令的一个快捷键，类似于键盘快捷键。按文件模式的不同，按下鼠标右键并拖动可弹出不同的鼠标笔势。

在零件装配体模式中，当用户利用右键拖动鼠标时，会弹出如图2-27所示的包含4种定向视图的笔势指南。当将鼠标移动至一个方向的命令映射时，指南会高亮显示您即将选取的命令。

图2-27 零件或装配体模式的笔势指南

如图2-28所示为在工程图模式中，按下鼠标右键并拖动时弹出的包含4种工程图命令的笔势指南。

图2-28 工程图模式下的笔势指南

用户还可以为笔势指南添加其余笔势。通过执行【自定义】命令，在【自定义】对话框的【鼠标笔势】选项卡中选择【8笔势】单选按钮即可，如图2-29所示。

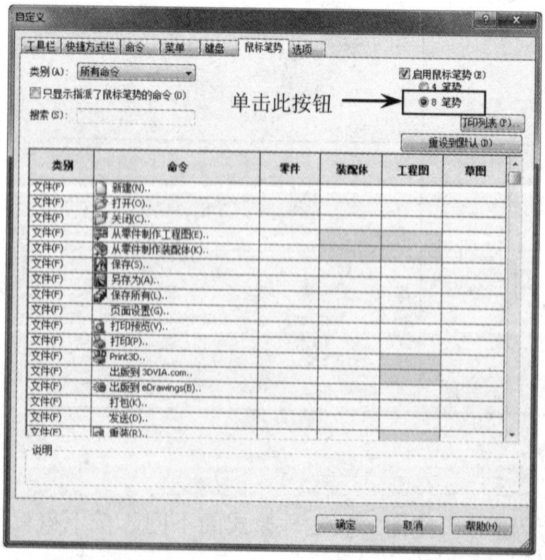

图2-29 设置鼠标笔势

当将默认的4笔势设置为8笔势后，再在零件模式视图或工程图视图中按下鼠标右键并拖动，则会弹出如图2-30所示的8笔势指南。

零件或装配体模式　　　　工程图模式

图2-30 8笔势指南

### 技术要点

如果要取消使用鼠标笔势，在鼠标笔势指南中放开鼠标即可。或者选择一个笔势后，鼠标笔势指南自动消失。

**动手操作——利用鼠标笔势绘制草图**

这里介绍如何利用鼠标笔势的功能来辅助作图。本任务是绘制如图2-31所示的零件草图。

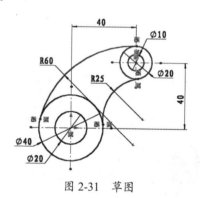

图2-31 草图

**01** 新建零件文件。

**02** 在菜单栏执行【工具】|【自定义】命令，打开【自定义】对话框。在【鼠标笔势】选项卡中设置鼠标笔势为【8笔势】。

**03** 在功能区【草图】选项卡中单击【草图绘制】按钮，选择上视基准平面作为草图平面，并进入到草图模式中，如图2-32所示。

**04** 在图形区单击鼠标右键显示鼠标笔势并滑至【绘制直线】笔势上，如图2-33所示。

第 2 章　踏出 SolidWorks 2016 的第一步

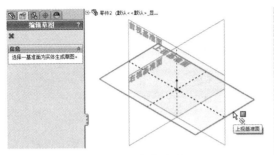

图 2-32　指定草图平面

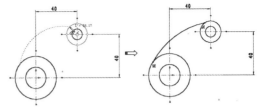

图 2-36　绘制圆弧

图 2-33　运用鼠标笔势

**08** 在【草图】选项卡中选择【添加几何关系】命令，打开【添加几何关系】属性面板。选择圆弧和直径 40 的圆进行几何约束，约束关系为【相切】，如图 2-37 所示。

**05** 然后绘制草图的定位中心线，如图 2-34 所示。

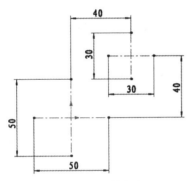

图 2-34　绘制直线

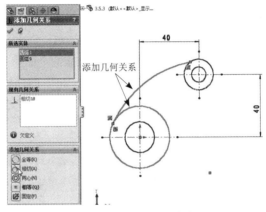

图 2-37　添加几何关系

**09** 同理，为圆弧与直径为 20 的圆也添加【相切】约束。

**10** 运用【智能尺寸】笔势，尺寸约束圆弧，半径取值为 60，如图 2-38 所示。

**06** 单击鼠标右键并滑动至【绘制圆】的笔势上，然后绘制如图 2-35 所示的 4 个圆。

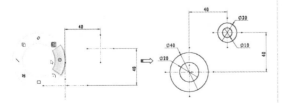

图 2-35　运用【绘制圆】笔势绘制 4 个圆

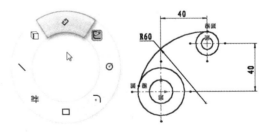

图 2-38　运用鼠标笔势尺寸约束圆弧

**11** 同理，绘制另一圆弧，并且进行几何约束和尺寸约束，如图 2-39 所示。

**12** 至此，运用鼠标笔势完成了草图的绘制。

**07** 单击【草图】选项卡中的【3 点圆弧】按钮，然后在直径 40 的圆上和直径 20 的圆上分别取点，绘制圆弧，如图 2-36 所示。

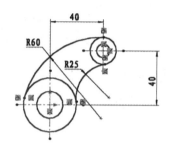

图 2-39　绘制另一圆弧

## 2.5 综合实战——管件设计

◎ **结果文件：**\ 综合实战 \ 结果文件 \Ch02\ 管件 .sldprt

◎ **视频文件：**\ 视频 \Ch02\ 管件 .avi

　　进入 SolidWorks 2016 软件功能的全面学习之前，利用部分草图、实体功能来创建一个机械零件模型。让大家对 SolidWorks 2016 的建模思想有个初步理解。

　　如图 2-40 所示为管件设计的图纸参考与结果。

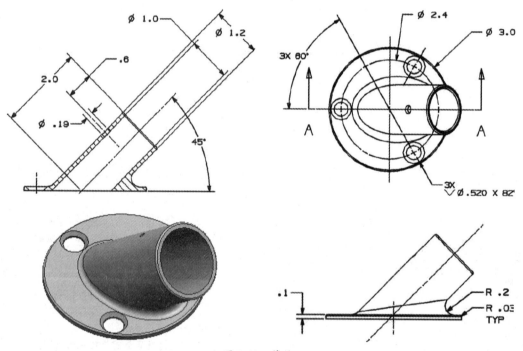

图 2-40　管件

**01** 在标题栏单击【新建】按钮，新建一个零件文件，如图 2-41 所示。

**02** 在功能区的【特征】选项卡中单击【拉伸凸台/基体】按钮，弹出【拉伸】属性面板。然后按提示指定前视基准平面作为草图平面，绘制如图 2-42 所示的草图。

第 2 章　踏出 SolidWorks 2016 的第一步

图 2-41　新建零件文件　　　　图 2-42　绘制草图

**03** 退出草图环境后在【拉伸】面板中设置拉伸深度为 0.1，单击【确定】按钮，完成拉伸特征的创建，如图 2-43 所示。

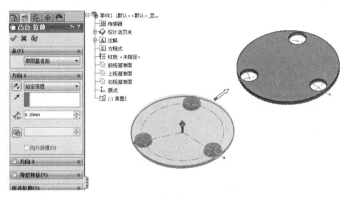

图 2-43　创建拉伸特征

**04** 在【特征】选项卡中单击【旋转凸台/基体】按钮，打开【旋转】属性面板。然后选择上视基准平面作为草图平面，绘制如图 2-44 所示的草图。

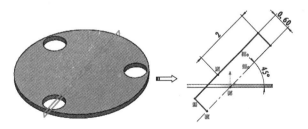

图 2-44　绘制草图

### 技术要点
默认情况下，3 个基准平面是隐藏的，您可以通过特征树选取基准平面。

### 技术要点
旋转截面可以是封闭的，也可以是开放的。当截面为开放状态时（上图显示），如果要创建旋转实体而非旋转曲面，系统会提示您是否将截面封闭，如图 2-45 所示。

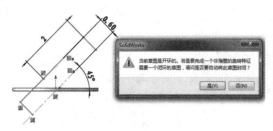

图 2-45　系统提示

**05** 退出草图环境,在【旋转】面板中选择旋转轴和轮廓,如图 2-46 所示。

**06** 最后单击【确定】按钮✔,完成旋转凸台基体的创建。

**07** 单击【抽壳】按钮,在【抽壳 1】属性面板中设置抽壳厚度为 0.1,再选择旋转基体的两个端面作为要移除的面,如图 2-47 所示。

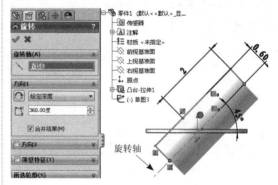

图 2-46　创建旋转凸台基体特征

**08** 再单击属性面板中的【确定】按钮✔完成抽壳。

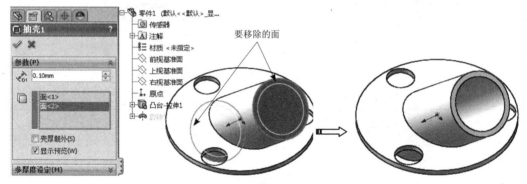

图 2-47　选择要移除的面

**09** 单击【基准面】按钮,打开【基准面】属性面板。选择拉伸凸台的底端面作为参考平面,设置偏移距离为 0,单击【基准面】属性面板中的【确定】按钮完成基准平面的创建,如图 2-48 所示。

**10** 单击【曲面切除】按钮,打开【使用曲面切除】属性面板。选择基准平面对旋转凸台特征进行切除,切除方向向下,单击【确定】按钮完成切除。结果如图 2-49 所示。

选择基准平面　　确定切除方向　　切除结果

图 2-49　切除旋转凸台

**11** 再单击【旋转切除】按钮,在上视基准平面上绘制旋转截面,如图 2-50 所示。

**12** 退出草图后指定旋转轴,再单击【确定】按钮,完成旋转切除特征的创建,如图 2-51 所示。

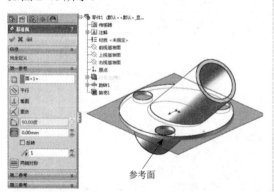

图 2-48　创建基准平面

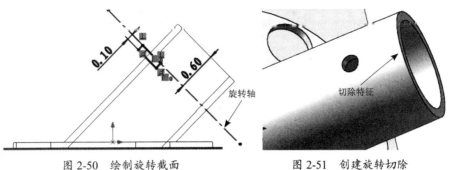

图 2-50 绘制旋转截面　　　　图 2-51 创建旋转切除

**13** 单击【拔模】按钮，打开【拔模】属性面板。选择中性面和拔模面后单击【确定】按钮完成创建，如图 2-52 所示。

**14** 单击【圆角】按钮，打开【圆角】属性面板。选择要倒圆角的边，然后输入 0.03 作为圆角半径，单击【确定】按钮完成圆角的创建，如图 2-53 所示。

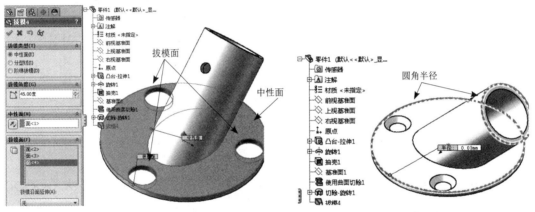

图 2-52 创建拔模面　　　　图 2-53 创建圆角 1

**15** 同理，再选择实体边创建半径为 0.2 的圆角，如图 2-54 所示。

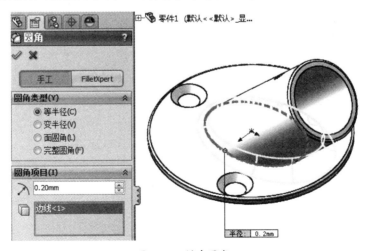

图 2-54 创建圆角 2

**16** 至此，完成了管件的设计。

## 2.6 课后习题

### 1. 渐开线齿轮建模
本练习是利用鼠标笔势功能辅助绘制连接片截面草图,如图 2-55 所示。

### 2. 简单零件建模
本练习是利用草图和拉伸命令设计一个零件,模型如图 2-56 所示。

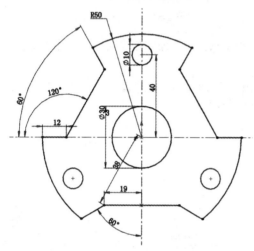

图 2-55 渐开线齿轮实体模型

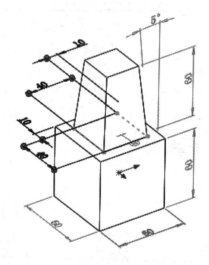

图 2-56 蜗杆实体模型

## 读书笔记

# 第 3 章 踏出 SolidWorks 2016 的第二步

踏出 SolidWorks 2016 的关键性第二步，就是熟悉并熟练掌握 SolidWorks 2016 的基本操作，使其能极大地提高设计效率。SolidWorks 2016 的基本操作包括模型对象的选择方法、使用三重轴、注释和控标的使用及 Instant3D 的使用，等等。

百度云网盘

360云盘 密码6955

- ◆ 掌握对象的选择方法
- ◆ 使用三重轴
- ◆ 注释和控标
- ◆ 使用 Instant3D

## 3.1 选择对象

在默认情况下，退出命令后 SolidWorks 中的箭头光标始终处于激活状态。激活选择模式时，可使用鼠标在图形区域或在 FeatureManager（特征管理器）设计树中选择图形元素。

### 3.1.1 选中并显示对象

图形区域中的模型或单个特征在用户进行选取时或者将鼠标指针移到特征上面时动态高亮显示。

> **技术要点**
> 用户可以通过在菜单栏执行【工具】|【选项】命令，在弹出的【系统选项】对话框中选择【颜色】选项卡来设置高亮显示的颜色。

#### 1. 动态高亮显示对象

将鼠标指针动态移动到某个边线或面上时，边线则以粗实线高亮显示，面的边线以细实线高亮显示，如图 3-1 所示。

面的边线以细实线高亮显示

边线作为粗实线高亮显示

面的边线以单色线高亮显示

图 3-1 动态高亮显示面 / 边线

在工程图设计模式中，边线以细实线动态高亮显示，如图 3-2 所示。而面的边线则以细虚线动态高亮显示。

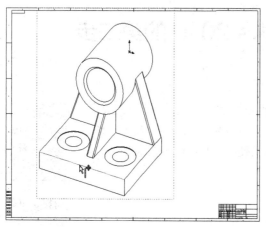

图 3-2　工程图模式中边线的显示状态

**2．高亮显示提示**

当鼠标指针接近端点、中点及顶点之类的几何约束时会高亮显示，选择这些几何约束后会更改颜色，如图 3-3 所示。

接近时中点以黑色高亮显示　选择时鼠标指针识别出中点以橙色显示

图 3-3　几何约束的高亮显示提示

### 3.1.2　对象的选择

随着对 SolidWorks 环境的熟悉，如何高效率地选择模型对象，将有助于您快速设计。SolidWorks 提供了多种选择对象的方法，下面进行详解。

**1．框选择**

框选择是将指针从左到右拖动，完全位于矩形框内的独立项目被选择，如图 3-4 所示。在默认情况下，框选类型只能选择零件模式下的边线、装配体模式下的零部件及工程图模式下的草图实体、尺寸和注解等。

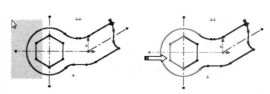

图 3-5　交叉选择对象

> **技术要点**
> 当选择工程图中的边线和面时，隐藏的边线和面不被选择。若想选择多个实体，在选择第一个实体后再进行选择时按住【Ctrl】键即可。

**3．逆转选择（反转选择）**

在某些情况下，当一个对象内部包含许多元素且需选择其中大部分元素时，逐一选择会耽误不少操作时间，这时就需要使用逆转选择方法。

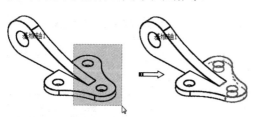

图 3-4　框选择方法

> **技术要点**
> 框选择方法仅仅选取框内独立的特征——如点、线及面。非独立的特征不包括在内。

**2．交叉选择**

交叉选择是将指针从右到左拖动，除了矩形框内的对象外，穿越框边界的对象也会被选定，如图 3-5 所示。

**01** 先选择少数不需要的元素。

**02** 然后在选择过滤器工具栏中单击【逆转选择】按钮。

**03** 随后即可将需要选择的多数元素选中，如图 3-6 所示。

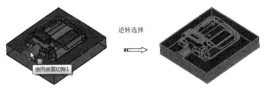

图 3-6 逆转选择方法

### 4．选择环

使用选择环方法可在零件上选择一相连边线环组，隐藏的边线在所有视图模式中都将被选择，如图 3-7 所示，在一实体边上右击，选择【选择环】命令，与之相切或相邻的实体边则被自动选取。

图 3-7 使用【选择环】命令选择实体边

**技术要点**

在模型中选择一条边线，此边线可能涉及几个环的共用。因此需要单击控标以更改环选择，如图 3-8 所示，单击控标来改变环的高亮选取。

图 3-8 更改环选取

### 5．选择链

选择链方法与选择环方法近似，所不同的是选择链仅针对草图曲线，如图 3-9 所示。而选择环方法仅在模型实体中适用。

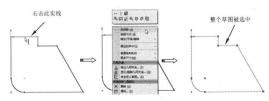

图 3-9 选择链的方法

**技术要点**

在零件设计模式下使用曲线工具创建的曲线，是不能以选择环与选择链方法来进行选择的。

### 6．选择其他

当模型中要进行选择的对象元素被遮挡或隐藏后，可利用【选择其他】方法进行选择。在零件或装配体中，在图形区域右击模型，然后选择【选择其他】命令，随后弹出【选择其他】对话框，在该对话框中列出了模型中指针欲选范围的项目，同时鼠标指针由形状也变成了形状（仅当指针在【选择其他】对话框外才显示），如图 3-10 所示。

图 3-10 利用【选择其他】命令选择对象

### 7．选择相切

利用选择相切方法，可选择一组相切曲线、边线或面，然后将诸如圆角或倒角之类的特征应用于所选项目，隐藏的边线在所有视图模式中都被选择。

在具有相切连续面的实体中，右击边、曲线或面时，在弹出的右键菜单中选择【选择相切】命令，程序自动将与其相切的边、曲线或面全部选中，如图 3-11 所示。

图 3-11 利用【选择相切】命令选择对象

### 8．通过透明度选择

与前面的【选择其他】方法原理相通，通过透明度选择方法也是在无法直接选择对象的情况下进行的。透明度选择方法是透过透明物体选择非透明对象，这包括装配体中通过透明零部件的不透明零部件，以及零件中通过透明面的内部面、边线及顶点等。

如图 3-12 所示，当要选择长方体内的球体时，直接选择是无法完成的，这时就可以右击遮蔽球体的长方体面，并选择右键菜单中的【更改透明度】命令，在修改了遮蔽面的透明度后，就能顺利地选择球体了。

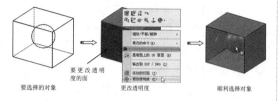

图 3-12 利用【更改透明度】命令选择对象

### 技术要点

为便于选择，透明度为 10% 以上为透明。具有 10% 以下透明度的实体被视为不透明。

#### 9. 强劲选择

强劲选择方法是通过预先设定的选择类型来强制选择对象的。在菜单栏执行【工具】|【强劲选择】命令，或者在 SolidWorks 界面顶部的标准工具栏中单击【强劲选择】按钮，程序将在右侧的任务窗格中显示【强劲选择】面板，如图 3-13 所示。

在【强劲选择】面板的【选择什么】选项组中选中要选择的实体选项对应的复选框，再通过【过滤器与参数】列表框中的过滤选项，过滤出符合条件的对象。当单击【搜寻】按钮后，程序会将自动搜索出的对象列于下面的【结果】选项组中，且【搜寻】按钮变成【新搜索】按钮。如要重新搜索对象，再单击【新搜索】按钮，重新选择实体类型。

例如，在选中【边线】和【边线凸形】复选框后，单击【搜寻】按钮，在图形区高亮显示所有符合条件的对象，如图 3-14 所示。

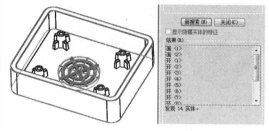

图 3-14 强劲选择对象

### 技术要点

要使用【强劲选择】方法来选择对象，必须在【强劲选择】面板的【选择什么】选项组和【过滤器与参数】列表框中至少选中一个复选框，否则程序会弹出信息提示对话框，提示【请选择至少一个过滤器或实体选项】。

**动手操作——高效率选择对象并进行特征设计**

本例要设计箱体类零件——阀体，如图 3-15 所示。

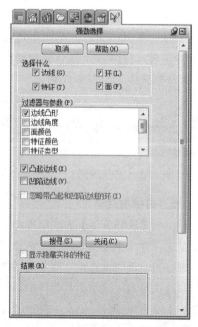

图 3-13 【强劲选择】面板

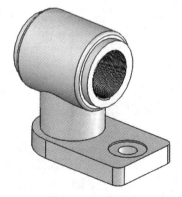

图 3-15 阀体零件

操作步骤:

**01** 新建零件文件,进入零件模式。

**02** 使用【拉伸凸台/基体】工具,选择上视基准面作为草绘平面,并绘制出阀体底座的截面草图,如图3-16所示。

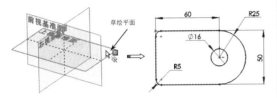

图3-16　绘制阀体底座草图

**03** 退出草图模式后,以默认拉伸方向创建出深度为12的底座特征,如图3-17所示。

图3-17　创建底座

**04** 使用【拉伸凸台/基体】工具,选择底座上表面作为草绘平面,并创建出拉伸深度为56的阀体支承部分特征,如图3-18所示。

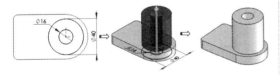

图3-18　创建阀体支承部分

**05** 使用【拉伸凸台/基体】工具,选择右视基准面作为草绘平面,并绘制出草图曲线,如图3-19所示。退出草图模式后在【拉伸】面板中重新选择轮廓,如图3-20所示。

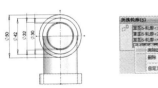

图3-19　绘制草图　　图3-20　重新选择轮廓

**06** 在【拉伸】面板中选择终止条件为【两侧对称】,并设置深度为50,最终创建完成的第一个拉伸特征,如图3-21所示。

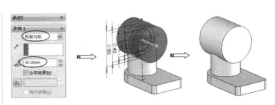

图3-21　创建第一个拉伸特征

**技术要点**

重新选择轮廓后,余下的轮廓将作为后续设计拉伸特征的轮廓。

**07** 在特征管理器设计树中将第一个拉伸特征的草图设为【显示】,图形区域显示草图,如图3-22所示。

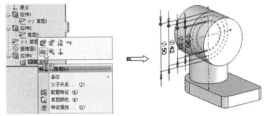

图3-22　显示草图

**08** 使用【拉伸凸台/基体】工具,选择草图中直径为42的圆作为轮廓,然后创建出两侧对称且拉伸深度为60的第二个拉伸特征,如图3-23所示。

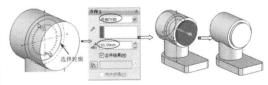

图3-23　创建第二个拉伸特征

**09** 使用【拉伸切除】工具,选择草图中直径为30的圆作为轮廓,然后创建出两侧对称且拉伸深度为60的第一个拉伸切除特征,如图3-24所示。

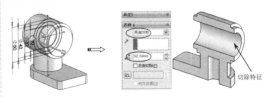

图3-24　创建第一个拉伸切除特征

**10** 使用【拉伸切除】工具，选择草图中直径为 30 的圆作为轮廓，然后创建出两侧对称且拉伸深度为 16 的第二个拉伸切除特征，如图 3-25 所示。

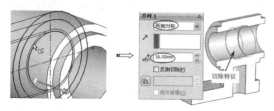

图 3-25　创建第二个拉伸切除特征

**11** 使用【圆角】工具，选择阀体工作部分（前面创建的两个拉伸加特征和两个减特征）的边线，创建出圆角半径为 2 的圆角特征，如图 3-26 所示。

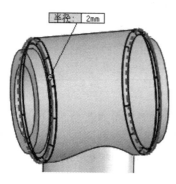

图 3-26　创建圆角特征

**12** 使用【特征】工具栏中的【螺旋线/涡状线】工具，创建出如图 3-27 所示的螺旋线。

### 技术要点

要创建扫描切除特征，必须先绘制扫描轮廓及创建扫描路径。

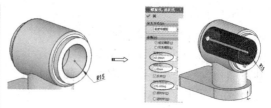

图 3-27　创建螺旋线

**13** 使用【草图】工具，选择前视基准面作为草绘平面，在螺旋线起点绘制如图 3-28 所示的草图。

**14** 使用【扫描切除】工具，选择上步骤绘制的草图作为扫描轮廓，选择螺旋线作为扫描路径，并创建出阀体工作部分的螺纹特征，如图 3-29 所示。

图 3-28　绘制草图　　图 3-29　创建扫描切除特征

**15** 使用【异型孔向导】工具，在阀体底座上创建出如图 3-30 所示的沉头孔。

图 3-30　创建阀体底座的沉头孔

**16** 至此，阀体零件的创建工作已全部完成。最后单击【保存】按钮保存结果。

## 3.2　使用三重轴

在 SolidWorks 中，三重轴便于操纵各个对象，例如 3D 草图、零件、某些特征，以及装配体中的零部件。三重轴可用于模型的控制和属性的修改。

### 3.2.1　三重轴

三重轴包括环、中心球、轴和侧翼等元素。在零件模式下显示的三重轴如图 3-31 所示。

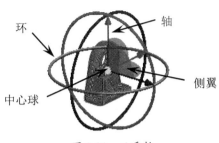

图 3-31 三重轴

- 在装配体中,右击可移动零部件并选择【以三重轴移动】命令。
- 在装配体爆炸图的编辑过程中,选择要移动的零部件。
- 在零件模式下,在属性管理器的【移动/复制实体】面板中单击【平移/旋转】按钮。
- 在 3D 草图中,右击实体并选择【显示草图程序三重轴】命令。

要使用三重轴,必须满足下列条件:

表 3-1 中列出了三重轴的操作方法。

表 3-1 三重轴的操作方法

| 三重轴 | 操作方法 | 图 解 |
|---|---|---|
| 环 | 拖动环可以绕环的轴旋转对象 |  |
| 中心球 | 拖动中心球可以自由移动对象 |  |
| 中心球 | 按【Alt】键并拖动中心球可以自由地拖动三重轴但不移动对象 |  |
| 轴 | 拖动轴可以朝 X、Y 或 Z 方向自由地平移对象 |  |
| 侧翼 | 拖动侧翼可以沿侧翼的基准面拖动对象 |  |

**技术要点**

如果要精确地移动三重轴,可以右击三重环并选择【移动到选择】命令,然后选择一个精确位置即可。

### 3.2.2 参考三重轴

参考三重轴出现在零件和装配体文件中，帮助用户在查看模型时导向。用户也可将之用来更改视图方向。

默认情况下参考三重轴在图形区的左下角。可通过在菜单栏执行【工具】|【选项】命令，在弹出的【系统选项】对话框中选择【显示/选择】项目，然后选中或取消选中【显示参考三重轴】复选框，即可打开或关闭参考三重轴的显示。

表 3-2 中列出了参考三重轴的操作方法。

表 3-2 参考三重轴的操作方法

| 操 作 | 操作结果 | 图　　解 |
| --- | --- | --- |
| 选择一个轴 | 查看相对于屏幕的正视图 | |
| 选择垂直于屏幕的轴 | 将视图方向旋转 90 度 | |
| 按【Shift】键选择轴 | 绕该轴旋转 90 度 | |
| 按【Shift+Ctrl】组合键选择轴 | 反方向绕该轴旋转 90 度 | |

**动手操作——使用三重轴复制特征**

三重轴主要用于 3D 模型的控制和属性的修改。本例将通过一个三重轴的操作演示来达到移动、旋转模型的目的。练习模型如图 3-32 所示。

图 3-32 练习模型

操作步骤：

**01** 打开本例光盘文件【零件 1.prt】。

**02** 在【特征】工具栏中单击【移动/复制实体】按钮，属性管理器显示【移动/复制实体】面板，如图 3-33 所示。

图 3-33 【移动/复制实体】面板

**03** 在图形区域选择要操作的模型实体,如图 3-34 所示。

**04** 选择模型后,模型高亮显示,程序自动将选择的实体添加至面板中的【要移动实体】选项区域的列表中,如图 3-35 所示。

图 3-34 选择实体　　图 3-35 添加选择的实体

**05** 在面板的【选项】选项区域单击【平移/旋转】按钮,图形区域显示三重轴。且三重轴重合于所选实体的质量中心,如图 3-36 所示。

图 3-36 显示三重轴

### 技术要点

你可以将三重轴的中心球拖动到图形区域的任意位置。这样,对模型进行旋转或平移操作后,将根据拖动后的位置作为模型新位置,如图 3-37 所示。若按住【Alt】键拖动中心球,只能自由地拖动三重轴。

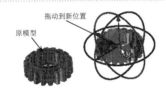

图 3-37 拖动三重轴的中心球

**06** 选中三重轴 Y 方向的环,其余两环将灰显,如图 3-38 所示。

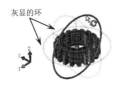

图 3-38 选中要旋转的环

**07** 选中环并按住鼠标不放,拖动指针绕坐标系的 X 轴旋转一定角度,如图 3-39 所示。

图 3-39 拖动指针旋转环

**08** 旋转环后放开鼠标,再次选中环则显示其余环。

**09** 选中坐标系 Y 轴方向的轴(三重轴的轴),然后按住鼠标拖动一定距离,如图 3-40 所示。

图 3-40 拖动指针平移模型

**10** 松开鼠标后,再单击该轴将显示平移后的预览效果,如图 3-41 所示。

图 3-41 显示平移的预览效果

### 技术要点

选择一个三重轴的轴后,用户将只能在该轴上进行正反方向的平移。

**11** 选择三重轴的侧翼(与 YZ 基准平面重合的侧翼),其他侧翼及轴、环都将灰显,如图 3-42 所示。

图 3-42 选择侧翼

12 按住鼠标左键并拖动，模型将随之平移。且只能在YZ基准平面内平移，如图3-43所示。
13 放开鼠标并单击侧翼，显示平移后的预览效果。最后在【移动/复制实体】面板中单击【确定】按钮，完成模型的平移和旋转操作。

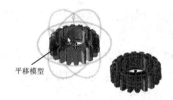

图 3-43　拖动鼠标平移模型

## 3.3　注释和控标

在 SolidWorks 零件模式中，系统向用户提供了用于对象注释和对象操控的工具。这些工具方便用户轻易地认识对象并能快速地修改对象。

### 3.3.1　注释

用户在使用某些工具时，在图形区域会出现装满文字的方框，这个方框就是对象的注释。注释可帮助用户轻易区分不同的对象。

例如在创建扫描特征时，选择轮廓曲线和引导线后，图形区域显示对象注释，如图 3-44 所示。这类注释是不能进行编辑的。

有些注释可以直接进行编辑。在创建圆角特征时，选择要倒圆角的边后，可以在显示的注释中输入半径值，如图 3-45 所示。

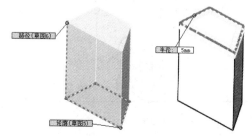

图 3-44　不能编辑的注释　　图 3-45　能编辑的注释

### 3.3.2　控标

控标允许用户在不退出图形区域的情形下，动态单击、移动和设置某些参数。拖动控标跨越拉伸的总长度，控标表达了可以拉伸的方向。

当在创建拉伸特征时，默认情况下只显示一个箭头的控标，但在属性管理器中设置第二个方向后，将会显示两个箭头的控标，如图 3-46 所示。

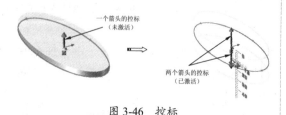

图 3-46　控标

**技术要点**

当用户通过拖动控标创建拉伸特征时，所能创建的单方向的特征厚度最小值为 0.0001，最大厚度为 1000000。

**动手操作——拖动控标创建支座零件**

本例要设计叉架类零件——支座，如图 3-47 所示。

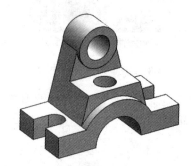

图 3-47　支座零件

操作步骤：

01 新建零件文件，进入零件模式。

**02** 使用【拉伸凸台/基体】工具，选择前视基准面作为草绘平面，并绘制出底座的截面草图，如图3-48所示。

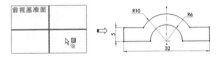

图3-48 选择草绘平面并绘制草图

**03** 通过【凸台-拉伸】面板，指定拉伸深度及拉伸方向。或者拖动控标并查看数值为16，最终创建完成的底座主体如图3-49所示。

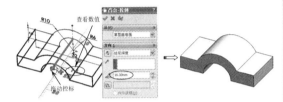

图3-49 创建底座主体

**04** 使用【拉伸切除】工具，以底座表面作为草绘平面，并绘制出如图3-50所示的草图。

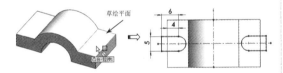

图3-50 选择草绘平面并绘制草图

**05** 完成草图后，拖动控标直至预览实体图像超出前一拉伸特征，在底座主体上创建一个U形缺口，如图3-51所示。

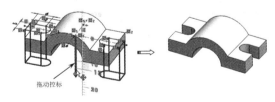

图3-51 创建U形缺口

**06** 同理，使用【拉伸凸台/基体】工具，以前视基准面作为草绘平面，绘制草图后再拖动控标创建出深度为14的凸台特征，如图3-52所示。

**07** 使用【拉伸切除】工具，以凸台表面作为草绘平面，在凸台上创建一个深度为7的方形缺口特征，如图3-53所示。

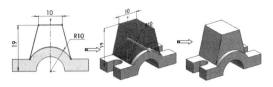

图3-52 创建凸台

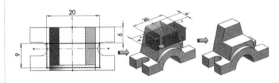

图3-53 创建凸台中的方形缺口特征

**08** 使用【拉伸切除】工具，以前视基准面作为草绘平面，在凸台上创建一个深度为10的圆形缺口特征，如图3-54所示。

图3-54 创建凸台中的圆形缺口特征

**09** 同理，使用【拉伸凸台/基体】工具，以前视基准面作为草绘平面，创建出深度为7的圆环实体特征（轴套），如图3-55所示。

图3-55 创建圆环实体特征

**10** 使用【异型孔向导】工具，在凸台中创建直径为5的直孔，如图3-56所示。

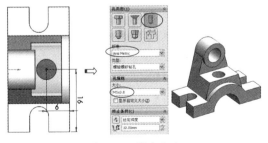

图3-56 创建直孔

**11** 至此，工作台零件的创建工作已全部完成。最后单击【保存】按钮保存结果。

## 3.4 使用 Instant3D

在 SolidWorks 中，用户可以使用 Instant3D 功能来拖动几何体和尺寸操纵杆以生成和修改特征。在草图模式或工程图模式中是不支持使用 Instant3D 功能的。

在【特征】工具栏单击【Instant3D】按钮，即可使用 Instant3D 功能。

使用 Instant3D 功能，可以进行以下操作：

- 在零件模式下拖动几何体和尺寸操纵杆以调整特征大小。
- 对于装配体，您可以编辑装配体内的零部件，也可以编辑装配体层级草图、装配体特征及配合尺寸。
- 使用标尺可以精确地测量并修改。
- 从所选的轮廓或草图生成拉伸或切除凸台。
- 可以使用拖动控标来捕捉几何体。
- 动态切割模型几何体以查看和操纵特征。
- 可以编辑内部草图轮廓。
- 可以使用 Instant3D 功能镜像或阵列几何体。
- Instant3D 可用于对 2D 和 3D 焊件的零件进行操作。

### 3.4.1 使用 Instant3D 编辑特征

可以使用 Instant3D 功能来选择草图轮廓或实体边，并拖动尺寸操纵杆以生成和修改特征。

#### 1. 拖动控标指针生成特征

在特征上选择边线或面，随后显示拖动控标。选择边线与面所显示的控标有所不同。若选择边线，将显示双箭头的控标，表示可以从 4 个方向拖动；若选择面，则会显示一个箭头的控标，这意味着只能从两个方向拖动，如图 3-57 所示。

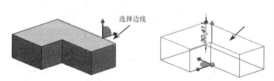

图 3-57 选择不同对象所显示的控标

若是双箭头的控标，可以任意拖动而不受特征厚度的限制，如图 3-58 所示。在拖动过程中，尺寸操纵杆上黄色显示的距离为拖动距离。

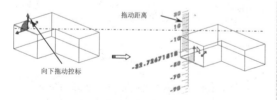

图 3-58 不受厚度限制的拖动控标

若是单箭头的控标，在拖动面时则要受厚度的限制，拖动后生成的新特征不能低于 5mm，如图 3-59 所示。

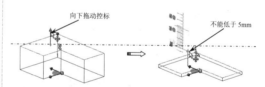

图 3-59 受厚度限制的拖动控标

**技术要点**

当选择的边为竖直方向的边时，拖动控标可创建拔模特征，即绕另一侧的实体边旋转。

#### 2. 拖动草图至现有几何体生成特征

将草图轮廓拖至现有几何体时，草图轮廓拓扑和用户选择轮廓的位置将决定所生成特征的默认类型。表 3-3 中列出了草图曲线与现有几何体的位置关系，以及拖动控标所生成的默认特征类型。

表 3-3 草图曲线与现有几何体的位置关系及生成的默认特征

| 选择原则 | 生成的默认特征 | 图 解 |
| --- | --- | --- |
| 选择全在面上的草图曲线 | 切除拉伸 | |
| 选择在面外的草图曲线 | 凸台拉伸 | |
| 草图曲线一半接触面，选择接触面的区域 | 切除拉伸 | |
| 草图曲线一半接触面，选择不接触面的区域 | 凸台拉伸 | |

### 3．拖动控标创建对称特征

用户可以选择草图轮廓，拖动控标并按住【M】键，可以创建出具有对称性的新特征，如图 3-60 所示。

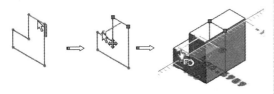

图 3-60　拖动控标创建对称特征

### 4．修改特征

用户可以拖动控标来修改面和边线。使用三重轴中心可以将整个特征拖动或复制（复制特征需按住【Ctrl】键）到其他面上，如图 3-61 所示。

图 3-61　复制特征

在按住【Ctrl】键的同时拖动圆角，可以将其复制到模型的另一个边线上，如图 3-62 所示。

图 3-62　复制圆角

## 技术要点

如果某实体不可拖动，该控标就会变为黑色，或在您尝试拖动实体时出现 ⊘ 图标。此时，特征不受支持或受到限制。

### 3.4.2 Instant3D 标尺

在拖动控标生成或修改特征时，会显示 Instant3D 标尺。使用屏幕上的标尺可精确测量特征的修改。

Instant3D 标尺包括直标尺和角度标尺。一般拖动控标平移将显示直标尺，如图 3-63 所示；在使用三重轴环旋转活动剖面时则显示角度标尺，如图 3-64 所示。

便能够将零部件移至定义的位置，如图 3-65 所示。

当指针远离标尺时，可以自由拖动尺寸，在标尺上移动指针可捕捉到标尺增量，如图 3-66 所示。

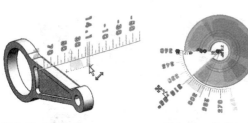

图 3-63　直标尺　　　图 3-64　角度标尺

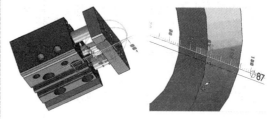

图 3-65　装配体中的标尺　图 3-66　自由拖动尺寸

在装配体中，标尺会以三重轴显示，以

### 3.4.3 活动剖切面

用户可以使用活动剖切面并选择任何基准面或平面动态地生成模型的剖面。使用活动剖切面作为分析工具，可从不同角度研究设计任务。还可以一直显示多个活动剖切面，这些剖切面会自动随模型保存。

在图形区域选择一个基准面或者平面并选择右键菜单中的【活动剖切面】命令，模型中将显示三重轴。利用三重轴的特性，平移或旋转拖动三重轴可以改变剖面的大小，如图 3-67 所示。

户完成快速建模过程。在实际过程设计中，设计人员常常使用此功能来快速建模。

本例练习模型（为一个实体与一个草图）是利用 Instant3D 功能操作完成的结果，如图 3-68 所示。

图 3-67　使用活动剖切面

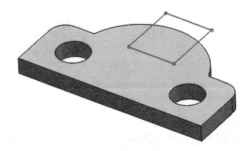

图 3-68　练习模型

**技术要点**

若要全剖模型且显示的剖切面不够大时，可以拖动剖切面上的球形控标，直至可以全剖模型为止。

**动手操作——修改零件**

使用 Instant3D 功能来拖动几何体和尺寸操纵杆可以生成和修改模型，这可以帮助用

操作步骤：

01 打开本例光盘文件【零件 2.prt】。

02 在【特征】工具栏上单击【Instant3D】按钮，然后在图形区域选择实体的表面作为修改面。随后修改面上出现的控标，实体模型中显示标注的草图尺寸，如图 3-69 所示。

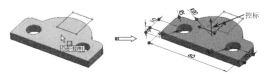

图 3-69　选择修改面

**03** 拖动 Z 方向上的控标，至一定位置后放开鼠标，实体将随之更新，如图 3-70 所示。在图形区域空白位置单击，完成修改操作。

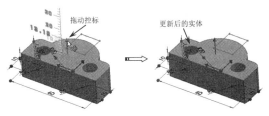

图 3-70　拖动控标修改实体

**技术要点**

显示控标后，模型中被标注的草图是不能被修改的。当选择被尺寸约束的面、边线或中心球时，控标将灰显。同时指针显示警示符号 ⊘ 并显示警告信息，如图 3-71 所示。

图 3-71　不能修改被约束的边、面及中心球

**04** 在激活 Instant3D 的状态下，选择实体模型中的一个圆形孔面，随后显示两个控标。一个是控制整个模型的控标，另一个是控制孔的控标，如图 3-72 所示。

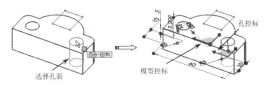

图 3-72　选择修改面并显示控标

**05** 由于该孔被直径尺寸约束，但定位位置未被尺寸约束，因此可以更改孔特征在模型中的位置。拖动孔控标至模型外，程序会生成孔实体，且模型中孔特征被移除，如图 3-73 所示。

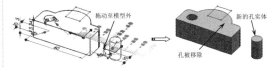

图 3-73　拖动控标以生成新的特征

**技术要点**

若拖动孔控标始终在模型内，最后的结果是孔特征被移动到新的位置，如图 3-74 所示。

图 3-74　在模型内拖动控标

**06** 选择另一个孔面，并显示孔控标和模型控标，如图 3-75 所示。

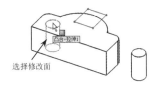

图 3-75　选择另一个孔面以修改

**07** 拖动模型控标，程序则弹出【删除确认】对话框，如图 3-76 所示。

图 3-76　拖动模型控标弹出【删除确认】对话框

**08** 单击该对话框中的【删除】按钮，即可删除模型的定位几何约束。删除定位几何约束后才可以修改模型。

**09** 向 Y 方向拖动模型控标，模型则随之移动，如图 3-77 所示。

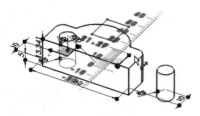

图 3-77 拖动模型控标平移模型

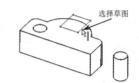

图 3-78 选择草图曲线作为修改对象

### 技术要点

由于模型的边界已被尺寸约束，因此拖动控标将不能修改模型尺寸，只能平移模型。

**10** 在图形区域选择草图曲线以进行特征的修改（选择时注意指针位置），如图 3-78 所示。

**11** 模型中出现控标，向 Z 方向拖动控标，模型中显示新特征的预览，如图 3-79 所示。

**12** 放开鼠标并在空白区域单击，完成新特征的创建，如图 3-80 所示。

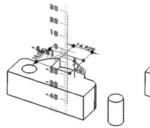
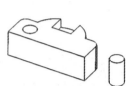

图 3-79 拖动控标　　图 3-80 生成新特征

**13** 最后单击标准工具栏上的【保存】按钮，将本例操作的结果文件保存。

## 3.5 综合实战——支座零件设计

◎ 结果文件：\综合实战\结果文件\Ch03\支座.sldprt

◎ 视频文件：\视频\Ch03\支座.avi

本例将要完成轴承座三维模型的创建，完成后如图 3-81 所示。

该模型左右对称，同时含有【筋】、【异型孔】、【圆角】等附加特征，通过使用这些特征命令完成最终模型，主要操作过程如表 3-4 所示。

图 3-81 轴承座

表 3-4 轴承座的主要创建过程

| 序号 | 操作步骤 | 图 解 | 序号 | 操作步骤 | 图 解 |
|---|---|---|---|---|---|
| 1 | 拉伸生成轴承座底座 |  | 3 | 拉伸生成轴承座支撑板 |  |
| 2 | 拉伸生成轴承孔圆柱部分 |  | 4 | 拉伸并拉伸切除生成顶部特征 |  |

续表

| 序号 | 操作步骤 | 图 解 | 序号 | 操作步骤 | 图 解 |
|---|---|---|---|---|---|
| 5 | 生成加强筋 | | 6 | 倒角 | |

操作步骤：

**01** 启动 SolidWorks 2016 软件。新建零件，保存并命名为【轴承座】。

**02** 利用【拉伸凸台 / 基体】工具，选择前视基准面作为草绘平面，绘制如图 3-82 所示的草图。

图 3-82 绘制草图

**03** 退出草图环境，然后拖动控标 250mm 的距离，再单击【凸台 - 拉伸】属性面板中的【确定】按钮✓，完成拉伸实体（轴承基座）的创建，如图 3-83 所示。

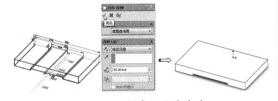

图 3-83 创建轴承座基座

**04** 使用【拉伸凸台 / 基体】命令，选择轴承座基座后端面作为草图平面，绘制如图 3-84 所示的草图。

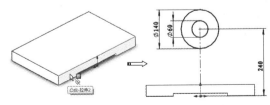

图 3-84 在轴承座基座后端面绘制草图

**05** 退出草图环境，然后拖动控标分别向默认的两个方向拉伸草图，深度分别为 98mm、22mm，如图 3-85 所示。

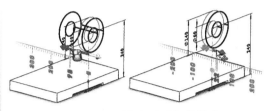

图 3-85 拖动控标设置拉伸深度

**06** 单击【凸台 - 拉伸】属性面板中的【确定】按钮，完成拉伸实体的创建，如图 3-86 所示。

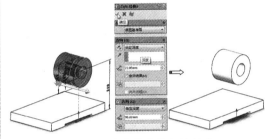

图 3-86 完成拉伸特征的创建

**07** 使用【拉伸凸台 / 基体】命令，再选择轴承座后端面作为草图平面，绘制草图，并拖动控标前进 30mm，创建完成的轴承座支撑板特征如图 3-87 所示。

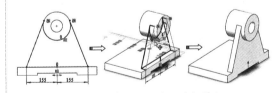

图 3-87 创建轴承座支撑板特征

### 技术要点

绘制草图时，使用【转换实体引用】命令 将轴承座的圆柱凸台外圆和基座上表面转换为草图，用户可以使用【剪裁实体】命令 将多余线条移除，也可以在拉伸的时候单击选择要拉伸的封闭区域。

**08** 依次执行【插入】|【参考几何体】|【基准面】命令，选择轴承座基体上表面作为第一参考，设置距离为285mm，选中【反转】复选框，创建如图3-88所示的基准面。

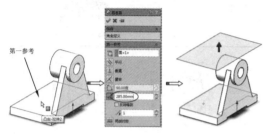

图 3-88　创建基准面

**09** 在创建的基准面上绘制如图3-89所示的草图，在前导视图中选择【隐藏线可见】显示样式。绘制中心线及圆，圆心落在中心线上，并标注圆心距圆柱凸台60mm。

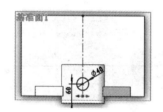

图 3-89　绘制草图

**10** 退出草图环境后，在【凸台-拉伸】属性面板上设置拉伸方式为【成形到一面】。完成结果如图3-90所示。

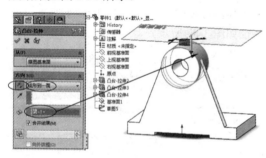

图 3-90　完成凸台创建

**11** 单击【特征】选项卡中的【拉伸切除】按钮，选择上步骤创建的圆形凸台顶面作为绘图平面，绘制与凸台同心的圆，标注直径为20mm，切除方式选择【给定深度】，拖动控标至80mm处，最后单击【确定】按钮完成凸台孔的切除，如图3-91所示。

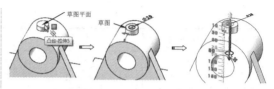

图 3-91　创建凸台圆孔

**12** 执行【视图】|【隐藏所有类型】命令将基准面隐藏。

**13** 在【特征】选项卡中单击【筋】按钮，选择右视基准面作为绘图平面绘制图示草图，如图3-92所示。

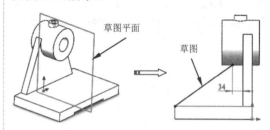

图 3-92　绘制筋截面草图

**14** 在【筋】属性面板中设置相应参数，单击【确定】按钮创建筋特征，如图3-93所示。

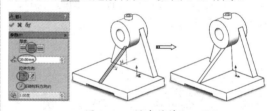

图 3-93　创建筋特征

**15** 在【特征】选项卡中单击【异型孔向导】按钮，在弹出的【孔位置】属性面板单击【位置】选项卡，然后选择基座上表面作为3D草图平面，并定位孔的位置，如图3-94所示。

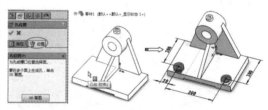

图 3-94　在3D草图中定位孔位置

**16** 在【孔位置】属性面板的【类型】选项卡中设置相关参数，最后单击【确定】按钮创建异型孔，如图3-95所示。

第 3 章 踏出 SolidWorks 2016 的第二步

设置圆角半径为 40mm，对基座前端的两条棱边创建圆角，如图 3-96 所示。

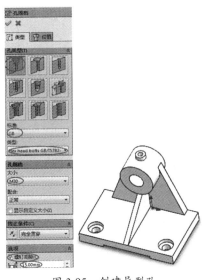

图 3-95 创建异型孔

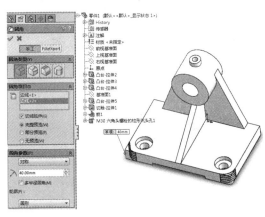

图 3-96 创建圆角

**17** 在【特征】选项卡中单击【圆角】按钮，

**18** 至此，已经完成了轴承座的三维模型创建，保存并关闭当前文件窗口。

## 3.6 课后习题

### 1. 操作模型

本练习的主轴模型如图 3-97 所示。

图 3-97 主轴

练习要求与步骤：

（1）打开练习模型。

（2）在【特征】工具栏中单击【移动/复制实体】按钮，打开【移动/复制实体】面板。

（3）单击【平移/旋转】按钮，显示三重轴。

（4）激活三重轴的环，旋转主轴模型。

（5）激活三重轴的轴，平移主轴模型。

### 2. 修改模型

本练习的模型与修改特征的完成结果如图 3-98 所示。

 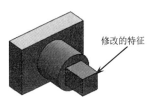

图 3-98 修改卡座模型

练习要求与步骤：

（1）打开练习模型。

（2）激活 Instant3D。

（3）在图形区域选择顶部小矩形块的表面作为修改面。

（4）向垂直于修改面的方向拖动控标，距离为 20mm。

（5）保存修改结果。

### 3. 生成或修改特征

本练习的模型与修改特征的完成结果如图 3-99 所示。

 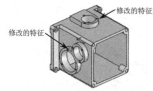

图 3-99 修改箱体模型

练习要求与步骤：
- 打开练习模型。
- 激活 Instant3D。
- 在图形区域选择箱体中侧向凸台（含一个孔）的表面作为修改面。
- 向垂直于修改面的正方向拖动控标，距离为 10mm。
- 在图形区域选择箱体中侧向凸台（含两个孔）的表面作为修改面。
- 向垂直于修改面的正方向拖动控标，距离为 10mm。
- 最后保存修改结果。

## 读书笔记

# 第 4 章 踏出 SolidWorks 2016 的第三步

考虑到 SolidWorks 2016 基本操作的工具很多，本章特意把参考几何体的应用、录制与执行宏、FeatureWorks 工具的应用等作为踏出 SolidWorks 2016 的关键第三步，走出此三步，在后续的课程中，我们的学习将会非常轻松。

百度云网盘

360云盘 密码6955

- 参考几何体
- 使用三重轴
- 注释和控标
- 使用 Instant3D

## 4.1 参考几何体

在 SolidWorks 中，参考几何体定义曲面或实体的形状或组成。参考几何体包括基准面、基准轴、坐标系和点。

### 4.1.1 基准面

基准面是用于草绘曲线、创建特征的参照平面。SolidWorks 向用户提供了 3 个基准面：前视基准面、右视基准面和上视基准面，如图 4-1 所示。

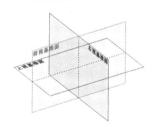

图 4-1 SolidWorks 的 3 个基准面

除了可以使用 SolidWorks 程序提供的 3 个基准面来绘制草图外，还可以在零件或装配体文档中生成基准面，如图 4-2 所示是以零件表面为参考来创建的新基准面。

**技术要点**

一般情况下，程序提供的 3 个基准面为隐藏状态。要想显示基准面，在右键菜单中单击【显示】按钮 即可，如图 4-3 所示。

图 4-3 显示或隐藏基准面

在【特征】选项卡的【参考几何体】下拉菜单中选择【基准面】命令，在设计树的属性管理器中显示【基准面】属性面板，如图 4-4 所示。

当选择的参考为平面时，【第一参考】选项区域将显示如图 4-5 所示的约束选项。当

图 4-2 以零件表面为参考创建的基准面

选择的参考为实体圆弧表面时，【第一参考】选项区域将显示如图 4-6 所示的约束选项。

图 4-4 【基准面】属性面板

图 4-5 平面参考的约束选项

图 4-6 圆弧参考的约束选项

【第一参考】选项区域各约束选项的含义如表 4-1 所示。

表 4-1 基准面约束选项含义

| 图　标 | 说　明 | 图　解 |
| --- | --- | --- |
| 第一参考 | 在图形区域为创建基准面来选择平面参考 | |
| 平行 | 选择此选项，将生成一个与选定参考平面平行的基准面 | |
| 垂直 | 选择此选项，将生成一个与选定参考平面垂直的基准面 | |
| 重合 | 选择此选项，将生成一个穿过选定参考平面的基准面 | |
| 两面夹角 | 选择此选项，将生成一个通过一条边线、轴线或草图线，并与一个圆柱面或基准面成一定角度的基准面 | |
| 偏移距离 | 选择此选项，将生成一个与选定参考平面偏移一定距离的基准面。通过输入面数，来生成多个基准面 | |

第 4 章　踏出 SolidWorks 2016 的第三步

续表

| 图　标 | 说　　明 | 图　解 |
|---|---|---|
| 两侧对称 | 在选定的两个参考平面之间生成一个两侧对称的基准面 | 在两参考之间 |
| 相切 | 选择此选项，将生成一个与所选圆弧面相切的基准面 | 与圆弧相切 |

注：在【基准面】属性面板中选中【反转】复选框，可在相反的位置生成基准面。

【第二参考】选项区域与【第三参考】选项区域包含与【第一参考】选项区域相同的选项，具体情况取决于用户的选择和模型几何体。根据需要设置这两个参考来生成所需的基准面。

**动手操作——创建基准面**

操作步骤：

**01** 打开本例光盘文件。

**02** 在【特征】选项卡的【参考几何体】下拉菜单中选择【基准面】命令，属性管理器显示【基准面】面板，如图 4-7 所示。

图 4-7　【基准面】面板

**03** 在图形区域选择如图 4-8 所示的模型表面作为第一参考。随后面板中显示平面约束选项，如图 4-9 所示。

图 4-8　选择第一参考　　图 4-9　显示平面约束选项

**04** 选择参考后，图形区域自动显示基准面的预览，如图 4-10 所示。

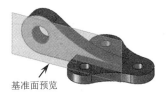

图 4-10　显示基准面预览

**05** 在【第一参考】选项区域的【偏移距离】文本框中输入 50，然后单击【确定】按钮，完成新基准面的创建，如图 4-11 所示。

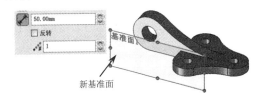

图 4-11　输入偏移距离并完成基准面的创建

**技术要点**

当输入偏移距离值后，可以按【Enter】键查看基准面的生成预览。

### 4.1.2 基准轴

通常在创建几何体或创建阵列特征时会使用基准轴。当用户创建旋转特征或孔特征后,程序会自动在其中心显示临时轴,如图 4-12 所示。通过在菜单栏执行【视图】|【临时轴】命令,或者在前导功能区的【隐藏/显示项目】下拉菜单中单击【观阅临时轴】按钮,可以即时显示或隐藏临时轴。

用户还可以创建参考轴(也称构造轴)。在【特征】选项卡的【参考几何体】下拉菜单中选择【基准轴】命令,在属性管理器中显示【基准轴】属性面板,如图 4-13 所示。

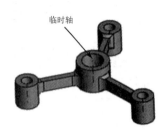
图 4-12 显示或隐藏临时轴

图 4-13 【基准轴】属性面板

【基准轴】属性面板中包括 5 种基准轴定义方式,如表 4-2 所示。

表 4-2 5 种基准轴定义方式

| 图 标 | 说 明 | 图 解 |
|---|---|---|
| 一直线/边线/轴 | 选择草图直线、边线,或选择视图、临时轴来创建基准轴 | |
| 两平面 | 选择两个参考平面,且两平面的相交线将作为轴 | |
| 两点/顶点 | 选择两个点(可以是实体上的顶点、中点或任意点)作为确定轴的参考 | |
| 圆柱/圆锥面 | 选择圆柱或圆锥面,则将该面的圆心线(或旋转中心线)作为轴 | |
| 点和面/基准面 | 选择一曲面或基准面及顶点或中点。所产生的轴通过所选顶点、点或中点而垂直于所选曲面或基准面。如果曲面为非平面,点必须位于曲面上 | |

### 技术要点

在【基准轴】属性面板的参考实体激活框中,若用户选择的参考对象错误需要重新选择,可选择右键菜单中的【删除】命令将其删除,如图 4-14 所示。

第 4 章 踏出 SolidWorks 2016 的第三步

图 4-14 删除参考对象

图 4-15 【基准轴】面板　图 4-16 选择参考实体

**03** 随后模型圆柱孔中心显示基准轴预览，如图 4-17 所示。

**04** 最后单击【基准轴】面板中的【确定】按钮，完成基准轴的创建，如图 4-18 所示。

**动手操作——创建基准轴**

操作步骤：

**01** 在【特征】选项卡的【参考几何体】下拉菜单中选择【基准轴】命令，属性管理器显示【基准轴】面板。接着在【选择】选项区域单击【圆柱/圆锥面】按钮，如图 4-15 所示。

**02** 在图形区域选择如图 4-16 所示的圆柱孔表面作为参考实体。

图 4-17 显示基准轴预览　图 4-18 创建基准轴

## 4.1.3 坐标系

在 SolidWorks 中，坐标系用于确定模型在视图中的位置，以及定义实体的坐标参数。在【特征】选项卡的【参考几何体】下拉菜单中选择【坐标系】命令，在设计树的属性管理器中显示【坐标系】属性面板，如图 4-19 所示。在默认情况下，坐标系建立在原点，如图 4-20 所示。

图 4-19 【坐标系】属性面板

若用户要定义零件或装配体的坐标系，可以按以下方法选择参考：

- 选择实体中的一个点（边线中点或顶点）。
- 选择一个点，再选择实体边或草图曲线以指定坐标轴方向。
- 选择一个点，再选择基准面以指定坐标轴方向。
- 选择一个点，再选择非线性边线或草图实体以指定坐标轴方向。
- 当生成新的坐标系时，最好起一个有意义的名称以说明它的用途。在特征管理器设计树中，在坐标系图标位置选择右键菜单中的【属性】命令，在弹出的【属性】对话框中可以输入新的名称，如图 4-21 所示。

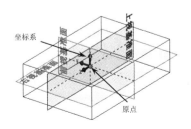

图 4-20 在原点处默认建立的坐标系

图 4-21　更改坐标系名称以说明用途

**动手操作——创建坐标系**

操作步骤：

**01** 在【特征】选项卡的【参考几何体】下拉菜单中选择【坐标系】命令，属性管理器显示【坐标系】面板。图形区域显示默认的坐标系（即绝对坐标系），如图 4-22 所示。

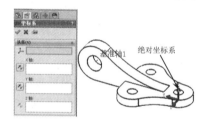

图 4-22　显示【坐标系】面板和绝对坐标系

**02** 接着在图形区域的模型中选择一个点作为坐标系原点，如图 4-23 所示。

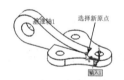

图 4-23　选择新坐标系原点

**03** 选择新原点后。绝对坐标系移动至新原点上，如图 4-24 所示。接着激活面板中的【X 轴方向参考】列表框，然后在图形区域选择如图 4-25 所示的模型边线作为 X 轴方向参考。

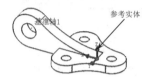

图 4-24　绝对坐标系移至新原点

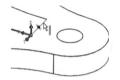

图 4-25　选择 X 轴方向参考

**04** 随后新坐标系的 X 轴与所选边线重合，如图 4-26 所示。

图 4-26　X 轴与所选边线重合

**05** 最后单击【坐标系】面板中的【确定】按钮，完成新坐标系的创建，如图 4-27 所示。

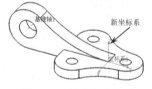

图 4-27　创建新坐标系

## 4.1.4　创建点

SolidWorks 参考点可以用作构造对象，例如用作直线起点、标注参考位置、测量参考位置等。

用户可以通过多种方法来创建点。在【特征】选项卡的【参考几何体】下拉菜单中选择【点】命令，在设计树的属性管理器中将显示【点】属性面板，如图 4-28 所示。

【点】属性面板中各选项含义如下：

- 参考实体：显示用来生成参考点的所选参考。
- 圆弧中心：在所选圆弧或圆的中心生成参考点。
- 面中心：所选面的中心生成一个参考点。这里可选平面或非平面。
- 交叉点：在两个所选实体的交点处生成一个参考点。可选择边线、曲线、及草图线段。

第 4 章 踏出 SolidWorks 2016 的第三步

图 4-28 【点】属性面板

图 4-29 显示【点】面板并选择参考类型

- 投影：生成一个从某一实体投影到另一实体的参考点。
- 沿曲线距离或多个参考点：沿边线、曲线或草图线段生成一组参考点。此方法包括【距离】、【百分比】和【均匀分布】。其中，【距离】是指按用户设定的距离生成参考点数；【百分比】是指按用户设定的百分比生成参考点数；【均匀分布】是指在实体上均匀分布的参考点数。

**动手操作——创建点**

操作步骤：

**01** 在【特征】选项卡的【参考几何体】下拉菜单中选择【点】命令，属性管理器显示【点】面板。然后在面板中单击【圆弧中心】按钮，如图 4-29 所示。

**02** 接着在图形区域的模型中选择如图 4-30 所示的孔边线作为参考实体。

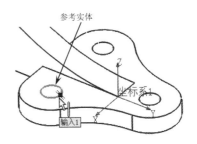

图 4-30 选择参考实体

**03** 再单击【点】面板中的【确定】按钮，程序自动完成参考点的创建，如图 4-31 所示。

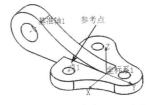

图 4-31 完成参考点的创建

**04** 最后单击标准工具栏中的【保存】按钮，将本例操作结果保存。

## 4.2 录制与执行宏

宏是记录用户执行命令的一种便捷方式，也是执行用户操作命令后的结果。对于初学者来说，最好利用录制宏来解决日常工作中的重复操作。SolidWorks 向用户提供了宏工具，如图 4-32 所示为【宏】工具栏。

图 4-32 【宏】工具栏

### 4.2.1 新建宏

单击【新建宏】按钮可以建立新宏。当生成新的宏时,用户直接从自定义的编辑宏应用程序(如Microsoft Visual Basic)中编程宏。

在【宏】工具栏中单击【新建宏】按钮 ,程序将弹出【新建宏】对话框,通过该对话框将新建的宏文件保存在 SolidWorks 安装路径下的 MACROS(可自定义命名)文件夹下,如图4-33所示。

图 4-33 【新建宏】对话框

### 4.2.2 录制/暂停宏

通过使用【录制/暂停宏】功能,用户可以将 SolidWorks 工作界面中所执行的操作录制下来。宏会记录所有鼠标单击的位置、菜单的选项,以及键盘所输入的值或字母,以便日后执行。

在【宏】工具栏中单击【录制/暂停宏】按钮 ,程序随后进入录制用户执行 SolidWorks 命令过程,在此过程中可再次单击【录制/暂停宏】按钮 暂停录制操作。

当录制完成时,单击【宏】工具栏上的【停止宏】按钮 ,然后将录制的宏进行保存。

### 4.2.3 为宏指定快捷键和菜单

录制宏后,可以为宏定制自定义的快捷键和菜单。执行【工具】|【自定义】命令,打开【自定义】对话框,在对话框的【键盘】选项卡中选择【宏】类别,并在下面的宏列表框中激活【快捷键】选项,此时用户可根据键盘操作习惯来设置快捷键,然后单击对话框中的【确定】按钮,即可完成宏快捷键的定义,如图4-34所示。

图 4-34 为宏定义快捷键

> **技术要点**
>
> 在【类别】下拉列表中如果没有列出【宏】选项,则必须事先录制宏,并将宏保存在 MACORS 文件夹中。

同理,用户也可按上述方法在【自定义】对话框的【菜单】选项卡中为宏指定新的参数项目。

### 4.2.4 执行宏与编辑宏

在【宏】工具栏中单击【执行宏】按钮 ,程序随即运行宏。

录制宏后,可单击【编辑宏】按钮对宏进行编辑或调试。在【宏】工具栏中单击【编辑宏】按钮 ,随后通过打开的【编辑宏】对话框,双击保存的宏文件,然后弹出【Misrosoft Visual Basic】程序窗口,如图4-35所示。

图 4-35 【Misrosoft Visual Basic】程序窗口

通过该程序窗口，使用 VB 程序语言对宏进行自定义编辑，编辑完成后单击窗口中的【保存】按钮并关闭该窗口。

> ## SolidWorks VBA
>
> Visual Basic for Applications（VBA）是在 SolidWorks 中录制、执行或编辑宏的引擎。用户录制的宏以 .swp VBA 项目文件的形式保存；可以使用 VBA 编辑器来读取和编辑 .swb 及 .swp（VBA）文件；当编辑现有的 .swb 文件时，文件会自动转换为 .swp 文件；用户可以将模块输出到在其他 VB 项目中使用的文件。

## 4.3 FeatureWorks

FeatureWorks 是第一个为 CAD 用户设计的特征识别应用程序。与其他 CAD 系统共享三维模型，充分利用原有的设计数据，更快地向 SolidWorks 系统过渡，这就是特征识别软件 FeatureWorks 所带来的好处。

### 4.3.1 FeatureWorks 的特点

FeatureWorks 提供了崭新的灵活功能，包括在任何时间按任意顺序交互式操作，以及自动进行特征识别。FeatureWorks 提供了在新的特征树内进行再识别和组合多个特征的能力，新增功能还包含识别拔模特征和筋特征的能力。

下面对 FeatureWorks 功能特点做简要介绍。

**1. 便捷的重建模型**

标准的数据转换器使人们可以共享不同 CAD 系统的几何信息，但是转换的模型有时成功，有时不成功，通常需要人工重建模型。人们往往需要引入新的设计意图，或增加转换过程中丢失的信息。FeatureWorks 软件能让你迅速而方便地在转换的数据模型中添加新的设计意图。

**2. 第一个为用户设计的特征识别应用程序**

FeatureWorks 与 SolidWorks 完全集成，是第一个为用户设计的特征识别应用程序。

FeatureWorks 能对由标准数据转换器转换来的几何模型进行特征识别，为几何模型添加信息，形成 SolidWorks 特征管理员中的特征。

### 3. 方便用户对孔、切除、圆角、倒角和拉伸的尺寸和位置进行修改

一旦特征识别完成，用户便可以使用 SolidWorks 的命令按需要对设计进行修改。例如用户可以简单地将识别后的孔直径从 3cm 改成 5cm。由 FeatureWorks 识别的特征是完全可以编辑的，是全相关的和参数化的，而且可随时增加新的特征。FeatureWorks 给以前的设计数据赋予新的价值，使不同的 CAD 用户之间更方便、更快地共享三维设计模型。

### 4. 保持设计思想，提高产品质量

FeatureWorks 不仅能够灵活地对转换数据进行修改，而且能保持或修改新的设计思想。例如一个孔原来是【盲孔】或【通孔】，转换时它可能丢失而需要重新定义，因此转换时需要保持原始的设计思想，以确保产品质量。

### 5. 使用特征识别，节省时间

FeatureWorks 可以从标准转换器转换的几何模型捕捉所有的数据，然后进行特征识别。标准数据格式包括 STEP、IGES、SAT（ACIS）、VDAFS 和 Parasolid。FeatureWorks 最适合识别规则的机加工轮廓和钣金特征，其中包括：

- 拉伸特征，特征的轮廓是由直线、圆或圆弧构成。
- 圆柱或圆锥形状的旋转特征。
- 所有孔特征，包括简单孔、螺纹孔和台阶孔。
- 筋和拔模特征。
- 等半径圆角。
- 其他诸如倒角或圆角的特征。

### 6. 自动和交互两种方式

FeatureWorks 提供自动和交互两种特征识别方式。自动的方式不需要人工干预。一般情况下，如果不能自动识别特征，就有一个交互式的对话框弹出，通过简单的交互，选择一个孔或凸台的一个面，通过控制或指定设计意图来实现特征识别。模型指示器显示特征识别前后的轮廓变化。交互识别方式和自动识别方式可以交替使用。

### 7. 安装简单，易学易用，与 SolidWorks 完全集成

启动 FeatureWorks 非常简单。你可以从 SolidWorks 菜单中选取所有 FeatureWorks 的命令，SolidWorks 中特征管理器中特征树自动保存有 FeatureWorks 识别的特征，整个操作过程直观、简单。

## 4.3.2 关闭和激活 FeatureWorks

FeatureWorks 在 SolidWorks 的零件文档中可以对输入实体中的特征进行识别。对初学者来说，FeatureWorks 可以帮助用户了解没有详细设计参数的模型的建模过程。

要使用 FeatureWorks，执行【工具】|【插件】命令，然后在弹出的【插件】对话框的【活动插件】列表框中选中【FeatureWorks】复选框，再单击【确定】按钮即可在【特征】选项卡中显示 FeatureWorks 工具，如图 4-36 所示。

图 4-36 在【特征】选项卡显示的 FeatureWorks 工具

一般情况下，在 SolidWorks 中打开的是具有详细设计参数的模型时，启动 FeatureWorks 的按钮【识别特征】未激活呈灰色显示。当打开具体参数的模型后，【识别特征】按钮已激活。

要关闭 FeatureWorks，可在【插件】对话框取消选中【FeatureWorks】复选框。

用户可通过以下方式来执行 FeatureWorks 命令：

- 在【特征】选项卡中单击【识别特征】按钮 或者【FeatureWorks 选项】按钮 。
- 在菜单栏执行【插入】|Feature Works|【识别特征】或【选项】命令。
- 在图形区域选中模型并选择右键菜单中的【识别特征】或【选项】命令。
- 在特征管理器设计树中选择【输入】特征并选择右键菜单中的【识别特征】或【选项】命令。

### 4.3.3 FeatureWorks 识别方法与类型

FeatureWorks 的识别特征的方法包括自动特征识别、交互特征识别和逐步识别。

#### 1. 自动特征识别

FeatureWorks 的自动识别方法可以自动识别并高亮显示尽可能多的特征，这种方法的好处是加速特征的识别，而不必选取面或特征。

> **技术要点**
> 如果 FeatureWorks 软件自动识别到模型中大部分或所有的特征，则会使用自动特征识别。

#### 2. 交互特征识别

交互特征识别方法是选择特征类型和构成所要识别特征的实体。这种方法的好处是可以控制所识别的特征。

例如，当决定要将圆柱切除识别为拉伸、旋转或孔时。此外，还可以借助所选的面及边线来决定特征草图的位置及复杂程度。

#### 3. 逐步识别

逐步识别方法可以识别零件的某些输入实体特征，保存该零件，稍后再识别同一输入实体的其他特征；也可以识别部分识别零件（包含输入实体和识别特征）的特征；可以保存部分识别的文档，以便保留各个识别阶段。

逐步识别被自动和交互特征识别或这些方法的组合所支持。

逐步识别方法的好处是：

- 逐步识别可供多体零件或带钣金特征的零件使用。
- 识别前的特征名称在识别后不被保留。
- 查找阵列、组合特征和重新识别命令仅适用于当前显示在中级阶段 PropertyManager 中识别的特征下的特征。

#### 4. 识别类型

FeatureWorks 最适合识别带有长方形、圆锥形、圆柱形的零件和钣金零件。表 4-3 中列出了使用交互特征识别方法可识别的标准特征类型。

表 4-3 可识别的标准特征类型

| 特征类型 | 选择对象 | 所需选择 | 图解 |
|---|---|---|---|
| 凸台拉伸 或 切除拉伸 | 面 | 选择代表特征草图的模型面 | |
| | 边线或环 | 选择代表特征草图的一组边线或环 | |
| | 多个面 | 选择代表特征草图的每个面，然后在【成型到面】方框中选择此公共面 | |

续表

| 特征类型 | 选择对象 | 所需选择 | 图解 |
|---|---|---|---|
| 凸台旋转或切除旋转 | 面 | 选择代表旋转特征草图的一组面 |  |
| | 面 | 如果选中【链旋转面】复选框，为此旋转特征选择一个面，FeatureWorks 选择连续的面 | |
| 倒角 | 面 | 选择代表倒角面的模型面 |  |
| 拔模 | 面 | 选择拔模面和代表中性面的面 |  |
| 圆角/圆化 | 面 | 选择代表圆角面的模型面 |  |
| | 面 | 选择一个变半径圆角 |  |
| 孔 | 面 | 选择代表孔特征草图的一组面。FeatureWorks 识别异型孔向导孔 |  |
| 基体-放样 | 面 | 选择端面 1 和端面 2 | 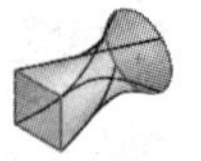 |
| 筋 | 面 | 选择对于筋独特的面 |  |
| | 面 | 选择用来生成垂直于草图的筋的面（筋上） |  |
| | 面 | 选择对于筋独特的面 |  |
| 抽壳 | 面 | 选择抽壳特征顶端的面。只有具有统一厚度的抽壳特征才可被识别 |  |
| 基体/扫描 | 面 | 选择端面 1 下面一端的面，然后选择端面 2 下另一端的面 |  |
| 体积特征 | 面 | 选择代表加厚曲面的模型面 |  |

### 4.3.4　FeatureWorks 操作选项

在【特征】选项卡中单击【识别特征】按钮，属性管理器中显示【FeatureWorks】面板。【FeatureWorks】面板中包含两种识别模式：自动和交互。【自动】识别模式的选项设置如图 4-37 所示。【交互】识别模式的选项设置如图 4-38 所示。

> **技术要点**
>
> 当打开其他软件生成的文件（实体或钣金零件）时，【识别特征】工具才可用。

## 第 4 章 踏出 SolidWorks 2016 的第三步

图 4-37 【自动】识别模式

图 4-38 【交互】识别模式

- 钣金特征：FeatureWorks 所能识别的钣金特征。选择此单选按钮，将在【自动特征】选项组中显示钣金特征。
- 复选所有过滤器：单击此按钮，则【自动特征】选项组中所有复选框被自动选中。
- 取消复选所有过滤器：单击此按钮，则【自动特征】选项组中所有被选中的复选框被自动取消选中。
- 本地识别实体：当用户选择特征进行识别时，【本地识别实体】列表框中将列出选择的特征。
- 特征类型：在【特征类型】下拉列表中包含了 FeatureWorks 所能识别的交互特征。
- 所选实体：从图形区域选择用户想识别的几何体为所选的实体。
- 成型到面：选取特征终止的面。FeatureWorks 从草图基准面拉伸特征到所选的面。
- 检查平行面：识别非类型特征（如果它们具有与选定面平行的面）。
- 识别阵列：识别阵列特征类型。
- 识别相同：选择该复选框来识别具有相同特点的特征。例如，图形区域拥有数个具有矩形截面的凸台拉伸，选择其中一个凸台的面，这些特征会同时识别，但作为单独的特征。
- 识别：单击此按钮，FeatureWorks 运行识别功能。
- 删除面：删除在【所选实体】列表中的特征。

【FeatureWorks】面板中各选项、按钮的含义如下：

- 信息：显示用户进行下一步操作的提示。
- 自动：选择此单选按钮，按自动识别的方法识别特征。
- 交互：选择此单选按钮，按交互特征识别方法识别特征。
- 标准特征：表 4-3 中的特征类型即是标准特征。选择此单选按钮，将在【自动特征】选项组中显示标准特征复选框。

### 4.3.5 FeatureWorks 选项设置

用户可以设置 FeatureWorks 选项，以帮助识别。在【特征】选项卡中单击【FeatureWorks 选项】按钮，程序弹出【FeatureWorks 选项】对话框，如图 4-39 所示。

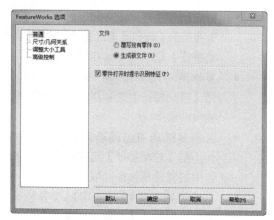

图 4-39 【FeatureWorks 选项】对话框

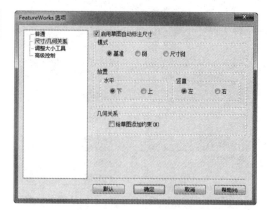

图 4-40 【尺寸/几何关系】选项设置

该对话框中包括【普通】、【尺寸/几何关系】、【调整大小工具】、【高级控制】等选项设置。

### 1. 【普通】选项设置

【普通】选项主要设置在文件中 FeatureWorks 选项识别特征的生成，其中包括 3 个选项，含义如下：

- 覆写现有零件：在现有的零件文件中生成新特征，并且替换原来的输入实体。
- 生成新文件：在新的零件文件中生成新特征。
- 零件打开时提示识别特征：选择此选项时，当用户在 SolidWorks 零件文件中打开来自另一系统的零件作为输入实体时，将自动开始特征识别。

### 2. 【尺寸/几何关系】选项设置

【尺寸/几何关系】选项主要设置在草图中是否启用标注尺寸，如图 4-40 所示。各选项含义如下：

- 启用草图自动标注尺寸：自动将尺寸添加到识别的特征。
- 模式：将尺寸标注方案设定为基准线、链或尺寸链。
- 放置：设定尺寸的水平和垂直放置方式。
- 几何关系：为草图添加几何约束。

**技术要点**

在上图中，如果未选中【给草图添加约束】复选框，则草图实体仍然处于欠定义。

### 3. 【调整大小工具】选项设置

【调整大小工具】选项主要用于调整特征的识别顺序，以及是否自动识别或提示用户在编辑时特征自动识别子特征如图 4-41 所示。该设置中各选项含义如下：

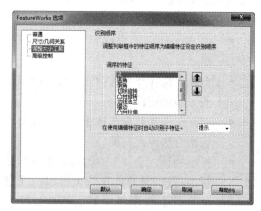

图 4-41 【调整大小工具】选项设置

- 识别顺序：为编辑特征设定识别顺序。
- 调序的特征：该列表框中列出了识别特征项目，单击上移按钮 ↑ 或下移按钮 ↓，可调整选中的特征项目的顺序。
- 在使用编辑特征时自动识别子特征：在使用编辑特征识别输入实体上的面时，识别面的子特征。右边下拉列表框中列出 3 个选项，分别为【是】、【否】和【提示】。

#### 4.【高级控制】选项设置

【高级控制】选项主要用于设置诊断、检查识别特征，以及是否识别向导孔特征，如图 4-42 所示。

该设置中的各选项含义如下：

- 允许失败的特征生成：允许软件生成有重建模型错误的特征。如果不选择此复选框，当一个或多个特征有重建模型错误时，软件无法识别任何特征。
- 进行实体区别检查：在特征识别后，比较原始的输入实体及新的实体。
- 不进行特征侵入检查：当选中此复选框时，软件在自动特征识别过程中不会对侵入另一特征的特征进行检查。
- 不进行实体检查：当选中此复选框时，软件可以在特征识别过程中周期性地检查实体。如果不选中此复选框，软件不为实体检查任何错误。
- 识别孔为异形孔向导孔：识别孔为异形孔向导孔。FeatureWorks 支持识别柱孔、锥孔、螺纹孔、管道螺纹孔，以及普通孔类型异形孔向导特征。

图 4-42 【高级控制】选项设置

## 4.4 综合实战——台灯设计

本章前面我们学习了关于 SolidWorks 2016 的一些基本功能应用。下面用一个台灯设计案例，让大家巩固前面所学的软件功能与技巧。

◎ 结果文件：\综合实战\结果文件\Ch04\台灯.sldprt

◎ 视频文件：\视频\Ch04\台灯.avi

在开始建立模型之前，先对模型进行分析。台灯的整体模型由基座、连杆和灯头 3 个部分组成，如图 4-43 所示。

### 4.4.1 基座建模

操作步骤：

**01** 单击【新建】按钮，新建零件文件。
**02** 在特征管理器设计树中选择前视基准面，右击，在弹出的快捷菜单中单击【草图绘制】按钮，或者在图形区域选择前视基准面，然后在弹出的快捷菜单中单击【草图绘制】按钮，如图 4-44 所示。

图 4-43 台灯

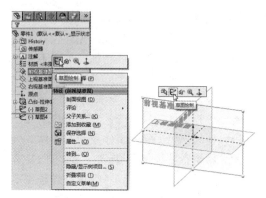

图 4-44　绘制草图的命令进入方式

**03** 接着绘制出如图 4-45 所示的草图 1 并标注尺寸。

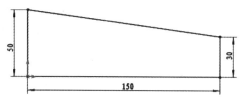

图 4-45　绘制草图 1

**04** 选中绘制的草图 1，然后单击【特征】选项卡上的【拉伸凸台/基体】按钮，打开【凸台-拉伸】属性面板。在面板的【方向 1】的【终止条件】下拉列表中选择【两侧对称】选项，在深度数值框中输入深度值 120，单击【确定】按钮完成拉伸 1 的创建，如图 4-46 所示。

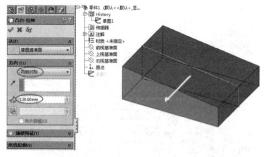

图 4-46　创建拉伸特征 1

**05** 单击【特征】选项卡上的【拔模】按钮，打开【拔模 1】属性面板。单击【手工】按钮，选择拔模类型为【中性面】，设置拔模角度值为 10。然后在图形区域选择实体前面作为中性面。激活【拔模面】选项区域，再在图形区域选择两个侧面作为拔模面，最后单击

属性面板中的【确定】按钮完成拔模，如图 4-47 所示。

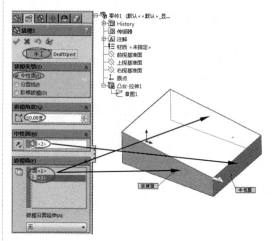

图 4-47　创建拔模

**06** 单击【特征】选项卡上的【圆角特征】按钮，在【圆角类型】选项组中选择圆角类型为【恒定大小圆角】，输入半径值 10，然后选择 4 个侧边和顶面 4 个边，再单击属性面板中的【确定】按钮完成圆角特征的创建，如图 4-48 所示。

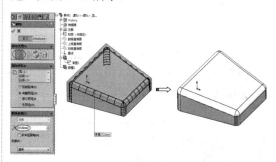

图 4-48　创建圆角特征

**07** 同理，再给底面的 4 条边创建半径为 2 的圆角，如图 4-49 所示。

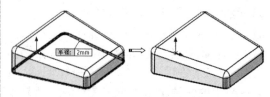

图 4-49　创建底边的圆角特征

**08** 单击【特征】选项卡上的【抽壳】按钮，在厚度数值框中输入厚度值 5；激活【移除

的面】方框□,再在图形区域选择模型底面,单击属性面板中的【确定】按钮,生成抽壳特征,如图4-50所示。

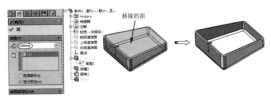

图 4-50 抽壳

**09** 选择实体上表面作为草图平面,单击【草图】选项卡中的【草图绘制】按钮,绘制如图4-51所示椭圆形草图2,并标注尺寸。

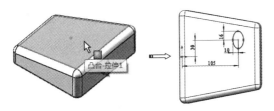

图 4-51 绘制草图 2

**10** 在【特征】选项卡中单击【基准面】按钮,首先选择椭圆草图中的点作为第一参考,激活第二参考,并选择上视基准面,单击【垂直】按钮,使新基准面垂直于上视基准面。激活第三参考,选择右视基准面作为第三参考,最后单击【确定】按钮完成创建,如图4-52所示。

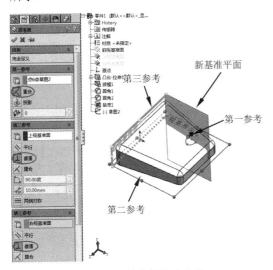

图 4-52 创建新基准平面

**11** 在新建的基准面1被自动选中的情况下,右击,在弹出的菜单中单击【草图绘制】按钮,绘制如图4-53所示的草图3(封闭的草图)。

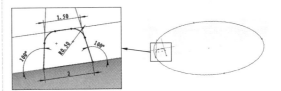

图 4-53 绘制草图 3

**12** 单击【特征】选项卡上的【扫描】按钮,选择刚才所绘制的草图3作为轮廓,再选择草图2作为路径进行扫描,单击【确定】按钮完成扫描操作,如图4-54所示。

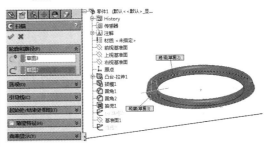

图 4-54 创建扫描特征

**13** 隐藏基准面1,在实体上表面绘制如图4-55所示的草图,并标注尺寸,完成草图的绘制。

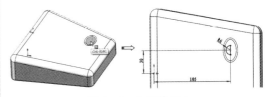

图 4-55 绘制草图 4

**14** 单击【特征】选项卡上的【旋转凸台/基体】按钮,输入角度值180,如果方向不对可以单击【反向】按钮改变旋转方向,单击【确定】按钮,生成如图4-56所示的特征。

**15** 选择上视基准面,再单击【基准面】按钮,打开【基准面】属性面板。设置距离为60,单击【确定】按钮,生成如图4-57所示的基准面2。

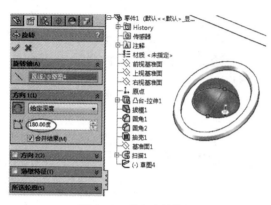

图 4-56　创建旋转特征

按钮，设置深度值为 40，预览如图 4-61 所示。单击属性面板中的【确定】按钮，生成凸台基体。

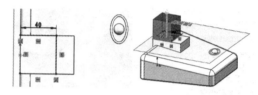

图 4-60　绘制草图 6　　图 4-61　创建凸台预览

**20** 单击【特征】选项卡上的【圆角特征】按钮，在【圆角类型】选项组中选择圆角类型为【面圆角】，选择如图 4-62 所示的两个面，输入半径值 20，单击【确定】按钮，生成圆角。

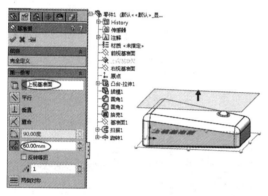

图 4-57　新建基准平面 2

**16** 在特征管理器设计树中选择【基准面 2】，再单击【草图绘制】按钮，绘制如图 4-58 所示的草图 5。

**17** 单击【拉伸凸台/基体】按钮，选择拉伸方法为【成形到实体】，更改拉伸方向，最后单击【确定】按钮，生成如图 4-59 所示凸台基体。

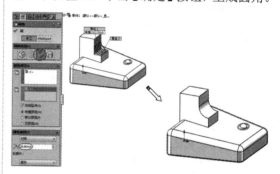

图 4-62　创建圆角

**21** 继续为模型添加圆角，在【圆角】属性面板中选择【完整圆角】类型，然后再依次选择面组 1、中央面组和面组 2，如图 4-63 所示，自动创建圆角，半径值为 5。

**22** 继续为模型的其余边添加圆角（分两次添加），选择【恒定大小圆角】类型，半径值为 5，创建圆角，如图 4-64 所示。

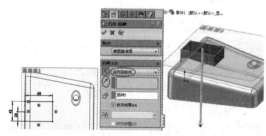

图 4-58　绘制草图 5　　图 4-59　创建拉伸凸台

**18** 在基准面 2 上继续绘制草图 6，如图 4-60 所示。

**19** 单击【特征】选项卡上的【拉伸凸台/基体】

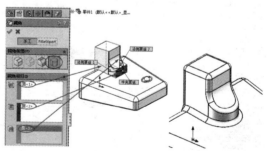

图 4-63　创建完整圆角　图 4-64　创建恒定大小圆角

**23** 选中底座上表面，绘制如图 4-65 所示的草图 7。

第 4 章 踏出 SolidWorks 2016 的第三步

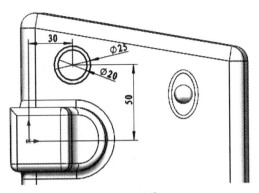

图 4-65 绘制草图 7

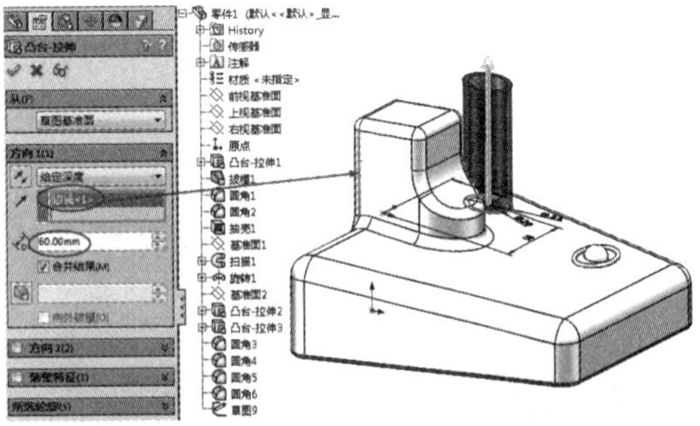

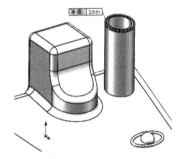

图 4-66 创建拉伸凸台

**24** 单击【拉伸凸台/基体】按钮，打开【凸台-拉伸】面板。激活【拉伸方向】列表框，然后在图形区域选择实体中竖直的圆角边作为拉伸方向参考，并输入给定的深度值 60，最后单击【确定】按钮，完成如图 4-66 所示拉伸凸台。

**25** 为模型添加圆角，半径值为 1，如图 4-67 所示。

图 4-67 创建圆角

## 4.4.2 连杆建模

操作步骤：

**01** 在前视基准面上绘制草图 8，如图 4-68 所示。

**02** 接着再在凸台表面绘制草图 9，如图 4-69 所示。

选择草图 9 作为轮廓，选择草图 8 作为路径，单击【确定】按钮，完成如图 4-70 所示的台灯连杆建模。

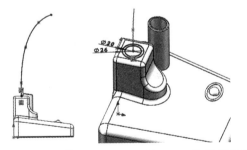

图 4-68 绘制草图 8　　图 4-69 绘制草图 9

**03** 单击【特征】选项卡上的【扫描】按钮，

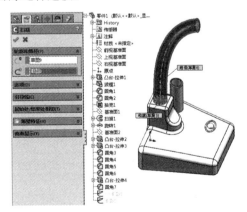

图 4-70 创建连杆

## 4.4.3 灯头建模

操作步骤：

**01** 在连杆头的端面右击，在弹出的快捷菜单中单击【草图绘制】按钮，绘制如图 4-71 所示的草图 10（注意添加的相切关系）。

**02** 单击【特征】选项卡上的【拉伸凸台/基体】按钮⬚，选择草图10，输入深度值10，创建如图4-72所示拉伸凸台。

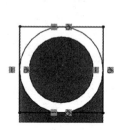 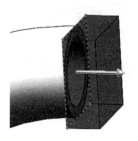

图4-71 绘制草图10　　图4-72 创建拉伸凸台

**03** 以上一步骤创建的拉伸凸台的下表面为基准面绘制草图11，如图4-73所示。

**04** 单击【特征】选项卡上的【拉伸凸台/基体】按钮⬚，选择草图11，输入深度值27，创建出如图4-74所示拉伸凸台。

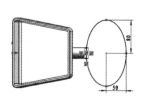 

图4-73 绘制草图11　　图4-74 创建拉伸凸台

**05** 单击【特征】选项卡上的【圆顶】按钮，选择图4-75拉伸凸台的上表面，设置距离值为45，选中【椭圆圆顶】复选框，单击【确定】按钮✓，完成圆顶的创建。

**06** 在拉伸凸台下表面绘制如图4-76所示的草图12。

**07** 单击【特征】选项卡上的【拉伸切除】按钮⬚，选择草图12，输入深度值30，单击【确定】按钮✓，完成如图4-77所示的结果。

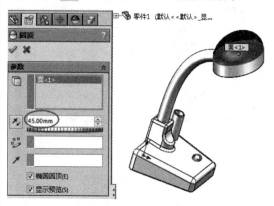

图4-75 创建圆顶

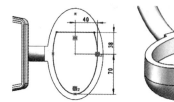 

图4-76 绘制草图12　图4-77 创建拉伸切除特征

**08** 在拉伸切除内部创建两个拉伸圆柱体（直径为14，拉伸深度为80）作为灯管，并进行圆顶（圆顶距离为7）操作，如图4-78所示。

**09** 最终完成效果如图4-79所示。

图4-78 创建灯管　图4-79 最终设计完成的台灯

## 4.5 课后习题

### 1. 设计皮带轮

摸索着利用旋转、拉伸、拉伸切除等命令，创建如图4-80所示的皮带轮。（可以打开本习题的结果文件参照练习）

### 2. 设计齿轮传动轴

摸索着利用旋转、拉伸切除等命令，创建如图4-81所示的齿轮传动轴。（可以打开本习题的结果文件参照练习）

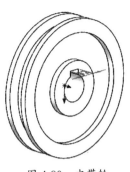
图 4-80 皮带轮

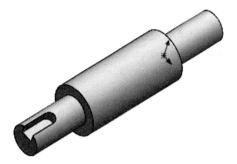
图 4-81 齿轮传动轴

## 读书笔记

# 第 5 章 草图绘制实体

SolidWorks 2016 的草图绘制是模型建立之基础，本章要学习的内容包括草图环境简介、草图基本曲线绘制和高级曲线绘制等。

- SolidWorks 2016 草图环境介绍
- 草图动态导航
- 草图对象的选择
- 绘制草图基本曲线
- 绘制草图高级曲线

## 5.1 SolidWorks 2016 草图环境

草图是由直线、圆弧等基本几何元素构成的几何实体，它构成了特征的截面轮廓或路径，并由此生成特征。

SolidWorks 的草图表现形式有两种：二维草图和三维草图。

两者之间的主要区别在于二维草图是在草图平面上进行绘制的；三维草图则无须选择草图绘制平面就可以直接进入绘图状态，绘出空间的草图轮廓。

### 5.1.1 SolidWorks 2016 草图界面

SolidWorks 2016 向用户提供了直观、便捷的草图工作环境。在草图环境中，可以使用草图绘制工具绘制曲线；可以选择已绘制的曲线进行编辑；可以对草图几何体进行尺寸约束和几何约束；还可以修复草图，等等。

SolidWorks 2016 草图环境界面如图 5-1 所示。

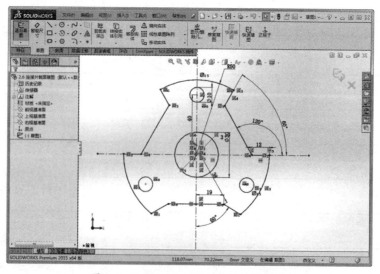

图 5-1 SolidWorks 2016 草图环境界面

## 5.1.2 草图绘制方法

在 SolidWork 中绘制二维草图时通常有两种绘制方法:【单击 - 拖动】方法和【单击 - 单击】方法。

### 1.【单击 - 拖动】方法

【单击 - 拖动】方法适用于单条草图曲线的绘制。例如,绘制直线、圆。在图形区域单击某一位置作为起点后,在不释放鼠标的情况下拖动,直至在直线终点位置释放指针,就会绘制出一条直线,如图 5-2 所示。

例如,绘制两条直线时,在图形区域单击某一位置作为直线 1 的起点,释放鼠标后在另一位置单击(此位置也是第一条直线的起点),完成直线 1 的绘制。然后在直线命令仍然处于激活状态下,再在其他位置单击鼠标(此位置为第二条直线的终点),以此绘制出第二条直线,如图 5-3 所示。

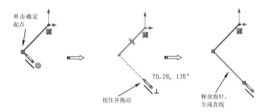

图 5-2 使用【单击 - 拖动】方法绘制直线

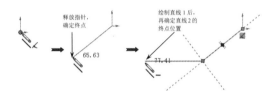

图 5-3 使用【单击 - 单击】方法绘制直线

同理,按此方法可以连续绘制出首尾相连的多条直线。要退出【单击 - 单击】模式,双击鼠标即可。

> **技术要点**
> 使用【单击 - 拖动】方法绘制草图后,草图命令仍然处于激活状态,但不会连续绘制。绘制圆时可以采用任意方法。

### 2.【单击 - 单击】方法

当单击第一个点并释放鼠标时,则是应用了【单击 - 单击】的绘制方法。当绘制直线和圆弧并处于【单击 - 单击】模式下时,单击时会生成连续的线段(链)。

> **技术要点**
> 当用户使用【单击 - 单击】方法绘制草图曲线,并在现有草图曲线的端点结束直线或圆弧时,该工具会保持激活状态,但会连续绘制。

## 5.1.3 草图约束信息

在进入草图模式绘制草图时,可能因操作错误而出现草图约束信息。默认情况下,草图的约束信息显示在属性管理器中,有的也会显示在状态栏。在草绘过程中,用户可能会遇见以下几种草图欠约束的其中之一:

### 1. 欠定义

草图中有些尺寸未定义,欠定义的草图曲线呈蓝色,此时草图的形状会随着光标的拖动而改变,同时属性管理器的面板中显示欠定义符号,如图 5-4 所示。

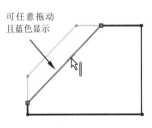

图 5-4 欠定义的草图

### 技术要点

解决【欠定义】的草图方法是：为草图添加尺寸约束和几何约束，使其草图变为【完全定义】，但不要【过定义】。

#### 2. 完全定义

所有曲线变成成黑色，即草图的位置由尺寸和几何关系完全固定，如图5-5所示。

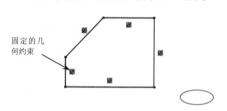

图5-5 完全定义的草图

#### 3. 过定义

如果对完全定义的草图再进行尺寸标注，系统会弹出【将尺寸设为从动？】对话框，选择【保留此尺寸为驱动】单选按钮，此时的草图即是过定义的草图，状态信息显示在状态栏，如图5-6所示。

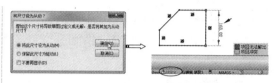

图5-6 过定义的草图

### 技术要点

如果是将上图中的尺寸设为【从动】，那么就不会过定义。因为此尺寸仅仅作为参考使用，没有起到尺寸约束作用。

#### 4. 没有找到解

草图无法解出的几何关系和尺寸，如上图所示的无法解除的尺寸。

#### 5. 发现无效的解

草图中出现无效的几何体。如零长度直线、零半径圆弧或自相交叉的样条曲线，如图5-7所示为产生自相交的样条曲线。SolidWorks中不允许样条曲线子相交，在绘制样条时系统会自动控制用户不要产生自相交。

当编辑拖动样条的端点意图使其自相交时，就会显示警告信息。

只能绘制不相交的样条　试图使其自相交—失败　返回到拖动之前

图5-7 发现无效的解

### 技术要点

在使用草图生成特征前，可以不需要完全标注或定义草图。但在零件完成之前，应该完全定义草图。

## 5.2 草图动态导航

在SolidWorks软件中，为了提高绘图效率，在草图中使用了动态导航（Dynamic Navigator）技术。所谓动态导航技术就是当光标位于某些特定的位置或者进行某项工作时，程序可以根据当前的命令状态、光标位置、几何元素的类型和相互关系，显示不同的光标和图形，并且自动捕捉端点、中点、交点、圆心等关键点，从而推断设计者的设计意图，引导设计者进行高效的设计。

## 5.2.1 动态导航的推理图标

动态导航在绘制草图的时候,程序可以智能地识别不同的尺寸类型,例如线性尺寸、角度尺寸等,并且还可以自动捕捉草图的位置关系,与此同时还能自动反馈信息,这些反馈信息包括光标状态、数字反馈信息和各种引导线等,这些光标或者引导线成为推理指针和推理引导线。

对于初学者而言,熟练地掌握各种推理指针和推理线所代表的含义,有着十分重要的作用。表 5-1 给出了一些在草图中常用的推理指针图标,仅供用户参考。

表 5-1 常见的推理指针

| 指针 | 名称 | 说明 | 指针 | 名称 | 说明 |
|---|---|---|---|---|---|
|  | 直线 | 绘制的是直线或者中心线 |  | 矩形 | 当前绘制的是矩形 |
|  | 多边形 | 当前绘制的是多边形 |  | 圆 | 当前绘制的是圆 |
|  | 三点圆弧 | 当前绘制的是三点圆弧 |  | 切线弧 | 当前绘制的是切线弧 |
|  | 样条曲线 | 当前绘制的是样条曲线 |  | 椭圆 | 当前绘制的是椭圆 |
|  | 点 | 当前绘制的是点 |  | 剪切 | 剪切草图实体 |
|  | 延伸 | 延伸草图实体 |  | 圆周阵列 | 表示可以圆周阵列草图 |
|  | 线性阵列 | 可以线性阵列草图 |  | 水平直线 | 可以绘制一条水平直线 |
|  | 竖直 | 可以绘制垂直直线 |  | 端点或圆心 | 捕捉到点的端点或圆心 |
|  | 重合点 | 表示当前点和某个草图重合 |  | 中点 | 表示捕捉到线段的中点 |
|  | 垂直直线 | 表示当前绘制一条直线与另一条直线垂直 |  | 平行直线 | 表示当前可以绘制一条与另一直线平行的直线 |
|  | 相切直线 | 表示可以绘制一条相切直线 |  | 尺寸 | 表示标注尺寸 |

## 5.2.2 图标的显示设置

表 5-1 所列的指针是用户在绘制草图的时候经常看见的推理指针显示符号,用户可以通过系统选项对话框中的【几何关系 / 捕捉】界面来设置,如图 5-8 所示。

在草图中使用动态导航技术也能够快速地捕捉对象,但是在捕捉的对象附近有多个关键点的时候会出现干扰,如图 5-9 所示,在捕捉原点的时候,有可以会捕捉到两侧的中点。

为了解决上述问题,SolidWorks 专门提供了过滤器的功能。通过该功能,用户可以有选择地捕捉需要的几何对象,过滤掉其他不需要的对象类型。

图 5-8 设置程序选项

常用的调用【选择过滤器】工具栏的方式是单击标准工具栏上的【切换过滤器工具栏】按钮，或者按【F5】键，都可以调出【选择过滤器】工具栏，如图 5-10 所示。该工具栏分为上下两行，上面一行的作用是控制下层按钮的状态；下层的每个按钮都代表了模型和草图中被捕捉的对象类型，如点、面、线等，当某个工具按钮被激活时，表示该按钮所代表的对象类型可以被捕捉。

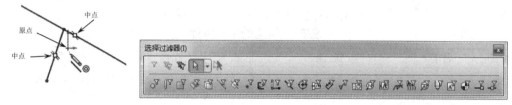

图 5-9　点的捕捉　　　　　　　　图 5-10　【选择过滤器】工具栏

### 技术要点

如果用户希望所有的草图捕捉都有效，可以单击【选择过滤器】工具栏上的【选择所有过滤器】按钮；反之，如果用户想要取消所有的过滤按钮，让所有捕捉在草图中失效，可以单击【选择过滤器】工具栏上的【清除所有过滤器】按钮。

## 5.3 草图对象的选择

在使用 SolidWorks 进行设计的时候，经常会用到选择草图、选择特征等项目，以便对其进行编辑、修改、查看属性等操作，因此选择是 SolidWorks 中非常重要的操作之一，也是程序默认的工作状态。

当正常进入草图绘制环境之后，标准工具栏上的【选择】下拉菜单中的【选择】命令处于激活状态，如图 5-11 所示。此时鼠标在工作区域以图标显示。当执行其他命令后，【选择】命令会自动进入关闭状态。

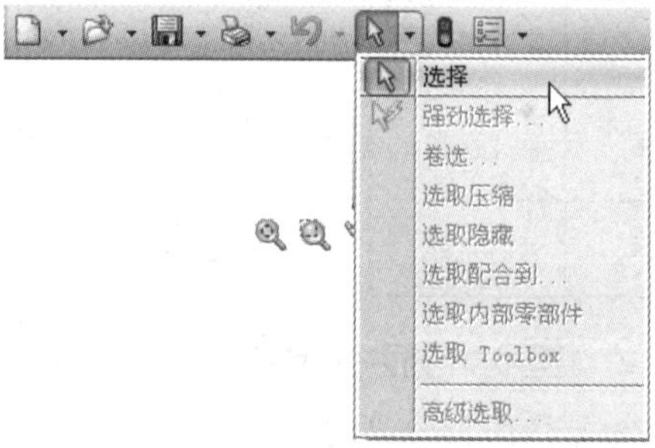

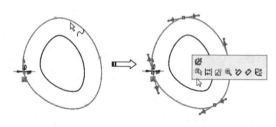

图 5-11　处于激活状态的【选择】命令

### 5.3.1 选择预览

选择是进行操作的基础，在绘制和编辑草图之前都需要进行相应的操作。在 SolidWorks 软件中，【选择】命令提供了很多方面的交互符号。当鼠标指针接近被选择的对象时，该对象会以高亮度显示，单击鼠标左键即可选中，这种功能称为选择预览，如图 5-12 所示。

图 5-12　选择预览

当选择不同类型的对象时，鼠标的显示形状也不尽相同。表 5-2 中列举了草图实体对象和指针的关系，仅供参考。

表 5-2 草图实体对象类型与鼠标指针的对应关系

| 选择对象类型 | 鼠标指针形状 | 选择对象的类型 | 鼠标指针形状 |
|---|---|---|---|
| 直线 | | 端点 | |
| 单个点 | | 圆心 | |
| 圆 | | 样条曲线 | |
| 椭圆 | | 抛物线 | |
| 面 | | 基准面 | |

### 5.3.2 选择多个对象

在 SolidWorks 2016 中，除了单个选择对象外，用户还可以同时选择多个对象。常用的操作方法有以下两种：

- 在选择对象的同时，按下【Ctrl】键不放。
- 按住鼠标左键不放，拖出一个矩形，矩形内的图形即被选中。

在使用矩形框选择对象的时候鼠标指针拖动的方向不同，代表的意思也不同。如果鼠标拖动矩形框从左到右框选草图实体时，框选显示为实线，框选的草图实体只有完全被框选才能被选中，如图 5-13（a）所示。

如果鼠标拖动矩形框从右到左框选草图实体，框选显示为虚线，在选项框内和与选项框相交的对象都能被选中，如图 5-13（b）所示。

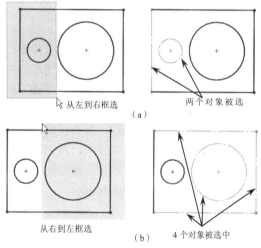

图 5-13 选择多个对象

另外，如果用户使用鼠标左键＋矩形框的方法取消选中矩形框中的对象时，可以按住【Ctrl】键依次选择需要取消的对象。

## 5.4 绘制草图基本曲线

在 SolidWorks 中，通常将草图曲线分为基本曲线和高级曲线。本节将详细介绍草图的基本曲线，包括直线、中心线、圆、圆弧和椭圆等。

### 5.4.1 直线与中心线

在所有的图形实体中，直线或中心线是最基本的图形实体。

在命令管理器的【草图】工具栏上单击【直线】按钮，程序在属性管理器显示【插入线条】面板，同时鼠标指针由箭头形状变为笔形，如图 5-14 所示。

当选择一种直线方向并绘制直线起点后，属性管理器再显示【线条属性】面板，如图 5-15 所示。

图 5-14 【插入线条】面板　　图 5-15 【线条属性】面板

### 1. 插入线条

在【插入线条】面板中各选项含义如下：

- 按绘制原样：就是按设计者的意图进行绘制的方法。可以使用【单击 - 拖动】方法和【单击 - 单击】方法。
- 水平：绘制水平线，直到释放鼠标。无论使用何种绘制模式，且光标在窗口中的任意位置，都只能绘制出单条水平直线，如图 5-16 所示。

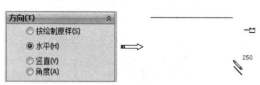

图 5-16　绘制水平直线

### 技术要点

正常情况下，未选择此单选按钮，要绘制水平直线，光标在水平位置平移即可，但光标不能远离锁定的水平线。远离了就只能绘制斜线了。

- 竖直：绘制竖直线，直到释放指针。无论使用何种绘制模式，都只能绘制出单条竖直直线。
- 角度：以与水平线成一定角度绘制直线，直到释放鼠标。可以使用【单击 - 拖动】模式和【单击 - 单击】模式。
- 作为构造线：选中此复选框将生成一条构造线。
- 无限长度：勾选此复选框可生成一条可修剪的没有端点的直线。

### 技术要点

【方向】选项组的某些选项和【选项】选项组的【无限长度】选项将会辅以【快速捕捉】工具。

### 2. 线条属性

绘制直线或中心线起点后，显示【线条属性】面板，此面板中各选项含义如下：

- 【现有几何关系】选项组：所绘制的直线是否有水平、垂直约束，若有则将显示在列表中。
- 【添加几何关系】选项组：在【添加几何关系】选项组包括有水平、竖直和固定 3 种约束。任选一种约束，直线将按约束来进行绘制。
- 【参数】选项组：该选项组包括【长度】选项 和【角度】选项 ，如图 5-17 所示。其中【长度】选项用于输入直线的精确值；【角度】选项用于输入直线与水平线之间的角度值。当【方向】为水平或竖直时，【角度】选项不可用。
- 【额外参数】选项组：该选项组用于设置直线端点在坐标系中的参数，如图 5-18 所示。

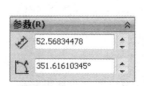

图 5-17 【参数】选项组　　图 5-18 【额外参数】选项组

中心线用作草图的辅助线，其绘制过程不仅与直线相同，其属性管理器中的操控面板也是相同的。不同的是，使用【中心线】草图命令生成的仅是中心线。因此，这里就不再对中心线进行详细描述了。

利用【直线】命令，不但可以绘制直线，还可以绘制圆弧。下面通过实训操作详解如何绘制。

**动手操作——利用【直线】、【中心线】命令绘制直线、圆弧图形**

操作步骤：

**01** 新建 SolidWorks 零件文件。

**02** 在【草图】选项卡中单击【草图绘制】按钮，选择前视基准平面作为草图平面，自动进入草绘环境中，如图 5-19 所示。

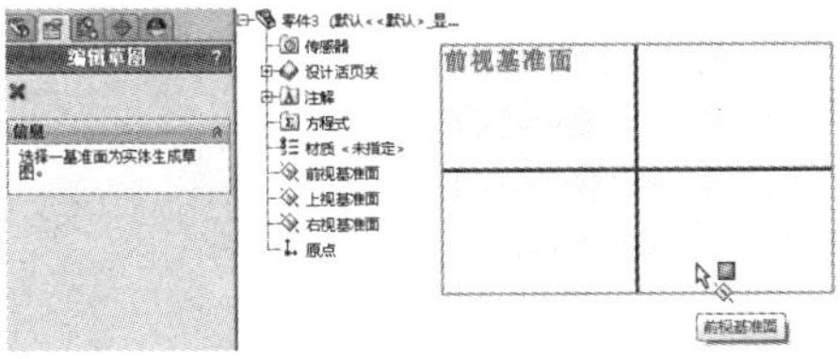

图 5-19 选择草图平面

**03** 单击【中心线】按钮，在【插入】面板中选择【水平】单选按钮，再输入长度值 100，然后在原点上单击，直至光标向左，即可完成水平中心线的绘制，如图 5-20 所示。

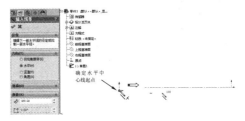

图 5-20 绘制水平中心线

**04** 同理，继续绘制中心线，结果如图 5-21 所示。

**05** 单击【直线】按钮，然后绘制如图 5-22 所示的 3 条连续直线，但不要终止【直线】命令。

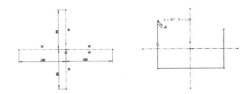

图 5-21 绘制其余中心线　　图 5-22 绘制直线

### 技术要点

不终止命令，是想将直线绘制自动转换成圆弧绘制。

**06** 在没有终止【直线】命令的情况下，并将在绘制下一直线时，光标移动到该直线的起点位置，然后重新移动光标，此时看见即将绘制的曲线非直线而是圆弧，如图 5-23 所示。

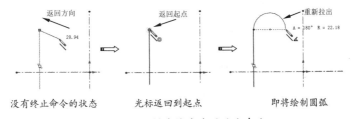

没有终止命令的状态　　光标返回到起点　　即将绘制圆弧

图 5-23 绘制连续直线时改变命令

### 技术要点

绘制连续直线时，当光标返回到直线起点后，会因拖动光标的方向不同而产生不同的圆弧，如图 5-24 所示为几个不同方向所产生的圆弧绘制效果。

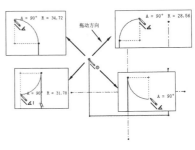

图 5-24 拖动光标由几种不同方向而生成的圆弧情况

**技术要点**

但当拖动光标作水平或竖直移动时，不再生成连续直线，更不会生成连接圆弧，而是重新绘制新的直线，如图5-25所示。

**07** 同理，当绘制完圆弧后又变为直线绘制，此时只需要再重复上一步骤的操作，即可再绘制出相切的连接圆弧，直至完成多个连续圆弧的绘制，结果如图5-26所示。

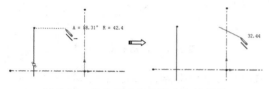

图 5-25 水平拖动光标所产生的结果

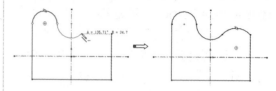

图 5-26 完成相切连接圆弧的绘制

**08** 最后退出草图，并保存文件。

### 5.4.2 圆与周边圆

在草图模式中，SolidWorks 向用户提供了两种圆工具：圆和周边圆。按绘制方法不可，可将圆分为【中心圆】类型和【周边圆】类型。实际上【周边圆】工具就是【圆】工具当中的一种。

在命令管理器的【草图】工具栏上单击【圆】按钮 ⊙，程序在属性管理器显示【圆】面板，同时鼠标指针由箭头形状 ▷ 变为笔形 ✎，如图 5-27 所示。

在【圆】面板中，包括两种圆的绘制类型：圆和周边圆。

**1．圆**

【圆】类型是以圆心及圆上一点的方式来绘制圆的。【圆】类型的各选项设置、按钮命令的含义如下：

图 5-27 【圆】面板

- 现有几何关系：当绘制的圆与其他曲线有几何约束关系时，程序会将几何关系显示在列表框中。通过该列表框，用户还可以删除所有约束和单个约束，如图 5-28 所示。
- 固定关系：单击此按钮，可将欠定义的圆进行固定，使其完全定义。固定后的圆不再允许被编辑，如图 5-29 所示。

图 5-28 删除现有几何关系

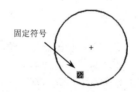
图 5-29 固定欠定义的圆

- X 坐标置中 ⊙ₓ：圆心在 X 坐标上的参数值，用户可更改此值。
- Y 坐标置中 ⊙ᵧ：圆心在 Y 坐标上的参数值，用户可更改此值。

- 半径 ⚲：圆的半径值，用户可以更改此值。

选择【圆】类型来绘制圆，首先指定圆心位置，然后拖动指针来指定圆的半径，当选择一个位置定位圆上一点时，圆绘制完成，如图 5-30 所示。在【圆】面板没有关闭的情况下，用户可继续绘制圆。

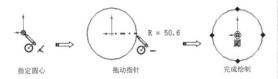

图 5-30　圆的绘制过程

### 技术要点

在对面板中的选项及按钮命令进行解释时，若有与前面介绍的选项相同的选项，此处不再介绍。同理，后面若有相同的选项，也不再重复介绍，除有特殊意义外。

#### 2．周边圆

【周边圆】类型的选项设置与【圆】类型的相同。【周边圆】类型是通过设定圆上 3 个点的位置或坐标来绘制圆的。

例如，首先在图形区域指定一点作为圆上第一点，拖动指针以指定圆上第二点，单击鼠标后再拖动指针以指定第三点，最后单击鼠标完成圆的绘制，其过程如图 5-31 所示。

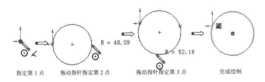

图 5-31　绘制周边圆的过程

**动手操作——利用【圆】命令和【周边圆】绘制草图**

操作步骤：

**01** 新建零件文件。

**02** 单击【草图绘制】按钮，再选择前视基准面作为草图平面，进入草图环境中。

**03** 单击【圆】按钮，然后绘制如图 5-32 所示的 3 组同心圆，暂且不管圆的尺寸及位置。

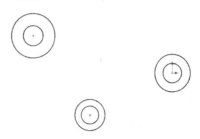

图 5-32　绘制圆

**04** 标注尺寸。单击【智能尺寸】按钮，然后对圆进行尺寸约束（将在后面章节详解尺寸约束的用法），结果如图 5-33 所示。

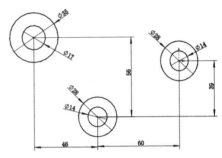

图 5-33　尺寸约束绘制的圆

**05** 再绘制一个直径为 14 的圆，如图 5-34 所示。

**06** 利用前面介绍的连续直线绘制方法，单击【直线】按钮，绘制出如图 5-35 所示的直线和圆弧。

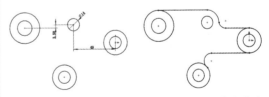

图 5-34　绘制圆　　图 5-35　绘制连续直线

**07** 单击【添加几个关系】按钮（后面章节中详解其用法），对绘制的连续直线使用几何约束，结果如图 5-36 所示。

**08** 同理，继续选择圆弧与圆进行同心几何约束，如图 5-37 所示。

### 技术要点

必须先进行几何约束，再进行尺寸约束。否则绘制会产生过定义约束。

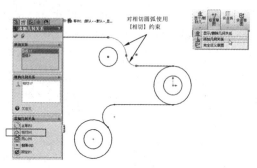

图 5-36　几何约束圆弧

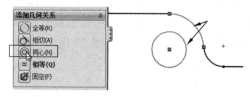

图 5-37　同心约束圆与圆弧

**09** 对下面的圆弧和圆也添加【相切】几何约束关系，如图 5-38 所示。

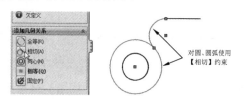

图 5-38　添加相切几何约束

**10** 利用【智能尺寸】命令，对约束后的圆弧进行尺寸约束，结果如图 5-39 所示。

**11** 单击【周边圆】按钮，然后创建一个圆。暂且不管圆大小，但须与附近的两个圆公切，如图 5-40 所示。

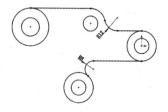

图 5-39　使用尺寸约束

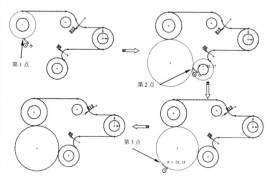

图 5-40　绘制周边圆

**12** 对绘制的周边圆应用尺寸约束，如图 5-41 所示。

**13** 单击【剪裁实体】按钮 ，最后对周边圆进行修剪，结果如图 5-42 所示。

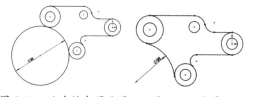

图 5-41　尺寸约束周边圆　　图 5-42　修剪周边圆

### 5.4.3　圆弧

圆弧为圆上的一段弧，SolidWorks 向用户提供了 3 种圆弧绘制方法：圆心/起点/终点画弧、切线弧和 3 点圆弧。

在命令管理器的【草图】工具栏上单击【圆心/起点/终点画弧】按钮 ，程序在属性管理器显示【圆弧】面板，同时鼠标指针由箭头形状 变为【笔形】 ，如图 5-43 所示。

在【圆弧】面板中，包括 3 种圆的绘制类型：圆心/起点/终点画弧、切线弧和 3 点画弧。

**1. 圆心/起点/终点画弧**

【圆心/起点/终点画弧】类型是以圆心、起点和终

图 5-43　【圆弧】面板

点方式来绘制圆的。如果圆弧不受几何关系约束，用户可在【参数】选项组中指定以下参数：

- X 坐标置中 ⊙ₓ：圆心在 X 坐标上的参数值。
- Y 坐标置中 ⊙ᵧ：圆心在 Y 坐标上的参数值。
- 开始 X 坐标 ⊙ₓ：起点在 X 坐标上的参数值。
- 开始 Y 坐标 ⊙ᵧ：起点在 Y 坐标上的参数值。
- 结束 X 坐标 ⊙ₓ：终点在 X 坐标上的参数值。
- 结束 Y 坐标 ⊙ᵧ：终点在 Y 坐标上的参数值
- 半径 ⊙：圆的半径值，用户可以更改此值。
- 角度 △：圆弧所包含的角度。

选择【圆心/起点/终点画弧】类型来绘制圆弧，首先指定圆心位置，然后拖动指针来指定圆弧起点（同时也确定了圆的半径），指定起点后再拖动指针指定圆弧的终点，如图 5-44 所示。

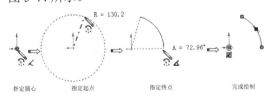

图 5-44　圆弧的绘制过程

### 技术要点

在绘制圆弧的面板还没有关闭的情况下，是不能使用指针来修改圆弧的。若要使用指针修改圆弧，必须先关闭面板，再编辑圆弧。

#### 2. 切线弧

【切线弧】类型的选项与【圆心/起点/终点画弧】类型的选项相同。切线弧是与直线、圆弧、椭圆或样条曲线相切的圆弧。

绘制切线弧的过程是，首先在直线、圆弧、椭圆或样条曲线的终点上单击以指定圆弧起点，接着再拖动鼠标以指定相切圆弧的终点，释放鼠标后完成一段切线弧的绘制，如图 5-45 所示。

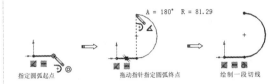

图 5-45　绘制一段切线弧的过程

### 技术要点

在绘制切线弧之前，必须先绘制参照曲线，如直线、圆弧、椭圆或样条曲线，否则程序会弹出警告提示，如图 5-46 所示。

当绘制第一段切线弧后，【切线弧】命令仍然处于激活状态。若用户需要创建多段相切的圆弧，在没有中断切线弧绘制的情况下继续绘制出第二、三等段切线弧，此时可按【Esc】键或双击鼠标或选择右键菜单中的【选择】命令，以结束切线弧的绘制，如图 5-47 所示为按用户需要来绘制的多段切线弧。

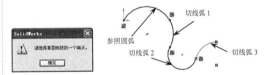

图 5-46　警告提示框　　图 5-47　绘制的多段切线弧

#### 3. 3 点画弧

【3 点画弧】类型也具有与【圆心/起点/终点画弧】类型相同的选项设置，【3 点画弧】类型是以指定圆弧的起点、终点和中点的绘制方法。

绘制 3 点画弧的过程是，首先指定圆弧起点，接着再拖动鼠标以指定相切圆弧的终点，最后拖动鼠标再指定圆弧中点，如图 5-48 所示。

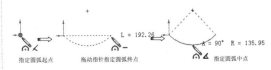

图 5-48　绘制 3 点画弧的过程

## 5.4.4 椭圆与部分椭圆

椭圆或椭圆弧是由两个轴和一个中心点定义的，椭圆的形状和位置由3个因素决定：中心点、长轴、短轴。椭圆轴决定了椭圆的方向，中心点决定了椭圆的位置。

### 1. 椭圆

在命令管理器的【草图】工具栏上单击【椭圆】按钮，指针由箭头形状变成。

在图形区域指定一点作为椭圆中心点，属性管理器中将灰显【椭圆】面板，直至在图形区域依次指定长轴端点和短轴端点完成椭圆的绘制后，【椭圆】面板才亮显，如图5-49所示。

在图形区域指定一点作为椭圆中心点，属性管理器中将灰显【椭圆】面板，直至在图形区域依次指定长轴端点、短轴端点、椭圆弧起点和终点并完成椭圆弧的绘制后，属性管理器亮显【椭圆】面板，如图5-50所示。

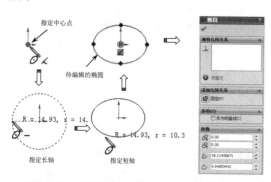

图5-49 绘制椭圆后亮显的【椭圆】面板

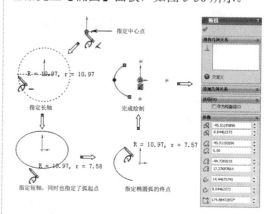

图5-50 绘制部分椭圆后显示的【椭圆】面板

【椭圆】面板中【参数】选项组中的选项含义如下：

- 作为构造线：选中此复选框，绘制的椭圆将转换为构造线（与中心线类型相同）。
- X坐标：中心点在X轴中的坐标值。
- Y坐标：中心点在Y轴中的坐标值。
- 半径1：椭圆长轴半径。
- 半径2：椭圆短轴半径。

### 2. 部分椭圆

与绘制椭圆的过程类似，部分椭圆不但要指定中心点、长轴端点和短轴端点，还需指定椭圆弧的起点和终点。【部分椭圆】的绘制方法与【圆心/起点/终点画弧】是相同的。

在命令管理器的【草图】工具栏上单击【部分椭圆】按钮；指针由箭头形状变成。

**技术要点**

在指定椭圆弧的起点和终点时，无论指针是否在椭圆轨迹上，都将产生弧的起点与终点。这是因为起点和终点是按中心点至指针的连线与椭圆相交而产生的，如图5-51所示。

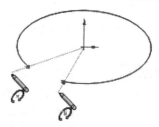

图5-51 椭圆弧起点和终点的指定

**动手操作——利用【圆弧】、【椭圆】、【椭圆弧】绘制草图**

操作步骤：

01 新建零件文件。

02 选择前视基准面为草图平面，进入草图环境。

**03** 利用【圆】命令绘制如图 5-52 所示的同心圆。

**04** 单击【椭圆】按钮，然后选取同心圆的圆心作为椭圆的圆心，创建出如图 5-53 所示的椭圆。

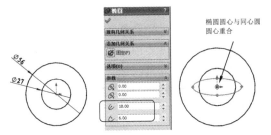

图 5-52　绘制同心圆　　图 5-53　创建椭圆

**05** 单击【圆心/起点/终点画弧】按钮，然后绘制圆弧 1，并将圆弧进行尺寸约束。结果如图 5-54 所示。

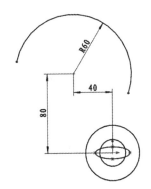

图 5-54　绘制圆弧 1 并进行尺寸约束

**06** 再利用【圆心/起点/终点画弧】命令，绘制如图 5-55 所示的圆弧 2。

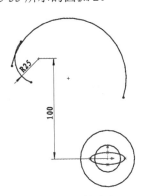

图 5-55　绘制圆弧 2

**07** 利用几何约束，将圆弧 2 与圆弧进行相切约束，如图 5-56 所示。

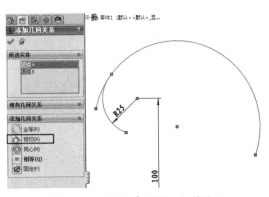

图 5-56　几何约束圆弧 1 和圆弧 2

### 技术要点

进行相切约束之前，删除部分尺寸约束后，需要对圆弧 1 使用【固定】约束关系。否则圆弧 1 的位置会产生移动。

**08** 单击【3 点画弧】按钮，然后绘制如图 5-57 所示的两轴圆弧。

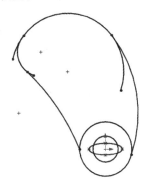

图 5-57　绘制圆弧

**09** 利用尺寸约束和几何约束命令，对两段圆弧分别进行尺寸标注和相切约束，结果如图 5-58 所示。

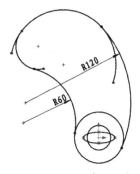

图 5-58　使用尺寸约束和几何约束

**10** 利用【修剪实体】命令，对整个图形进行修剪，结果如图 5-59 所示。

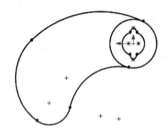

图 5-59　修剪实体

### 5.4.5　抛物线与圆锥双曲线

抛物线与圆、椭圆及双曲线在数学方程中同为二次曲线。二次曲线是由截面截取圆锥所形成的截线，二次曲线的形状由截面与圆锥的角度决定，同时在平行于上视基准面、右视基准面上设定的点来定位。一般二次曲线圆、椭圆、抛物线和双曲线的截面示意图如图 5-60 所示。

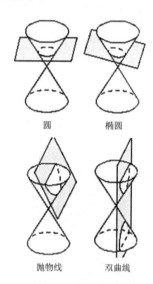

图 5-60　一般二次曲线的截面示意图

用户可通过以下命令方式来执行【抛物线】命令：

- 在命令管理器的【草图】工具栏上单击【抛物线】按钮 ⋃。
- 在【草图】工具栏上单击【抛物线】按钮 ⋃。
- 在菜单栏执行【工具】|【草图绘制实体】|【抛物线】命令。

当用户执行【抛物线】命令后，指针由箭头形状 ↖ 变成 ⋃。在图形区域首先指定抛物线的焦点，接着拖动鼠标指定抛物线顶点，指定顶点后将显示抛物线的轨迹，此时用户根据轨迹来截取需要的抛物线段，截取的线段就是绘制完成的抛物线。完成抛物线的绘制后，在属性管理器将显示【抛物线】面板，如图 5-61 所示。

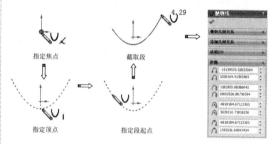

图 5-61　绘制抛物线后显示【抛物线】面板

【抛物线】面板中各选项含义如下：

- 开始 X 坐标：抛物线截取段起点的 X 坐标。
- 开始 Y 坐标：抛物线截取段起点的 Y 坐标。
- 结束 X 坐标：抛物线截取段终点的 X 坐标。
- 结束 Y 坐标：抛物线截取段终点的 Y 坐标。
- 中央 X 坐标：抛物线焦点的 X 坐标。
- 中央 Y 坐标：抛物线焦点的 Y 坐标。
- 顶点 X 坐标：抛物线顶点的 X 坐标。
- 顶点 Y 坐标：抛物线顶点的 Y 坐标。

**技术要点**

用户可以拖动抛物线的控标，以此更改抛物线。

## 5.5 绘制草图高级曲线

所谓高级曲线，是指在使用 SolidWorks 设计的过程中不常用的曲线类型，包括矩形、槽口曲线、多边形、样条曲线、抛物线、交叉曲线、圆角、倒角和文本。

### 5.5.1 矩形

SolidWorks 向用户提供了 5 种矩形绘制类型，包括边角矩形、中心矩形、3 点边角矩形、3 点中心矩形和平行四边形。

在命令管理器的【草图】工具栏上单击【矩形】按钮，指针由箭头形状变成。在属性管理器中显示【矩形】面板，但该面板【参数】选项组灰显，当绘制矩形后面板完全亮显，如图 5-62 所示。

通过该面板可以为绘制的矩形添加几何关系，【添加几何关系】选项组的选项如图 5-63 所示。还可以通过参数设置对矩形重定义，【参数】选项组的选项如图 5-64 所示。

图 5-62 【矩形】面板　　图 5-63 【添加几何关系】选项组　　图 5-64 【参数】选项组

【参数】选项组各选项含义如下：

- X 坐标：矩形中 4 个顶点的 X 坐标值。
- Y 坐标：矩形中 4 个顶点的 Y 坐标值。
- 中心点 X 坐标：矩形中心点 X 坐标值。
- 中心点 Y 坐标：矩形中心点 Y 坐标值。

在【矩形】面板的【矩形类型】选项组包含 5 种矩形绘制类型，如表 5-3 所示。

表 5-3　5 种矩形的绘制类型

| 类型 | 图解 | 说明 |
| --- | --- | --- |
| 边角矩形 | | 是指定矩形对角点来绘制标准矩形。在图形区域指定一个位置以放置矩形的第一个角点，拖动鼠标使矩形的大小和形状正确，然后单击以指定第二个角点，完成边角矩形的绘制 |
| 中心矩形 | | 以中心点与一个角点的方法来绘制矩形。在图形区域指定一个位置以放置矩形中心点，拖动鼠标使矩形的大小和形状正确，然后单击以指定矩形的一个角点，完成边角矩形的绘制 |

续表

| 类型 | 图解 | 说明 |
|---|---|---|
| 3 点边角矩形 | | 以 3 个角点来确定矩形的方式。其绘制过程是，在图形区域指定一个位置作为第一角点，拖动鼠标以指定第 2 角点，再拖动指针以指定第三角点，指定 3 个角点后立即生成矩形 |
| 3 点中心矩形 | | 以所选的角度绘制带有中心点的矩形。其绘制过程是，在图形区域指定一个位置作为中心点，拖动鼠标在矩形平分线上指定中点，然后再拖动鼠标以一定角度移动来指定矩形角点 |
| 平行四边形 | | 以指定 3 个角度的方法来绘制 4 条边两两平行且不相互垂直的平行四边形。平行四边形的绘制过程是，首先在图形区域指定一个位置作为第一角点，拖动鼠标指定第二角点，然后再拖动鼠标以一定角度移动来指定第三角点，完成绘制 |

### 5.5.2 槽口曲线

槽口曲线工具是用来绘制机械零件中键槽特征的草图。SolidWorks 向用户提供了 4 种槽口曲线绘制类型，包括直槽口、中心点槽口、3 点圆弧槽口和中心点圆弧槽口等。

在命令管理器的【草图】工具栏上单击【直槽口】按钮，指针由箭头形状变成，且在属性管理器显示【槽口】面板，如图 5-65 所示。

【槽口】面板中包含 4 种槽口类型，【3 点圆弧槽口】、【中心点圆弧槽口】类型的选项设置与【直槽口】、【中心点槽口】类型的选项设置（图 5-65）不同，如图 5-66 所示。

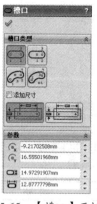

图 5-65　【槽口】面板　　图 5-66　【中心点圆弧槽口】类型选项设置

【槽口】面板中各选项、按钮的含义如下：

- 添加尺寸：选中此复选框，将显示槽口的长度和圆弧尺寸。
- 中心到中心：以两个中心间的长度作为直槽口的长度尺寸。
- 总长度：以槽口的总长度作为直槽口的长度尺寸。
- X 坐标置中：槽口中心点的 X 坐标。
- Y 坐标置中：槽口中心点的 Y 坐标。
- 圆弧半径：槽口圆弧的半径。

- 圆弧角度：槽口圆弧的角度。
- 槽口宽度：槽口的宽度。
- 槽口长度：槽口的长度。

#### 1. 直槽口

【直槽口】类型是以两个端点来绘制槽的。绘制过程如图5-67所示。

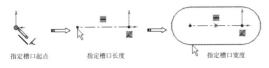

图5-67 绘制直槽口

#### 2. 中心点槽口

【中心点槽口】类型是以中心点和槽口的一个端点来绘制槽的。绘制方法是，在图形区域指定某位置作为槽口的中心点，然后移动鼠标指定槽口的另一端点，在指定端点后再移动鼠标指定槽口宽度，如图5-68所示。

图5-68 绘制中心点槽口

**技术要点**

在指定槽口宽度时，指针无须在槽口曲线上，也可以是离槽口曲线很远的位置（只要是在宽度水平延伸线上即可）。

#### 3. 3点圆弧槽口

【3点圆弧槽口】类型是在圆弧上用3个点绘制圆弧槽口的。其绘制方法是，在图形区域单击，指定圆弧的起点，通过移动鼠标指定圆弧的终点并单击，接着移动鼠标指定圆弧的第三点再单击，最后移动鼠标指定槽口宽度，如图5-69所示。

图5-69 绘制3点圆弧槽口

#### 4. 中心点圆弧槽口

【中心点圆弧槽口】类型是用圆弧半径的中心点和两个端点绘制圆弧槽口的。其绘制方法是，在图形区域单击，指定圆弧的中心点，通过移动鼠标指定圆弧的半径和起点，接着通过移动鼠标指定槽口长度并单击，再移动鼠标指定槽口宽度并单击以生成槽口，如图5-70所示。

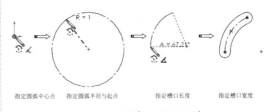

图5-70 绘制中心点圆弧槽口

### 5.5.3 多边形

在【草图】工具栏中的【多边形】工具，是用来绘制圆的内切或外接正多边形的，边数在3～40之间。

在命令管理器的【草图】工具栏上单击【多边形】按钮；指针由箭头形状变成，且在属性管理器显示【多边形】面板，如图5-71所示。

【多边形】面板中各选项含义如下：

- 边数：通过单击上调、下调按钮或输入值来设定多边形中的边数。
- 内切圆：在多边形内显示内切圆以定义多边形的大小。圆为构造几何线。
- 外接圆：在多边形外显示外接圆以定义多边形的大小。圆为构造几何线。
- X坐标置中：多边形的中心点在X坐标上的值。
- Y坐标置中：多边形的中心点在Y坐标上的值。
- 圆直径：设定内切圆或外接圆的直径。

- 角度：多边形的旋转角度。
- 新多边形：单击此按钮以生成另外的坐标系。

绘制多边形，需要指定3个参数：中点、圆直径和角度。例如要绘制一个正三角形，首先在图形区域指定正三角形中点，然后拖动鼠标指定圆的直径，并旋转正三角形使其符合要求，如图5-72所示。

图5-71 【多边形】面板

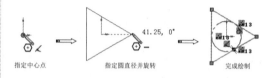

图5-72 绘制正三角形

**技术要点**

多边形是不存在任何几何关系的。

### 5.5.4 样条曲线

样条曲线是使用诸如通过点或根据极点的方式来定义的曲线，也是方程式驱动的曲线。SolidWorks向用户提供了两种样条曲线的生成和方法：多点样条曲线和方程式驱动的曲线。

#### 1. 多点样条曲线

通过使用【样条曲线】工具，用户可以绘制由两个或两个以上极点构成的样条曲线。

在命令管理器的【草图】工具栏上单击【样条曲线】按钮，指针由箭头形状变成，当绘制了样条曲线且双击鼠标后，在属性管理器显示【样条曲线】面板，如图5-73所示。

【样条曲线】面板中各选项含义如下：

- 作为构造线：选中此复选框，绘制的曲线将作为参考曲线使用。
- 显示曲率：选中此复选框，Property Manager将曲率检查梳形图添加到样条曲线，如图5-74所示。
- 保持内部连续性：选中此复选框，曲率比例逐渐减小，如图5-75所示；取消选中此复选框，则曲率比例大幅度减小，如图5-76所示。
- 样条曲线控制点数：在图形区域中高亮显示所选样条曲线点。
- X坐标：指定样条曲线起点的X坐标。

图5-73 【样条曲线】面板

图 5-74 显示曲率梳

图 5-75 逐渐减小曲率　　图 5-76 大幅减小曲率

- Y 坐标：指定样条曲线起点的 Y 坐标。
- 曲率半径：在任何样条曲线点控制曲率半径。
- 曲率：在曲率控制所添加的点处显示曲率度数。

**技术要点**

【曲率半径】选项、【曲率】选项，仅从【样条曲线工具】工具栏或快捷菜单选择【添加曲率控制】命令，并将曲率指针添加到样条曲线时才出现，如图 5-77 所示。

- 相切重量 1：通过修改样条曲线点处的样条曲线曲率度数来控制左相切向量。
- 相切重量 2：通过修改样条曲线点处的样条曲线曲率度数来控制右相切向量。
- 相切径向方向：通过修改相对于 X、Y 或 Z 轴的样条曲线倾斜角度来控制相切方向。
- 相切驱动：当【相切重量】和【相切径向方向】选项被激活时，该复选框被激活，主要用于样条曲线的相切控制。
- 重设此控标：单击此按钮，将所选样条曲线控标重返到其初始状态。
- 重设所有控标：单击此按钮，将所有样条曲线控标重返到其初始状态。
- 弛张样条曲线：如果拖动样条曲线控标使其不平滑，可单击此按钮以将形状重新参数化（平滑），如图 5-78 所示。【弛张样条曲线】命令可通过拖动控制多边形上的节点而重新使用。

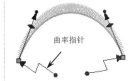 

图 5-77 添加曲率指针　　图 5-78 弛张样条曲线

- 成比例：拖动端点时保留样条曲线形状。整个样条曲线会按比例调整大小。

## 非均匀有理 B 样条曲线

　　SolidWorks 中的样条为 NURBS 样条曲线（非均匀有理 B 样条曲线）。B 样条曲线拟合逼真，形状控制方便，是 CAD/CAM 领域描述曲线和曲面的标准。

　　样条阶次是指定义样条曲线多项式公式的次数，UG 最高的样条阶次为 24 次，通常为 3 次样条。由不同幂指数变量组成的表达式称为多项式。多项式中最大指数被称为多项式的阶次。例如：

$7X^2+5-3=35$（阶次为 2）　　　　　　$2t^3-3t^2+t=6$（阶次为 3）

　　曲线的阶次用于判断曲线的复杂程度，而不是精确程度。对于 1、2、3 次曲线，可以判断曲线的顶点和曲率反向的数量。例如：

顶点数 = 阶次 -1　　　　　　　　曲率反向点 = 阶次 -2

低阶次曲线的优点如下：

- 更加灵活。
- 更加靠近它们的极点。
- 后续操作（加工和显示等）运行速度更快。
- 便于数据转换，因为许多系统只接受 3 次曲线。

高阶次曲线的缺点：

- 灵活性差。
- 可能引起不可预见的曲率波动。
- 造成数据转换问题。
- 导致后续操作执行速度减缓。

（1）样条曲线的段数

样条曲线的段数可以采用单段或多段的方式来创建。

- 单段方式：单段样条的阶次由定义点的数量控制，阶次 = 顶点数 −1，因此单段样条最多只能使用 25 个点。这种方式受到一定的限制。定义的数量越多，样条的阶次就越高，样条形状就会出现意外结果，所以一般不采用，另外单段样条不能封闭。
- 多段方式：多段样条的阶次由用户指定（≤24），样条定义点的数量没有限制，但至少比阶次多一点（如 5 次样条，至少需要 6 个定义点）。在汽车设计中，一般采用 3~5 次样条曲线。

（2）定义点

定义样条曲线的极点，在图形区域任意选择位置以设定极点，还可以通过选择样条曲线上的点进行坐标编辑。

（3）节点

在样条每段上的端点，主要是针对多段样条而言，单段样条只有两个节点，即起点和终点。

### 2. 方程式驱动曲线

方程式驱动曲线是通过定义曲线的方程式来绘制的曲线。用户可通过以下命令方式来执行【方程式驱动曲线】命令：

- 在命令管理器的【草图】工具栏上单击【方程式驱动曲线】按钮 。
- 在【草图】工具栏上单击【方程式驱动曲线】按钮 。
- 在菜单栏执行【工具】|【草图绘制实体】|【方程式驱动曲线】命令。

执行【方程式驱动曲线】命令后，在属性管理器显示【方程式驱动曲线】面板。该面板中包括两种方程式驱动曲线的绘制类型：显性和参数性。【显性】类型的选项设置如图 5-79 所示。【参数性】类型的选项设置如图 5-80 所示。

图 5-79 【显性】类型的选项设置

图 5-80 【参数性】类型的选项设置

在【参数】选项组中每个选项含义如下：

- 输入方程式作为 X 的函数 $y_x$：定义曲线方程式，Y 是 X 的函数。

- 为方程式输入开始 X 值 $X_1$ 和结束 X 值 $X_2$：为方程式指定 1 的数值范围，其中 1 为起点，2 为终点（例如，$X_1=0$，$X_2=2*pi$）。
- 输入方程式作为 t 的函数 $X_t$、$Y_t$：定义曲线方程式，X、Y 是 t 的函数。
- 为方程式输入开始参数 $t_1$ 和结束参数 $t_2$：为方程式指定 1 和 2 的数值范围。
- 选取以在曲线上锁定/解除锁定开始点位置：在曲线上锁定或解除锁定起点的位置。
- 选取以在曲线上锁定/解除锁定结束点位置：在曲线上锁定或解除锁定终点的位置。

### 3.【显性】类型

【显性】类型是通过为范围的起点和终点定义 X 值、Y 值沿 X 值的范围而计算。【显性】类型方程主要包括正弦函数、一次函数和二次函数。

例如在方程式文本框输入【2*sin(3*x+pi/2)】，然后在 $X_1$ 文本框输入【-pi/2】，在 $X_1$ 文本框中输入【pi/2】，单击【确定】按钮后生成正弦函数的方程式曲线，如图 5-81 所示。

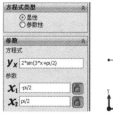 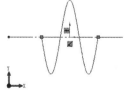

图 5-81　绘制正弦函数的方程式曲线

### 技术要点

当用户输入错误的方程式后，错误的方程式将以红色显示。正确的方程式应是黑色字体。若强制执行错误的方程式，属性管理器将提示【方程式无效，请输入正确方程式】。

### 4.【参数性】类型

【参数性】类型为范围的起点和终点定义 T 值。【参数性】类型方程包括阿基米德螺线、渐开线、螺旋线、圆周曲线，以及星形线、叶形曲线等。

用户可为 X 值定义方程式，并为 Y 值定义另一个方程式，两者方程式都沿 T 值范围求解。例如绘制阿基米德螺旋线，在【参数】选项组输入阿基米德螺旋线方程式（Xt=10*(1+t)*cos(t*2*pi)、Yt=10*(1+t)*sin(t*2*pi)、$T_1=0$、$T_2=2$）后，单击【确定】按钮后生成曲线，如图 5-82 所示。

 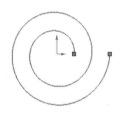

图 5-82　绘制阿基米德螺旋线

## 5.5.5　绘制圆角

绘制圆角工具在两个草图曲线的交叉处剪裁掉角部，从而生成一个切线弧。此工具在二维和三维草图中均可使用。

用户可通过以下命令方式来执行【绘制圆角】命令：

- 在命令管理器的【草图】工具栏上单击【绘制圆角】按钮。
- 在主界面的【草图】工具栏上单击【绘制圆角】按钮。
- 在菜单栏执行【工具】|【草图工具】|【绘制圆角】命令。
- 在笔势指南中选择【绘制圆角】笔势。

执行【绘制圆角】命令后，在属性管理器显示【绘制圆角】面板，如图 5-83 所示。

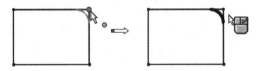

图 5-85　选取顶点以绘制圆角曲线

图 5-83　【绘制圆角】面板

### 5.5.6　绘制倒角

用户可以使用【绘制倒角】工具在草图曲线中绘制倒角。SolidWorks 提供两种定义倒角参数类型：【角度距离】和【距离-距离】。

在命令管理器的【草图】工具栏上单击【绘制倒角】按钮，在属性管理器显示【绘制倒角】面板。【绘制倒角】面板的【倒角参数】选项组中包括【角度距离】和【距离-距离】两个单选按钮。【角度距离】参数选项如图 5-86 所示。【距离-距离】参数选项如图 5-87 所示。

【绘制圆角】面板中各选项含义如下：

- 要圆角化的实体：当选取一个草图实体时，它出现在该列表框中。
- 圆角参数：可在此数值框中输入值以控制圆角半径。
- 保持拐角处的约束条件：如果顶点具有尺寸或几何关系，将保留虚拟交点。如果消除选择，且顶点具有尺寸或几何关系，将会询问用户是否想在生成圆角时删除这些几何关系。
- 标注每个圆角的尺寸：将尺寸添加到每个圆角，当消除选定时，在圆角之间添加相等几何关系。

图 5-86　【角度距离】　　图 5-87　【距离-距离】
　　　参数选项　　　　　　　　参数选项

两种参数选项设置中的选项含义如下：

- 角度距离：将按角度参数和距离参数来定义倒角，如图 5-88（a）所示。
- 距离-距离：将按距离参数和距离参数来定义倒角，如图 5-88（b）所示。
- 相等距离：将按相等的距离来定义倒角，如图 5-88（c）所示。

**技术要点**

具有相同半径的连续圆角不会单独标注尺寸，它们自动与该系列中的第一个圆角具有相等几何关系。

要绘制圆角，首先得绘制要圆角处理的草图曲线。例如要在矩形的一个顶点位置绘制出圆角曲线，选择的方法大致有两种：一种是选择矩形两条边，如图 5-84 所示。另一种则是选取矩形顶点，如图 5-85 所示。

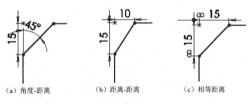

(a) 角度-距离　　(b) 距离-距离　　(c) 相等距离

图 5-88　倒角参数

- 距离 1：设置【角度-距离】的距离参数。

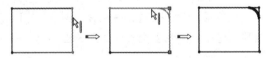

图 5-84　选择边以绘制圆角曲线

- 方向1角度：设置【角度-距离】的角度参数。
- 距离1：设置【距离-距离】的距离1参数。
- 距离2：设置【距离-距离】的距离2参数。

与绘制倒圆的方法一样，绘制倒角也可以通过选择边或选取顶点来完成。

### 技术要点

在为绘制倒角而选择边时，可以一个一个地选择，也可以按住【Ctrl】键连续选择。

**动手操作——绘制轴承座草图**

本例将要完成轴承座的图形绘制，完成后如图5-89所示。

图5-89 轴承座

操作步骤：

**01** 新建零件文件。

**02** 在【草图】工具栏中单击【草图绘制】按钮，选择【上视基准面】作为绘图平面，单击【圆】按钮，以坐标原点为圆心，绘制两个同心圆，如图5-90所示。

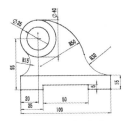

图5-90 绘制两个同心圆

**03** 单击【智能尺寸】按钮，分别标注两个圆的直径为25mm、40mm。标注方法为：激活【智能尺寸】命令后，单击圆弧，即可预览出标注箭头，往外移动光标，在合适位置单击以放置尺寸，系统自动弹出【修改】对话框，在文本框中输入相应的值即可完成尺寸标注，如图5-91所示。

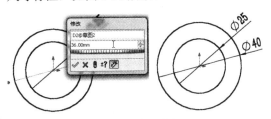

图5-91 标注直径

### 技术要点

在创建模型的过程中，通常选择主要特征作为起始建模特征，并对其进行定位。在轴承座图中，选定坐标原点为轴承孔圆心，以便草图完全定位。

**04** 绘制矩形。单击【矩形】按钮，采用【矩形】下拉菜单中的边角矩形，在同心圆的下方绘制一个矩形，如图5-92所示。

**05** 单击【草图】工具栏中的【智能尺寸】按钮，标注矩形的外形尺寸：长为100mm，宽为15mm；位置尺寸：以矩形左下角顶点为参考，相对于坐标原点X向间距为20mm，Y向间距为55mm，如图5-93所示。

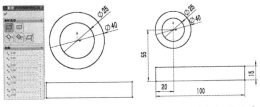

图5-92 绘制矩形　　图5-93 标注矩形尺寸

**06** 绘制圆弧。在【草图】工具栏中单击【圆】按钮，在弹出的【圆弧】对话框中选择【三点圆弧】类型，然后依次在同心圆的外圆、矩形左上角顶点，以及该两点之间的右边区域单击，创建一段圆弧，如图5-94所示。

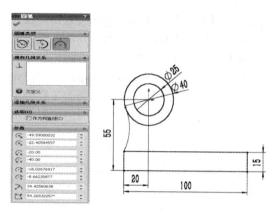

图 5-94　创建 3 点圆弧

**07** 添加几何关系。按住【Ctrl】键，依次选择圆弧和同心圆的外圆，在弹出的【属性】面板中单击【相切】按钮，单击【确定】按钮，完成圆弧段与同心圆的外圆相切的几何关系，如图 5-95 所示。

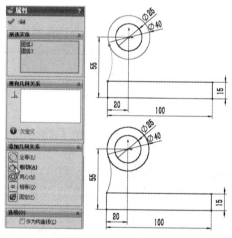

图 5-95　添加相切关系

**08** 单击【草图】工具栏中的【智能尺寸】按钮，标注 3 点圆弧的直径为 R16，如图 5-96 所示。

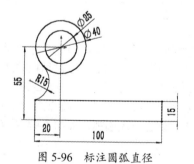

图 5-96　标注圆弧直径

**09** 同理，利用 3 点圆弧创建其余两条圆弧，如图 5-97 所示。

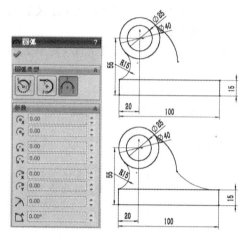

图 5-97　绘制两段 3 点圆弧

### 技术要点

进行图形绘制时，尽量使其接近所需外形和位置，然后通过添加几何关系和尺寸标注对其进行准确限制。

**10** 添加几何关系。按住【Ctrl】键，依次选择圆弧和同心圆的外圆，在弹出的【属性】面板中单击【相切】按钮，添加上圆弧段与圆相切的几何关系。同理，添加两个圆弧段、下圆弧段与矩形上边相切的关系，完成后如图 5-98 所示。

**11** 标注尺寸。单击【草图】工具栏中的【智能尺寸】按钮，对两段圆弧进行尺寸标注，完成后如图 5-99 所示。

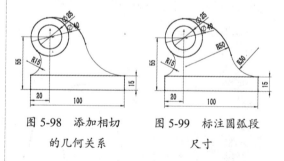

图 5-98　添加相切　　图 5-99　标注圆弧段
　　　的几何关系　　　　　　　尺寸

**12** 绘制矩形槽。单击【草图】工具栏中的【矩形】按钮，选择边角矩形，在矩形的内部绘制一个矩形，且所绘制的矩形与原有矩形下边线重合，如图 5-100 所示。

**13** 尺寸标注。单击【草图】工具栏中的【智能尺寸】按钮 ，对所绘制的矩形进行形状和位置尺寸标注，完成后如图 5-101 所示。

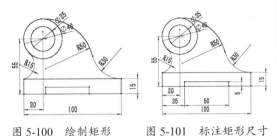

图 5-100　绘制矩形　　图 5-101　标注矩形尺寸

> **技术要点**
>
> 进行尺寸标注后，用户可拖动尺寸，将其移至合适位置，使整个图形和尺寸标注均匀、美观、大方。

**14** 剪裁。单击【草图】工具栏中的【剪裁】按钮 ，在弹出的【剪裁】面板中使用强劲剪裁。移动光标至图形区域，按住左键在待剪裁图元上划过，即可完成剪裁，如图 5-102 所示。

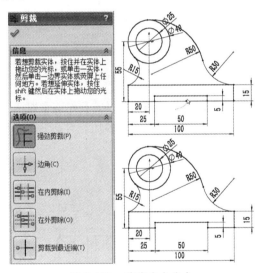

图 5-102　剪裁多余线条

**15** 至此，轴承座草图已经完成。单击【保存】按钮，将草图保存在文件所在目录。

## 5.5.7　文字

用户可以使用【文字】工具在任何连续的曲线或边线组上（包括零件面上由直线、圆弧、或样条曲线组成的圆或轮廓）绘制文字，并且拉伸或剪切文字以创建实体特征。

在命令管理器的【草图】工具栏上单击【文字】按钮 ，在属性管理器显示【草图文字】面板，如图 5-103 所示。

图 5-103　【草图文字】面板

【草图文字】面板中各选项含义如下：

- 曲线：选择边线、曲线、草图及草图段。所选对象的名称显示在列表框中，文字沿对象出现。
- 文字：在【文字】文本框中输入字体，可以切换键盘语法输入中文。
- 链接到属性 ：将草图文字链接到自定义属性。
- 加粗 B 、倾斜 I 、旋转 ：将选择的文字加粗、倾斜、旋转，如图 5-104 所示。

图 5-104　文字样式

- 左对齐 、居中 、右对齐 、两端对齐 ：使文字沿参照对象左对齐、居中、右对齐、两端对齐，如图 5-105 所示。

图 5-105　文字对齐方式

- 竖直翻转 A、水平翻转 AB：使文字沿参照对象竖直翻转、水平翻转，如图 5-106 所示。

图 5-106　文字的翻转

- 宽度因子 A：文字宽度比例。仅当取消选中【使用文档字体】复选框时才可用。
- 间距 AB：设置文字字体间距比例。仅当取消选中【使用文档字体】复选框时才可用。
- 使用文档字体：使用用户默认输入的字体。
- 字体：单击此按钮，可以打开【选择字体】对话框，以此设置自定义的字体样式和大小等，如图 5-107 所示。

图 5-107　【选择字体】对话框

在默认情况下，绘制的文字是以坐标原点为对齐参照的，因此在【草图文字】面板中文字对齐方式的按钮、翻转按钮都将灰显，如图 5-108 所示。

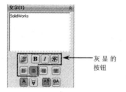

图 5-108　没有参照对象时灰显的按钮

### 技术要点

文字对齐方式只能在有参照对象时才可用。在没有选择任何参照且直接在图形区中绘制文字时，这些命令将灰显。

## 5.6 综合实战

草图曲线是构建模型的基础，也是初学者正式进入设计的第一个环节。若要熟练掌握草图绘制要领，除了熟悉各草图绘制命令外，在草图绘制的动手操作方面还要多加练习。下面以几个草图绘制实例来温习本章前面的草图知识。

### 5.6.1　实战一：绘制棘轮草图

◎ 结果文件：\综合实战\结果文件\Ch05\棘轮草图.sldprt

◎ 视频文件：\视频\Ch05\棘轮草图.avi

棘轮机构是机械中常见的一种间歇运动机构，它主要由摇杆、棘爪和外棘轮组成。摇杆为运动输入构件，棘轮为运动输出构件。

本例将要完成扳手的图形绘制，完成后如图 5-109 所示。
本例主要建模步骤提醒及练习目标如下：

- 绘制圆/圆弧段
- 绘制圆弧段
- 添加几何关系。

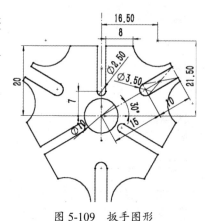

图 5-109　扳手图形

- 标注尺寸。
- 剪裁线条。
- 补加尺寸及几何关系。
- 镜像。
- 圆周阵列。

操作步骤：

**01** 启动 SolidWorks，新建零件文件。

**02** 绘制中心线。在【草图】工具栏中单击【直线】按钮，在下拉菜单中单击【中心线】按钮，绘制经过坐标原点水平中心线和竖直中心线，并添加中心线与指标原点中点的几何关系，如图 5-110 所示。

**03** 在【草图】工具栏中单击【圆】按钮，以坐标原点为圆心绘制一个圆，如图 5-111 所示。

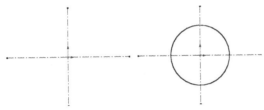

图 5-110　绘制中心线　　图 5-111　绘制圆

**04** 标注尺寸。单击【草图】工具栏中的【智能尺寸】按钮，标注圆的直径为 10mm，如图 5-112 所示。

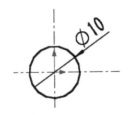

图 5-112　标注圆的直径

**05** 绘制矩形。单击【矩形】按钮，在弹出的【矩形】面板中选择【中心矩形】类型，在圆上方的竖直中心线上单击，绘制一个矩形，如图 5-113 所示。

**06** 绘制圆。单击【圆】按钮，以矩形底边为圆心绘制圆，使圆刚好与矩形侧边线相切，如图 5-114 所示。

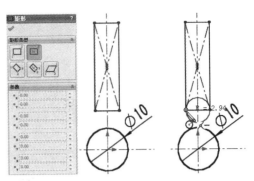

图 5-113　绘制中心矩形图　图 5-114　绘制圆

**07** 尺寸标注：标注小圆的直径为 2.5mm、圆与水平中心线的距离为 7mm、矩形上边线与水平中心线的距离为 20mm，完成后如图 5-115 所示。

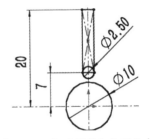

图 5-115　标注矩形和小圆尺寸

**08** 绘制倾斜中心线：在【草图】工具栏中单击【直线】按钮，在下拉菜单中单击【中心线】按钮，绘制经过坐标原点的倾斜中心线，并标注中心线与水平中心线的夹角为 30°，如图 5-116 所示。

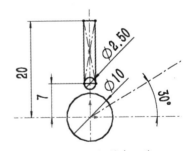

图 5-116　倾斜中心线

**09** 绘制直线并标注长度尺寸。单击【直线】按钮，选择矩形右上角顶点作为起点，绘制水平直线段。单击【智能尺寸】按钮，标注直线段的长度为 8mm，如图 5-117 所示。

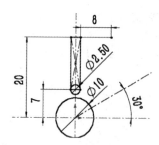

图 5-117　绘制直线段并标注尺寸

**10** 单击【草图】工具栏中的【点】按钮 ，在矩形右上角处单击，完成点的创建。并标注点与水平中心线的距离为 16.5mm、与竖直中心线的距离为 21.5mm，完成后如图 5-118 所示。

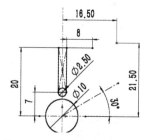

图 5-118　创建点并标注尺寸

**11** 单击【矩形】按钮 ，在弹出的【矩形】面板中选择【3 点中心矩形】，在倾斜中心线上的不同位置单击两次，移动光标即可预览出矩形，在合适位置单击放置矩形，如图 5-119 所示。

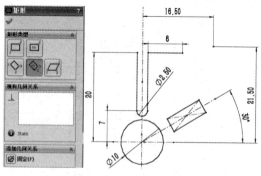

图 5-119　绘制倾斜矩形

**12** 绘制圆。单击【圆】按钮 ，以倾斜矩形底边为圆心绘制圆，使圆刚好与矩形侧边线相切，如图 5-120 所示。

**13** 绘制直线段。在【草图】工具栏中单击【直线】按钮 ，绘制与倾斜矩形边线重合的矩形，并标注尺寸，如图 5-121 所示。

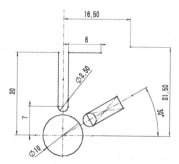

图 5-120　绘制圆

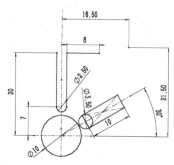

图 5-121　标注倾斜矩形和圆的尺寸

**14** 创建 3 点圆弧。在【草图】工具栏中单击【圆】按钮 ，选择【圆心/起点/终点圆弧】方式，依次单击点、长度为 8mm 的线段端点、新建的直线段端点，绘制圆弧，如图 5-122 所示。

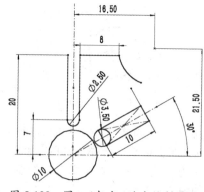

图 5-122　圆心/起点/终点绘制圆弧

**15** 合并端点。按住【Ctrl】键，依次选择圆弧端点和直线段端点，在弹出的【属性】面板中单击【合并】按钮 ，将两个端点合并，如图 5-123 所示。

第 5 章 草图绘制实体

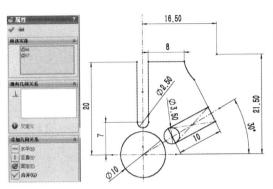

图 5-123 绘制直线段并标注尺寸

**16** 单击【草图】工具栏中的【剪裁】按钮 ，使用默认的【强劲剪裁】方式，将光标移至待剪掉图元上方按住左键划过，将其剪掉，完成后如图 5-124 所示。

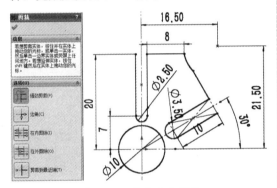

图 5-124 剪裁多余线条

### 技术要点

剪裁会将草图图元的尺寸和几何关系剪掉，使得原本完全定义的图元变成欠定义。使用剪裁命令后，用户必须根据需要补加几何关系和尺寸。

**17** 补加尺寸标注和几何关系。矩形竖直边线顶点与水平中心线距离为 20mm，添加两条边线相等关系，分别添加两条边线与半圆弧相切的关系，添加倾斜矩形边线与倾斜中心线平行的关系，添加两条边线相等的关系，添加直线段与矩形边线垂直的关系，分别添加两条边线与半圆弧相切的关系；标注圆与坐标原点距离为 15mm，直线段与原点距离为 20mm。完成尺寸标注和几何关系添加后，草图变成黑色，为完全定义，如图 5-125 所示。

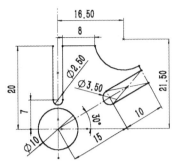

图 5-125 绘制直线段并标注尺寸

**18** 镜像。单击【草图】工具栏中的【镜像】按钮 ，在弹出的【镜像】面板中选择要镜像的实体——除中心圆和竖直 U 形槽图外所有实体图元，选中【复制】复选框，选择竖直中心线为镜像中心对草图进行镜像，如图 5-126 所示。

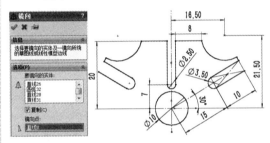

图 5-126 绘制直线段并标注尺寸

### 技术要点

SolidWorks 中文翻译成【镜像】有误，实为【镜像】。

**19** 圆周阵列。单击【草图】工具栏中的【圆周阵列】按钮 ，在弹出的【圆周阵列】面板中设置相关参数：选择坐标原点为中心线，选中【等间距】复选框，设置阵列数量为 3 个，选择出中心圆外所有的草图实体，单击【确定】按钮 ，完成草图的阵列，如图 5-127 所示。

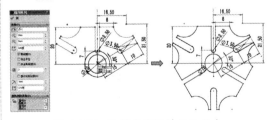

图 5-127 绘制直线段并标注尺寸

**20** 至此,已经完成棘轮的创建,单击【保存】按钮保存文件。

## 5.6.2 实战二:绘制垫片草图

◎ **结果文件:** \ 综合实战 \ 结果文件 \Ch05\ 垫片草图 .sldprt
◎ **视频文件:** \ 视频 \Ch05\ 垫片草图 .avi

垫片的草图绘制过程与阀座草图的绘制过程是相同的,也是按绘制尺寸基准线→绘制已知线段→绘制中间线段→绘制连接线段→几何约束→尺寸约束的绘制步骤进行。

本练习的垫片草图如图 5-128 所示。

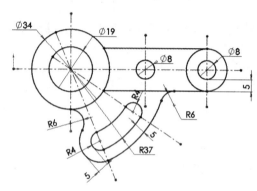

图 5-128 垫片草图

操作步骤:

**01** 启动 SolidWorks。

**02** 单击【新建】按钮 ,弹出【新建 SolidWorks 文件】对话框。在该对话框中选择【零件】模板,再单击【确定】按钮,进入零件设计环境中。

在【草图】工具栏中单击【草图绘制】按钮 ,然后按如图 5-129 所示的操作步骤,绘制出垫片草图的尺寸基准线。

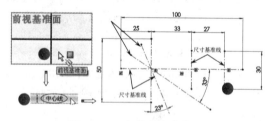

图 5-129 绘制尺寸基准线

**03** 为便于后续草图曲线的绘制,将所有中心线(尺寸基准线)使用【固定】几何约束,如图 5-130 所示。

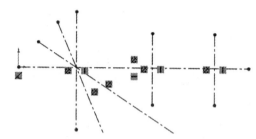

图 5-130 为中心线添加【固定】几何约束

**04** 使用【圆】工具,在中心线交点绘制出 4 个已知圆,如图 5-131 所示。

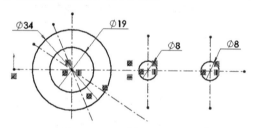

图 5-131 绘制 4 个已知圆

**05** 使用【圆弧】工具,绘制出如图 5-132 所示的圆弧。

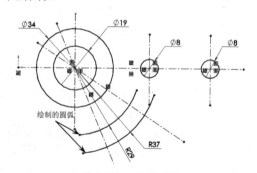

图 5-132 绘制圆弧

**06** 使用【圆】工具,在两个圆弧中间绘制直径为 8 的两个圆,如图 5-133 所示。

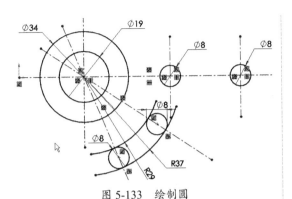

图 5-133 绘制圆

**07** 在【草图】工具栏中单击【等距实体】按钮，然后按如图 5-134 所示的操作步骤，绘制圆、圆弧的等距曲线。

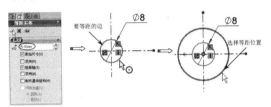

图 5-134 绘制等距实体 1

**08** 同理，再使用【等距实体】工具。以相同的等距距离，在其余位置绘制出如图 5-135 所示的等距实体。

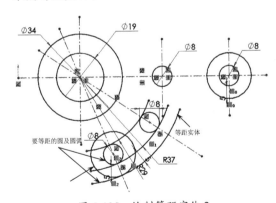

图 5-135 绘制等距实体 2

**09** 使用【直线】工具，绘制出如图 5-136 所示的两条直线，两直线均与圆相切。

**10** 为了能看清后面继续绘制的草图曲线，使用【剪裁实体】工具，将草图中多余的图线剪裁掉，如图 5-137 所示。

**11** 使用【3 点圆弧】工具，在如图 5-138 所示的位置创建出连接相切的圆弧。

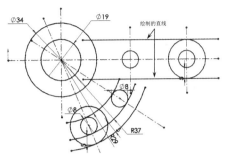

图 5-136 绘制与圆相切的两条直线

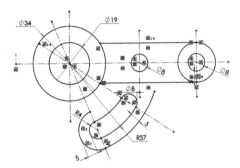

图 5-137 剪裁多余图线

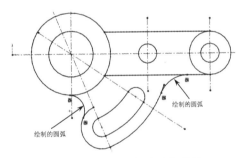

图 5-138 绘制相切的连接圆弧

**12** 使用【剪裁实体】工具，将草图中多余的图线剪裁掉。然后对草图（主要是没有固定的图线）进行尺寸约束，完成结果如图 5-139 所示。

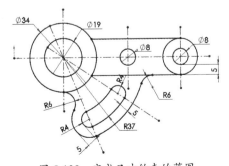

图 5-139 完成尺寸约束的草图

**13** 至此，垫片草图已绘制完成，最后保存结果。

## 5.7 课后习题

### 1. 绘制曲柄草图

本练习的曲柄草图如图 5-140 所示。

### 2. 绘制阀座草图

本练习的阀座草图如图 5-141 所示。

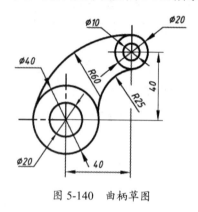 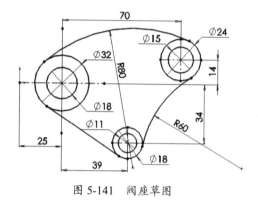

图 5-140　曲柄草图　　　　　图 5-141　阀座草图

### 3. 绘制垫片草图

本练习的垫片草图如图 5-142 所示。

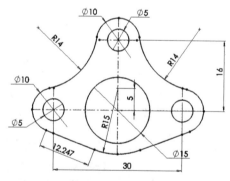

图 5-142　垫片草图

# 第6章 草图操作工具

草图操作工具用于对绘制的草图曲线进行编辑的结果,有了草图操作工具,我们就能绘制复杂的草图,本章将主要介绍草图操作功能。

百度云网盘

360云盘 密码6955

- ◆ 掌握草图实体工具的应用
- ◆ 掌握草图曲线编辑的方法
- ◆ 掌握转换实体工具的应用
- ◆ 掌握修复草图的应用

## 6.1 草图实体的操作

在 SolidWorks 中,草图实体(这里主要是指草图曲线)工具是用来对草图进行修剪、延伸、移动、缩放、偏移、镜像、阵列等操作和定义的工具,如图 6-1 所示。

图 6-1 草图实体的操作工具

### 6.1.1 剪裁实体

【剪裁实体】工具用于剪裁或延伸草图曲线。此工具提供的多种剪裁类型适用于二维草图和三维草图。

在命令管理器的【草图】工具栏上单击【剪裁实体】按钮 ![], 程序在属性管理器显示【剪裁】面板, 如图 6-2 所示。

在面板的【选项】选项组中包含 5 种剪裁类型:【强劲剪裁】、【边角】、【在内剪除】、【在外剪除】和【剪裁到最近端】, 其中【强劲剪裁】和【剪裁到最近端】类型最为常用。

#### 1. 强劲剪裁

强劲剪裁用于大量曲线的修剪。修剪曲线时,无须逐一选取要修剪的对象,可以在

图 6-2 【剪裁】面板

图形区域按住鼠标左键并拖动,与鼠标指针划线相交的草图曲线将被自动修剪。

此修剪曲线的方法是最常用的一种快捷修剪方法,如图 6-3 所示为【强劲剪裁】草图曲线的操作过程示意图。

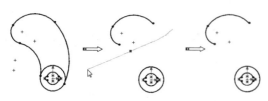

原图　　　　　划线修剪的轨迹　　　　修剪结果

图 6-3　【强劲剪裁】曲线的操作过程

### 技术要点

此方法没有局限性，可以修剪任何形式的草图曲线。只能划线修剪，不能单击修剪。

#### 2. 边角

【边角】修剪方法主要用于修剪相交曲线并需要指定保留部分。选取曲线的光标位置就是保留的区域，如图 6-4 所示。方法是：先选择交叉曲线之一，再选择交叉曲线之二。

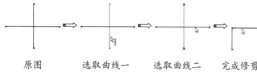

原图　　　选取曲线一　　选取曲线二　　完成修剪

图 6-4　【边角】修剪曲线的过程

### 技术要点

此修剪方法只能修剪相交的曲线，不相交的曲线无法使用，有局限性。使用【边角】类型剪裁曲线时，剪裁操作可以延伸一个草图曲线而缩短另一曲线，或者同时延伸两个草图曲线，如图 6-5 所示。

图 6-5　利用【边角】修剪方法延伸曲线

#### 3. 在内剪除

【在内剪除】是选择两个边界曲线或一个面，然后选择要修剪的曲线，修剪的部分为边界曲线内，操作过程如图 6-6 所示。

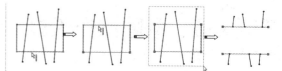

选取第一边界　选取第二边界　框选要修剪的曲线　修剪结果

图 6-6　【在内剪除】修剪曲线的过程

#### 4. 在外剪除

【在外剪除】与【在内剪除】修剪的结构正好相反，如图 6-7 所示。

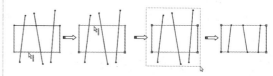

选取第一边界　选取第二边界　框选要修剪的曲线　修剪结果

图 6-7　【在外剪除】修剪曲线的过程

#### 5. 剪裁到最近端

【剪裁到最近端】也是一种快速修剪曲线的方法。操作过程如图 6-8 所示。

图 6-8　剪裁到最近端

### 技术要点

用此方法修剪选取的曲线时，与【强劲剪裁】的修剪方法不同，【剪裁到最近端】是单击修剪，一次仅修剪一条曲线，【强劲剪裁】是划线修剪。

**动手操作——绘制拨叉草图**

绘制如图 6-9 所示的拨叉草图。

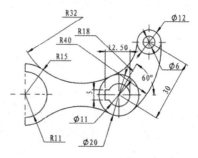

图 6-9　拨叉草图

操作步骤：

**01** 新建文件。执行【文件】|【新建】命令，出现【新建 SolidWorks 文件】对话框，在对话框中选择【零件】图标，单击【确定】按钮。

**02** 选择绘图平面。在特征管理器中选择前视基准面，然后单击【草图】工具栏上的【草图绘制】按钮，进入草图绘制模式。

**03** 单击【草图】工具栏上的【中心线】按钮 ，分别绘制一条水平中心线、两条竖直中心线，如图 6-10 所示。

**04** 单击【草图】工具栏上的【圆】按钮 ，绘制两个圆，直径分别为 20 和 11，单击【草图】工具栏上的【3 点圆弧】按钮，绘制二段圆弧，半径分别为 15 和 11，如图 6-11 所示。

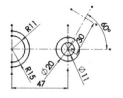
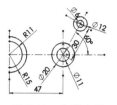

图 6-12　绘制角度　　图 6-13　绘制直径
为 60° 中心线　　　　为 12 和 6 的圆

**08** 单击【草图】工具栏上的【3 点圆弧】按钮，绘制圆弧，标注尺寸，该圆弧与端点处的两个圆相切，然后单击【草图】工具栏上的【剪裁实体】按钮，剪去多余线段，结果如图 6-15 所示。

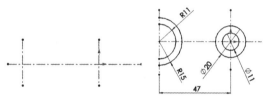

图 6-10　绘制中心线　　图 6-11　绘制圆和圆弧

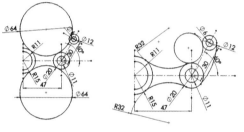

图 6-14　绘制相切圆　　图 6-15　剪裁图形并绘制
　　　　　　　　　　　　　　　　切线弧

**05** 单击【草图】工具栏上的 【中心线】按钮，绘制与水平方向成 60° 的中心线，绘制与圆心距离为 30 并与刚绘制的中心线相垂直的中心线，如图 6-12 所示。

**06** 以刚绘制的中心线的交点为圆心绘制直径分别为 6 和 12 的圆，如图 6-13 所示。

**07** 单击【草图】工具栏上的【圆】按钮 ，绘制两个直径为 64 的圆，且与直径为 20 和 30 的圆相切，如图 6-14 所示。

**09** 单击【草图】工具栏上的【直线】按钮，绘制直线、键槽，使用添加几何关系，使键槽关于水平中心线对称，剪裁多余线段，并调整尺寸，结果如图 6-16 所示。

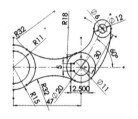

图 6-16　调整尺寸添加几何关系

## 6.1.2　延伸实体

使用【延伸实体】工具可以增加草图曲线（直线、中心线、或圆弧）的长度，使得要延伸的草图曲线延伸至与另一草图曲线相交。

在命令管理器的【草图】工具栏上单击【延伸实体】按钮 ，鼠标指针由 变为 。在图形区域将鼠标指针靠近要延伸的曲线，随后将以红色显示延伸曲线的预览，单击曲线将完成延伸操作，如图 6-17 所示。

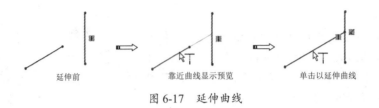

图 6-17 延伸曲线

### 技术要点

若要将曲线延伸至多个曲线，第一次单击要延伸的曲线可以将其延伸至第一相交曲线，再单击可以延伸至第二相交曲线。

## 6.1.3 等距实体操作

【等距实体】工具可以将一个或多个草图曲线、所选模型边线或模型面按指定距离值等距离偏移、复制。

在命令管理器的【草图】工具栏上单击【等距实体】按钮 ⊃，属性管理器中显示【等距实体】面板，如图 6-18 所示。

图 6-18 【等距实体】面板

【等距实体】面板的【参数】选项组中各选项含义如下：

- 等距距离 ⊀ᴅ：设定数值以特定距离来等距草图曲线。
- 添加尺寸：选中此复选框，等距曲线后将显示尺寸约束。
- 反向：选中此复选框，将反转偏移距离方向。当选中【双向】复选框时，此选项不可用。
- 选择链：选中此复选框，将自动选择曲线链作为等距对象。
- 双向：选中此复选框，可双向生成等距曲线。

- 制作基本结构：选中此复选框，将要等距的曲线对象变成构造曲线，如图 6-19 所示。

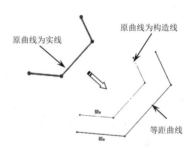

图 6-19 制作基本结构

- 顶端加盖：为【双向】的等距曲线生成封闭端曲线。包括【圆弧】和【直线】两种封闭形式，如图 6-20 所示。

图 6-20 为双向等距曲线加盖

**动手操作——绘制连杆草图**

连杆草图比较简单。绘制方法是使用【圆】、【直线】、【等距实体】、【绘制圆角】和【修剪实体】工具就可以完成。完成后的连杆草图如图 6-21 所示。

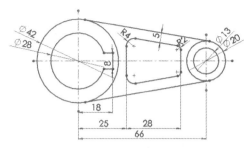

图 6-21　连杆草图

操作步骤：

**01** 新建零件，选择前视视图作为草绘平面，并进入至草图模式中。

**02** 使用【中心线】工具，在图形区域绘制如图 6-22 所示的中心线。

**03** 在【草图】工具栏中单击【圆】按钮⊙，绘制 4 个圆，完成结果如图 6-23 所示。

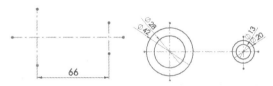

图 6-22　绘制中心线　　图 6-23　绘制 4 个圆

**04** 在【草图】工具栏中单击【直线】按钮＼，绘制两条相切线，完成结果如图 6-24 所示。

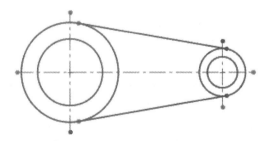

图 6-24　绘制相切线

**05** 在【草图】工具栏中单击【等距实体】按钮⊇，将其中一条相切线进行等距复制，其过程如图 6-25 所示。

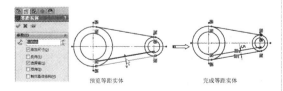

图 6-25　等距复制切线

**06** 用相同的方法将另一条相切线进行等距复制，完成结果如图 6-26 所示。

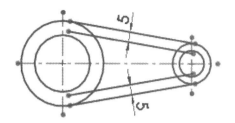

图 6-26　等距复制切线

**07** 在【草图】工具栏中单击【直线】按钮＼，绘制水平直线和 3 条竖直直线，完成结果如图 6-27 所示。

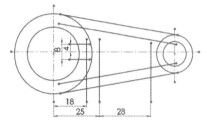

图 6-27　绘制直线

**08** 在【草图】工具栏中单击【剪切实体】按钮，对草图进行相互剪切，完成结果如图 6-28 所示。

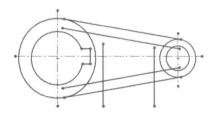

图 6-28　剪切草图实体

**09** 在【草图】工具栏中单击【绘制圆角】按钮，对草图进行圆角处理，完成结果如图 6-29 所示。

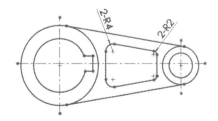

图 6-29　对草图进行圆角处理

**10** 在【尺寸/几何关系】工具栏中单击【智能尺寸】按钮 ◇，对连杆草图进行尺寸标注，完成结果如图 6-30 所示。

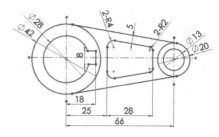

图 6-30　标注连杆草图尺寸

### 6.1.4　镜像实体

【镜像实体】工具是以直线、中心线、模型实体边及线性工程图边线作为对称中心来镜像复制曲线的。在命令管理器的【草图】工具栏上单击【镜像实体】按钮 ▲，属性管理器中显示【镜像】面板，如图 6-31 所示。

图 6-31　【镜像】面板

【镜像】面板的【选项】选项组中各选项含义如下：

- 选择要镜像的实体 ▲：将选择的要镜像的草图曲线对象列表于其中。
- 复制：选中此复选框，镜像曲线后仍保留原曲线。取消选中，将不保留原曲线，如图 6-32 所示。

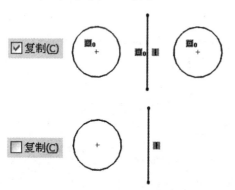

图 6-32　镜像复制与镜像不复制

- 镜像点 ▲：选择镜像中心线。

要绘制镜像曲线，先选择要镜像的对象曲线，然后选择镜像中心线（选择镜像中心线时必须激活【镜像点】列表框），最后单击面板中的【确定】按钮 ✓ 完成镜像操作，如图 6-33 所示。

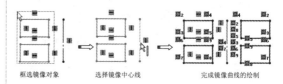

图 6-33　绘制镜像曲线

**技术要点**

要以线性工程图边线作为镜像中心线来绘制镜像曲线，则要镜像的草图曲线必须位于工程视图边界中，如图 6-34 所示。

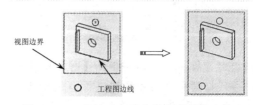

图 6-34　以线性工程图边线绘制镜像曲线

**动手操作——绘制对称的零件草图**

绘制如图 6-35 所示的草图，并标注尺寸。

## 第 6 章 草图操作工具

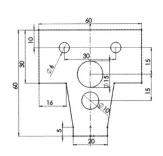

图 6-35 绘制的草图

操作步骤:

**01** 新建零件文件。

**02** 选择前视基准平面作为草图平面,并进入草图环境中。

**03** 绘制中心线。单击【草图】工具栏中的【中心线】按钮,绘制竖直的中心线,如图 6-36 所示。

**04** 绘制草图的大体形状。单击【草图】工具栏中的【直线】按钮,绘制直线如图 6-37 所示。

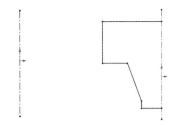

图 6-36 绘制的中心线　图 6-37 绘制的大体形状

**05** 绘制圆。分别在中心线上绘制两个半圆和一个小圆,圆的尺寸及位置在后面的标注中确定,如图 6-38 所示。

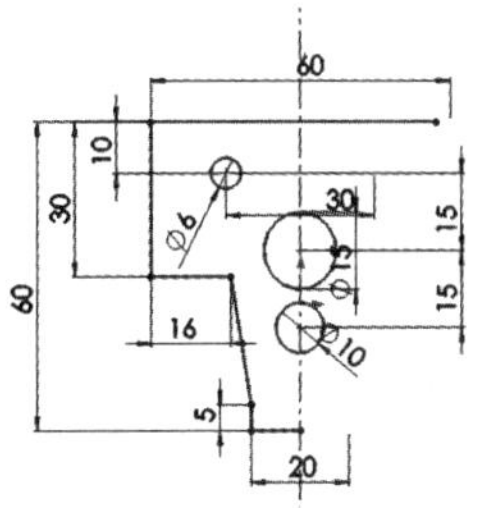

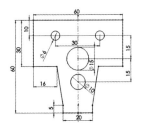

图 6-38 标注尺寸

**06** 镜像实体。将需对称镜像的部分都选择为镜像实体,镜像点选择中心线。单击【确定】按钮,完成草图的绘制,如图 6-39 所示。

图 6-39 绘制完成的草图

### 技术要点

在草图的绘制过程中,密切注意鼠标指针的变化,根据其形状指针的变化,可得知绘制的几何实体是否是您想要的,从而可以提高绘图效率。比如要在中心线上绘制圆,在单击【圆】按钮后,当鼠标处于中心线上时,其指针形状会变为,示意绘制圆心处于中心线上,否则在后面的还需要添加几何关系使圆心处于中心线上,提高绘图效率。

## 6.1.5 复制实体

SolidWorks 草图环境中提供了用于草图曲线的移动、复制、旋转、缩放比例及伸展等操作的工具。

### 1. 移动或复制实体

【移动实体】是将草图曲线在基准面内按指定方向进行平移操作。【复制实体】是将草图曲线在基准面内按指定方向进行平移,但要生成对象副本。

在命令管理器的【草图】工具栏上单击【移动实体】按钮或【复制实体】命令后,属性管理器中显示【移动】面板,如图 6-40 所示,【复制】面板如图 6-41 所示。

【移动】或【复制】面板中各选项含义如下:

- 草图项目或注解:列出要移动或复制的对象。

- 保留几何关系：选中此复选框，所选对象之间的几何关系被保留。
- 从/到：选择此单选按钮，将通过选择起点和终点，移动或复制对象。
- X/Y：选择此单选按钮，将通过输入X、Y的坐标值来移动或复制对象。
- 重复：单击此按钮，将 △X 和 △Y 文本框内的值以倍数增加。

图 6-40 【移动】面板　　图 6-41 【复制】面板

【移动实体】工具的应用如图 6-42 所示。

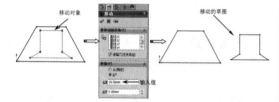

图 6-42　使用【移动实体】工具移动对象

### 技术要点

当草图被几何约束后，不能再使用此工具进行移动操作。除非删除草图中的约束。

【复制实体】工具的应用如图 6-43 所示。

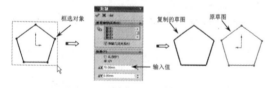

图 6-43　使用【复制实体】工具复制对象

### 技术要点

【移动】和【复制】操作将不生成几何关系。若想生成几何关系，用户可使用【添加几何关系】工具为其添加新的几何关系。

## 2. 旋转实体

使用【旋转实体】工具可将选择的草图曲线绕旋转中心进行旋转，不生成副本。在【草图】工具栏中单击【旋转实体】按钮 ，属性管理器中显示【旋转】面板，如图 6-44 所示。

通过【旋转】面板，为草图曲线指定旋转中心点及旋转角度后，单击【确定】按钮 即可完成【旋转实体】的操作，如图 6-45 所示。

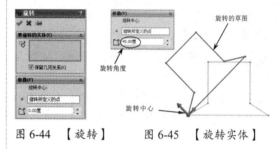

图 6-44　【旋转】　　图 6-45　【旋转实体】
面板　　　　　　　　　操作

## 3. 缩放实体比例

【缩放实体比例】是指将草图曲线按设定的比例因子进行缩小或放大。【缩放实体比例】工具可以生成对象的副本。

在【草图】工具栏中单击【缩放实体比例】按钮 ，属性管理器中显示【比例】面板，如图 6-46 所示。通过此面板，选择要缩放的对象，并为缩放指定基准点，再设定比例因子，即可将参考对象进行缩放，如图 6-47 所示。

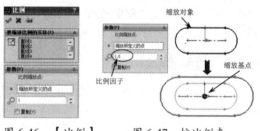

图 6-46　【比例】　　图 6-47　按比例来
面板　　　　　　　　　缩放对象

【比例】面板中各选项含义如下：

- 缩放比例对象 ：为缩放比例添加草图曲线。
- 比例缩放基准点 ：激活此列表框，为缩放指定基准点。

- 比例因子：在此数值框中输入缩小或放大的比例倍数。

**技术要点**

为缩放指定比例因子，其值必须大于等于 1e-006 并且小于等于 1000000。否则不能进行缩放操作。

- 复制：选中此复选框，将弹出【份数】文本框，通过该文本框输入要复制的数量，如图 6-48 所示为不复制缩放对象的缩放操作，如图 6-49 所示为复制对象的缩放操作。

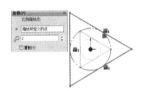

图 6-48 不复制缩放对象

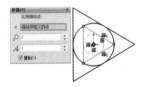

图 6-49 要复制缩放对象

### 4．伸展实体

【伸展实体】是指将草图中选定的部分曲线按指定的距离进行延伸，使其整个草图被伸展。

在【草图】工具栏中单击【伸展实体】按钮，属性管理器中显示【伸展】面板，如图 6-50 所示。通过此面板，在图形区域选择要伸展的对象，并设定伸展距离，即可伸展选定的对象，如图 6-51 所示。

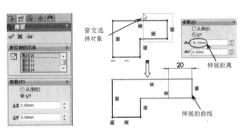

图 6-50 【伸展】面板　图 6-51 伸展选定的对象

**技术要点**

若用户选择草图中所有曲线进行伸展，最终结果是对象没有被伸展，而仅仅按指定的距离进行平移。

**动手操作——绘制摇柄草图**

操作步骤：

**01** 新建零件文件，再选择前视基准平面作为草图平面进入草绘环境中。

**02** 利用【中心线】命令，绘制零件草图的定位中心线，如图 6-52 所示。

图 6-52 绘制草图中心线

**03** 单击【圆】按钮，绘制直径为 19 的圆，如图 6-53 所示。

图 6-53 绘制圆

**04** 单击【缩放实体比例】命令，属性管理器显示【比例】面板。选择直径为 19 的圆进行缩放，缩放点在圆心，缩放比例为 0.7。创建缩放后的圆如图 6-54 所示。

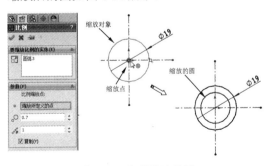

图 6-54 绘制缩放的圆

**技术要点**

在【比例】面板中须选中【复制】复选框，才能创建比例缩小的圆。

**05** 同理，再利用【缩放实体比例】命令，绘制缩放比例为 1.6 的圆，结果如图 6-55 所示。

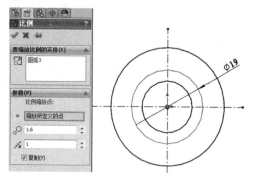

图 6-55 再绘制缩放的圆

**06** 利用【圆】命令，绘制如图 6-56 所示的两个同心圆（直径分别为 9 和 5）。

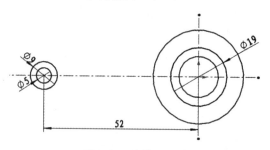

图 6-56 绘制同心圆

**07** 绘制两条与水平中心线呈 98°和 13°的斜中心线，如图 6-57 所示。

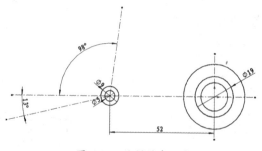

图 6-57 绘制斜中心线

**08** 单击【中心点圆弧槽口】命令，选择两个小同心圆的圆心作为中心点，然后确定槽口的起点和终点（在斜中心线上）后，单击【槽口】面板中的【确定】按钮 ✓ 完成绘制，如图 6-58 所示。

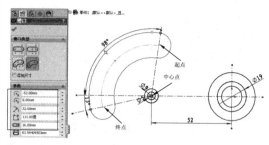

图 6-58 绘制槽口

**09** 单击【等距实体】按钮 ⁊，选择槽口曲线作为偏移的参考曲线，然后创建出偏移距离为 3 的等距实体，如图 6-59 所示。

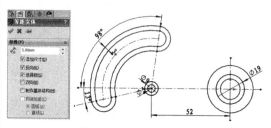

图 6-59 绘制等距实体

**10** 利用【3 点画弧】命令，绘制连接槽口曲线与圆（缩放 1.6 倍的圆）的圆弧，然后对其进行相切约束，如图 6-60 所示。

**技术要点**

约束圆弧前，必须对先前绘制的草图完全定义，要么是尺寸约束，要么是【固定】几何约束。否则会使先前绘制的圆及槽口曲线产生平移。

**11** 利用【圆】命令绘制一个半径为 8 且与大圆相切的圆，并将其进行精确定位，如图 6-61 所示。

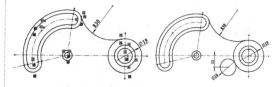

图 6-60 绘制圆弧      图 6-61 绘制圆

**12** 利用【直线】命令，绘制与槽口曲线和上步骤的圆分别相切的直线，如图 6-62 所示。

13 最后利用【剪除实体】命令，修剪图形，结果如图6-63所示。

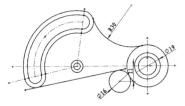

图6-62 绘制直线

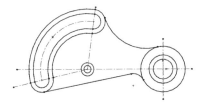

图6-63 修剪图形的结果

## 6.1.6 分割实体

利用【分割实体】命令，可以将一条草图曲线打断进而生成两条草图曲线；反之，还可以将多条曲线合并成单一的草图曲线。

【分割实体】命令可以用来打断曲线并在分割点标注尺寸。

**技术要点**

如果【草图】选项卡中没有【分割实体】命令，可以打开【自定义】对话框，选择【命令】选项卡中【类别】列表框中的【草图】，在右边显示的按钮中找到【分割实体】图标，拖动到功能区【草图】选项卡的任意位置。

### 1. 分割草图

分割对象只能是单一的草图曲线，如直线、圆弧/圆、样条曲线，称为开放曲线，如图6-64所示。

图6-64 开放曲线

开放曲线仅需一个分割点就可以完成分割。但是封闭的草图曲线如圆、椭圆及闭合样条曲线等，必须要两个分割点才能完成分割。下面我们用一个简单的操作来说明。

**动手操作——分割草图曲线**

操作步骤：

01 首先演示单一草图的分割。首先利用【直线】、【圆心/起点/终点画弧】、【样条曲线】命令分别绘制直线、圆弧和样条曲线，如图6-65所示。

图6-65 绘制草图曲线

02 单击【分割实体】按钮，光标变成，然后按信息提示选择直线来放置分割点，如图6-66所示。

图6-66 选择直线上的位置放置分割点

**技术要点**

值得大家注意的是，草图曲线的端点是不能作为分割点的，也不可以在端点处创建分割点。

03 同理，继续在圆弧和样条曲线上放置分割点并完成分割，如图6-67所示。

图6-67 完成圆弧和样条曲线的分割

04 那么对于封闭的草图曲线又是怎样分割的呢？我们绘制一个整圆，然后单击【分割实体】按钮，当在圆上单击一点后（即放置分割点后），草图的颜色由深蓝变成浅蓝，表示还处于激活状态，未完成当前操作。【分割实体】属性面板中则提示【再次单击闭合的草图实体进行分割】，接着再在圆上另一位置单击并放置分割点，随即完成整圆的分割操作，过程及结果如图 6-68 所示。

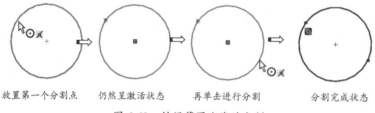

图 6-68　封闭草图曲线的分割

### 2. 合并草图

合并草图与分割草图是相反的两个操作。合并草图更为简单，只是将分割后的草图曲线中的分割点按【Delete】键删除即可。

**技术要点**

合并草图只能删除分割点，其他点如端点、中点是不能删除的。

## 6.1.7　线段

【线段】工具其实也是分割实体工具，只不过【分割实体】是手动分割草图，而【线段】是设置参数后自动分割。开放草图和封闭草图的分割是一样的，不受任何限制。

在【草图】选项卡中单击【线段】按钮，打开【线段】属性面板，如图 6-69 所示。

图 6-69　【线段】属性面板

该属性面板中的选项含义如下：

- ╱：选择单个实体，即开放曲线和封闭曲线。选择后草图实体显示在选项列表框中。
- ：输入分割点的个数，或者输入线段的段数。
- 草图绘制点：选择此单选按钮，在数值框中输入的数字将表示为分割点的个数。
- 草图片段：选择此单选按钮，在数值框中输入的数字将表示为线段的段数。

下面以分割圆为例进行讲解。

**动手操作——创建线段**

操作步骤：

**01** 利用矩形工具绘制一个矩形，如图 6-70 所示。再利用【等距实体】工具创建向内偏置距离为 10 的矩形，如图 6-71 所示。

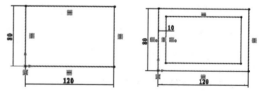

图 6-70　绘制矩形　　图 6-71　绘制等距实体

**02** 单击【线段】按钮，打开【线段】属性面板。首先选择要等分的单一曲线（选择等距实体的一条边），然后输入线段数量 5，最后单击【确定】按钮 完成线段的创建，如图 6-72 所示。

第 6 章 草图操作工具

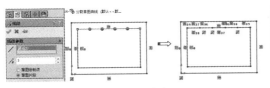

图 6-72 创建线段

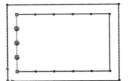 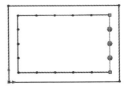

图 6-74 创建左右两侧的线段

**03** 再执行【线段】命令,在对称的另一边也创建 5 等分的线段,如图 6-73 所示。

**05** 最后利用【直线】工具,将分割后的线段一一对应连接起来,结果如图 6-75 所示。

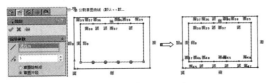

图 6-73 创建对称的线段

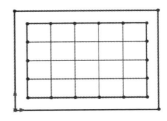

图 6-75 创建直线

**04** 同理,在等距实体的左右两侧也分别创建 4 等分的线段,如图 6-74 所示。

## 6.2 草图实体的阵列

对象的阵列是一个复制对象的过程,阵列的方式包括圆形阵列和矩形阵列。它可以在圆形或矩形阵列上创建出多个副本。

在命令管理器的【草图】工具栏上单击【线性草图阵列】按钮或【圆周草图阵列】按钮,属性管理器将显示【线性阵列】面板,如图 6-76 所示。执行【圆周草图阵列】命令后,指针由形状变为,属性管理器将显示【圆周阵列】面板,如图 6-77 所示。

图 6-76 【线性阵列】面板    图 6-77 【圆周阵列】面板

### 6.2.1 线性草图阵列

【线性阵列】面板中各选项含义如下:

- 方向1：主要设置 X 轴方向的阵列参数。
- 反向：单击此按钮，将更改阵列方向。图形区域将显示阵列方向箭头，拖动箭头顶点可以更改阵列间距和角度，如图 6-78 所示。

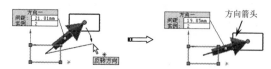

图 6-78 拖动方向箭头以更改间距和角度

- 间距：设定阵列对象的间距。
- 标注 X 间距：选中此复选框，生成阵列后将显示阵列对象之间的间距尺寸。
- 数量：在 X 轴方向上阵列的对象数目。
- 显示实例记数：选中此复选框，生成阵列后将显示阵列的数目记号。
- 角度：设置与 X 轴有一定角度的阵列。
- 方向2：主要设置 Y 轴方向上的阵列参数。

**技术要点**

如果选取一条模型边线来定义方向1，那么方向2被自动激活。否则，必须手动选取方向2将之激活。

- 在轴之间标注角度：生成阵列后将显示角度阵列的角度尺寸。
- 要阵列的实体：选择要进行阵列的对象。
- 要跳过的部分：在整个阵列中选择不需要的阵列对象。

使用【线性草图阵列】工具进行线性阵列的操作如图 6-79 所示。

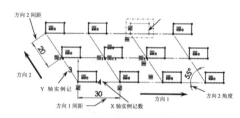

图 6-79 线性阵列对象

**动手操作——绘制槽孔板草图**

绘制如图 6-80 所示的草图并标注。

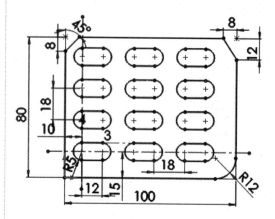

图 6-80 待绘制的草图

操作步骤：

**01** 执行【文件】|【新建】命令，出现【新建 SolidWorks 文件】对话框，在对话框中选择【零件】图标，选择【确定】按钮。

**02** 在特征属性管理器中选择前视基准面，单击【草图】工具栏上的【草图绘制】按钮，进入草图绘制状态。

**03** 单击【草图】工具栏上的【边角矩形】按钮，选择原点后移动鼠标到合适位置后，再选择结束矩形的绘制，进行倒角处理后，标注尺寸，得到如图 6-81 所示的草图。

**04** 绘制两条中心线，并标注尺寸，如图 6-82 所示。

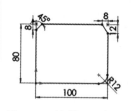 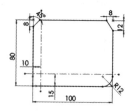

图 6-81 绘制矩形框　　图 6-82 绘制中心线

**05** 以两条中心线的交点为圆心，以 5mm 为半径绘制一个圆，然后在水平中心线上移动 12mm 继续绘制一个半径为 5mm 圆，单击【直线】按钮，绘制两条直线并与绘制的两圆相切，剪裁后得到如图 6-83 所示的草图。

# 第 6 章 草图操作工具

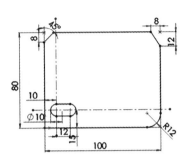

图 6-83 绘制阵列的几何实体

**06** 利用【线性草图阵列】命令,将【X轴】值设定为 30mm、【实例数】值设为 3;将【Y轴】值设定为 18mm、【实例数】值设为 4;激活【要阵列的实体】列表框,在图形区域选择要阵列的实体,单击【确定】按钮,完成阵列操作,得到如图 6-84 所示草图。

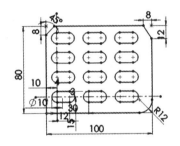

图 6-84 线性阵列几何实体

**07** 标注尺寸,并调整尺寸标注,得到如图 6-85 所示的草图。

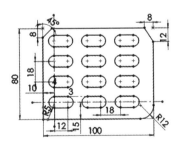

图 6-85 尺寸标注

## 6.2.2 圆周草图阵列

【圆周阵列】面板中各选项含义如下:

- 反向旋转：单击此按钮,可以更改旋转阵列的方向,默认方向为顺时针方向。

- 中心 X：沿 X 轴设定阵列中心。默认的中心点为坐标系原点。
- 中心 Y：沿 Y 轴设定阵列中心。
- 间距：设定阵列的旋转角度,也包括总度数。
- 等间距：选中此复选框,将使阵列对象彼此间距相等。
- 阵列数量：设定阵列对象的数量。
- 半径：阵列参考对象中心(此中心始终固定)至阵列中心之间的距离。
- 圆弧角度：设置从所选实体的中心到阵列的中心点或顶点所测量的夹角。

使用【圆周草图阵列】工具进行圆周阵列的操作如图 6-86 所示。

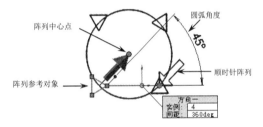

图 6-86 圆周阵列对象

**动手操作——绘制法兰草图**

法兰草图中包括圆、直线和中心线。其图形的编辑包括使用【剪裁实体】工具修剪多余曲线、使用【等距实体】工具绘制偏移图线、使用【阵列实体】工具阵列相同图线、使用【几何约束】或【尺寸约束】约束草图等。

法兰草图如图 6-87 所示。

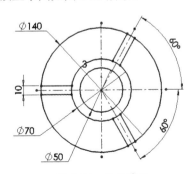

图 6-87 法兰草图

操作步骤：

**01** 新建零件文件。选择前视图作为草绘平面，并进入草图模式中。

**02** 使用【中心线】工具在图形区域绘制中心线，如图 6-88 所示。

**03** 使用【圆】工具，在定位基准线中绘制直径为 140 的圆，如图 6-89 所示。

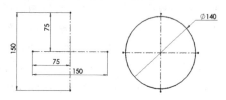

图 6-88　绘制中心线　　图 6-89　绘制圆

**04** 在【草图】工具栏中单击【等距实体】按钮 ⤴，属性管理器显示【等距实体】面板。在面板中设置等距距离为 35，并选中【反向】复选框。然后在图形区域选择圆作为等距参考，程序自动创建出偏移距离为 35 的圆，如图 6-90 所示。

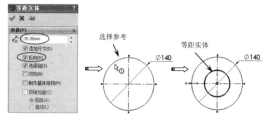

图 6-90　设置等距参数并绘制等距实体

**05** 单击【等距实体】面板中的【确定】按钮 ✓，关闭面板。

**06** 同理，选择大圆作为参考，绘制出偏移距离为 45、且反向的等距实体，如图 6-91 所示。

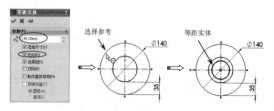

图 6-91　绘制偏移距离为 45 的等距实体

**07** 使用【等距实体】工具，选择水平中心线作为等距参考，绘制出偏移距离为 5 的正、反方向的等距实体，如图 6-92 所示。

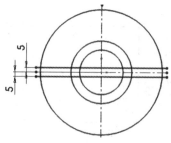

图 6-92　绘制水平等距实体

**08** 使用【剪裁实体】工具，修剪上步绘制的水平等距实体，如图 6-93 所示。

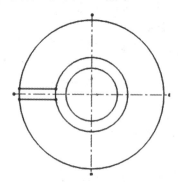

图 6-93　修剪等距实体

**09** 在【草图】工具栏中单击【圆周草图阵列】按钮 ✿，属性管理器显示【圆周阵列】面板。在图形区域选择基准中心点作为圆周阵列的中心，如图 6-94 所示。

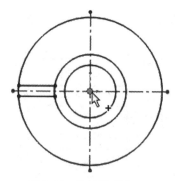

图 6-94　选择阵列中心

**10** 回到面板中，设置阵列的数量为 3，并激活【要阵列的实体】列表框。然后在图形区域选择修剪的水平等距实体作为阵列对象，随后自动显示阵列的预览，如图 6-95 所示。

## 第 6 章 草图操作工具

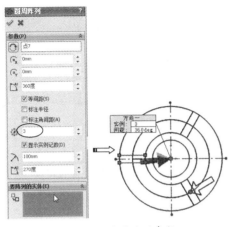

图 6-95 设置阵列参数

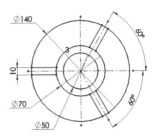

图 6-96 标注完成的图形

关闭面板并完成操作。

**12** 使用【智能尺寸】工具,对绘制完成的图形进行尺寸标注,结果如图 6-96 所示。

**11** 单击【圆周阵列】面板中的【确定】按钮,

**13** 至此,法兰草图绘制完成。最后在【标准】工具栏单击【保存】按钮,保存文件。

## 6.3 转换实体

转换实体不是将曲线转成实体模型,也不是将曲面转成实体模型,这里的转换实体指的是将外部(先前创建的特征或草图)通过投影、相交转换成当前草图中的曲线。

### 6.3.1 转换实体引用

用户可通过投影一条边线、环、面、曲线或外部草图轮廓线,以及一组边线或一组草图曲线到草图基准面上,从而在草图中生成一条或多条曲线。

下面通过案例来说明。

**动手操作——转换实体引用**

操作步骤:

**01** 打开本例的源文件【模型 .sldprt】。

**02** 选择模型上的一个面作为草图平面,然后选择命令菜单中的【草图绘制】命令进入草图环境,如图 6-97 所示。

**03** 单击【转换实体引用】按钮,打开【转换实体引用】属性面板。

**04** 选取模型上表面作为要转换的对象,再单击【确定】按钮完成转换,如图 6-98 所示。

**05** 退出草图环境。然后单击【拉伸凸台/基体】按钮,打开【拉伸凸台/基体】属性面板。

**06** 选择转换实体引用的草图作为拉伸轮廓,然后设置拉伸参数及选项,如图 6-99 所示。最后单击【确定】按钮完成特征的创建。

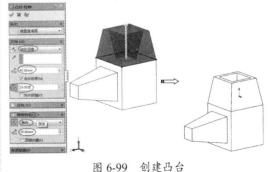

图 6-99 创建凸台

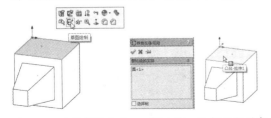

图 6-97 选择草图平面　　图 6-98 选择转换对象

## 6.3.2 交叉曲线

交叉曲线是通过两组对象相交而产生的相交线。两组对象可以是以下任一情形：

- 基准面和曲面或模型面。
- 两个曲面。
- 曲面和模型面。
- 基准面和整个零件。
- 曲面和整个零件。

交叉曲线可以用来测量产品不同截面处的厚度；可以作为零件表面上的扫掠路径；还可以从输入实体得出剖面以生成参数零件。

单击【交叉曲线】按钮，打开【交叉曲线】属性面板，如图 6-100 所示。

只需要选择一组对象就可以创建交叉曲线，如图 6-101 所示。

图 6-100 【交叉曲线】属性面板

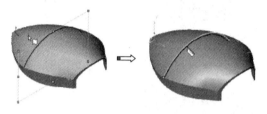

图 6-101 创建交叉曲线

## 6.4 修改草图和修复草图

当用户绘制了草图后，可以使用【修改草图】对话框来旋转、移动或按比例缩放草图，还可以修复草图中存在的错误。

### 6.4.1 修改草图

利用【修改草图】对话框可按指定的参考点对草图中的曲线进行平移、旋转或缩放操作。在活动的草图中，在【草图】工具栏中单击【修改草图】按钮（此工具需要从【自定义】对话框中调出），程序弹出【修改草图】对话框，且鼠标指针由 变为 ，如图 6-102 所示。

图 6-102 【修改草图】对话框

【修改草图】对话框中有 3 个选项组：【比例相对于】、【平移】和【旋转】。在对话框中输入修改参数后，再按【Enter】键即可完成草图修改操作。

#### 1. 【比例相对于】选项组

【比例相对于】选项组中各选项含义如下：

- 草图原点：沿草图原点均匀比例缩放。
- 可移动原点：沿可移动原点缩放草图比例。
- 缩放因子：缩放草图的比例因子。比例因子必须大于 0.001 且小于 1000。

#### 2. 【平移】选项组

【平移】选项组中各选项含义如下：

- X 值：X 方向的增量值。
- Y 值：Y 方向的增量值。
- 定位所选点：选中此复选框，可将草图移动到其一特定位置。

在图形区域，按照鼠标指针上显示的图标（平移和旋转），单击可以平移草图；当鼠标指针靠近 3 个黑色原点之一时，会显示如图 6-103 所示的图标。

沿双轴翻转草图　　沿 X 轴翻转草图　　沿 Y 轴翻转草图

图 6-103　靠近黑色原点时显示的指针图标

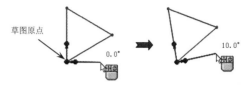

图 6-104　旋转草图

**技术要点**

利用【修改草图】对话框将整个草图几何体（包括草图原点）相对于模型进行平移，但草图不会相对于草图原点移动。此外，在默认情况下，黑色的草图原点出现在草图的质心上，可以移动此原点。

**技术要点**

如果草图具有外部参考，则无法移动或缩放草图。程序会弹出【SolidWorks】警告信息框，如图 6-105 所示。

3．【旋转】选项组

在【旋转】选项组的旋转角度文本框中输入值，可以绕黑色原点旋转草图。除此之外，也可在图形区域按住鼠标右键并拖动，草图将按 10°或 15°的默认增量值进行旋转，如图 6-104 所示。

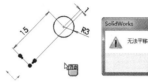 

图 6-105　无法修改带有外部参考的草图

## 6.4.2　修复草图

利用【修复草图】对话框可以找出草图错误，有些情况下还可以修复这些错误。在【草图】工具栏中单击【修复草图】按钮，程序会弹出【修复草图】对话框，如图 6-106 所示。

对话框中各选项、按钮的含义如下：

- 显示小于以下的缝隙：用于找出缝隙或重叠错误的最大值。较大的缝隙或重叠值被视为是特意设计的。
- 刷新：单击此按钮，按重新设定的缝隙值运行修复草图。
- 隐藏或显示放大镜：单击此按钮，切换放大镜以高亮显示草图中的错误。如果没有发现问题，该按钮为隐藏放大镜。反之为显示放大镜，如图 6-107 所示为使用放大镜检查模型的情况。

图 6-106　【修复草图】对话框　　图 6-107　使用放大镜

## 6.5　综合实战：绘制花形草图

◎ **结果文件：** \综合实战\结果文件\Ch06\花形草图.sldprt

◎ **视频文件：** \视频\Ch06\花形草图.avi

利用直线、拐角、旋转调整大小、圆角等命令来绘制和编辑如图 6-108 所示的草图。

操作步骤：

**01** 启动 SolidWorks，新建零件文件。

**02** 在【草图】工具栏中单击【草图绘制】按钮，选择上视基准面作为绘图平面。

**03** 在【草图】工具栏中单击【多边形】按钮，单击坐标原点作为辅助内接圆圆心，绘制正六边形，标注边长为20mm，添加上边【水平】的几何关系，草图被完全定义，如图6-109 所示。

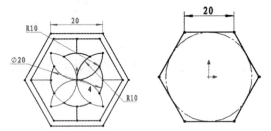

图 6-108　绘制的草图　　图 6-109　绘制正六边形

**04** 单击【等距实体】按钮，在【等距实体】属性面板中设置等距距离为2mm，【选择链】方式，并选中【反向】复选框，单击正六边形，对其进行等距实体，如图6-110 所示。

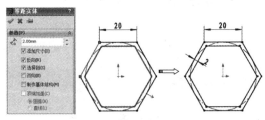

图 6-110　等距实体

**05** 单击【圆】按钮，绘制以原点为圆心的圆，并标注其直径为20mm，如图6-111 所示。

**06** 单击【直线】按钮，捕捉直线段的中点和端点，绘制直线段，如图6-112 所示。

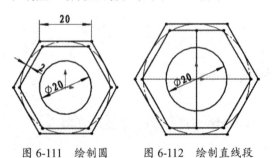

图 6-111　绘制圆　　图 6-112　绘制直线段

**07** 单击【剪裁】按钮，选择【剪裁到最近端】的方式，对多余线条进行剪裁，剪裁后图形如图6-113 所示。

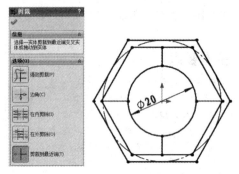

图 6-113　绘制直线段

**08** 单击【圆】按钮，以内圆与所绘制的直线段的交点为圆心分别绘制两个直径为20mm的圆，如图6-114 所示。

**09** 再使用【剪裁到最近端】的剪裁方式将所绘制的两个圆的多余线条剪裁掉，剪裁后如图6-115 所示。

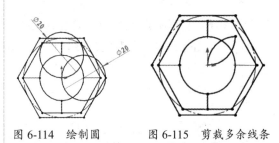

图 6-114　绘制圆　　图 6-115　剪裁多余线条

**10** 单击【圆周草图阵列】按钮，选择剪裁剩下呈花瓣状的两个圆弧为要阵列的实体，选择原点为阵列中心，设置数量为4，并选中【等间距】复选框，进行阵列，如图6-116 所示。

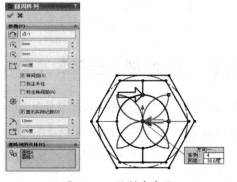

图 6-116　绘制直线段

**11** 单击【确定】按钮后,图形区域变成红色,并在绘图区域底部提示【过定义】信息,如图 6-117 所示。

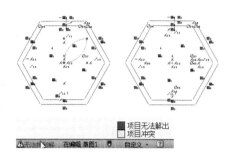

图 6-117 阵列后过定义

### 技术要点

圆周草图阵列后,一些实体原有的几何关系和尺寸关系都被复制,使得草图【过定义】。在这里出现过定义后有两种方法:一是双击【无法找到解】区域,对草图进行诊断、修复;二是直接在图形区域中删除多余的几何关系。这里最简单的解决方法是,将多余的线条删除干净,过定义即可变为完全定义。

**12** 选择【剪裁到最近端】方式执行剪裁命令,删除多余线条后,草图自动变成完全定义状态,如图 6-118 所示。至此,保存文件退出当前窗口。

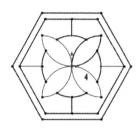

图 6-118 绘制直线段

## 6.6 课后习题

**1. 绘制垫板草图**

本练习的垫板草图如图 6-119 所示。

**2. 绘制链盘草图**

本练习的链盘草图如图 6-120 所示。

**3. 绘制吊钩草图**

本练习的吊钩草图如图 6-121 所示。

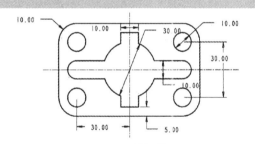

图 6-119 垫板草图

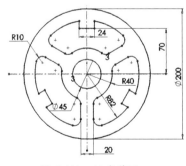

图 6-120 链盘草图

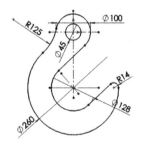

图 6-121 吊钩草图

读书笔记

# 第 7 章 草图尺寸与几何约束

当草图完成后发现存在错误时,可以对草图进行编辑,包括修改尺寸、修改几何约束、重新绘制曲线等,本章将主要介绍二维草图的几何约束和其他辅助功能。

- ◆ 掌握草图几何约束关系
- ◆ 掌握草图尺寸约束的应用
- ◆ 掌握捕捉工具的应用
- ◆ 掌握草图捕捉技巧
- ◆ 完全定义草图
- ◆ 掌握爆炸草图工具的应用

## 7.1 草图几何约束

草图几何约束是指草图实体之间或草图实体与基准面、基准轴、边线,以及顶点之间的几何约束,可以自动或手动添加几何关系。在 SolidWorks 中,二维和三维草图中草图曲线和模型几何体之间的几何关系是设计意图中的重要创建手段。

### 7.1.1 几何约束类型

几何约束其实也是草图捕捉的一种特殊方式。几何约束类型包括推理和添加类型。表 7-1 列出了 SolidWorks 草图模式中所有的几何关系。

表 7-1 草图几何关系

| 几何关系 | 类 型 | 说 明 | 图 解 |
| --- | --- | --- | --- |
| 水平 | 推理 | 绘制水平线 | 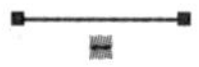 |
| 垂直 | 推理 | 按垂直于第一条直线的方向绘制第二条直线。草图工具处于激活状态,因此草图捕捉中点显示在直线上 | 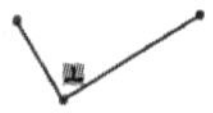 |
| 平行 | 推理 | 按平行几何关系绘制两条直线 | 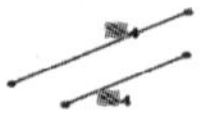 |
| 水平和相切 | 推理 | 添加切线弧到水平线 | 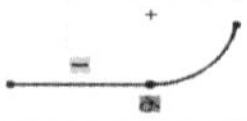 |
| 水平和重合 | 推理 | 绘制第二个圆。草图工具处于激活状态,因此草图捕捉的象限显示在第二个圆弧上 | 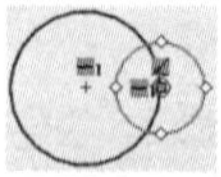 |
| 竖直、水平、相交和相切 | 推理和添加 | 按中心推理到草图原点绘制圆(竖直),水平线与圆的象限相交,添加相切几何关系 | 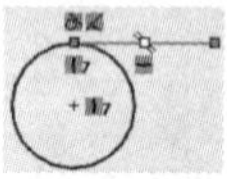 |
| 水平、竖直和相等 | 推理和添加 | 推理水平和竖直几何关系,添加相等几何关系 | 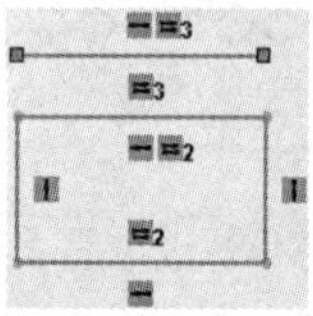 |

续表

| 几何关系 | 类型 | 说 明 | 图 解 |
|---|---|---|---|
| 同心 | 添加 | 添加同心几何关系 | |

推理类型的几何约束仅在绘制草图的过程中自动出现，而添加类型的几何约束则需要用户手动添加。

**技术要点**

推理类型的几何约束，仅在系统选项对话框的【草图】选项卡中，选中【自动几何关系】复选框的情况下才显示。

### 7.1.2 添加几何关系

一般说来，用户在绘制草图的过程中，程序会自动添加其几何约束关系。但是未选中【自动几何关系】复选框（系统选项）时，就需要用户手动添加几何约束关系了。

在命令管理器的【草图】工具栏上单击【添加几何关系】按钮，属性管理器将显示【添加几何关系】面板，如图 7-1 所示。当选择要添加几何关系的草图曲线后，【添加几何关系】选项组将显示几何关系选项，如图 7-2 所示。

图 7-1　【添加几何关系】面板　　图 7-2　选择草图后显示几何关系选项

根据所选的草图曲线不同，【添加几何关系】面板中的几何关系选项也会不同。表 7-2 中列出了用户可为几何关系选择的草图曲线及所产生的几何关系的特点。

表 7-2　选择草图曲线所产生的几何关系及特点

| 几何关系 | 图　标 | 要选择的草图 | 所产生的几何关系 |
|---|---|---|---|
| 水平或竖直 | — ∣ | 一条或多条直线，或两个或多个点 | 直线会变成水平或竖直（由当前草图的空间定义），而点会水平或竖直对齐 |
| 共线 |  | 两条或多条直线 | 项目位于同一条无限长的直线上 |
| 全等 |  | 两个或多个圆弧 | 项目会共用相同的圆心和半径 |
| 垂直 | ⊥ | 两条直线 | 两条直线相互垂直 |

续表

| 几何关系 | 图标 | 要选择的草图 | 所产生的几何关系 |
|---|---|---|---|
| 平行 | | 两条或多条直线；三维草图中的一条直线和一基准面 | 项目相互平行，直线平行于所选基准面 |
| 沿 X | | 三维草图中的一条直线和一基准面（或平面） | 直线相对于所选基准面与 YZ 基准面平行 |
| 沿 Y | | 三维草图中一条直线和一基准面（或平面） | 直线相对于所选基准面与 ZX 基准面平行 |
| 沿 Z | | 三维草图中一条直线和一基准面（或平面） | 直线与所选基准面的面正交 |
| 相切 | | 一个圆弧、椭圆或样条曲线，以及一直线或圆弧 | 两个项目保持相切 |
| 同轴心 | | 两个或多个圆弧，或一个点和一个圆弧 | 圆弧共用同一圆心 |
| 中点 | | 两条直线或一个点和一直线 | 点保持位于线段的中点 |
| 交叉 | | 两条直线和一个点 | 点位于直线、圆弧或椭圆上 |
| 重合 | | 一个点和一条直线、圆弧或椭圆 | 点位于直线、圆弧或椭圆上 |
| 相等 | | 两条或多条直线，或两个或多个圆弧 | 直线长度或圆弧半径保持相等 |
| 对称 | | 一条中心线和两个点、直线、圆弧或椭圆 | 项目保持与中心线相等距离，并位于一条与中心线垂直的直线上 |
| 固定 | | 任何实体 | 草图曲线的大小和位置被固定。然而，固定直线的端点可以自由地沿其下无限长的直线移动 |

### 技术要点

在上表中，三维草图中的整体轴的几何关系称为【沿X】、【沿Y】及【沿Z】。而在二维草图中则称为【水平】、【竖直】和【法向】。

### 7.1.3 显示/删除几何关系

用户可以使用【显示/删除几何关系】工具将草图中的几何约束保留或者删除。在命令管理器的【草图】工具栏上单击【显示/删除几何关系】按钮，属性管理器将显示【显示/删除几何关系】面板，如图 7-3 所示。面板中的【实体】选项组如图 7-4 所示。

【显示/删除几何关系】面板中各选项含义如下：

图 7-3 【显示/删除几何关系】面板　图 7-4 【实体】选项组

- 过滤器：用于指定显示哪些几何关系。过滤器包括 8 种几何关系过滤类型。
- 信息 ⓘ：显示所选草图曲线的状态。
- 压缩：压缩所选草图曲线的几何关系，几何关系的名称变成灰暗色，图标也灰显，而信息状态从满足更改到从动，如图 7-5 所示。

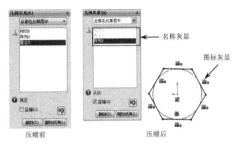

图 7-5 压缩几何关系

- 删除：单击此按钮，将【几何关系】选项组列表框中所选的几何关系删除。
- 删除所有：单击此按钮，将删除草图中所有的几何关系。

**技术要点**

用户也可以在列表框中右击，选择右键菜单中的【删除】命令或【删除所有】命令，将所选几何关系删除或全部删除。

- 撤销 ⤺：单击此按钮，撤销前一步的删除操作。
- 实体：在【几何关系】选项组的列表框中列举每个所选草图实体。
- 拥有者：显示草图实体所属的零件。
- 装配体：为外部模型中的草图实体显示几何关系所生成的顶层装配体名称。
- 替换：单击此按钮，可将选择的草图曲线替换另一草图曲线。

**动手操作——几何约束在草图中的应用**

转轮架草图的绘制方法与手柄支架草图的绘制是完全相同的。绘制草图，对于初学者来说，不知道该从何处着手，感觉从任何位置都可以操作。其实不然，草图与实体建模一样，也有个【先来后到】。

本例的转轮架草图如图 7-6 所示。

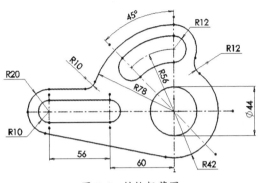

图 7-6 转轮架草图

操作步骤：

**01** 新建零件，选择前视视图作为草绘平面，并进入草图模式中。

**02** 使用【中心线】工具，在图形区域绘制草图的定位中心线，如图 7-7 所示。

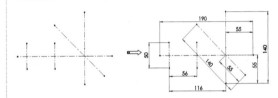

图 7-7 绘制定位中心线

**03** 绘制中心线后将其全部固定。使用【圆】工具，绘制如图 7-8 所示的圆。

**技术要点**

在使用【添加几何约束】工具时，一个元素与其他多个元素是不能同时进行约束的。这需要不断地更换约束与被约束对象。

**04** 使用【圆弧】工具，以【圆心/起点/终点方式】方式，绘制如图 7-9 所示的圆弧。

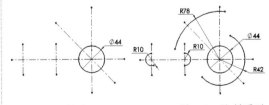

图 7-8 绘制圆　　　　图 7-9 绘制圆弧

**技术要点**

使用【圆心/起点/终点画弧】方式绘制圆弧,顺序是首先在图形区域确定圆弧起点,然后输入圆弧半径,最后才画弧。

**05** 使用【直线】工具,绘制两条水平直线,且添加几何约束使水平直线与相接的圆弧相切,如图 7-10 所示。

**06** 使用【等距实体】工具,选择如图 7-11 所示的圆弧,分别绘制出偏移距离为 10、22 和 34 的且反向的等距实体。

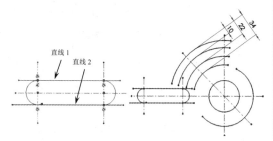

图 7-10　绘制圆角矩形　　图 7-11　挤出拉伸

**07** 为了便于操作,使用【剪裁实体】工具对图形进行部分修剪,如图 7-12 所示。

**08** 使用【圆弧】工具,以【圆心/起点/终点画弧】方式,绘制如图 7-13 所示的圆弧。

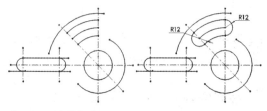

图 7-12　修剪部分图形　　图 7-13　绘制圆弧

**09** 使用【等距实体】工具,在草图中绘制等距实体,如图 7-14 所示。

**10** 使用【直线】工具,绘制一斜线。添加几何关系使该斜线与相邻圆弧相切,如图 7-15 所示。

**11** 使用【绘制圆角】工具,在草图中绘制半径分别为 12 和 10 的两个圆弧,如图 7-16 所示。

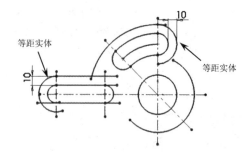

图 7-14　绘制等距实体

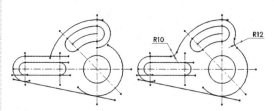

图 7-15　绘制斜线　　图 7-16　绘制圆角

**12** 使用【剪裁实体】工具,将草图中的多余图线修剪掉。

**13** 为绘制的草图进行尺寸约束,如图 7-17 所示。至此,转轮架草图绘制完成。

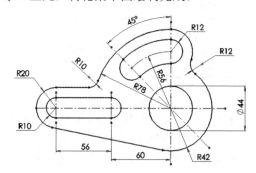

图 7-17　绘制完成的转轮架草图

**14** 最后在【标准】工具栏中单击【保存】按钮,将结果保存。

## 7.2　草图尺寸约束

尺寸约束就是创建草图的尺寸标注,使草图满足设计者的要求并让草图固定。SolidWorks 的尺寸约束共有 6 种,在【草图】工具栏的【智能尺寸】工具下拉菜单中就包含了这 6 种尺寸约束类型,如图 7-18 所示。

第 7 章 草图尺寸与几何约束

图 7-18 6 种草图尺寸约束类型

### 7.2.1 草图尺寸设置

在命令管理器的【草图】工具栏上单击【智能尺寸】按钮 或其他尺寸标注按钮，用户可以在图形区域为草图标注尺寸，标注尺寸后属性管理器将显示【尺寸】面板。

**技术要点**

在标注尺寸的过程中，属性管理器将显示【线条属性】面板。通过该面板可为草图曲线定义几何约束。

【尺寸】面板中包括 3 个选项卡：数值、引线和其他。【数值】选项卡的选项设置如图 7-19 所示；【引线】选项卡的选项设置如图 7-20 所示；【其他】选项卡的选项设置如图 7-21 所示。

图 7-19 【数值】选项卡　　图 7-20 【引线】选项卡　　图 7-21 【其他】选项卡

**1.【数值】选项卡**

【数值】选项卡中包括 5 个选项组，每个选项组可进行不同的选项设置。

（1）【样式】选项组

该选项组为尺寸和各种注解（注释、形位公差符号、表面粗糙度符号及焊接符号）定义与文字处理文件中段落样式相类似的样式。

各选项含义如下：

- 将默认属性应用到所选尺寸 ：单击此按钮，要将尺寸或注解的属性重设到文件默认状态。

- 添加或更新样式：单击此按钮，将弹出【添加或更新样式】对话框，如图 7-22 所示。通过该对话框，可将新样式添加到 SolidWorks 程序文件中。
- 删除样式：单击此按钮，可将【设定当前样式】下拉列表框中选中的样式删除。
- 保存样式：单击此按钮，保存样式以供在另一草图尺寸标注或工程图标注中使用。
- 装入样式：单击此按钮，可将 SolidWorks 程序文件中的样式文件装载进当前草图中。
- 设定当前样式：此下拉列表框中列出了可用的样式。

（2）【公差/精度】选项组

【公差/精度】选项组主要设置尺寸的公差与精度。各选项含义如下：

- 公差类型：此下拉列表框中包含所有公差类型，如图 7-23 所示。
- 单位精度：设置尺寸单位的小数位数。

图 7-22 【添加或更新样式】对话框

图 7-23 公差类型

表 7-3 中列出了所有的公差类型、说明及图解。

表 7-3 公差类型、说明及图解

| 公差类型 | 说明 | 图解 |
| --- | --- | --- |
| 无 | 标准尺寸标注 | |
| 基本 | 沿尺寸文字添加一方框。在形位尺寸与公差中，基本表示尺寸理论上的准确值 | |
| 双边 | 显示其后跟有单独上和下公差的标称尺寸 | |
| 限制 | 显示尺寸的上限和下限 | |
| 对称 | 显示后面跟有公差的标称尺寸 | |
| 最小 | 显示标称值并带后缀【最小】 | |
| 最大 | 显示标称值并带后缀【最大】 | |

续表

| 公差类型 | 说明 | 图解 |
| --- | --- | --- |
| 套合 | 在尺寸值后设置孔套合与轴套合 | |
| 与公差套合 | 在套合中设置单位精度和公差精度 | |
| 套合（仅对公差） | 使用套合值但不将之显示 | |

（3）【主要值】选项组

该选项组主要为驱动尺寸进行更改以改变模型。在选项组中包含两个选项。名称文本框显示所选尺寸的名称；尺寸数值框显示尺寸数值，可以更改此值。

（4）【标注尺寸文字】选项组

该选项组主要用来设置标注文字的样式。各选项含义如下：

- 添加括号：单击此按钮，使标注文字添加括号，如图 7-24 所示。
- 尺寸置中：单击此按钮，标注文字在尺寸线中间放置。
- 审查尺寸：单击此按钮，为标注文字添加审查标记，如图 7-25 所示。
- 等距文字：单击此按钮，使用引线从尺寸线等距尺寸文字，如图 7-26 所示。

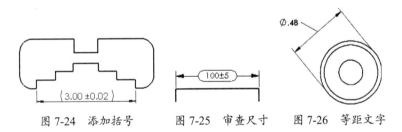

图 7-24　添加括号　　图 7-25　审查尺寸　　图 7-26　等距文字

- 文字文本框：文字文本框中显示尺寸标注文字，尺寸标注文字以 <DIM> 表示。可以在文本框内添加新文字，若在 <DIM> 前添加，添加的文字则显示原标注文字之前，反之则在原标注文字之后。当按【Delete】键删除 <DIM> 时，程序会弹出确认尺寸值文字覆写对话框，单击【是】按钮后，即可在文字文本框内输入用户定义的文字，如图 7-27 所示。

图 7-27　删除原标注添加自定义文字

### 技术要点

对于某些类型的尺寸，额外文字会自动出现。例如，柱形沉头孔的孔标注显示孔的直径和深度。

- 文字对齐、符号：在文字文本框下方的文字对齐和符号，可以设置标注文字的对齐方式，以及是否单击符号按钮来添加符号。
- 更多符号：单击此按钮，将弹出【符号】对话框，如图 7-28 所示。通过此对话框，可以添加 SolidWorks 提供的标注符号。

（5）【双制尺寸】选项组

该选项组可以指定双制（英制和公制）尺寸的单位精度和公差精度，如图 7-29 所示。

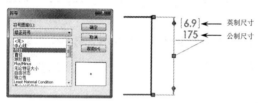

图 7-28 【符号】对话框　　图 7-29 双制尺寸

### 2.【引线】选项卡

【引线】选项卡包括引线和尺寸界线的选项设置。选项卡中各选项含义如下：

- 外面：单击此按钮，尺寸线的箭头在尺寸界线外面，如图 7-30（a）所示。
- 里面：单击此按钮，尺寸线的箭头在尺寸界线里面，如图 7-30（b）所示。
- 智能：单击此按钮，在空间过小、不足以容纳尺寸文字和箭头的情况下，将箭头自动放置于延伸线外侧，如图 7-30（c）所示。
- 指引的引线：可以相对于特征的曲面以任何角度定向，并可平行于特征轴而放置于注解基准面中，如图 7-30

（d）所示。此设置仅当为三维模型进行引线标注后才可用。

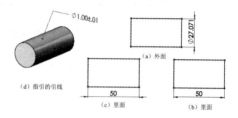

图 7-30 尺寸线箭头的放置

### 技术要点

当尺寸被选中时，尺寸箭头出现圆形控标，当指针位于箭头控标上时，形状变为。单击箭头控标，可以改变箭头位置。

- 样式：在【样式】下拉列表中包含 13 种尺寸线箭头样式，用户可以在此下拉列表中选择一种样式作为尺寸标注的箭头样式，如图 7-31 所示。若是半径标注，还会显示半径尺寸线样式设置按钮，如图 7-32 所示。半径尺寸线样式如表 7-4 所示。

图 7-31 尺寸线　　图 7-32 半径标注
箭头样式　　的尺寸线样式设置按钮

- 使用文档第二箭头：对包含外部箭头的直径尺寸（非线性），指定以文档默认的形式设置第二箭头。

表 7-4 半径标注的尺寸线样式

| 尺寸线样式 | 图标 | 说明 | 图解 |
|---|---|---|---|
| 半径 | | 指定以半径标注圆弧或圆的尺寸 | R15 |
| 直径 | | 指定以直径标注圆弧或圆的尺寸 | ⌀30 |

第 7 章　草图尺寸与几何约束

续表

| 尺寸线样式 | | 图　标 | 说明 | 图解 |
|---|---|---|---|---|
| 线性 | 与轴垂直 | | 指定以线性尺寸（非径向）标注直径尺寸，且与轴垂直 | ⌀30 |
| 线性 | 与轴平行 | | 指定以线性尺寸（非径向）标注直径尺寸，且与轴平行 | ⌀30 |
| 尺寸线折断 | | | 以折断的半径尺寸线标注尺寸 | R15 |
| 实引线 | | | 以穿过圆的实线显示标注径向尺寸。ANSI 标准下不可用 | ⌀30 |
| 空引线 | | | 以圆内为空的实线来标注径向尺寸 | ⌀30 |

- 使用文档的折弯长度：选中此复选框，将使用在系统选项对话框的【文档属性】选项卡下设置的折弯长度标注。
- 使用文档显示：选中此复选框，可以使用为系统选项默认的设置来显示线型。
- 引线样式：此下拉列表中包含程序提供的引线样式，如图 7-33 所示。
- 引线粗度：此下拉列表中包含程序提供的不同粗细的引线线型，如图 7-34 所示。

图 7-35　自定义的文字位置

**技术要点**

当尺寸线被折断时，它们将绕附近的线折断。如果尺寸的移动幅度较大，它可能不会绕新的附近尺寸折断。若想更新显示，解除尺寸线折断，然后将它们折断即可。

3. 【其他】选项卡

【其他】选项卡用于指定标注尺寸单位、标注字体的样式等。选项卡中各选项含义如下：

- 长度单位：此下拉列表中包含了程序提供的英制和公制单位，如图 7-36 所示。

图 7-33　引线样式　　图 7-34　引线粗度

- 实引线，文字对齐：此自定义的文字位置如图 7-35（a）所示。
- 折断引线，水平文字：此自定义的文字位置如图 7-35（b）所示。
- 折断引线，文字对齐：此自定义的文字位置如图 7-35（c）所示。

图 7-36　尺寸单位选项

- 使用文档字体：选中此复选框，将使用程序默认的字体样式。取消选中此复选框，可以自定义设置字体样式。

- 字体：单击此按钮，弹出【选择字体】对话框，如图 7-37 所示。通过该对话框，可以为标注文字设置自定义的字体样式。

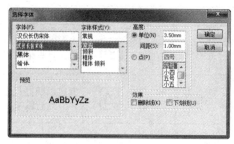

图 7-37 【选择字体】对话框

### 7.2.2 尺寸约束类型

SolidWorks 向用户提供了 6 种尺寸约束类型：智能尺寸、水平尺寸、竖直尺寸、尺寸链、水平尺寸链和竖直尺寸链。其中智能尺寸类型也包含了水平尺寸类型和竖直尺寸类型。

智能尺寸是程序自动判断选择对象并进行对应的尺寸标注类型。这种类型的好处是标注灵活，由一个对象可标注出多个尺寸约束。但由于此类型几乎包含了所有的尺寸标注类型，所以针对性不强，有是时也会产生不便。

表 7-5 中列出了 SolidWorks 的所有尺寸标注类型。

表 7-5 尺寸标注类型

| 尺寸标注类型 | | 图标 | 说明 | 图解 |
|---|---|---|---|---|
| 竖直尺寸链 | | | 竖直标注的尺寸链组 | |
| 水平尺寸链 | | | 水平标注的尺寸链组 | |
| 尺寸链 | | | 从工程图或草图中的零坐标开始测量的尺寸链组 | |
| 竖直尺寸 | | | 标注的尺寸总是与坐标系的 Y 轴平行 | |
| 水平尺寸 | | | 标注的尺寸总是与坐标系的 X 轴平行 | |
| 智能尺寸 | 平行尺寸 | | 标注的尺寸总是与所选对象平行 | |
| | 角度尺寸 | | 指定以线性尺寸（非径向）标注直径尺寸，且与轴平行 | |
| | 直径尺寸 | | 标注圆或圆弧的直径尺寸 | |

## 第 7 章 草图尺寸与几何约束

| 尺寸标注类型 | | 图 标 | 说 明 | 图 解 |
|---|---|---|---|---|
| 智能尺寸 | 半径尺寸 | | 标注圆或圆弧的半径尺寸 | |
| | 弧长尺寸 | | 标圆弧的弧长尺寸。标注方法是先选择圆弧，然后依次选择圆弧的两个端点 | |

**技术要点**

尺寸链有两种方式。一种是链尺寸，另一种是基准尺寸。基准尺寸主要用来标注孔在模型中的具体位置，如图 7-38 所示。要使用基准尺寸，可在系统选项对话框的【文档属性】选项卡中，在【尺寸链】的【尺寸标注方法】选项组中单击【基准尺寸】单选按钮。

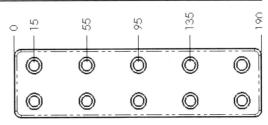

图 7-38 基于孔的基准尺寸标注

### 7.2.3 尺寸修改

当尺寸不符合设计要求时，就需要重新修改。尺寸的修改可以通过【尺寸】面板进行，也可以通过【修改】对话框来进行。

在草图中双击标注的尺寸，程序将弹出【修改】对话框，如图 7-39 所示。

图 7-39 【修改】对话框

【修改】对话框中按钮的含义如下：

- 保存 ✓：单击此按钮，保存当前的数值并退出此对话框。
- 恢复 ✗：单击此按钮，恢复原始值并退出此对话框。
- 重建模型 ：单击此按钮，以当前的数值重建模型。
- 反转尺寸方向 ：单击此按钮，反转尺寸方向。
- 重设增量值 ±?：单击此按钮，重新设定尺寸增量值。
- 标注 ：单击此按钮，标注要输入

进工程图中的尺寸。此命令仅在零件和装配体模式中可用。当插入模型项目到工程图中时，可插入所有尺寸或只插入标注的尺寸。

要修改尺寸数值，可以输入数值；可以单击微调按钮；可以单击微型旋轮；还可以在图形区域滚动鼠标滚轮。

在默认情况下，除直接输入尺寸值外，其他几种修改方法都是以 10 的增量增加或减少尺寸值。用户可以单击【重设增量值】按钮 ±?，在随后弹出的【增量】对话框中设置自定义的尺寸增量值，如图 7-40 所示。

图 7-40 【增量】对话框

修改增量值后,选中【增量】对话框的【成为默认值】复选框,新设定的值就成为以后的默认增量值。

### 动手操作——尺寸约束在草图中的应用

要绘制一个完整的平面图形,需要对图形进行尺寸分析。在本例中,手柄支架图形主要有尺寸基准、定位尺寸和定形尺寸。从对图形进行线段分析来看,主要包括已知线段、连接线段和中间线段。

在绘制图形的过程中,会使用直线、中心线、圆、圆弧、等距实体、移动实体、剪裁实体、几何约束、尺寸约束等工具来完成草图。手柄支架草图如图7-41所示。

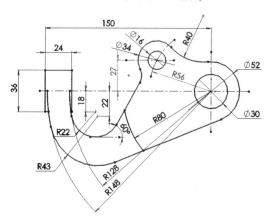

图7-41 手柄支架草图

操作步骤:

**01** 新建零件,选择前视视图作为草绘平面,并进入草图模式中。

**02** 使用【中心线】工具,在图形区域绘制如图7-42所示的中心线。

**03** 使用【圆弧】工具,以【圆心/起点/终点画弧】方式在图形区域绘制半径为56的圆弧,并将此圆弧设为【构造线】,如图7-43所示。

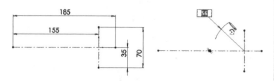

图7-42 绘制中心线　　图7-43 绘制圆弧

### 技术要点

将圆弧设为【构造线】,是因为圆弧将作为定位线而存在。

**04** 使用【直线】工具,绘制一条与圆弧相交的构造线,如图7-44所示。

**05** 使用【圆】工具在图形区域绘制4个直径分别为52、30、34、16的圆,如图7-45所示。

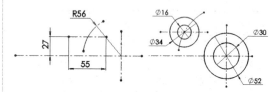

图7-44 绘制构造线　　图7-45 绘制4个圆

**06** 使用【等距实体】工具,选择竖直中心线作为等距参考,绘制出两条偏移距离分别为150和126的等距实体,如图7-46所示。

**07** 使用【直线】工具绘制出如图7-47所示的水平直线。

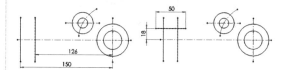

图7-46 绘制等距实体　　图7-47 绘制水平直线

**08** 在【草图】工具栏中单击【镜像实体】按钮,属性管理器显示【镜像实体】面板。按信息提示在图形区域选择要镜像的实体,如图7-48所示。

**09** 选中【复制】复选框,并激活【镜像点】列表框,然后在图形区域选择水平中心线作为镜像中心,如图7-49所示。

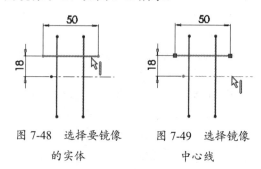

图7-48 选择要镜像　　图7-49 选择镜像
　　　　的实体　　　　　　　　中心线

**10** 最后单击【确定】按钮，完成镜像操作，如图 7-50 所示。

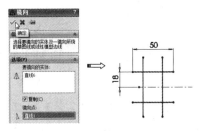

图 7-50  完成镜像操作

**11** 使用【圆弧】工具，以【圆心/起点/终点画弧】方式在图形区域绘制两条半径为 148 和 128 的圆弧，如图 7-51 所示。

### 技术要点

如果你绘制的圆弧不是希望的圆弧，而是圆弧的补弧。那么在确定圆弧的终点时可以顺时针或逆时针调整你所需要的圆弧。

**12** 使用【直线】工具，绘制两条水平短直线，如图 7-52 所示。

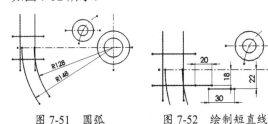

图 7-51  圆弧　　　图 7-52  绘制短直线

**13** 使用【添加几何关系】工具，将前面绘制的所有图线固定。

**14** 使用【圆弧】工具，选择以【圆心/起点/终点画弧】方式在图形区域绘制半径为 22 的圆弧，如图 7-53 所示。

**15** 使用【添加几何关系】工具，选择如图 7-54 所示的两段圆弧将其几何约束为【相切】。

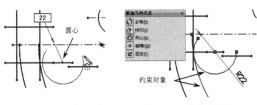

图 7-53  绘制半径为　　图 7-54  相切约束
　　22 的圆弧　　　　　　两圆弧

**16** 同理，再绘制半径为 43 的圆弧，并添加几何约束将其与另一圆弧相切，如图 7-55 所示。

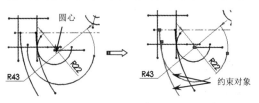

图 7-55  绘制圆弧并添加几何约束

**17** 使用【直线】工具，绘制一条构造线，使之与半径为 22 的圆弧相切，并与水平中心线平行，如图 7-56 所示。

**18** 使用【直线】工具再绘制直线，使该直线与上步骤绘制的构造线呈 60°。添加几何关系使其相切于半径为 22 的圆弧，如图 7-57 所示。

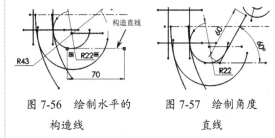

图 7-56  绘制水平的　　图 7-57  绘制角度
　　构造线　　　　　　　　直线

**19** 使用【剪裁实体】工具，先将图形进行剪裁实体处理，结果如图 7-58 所示。

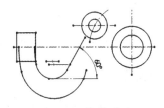

图 7-58  修剪图形

**20** 使用【直线】工具，绘制一条与水平方向成一定角度直线，并添加几何约束关系使其与另一圆弧和圆相切，如图 7-59 所示。

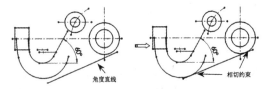

图 7-59  绘制与圆、圆弧都相切的直线

**21** 使用【圆弧】工具，以【3点画弧】方式，在两个圆之间绘制半径为40的连接圆弧。并添加几何约束关系使其与两个圆都相切，如图7-60所示。

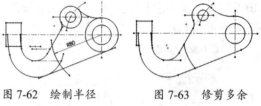

图 7-62 绘制半径　　图 7-63 修剪多余
　　为80的圆弧　　　　　　图线

### 技术要点

绘制圆弧时，圆弧的起点与终点不要与其他图线中的顶点、交叉点或中点重合，否则无法添加新的几何关系。

**22** 同理，在图形区域另一位置绘制半径为12的圆弧，添加几何约束关系使其与步骤20绘制的直线和圆都相切，如图7-61所示。

**25** 使用【显示/删除几何关系】工具，删除除中心线外其余草图图线的几何关系。然后对草图进行尺寸标注，完成结果如图7-64所示。

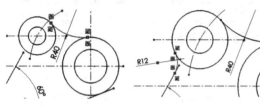

图 7-60 绘制与两圆　　图 7-61 绘制与圆、直线
　　都相切的圆弧　　　　　　都相切的圆弧

**23** 使用【圆弧】工具，以基准线中心为圆弧中心，绘制半径为80的圆弧，如图7-62所示。

**24** 使用【剪裁实体】工具，将草图中多余的图线全部修剪掉，完成结果如图7-63所示。

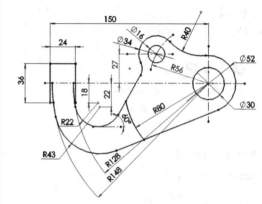

图 7-64 绘制完成的手柄支架草图

**26** 至此，手柄支架草图已绘制完成。最后在【标准】工具栏中单击【保存】按钮，保存草图。

## 7.3 插入尺寸

在绘制草图的过程中，可以即时插入尺寸并添加尺寸，从而快速提高工作效率。

### 7.3.1 草图数字输入

在旧版本 SolidWorks 中绘制草图的过程是：先利用绘图命令绘制草图曲线，然后进行尺寸标注，既费时又麻烦。通过草图数字的输入输入尺寸，可以达到快速制图目的。

要想运用此功能，可以在系统选项对话框的【草图】界面选中【在生成实体时启用荧屏上数字输入】复选框，如图7-65所示。

图 7-65 启用数字输入功能

## 7.3.2 添加尺寸

在绘制草图的过程中，及时添加尺寸标注，避免待草图绘制完成后才进行尺寸标注。添加的尺寸是驱动尺寸，可以对其进行编辑。【添加尺寸】命令需要用户自定义添加，默认界面中没有此命令。

> **技术要点**
> 【添加尺寸】功能仅当启用了草图数字输入功能后才可用，且仅针对单一草图曲线使用。

> **技术要点**
> 由于多边形不是单一草图曲线，所以不能使用添加尺寸功能，它的尺寸是由属性面板或后期标注的【智能尺寸】控制的。

下面我们通过一个草图绘制案例来说明草图数字输入和添加尺寸的用法。

**动手操作——绘制扳手草图**

要绘制的扳手草图如图 7-66 所示。

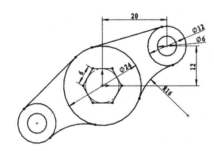

图 7-66 扳手草图

操作步骤：

**01** 新建文件。在【草图】选项卡中单击【草图绘制】按钮，选择前视基准面作为草图平面，进入草图环境中。

**02** 先开启草图数字输入功能，单击【多边形】按钮，打开【多边形】属性面板。

**03** 在面板中设置边数为 6，内切圆直径暂时保持默认，然后在中心位置绘制正六边形，如图 7-67 所示。

 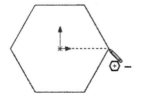

图 7-67 绘制正六边形

**04** 使用【智能尺寸】标注正六边形的一条边，修改长度为 6，如图 7-68 所示。

**05** 单击【圆】按钮，再单击【添加尺寸】按钮，然后绘制直径为 24 且与正六边形同心的圆，如图 7-69 所示。

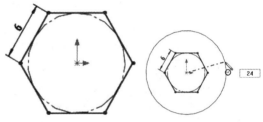

图 7-68 重新标注、修改尺寸　　图 7-69 绘制圆

**06** 继续绘制直径为 12 和直径为 6 的两个同心圆，如图 7-70 所示。

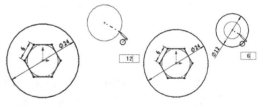

图 7-70 绘制同心圆

**07** 利用【智能尺寸】命令，为同心圆标注定位尺寸，如图 7-71 所示。

**08** 利用【直线】命令和【3 点画弧】命令绘制一条斜线和圆弧，如图 7-72 所示。

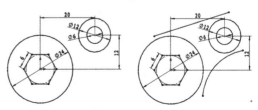

图 7-71 定位同心圆　　图 7-72 绘制斜线和圆弧

**09** 单击【添加几何关系】按钮,然后为斜线和圆添加相切约束,如图 7-73 所示。

**10** 同理,为圆弧和圆添加相切约束,并标注圆弧半径,如图 7-74 所示。

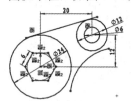
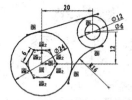
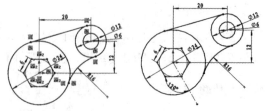

图 7-73　为斜线和圆　　图 7-74　为圆弧和圆　　图 7-75　修剪草图　　图 7-76　绘制斜线
　　　　添加相切约束　　　　　　添加相切约束

**11** 剪裁实体,结果如图 7-75 所示。

**12** 利用【中心线】命令过原点绘制一条斜线,与水平方向夹角角度为 120°,如图 7-76 所示。

**13** 利用【镜像实体】命令,将两个同心圆、相切直线和相切圆弧镜像至斜线(中心线)的另一侧,如图 7-77 所示。

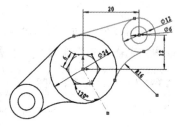

图 7-77　镜像实体

**14** 至此,完成了扳手草图的绘制。

## 7.4　草图捕捉工具

用户在绘制草图的过程中,可以使用 SolidWorks 提供的草图捕捉工具精确地绘制图像。草图捕捉工具是绘制草图的辅助工具,它包括【草图捕捉】和【快速捕捉】两种捕捉模式。

### 7.4.1　草图捕捉

草图捕捉就是在绘制草图的过程中根据自动判断的约束进行画线。【草图捕捉】模式共有 13 种常见捕捉类型,如图 7-78 所示。

表 7-6 中列出了 13 种常见的捕捉类型。

图 7-78　【草图捕捉】类型

表 7-6　常见的草图捕捉类型

| 草图捕捉 | 图　标 | 说　明 |
|---|---|---|
| 端点和草图点 | ▪ | 捕捉直线、多边形、矩形、平行四边形、圆角、圆弧、抛物线、部分椭圆、样条曲线、点、倒角的端点 |
| 中心点 | ◎ | 捕捉以下草图实体的中心:圆、圆弧、圆角、抛物线及部分椭圆 |
| 中点 | ╱ | 捕捉直线、多边形、矩形、平行四边形、圆角、圆弧、抛物线、部分椭圆、样条曲线和中心线的中点 |
| 象限点 | ◇ | 捕捉圆、圆弧、圆角、抛物线、椭圆和部分椭圆的象限 |

续表

| 草图捕捉 | 图 标 | 说 明 |
|---|---|---|
| 交叉点 | ✕ | 捕捉到相交或交叉实体的交叉点 |
| 最近点 | ◿ | 支持所有草图。单击【最近点】按钮,激活所有捕捉。指针不需要紧邻其他草图实体,即可显示推理点或捕捉到该点 |
| 正切 | ↺ | 捕捉到圆、圆弧、圆角、抛物线、椭圆、部分椭圆和样条曲线的切线 |
| 垂直 | ⊻ | 将直线捕捉到另一直线 |
| 平行 | ◥ | 给直线生成平行实体 |
| 水平 / 竖直线 | ⌐ | 竖直捕捉直线到现有水平草图直线,以及水平捕捉到现有竖直草图直线 |
| 与点水平 / 竖直 | ⁙ | 竖直或水平捕捉直线到现有草图点 |
| 长度 | ⌑ | 捕捉直线到网格线设定的增量,无须显示网格线 |
| 网格 | ▦ | 捕捉草图实体到网格的水平和竖直分隔线。默认情况下,这是唯一未激活的草图捕捉 |
| 角度 | △ | 捕捉到角度。要设定角度,执行【工具】|【选项】|【系统选项】|【草图】命令,然后选择【几何关系/捕捉】选项,然后设定【捕捉角度】的数值 |

### 7.4.2 快速捕捉

快速捕捉是绘制草图的过程中执行的单步草图捕捉。也就是说,当用户执行草图实体绘制命令后,即可使用 SoildWorks 提供的快速捕捉工具在另一草图中捕捉点。

要使用快速捕捉工具,用户可通过以下方式来选择命令:

- 在命令管理器的【草图】工具栏上单击【快速捕捉】按钮。
- 在【快速捕捉】工具栏上选择快速捕捉命令。
- 在激活的草图中,再执行另一草图命令,然后在图形区域选择右键菜单中的【快速捕捉】命令。
- 在菜单栏执行【工具】|【几何关系】|【快速捕捉】|【点】命令或其他命令。

【快速捕捉】工具栏如图 7-79 所示。该工具栏中的捕捉工具与前面介绍的草图捕捉工具是相同的,这里就不赘述了。

图 7-79 【快速捕捉】工具栏

**技术要点**

无论是否通过【选项】进行捕捉选项设置,在绘制草图过程中仍然能够使用快速捕捉工具。

激活某一草图(绘制的圆)后,再在【草图】工具栏中单击【直线】按钮,接着在【快速捕捉】工具栏中单击【相切捕捉】按钮,此时指针靠近圆即将绘制直线时,圆上显示一捕捉点,此点可以在圆上任意移动,同时指针变为。

将捕捉点作为直线起点后,【草图捕捉】工具栏中其余灰显的捕捉命令全部亮显,用户可以再选择其他的捕捉工具(如单击【垂直捕捉】按钮)以确定直线的终点,如图 7-80 所示。

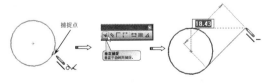

图 7-80 快速捕捉点

## 7.5 完全定义草图

当草图或所选的草图曲线欠定义时，可使用【完全定义草图】工具来添加几何约束或尺寸约束。

在【尺寸/几何关系】工具栏中单击【完全定义草图】按钮，或者在菜单栏执行【工具】|【标注尺寸】|【完全定义草图】命令，在属性管理器将显示【完全定义草图】面板，如图 7-81 所示。

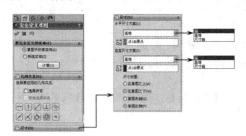

图 7-81　【完全定义草图】面板

【完全定义草图】面板中各选项组中的选项及按钮命令的含义如下：

- 草图中所有实体：选择此单选按钮，将对草图中所有曲线，应用几何关系和尺寸的组合来完全定义。
- 所选实体：选择此单选按钮，仅对特定的草图曲线应用几何关系和尺寸。
- 计算：分析当前草图，以生成合理的几何关系和尺寸约束。
- 选择所有：选中此复选框，在完全定义的草图中将包含所有的几何关系（【几何关系】选项组下方所有的几何关系图标被自动选中）。
- 取消选择所有：当选中【选择所有】复选框后，此复选框被激活。选中【取消选择所有】复选框，用户可以根据实际情况自行选择几何关系来完全定义草图。
- 水平尺寸方案：提供水平标注尺寸的几种可选类型，包括基准、链和尺寸链，如图 7-82 所示。

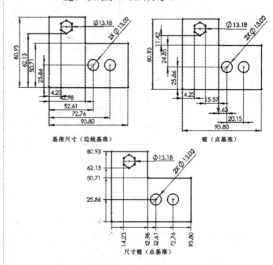

图 7-82　尺寸方案

- 水平尺寸基准点：激活此选项，可以添加或删除水平尺寸的标注基准。基准可以是点，也可以是边线（或曲线）。
- 竖直尺寸方案：提供水平标注尺寸的几种可选类型，包括基准、链和尺寸链。
- 竖直尺寸基准点：激活此选项，可以添加或删除竖直尺寸的基准。
- 尺寸放置：设置尺寸在草图中的位置。完全定义草图提供了 4 种尺寸位置，如图 7-83 所示。

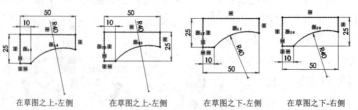

图 7-83　4 种尺寸放置

## 7.6 爆炸草图

【爆炸草图】工具栏中包括有【布路线】和【转折线】两个工具。【布路线】工具用于创建装配工程图的爆炸视图（这里不作介绍）。【转折线】工具用于在零件、装配体及工程图文件的二维或三维草图中转折草图线。

在二维草图中，在【爆炸草图】工具栏中单击【转折线】按钮，属性管理器显示【转折线】面板，如图7-84所示。按照面板中提供的信息，在图形区中选择一直线开始进行转折，然后拖动指针预览转折宽度和深度，再单击该直线，即可完成直线的转折，如图7-85所示。

更改转折的基准面。不同基准面中的三维转折直线如图7-86所示。

图7-84　【转折线】面板

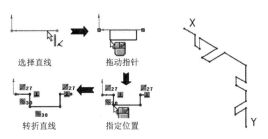

图7-85　二维草图转折　　图7-86　三维草图转折

在【转折线】面板没有关闭的情况下，用户可以继续转折直线或者插入多个转折。

对于三维草图，用户可以按【Tab】键来

**技术要点**

要绘制转折线，草图或工程图中必须有直线。对于其他曲线如圆／圆弧、椭圆／椭圆弧、样条曲线等是不被转折的。

## 7.7 综合实战

本章学习了草图尺寸约束和几何约束，下面再用两个实战案例加强草图绘制训练，巩固草图绘制方法。

### 7.7.1 绘制手柄支架草图

◎ 结果文件：\综合实战\结果文件\Ch07\手柄支架草图.sldprt

◎ 视频文件：\视频\Ch07\手柄支架草图.avi

要绘制一个完整的平面图形，需要对图形进行尺寸分析。在本例中，手柄支架图形主要有尺寸基准、定位尺寸和定形尺寸。从对图形进行线段分析来看，主要包括已知线段、连接线段和中间线段。

在绘制图形的过程中，会使用直线、中心线、圆、圆弧、等距实体、移动实体、剪裁实体、几何约束、尺寸约束等工具来完成草图。手柄支架草图如图7-87所示。

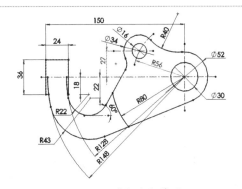

图7-87　手柄支架草图

操作步骤：

### 1. 绘制尺寸基准线和定位线

**01** 新建零件，选择前视视图作为草绘平面，并进入草图模式中。

**02** 使用【中心线】工具，在图形区域绘制如图 7-88 所示的中心线。

**03** 使用【圆弧】工具，以【圆心/起点/终点画弧】方式在图形区域绘制半径为 56 的圆弧，并将此圆弧设为【构造线】，如图 7-89 所示。

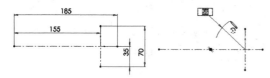

图 7-88　绘制中心线　　　图 7-89　绘制圆弧

**技术要点**

将圆弧设为【构造线】，是因为圆弧将作为定位线而存在。

**04** 使用【直线】工具，绘制一条与圆弧相交的构造线，如图 7-90 所示。

### 2. 绘制已知线段

**01** 使用【圆】工具在图形区域绘制 4 个直径分别为 52、30、34、16 的圆，如图 7-91 所示。

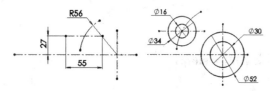

图 7-90　绘制构造线　　　图 7-91　绘制 4 个圆

**02** 使用【等距实体】工具，选择竖直中心线作为等距参考，绘制出两条偏移距离分别为 150 和 126 的等距实体，如图 7-92 所示。

**03** 使用【直线】工具绘制出如图 7-93 所示的水平直线。

**04** 在【草图】工具栏中单击【镜像实体】按钮，属性管理器显示【镜像实体】面板。按信息提示在图形区域选择要镜像的实体，如图 7-94 所示。

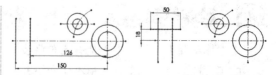

图 7-92　绘制等距实体　　　图 7-93　绘制水平直线

**05** 选中【复制】复选框，并激活【镜像点】列表框，然后在图形区域选择水平中心线作为镜像中心，如图 7-95 所示。

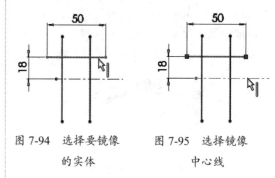

图 7-94　选择要镜像　　　图 7-95　选择镜像
　　　　的实体　　　　　　　　　中心线

**06** 最后单击【确定】按钮，完成镜像操作，如图 7-96 所示。

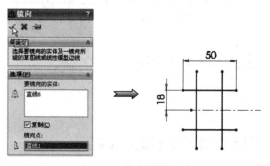

图 7-96　完成镜像操作

**07** 使用【圆弧】工具，以【圆心/起点/终点画弧】方式在图形区域绘制两条半径为 148 和 128 的圆弧，如图 7-97 所示。

**技术要点**

如果你绘制的圆弧不是希望的圆弧，而是圆弧的补弧，那么在确定圆弧的终点时可以顺时针或逆时针地调整你所需要的圆弧。

**08** 使用【直线】工具，绘制两条水平短直线，如图 7-98 所示。

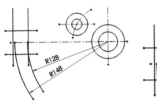 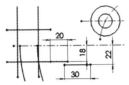 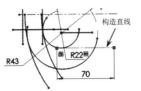 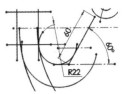

图 7-97　圆弧　　　图 7-98　绘制短直线　　　图 7-102　绘制水平的构造线　　　图 7-103　绘制与构造线呈一定角度直线

### 3. 绘制中间线段

**01** 使用【添加几何关系】工具，将前面绘制的所有图线固定。

**02** 使用【圆弧】工具，选择以【圆心/起点/终点画弧】方式在图形区域绘制半径为 22 的圆弧，如图 7-99 所示。

**03** 使用【添加几何关系】工具，选择如图 7-100 所示的两段圆弧将其几何约束为【相切】。

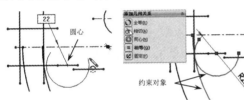

图 7-99　绘制半径为 22 的圆弧　　　图 7-100　相切约束两圆弧

**04** 同理，再绘制半径为 43 的圆弧，并添加几何约束将其与另一圆弧相切，如图 7-101 所示。

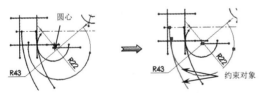

图 7-101　绘制圆弧并添加几何约束

**05** 使用【直线】工具，绘制一条直线构造线，使之与半径为 22 的圆弧相切，并与水平中心线平行，如图 7-102 所示。

**06** 使用【直线】工具再绘制直线，使该直线与上步骤绘制的直线构造线呈 60°角。添加几何关系使其相切于半径为 22 的圆弧，如图 7-103 所示。

**07** 使用【剪裁实体】工具，先对图形进行剪裁处理，结果如图 7-104 所示。

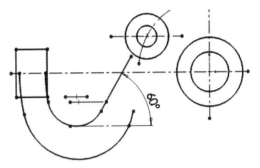

图 7-104　修剪图形

### 4. 绘制连接线段

**01** 使用【直线】工具，绘制一条与水平方向呈一定角度的直线，并添加几何约束关系使其与另一圆弧和圆相切，如图 7-105 所示。

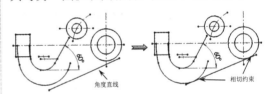

图 7-105　绘制与圆、圆弧都相切的直线

**02** 使用【圆弧】工具，以【3 点画弧】方式，在两个圆之间绘制半径为 40 的连接圆弧。并添加几何约束关系使其与两个圆都相切，如图 7-106 所示。

### 技术要点

绘制圆弧时，圆弧的起点与终点不要与其他图线中的顶点、交叉点或中点重合，否则无法添加新的几何关系。

**03** 同理，在图形区域另一位置绘制半径为 12 的圆弧，添加几何约束关系使其与第 1 步绘制的角度直线和圆都相切，如图 7-107 所示。

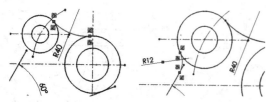

图 7-106 绘制与两圆　　图 7-107 绘制与圆、直线
　　都相切的圆弧　　　　　　都相切的圆弧

**04** 使用【圆弧】工具，以基准线中心为圆弧中心，绘制半径为 80 的圆弧，如图 7-108 所示。

**05** 使用【剪裁实体】工具，将草图中多余的图线全部修剪掉，完成结果如图 7-109 所示。

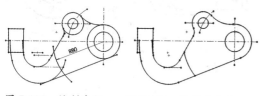

图 7-108 绘制半径　　图 7-109 修剪多余的
　　为 80 的圆弧　　　　　　图线

**06** 使用【显示 / 删除几何关系】工具，删除除中心线外其余草图图线的几何关系。然后对草图进行尺寸标注，完成结果如图 7-110 所示。

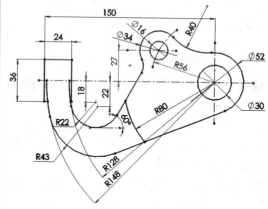

图 7-110 绘制完成的手柄支架草图

**07** 至此，手柄支架草图已绘制完成。最后在【标准】工具栏中单击【保存】按钮，将草图保存。

### 7.7.2 绘制转轮架草图

◎ 结果文件：\ 综合实战 \ 结果文件 \Ch07\ 转轮架草图 .sldprt

◎ 视频文件：\ 视频 \Ch07\ 转轮架草图 .avi

转轮架草图的绘制方法与手柄支架草图的绘制是完全相同的。绘制草图，对于初学者来说，不知道该从何处着手，感觉从任何位置都可以操作。其实不然，草图与实体建模一样，也有个"先来后到"。

本例的转轮架草图如图 7-111 所示。

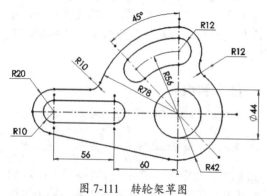

图 7-111 转轮架草图

操作步骤：

**01** 新建零件，选择前视视图作为草绘平面，并进入草图模式中。

**02** 使用【中心线】工具，在图形区域绘制草图的定位中心线，如图 7-112 所示。

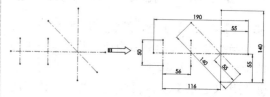

图 7-112 绘制定位中心线

**03** 绘制中心线后将其全部固定。使用【圆】工具，绘制如图 7-113 所示的圆。

**技术要点**

在使用【添加几何约束】工具时，一个元素与其他多个元素是不能同时进行约束的。这需要不断地更换约束与被约束对象。

**04** 使用【圆弧】工具，以【圆心/起点/终点画弧】方式，绘制如图7-114所示的圆弧。

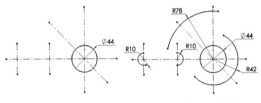

图7-113 绘制圆　　图7-114 绘制圆弧

**技术要点**

对于使用【圆心/起点/终点画弧】方式来绘制圆弧，顺序是首先在图形区域确定圆弧的起点，然后输入圆弧半径，最后才画弧。

**05** 使用【直线】工具，绘制两条水平直线，且添加几何约束使水平直线与相接的圆弧相切，如图7-115所示。

**06** 使用【等距实体】工具，选择如图7-116所示的圆弧，分别绘制出偏移距离为10、22和34的且反向的等距实体。

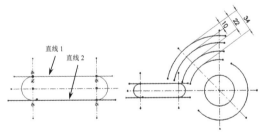

图7-115 绘制圆角矩形　　图7-116 挤出拉伸

**07** 为了便于操作，使用【剪裁实体】工具对图形进行部分修剪，如图7-117所示。

**08** 使用【圆弧】工具，以【圆心/起点/终点画弧】方式，绘制如图7-118所示的圆弧。

**09** 使用【等距实体】工具，在草图中绘制等距实体，如图7-119所示。

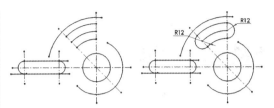

图7-117 修剪部分图形　　图7-118 绘制圆弧

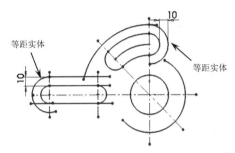

图7-119 绘制等距实体

**10** 使用【直线】工具，绘制一条斜线。添加几何关系使该斜线与相邻圆弧相切，如图7-120所示。

**11** 使用【绘制圆角】工具，在草图中绘制半径分别为12和10的两个圆弧，如图7-121所示。

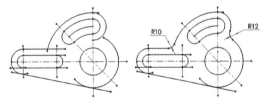

图7-120 绘制斜线　　图7-121 绘制圆角

**12** 使用【剪裁实体】工具，将草图中多余的图线修剪。

**13** 为绘制的草图进行尺寸约束，如图7-122所示。至此，转轮架草图绘制完成。

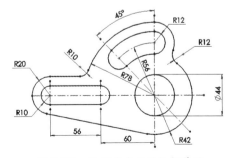

图7-122 绘制完成的转轮架草图

**14** 最后在【标准】工具栏中单击【保存】按钮 ![save], 将结果保存。

## 7.3 课后习题

1. 绘制方格板草图

本练习的方格板草图如图 7-123 所示。

2. 绘制链子盒草图

本练习的链子盒草图如图 7-124 所示。

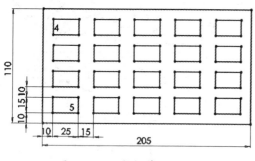

图 7-123 方格板草图

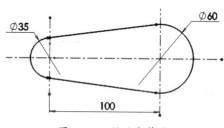

图 7-124 链子盒草图

# 第 8 章 3D 草图与空间曲线

曲线是曲面建模的基础，曲面模型由曲线框架和多个曲面组合而成。本章所介绍的曲线属于空间曲线，包括 3D 草图和曲线工具所创建的曲线。接下来本章将详细介绍 3D 草图、曲线的具体操作及编辑。

百度云网盘

360云盘 密码6955

- ◆ 认识 3D 草图
- ◆ 曲线工具
- ◆ 曲线及曲面建模训练

## 8.1 认识 3D 草图

3D 草图就是不用选取面作为载体，可以直接在图形区域绘制的空间草图，实际上也称为空间曲线。在绘制 3D 草图时，您可以时时切换草图平面，将平面草图的绘制方法应用到 3D 空间中，如图 8-1 所示为利用直线命令在 3 个基准平面（前视基准面、右视基准面和上视基准面）绘制的空间连续直线。

在功能区【草图】选项卡中单击【3D 草图】按钮，即可进入 3D 草图环境并利用 2D 草图环境中的草图工具来绘制 3D 草图，如图 8-2 所示。

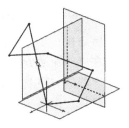
图 8-1  3D 草图

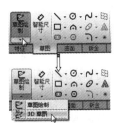
图 8-2  单击【3D 草图】按钮

本节将主要讲解 3D 草图中常见的草图命令。

### 8.1.1  3D 空间控标

在 3D 草图绘制中，图形空间控标可帮助用户在数个基准面上绘制时保持方位。在所选基准面上定义草图实体的第一个点时，空间控标就会出现。控标由两个相互垂直的轴构成，红色高亮显示，表示当前的草图平面。

在3D草图环境下，当用户执行绘图命令并定义草图的第一个点后，图形区域显示空间控标，且指针由 变为 ，如图 8-3 所示。

> **技术要点**
>
> 控标的作用除了显示当前所在草图平面，另一作用就是可以选择控标所在的轴线以便沿该轴线绘图，如图 8-4 所示。

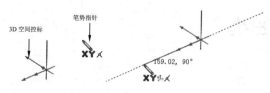

图 8-3　3D 空间控标　　　图 8-4　沿着轴线绘制

**技术要点**

您还可以按键盘中的【→】、【←】、【↑】、【↓】键来自由旋转 3D 控标，但按住 Shift 键，再按【→】、【←】、【↑】、【↓】键，可以将控标旋转 90°。

### 8.1.2　绘制 3D 直线

在 3D 草图环境下绘制直线，可以切换不同的草图基准面。在默认情况下，草绘平面为工作坐标系中的 XY 基准面。

在【草图】选项卡中单击【直线】按钮，属性管理器中显示【插入线条】面板，图形区域会显示控标且指针由 ↖ 变为 ✎，如图 8-5 所示。

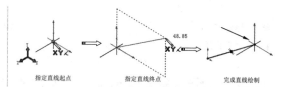

图 8-6　绘制 3D 直线

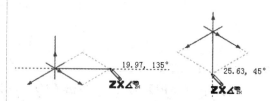

图 8-7　沿着 45° 角绘制延伸直线

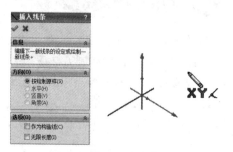

图 8-5　【插入线条】面板

从面板中可以看出，【方向】选项组中有 3 个选项不可用，这 3 个选项主要用于 2D 草图直线的水平、竖直和角度约束。下面讲解 3D 直线的绘制方法。

#### 1．方法一：绘制单条直线

在默认的草绘平面上指定直线起点后，利用出现的空间控标来确定直线终点方位，然后拖动鼠标直至直线的终点，当完成第一段直线的绘制后，空间控标自行移动至该直线的终点，直线命令则仍然处于激活状态，按【Esc】键、双击鼠标或执行右键菜单中的【选择】命令，即可完成单条直线的绘制，如图 8-6 所示。

#### 2．方法二：绘制连续直线

当用户执行【直线】命令绘制第一条直线后，在直线命令则仍然处于激活状态下，第一条直线的终点将作为连续直线的起点，再拖动鼠标在图形区域指定新的位置作为连续直线的终点，同理，空间控标将移动至新位置点上，如图 8-8 所示。

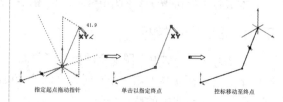

图 8-8　绘制连续直线

**技术要点**

除了沿着控标轴线绘制延伸曲线，还能绘制 45° 角的延伸直线，如图 8-7 所示。

**技术要点**

在绘制连续直线的过程中，您可以按【Tab】键即时切换草绘平面。

### 3．方法三：绘制连续圆弧

在绘制直线后命令仍然在激活状态时，若拖动鼠标还可绘制直线。要绘制连续圆弧，在绘制直线后（要绘制连续直线时），可将指针重新返回到起点（也是第一直线的终点）且指针变为 时，再拖动鼠标即可绘制圆弧，如图8-9所示。

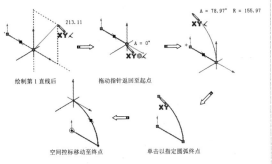

图8-9　绘制连续圆弧

同理，要继续绘制连续圆弧，再按上述绘制圆弧的方法重新操作一次即可。

### 技术要点

在绘制圆弧时，切记不要单击鼠标，否则不能绘制圆弧，而是继续绘制直线。

### 动手操作——绘制零件轴侧视图

下面利用3D直线和圆弧功能，绘制某机械零件的轴侧视图，如图8-10所示。

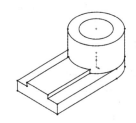

图8-10　零件的轴侧视图

操作步骤：

**01** 进入3D草绘环境。

**02** 按【Tab】键将草图平面切换为ZX平面。然后单击【圆】按钮 ，在坐标系原点位置绘制直径分别为38和23的同心圆，如图8-11所示。

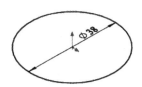

图8-11　绘制同心圆

**03** 按【Tab】键将草图平面切换为XY平面。单击【直线】按钮 ，绘制长度为30的直线（转换成构造线），如图8-12所示。

**04** 再切换草绘平面为ZX平面。同理，利用【圆】命令，以直线顶点为圆心，绘制两个同心圆，如图8-13所示。

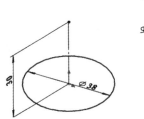

图8-12　绘制直线　　图8-13　绘制同心圆

### 技术要点

便于后续图形绘制过程中约束的需要，先将绘制的几个图形使用【固定】约束。

**05** 单击【3点边角矩形】按钮 ，任意绘制一个矩形，图8-14所示。

**06** 将矩形的3边分别约束至直径为38的圆及圆心上，约束结果如图8-15所示。

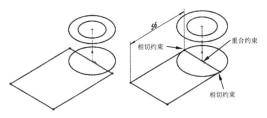

图8-14　绘制矩形　　图8-15　约束矩形

### 技术要点

如果矩形的短边没有与圆心重合，那么请添加【重合】约束。以此保证矩形的两个端点在直径为38的圆的象限点上。

**07** 按【Ctrl】键选取底部的矩形和圆,然后单击【复制实体】按钮 ,打开【3D复制】属性面板,如图8-16所示。

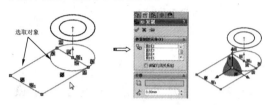

图8-16　选择要移动的对象

**08** 选择竖直的构造线作为移动参考,然后输入移动距离8,再单击【确定】按钮 完成3D复制,如图8-17所示。

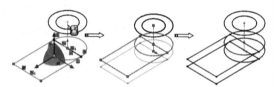

图8-17　3D复制

**09** 为了便于看清后面的一系列操作,先将部分不需要的草图曲线删除,如图8-18所示。

### 技术要点

删除后由于部分草图失去了约束,因此重新将没有约束的曲线进行【固定】。

**10** 切换草图平面至XY平面,利用【直线】命令,绘制如图8-19所示的两条竖直直线。

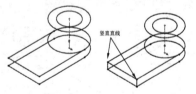

图8-18　剪除曲线　　图8-19　绘制竖直直线

**11** 同理,再绘制出如图8-20所示的多条竖直和水平直线。

### 技术要点

在绘制过程中多利用【快速捕捉】工具栏中的【最近端点捕捉】工具进行点的捕捉,同时需要按【Tab】键不断切换草图平面。

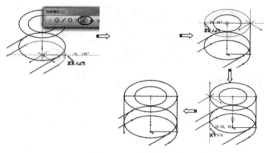

图8-20　绘制直线

**12** 再删减部分草图曲线,如图8-21所示。

**13** 利用【矩形】命令,切换草图平面为XY,绘制矩形,如图8-22所示。

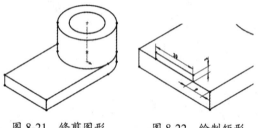

图8-21　修剪图形　　图8-22　绘制矩形

**14** 切换草图平面为ZX,然后绘制3条平行的直线,如图8-23所示。

**15** 利用3D复制命令,复制一段圆弧,如图8-24所示。

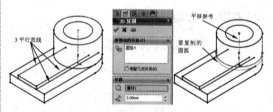

图8-23　绘制平行直线　　图8-24　3D复制圆弧

**16** 修剪曲线,结果如图8-25所示。

**17** 最后绘制一条直线连接圆弧,完成了零件的绘制,如图8-26所示。

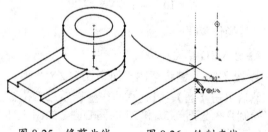

图8-25　修剪曲线　　图8-26　绘制直线

## 8.1.3 绘制 3D 点

3D 点与 2D 点的区别是，3D 点可以编辑 X、Y、Z 坐标的值，而 2D 点则只能编辑 X、Y 坐标值。

绘制 2D 点时属性管理器显示的【点】面板，如图 8-27 所示。绘制 3D 点时属性管理器显示【点】面板，如图 8-28 所示。

> **技术要点**
>
> 当绘制了点后，若要再绘制点，则不可以将新点绘制在原有点上，否则程序会弹出警告对话框，如图 8-29 所示。

图 8-27　2D【点】面板　　图 8-28　3D【点】面板　　图 8-29　警告对话框

## 8.1.4 绘制 3D 样条曲线

3D 样条曲线与 3D 直线的绘制方法相同。

在 3D 草图环境下的【草图】选项卡中单击【样条曲线】按钮 ∼，指针由 ↳ 变为 ✕ʏ。在图形区域指定样条曲线起点后，拖动指针以指定样条第二个极点，同时生成样条曲线，空间控标随后移动至新的极点上，然后继续拖动鼠标以指定其余的样条极点，如图 8-30 所示。要结束绘制，可按【Esc】键、双击鼠标或执行右键菜单中的【选择】命令。

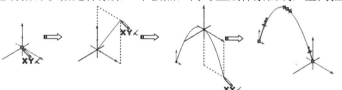

指定样条起点　　拖动鼠标指定新极点　　空间控标移动至新极点　　按【Esc】键结束绘制

图 8-30　绘制 3D 样条曲线

## 8.1.5 曲面上的样条曲线

在 3D 草图环境下，使用【曲面上的样条曲线】工具可以在任意曲面上绘制与标准样条曲线有相同特性的样条。

曲面上的样条曲线包括如下特性：

- 沿曲面添加和拖动点。
- 生成一个通过点自动平滑的预览。
- 如果生成曲面的样条曲线相切则跨越多个曲面。

曲面上的样条曲线可应用于零件和模具设计，即曲面样条曲线可生成更为直观精确的分形线或过渡线。也可以应用于复杂扫描，即曲面样条曲线方便用户生成受曲面几何体限定的引导线。

要绘制曲面上的样条曲线，首先要创建出曲面特征。在3D草图环境下，单击【草图】选项卡中的【曲面上的样条曲线】按钮，然后在曲面中指定样条起点，并拖动鼠标指定出其余样条极点，如图8-31所示。

### 技术要点

在绘制曲面上的样条曲线时，用户只能在曲面中指定点，而不可在曲面外指定，否则会显示错误警示符号。

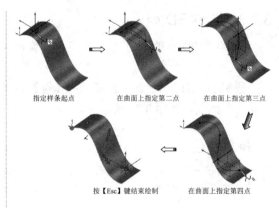

图8-31　绘制曲面上的样条曲线

### 8.1.6　3D草图基准平面

用户可以在3D草图插入草图基准平面，还可以在所选的基准平面上绘制3D草图。

**1．插入基准平面到3D草图**

当需要利用【放样曲面】工具来创建放样特征时，需要创建多个基准平面上的3D草图。那么在3D草图环境下，您就可使用【基准面】工具向3D草图插入基准面。

默认情况下，3D基准面是建立在XY平面（前视基准面）上的，且与其重合。在【草图】选项卡中单击【基准面】按钮，在图形区域显示基准面的预览，同时在属性管理器显示【草图绘制平面】面板，如图8-32所示。

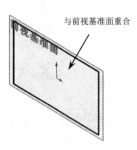

图8-32　显示【草图绘制平面】面板

绘制3D草图基准面后，在图形区域单击3D基准面的【基准面1】标识，可以编辑3D草图基准面，属性管理器显示【基准面属性】面板，通过该面板可以重定位3D基准面，如图8-33所示。

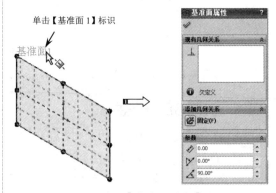

图8-33　显示【基准面属性】面板

【基准面属性】面板的【参数】选项组中的参数主要用于根据角度和坐标在3D空间中定位基准面，各选项含义如下：

- 距离：基准面沿X、Y或Z方向与草图原点之间的距离。
- 相切径向方向：控制法线在前视基准面（XY基准面）上的投影与X方向之间的角度。
- 相切极坐标方向：控制法线与其在前视基准面（XY基准面）上的投影之间的角度。

上述3个参数选项的设置图解如图8-34所示。

第 8 章　3D 草图与空间曲线

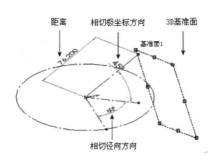

图 8-34　3D 基准面的参数选项设置

度为 45、个数为 4，再单击【确定】按钮 ✓ 完成基准平面的插入，如图 8-37 所示。

图 8-36　绘制竖直构造线

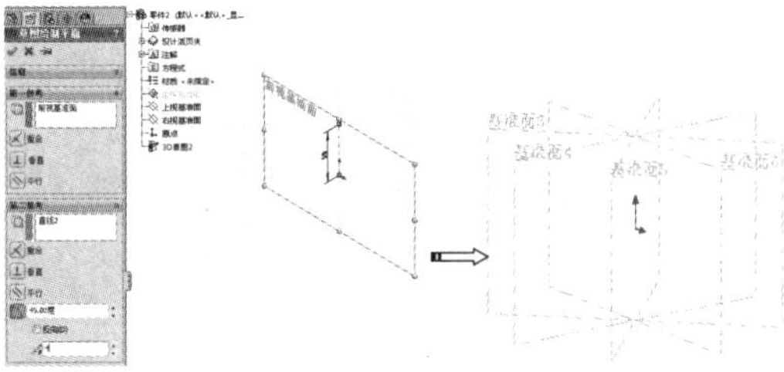

### 2. 基准面上的 3D 草图

当用户不需要绘制连续的 3D 草图曲线时，而是需要在不同的基准平面上绘制单个的 3D 草图时，那么您就可以选择要绘制草图的基准平面，然后在菜单栏中执行【插入】|【基准面上的 3D 草图】命令，所选基准平面立即被激活，如图 8-35 所示。

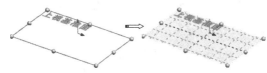

图 8-35　基准面上的 3D 草图

**技术要点**

或者您也可以在【草图】选项卡的【草图绘制】下拉菜单中选择【基准面上的 3D 草图】命令。激活草图基准平面后，随后绘制的草图将全部在此平面中，此时如果再按【Tab】键进行草图平面的切换，也不会改变现状。

**动手操作——插入基准平面绘制 3D 草图**

这里我们利用插入的基准平面来创建一个放样特征。

操作步骤：

**01** 首先进入 3D 草绘环境中。

**02** 利用【直线】命令，切换草图为 XY，绘制如图 8-36 所示的构造线。

**03** 单击【基准面】按钮，打开【草图绘制平面】属性面板。然后选择前视基准面和竖直构造线作为第一和第二参考，设置旋转角

图 8-37　插入基准平面的过程

**04** 选中【基准面 3】，执行【插入】|【基准面上的 3D 草图】命令，并绘制如图 8-38 所示的草图。

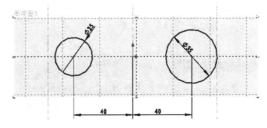

图 8-38　绘制【基准面 3】上的草图

**05** 选中【基准面 4】，再执行【插入】|【基准面上的 3D 草图】命令，并绘制出如图 8-39 所示的草图。

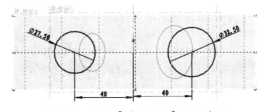

图 8-39　绘制【基准面 4】上的草图

**06** 选中【基准面5】，再执行【插入】|【基准面上的3D草图】命令，并绘制出如图8-40所示的草图。

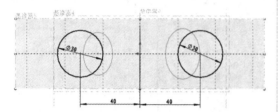

图 8-40 绘制【基准面5】上的草图

**07** 选中【基准面6】，再执行【插入】|【基准面上的3D草图】命令，并绘制出如图8-41所示的草图。

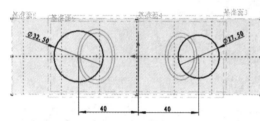

图 8-41 绘制【基准面6】上的草图

**08** 绘制完成的草图如图8-42所示。
**09** 在【特征】选项卡中单击【放样凸台/基体】按钮，打开【放样】属性面板。
**10** 然后依次选择绘制的圆作为放样轮廓，如图8-43所示。

**技术要点**

每选取一个轮廓，注意光标选取的位置尽量保持一致，否则会产生扭曲，如图8-44所示。

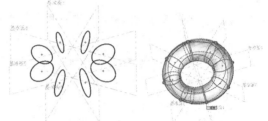

图 8-42 绘制完成的草图　　图 8-43 选择放样轮廓

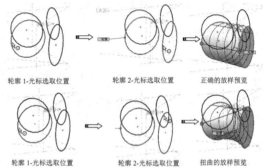

图 8-44 选取轮廓时须注意光标选取位置

**11** 最后单击属性面板中的【确定】按钮，完成特征的创建，结果如图8-45所示。

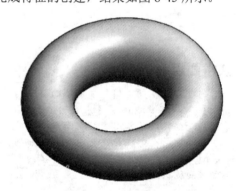

图 8-45 创建的放样特征

## 8.1.7 编辑3D草图曲线

前面介绍了3D草图曲线的基本绘制方法，那么该如何编辑或操作3D草图，使其达到设计要求呢？下面介绍几种常见的3D草图曲线的操作与编辑方法。

**动手操作——手动操作3D草图**

前面知道了如何按【Tab】键切换空间草图平面绘制草图，下面以绘制直线为例，手动操作3D草图。

操作步骤：

**01** 如图8-46所示，在ZX草图平面上绘制一个矩形。
**02** 下面的操作是将平面上的矩形变成不在同一平面上的多条直线连接。首先将视图切换为上视图，如图8-47所示。

第 8 章　3D 草图与空间曲线

图 8-46　绘制 ZX 平面上的矩形

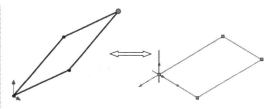

图 8-50　手动操作后的对比

**动手操作——利用草图程序三重轴修改草图**

操作步骤：

**01** 进入 3D 草绘环境。

**02** 利用【矩形】命令在 ZX 平面上绘制矩形，如图 8-51 所示。

**03** 选取矩形的一个角点，然后选择右键菜单中的【显示草图程序三重轴】命令，如图 8-52 所示。

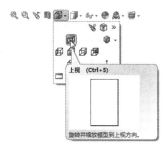

图 8-47　切换视图方向

**03** 选中矩形的一个角点（按住不放），然后拖移，使矩形歪斜，如图 8-48 所示。

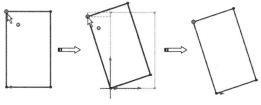

图 8-48　使矩形倾斜

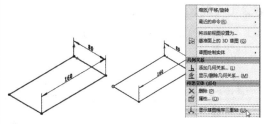

图 8-51　绘制矩形　　图 8-52　选择右键菜单命令

**04** 随后在角点上绘制显示三重轴。向上拖动三重轴的 Y 轴，矩形随之变化，如图 8-53 所示。

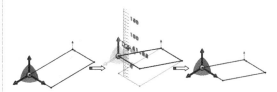

图 8-53　拖动三重轴操作草图

### 技术要点

如果草图被约束了，是不能进行手动操作的，除非删除部分约束。

**04** 将视图方向切换至右视图，选取矩形的角点进行拖移，结果如图 8-49 所示。

图 8-49　在右视图方向变形矩形

**05** 将视图切换到原先的等轴侧视图。从编辑结果看，原本是在 ZX 基准面上绘制的矩形，经两次手动操作后，方位已发生改变，如图 8-50 所示。

### 技术要点

说明了无论是矩形还是直线，您都可以手动操作 3D 草图。

### 技术要点

操作草图时，不能施加任何几何或尺寸约束。

**05** 任何再拖动三重轴的 X 轴，使其变形，结果如图 8-54 所示。

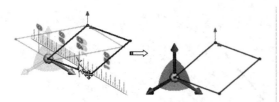

图 8-54 拖动三重轴改变图形

**技术要点**

操作结束后，选中三重轴，执行右键菜单中的【隐藏草图程序三重轴】命令，即可将三重轴隐藏。

## 8.2 曲线工具

SolidWorks 的曲线工具是用来创建空间曲线的基本工具，由于多数空间曲线可以由 2D 草图或 3D 草图进行创建，因此创建曲线的工具仅有如图 8-55 所示的 6 个工具。

图 8-55 【曲线】工具栏

**技术要点**

【曲线】工具栏需要从右键命令菜单中调出来。即在功能区面板上右击，在弹出的快捷菜单中选择【曲线】命令，即可调出【曲线】工具栏。

### 8.2.1 通过 XYZ 点的曲线

利用【通过 XYZ 点的曲线】工具通过输入空间中点的坐标，来生成空间曲线。

用户可通过以下方式执行【通过 XYZ 点的曲线】命令：

- 单击【曲线】选项卡上的【通过 XYZ 点的曲线】按钮 。
- 在菜单栏执行【插入】|【曲线】|【通过 XYZ 点的曲线】命令。

执行【通过 XYZ 点的曲线】命令后，可以打开【曲线文件】对话框如图 8-56 所示。

图 8-56 【曲线文件】对话框

【曲线文件】对话框中各选项含义如下：

- 浏览：单击【浏览】按钮导览至要打开的曲线文件。可打开 .sldcrv 文件或 .txt 文件。打开的文件将显示在文件文本框中。
- 坐标输入：在一个单元格中双击，然后输入新的数值。当输入数值时，注意图形区域中会显示曲线的预览。

**技术要点**

默认情况下仅有一行，若要继续输入，您可以双击【点】下面的空白行，即可添加新的坐标值输入行，如图 8-57 所示。若要删除该行，选中后按键盘的【Delete】键即可。

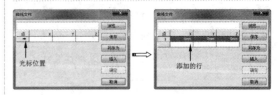

图 8-57 添加坐标值输入行

- 保存：您可以单击【保存】按钮将定义的坐标点保存为曲线文件。曲线文件的扩展名为 .sldcrv。
- 插入：当输入了一行的坐标值，选择【点】下的一个数，然后单击【插入】按钮。新的一行即插入在所选行之上，如图 8-58 所示。

# 第 8 章 3D 草图与空间曲线

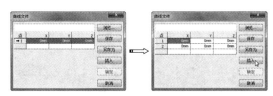

图 8-58 插入新的行

**技术要点**

如果仅仅有一行,【插入】命令是不起任何作用的。

**动手操作——输入坐标点创建空间样条曲线**

操作步骤:

**01** 新建 SolidWorks 零件文件。

**02** 在【曲线】工具栏中单击【通过 XYZ 的点】按钮，打开【曲线文件】对话框。

**03** 双击坐标单元格输入行,然后依次添加 5 个点的空间坐标,结果如图 8-59 所示。

图 8-59 输入坐标点

**04** 单击对话框的【确定】按钮完成样条曲线的创建,如图 8-60 所示。

图 8-60 创建样条曲线

## 8.2.2 通过参考点的曲线

【通过参考点的曲线】命令是在已经创建了参考点,或者通过已有模型上的点来创建曲线的。在【曲线】工具栏上单击【通过参考点的曲线】按钮，会弹出【通过参考点的曲线】属性面板,如图 8-61 所示。

图 8-61 【通过参考点的曲线】属性面

**技术要点**

【通过参考点的曲线】命令仅当用户创建曲线或实体、曲面特征以后,才被激活。

选取的参考点将被自动收集到【通过点】收集器中。若选中【闭环曲线】复选框,将创建封闭的样条曲线,如图 8-62 所示为封闭和不封闭的样条曲线。

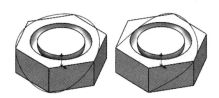

图 8-62 封闭和不封闭的曲线

**技术要点**

执行【通过参考点的曲线】命令的过程中,如果选取两个点,将创建直线,如果选取 3 个及 3 个点以上,将创建样条曲线。

**技术要点**

若选取两个点来创建曲线(直线),是不能使用【闭环曲线】复选框的,否则会弹出警告信息,如图 8-63 所示。

图 8-63 选取两个参考点不能形成封闭曲线

### 8.2.3 投影曲线

【投影曲线】命令是将绘制的 2D 草图投影到指定的曲面、平面或草图上。在【曲线】工具栏上单击【投影曲线】按钮⑩，打开【投影曲线】属性面板，如图 8-64 所示。

图 8-64　【投影曲线】属性面板

### 技术要点

要投影的曲线只能是 2D 草图，3D 草图和空间曲线是不能进行投影的。

属性面板中各选项含义如下：

- 面上草图：选择此单选按钮，将 2D 草图投影到所选面、平面上，如图 8-65 所示。

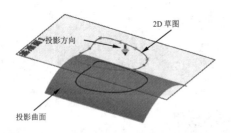

图 8-65　【面上草图】投影类型

### 技术要点

投影曲线时要注意投影方向，必须使曲线投影到曲面上的指示方向。否则不能创建投影曲线。

- 草图上的草图：此类型是用于两个相交基准平面上的草图曲线进行相交投影，以此获得 3D 空间交汇曲线，如图 8-66 所示。

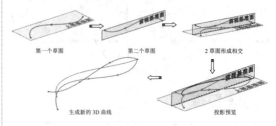

图 8-66　【草图上草图】投影类型

### 技术要点

两个相交的草图必须形成交汇，否则不能创建投影曲线，如图 8-67 所示的两个基准平面上的草图没有交汇，就不能创建创建【草图上草图】类型的投影曲线。

图 8-67　不能创建投影曲线的范例

- 反转投影：选中此复选框，可改变投影方向。

**动手操作——利用投影曲线命令创建扇叶曲面**

操作步骤：

**01** 建立一个新的零件文件。

**02** 绘制草图。在设计树中选择前视基准面后单击【草图绘制】按钮 ，在前视基准面中绘制草图，如图 8-68 所示。

图 8-68　在前视基准面中绘制草图

**03** 拉伸生成圆柱曲面。单击【曲面】选项卡上的【拉伸曲面】按钮，拉伸生成圆柱曲面的操作过程如图 8-69 所示。

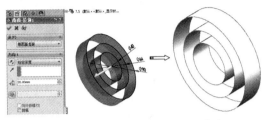

图 8-69　拉伸生成圆柱曲面的操作过程

**04** 添加基准面。在【特征】选项卡中单击【参考几何体】下的【基准面】按钮，建立距离上视基准面为 50mm 的平行基准面，添加新基准面的操作过程如图 8-70 所示。

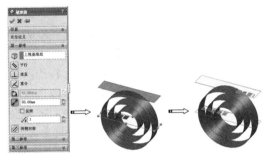

【基准面】属性设置　新建基准面预览　　新建基准面 1

图 8-70　添加新基准面的操作过程

**05** 绘制草图。在设计树中选择基准面 1，单击【草图绘制】按钮，在基准面 1 中绘制草图，如图 8-71 所示。

图 8-71　在基准面 1 中绘制草图

### 技术要点

为便于观察，隐藏外面的两个圆柱曲面。

**06** 向直径最小的圆柱表面投影曲线。单击【曲线】选项卡上的【投影曲线】按钮，打开【投影曲线】属性面板。

**07** 在【投影类型】选项组中选择【面上草图】单选按钮，单击【要投影的草图】，选择绘图区中的线段，单击【投影面】按钮，对应选择圆柱表面，选中【反转投影】复选框。投影曲线操作过程如图 8-72 所示。

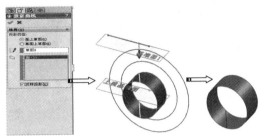

【投影曲线】属性设置　预览投影曲线　生成投影曲线

图 8-72　投影曲线操作过程 1

**08** 显示最外部大的圆柱曲面。然后隐藏里面的两个圆柱曲面。

**09** 绘制另一草图。在设计树中选择基准面 1，单击【草图绘制】按钮，在基准面 1 中绘制另一草图，如图 8-73 所示。

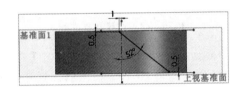

图 8-73　在基准面 1 中绘制另一草图

**10** 向最大圆柱面上投影曲线。单击【曲线】选项卡上的【投影曲线】按钮，弹出【投影曲线】属性面板，在【投影类型】选项组中选择【面上草图】单选按钮，单击【要投影的草图】按钮，选择绘图区域的线段，单击【投影面】按钮，对应选择圆柱表面，选中【反转投影】复选框。投影曲线操作过程如图 8-74 所示。

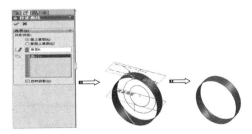

【投影曲线】属性设置　预览投影曲线　生成投影曲线

图 8-74　投影曲线操作过程 2

**11** 显示中间的圆柱曲面。然后隐藏外面和里面的两个圆柱曲面。

**12** 在基准面1上再绘制如图8-75所示的草图。

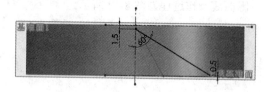

图 8-75 在基准面1中绘制另一草图

**13** 利用【投影曲线】命令,将上步骤绘制的草图,投影到中间圆柱面上,生成的投影曲线如图8-76所示。

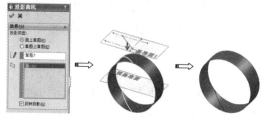

图 8-76 投影曲线操作过程3

**14** 生成叶片放样轮廓的3D曲线。单击【曲线】工具栏上的【曲线文件】按钮,打开【曲线文件】对话框。

**15** 依次选择绘图区中投影曲线与曲面相交的6个交点,所选择的点会列在【曲线文件】对话框中,单击【确定】按钮,即生成3D曲线,如图8-77所示。

图 8-77 生成的3D曲线

**16** 放样曲面生成叶片。隐藏外部两个圆柱面,单击【曲面】选项卡上的【放样曲面】按钮,在弹出【曲面-放样1】属性面板中,在轮廓中依次选择3D曲线和小圆柱面上的投影曲线,放样曲面生成叶片过程如图8-78所示。

**17** 最终创建完成的扇叶曲面如图8-79所示。

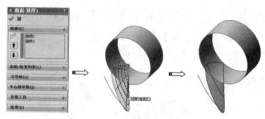

图 8-78 放样曲面生成风扇一个叶片

图 8-79 扇叶曲面

**18** 移动/复制生成所有圆周的叶片。在菜单栏执行【插入】|【曲线】|【移动/复制】命令,打开【移动/复制实体】属性面板。在绘图区域选择放样曲面叶片,选中【复制】复选框,将复制的数量设置为7。将绘图区域的零件坐标原点作为【旋转】对话框中的【旋转参考】,将【Z旋转角度】数值框中的数值设为45,移动/复制生成所有圆周的叶片过程如图8-80所示。

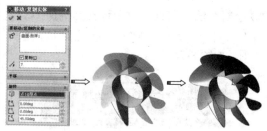

【移动/复制实体】　预览复制实体　生成复制实体
属性设置　　　　　　　　　　　　　所有叶片

图 8-80 移动/复制生成所有圆周的叶片

### 8.2.4 分割线

【分割线】是一个分割曲面的工具,分割曲面后所得的交线就是分割线,可以分割草图、实体、曲面、面、基准面或曲面样条曲线等。

# 第 8 章　3D 草图与空间曲线

> **技术要点**
>
> 【分割线】命令也是仅当创建模型、草图或曲线后，才被激活。

在【曲线】工具栏中单击【分割线】按钮 ，打开【分割线】属性面板，如图 8-81 所示。

图 8-81　【分割线】面板

### 1.【轮廓】分割类型

当分割类型为【轮廓】时，【分割线】面板中各选项含义如下：

- 拔模方向 ：即选取基准平面为拔模方向参考，拔模方向始终与基准平面（或分割线）是垂直的，如图 8-82 所示。拔模方向参考其实也是分割工具。

图 8-82　拔模方向

- 要分割的面 ：显示要分割的面（只能是曲面）。要分割的面绝对不能是平面，如图 8-83 所示。

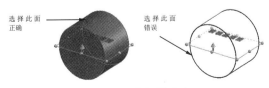

图 8-83　要分割的面

- 角度 ：设置分割线与基准平面之间形成的夹角，如图 8-84 所示。

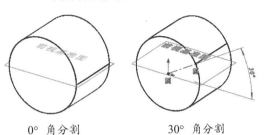

0°角分割　　　　30°角分割

图 8-84　不同角度分割

> **技术要点**
>
> 要利用【轮廓】分割类型须满足两个条件——拔模方向参考仅仅局限于基准平面（平直的曲面不可以）；要分割的面必须是曲面（模型表面是平面也是不可以的）。

在一个零件实体模型上生成轮廓分割线的过程，如图 8-85 所示。

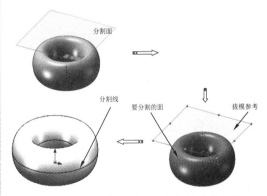

图 8-85　零件实体模型上生成轮廓分割线

### 2.【投影】分割类型

【投影】分割类型是利用投影的草图曲线来分割实体、曲面的，适用于多种类型的投影，例如您可以：

- 将草图投影到平面上并分割。
- 将草图投影到曲面上并分割。

当选择分割类型中的【投影】时，【分割线】面板如图 8-86 所示。

图 8-86 【投影】分割类型

草图及要投影的曲面　双向投影　单向投影

图 8-88 双向投影与单向投影

**技术要点**

上图中如果圆柱面是一个整体，只能进行双向投影。

【投影】类型中各选项含义：

- 要投影的草图：选取收集用于要投影的草图。您可从要分割的同一个草图中选择多个轮廓。
- 要分割的面：要投影草图的面，此面可以是平面也可以是曲面。
- 单向：往一个方向投影分割线。
- 反向：选中此复选框，可改变投影方向。

在一个零件实体模型上生成投影分割线的过程，如图 8-87 所示。

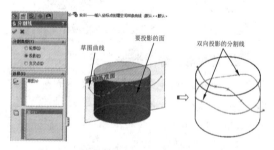

图 8-87 零件实体模型上生成投影分割线

**技术要点**

默认情况下，不选中【单向】复选框，草图将向曲面两侧同时投影，如图 8-88 所示为单向和双向投影的对比。

### 3.【交叉点】分割类型

此分割类型是用交叉实体、曲面、面、基准面、或曲面样条曲线来分割面的。

【分割线】面板中的【交叉点】分割类型选项设置如图 8-89 所示。

图 8-89 【分割线】面板

各选项含义如下：

- 分割实体/面/基准面：选择分割工具（交叉实体、曲面、面、基准面、或曲面样条曲线）。
- 要分割的面/实体：选择要投影分割工具的目标面或实体。
- 分割所有：选中此复选框，将分割分割工具与分割对象接触的所有曲面。

## 技术要点

分割工具可以与所选单个曲面不完全接触，如图 8-90 所示。若完全接触则【分割所有】复选框不起作用。

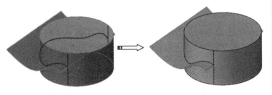

图 8-90　【分割所有】复选框的应用

- 自然：按默认的曲面、曲线的延伸规律进行分割，如图 8-91 所示。

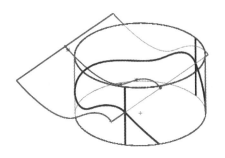

图 8-91　自然分割

- 线性：将不按延伸规律进行分割，如图 8-92 所示。

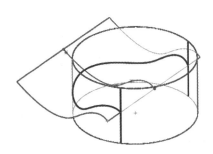

图 8-92　线性分割

### 动手操作——以【交叉点】类型分割模型

**01** 打开本例素材文件【零件 .sldprt】。

**02** 显示 3 个创建的点，如图 8-93 所示。

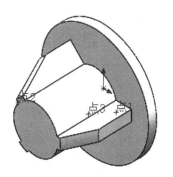

图 8-93　打开的模型

**03** 然后在【特征】选项卡中单击【参考几何体】下的【基准面】按钮，打开【基准面】属性面板。分别选取 3 个点作为第一、第二和第三参考，并完成基准平面的创建，如图 8-94 所示。

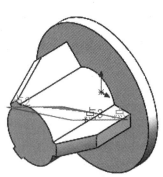

图 8-94　选取 3 个点作为参考创建基准平面

**04** 单击【分割线】按钮，打开【分割线】属性面板。选择【交叉点】分割类型，然后选择基准平面作为分割工具，再选择如图 8-95 所示的模型表面作为要分割的面。

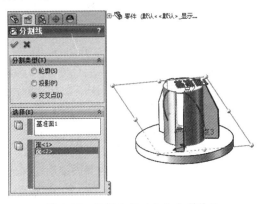

图 8-95　选择分割工具和分割的面

**05** 保留曲目分割选项的默认设置，单击【确定】按钮✔完成分割，如图8-96所示。

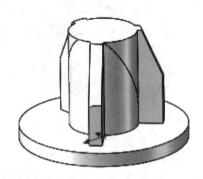

图 8-96 创建分割线

**06** 最后保存结果。

## 8.2.5 螺旋线/涡状线

【螺旋线/窝状线】用于从绘制的圆添加一螺旋线或窝状线，可在零件中生成螺旋线和涡状线曲线。此曲线可以被当成一个路径或引导曲线使用在扫描的特征上，或作为放样特征的引导曲线。

用户可通过以下方式执行【螺旋线/涡状线】命令：

- 单击【曲线】选项卡上的【螺旋线/涡状线】按钮 。
- 在菜单栏执行【插入】|【曲线】|【螺旋线/涡状线】命令。

执行【螺旋线/涡状线】命令后，属性管理器才显示【螺旋线/涡状线】面板。【螺旋线/涡状线】面板如图8-97所示。

图 8-97 【螺旋线/涡状线】面板

【螺旋线/涡状线】面板中各选项组中选项的含义如下：

- 定义方式：设置螺旋线/涡状线的定义方式。
- 螺距和圈数。生成一条由螺距和圈数所定义的螺旋线。
- 高度和圈数：生成由高度和圈数所定义的螺旋线。
- 高度和螺距：生成由高度和螺距所定义的螺旋线。
- 涡状线：生成由螺距和圈数所定义的涡状线。
- 参数：设置螺旋线/涡状线参数。
- 恒定螺距：在螺旋线中生成恒定螺距。

- 可变螺距：根据您所指定的区域参数生成可变的螺距。
- 区域参数（仅对于可变螺距）：为可变螺距螺旋线设定圈数（Rev）或高度（H）、直径（Dia）及螺距率（P）。
- 高度（仅限螺旋线）：设定高度。
- 螺距：为每个螺距设定半径更改比率。
- 圈数：设定旋转数。
- 反向：将螺旋线从原点处往后延伸，或生成一条向内的涡状线。
- 起始角度：设定在绘制的圆上在什么地方开始初始旋转。
- 顺时针：设定旋转方向为顺时针。
- 逆时针：设定旋转方向为逆时针。
- 锥形螺纹线：设置锥形螺纹线
- 锥度角度：设定锥度角度
- 锥度外张：将螺纹线锥度外张。

**动手操作——创建螺旋线**

操作步骤：

**01** 新建零件文件。

**02** 利用草图中的【圆】命令绘制如图8-98所示的圆形。

图 8-98　绘制草图

**03** 单击【曲线】工具栏中的【螺旋线/涡状线】按钮，打开【螺旋线/涡状线】属性面板。按信息提示选择绘制的草图，如图8-99所示。

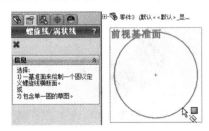

图 8-99　选择草图

**04** 随后在【螺旋线/涡状线】属性面板中选择【螺距和圈数】方式，并按如图8-100所示设置参数，单击【确定】按钮完成螺旋线的创建。

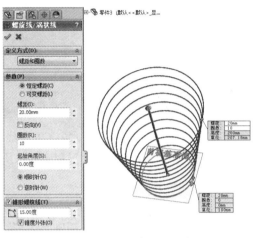

图 8-100　创建的螺旋线

**05** 最后保存创建的结果。

## 8.2.6　组合曲线

通过将曲线、草图几何和模型边线组合为一条单一的曲线来生成组合曲线。使用该曲线作为生成放样或扫描的引导曲线。

当创建了草图、模型或曲面特征后，【组合曲线】命令才被激活。单击【组合曲线】按钮，打开【组合曲线】属性面板，如图8-101所示。

图 8-101　【组合曲线】面板

在一个零件实体模型上生成组合曲线的过程，如图8-102所示。

**技术要点**

所选的边线必须是相接或相切连续的，否则不能创建组合曲线。

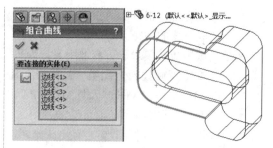

图 8-102 在零件实体模型上生成组合曲线

## 8.3 综合实战

前面介绍了关于 SolidWorks 2016 的曲线的基本命令和操作，以及编辑和控制操作。下面以风扇页建模和音箱模型的创建过程来熟悉所学内容。

### 8.3.1 风扇建模

◎ **结果文件：\ 综合实战 \ 结果文件 \Ch08\ 风扇叶片 .sldprt**

◎ **视频文件：\ 视频 \ Ch08\ 风扇叶片 .avi**

风扇模型是由复杂的表面所组成的，风扇叶片是由曲面建模生成的。本例练习风扇模型的建模操作，风扇实体模型如图 8-103 所示。

**01** 启动 SolidWorks 2016，建立一个新的零件文件。

**02** 绘制草图。在设计树中选择前视基准面后单击【草图绘制】按钮，在前视基准面中绘制草图如图 8-104 所示。

**03** 拉伸生成圆柱曲面。单击【曲面】选项卡上的【拉伸曲面】按钮，拉伸生成圆柱曲面的操作过程如图 8-105 所示。

图 8-103 风扇实体模型　　图 8-104 在前视基准面中绘制草图

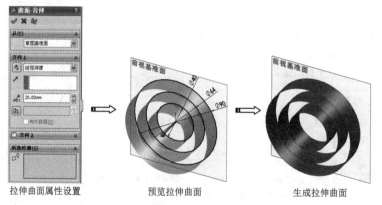

图 8-105 拉伸生成圆柱曲面的操作过程

**04** 添加基准面。在【特征】选项卡中单击【参考几何体】下的【基准面】按钮，建立距离上视基准面为50mm的平行基准面，添加新基准面的操作过程如图8-106所示。

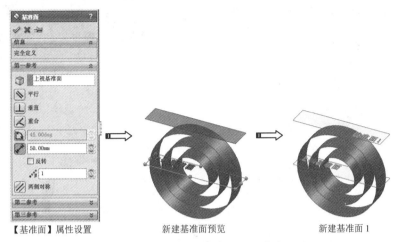

【基准面】属性设置　　　　新建基准面预览　　　　新建基准面1

图8-106　添加新基准面的操作过程

**05** 绘制草图。在设计树中选择基准面1，单击【草图绘制】按钮，在基准面1中绘制草图，如图8-107所示。

**06** 隐藏外面的两个圆柱曲面。依次右击外面的两个圆柱曲面，在弹出的快捷菜单中选择【隐藏】命令，只显示最里面的圆柱曲面。

图8-107　在基准面1中绘制草图

**07** 向直径最小的圆柱表面投影曲线。单击【曲线】选项卡上的【投影曲线】按钮，弹出【投影曲线】面板，在【投影类型】选项组中选择【面上草图】单选按钮，激活【要投影的草图】文本框，选择绘图区域中的线段，激活【投影面】列表框，对应选择圆柱表面，选中【反转投影】复选框。投影曲线操作过程如图8-108所示。

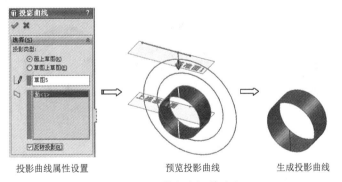

投影曲线属性设置　　　预览投影曲线　　　生成投影曲线

图8-108　投影曲线操作过程1

**08** 显示最外部大的圆柱曲面。右击模型树中的【曲面-拉伸1】，在弹出的快捷菜单中选择【显示】命令即可。依次右击里面的两个圆柱曲面，在弹出的快捷菜单中选择【隐藏】命令，只显示最外部大的圆柱曲面。

**09** 绘制另一草图。在设计树中选择基准面1，单击【草图绘制】按钮，在基准面1中绘制另一草图，如图8-109所示。

**10** 向最大圆柱面上投影曲线。单击【曲线】选项卡上的【投影曲线】按钮，弹出【投影曲线】面板，在【投影类型】选项组中选择【面上草图】单选按钮，激活【要投影的草图】文本框，选择绘图区域的线段，激活【投影面】列表框，对应选择圆柱表面，选中【反转投影】复选框。投影曲线操作过程如图 8-110 所示。

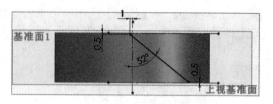

图 8-109　在基准面 1 中绘制另一草图

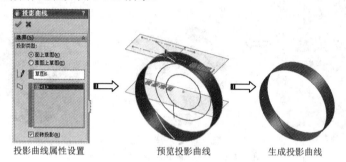

图 8-110　投影曲线操作过程 2

**11** 显示中间的圆柱曲面。右击模型树中的【曲面-拉伸1】，在弹出的快捷菜单中选择【显示】即可。依次右击外面和里面的两个圆柱曲面，在弹出的快捷菜单中选择【隐藏】命令，只显示中间的圆柱曲面。

**12** 在基准面 1 上再绘制如图 8-111 所示的草图，投影到中间圆柱面上，生成的投影曲线如图 8-112 所示。

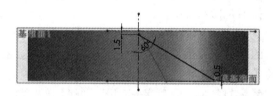

图 8-111　在基准面 1 中绘制另一草图

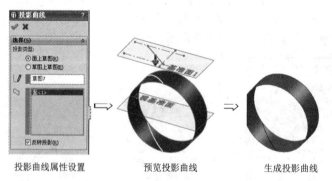

图 8-112　投影曲线操作过程 3

**13** 生成叶片放样轮廓的 3D 曲线。单击【曲线】选项卡上的【通过参考点的曲线】按钮，依次选择绘图区中投影曲线的 5 个端点，如图 8-113 所示，所选择的点会列在【曲线】面板中，如图 8-114 所示。单击【确定】按钮，即生成 3D 曲线，如图 8-115 所示。

第 8 章　3D 草图与空间曲线

图 8-113　选择投影曲线 5 个端点　　　图 8-114　【曲线】面板　　　图 8-115　生成的 3D 曲线

**14** 放样曲面生成叶片。隐藏外部两个圆柱面，单击【曲面】选项卡上的【放样曲面】按钮 ，在弹出【曲面 - 放样 1】属性面板中，在轮廓中依次选择 3D 曲线和小圆柱面上的投影曲线，放样曲面生成叶片的过程如图 8-116 所示。

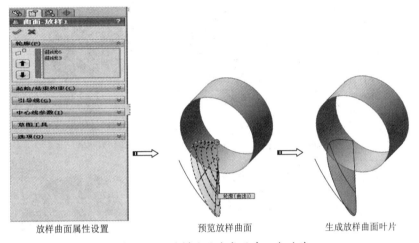

放样曲面属性设置　　　　　预览放样曲面　　　　　生成放样曲面叶片

图 8-116　放样曲面生成风扇一个叶片

**15** 移动 / 复制生成所有圆周的叶片。在菜单栏执行【插入】|【曲线】|【移动 / 复制】命令，打开【移动 / 复制实体】属性面板。在绘图区选择放样曲面叶片，选中【复制】复选框，将复制的数量设置为 7。将绘图区中的零件坐标原点作为【旋转】对话框中的【旋转参考】，将【Z 旋转角度】设为 45，移动 / 复制生成所有圆周的叶片的过程如图 8-117 所示。

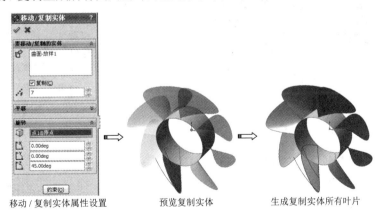

移动 / 复制实体属性设置　　　预览复制实体　　　生成复制实体所有叶片

图 8-117　移动 / 复制生成所有圆周的叶片

**16** 在前视基准面中绘制草图。在设计树中选择前视基准面后,单击【草图绘制】按钮,绘制一个与最小圆柱等径同心的圆,在前视基准面中绘制草图,如图 8-118 所示。

**17** 利用【拉伸凸台/基体】工具生成风扇的中心实体。单击【拉伸凸台/基体】按钮,拉伸生成风扇的中心实体圆柱的操作过程如图 8-119 所示。

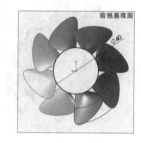

图 8-118　在前视基准面中绘制的草图

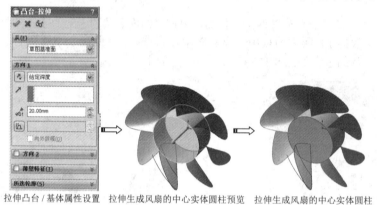

拉伸凸台/基体属性设置　　拉伸生成风扇的中心实体圆柱预览　　拉伸生成风扇的中心实体圆柱

图 8-119　拉伸生成风扇的中心实体圆柱的操作过程

**18** 设置实体模型显示。隐藏一些显示的草图、曲线、原点等。建立的模型显示效果如图 8-120 所示。

**19** 在圆柱的上下面中分别绘制草图。单击【草图绘制按钮】,分别在圆柱的上下面中绘制与圆柱同轴的两个直径为 42mm 圆草图,绘制的两个圆草图如图 8-121 所示。

图 8-120　建立的模型显示效果

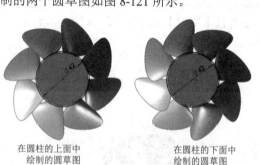

在圆柱的上面中绘制的圆草图　　　在圆柱的下面中绘制的圆草图

图 8-121　绘制的两个圆草图

**20** 用绘制的两个圆草图分别向外侧拉伸生成拉伸长度为 20mm 的两个圆柱。单击【拉伸凸台/基体】按钮,拉伸生成圆柱的操作过程如图 8-122 所示。同理,再拉伸生成另一个圆柱。

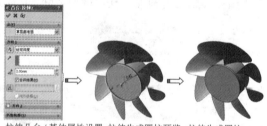

拉伸凸台/基体属性设置　拉伸生成圆柱预览　拉伸生成圆柱

图 8-122　拉伸生成圆柱操作过程

**21** 对圆柱进行圆角处理。在【特征】选项卡中单击【圆角】按钮,对刚刚生成的两个圆柱体进行圆角处理,圆角半径为 1mm。生成圆柱圆角的操作过程如图 8-123 所示。

22 最后生成的风扇实体模型如图 8-124 所示。

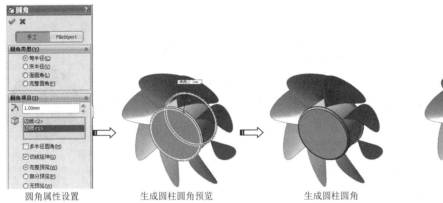

圆角属性设置　　生成圆柱圆角预览　　生成圆柱圆角

图 8-123　生成圆柱圆角操作过程

图 8-124　最后生成的风扇实体模型

## 8.3.2　音箱建模

◎ 结果文件：\ 综合实战 \ 结果文件 \Ch08\ 小猪音箱 .sldprt

◎ 视频文件：\ 视频 \Ch08\ 小猪音箱 .avi

这款音箱采用了小猪造型，圆圆的看上去很可爱，大猪头是音箱主体，4 个猪蹄是支架。两个大眼睛、耳朵下边及猪肚子组成了 5 个扬声器。猪鼻子只起装饰作用，猪嘴巴是电源显示灯，接通后会发出绿光。小猪造型如图 8-125 所示。

图 8-125　小猪造型音箱

**1．设计小猪音箱主体**

音箱主体部分比较简单，用一个完整球体减去小部分即可，所使用的工具包括【旋转凸台 / 基体】、【实体切割】、【抽壳】等。

操作步骤：

01 启动 SolidWorks 2016。

02 在打开的 SolidWorks 2016 起始界面中，单击【新建】按钮，弹出【新建 SolidWorks 文件】对话框。在该对话框中选择【零件】模板，再单击【确定】按钮，进入零件设计环境中，如图 8-126 所示。

图 8-126　新建零件文件

03 在【特征】选项卡中单击【旋转凸台 / 基体】按钮，然后按如图 8-127 所示的操作步骤：，创建旋转球体特征。

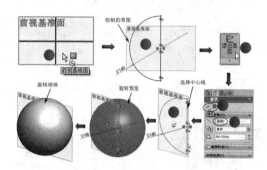

图 8-127 创建旋转球体特征

**04** 在【特征】选项卡的【参考几何体】下拉菜单中单击【基准面】按钮，然后按如图 8-128 所示的操作步骤，创建用于分割旋转球体的参考基准平面。

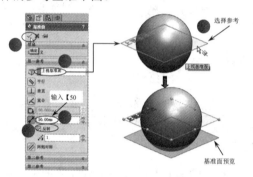

图 8-128 创建参考基准平面

### 技术要点

用于分割的旋转球体可以是参考基准平面，或者是一个平面，还以是其他特征上的面。

**05** 在菜单栏执行【插入】|【特征】|【分割】命令，然后按如图 8-129 所示的操作步骤，分割旋转球体。

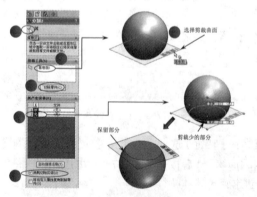

图 8-129 分割旋转球体

**06** 在【特征】选项卡中单击【抽壳】按钮，然后按如图 8-130 所示的操作步骤，创建抽壳特征。

图 8-130 创建抽壳特征

**07** 使用【基准轴】工具，在前视基准面和右视基准面的交叉界线位置创建参考基准轴 1，如图 8-131 所示。

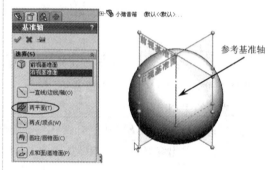

图 8-131 创建参考基准轴

**08** 使用【基准面】工具，以前视基准面和参考基准轴为第一参考和第二参考，创建出如图 8-132 所示的新基准面 2。

图 8-132 创建新基准面 2

**09** 在【曲面】工具栏中单击【拉伸曲面】按钮，然后按如图 8-133 所示的操作步骤，创建拉伸曲面。

**10** 在【特征】选项卡中单击【镜像】按钮，然后按如图 8-134 所示的操作步骤，将拉伸曲面镜像到右视基准面的另一侧。

第 8 章　3D 草图与空间曲线

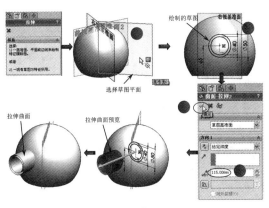

图 8-133　创建拉伸曲面

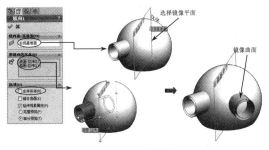

图 8-134　创建镜像曲面

**11** 使用【分割】工具，以两个曲面来分割抽壳的特征，如图 8-135 所示。

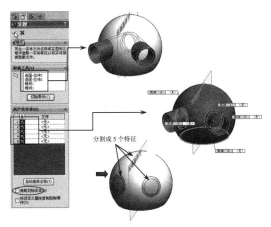

图 8-135　分割抽壳特征

**12** 使用【基准轴】工具，以右视基准面和上视基准面作为参考，创建基准轴 2，如图 8-136 所示。

**13** 使用【基准面】工具，以上视基准面和基准轴 3 作为参考，创建出基准面 3，如图 8-137 所示。

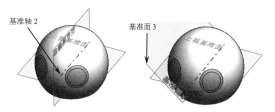

图 8-136　创建基准轴 2　　图 8-137　创建基准面 3

**14** 使用【拉伸曲面】工具，以基准面 3 作为草图平面，创建出如图 8-138 所示的拉伸曲面。

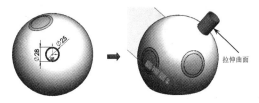

图 8-138　创建拉伸曲面

**15** 使用【镜像】工具，将上步骤创建的拉伸曲面镜像到右视基准面的另一侧，如图 8-139 所示。

**16** 再使用【分割】工具，以拉伸曲面和镜像曲面来分割抽壳特征，结果如图 8-140 所示。

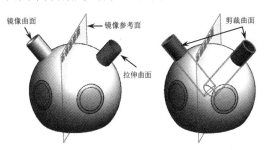

图 8-139　镜像拉伸曲面　　图 8-140　剪裁抽壳特征

### 2. 设计音箱喇叭网盖

小猪音箱喇叭网盖的形状为圆形，其中有多个阵列的小圆孔。下面介绍创建方法。

操作步骤：

**01** 使用【拉伸凸台/基体】工具，在抽壳特征的底部创建厚度为 2 的拉伸实体特征，如图 8-141 所示。

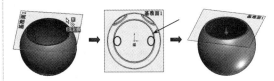

图 8-141　创建拉伸实体特征

185

02 在【特征】选项卡中单击【拉伸切除】按钮，然后按如图8-142所示的操作步骤创建拉伸切除特征。

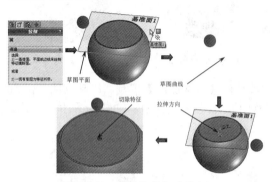

图8-142 创建拉伸切除特征

03 在【特征】选项卡中单击【填充阵列】按钮，然后按如图8-143所示的操作步骤，创建拉伸切除特征（孔）的阵列。

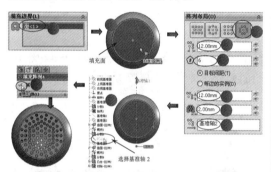

图8-143 创建填充阵列特征

04 对于曲面中的孔阵列，也可以使用【填充阵列】工具。使用【草图】工具，在基准面2中绘制出如图8-144所示的草图。

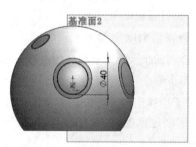

图8-144 绘制草图

05 使用【填充阵列】工具，按如图8-145所示的操作步骤，在眼睛位置的网盖上创建出阵列孔特征。

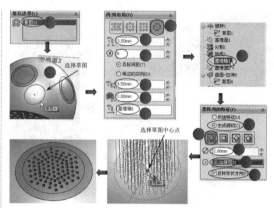

图8-145 创建填充阵列特征

06 使用【镜像】工具，以右视基准面作为镜像平面，将填充阵列的孔镜像到另一侧，如图8-146所示。另一侧的原分割特征隐藏。

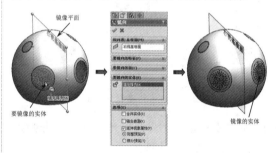

图8-146 镜像阵列的孔

07 耳朵位置喇叭网盖的设计与眼睛位置的网盖设计相同，过程这里就不详述了。创建的喇叭网盖如图8-147所示。

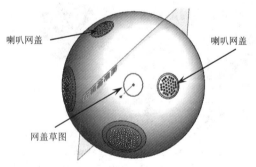

图8-147 创建完成的两个喇叭网盖

### 3. 设计小猪音箱嘴巴和鼻子造型

小猪音箱鼻子的设计实际上也是曲面分割实体的操作，分割实体后，再使用【移动】工具移动分割实体的面，以此创建出鼻子造型。嘴巴的设计可以使用【拉伸切除】工具来完成。

操作步骤：

**01** 使用【拉伸曲面】工具，在前视基准面绘制出如图 8-148 所示的草图后，创建拉伸曲面。

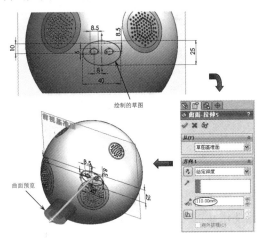

图 8-148　创建拉伸曲面

**02** 使用【分割】工具，以拉伸曲面来分割音箱主体，结果如图 8-149 所示。

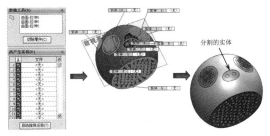

图 8-149　分割音箱主体

**03** 在菜单栏执行【插入】|【面】|【移动】命令，然后选择分割的实体面进行平移，如图 8-150 所示。

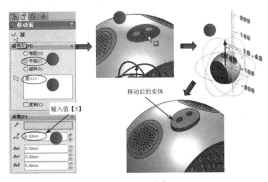

图 8-150　平移实体面

**04** 同理，鼻孔的两个小实体也按此方法移动。

**05** 在【特征】选项卡中单击【拔模】按钮，然后按如图 8-151 所示的操作步骤创建拔模特征。

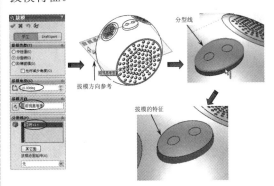

图 8-151　创建拔模特征

**06** 使用【特征】选项卡中的【圆角】工具，选择如图 8-152 所示的拔模实体边倒半径为 2 的圆角。

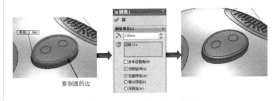

图 8-152　创建圆角特征

**07** 使用【拉伸切除】工具，在前视基准面绘制嘴巴草图后，创建出如图 8-153 所示的拉伸切除特征。

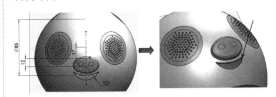

图 8-153　创建拉伸切除特征

**08** 使用【圆角】工具，在拉伸切除特征上创建圆角为 0.5 的特征，如图 8-154 所示。

图 8-154　创建圆角特征

#### 4. 设计小猪音箱耳朵

小猪的耳朵在顶部小喇叭的位置，主要由一个旋转实体切除一部分实体来完成设计。

操作步骤：

**01** 使用【旋转凸台/基体】工具，在前视基准面上绘制旋转截面，然后创建出如图 8-155 所示的旋转特征。

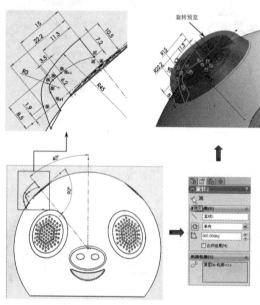

图 8-155　创建旋转特征

**02** 使用【基准面】工具，创建出如图 8-156 所示的基准面 4。

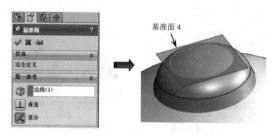

图 8-156　创建基准面 4

**技术要点**

创建此基准面，是用来作为切除旋转实体的草图平面。

**03** 使用【拉伸切除】工具，在基准面 4 中绘制草图后，创建出如图 8-157 所示的拉伸切除特征（即小猪耳朵）。

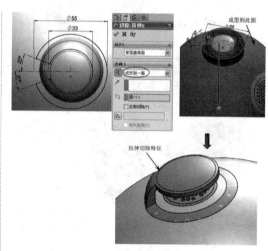

图 8-157　创建拉伸切除特征

**04** 使用【镜像】工具，将小猪耳朵镜像至右视基准面的另一侧，如图 8-158 所示。

**05** 使用【圆角】工具，在两个耳朵上创建半径为 0.5 的圆角，如图 8-159 所示。

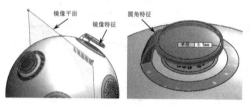

图 8-158　镜像小猪　　图 8-159　对耳朵进行
耳朵　　　　　　　　圆角处理

**06** 在菜单栏执行【插入】|【特征】|【组合】命令，将音箱主体和两个耳朵组合成一个整体，如图 8-160 所示。

图 8-160　组合耳朵与主体

#### 5. 设计小猪音箱脚

小猪音箱脚是按圆周阵列来放置的，创建其中一只脚，其余 3 只脚通过圆周阵列即可得到。

操作步骤：

**01** 使用【基准面】工具，以右视基准面和基准轴 1 作为参考，创建出旋转角度为 45°的基准面 5，如图 8-161 所示。

**02** 使用【旋转凸台/基体】工具，在基准面 5 中绘制如图 8-162 所示的旋转截面。

**04** 使用【圆周草图阵列】工具，圆周阵列出小猪的其余 3 只脚，如图 8-164 所示。

**05** 使用【编辑外观】工具，将小猪主体、耳朵、鼻子、嘴巴、脚的颜色更改为【粉红色】，将喇叭网盖、鼻孔的颜色设置为【黑色】，最终设计完成的小猪音箱外壳造型如图 8-165 所示。

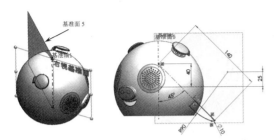

图 8-161  新建基准面 5　　图 8-162  绘制旋转截面

**03** 绘制旋转截面后，退出草图模式，然后创建出如图 8-163 所示的旋转特征（小猪的脚）。

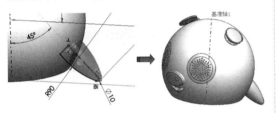

图 8-164  阵列其余　　图 8-165  设计完成
3 只脚　　　　　的小猪音箱造型

**06** 最后将小猪音箱造型设计完成的结果保存。

图 8-163  创建小猪的脚

## 8.4 课后习题

### 1．编织造型建模

本练习编织造型建模，编织造型如图 8-166 所示。

练习要求与步骤：

（1）绘制扫描曲面所用的轮廓曲线草图。

（2）用通过 XYZ 点的曲线绘制扫描曲面所用的路径草图。

（3）绘制扫描曲面生成编织造型。

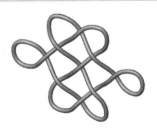

图 8-166  编织造型

### 2．工艺瓶建模

本练习工艺瓶建模，工艺瓶模型如图 8-167 所示。

练习要求与步骤：

（1）绘制旋转曲面所用的曲线草图。

（2）旋转曲面生成工艺瓶的基本轮廓。

（3）通过圆角曲面使轮廓曲面的过渡更加圆滑。

（4）绘制分割线草图。

图 8-167  工艺瓶模型

（5）通过分割线在工艺瓶下部侧面绘制分割线。
（6）通过删除面形成底面支脚缺口。
（7）利用曲面填充添加工艺瓶下半部的封闭底面。
（8）通过加厚操作使删除曲面的保留部分变厚。

## 读书笔记

# 第 9 章　SolidWorks 文件与数据管理

SolidWorks 向用户提供了用于数据导入\导出的接口。您可以导入其他由 CAD 软件生成的数据文件，还可以将 SolidWorks 生成的文件导出为其他格式文件。

在本章中，将重点介绍 SolidWorks 各种文件的管理，包括数据的转换、参考文件的管理、管理 Toolbox 文件、管理 SolidWorks eDrawings 文件等。

百度云网盘

360云盘 密码6955

- ◆ SolidWorks 文件结构与类型
- ◆ 版本文件的转换
- ◆ 文件的输入与输出
- ◆ 输入文件与 FeatureWorks 识别特征
- ◆ 管理 Toolbox 文件
- ◆ SolidWorks eDrawings

## 9.1　SolidWorks 文件结构与类型

SolidWorks 文件信息的保存位置是唯一的。当某个文件需要参考其他文件的信息时，都必须从参考文件的保存位置来获取，而不是将参考文件的信息复制到当前文件中，因此文件之间存在外部参考。

### 9.1.1　外部参考

外部参考是文件之间的关联关系。SolidWorks 文件之间并不是利用单独的数据库列出外部参考的，而是利用在文件头的指针指向外部参考及其位置。文件之间的参考关系是绝对参考，即完整路径参考，如【D:\ 中文版 SolidWorks 2016 技术大全 \ 阶梯轴 .sldprt】。

SolidWorks 中的外部参考是单向的。例如，装配体文件参考包含在其中的零件文件，而单独的零件并不会反过来参考装配体文件。换句话说，零件并不知道在什么地方被使用。

使用外部参考的好处就是，当零件的信息(如尺寸)变化时，所有使用该零件的其他文件也会进行相应的变化。因此，必须知道每一个文件所有参考文件的路径。

**动手操作——修改外部参考关系**

零件和使用该零件的装配体、工程图之间存在外部参考。当零件的信息发生变化时，所有参考该零件的装配体和工程图也会进行相应的变化。本例中要修改的装配体文件如图 9-1 所示。

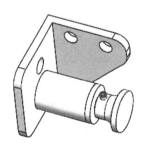

图 9-1　装配体模型

**01** 从本例光盘文件夹中依次打开装配体模型的 3 个文件——定位器装配体 .sldasm、支架 .sldprt 和定位器装配体 .slddrw。

**02** 在菜单栏执行【窗口】|【纵向平铺】命令，使打开的 3 个文件纵向平铺，如图 9-2 所示。

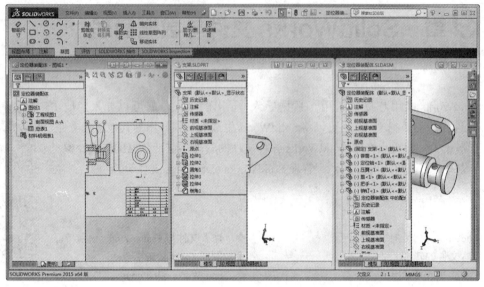

图 9-2　纵向平铺窗口

**03** 在【支架】零件窗口中单击，激活该窗口。在特征设计树中，将【拉伸1】特征下的草图尺寸 32 修改为 50，如图 9-3 所示。

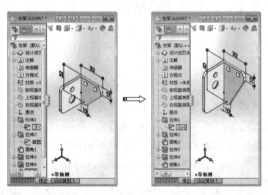

图 9-3　修改支架零件某个拉伸特征的草图尺寸

**04** 激活【定位器装配体 .sldasm】文件窗口，由于该装配体参考了外部的【支架】零件，所以该子装配体需要重新建模，如图 9-4 所示，系统弹出重建模型对话框，单击【是】按钮重新建立装配体。重建装配体后，很明显就能观察到【支架】零件发生了变化，如图 9-5 所示。

图 9-4　确定模型重建

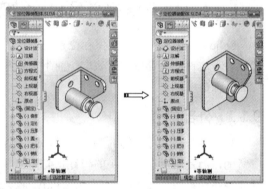

图 9-5　自动更新的装配体模型

**05** 激活【定位器装配体 .SLDDRW】工程图窗口，对模型进行重建以后，工程图中的视图发生了变化，如图 9-6 所示。

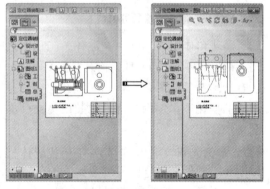

图 9-6　重新建立工程视图

## 9.1.2 SolidWorks 文件信息

为了使读者理解文件参考，这里介绍一下 SolidWorks 文件包含的信息。简单地说，可以认为一个 SolidWorks 文件中包含文件头（file header）、特征指令集（feature instruction set）、数据库（database of the resulting body）和视觉数据（visualization data）等 4 部分内容：

- 文件头：所用 Windows 文件都有文件头，它包含文件格式、文件名称、类型、大小和属性等信息。在 SolidWorks 文件中，文件头还包含外部参考指针。
- 特征指令集：特征指令集可以认为是 FeatureManager 设计树的二进制形式，建模内核接受指令集并建立模型。
- 数据库：数据库是建模指令的结果，数据库中包含实体及其拓扑关系，也就是在 SolidWorks 图形区域看到的图形。
- 视觉数据：视觉数据用于提供在显示器上看到的图像信息，以及打开文件时的预览图像。

## 9.1.3 SolidWorks 文件类型

与 SolidWorks 软件直接有关的文件类型有很多种，每一种文件都包含特有的文件信息。表 9-1 中列出了 SolidWorks 常见的文件类型，以及不同文件类型保存的信息。

表 9-1　SolidWorks 常见文件类型

| 文件类型 | 文件扩展名 | 保存信息 | 文件类型 | 文件扩展名 | 保存信息 |
| --- | --- | --- | --- | --- | --- |
| 零件 | .sldprt | 参考几何体<br>参考文件列表<br>草图几何关系<br>草图尺寸和几何关系<br>特征定义<br>库特征<br>实体属性<br>选项设置<br>材料属性 | 零件模板 | .prtdot | 文件选项设置<br>零件默认颜色<br>开始的几何体<br>材料属性 |
| | | | 装配体模板 | .asmdot | 文件属性设置<br>装配体默认颜色<br>开始的几何体 |
| 装配体 | .sldasm | 参考几何体<br>装配体草图<br>参考文件列表<br>配合定义<br>爆炸视图路径<br>配置定义<br>装配体阵列定义 | 工程图模板 | .drwdot | 图纸比例<br>图样比例<br>图纸格式<br>工程图选项设置<br>初始工程视图<br>链接的自定义属性 |
| | | | 图纸格式 | .slddrt | 标题栏块<br>图样比例<br>工程图选项设置<br>链接的自定义属性 |
| 工程图 | .slddrw | 图样比例<br>模板信息<br>视图位置和视图内容<br>参考文件列表<br>在工程图中绘制的草图<br>注释<br>打断线 | 库特征 | .sldflp | 参考几何体<br>草图<br>特征定义<br>库特征实体属性<br>选项设置<br>配置定义<br>几何关系和尺寸 |

## 9.2　版本文件的转换

SolidWorks 文件的结构将随着 SolidWorks 软件的升级而改变。因此，在新版本 SolidWorks 软件中建立的文件无法在旧版本软件中打开。而对于在旧版本的 SolidWorks 中建立的文件在更新的版本中打开时，文件格式将在文件保存后进行修改和更新。

存在文件转换过程意味着打开旧版本文件时需要更长的时间。当用户打开单个文件时可能意识不到这一点，但如果用户打开一个大型装配体文件时，SolidWorks 将花费很长的时间来打开并转换每一个参考文件。因此，为了缩短文件装入的过程，用户在升级 SolidWorks 软件时批量对文件进行转换和更新是非常重要的。

### 9.2.1 利用 SolidWorks Task Scheduler 转换

SolidWorks 2016 的数据转换可以在 Windows 环境中进行。

文件转换任务为用户提供了一个简单实用的文件转换工具，利用它，用户可以很方便地将大量的 SolidWorks 文件转换为当前版本的格式。

与以前所有的版本不同，在 SolidWorks 2016 中，文件转换不再由文件转换向导执行，而是通过 SolidWorks Task Scheduler 中的转换文件任务来完成。

如图 9-7 所示，SolidWorks 2016 软件安装成功后，在 Windows 系统界面的【开始】菜单中将添加 SolidWorks Task Scheduler 的快捷方式。

**动手操作——利用 SolidWorks Task Scheduler 转换**

**01** 执行 SolidWorks Task Scheduler 命令后，将打开【SolidWorks Task Scheduler】窗口，如图 9-8 所示。

图 9-7 选择【SolidWorks Task Scheduler】命令

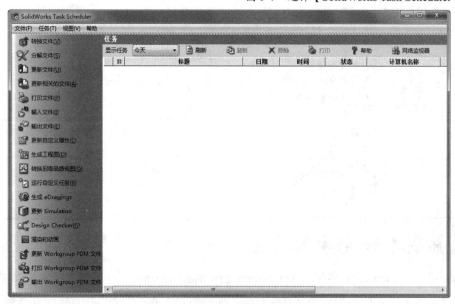

图 9-8 【SolidWorks Task Scheduler】窗口

第 9 章　SolidWorks 文件与数据管理

**02** 单击左侧列表中【转换文件】按钮，打开【转换】对话框，如图 9-9 所示。对话框中各选项作用如下：

- 任务标题：为任务输入一个标题。用户也可以使用默认的标题【转换文件】。
- 任务文件或文件夹：选择要转换的文件或文件夹。
- 任务排定：可以设定【运行模式】、【开始时间】和【开始日期】。当转换的文件很多时，可能需要很长的时间，因此用户最好利用非工作时间并在后台运行转换文件任务。

图 9-9　【转换】对话框

**03** 单击【转换】对话框中的【选项】按钮，系统弹出如图 9-10 所示的【转换】对话框，并显示【转换选项】选项卡，用户可以选择默认设置。如果需要备份旧版本文件，可在【备份文件】选项组选中【备份文件到】复选框，并单击【浏览】按钮指定备份路径。文件转换完成后，旧版本文件将以 ZIP 格式文件保存在此目录中。

**04** 单击【转换】对话框中的【高级】按钮，系统在弹出的如图 9-11 所示对话框中显示【任务选项】选项卡。各选项作用如下：

- 单击【浏览】按钮指定【任务工作文件夹】的位置。文件转换完成后，在此文件夹中将生成文件转换情况的报告文件。
- 在【超时】文本框中指定转换任务持续的时间。SolidWorks Task Scheduler 在任务运行此时间数后将结束任务，用户可根据实际情况设置时间的长短。
- 选中【以最小化运行】复选框，系统会在后台运行转换任务。

图 9-10　【转换选项】选项卡

**05** 转换开始后，程序首先把所有旧版本文件保存到备份目录中，然后逐一在新版本的 SolidWorks 中打开文件，转换成当前格式后保存。转换完成后，单击任务面板左上角的按钮田，各个子任务及其标题、安排时间、安排日期、状态和进度会出现在任务面板上，如图 9-12 所示。

图 9-11　【任务选项】选项卡

195

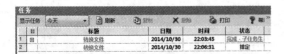

图 9-12　文件转换任务面板

**06** 转换完成后，单击状态栏中的【完成-子任务】超链接，打开系统自动生成的 SolidWorks Task Scheduler 报告，如图 9-13 所示。该报告保存在指定的任务工作文件夹中。

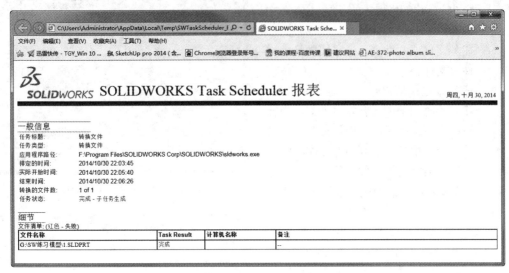

图 9-13　查看 SolidWorks Task Scheduler 报告

### 技术要点

其他软件生成的文件是不能进行转换的。

### 9.2.2　在 SolidWorks 2016 软件窗口中转换

如果是旧版本文件，可直接通过 SolidWorks 软件窗口打开，然后立即进行保存或另存为 SolidWorks 2016 的新版本文件。

旧版本文件打开后，会显示【旧版本文件】字样，如图 9-14 所示。

单击此【保存】按钮 ，按钮变为 。

图 9-14　打开旧版本文件

## 9.3　文件的输入与输出

文件的输入与输出，是将 SolidWorks 文件与其他三维、二维软件所生成的文件进行格式转换。SolidWorks 也提供了两种途径输入、输出文件。

### 9.3.1　通过 SolidWorks Task Scheduler 输入、输出文件

在【SolidWorks Task Scheduler】窗口中，单击【输入文件】按钮，打开【输入文件】对话框，如图 9-15 所示。

第 9 章　SolidWorks 文件与数据管理

的文件转换成 SolidWorks 的默认格式的文件 SLDPRT，如图 9-17 所示。

图 9-15　【输入文件】对话框

图 9-17　将 IGES 转换成 SLDPRT 文件

单击【添加文件】按钮，将其他格式的文件添加进来，这里以添加 IGES 格式的文件为例进行介绍，如图 9-16 所示。

如果要输出文件，单击【输出文件】按钮，打开【输出文件】对话框，如图 9-18 所示。在对话框的【输出文件类型】下拉列表中列出了可以输出的文件格式。

图 9-16　打开 IGES 文件

图 9-18　【输出文件】对话框

**技术要点**

通过 SolidWorks Task Scheduler 输入、输出文件，仅针对 IGES/IGS、STP/STEP、DXF/DWG 等 3 种格式。

**技术要点**

SolidWorks Task Scheduler 仅仅提供将 SolidWorks 的工程图格式文件输出为其他格式文件的功能。

单击【完成】按钮，即可将 IGES 格式

### 9.3.2　通过 SolidWorks 2016 窗口输入、输出文件

多种情况下我们会选择通过 SolidWorks 2016 窗口进行输入、输出文件的方法，这是因为 SolidWorks 2016 窗口中提供了几十种文件格式。

#### 1. 输入文件

在 SolidWorks 2016 窗口顶部的快速访问工具栏中单击【打开】按钮，弹出【打开】对话框。对话框右下方的【所有文件】下拉列表中列出了全部的可以输出或输入的格式，如图 9-19 所示。

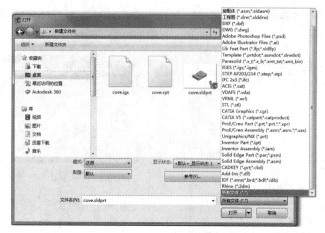

图 9-19 【打开】对话框

### 技术要点

为了便于快速找到想要输入的文件，建议以【所有文件】的方式进行查询。

#### 2. 输出文件

要输出文件，在菜单栏执行【文件】|【另存为】命令，打开【另存为】对话框。该对话框的【保存类型】列表中就列出了除 SolidWorks 文件外的其他所有可以输出的文件格式，如图 9-20 所示。

图 9-20 输出的文件格式

### 技术要点

输入文件的格式类型与输出文件的格式类型不一定相同，例如，可以输入犀牛 RHINO 软件格式的文件，但不能输出为 RHINO 格式文件。

## 9.4 输入文件与 FeatureWorks 识别特征

FeatureWorks 插件是用来识别 SolidWorks 零件文件中输入实体的特征。特征识别后将与 SolidWorks 生成的特征相同，并带有某些设计特征的参数。

## 9.4.1 FeatureWorks 插件载入

要应用 FeatureWorks 插件，可在【插件】对话框中勾选【FeatureWorks】插件选项，单击【确定】按钮即可，如图 9-21 所示。

FeatureWorks 有两个功能：识别特征和 FeatureWorks 选项。

## 9.4.2 FeatureWorks 选项

在菜单栏执行【插入】|FeatureWorks|【选项】命令，打开【FeatureWorks 选项】对话框，如图 9-22 所示。

【FeatureWorks 选项】对话框有 4 个页面设置：

图 9-21　应用【FeatureWorks】插件

- 【普通】页面：此页面主要设置打开其他格式文件时需要作出的动作。勾选【零件打开时提示识别特征】复选框，可以对模型进行诊断、并对诊断出现的错误进行修复。
- 【尺寸/几何关系】页面：此页面主要控制输入模型的尺寸标注和几何约束关系，如图 9-23 所示。

图 9-22　【FeatureWorks 选项】对话框

图 9-23　【尺寸/几何关系】页面

- 【调整大小工具】页面：此页面用来控制模型识别后，特征属性管理中所显示特征的排列顺序，排序的方法是以凸台/基体特征→切除特征→其他子特征，如图 9-24 所示。
- 【高级控制】页面：此页面控制识别特征的方法和结果显示，如图 9-25 所示。

图 9-24　【调整大小工具】页面

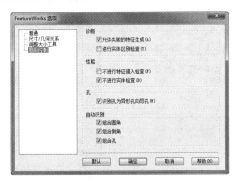

图 9-25　【高级控制】页面

### 9.4.3 识别特征

对于软件初学者来说，此功能无疑极大地帮助了您参考识别后的数据进行建模训练学习。

**技术要点**

此功能并非所有特征都能识别，例如在输入文件时，没有进行诊断或者诊断后没有修复错误的模型，是不能完全识别出所包含的特征的。

输入其他格式的文件模型后，在菜单栏执行【插入】|FeatureWorks|【识别特征】命令，打开【FeatureWorks】属性面板，如图 9-26 所示。

通过此属性面板，您可以识别标准特征（即在建模环境下创建的模型）和钣金特征。

**1. 自动识别**

自动识别是根据您在【FeatureWorks】面板中设置的识别选项而进行的识别操作。自动识别的【标准特征】的特征类型在【自动特征】选项组中。包括拉伸、体积、拔模、旋转、孔、圆角/倒角、筋等常见特征。

若不需要识别某些特征，您可以在【自动特征】选项组中取消选中即可。

在【钣金特征】特征类型中，可以修复多个钣金特征，如图 9-27 所示。

**2. 交互识别**

交互识别是通过用户手动选取识别对象后，而进行的自我识别模式，如图 9-28 所示。例如，在【交互特征】选项组的【特征类型】下拉列表中选择其中一种特征类型，然后选取整个模型，SolidWorks 会自动甄别模型中是否有识别的特征。如果能识别，可以单击属性面板中的【下一步】按钮，查看识别的特征。例如，选择一个模型来识别圆角，如图 9-29 所示。

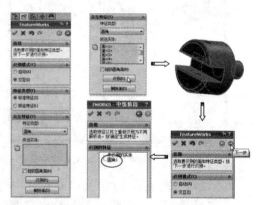

图 9-28 交互识别模式　图 9-29 交互识别的操作

**技术要点**

如果您选择了一种特征类型，而模型中却没有这种特征，那么是不会识别成功的，会弹出识别错误提示，如图 9-30 所示。

图 9-26 【FeatureWorks】　图 9-27 能识别的
　　　　属性面板　　　　　【钣金特征】类型

图 9-30 不能识别的提示

第 9 章　SolidWorks 文件与数据管理

当完成一个特征的识别后，该特征将会隐藏，余下的特征将继续进行识别，如图 9-31 所示。

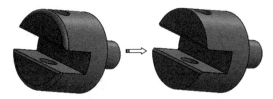

图 9-31　识别后（圆角）将不再显示此特征

单击【删除面】按钮，可以删除模型中的某些子特征。例如，选择了要删除的一个或多个特征所属的曲面后，单击【删除】按钮，此特征被移除，如图 9-32 所示。

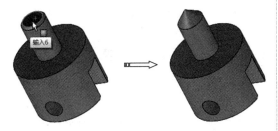

图 9-32　删除面

### 技术要点

并非所有类型的特征都能删除。父特征（凸台/基体特征）及该特征上有子特征的，是不能删除的，会弹出警告信息，如图 9-33 所示。要删除的特征必须是独立的特征，即独立的子特征。

图 9-33　不能删除的信息提示

### 动手操作——识别特征并修改特征

**01** 打开本例的 UG 格式的文件【零件.prt】，如图 9-34 所示。

图 9-34　打开 UG 格式文件

**02** 随后弹出【SolidWorks】信息提示对话框，单击【是】按钮，自动对载入的模型进行诊断，如图 9-35 所示。

图 9-35　诊断确认

### 技术要点

进行诊断，也是为了使特征的识别工作进行得更加顺利。诊断知识我们将在下一章详细介绍。

**03** 随后打开【输入诊断】属性面板。面板中显示无错误，单击【确定】按钮，完成诊断并载入零件模型，如图 9-36 所示。

图 9-36　完成诊断并输入模型

### 技术要点

一般情况下，实体模型在转换时是不会产生错误的。而其他格式的曲面模型则会出现错误，包括前面交叉、缝隙、重叠等，需要及时进行修复。

*201*

**04** 在菜单栏执行【插入】|FeatureWorks|【识别特征】命令，打开【FeatureWorks】属性面板。

**05** 选择【自动识别】模式，然后全部选中模型中的特征，如图 9-37 所示。

图 9-38 识别特征

图 9-39 显示识别结果

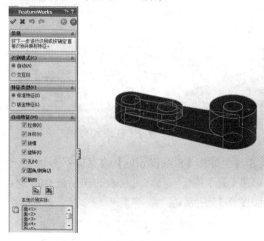

图 9-37 全部选中要识别的特征

**06** 单击【下一步】按钮，运行自动识别，识别的结果显示在列表中，从结果中可以看出此模型中有 5 个特征被成功识别，如图 9-38 所示。

**07** 单击【确定】按钮完成特征识别操作，特征属性管理中显示结果，如图 9-39 所示。

**08** 修改【凸台-拉伸2】特征，更改高度值 9 为 15，如图 9-40 所示。

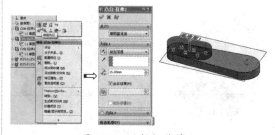

图 9-40 编辑拉伸特征

**09** 完成后将结果保存。

## 9.5 管理 Toolbox 文件

Toolbox 是 SolidWorks 的标准件库，与 SolidWorks 软件集成为一体。利用 Toolbox，用户可以快速生成并应用标准件，或者直接向装配体中调入相应的标准件。SolidWorks Toolbox 包含螺栓、螺母、轴承等标准件，以及齿轮、链轮等动力件。

管理 Toolbox 文件的过程实际上是配置 Toolbox 的过程。用户可以通过以下方式开始对 Toolbox 的配置过程：

- 在菜单栏执行【工具】|【选项】命令，或单击快速访问工具栏中的【选项】按钮，在系统选项对话框中选择【异型孔向导/Toolbox】选项，如图 9-41 所示。

- 配置过程开始后，系统弹出如图 9-42 所示的 Toolbox 设置向导。设置向导共有 5 个步骤，分别为选取五金件、定义五金件、定义用户设定、设定权限、配置智能扣件。

图 9-41 通过系统选项对话框配置 Toolbox

第 9 章　SolidWorks 文件与数据管理

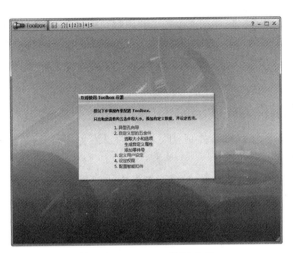

图 9-42　Toolbox 设置向导

## 9.5.1　生成 Toolbox 标准件的方式

Toolbox 可以通过两种方式生成标准件：基于主零件建立配置或者直接复制主零件为新零件。

Toolbox 中提供的主零件文件包含用于建立零件的几何形状信息，每一个文件最初安装后只包含一个默认配置。对于不同规格的零件，Toolbox 利用包含在 Access 数据库文件中的信息来建立。

用户向装配体中添加 Toolbox 标准件时，若是基于主零件建立配置，则装配体中的每个实例为单一文件的不同配置；若是直接通过复制的方法生成单独的零件文件，则装配体中每个不同的 Toolbox 标准件为单独的零件文件。

用户可以在配置 Toolbox 向导的第 3 个步骤中设定选项，以确定 Toolbox 零件的生成和管理方式。配置 Toolbox 向导中的第 3 个步骤如图 9-43 所示。

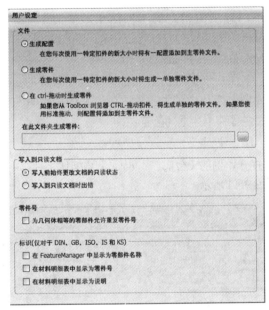

图 9-43　Toolbox 用户设定

其中各个选项介绍如下：

- 生成配置：向装配体中添加的 Toolbox 标准件为主零件中生成的一个新配置，系统不生成新文件。
- 生成零件：向装配体中添加的 Toolbox 标准件是单独生成的新文件。这种方式也可以通过在 Toolbox 浏览器中右击标准件图标，然后选择【生成零件】命令来实现。选择该单选按钮后，【在此文件夹生成零件】选项被激活，用户可以指定生成零件保存的位置。如果用户没有指定位置，则 SolidWorks 默认把生成的零件保存到【…\SolidWorks Data\CopiedParts】文件夹中。

- **在 Ctrl- 拖动时生成零件**：这个选项允许用户在向装配体添加 Toolbox 标准件的过程中对上述两种方式做出选择：如果直接从 Toolbox 浏览器拖放标准件到装配体中，采用【生成配置】方式；如果按住 Ctrl 键从 Toolbox 浏览器拖放标准件到装配体中，采用【生成零件】方式。

### 9.5.2 Toolbox 标准件的只读选项

Toolbox 标准件是基于现有标准生成的，因此为了避免用户修改 Toolbox 零件，通常应该将 Toolbox 标准件设置为只读。

但是如果零件为只读的话，就无法保存可能生成的配置，并且不能使用【生成配置】选项。为了解决这个问题，可以使用【写入到只读文档】选项组中的【写入前始终更改文档的只读状态】选项。SolidWorks 临时将 Toolbox 零件的权限改为写入权，从而写入新的配置。零件保存后，Toolbox 标准件又将返回到只读状态。

该选项只用于 Toolbox 标准件，对其他文件没有影响。

**动手操作——应用 Toolbox 标准件**

本例通过介绍在台虎钳装配体中添加螺母标准件的过程，来说明使用 Toolbox 的不同选项所得到的不同结果。本例中，Toolbox 安装在 D:\Program Files\SolidWorks Corp\SolidWorks Data 目录中。

下面的步骤采用基于主零件建立配置的方式向装配体中添加零件，所添加的零件只是在主零件中建立的配置。

操作步骤：

**01** 打开本例的【台虎钳.sldasm】装配体文件，如图 9-44 所示。

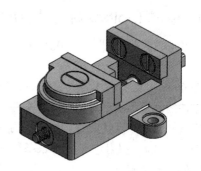

图 9-45 台虎钳装配体模型

**03** 在功能区的【评估】选项卡中，单击【测量】按钮，打开测量对话框。选择装配体中的螺杆组件进行测量，如图 9-46 所示。

图 9-44 打开装配体文件

**02** 打开的台虎钳装配体如图 9-45 所示。

图 9-46 测量螺杆

**04** 根据得到的螺杆半径为 5，可以确定螺母标准件的直径也应是 M10。

**05** 在【设计库】面板中展开 Toolbox 库，找到 GB 六角螺母库，如图 9-47 所示。

**06** 然后在 GB 六角螺母库中选择【1 型六角螺母 细牙 GB/T6171—2000】螺母标准件，如图 9-48 所示。

第 9 章　SolidWorks 文件与数据管理

图 9-47　找到 GB 六角螺母库

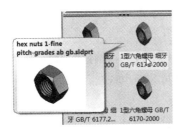

图 9-48　选择螺母类型

**07** 将选中的螺母拖移到图形区中的空白区域，然后再选择螺母参数，如图 9-49 所示。

**技术要点**

如果是添加多个同类型的螺母标准件，可以单击【OK】按钮，完成多个螺母的添加，如图 9-50 所示。当然也可以在随后打开的【配置零部件】属性面板中设置螺母参数，如果不需要添加多个螺母，按【Esc】键结束即可。

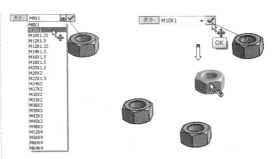

图 9-49　选择螺母参数　　图 9-50　添加多个螺母

**08** 接下来需要将螺母标准件装配到螺杆上。单击【装配】选项卡中的【配合】按钮，打开【配合】对话框。

**09** 选择螺母的螺纹孔面与螺杆的螺纹面进行同心约束，如图 9-51 所示。

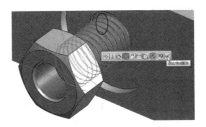

图 9-51　同心约束

**10** 再选择螺母端面与台虎钳沉孔端面进行重合约束，如图 9-52 所示。

图 9-52　重合约束

**11** 单击属性面板中的【确定】按钮，完成装配。最后将结果保存。

## 9.6　SolidWorks eDrawings

　　eDrawings 是 SolidWorks 的一个免费插件，是第一个用电子邮件交流产品设计、开发过程的工具，是专为分享、传递和理解 3D 模型和 2D 工程图信息而开发设计的实用软件。模型的配置信息和工程图也可以随同 eDrawings 文件一起保存。eDrawings 文件的类型和标准的 SolidWorks 文件类型相同，即扩展名为【.eprt】的零件文件、扩展名为【.easm】的装配体和扩展名为【.edrw】的工程图文件 3 种类型。

　　在一个产品的开发、设计过程中，作为产品开发者经常要将工程图纸或产品模型图纸发给客户、供应商或生产部门进行交流。以前的方法是邮寄或传真图纸，时间周期长，而且只能看到 2D 效果。在 Internet 诞生后，可以通过电子邮件发送图纸，不管是在国外还是国内的任何地方，都能够快捷方便、准确无误地发送到对方手中。但也存在以下问题：不知道对方使用什么样的 CAD 系统、不确定对方是否使用 SolidWorks 软件，或者对方就根本没有 CAD 系统。另外，如果产品比较复杂，图纸文件可能会很大，造成传送困难。

　　eDrawings 工具能较好地解决上述问题：eDrawings 文件很小，可通过电子邮件发送；自带浏览器浏览文件，不用其他任何浏览器。因此不用担心收件人不能打开这种文件；eDrawings 不但可以发送 2D 工程图，还可以生成、观看、共享 3D 模型。当设计完一个产品后，使用 eDrawings 发送给客户、供应商或生产部门，收件人可以旋转模型，从不同的角度或以动画形式观看设计效果，使收件人直接了解设计意图。同时，收件人还能在模型上添加圈红和批注，提出建议，从而实现与发件人之间的快速交流。

　　eDrawings 插件的功能很多，限于篇幅，本书不能一一做出介绍。本节就编者自身在工程实际中的应用经验，对将 SolidWorks 文件转换 eDrawings 文件并通过电子邮件发送 eDrawings 文件加以介绍。

## 9.6.1 激活 eDrawings

　　在 SolidWorks 2016 中，SolidWorks eDrawings 2016 插件是一个独立运行的程序，可随 SolidWorks 软件一起安装，也可以单独安装。用户可以通过如下方式激活 SolidWorks eDrawings 2016：

- 从 Windows 的【开始】菜单中选择【程序】|SolidWorks 2016|eDrawings 2016 x64 Edition 命令，如图 9-53 所示。

图 9-53　选择【eDrawings 2016 x64 Edition】命令

**动手操作——转换为 eDrawings 文件**

将 SolidWorks 文件转换为 eDrawings 文件的操作步骤：

**01** 在打开的 SolidWorks 文件的菜单栏执行【文件】|【另存为】命令，系统弹出【另存为】对话框。

**02** 在【保存类型】下拉列表框中选择 eDrawings 文件类型，如图 9-54 所示。系统会自动适应当前的 SolidWorks 文件类型，如装配体文件【装置.sldasm】被保存为【装置.easm】eDrawings 文件。

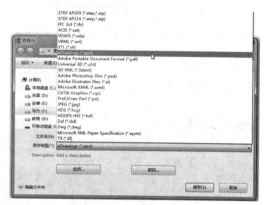

图 9-54　另存为 eDrawings 文件

**03** 指定文件保存路径，如【D:\eDrawings 文件】。单击【另存为】对话框中的【选项】按钮，系统弹出【输出选项】对话框。如果不需要保护设计参数，用户可选中【确定可测量此 eDrawings 文件】复选框，如图 9-55 所示。

**04** 在 eDrawings 中打开该文件，如图 9-56 所示，用户可以像在 SolidWorks 中一样执行旋转、平移模型等操作，也可以在模型中添加标注和戳记。

第 9 章　SolidWorks 文件与数据管理

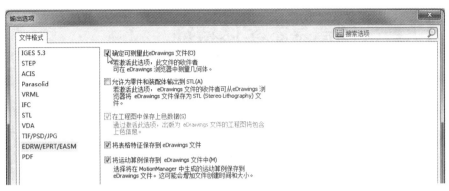

图 9-55　设置输出选项

图 9-56　在 eDrawings 中打开转换后的文件

## 读书笔记

# 第2篇 机械设计篇

# 第 10 章 创建基本实体特征

SolidWorks 的基础特征建模功能，是一种基于特征和约束的建模技术，无论是概念设计还是详细设计都可以自如地运用。

本章将主要介绍机械零件实体建模的基本操作和编辑。

百度云网盘

360云盘 密码6955

- ◆ 基本实体特征命令
- ◆ 材料切除工具
- ◆ 掌握实体特征建模过程

## 10.1 凸台 / 基体

在零件中生成的第一个特征为基体，此特征为生成其他特征的基础。基体特征可以是拉伸、旋转、扫描、放样、曲面加厚或钣金法兰。

特征是各种单独的加工形状，当将它们组合起来时就形成各种零件实体。在同一零件实体中可以包括单独的拉伸、旋转、放样和扫描特征等加材料特征。加材料特征工具是最基本的 3D 绘图绘制方式，用于完成最基本的三维几何体建模任务。

### 10.1.1 拉伸凸台 / 基体

拉伸特征是由截面轮廓草图通过拉伸得到的。当拉伸一个轮廓时，需要选择拉伸类型。在拉伸属性管理器定义拉伸特征的特点。拉伸可以是基体（这种情形总是添加材料）、凸台（此情形添加材料，通常是在另一拉伸上）或切除（移除材料）。

单击【特征】工具栏上的【拉伸凸台 / 基体】按钮，选择基准平面（进入草绘环境完成草图绘制后）或现有草图后，属性管理器才显示【凸台 - 拉伸】面板。【凸台 - 拉伸】面板如图 10-1 所示。

图 10-1 【凸台 - 拉伸】面板

1. 【从】选项组

在【凸台 - 拉伸】面板的【从】选项组中展开拉伸初始条件的下拉列表，可以选取 4 种条件之一来确定特征的起始面，如图 10-2 所示。

图 10-2 初始条件

各项初始条件的含义如下：

- 草图基准面：从草图所在的基准面开始拉伸，如图10-3所示。

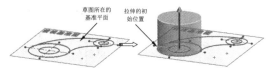

图10-3 【草图基准面】初始条件

**技术要点**

草图必须完全包含在非平面曲面或面的边界内。

- 曲面/面/基准面：从这些实体之一开始拉伸，为曲面/面/基准面选择有效的实体，实体可以是平面或非平面，平面实体不必与草图基准面平行，如图10-4所示。

图10-4 【曲面/面/基准面】初始条件

**技术要点**

曲面上是没有草图的。曲面上只能是曲线，曲线不能作为拉伸的截面轮廓。

- 顶点：从所选择的顶点位置开始拉伸，如图10-5所示。

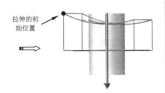

图10-5 【顶点】初始条件

**技术要点**

所选顶点其实就是起始平面的参考点。

- 等距：从与当前草图基准面等距的基准面上开始拉伸，如图10-6所示。

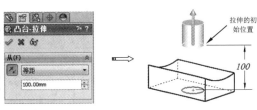

图10-6 【等距】初始条件

**技术要点**

可以单击初始条件下拉列表框旁边的【反向】按钮，来改变拉伸的方向。

### 2.【方向1】选项组

【方向1】选项组用来设置拉伸的终止条件、拉伸方向、拉伸深度及拉伸拔模等选项。

拉伸的终止条件决定特征延伸的方式，表10-1中列出了几种终止条件。

其余选项含义如下：

- 拉伸方向：在图形区域选择方向向量，以垂直于草图轮廓的方向拉伸草图，如图10-7所示。

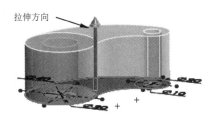

图10-7 拉伸方向

- 合并结果（仅限于凸台/基体拉伸）：如有可能，将所产生的实体合并到现有实体。如果不选择，特征将生成一个不同的实体。

- 拔模开/关：新增拔模的拉伸特征，设定拔模角度，如图10-8所示。

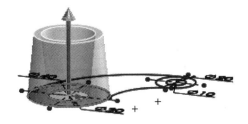

图10-8 创建拔模的拉伸

表 10-1 【凸台-拉伸】属性面板终止条件

| 终止条件 | 说 明 | 图 解 | 终止条件 | 说 明 | 图 解 |
| --- | --- | --- | --- | --- | --- |
| 给定深度 | 指定的深度拉伸 | | 成型到一面 | 拉伸到指定的曲面、面或基准面 | |
| 完全贯穿 | 从草图基准面开始,贯穿所有几何体 | | 到离指定面的指定距离 | 拉伸离到指定面给定距离的面 | |
| 成型到下一面 | 从草图基准面开始,拉伸成型到下一面截止 | | 成型到实体 | 在图形区域选择要拉伸的实体作为实体/曲面实体，在装配件中拉伸时可以使用成型到实体，以延伸草图到所选的实体 | |
| 成型到一顶点 | 拉伸到指定的模型或草图的顶点 | | 两侧对称 | 从草图基准面向两个方向对称拉伸 | |

### 技术要点

若选中【向外拔模】复选框，可以改变拔模方向，生成反向的拔模特征，如图 10-9 所示。

### 3.【方向 2】选项组

【方向 2】选项组的功能与【方向 1】选项组的功能相同。方向 2 表示拉伸的另一方向，如图 10-10 所示。

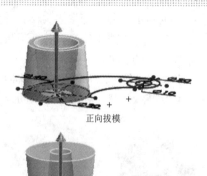

图 10-9 拔模方向

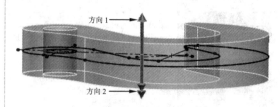

图 10-10 拉伸的方向 1 和方向 2

### 4.【薄壁特征】选项组

使用【薄壁特征】选项组中的选项可以控制拉伸厚度（不是深度）。薄壁特征基体可用作钣金零件的基础。当设计薄壳的塑胶产品时，也需要创建薄壁特征。

选项组中各选项含义如下：

- 薄壁类型：设定薄壁特征拉伸的类型，包括 3 种。
    - 单向：设定以一个方向（向外）从草图拉伸的厚度 ；
    - 两侧对称：设定以两个相等方向从草图拉伸的厚度 ；
    - 双向：设定不同的拉伸厚度，方向 1 厚度 和方向 2 厚度 。

如图 10-11 所示为 3 种薄壁的类型。

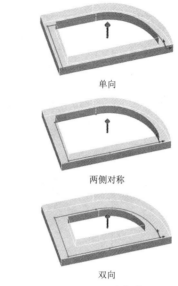

图 10-11　3 种薄壁类型

- 顶端加盖：为薄壁特征拉伸的顶端加盖，生成一个中空的零件。同时必须指定加盖厚度 。该选项只可用于模型中第一个拉伸实体，如图 10-12 所示。

5. 【所选轮廓】选项组

【所选轮廓】选项组，允许使用部分草图来生成拉伸特征。在图形区域中选择草图轮廓和模型边线。

图 10-12　顶端加盖

### 动手操作——轴承座设计

本例将要完成轴承座三维模型的创建，完成后如图 10-13 所示。

图 10-13　轴承座

**技术要点**

该模型左右对称，同时含有【筋】、【异型孔】、【圆角】等附加特征，通过使用这些特征命令完成最终模型，主要操作过程如表 10-2 所示。

表 10-2　轴承座的主要创建过程

| 序号 | 操作步骤 | 图 解 | 序号 | 操作步骤 | 图 解 |
|---|---|---|---|---|---|
| 1 | 拉伸生成轴承座底座 |  | 2 | 拉伸生成轴承孔圆柱部分 |  |

续表

| 序号 | 操作步骤 | 图解 | 序号 | 操作步骤 | 图解 |
|---|---|---|---|---|---|
| 3 | 拉伸生成轴承座支撑板 | | 5 | 生成加强筋 | |
| 4 | 拉伸并拉伸切除生成顶部特征 | | 6 | 倒角 | |

操作步骤：

**01** 启动 SolidWorks 2016 软件，新建零件文件。

**02** 选择前视基准面作为草绘平面，绘制如图 10-14 所示的草图，并拉伸建立实体特征，拉伸深度为 150mm。

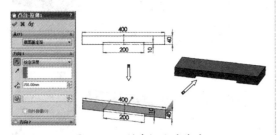

图 10-14　创建轴承座基座

**03** 选择轴承座基座后端面，绘制如图 10-15 所示草图，单击【拉伸凸台/基体】按钮，向两个方向拉伸草图，深度分别为 98mm、22mm。

**04** 单击【拉伸凸台/基体】按钮，选择轴承座后端面为绘图平面，绘制草图，拉伸厚度为 30mm，创建轴承座支撑板特征，如图 10-16 所示。

### 技术要点

绘制草图时，单击【转换实体引用】按钮，将轴承座的圆柱凸台外圆和基座上表面转换为草图，用户可以使用【剪裁实体】工具将多余线条移除，也可以在拉伸的时候单击选择要拉伸的封闭区域。

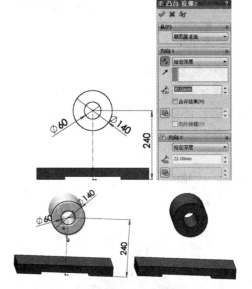

图 10-15　轴承座图

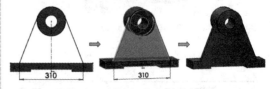

图 10-16　创建轴承座支撑板特征

**05** 执行【插入】|【参考几何体】|【基准面】命令，选择轴承座基体底面作为第一参考，设置距离为 325mm，选中【反转】复选框，创建如图 10-17 所示的基准面。

第 10 章　创建基本实体特征

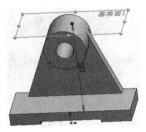

图 10-17　创建基准面

**06** 在创建的基准面上绘制图示草图，在【前导视图】中选择【隐藏线可见】显示样式。绘制中心线和圆，圆心落在中心线上，并标注圆心距圆柱凸台 60mm 的距离，拉伸方式为【成型到下一面】。拉伸后，在【前导视图】中选择【带边线上色】显示样式，如图 10-18 所示。

图 10-18　创建凸台

**07** 单击【特征】工具栏中的【拉伸切除】按钮，选择创建的基准面为绘图平面，绘制与上一步中凸台同心的圆，标注直径为 20mm，切除方式选择【成型到下一面】，完成凸台孔的切除，如图 10-19 所示。

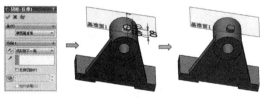

图 10-19　创建凸台圆孔

**08** 执行【视图】|【隐藏所有类型】命令，将基准面隐藏。

**09** 在【特征】工具栏中单击【筋】按钮，选择右视基准面作为绘图平面，绘制图示草图，在【筋】属性面板中设置相应参数，创建【筋】特征，如图 10-20 所示。

图 10-20　创建【筋】特征

**10** 在【特征】工具栏中单击【异型孔向导】按钮，设置相关参数，选择基座上表面，绘制 3D 草图的两个定位点，并标注尺寸，创建异型孔，如图 10-21 所示。

图 10-21　创建异型孔

**11** 在【特征】工具栏中单击【圆角】按钮，设置圆角半径为 40mm，基座前端的两条棱边，创建圆角，如图 10-22 所示。

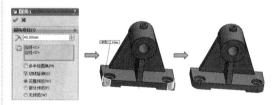

图 10-22　创建圆角

**12** 至此，已经完成了轴承座的三维模型创建，保存并关闭当前文件窗口。

## 10.1.2　旋转凸台/基体

旋转是指通过绕中心线旋转一个或多个轮廓来添加或移除材料，可以生成凸台/基体、旋转切除或旋转曲面。旋转特征可以是实体、薄壁特征或曲面。

生成旋转特征准则如下：
- 实体旋转特征的草图可以包含多个相交轮廓。
- 薄壁或曲面旋转特征的草图可包含多个开环的或闭环的相交轮廓。
- 轮廓不能与中心线交叉。如果草图包含一条以上的中心线，请选择想要用作旋转轴的中心线。仅对于旋转曲面和旋转薄壁特征而言，草图不能位于中心线上。
- 当在中心线内为旋转特征标注尺寸时，将生成旋转特征的半径尺寸。如果通过中心线外为旋转特征标注尺寸时，将生成旋转特征的直径尺寸。

用户可通过以下方式执行【旋转凸台/基体】命令：
- 单击【特征】工具栏上的【旋转凸台/基体】按钮。
- 在菜单栏执行【插入】|【凸台/基体】|【旋转】命令。

执行【旋转凸台/基体】命令并进入草图模式绘制草图后，生成一个草图，包含一个或多个轮廓和一中心线、直线或边线作为特征旋转所绕的轴。属性管理器才显示【旋转】面板。【旋转】面板及生成的旋转特征，如图10-23所示。

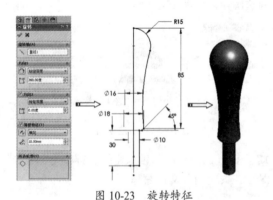

图10-23 旋转特征

【旋转】面板中各选项组中的选项含义如下：
- 旋转参数：设定旋转参数。

- 旋转轴：选择某一特征旋转所绕的轴，根据您所生成的旋转特征的类型，可能为中心线、直线或一条边线。
- 旋转类型：从草图基准面定义旋转方向，包括给定深度、成型到一顶点、成型到一面、成型到指定面的指定距离、两侧对称，如图10-24所示。【旋转类型】与前面的【拉伸-凸台】拉伸类型类似。

　　给定深度　　　成型到一顶点　　两侧对称

图10-24 旋转特征其中的3种生成方向

- 角度：定义旋转所包括的角度，默认的角度为360°，角度以顺时针从所选草图测量。
- 薄壁特征：选择薄壁特征并设定这些选项。
- 类型：定义厚度的方向。
  - 单向：以单一方向从草图添加薄壁体积。如有必要，单击【反向】按钮来反转薄壁体积添加的方向；
  - 两侧对称：通过以草图为中心，在草图两侧均等应用薄壁体积来添加薄壁体积；
  - 双向：在草图两侧添加薄壁体积，方向1厚度从草图向外添加薄壁体积，方向2厚度从草图向内添加薄壁体积。
- 方向1厚度：为【单向】和【两侧对称】薄壁特征旋转设定薄壁体积厚度。
- 所选轮廓：在图形区域中选择轮廓来生成旋转。

### 技术要点

在添加这些特征前，必须生成要添加多体零件的模型。

## 第 10 章 创建基本实体特征

### 动手操作——创建轴零件

轴的基本结构类似，由圆柱或者空心圆柱的主体框架，以及键槽、安装连接用的螺孔与定位用的销孔和圆角等结构组成。可以采用草图截面旋转的方式构建其零件主体，也可以采用圆台累加的方式构建其零件主体，或采用拉伸切除圆台构建其零件主体。轴类零件推荐首选采用旋转特征构建模型主体。

本例练习阶梯轴实体模型的建模操作，阶梯轴实体模型如图 10-25 所示。

图 10-25　阶梯轴实体模型

操作步骤：

**01** 启动 SolidWorks，建立一个新的零件文件。单击标准工具栏上的【新建】按钮，在弹出的【新建 SolidWorks 文件】对话框中选择【零件】选项，单击【确定】按钮。

**02** 绘制轴截面草图。在设计树中选择前视基准面后单击【草图绘制】按钮，在前视基准面中绘制草图，如图 10-26 所示。

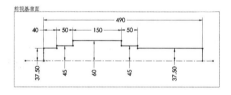

图 10-26　在前视基准面中绘制的草图

**03** 利用旋转凸台/基体生成轴类零件的主体框架。单击【旋转凸台/基体】按钮，在【旋转】属性面板中进行设置或选择，单击【确定】按钮，生成阶梯轴主体框架，如图 10-27 所示。

### 技术要点

可以采用草图截面旋转的方式、圆台累加方式或拉伸切除圆台方式建立轴的基本模型。建议采用旋转的方式。

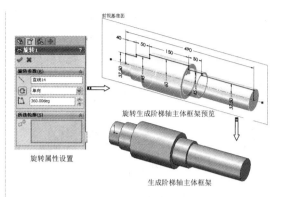

旋转属性设置　　　生成阶梯轴主体框架

图 10-27　生成阶梯轴主体框架过程

**04** 添加键槽草图基准平面。在【特征】工具栏中单击【参考几何体】按钮，再单击【基准面】按钮，建立距离前视基准面为 28.5 的平行基准面，如图 10-28 所示。

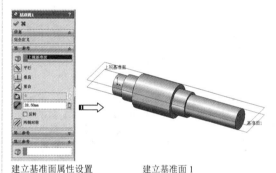

建立基准面属性设置　　　建立基准面 1

图 10-28　建立键槽草图基准面 1

### 技术要点

SolidWorks 模型中的基准面并非总是可见。但是可以显示基准面。

**05** 在新建基准面上绘制键槽拉伸切除草图。在设计树中选择新建基准面后单击【草图绘制】按钮，在基准面 1 中绘制草图，如图 10-29 所示。

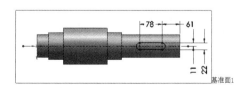

图 10-29　在基准面 1 上绘制键槽拉伸切除草图

**06** 拉伸切除键槽。单击【拉伸切除】按钮📦，在拉伸切除属性面板中进行设置或选择，单击【确定】按钮，生成阶梯轴键槽过程如图10-30所示。

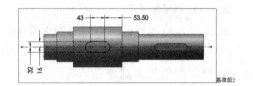

图10-32 在基准面2上绘制另一键槽拉伸切除草图

图10-30 生成阶梯轴键槽过程

**07** 添加另一键槽草图基准平面。在【特征】工具栏中单击【参考几何体】按钮，再单击【基准面】按钮，建立距离前视基准面为60的平行基准面，如图10-31所示。

**09** 拉伸切除另一键槽。单击【拉伸切除】按钮📦，在拉伸切除属性面板中进行设置或选择，单击【确定】按钮，生成阶梯轴另一键槽过程如图10-33所示。

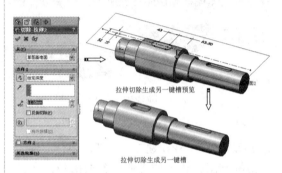

图10-33 生成阶梯轴键槽过程

建立基准面属性设置　　建立基准面2

图10-31 建立另一键槽草图基准面2

**08** 在新建基准面上绘制键槽拉伸切除草图。在设计树中选择新建基准面后单击【草图绘制】按钮，在基准面2中绘制草图，如图10-32所示。

### 技术要点

阶梯轴的两个键槽要分布在同一圆周方向上，这样加工工艺比较合理。

**10** 阶梯轴倒角。单击【特征】工具栏上的【倒角】按钮，在倒角属性面板中进行设置或选择，单击【确定】按钮，生成阶梯轴倒角特征过程如图10-34所示。

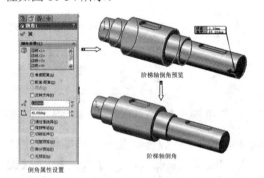

图10-34 生成阶梯轴倒角特征过程

## 10.1.3 扫描

扫描是指通过沿着一条路径移动轮廓（截面）来生成基体、凸台、切除或曲面。

生成扫描准则如下：

- 对于基体或凸台扫描特征，轮廓必须是闭环的；对于曲面扫描特征，则轮廓可以是闭环的也可以是开环的。
- 路径可以为开环或闭环。
- 路径可以是一张草图、一条曲线或一组模型边线中包含的一组草图曲线。
- 路径必须与轮廓的平面交叉。

- 不论是截面、路径或所形成的实体，都不能出现自相交叉的情况。
- 引导线必须与轮廓或轮廓草图中的点重合。

用户可通过以下方式执行【扫描】命令：
- 单击【特征】工具栏上的【扫描】按钮。
- 在菜单栏执行【插入】|【凸台／基体】|【扫描】命令。

执行【扫描】命令，属性管理器才显示【扫描】面板。【扫描】面板如图10-35所示。

图10-35 【扫描】面板

### 1．【扫描】面板介绍

【扫描】面板中各选项组中选项的含义如下：
- 轮廓和路径：设置扫描的轮廓和路径。
- 轮廓：设定用来生成扫描的草图轮廓（截面），在图形区域中或FeatureManager设计树中选取草图轮廓。基体或凸台扫描特征的轮廓应为闭环，曲面扫描特征的轮廓可为开环或闭环。
- 路径：设定轮廓扫描的路径。在图形区域或FeatureManager设计树中选取路径草图。路径可以是开环或闭合，以及包含在草图中的一组绘制的曲线、一条曲线或一组模型边线。路径的起点必须位于轮廓的基准面上。

**技术要点**
不论是截面、路径还是所形成的实体，都不能自相交叉。

- 选项：设置扫描的选项。
- 方向／扭转控制：控制轮廓在沿路径扫描时的方向。
- 路径对齐类型：在选择【随路径变化】方向／扭转类型后，当路径上出现少许波动和不均匀波动，使轮廓不能对齐时，可以将轮廓稳定下来。
- 合并切面：如果扫描轮廓具有相切线段，可使所产生的扫描中的相应曲面相切。保持相切的面可以是基准面、圆柱面或锥面。其他相邻面被合并，轮廓被近似处理。草图圆弧可以转换为样条曲线。
- 显示预览：显示扫描的上色预览，取消选中此复选框将只显示轮廓和路径。
- 【引导线】列表框：在图形区域中选择轮廓来生成旋转。
- 引导线：在轮廓沿路径扫描时加以引导。在图形区域选择引导线。

**技术要点**
引导线必须与轮廓或轮廓草图中的点重合。

- 上移和下移：调整引导线的顺序。选择某一引导线后可以调整轮廓顺序。
- 合并平滑的面：取消选中此复选框以改进带引导线扫描的性能，并在引导线或路径不是曲率连续的所有点处分割扫描。
- 显示截面：显示扫描的截面。
- 起始处／结束处相切：设置起始处相切类型和结束处相切类型。
- 薄壁特征：选中此复选框以生成某一薄壁特征扫描。

### 2．扫描方法

SolidWorks提供了3种常见的扫描方法。

(1）创建无引导线的简单扫描

首先在两个不同的基准面上分别绘制扫描轮廓和扫描路径两幅草图，也可创建引导线（但并非必须），然后单击【特征】工具栏中的【扫描命令】按钮。在弹出的扫描属性面板中的【轮廓和路径】选项组中分别选择对应草图，如图10-36所示为扫描生成的弹簧实例。

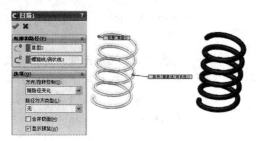

图 10-36　扫描生成弹簧

（2）引导线扫描

创建引导线扫描时，在引导线和轮廓上的顶点之间，或在引导线和轮廓中用户定义的草图点之间，必须是穿透几何关系。穿透几何关系使截面沿着路径改变大小、形状或两者均改变。截面受曲线的约束，但曲线不受截面的约束。

如图10-37所示为引导线扫描生成特征实例。

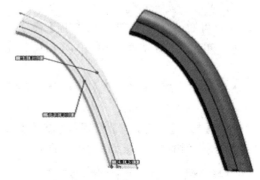

图 10-37　引导线扫描

（3）利用3D草图作为扫描路径创建扫描特征

扫描路径不仅能使用2D草图，还可用使用3D草图。对于空间特殊结构，如插座防松的钢丝卡扣等，采用3D草图作为扫描路径能快速成功地建模，而且还方便修改，如图10-38所示，利用3D草图扫描出钢丝结构。

图 10-38　利用3D草图作为扫描路径创建钢丝卡扣

扫描特征生成与【随路径变化】类型的变化而发生改变，如图10-39所示为无方向扭转的扫描特征随路径变化与保持法向不变的两种示意图。

图 10-39　无方向扭转的扫描特征

**动手操作——炉架设计**

本例将要完成炉架3D草图的绘制及模型的创建，完成后如图10-40所示。

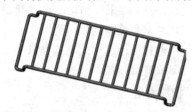

图 10-40　炉架模型

**技术要点**

炉架结构呈中心对称，因此可以绘制整体的1/4，然后通过镜像来完成剩余部分。炉架的外圈结构部分采用3D草图绘制，然后采用扫描完成创建；圈内部分横条则通过直接拉伸，然后阵列实体形成，主要操作过程如表10-3所示。

第 10 章　创建基本实体特征

表 10-3　炉架的主要创建过程

| 序号 | 操作步骤 | 图 解 | 序号 | 操作步骤 | 图 解 |
|---|---|---|---|---|---|
| 1 | 3D 草图生成炉架外圈的 1/4 |  | 5 | 拉伸生成圈内部分的一半 |  |
| 2 | 绘制轮廓草图 |  | 6 | 阵列横条 |  |
| 3 | 扫描生成炉架外圈的 1/4 实体 |  | 7 | 镜像横条 |  |
| 4 | 镜像 |  | 8 | 镜像炉架 |  |

操作步骤：

**01** 启动 SolidWorks，并按【Ctrl+N】组合键弹出【新建】对话框，新建一个零件文件。

**02** 在菜单栏执行【插入】|【3D 草图】命令，进入 3D 草图环境，如图 10-41 所示。

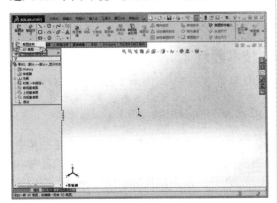

图 10-41　进入 3D 草图环境

**03** 单击上视基准面后，单击【草图】工具栏中的【直线】按钮，以坐标原点为起点分别绘制水平和竖直（沿 Z 轴方向）的中心线，并标注其长度分别为 60mm、150mm。同理，绘制直线，沿着 Z 轴方向，系统自动添加了沿 Z1 的几何关系，绘制直线段，并标注其长度为 135mm，如图 10-42 所示。

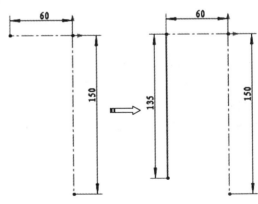

图 10-42　绘制中心线与直线段

**04** 在当前绘制直线命令激活的情况下，光标处显示出当前的绘图平面为 ZX 平面，按下【Tab】键切换 3D 草图的绘图平面至 YZ 平面，绘制直线，如图 10-43 所示。

219

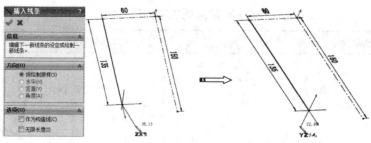

图 10-43　按【Tab】键切换 3D 草图的绘图平面

### 技术要点

在进行 3D 图形绘制时，为了便于观察选择哪个基准面，可以按住鼠标中键不放在图形区域拖动便可旋转草图进行观察。

**05** 同理，在 YZ 平面上绘制沿 Y 轴方向的直线和沿 Z 轴方向的直线，并标注其长度均为 15mm。按下【Tab】键切换 3D 草图的绘图平面至 ZX 平面，绘制沿 X 轴方向的直线，标注其长度为 60mm，如图 10-44 所示。

**06** 圆角。单击【草图】工具栏中的【圆角】按钮 ，对 3D 草图过渡连接点处进行圆角处理，如图 10-45 所示。

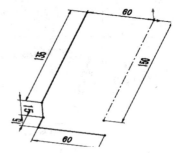

图 10-44　切换绘图平面绘制 3D 直线段

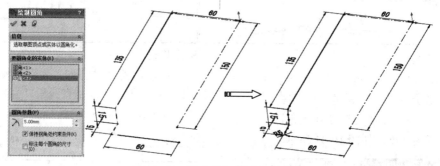

图 10-45　修改特征草图的基准面

**07** 单击【确认】按钮 ，确定操作并退出草图，完成作为扫描路径的 3D 草图的创建。

**08** 创建扫描轮廓草图。选择前视基准面作为绘图平面，绘制圆，并标注其直径为 5mm，如图 10-46 所示。

### 技术要点

3D 草图中圆角/倒角命令的使用与 2D 草图中完全一样，均可以单击顶点，或者选择相交的两条边线来选择待圆角/倒角对象。

**09** 扫描。单击【特征】工具栏中的【扫描】按钮 ，在弹出的【扫描】面板中选择草图圆与 3D 草图作为扫描的轮廓与路径，完成炉架 1/4 部分的创建，如图 10-47 所示。

**10** 镜像。依次单击【特征】工具栏中的【线性阵列】下拉菜单中的【镜像】按钮 ，在弹出的【镜像】对话框中选择实体端面为镜像面，选择【扫描 1】为要镜像的特征，对扫描实体进行镜像操作，如图 10-48 所示。

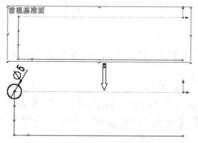

图 10-46　修改特征草图的基准面

第 10 章 创建基本实体特征

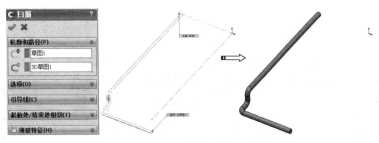

图 10-47 扫描生成炉架 1/4 部分

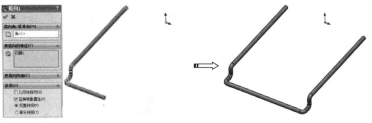

图 10-48 镜像扫描实体

**11** 拉伸生成半个横隔条。选择右视基准面作为绘图平面，绘制一个圆，并添加圆与指定原点水平的几何关系，标注圆的直径为 4mm，圆心与原点间距为 11mm。单击【特征】工具栏中的【拉伸】按钮，在弹出的拉伸面板中选择【成型到下一面】方式，完成半个横隔条的创建，如图 10-49 所示。

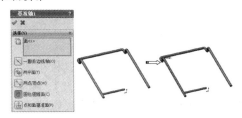

图 10-50 创建基准轴

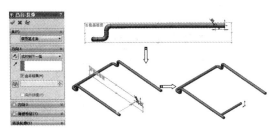

图 10-49 拉伸半个横隔条

**12** 创建基准轴作为线性阵列的方向参考。在菜单栏中执行【插入】|【参考几何体】|【基准轴】命令，在弹出的【基准轴 1】面板中单击侧边圆柱，即可预览出基准轴，单击【确定】按钮，完成基准轴的创建，如图 10-50 所示。

**技术要点**

若实体特征中有棱边可作为【线性草图阵列】方向参考，则直接使用。基准轴的创建可以借助已有实体，也可以借助系统系统的 3 个默认基准面的交线作为参考来创建基准轴。

**技术要点**

若实体特征中有棱边可作为【线性草图阵列】方向参考，则直接使用。基准轴的创建可以借助已有实体，也可以借助系统系统的 3 个默认基准面的交线作为参考创建基准轴。

**13** 阵列。单击【特征】工具栏中的【线性草图阵列】按钮，在弹出的【阵列（线性）】面板中选择基准轴作为阵列方向，若有必要单击【反向】按钮切换阵列方向，设置阵列个数为 6，在【要阵列的特征】选项组选择【凸台 - 拉伸 1】特征（横隔条），完成半个横隔条的阵列，如图 10-51 所示。

图 10-51 阵列横隔条

**技术要点**

【镜像】生成的特征无法再使用【线性草图阵列】，依次遇上特征将使用【镜像】与【线性草图阵列】时，最好先使用【线性草图阵列】再用【镜像】命令。

**14** 隐藏所有类型。在进行设计时的某个阶段，若暂时不使用某些对象，如基准面、基准轴、原点、坐标系、注视等，可以将这些不相干的对象进行隐藏，如图10-52所示。

图10-52 创建基准轴

**15** 镜像。依次单击【特征】工具栏中的【线性草图阵列】下拉菜单中的【镜像】按钮，在弹出的【镜像】面板中选择实体端面为镜像面，选择【阵列（线性）6】为要镜像的特征，对阵列实体进行镜像操作，如图10-53所示。

图10-53 镜像阵列实体

**16** 再次镜像。同上，创建已完成的半个炉架的镜像，如图10-54所示。

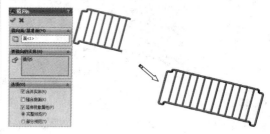

图10-54 镜像完成炉架的创建

**17** 至此，已经完成了炉架的创建，保存并关闭当前文件窗口。

## 10.1.4 放样凸台/基体

放样通过在轮廓之间进行过渡生成特征。放样可以是基体、凸台、切除或曲面，可以使用两个或多个轮廓生成放样。仅第一个或最后一个轮廓可以是点，也可以这两个轮廓均为点。单一3D草图中可以包含所有草图实体（包括引导线和轮廓）。

用户可通过以下方式执行【放样凸台/基体】命令：

- 单击【特征】工具栏上的【放样凸台/基体】按钮。
- 在菜单栏执行【插入】|【凸台/基体】|【放样】命令。

执行【放样】命令，属性管理器才显示【放样】面板。【放样】面板如图10-55所示。

图10-55 【放样】面板

**1．【放样】面板介绍**

【放样】面板中各选项组中选项的含义如下：

- 【轮廓】选项组：设置放样轮廓。
  - 轮廓：决定用来生成放样的轮

廓。选择要连接的草图轮廓、面或边线。放样根据轮廓选择的顺序生成。

- 上移⬆和下移⬇：调整轮廓的顺序。选择某一轮廓后可以调整轮廓顺序。

- 【起始/结束约束】选项组：应用约束以控制开始和结束轮廓的相切。
- 【引导线】选项组：设置放样引导线。
  - 引导线：选择引导线来控制放样。
  - 上移⬆和下移⬇：调整引导线的顺序。选择某一引导线后可以调整轮廓顺序。
- 【中心线参数】选项组：设置中心线参数。
  - 中心线：使用中心线引导放样形状。在图形区域中选择某一草图。
  - 截面数：在轮廓之间并绕中心线添加截面。移动滑杆来调整截面数。
  - 显示截面：显示放样截面。单击箭头来显示截面。您也可输入截面数然后单击【显示截面】按钮已跳到此截面。
- 【草图工具】选项组：使用 Selection Manager 以帮助选取草图实体。
- 【选项】选项组：设置放样选项。
  - 合并切面：如果对应的线段相切，则使在所生成的放样中的曲面合并。
  - 闭合放样：沿放样方向生成一闭合实体。此选项会自动连接最后一个和第一个草图。
  - 显示预览：显示放样的上色预览。消除此选项则只观看路径和引导线。
- 【薄壁特征】选项组：选择以生成一薄壁放样。

**技术要点**

利用【特征】工具栏中的几何参考体建立基准面。然后在各基准面上绘制截面轮廓草图。

2．放样特征的约束类型

对于放样特征，设置其不同的起始/结束约束类型，所生成的特征不同。表 10-2 中列出了不同约束类型所产生的放样特征。

表 10-2　不同约束类型生成的放样

| 放样的轮廓与引导线 | 开始约束类型 | 结束约束类型 | 图　　样 |
|---|---|---|---|
| | 无 | 无 | |
| | 垂直于轮廓 | 无 | |
| | 无 | 垂直于轮廓 | |
| | 垂直于轮廓 | 垂直于轮廓 | |

- 可以使用任何草图曲线、模型边线或曲线作为引导线。
- 引导线数量不限且彼此可以相交，但是必须和放样的轮廓草图相交于一点，可以施加穿透或重合的几何关系。
- 中心线也是放样特征的可选参数，其作用是利用一条曲线为中心线生成放样特征，且特征的每个截面都与中心线垂直。中心线必须与轮廓线交于轮廓内部。

**3．扫描特征与放样特征的比较**

这两个命令的共同点：都可以用一条或者是多条引导线来控制轮廓（截面）点的走向。

扫描和放样的主要区别：扫描是使用单一的轮廓截面，生成的实体在每个轮廓位置上的实体截面都是相同或者是相似的。放样是使用多个轮廓截面，每个轮廓可以是不同的形状，这样生成的实体在每个轮廓位置上的实体截面就不一定相同或相似了，甚至可以完全不同。

**动手操作——创建放样特征**

操作步骤：

**01** 单击【参考几何体】|【基准面】按钮，打开【基准面】面板。

**02** 选择前视基准面作为参考，创建偏移距离为 30 的新平面，如图 10-56 所示。

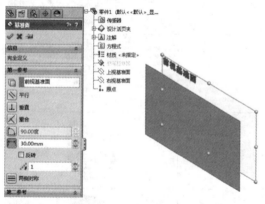

图 10-56　创建基准平面 1

**03** 用同样的方法创建基准面 2、基准面 3、基准面 4，其中基准面 3 和基准面 4 之间的距离是 120，其他各个面之间的距离为 30，如图 10-57 所示。

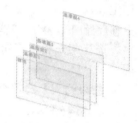

图 10-57　创建其余基准平面

**技术要点**

生成放样特征需要两个或两个以上的轮廓，其中第一个或者最后一个轮廓可以是点，这两个轮廓也可以均为点。

**04** 绘制草图。分别在各个基准面上绘制草图，其中前视基准面、基准面 1、基准面 2 上的草图分别是直径为 60、60、40 的圆形轮廓；基准面 3 上的草图是边长为 45 的正方形；基准面 4 上的草图是边长为 40×2 的矩形。各草图轮廓的中心均在草图的原点上，如图 10-58 所示。

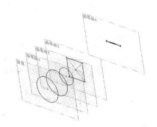

图 10-58　绘制草图

**05** 单击【特征】工具栏上的【放样】按钮，或者选择【插入】、【基体】、【放样】菜单命令。打开【放样】属性面板。

**06** 完成放样的前半部分。在图形区域或设计树上按照需要连接的草图的顺序依次选择草图轮廓（选择草图 1～草图 10），图形区域会显示放样预览，如图 10-59 所示。

**技术要点**

如果草图连接顺序不合理，将无法进行放样，此时可以通过【放样】属性面板中的【上移】或者【下移】按钮调整草图连接顺序。

第 10 章 创建基本实体特征

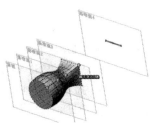

图 10-59 预览放样特征

图 10-61 创建上部分特征

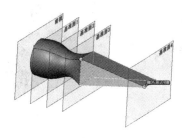

图 10-62 下部分特征预览

**07** 如果希望通过一次放样操作生成实体模型，将无法达到理想的结果，如图 10-60 所示。这是因为程序将自动在各个中间轮廓之间保持光滑过渡，所以要分两步完成。

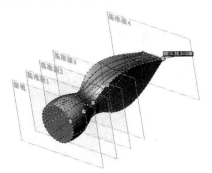

图 10-60 效果不理想

**08** 单击【确定】按钮，完成实体上半部分的创建，结果如图 10-61 所示。

**09** 生成模型下半部分。单击【特征】工具栏上的【放样】按钮，在图形区域选择新生成的草图和基准面 4 上的草图，图形区域显示放样预览，如图 10-62 所示。

### 技术要点

在 SolidWorks 中一个草图只能用于一次实体造型，如果有其他的特征造型需要应用该草图，则必须生成一个与该草图形状相同的派生草图，应用派生草图来生成其他的特征造型。

**10** 单击【确定】按钮，完成实体造型，如图 10-63 所示。

图 10-63 创建下部分放样特征

## 10.1.5 边界凸台/基体

通过边界工具可以得到高质量、准确的特征，这在创建复杂形状时非常有用，特别是在消费类产品设计、医疗、航空航天、模具等领域。

用户可通过以下方式执行【边界凸台/基体】命令：

- 单击【特征】工具栏上的【边界凸台/基体】按钮。
- 在菜单栏执行【插入】|【凸台/基体】|【边界】命令。

执行【边界】命令，属性管理器才显示边界面板。边界面板如图 10-64 所示。

边界面板中各选项组中选项的含义如下：

- 方向 1：从一个方向设置。
  - 曲线：确定用于以此方向生成边界特征的曲线。选择要连接的草图曲线、面或边线。边界特征根据曲线选择的顺序而生成。

图 10-64 【边界】面板

- 上移⬆和下移⬇：用于调整曲线的顺序。选择曲线可以调整顺序。

**技术要点**

如果预览显示的边界特征令人不满意，可以重新选择或重新排序草图以连接曲线上不同的点。

- 【方向2】选项组：选项与【方向1】选项组的相同。两个方向可以相互交换，无论选择曲线为方向1还是方向2，都可以获得相同的结果。
- 【选项与预览】选项组：通过选项来预览边界。
  - 合并切面：如果对应的线段相切，则会使所生成的边界特征中的曲面保持相切。
  - 合并结果：沿边界特征方向生成一闭合实体。此选项会自动连接最后一个和第一个草图。
  - 拖动草图：激活拖动模式。在编辑边界特征时，您可从任何已为边界特征定义了轮廓线的3D草图中拖动3D草图线段、点或基准面。
  - 撤销草图拖动：撤销先前的草图拖动并将预览返回到其先前状态。您可撤销多个拖动合尺寸编辑。
  - 显示预览：显示边界特征的上色预览。清除此选项以便只查看曲线。
- 【薄壁特征】选项组：选择以生成一薄壁特征边界。
- 【显示】选项组：通过不同的效果显示。
  - 网格预览：设置网格密度以调整网格的行数。
  - 斑马条纹：可允许您查看曲面中标准显示难以分辨的小变化。斑马条纹模仿在光泽表面上反射的长光线条纹。
  - 曲率检查梳形图：提供了斜面，以及零件、装配体和工程图文件中大部分草图实体曲率的直观增强功能。选中【方向1】复选框，切换沿方向1的曲率检查梳形图显示；选中【方向2】复选框，切换沿方向2的曲率检查梳形图显示。
  - 比例：调整曲率检查梳形图的大小。
  - 密度：调整曲率检查梳形图的显示行数。

## 10.2 材料切除工具

对于零件实体的建模过程，在建立基体时还可以通过拉伸切除、异型孔向导、旋转切除、扫描切除、放样切割和边界切除减材料特征工具进一步建立零件实体模型。

### 10.2.1 拉伸切除

拉伸切除是以一个或两个方向拉伸所绘制的轮廓来切除实体模型。在基体特征中，大部分基体特征为拉伸。

用户可通过以下方式执行【拉伸切除】命令：

# 第 10 章　创建基本实体特征

- 单击【特征】工具栏上的【拉伸切除】按钮。
- 在菜单栏执行【插入】|【切除】|【拉伸】命令。

执行【拉伸切除】命令并进入草图模式绘制草图后，属性管理器才显示【切除-拉伸】面板。【切除-拉伸】面板如图 10-65 所示。

单击【特征】工具栏中的【拉伸切除】按钮，进入草绘模式创建草图并确认后，界面出现【切除-拉伸】属性面板，如图 10-66 所示为在实体中【切除-拉伸】特征的过程。

图 10-65　【切除-拉伸】面板面板

图 10-66　【切除-拉伸】特征

【拉伸切除】命令的使用与【凸台-拉伸】几乎一样，差别在于【凸台-拉伸】是添加材料的命令，【拉伸切除】是去除材料的命令。

### 技术要点

【切除-拉伸】命令是去材料命令，因此该操作必须基于已有特征进行操作，也就是说只有首先生成实体特征，才能使用【切除-拉伸】命令。

## 10.2.2　异型孔向导

异型孔向导是用预先定义的剖面插入孔。

用户可通过以下方式执行【异型孔向导】命令：

- 单击【特征】工具栏上的【异型孔向导】按钮。
- 在菜单栏执行【插入】|【特征】|【孔】|【向导】命令。

执行【异型孔向导】命令，属性管理器才显示异型孔向导面板。异型孔向导面板如图 10-67 所示。

异型孔向导面板中各选项组中选项的含义如下：

- 【类型】选项卡（默认）：设定孔类型参数。
- 【位置】选项卡：在平面或非平面上找出异型孔向导孔。使用尺寸和其他草图工具来定位孔中心。

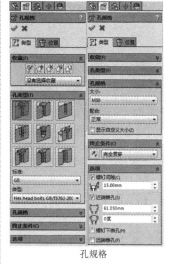

孔规格　　　　　　　　孔位置

图 10-67　异型孔向导面板

### 技术要点

单击孔规格属性中【位置】按钮，然后使用尺寸和其他草图工具来定位孔中心。

- 收藏：管理您可在模型中重新使用的异型孔向导孔的样式清单。
- 孔类型和孔规格：设定孔类型和孔规格，孔规格会根据孔类型而有所不同。使用 PropertyManager 图像和描述性文字来设置选项。
- 终止条件：类型决定特征延伸的距离。终止条件会根据孔类型而有所不同。
- 选项：根据孔类型而发生变化。

### 动手操作——零件中的孔

操作步骤：

**01** 先建立一个文件。执行【文件】|【新建】命令，或单击标准工具栏上的【新建】按钮，弹出【新建 SolidWorks 文件】对话框，选择【零件】选项，确定后进入绘图状态。

**02** 选择草绘基准面。在【草图】面板中单击【草图绘制】按钮，弹出【编辑草图】操控板。然后选择前视基准面作为草绘平面并自动进入到草绘环境中，如图 10-68 所示。

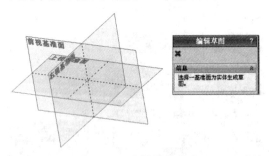

图 10-68　选择草绘平面

**03** 绘制基体。绘制如图 10-69 所示的组合图形，尺寸参考图中标示。

**04** 拉伸基体。单击【拉伸凸台/基体】按钮，并设置拉伸深度为 8mm。

**05** 插入异型孔特征。单击【特征】选项卡中的【异型孔向导】按钮，在【类型】选项卡中设置如图 10-70 所示的参数。

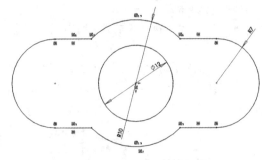

图 10-69　绘制基体

图 10-70　设置参数

**06** 确定孔位置。单击【位置】选项卡，选择 3D 草图绘制，以两侧圆心确定插入异型孔的位置，如图 10-71 所示。

图 10-71　孔位置

**07** 完成孔特征。单击面板上的【确定】按钮完成孔特征的创建，并保存螺栓垫片零件。

### 技术要点

用户可以通过打孔点的设置，一次选择多个同规格孔的创建，提高绘图效率。

## 10.2.3 旋转切除

旋转切除是通过绕轴心旋转绘制的轮廓来切除实体模型。

用户可通过以下方式执行【旋转切除】命令：

- 单击【特征】工具栏上的【旋转切除】按钮。
- 在菜单栏执行【插入】|【切除】|【旋转】命令。

执行【旋转切除】命令并进入草图模式绘制草图后，生成草图，包含一个或多个轮廓和一条中心线、直线或边线作为特征旋转所绕的轴。属性管理器才显示旋转切除面板。旋转切除面板如图 10-72 所示。

旋转切除面板中各选项组中选项的含义如下：

- 旋转参数：设定相关参数。
- 旋转轴：选择特征旋转所绕的轴。根据您所生成的旋转特征的类型，此轴可能为中心线、直线或一边线。
- 旋转方向：从草图基准面定义旋转方向。如有必要，单击【反向】按钮来反转旋转方向。

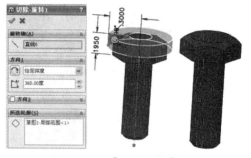

图 10-72 【旋转切除】面板

- 角度。定义旋转所包含的角度。默认的角度为 360°。角度以顺时针从所选草图测量。
- 所选轮廓。在图形区域中选择轮廓来生成旋转。

## 10.2.4 扫描切除

扫描切除是指沿开环或闭合路径通过闭合轮廓来切除实体模型。

用户可通过以下方式执行【扫描切除】命令：

- 单击【特征】工具栏上的【扫描切除】按钮。
- 在菜单栏执行【插入】|【切除】|【扫描】命令。

执行【扫描切除】命令，属性管理器才显示扫描切除面板。扫描切除面板如图 10-73 所示。

图 10-73 扫描切除面板

扫描切除面板中各选项组中选项的含义如下：

- 【轮廓和路径】选项组：设置扫描切除的轮廓和路径。
    - 轮廓：设定用来生成扫描的草图轮廓（截面），在图形区域中或 FeatureManager 设计树选取草图轮廓。基体或凸台扫描特征的轮廓应为闭合，曲面扫描特征的轮廓可为开环或闭合。
    - 路径：设定轮廓扫描的路径。在图形区域或 FeatureManager 设计树中选取路径草图。路径可以是开环或闭合，以及包含在草图中的一组绘制的曲线、一条曲线或一组模型边线。路径的起点必须位于轮廓的基准面上。

- 【选项】选项组：设置扫描切除的选项。
    - 方向/扭转控制：控制轮廓 在沿路径 扫描时的方向。
    - 路径对齐类型：在选择【随路径变化】时可用，当路径上出现少许波动和不均匀波动，使轮廓不能对齐时，可以将轮廓稳定下来。
    - 合并切面：如果扫描轮廓具有相切线段，可使所产生的扫描中的相应曲面相切。保持相切的面可以是基准面、圆柱面或锥面。其他相邻面被合并，轮廓被近似处理。草图圆弧可以转换为样条曲线。
    - 显示预览：显示扫描的上色预览，取消选中此复选框可以只显示轮廓和路径。
    - 与结束端面对齐：将扫描轮廓继续到路径所碰到的最后面。扫描的面被延伸或缩短以与扫描端点处的面匹配，而不要求额外的几何体。此选项常用于螺旋线。
- 【引导线】选项组：在图形区域中选择轮廓来生成旋转。
    - 引导线 ：在轮廓沿路径扫描时加以引导。可在图形区域选择引导线。
        - 上移 和下移 ：调整引导线的顺序。选择引导线后可利用此按钮调整轮廓顺序。
        - 合并平滑的面：取消选中此复选框可以改进带引导线扫描的性能，并在引导线或路径不是曲率连续的所有点处分割扫描。
        - 显示截面 ：显示扫描的截面。
- 【起始处/结束处相切】选项组：设置起始处相切类型和结束处相切类型。
- 【薄壁特征】选项组：选择以生成一薄壁特征扫描。

如图10-74为草图轮廓扫描切除生成外螺纹。

图10-74 轮廓扫描切除螺纹

## 10.2.5 放样切除

放样切除是指在两个或多个轮廓之间通过移除材质来切除实体模型。

用户可通过以下方式执行【放样切除】命令：

- 单击【特征】工具栏上的【放样切除】按钮 。
- 在菜单栏执行【插入】|【切除】|【边界】命令。

执行【放样切除】命令，属性管理器才显示放样切除面板。放样切除面板如图10-75所示。

放样切除面板中各选项组中选项的含义如下：

- 【轮廓】选项组：设置放样切除轮廓。
    - 轮廓 ：决定用来生成放样的轮廓。选择要连接的草图轮廓、面或边线。放样根据轮廓选择的顺序生成。

图10-75 放样切除面板

- 上移⬆和下移⬇：调整轮廓的顺序。选择某一轮廓可用此按钮调整轮廓顺序。
- 【起始/结束约束】选项组：应用约束以控制开始和结束轮廓的相切。
- 【引导线】选项组：设置放样切除引导线。
  - 引导线：选择引导线来控制放样。
  - 上移⬆和下移⬇：调整引导线的顺序。选择某一引导线可用此按钮调整轮廓顺序。
- 【中心线参数】选项组：设置中心线参数。
  - 中心线：使用中心线引导放样形状。
  - 截面数：在轮廓之间并绕中心线添加截面。移动滑杆可调整截面数。
  - 显示截面。显示放样截面。单击微调按钮来显示截面。您也可输入一截面数，然后单击【显示截面】按钮已跳到此截面。
- 【草图工具】选项组：使用 Selection Manager 以帮助选取草图实体。
- 【选项】选项组：设置放样切除选项。
  - 合并切面：如果对应的线段相切，则使在所生成的放样中的曲面合并。
  - 闭合放样：沿放样方向生成一个闭合实体。此选项会自动连接最后一个和第一个草图。
  - 显示预览：显示放样的上色预览。取消选中此复选框则只观看路径和引导线。

如图 10-76 所示为放样切除的范例。

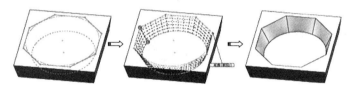

图 10-76　创建放样切割特征

## 10.2.6　边界切除

边界切除是指在轮廓之间双向移除材料来切除实体模型。

用户可通过以下方式执行【放样凸台/基体】命令：

- 单击【特征】工具栏上的【边界切除】按钮。
- 在菜单栏执行【插入】|【切除】|【边界】命令。

执行【边界切除】命令，属性管理器才显示【边界-切除】面板。【边界-切除】面板如图 10-77 所示。

【边界-切除】面板中各选项组中选项的含义如下：

- 【方向 1】选项组：从一个方向设置。
  - 曲线列表框：确定用于以此方向生成边界特征的曲线。选择要连接的草图曲线、面或边线。边界特征根据曲线选择的顺序而生成。

图 10-77　【边界-切除】面板

- 上移↑和下移↓：用于调整曲线的顺序。
- 【方向2】选项组：选项与上述的【方向1】选项组相同。两个方向可以相互交换，无论选择曲线为方向1还是方向2，都可以获得相同的结果。
- 【选项与预览】选项组：通过设置选项来预览。
  - 合并切面：如果对应的线段相切，则会使所生成的边界特征中的曲面保持相切。
  - 拖动草图：激活拖动模式。在编辑边界特征时，您可从任何已为边界特征定义了轮廓线的3D草图中拖动3D草图线段、点或基准面。
  - 撤销草图拖动：撤销先前的草图拖动并将预览返回到其先前状态。您可撤销多个拖动和尺寸编辑。
  - 显示预览：显示边界特征的上色预览。取消选中此复选框可只查看曲线。
- 显示：以不同的效果显示模型。
- 网格预览：用于设置网格密度。
- 斑马条纹：可允许您查看曲面中标准显示难以分辨的小变化。斑马条纹模仿在光泽表面上反射的长光线条纹。
- 曲率检查梳形图：提供了斜面，以及零件、装配体和工程图文件中大部分草图实体曲率的直观增强功能。【方向1】用于切换沿方向1的曲率检查梳形图显示；【方向2】用于切换沿方向2的曲率检查梳形图显示。
- 比例：调整曲率检查梳形图的大小。
- 密度：调整曲率检查梳形图的显示行数。

图10-78所示为边界切除的范例。

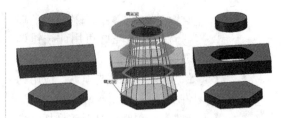

图10-78 创建边界切除特征

### 技术要点

用户可以重新选择绘制、重新排序草图，从而对调起始草图和结束草图，还可以设置起始约束类型和结束约束类型。

**动手操作——利用扫描切除设计阀体零件**

本例要设计箱体零件——阀体，如图10-79所示。

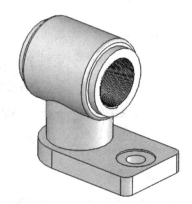

图10-79 阀体零件

操作步骤：

**01** 新建零件文件，进入零件模式。

**02** 使用【拉伸凸台/基体】工具，选择上视基准面作为草绘平面，并绘制出阀体底座的截面草图，如图10-80所示。

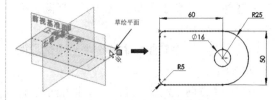

图10-80 绘制阀体底座草图

**03** 退出草图模式后，以默认拉伸方向创建出深度为12的底座特征，如图10-81所示。

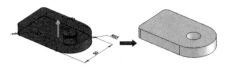

图 10-81 创建底座

**04** 使用【拉伸凸台/基体】工具,选择底座上表面作为草绘平面,并创建出拉伸深度为 56 的阀体支承部分特征,如图 10-82 所示。

图 10-82 创建阀体支承部分

**05** 使用【拉伸凸台/基体】工具,选择右视基准面作为草绘平面,并绘制出草图曲线,如图 10-83 所示。退出草图模式后在拉伸面板中重新选择轮廓,如图 10-84 所示。

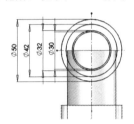

图 10-83 绘制草图

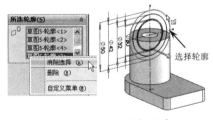

图 10-84 重新选择轮廓

**06** 在拉伸面板中选择【终止条件】为【两侧对称】,并设置深度为 50,最终创建完成的第一个拉伸特征如图 10-85 所示。

图 10-85 创建第一个拉伸特征

### 技术要点

重新选择轮廓后,余下的轮廓将作为后续设计拉伸特征的轮廓。

**07** 在特征管理器设计树中将第一个拉伸特征的草图设为【显示】,图形区域显示草图,如图 10-86 所示。

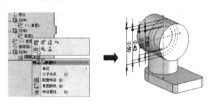

图 10-86 显示草图

**08** 使用【拉伸凸台/基体】工具,选择草图中直径为 42 的圆作为轮廓,然后创建出两侧对称且拉伸深度为 60 的第二个拉伸特征,如图 10-87 所示。

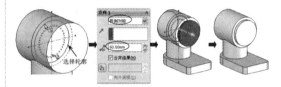

图 10-87 创建第二个拉伸特征

**09** 使用【拉伸切除】工具,选择草图中直径为 30 的圆作为轮廓,然后创建出两侧对称且拉伸深度为 60 的第一个拉伸切除特征,如图 10-88 所示。

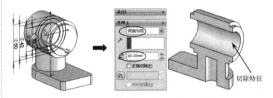

图 10-88 创建第一个拉伸切除特征

**10** 使用【拉伸切除】工具,选择草图中直径为 30 的圆作为轮廓,然后创建出两侧对称且拉伸深度为 16 的第二个拉伸切除特征,如图 10-89 所示。

**11** 使用【圆角】工具,选择阀体工作部分(前面创建的两个拉伸加特征和两个减特征)的边线,创建出圆角半径为 2 的圆角特征,如图 10-90 所示。

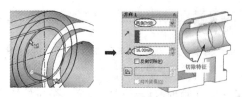

图 10-89 创建第二个拉伸切除特征

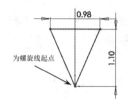

图 10-92 绘制草图

图 10-90 创建圆角特征

**14** 使用【扫描切除】工具,选择上步绘制的草图作为扫描轮廓,选择螺旋线作为扫描路径,并创建出阀体工作部分的螺纹特征,如图 10-93 所示。

**12** 使用【特征】工具栏中的【螺旋线/涡状线】工具,创建出如图 10-91 所示的螺旋线。

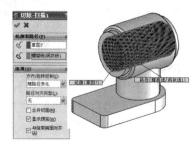

图 10-93 创建扫描切除特征

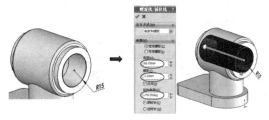

图 10-91 创建螺旋线

**15** 使用【异型孔向导】工具,在阀体底座上创建出如图 10-94 所示的沉头孔。

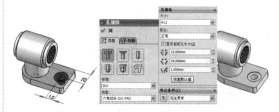

图 10-94 创建阀体底座的沉头孔

### 技术要点

要创建扫描切除特征,必须先绘制扫描轮廓及创建扫描路径。

**13** 使用【草图】工具,选择前视基准面作为草绘平面,在螺旋线起点绘制如图 10-92 所示的草图。

**16** 至此,阀体零件的创建工作已全部完成。最后单击【保存】按钮 保存结果。

## 10.3 综合实战

本章前面介绍了关于 SolidWorks 2016 的实体模型建模的基本命令和操作,这也是掌握 SolidWorks 强大零件设计的关键所在。下面以豆浆机的建模训练来熟悉所学内容。

### 10.3.1 豆浆机上盖设计

◎ 结果文件:\综合实战\结果文件\Ch10\豆浆机盖.sldprt

◎ 视频文件:\视频\Ch10\豆浆机盖.avi

要创建豆浆机端盖,使用【旋转凸台/基体】、【拉伸切除】、【放样凸台/基体】、【圆

# 第 10 章 创建基本实体特征

角】和【分割线】工具就可以完成。完成后的豆浆机端盖如图 10-95 所示。

图 10-95 豆浆机盖

操作步骤：

**01** 启动 SolidWorks 2016。新建零件，并将其命名为【豆浆机盖】。

**02** 选择前视基准面作为草绘平面，单击【特征】工具栏上的【旋转凸台/基体】按钮，创建豆浆机底座基体，创建过程如图 10-96 所示。

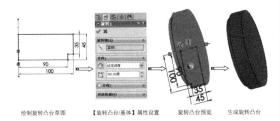

图 10-96 创建豆浆机底座基体

**03** 在【特征】工具栏中单击【圆角】按钮，将旋转生成的凸台进行圆角处理，生成圆角的过程如图 10-97 所示。

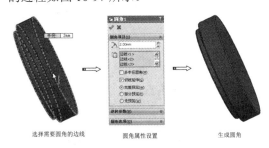

图 10-97 生成圆角

**04** 在【特征】工具栏中单击【拉伸切除】按钮，在端盖基体上切孔，切除的过程如图 10-98 所示。

**05** 在【草图】工具栏中单击【草图绘制】按钮，选择前视基准面作为草图基准面，绘制如图 10-99 所示的草图。

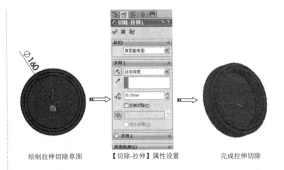

图 10-98 生成拉伸切除

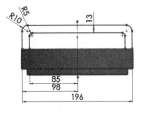

图 10-99 绘制把手路径草图

**06** 在【草图】工具栏中单击【草图绘制】按钮，选择端盖上端面作为草图基准面，绘制如图 10-100 所示的草图。

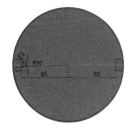

图 10-100 绘制把手外形草图

**07** 在【特征】工具栏中单击【放样凸台/基体】按钮，生成豆浆机端盖把手，完成过程如图 10-101 所示。

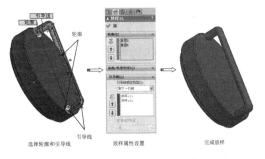

图 10-101 放样生成把手

**08** 在【草图】工具栏中单击【草图绘制】按钮，选择右视基准面作为草图基准面，绘制如图 10-102 所示的草图。

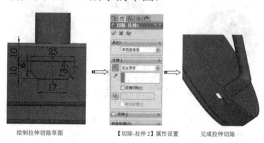

图 10-102　绘制草图

**09** 在【特征】工具栏中单击【圆角】按钮，将旋转生成的凸台进行圆角处理，生成圆角的过程如图 10-103 所示。

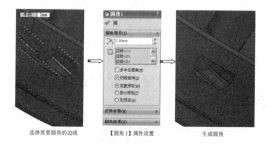

图 10-103　生成圆角

**10** 在【草图】工具栏中单击【草图绘制】按钮，选择端盖上端面作为草图基准面，绘制如图 10-104 所示的草图。

图 10-104　绘制草图

**11** 在【模具工具】工具栏中单击【分割线】按钮，将豆浆机端盖的上端面分割为 9 个按钮，分割的过程如图 10-105 所示。

**12** 在【视图】工具栏中单击【编辑外观】按钮，面分割出来的按钮的颜色进行修改，其过程如图 10-106 所示。

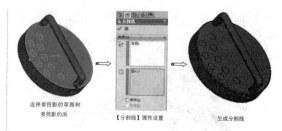

图 10-105　在上端面分割按钮

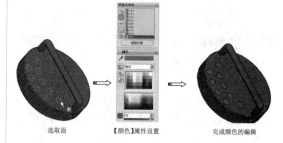

图 10-106　编辑按钮的颜色

**13** 在【草图】工具栏中单击【草图绘制】按钮，选择分割出来的按钮其中的一个作为草图基准面，绘制如图 10-107 所示的草图。

图 10-107　在按钮上写字

**14** 在【模具工具】工具栏中单击【分割线】按钮，选择刚绘制的字体将分割出来的面再次进行分割；在【视图】工具栏中单击【编辑外观】按钮，将再次分割出来字体部分的面进行外观编辑，完成结果如图 10-108 所示。

图 10-108　修改按钮上字的颜色

**15** 用同样的方法在其他分割出来的面上绘制字，然后进行分割和外观编辑，完成的结果如图 10-109 所示。

第 10 章 创建基本实体特征

图 10-109 完成按钮上的字标

图 10-110 豆浆机端盖最终效果图

**16** 到此整个豆浆机端盖的创建已经完成,其最终效果如图 10-110 所示。

### 10.3.2 豆浆机底座设计

◎ 结果文件:\ 综合实战 \ 结果文件 \Ch10\ 豆浆机底座 .sldprt

◎ 视频文件:\ 视频 \Ch10\ 豆浆机底座 .avi

创建豆浆机底座比较简单。绘制方法是使用【旋转凸台 / 基体】、【拉伸切除】、【放样凸台 / 基体】和【圆角】工具。完成后的豆浆机底座如图 10-111 所示。

图 10-111 豆浆机底座

操作步骤:

**01** 启动 SolidWorks 2016。新建零件,并将其命名为【豆浆机底座】。

**02** 选择前视基准面作为草绘平面,单击【特征】工具栏上的【旋转凸台 / 基体】按钮,创建豆浆机底座基体,创建过程如图 10-112 所示。

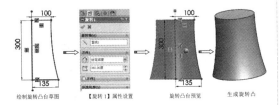

图 10-112 创建豆浆机底座

**03** 在【特征】工具栏中单击【拉伸切除】按钮,在底座基体上进行拉伸切除,切除的过程如图 10-113 所示。

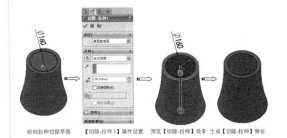

图 10-113 生成【切除 - 拉伸 1】特征

**04** 在【特征】工具栏中单击【拉伸切除】按钮,在底座基体上进行拉伸切除,切除的过程如图 10-114 所示。

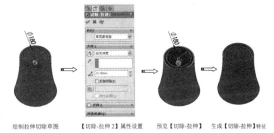

图 10-114 生成【切除 - 拉伸 2】特征

**05** 在【特征】工具栏中单击【圆角】按钮,对上步切出来的特征进行圆角处理,生成圆角的过程如图 10-115 所示。

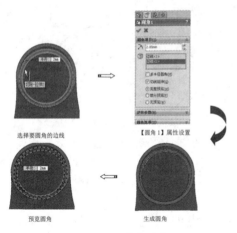

图 10-115　生成圆角

**06** 在【草图】工具栏中单击【样条曲线】按钮，选择前视基准面作为草图基准面，进入草图截面，绘制一条样条曲线；单击【等距实体】按钮，对绘制好的样条曲线进行双向等距复制；单击【中心线】按钮，将等距复制的两条曲线的两端连接起来，完成过程如图 10-116 所示。

图 10-116　绘制把手路径草图

**07** 在【参考几何体】工具栏中单击【基准面】按钮，添加基准面 1，选择把手上端的中心线和前视基准面作为参考，完成过程如图 10-117 所示。

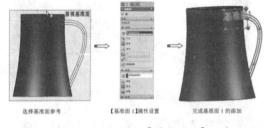

图 10-117　添加【基准面 1】

**08** 用添加基准面 1 同样的方法，添加基准面 2，只是选择的参考是把手下端的中心线和前视基准面，完成结果如图 10-118 所示。

图 10-118　添加基准面 2

**09** 在【草图】工具栏中单击【边角矩形】按钮，绘制一个矩形；单击【智能尺寸】按钮，确定草图的位置；单击【绘制圆角】按钮，将矩形进行圆角处理。完成过程如图 10-119 所示。

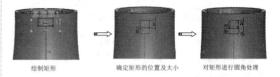

图 10-119　绘制把手外形草图 1

**10** 用同样的方法绘制把手外形草图 2，完成结果如图 10-120 所示。

图 10-120　绘制把手外形草图 2

**11** 在【特征】工具栏中单击【放样凸台/基体】按钮，生成豆浆机底座把手，完成过程如图 10-121 所示。

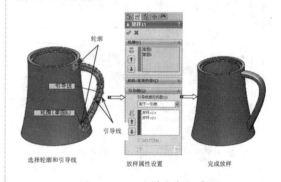

图 10-121　放样生成把手

**12** 在【特征】工具栏中单击【圆角】按钮，对把手与基体相交处进行圆角处理，完成过程如图 10-122 所示。

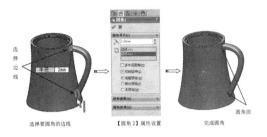

图 10-122　圆角处理相交面

**13** 在【特征】工具栏中单击【拉伸凸台/基体】按钮，选择前视基准面作为草图基准面，完成过程如图 10-123 所示。

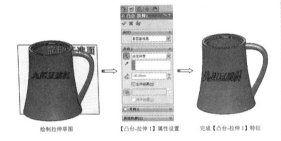

图 10-123　创建【凸台-拉伸 1】特征

**14** 在【特征】工具栏中单击【拉伸切除】按钮，选择基体上端面作为草图基准面，完成过程如图 10-124 所示。

**15** 在【特征】工具栏中单击【旋转切除】按钮，选择前视基准面作为草图基准面，完成过程如图 10-125 所示。

**16** 到此整个豆浆机底座已绘制完成，完成后效果如图 10-126 所示。

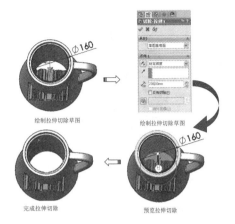

图 10-124　切除多余的拉伸实体

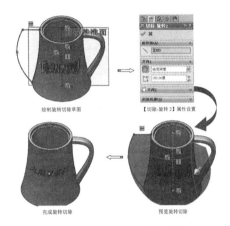

图 10-125　旋转切除多余字体

图 10-126　豆浆机底座最终效果图

## 10.4　课后习题

### 1．带轮建模

本练习为带轮建模，带轮实体模型如图 10-127 所示。

### 2．减速器壳体建模

本练习为减速器壳体建模，减速器壳体实体模型如图 10-128 所示。

图 10-127 带轮实体模型

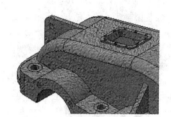
图 10-128 减速器壳体实体模型

读书笔记

# 第 11 章 创建高级实体特征

除了前面所介绍的基础特征SolidWorks还包括形变类型及扣合类型等高级特征，之所以称为高级，是因为这些特征在造型结构及形状都较复杂的建模中应用很广泛。

百度云网盘

360云盘 密码6955

- 自由形
- 变形
- 压凹
- 弯曲
- 包覆和圆顶
- 扣合特征

## 11.1 形变特征

通过形变特征可以改变或生成实体模型和曲面。常用的形变特征有自由形、变形、压凹、弯曲和包覆。下面详细介绍。

### 11.1.1 自由形

自由形是通过在点上推动和拖动而在平面或非平面上添加变形曲面的。

自由形特征用于修改曲面或实体的面。每次只能修改一个面，该面可以有任意条边线。设计人员可以通过生成控制曲线和控制点，然后推拉控制点来修改面，对变形进行直接的交互式控制。可以使用三重轴约束推拉方向。

用户可通过以下方式执行【自由形】命令：

- 单击【特征】工具栏上的【自由形】按钮。
- 在菜单栏执行【插入】|【特征】|【自由形】命令。

**技术支持**

如果功能区的【特征】选项卡中没有【自由形】按钮，您可以通过执行【工具】|【自定义】命令，然后在打开的【自定义】对话框的【命令】选项卡中调出此命令。

执行【自由形】命令后，属性管理器才显示【自由形】面板。【自由形】面板如图 11-1 所示。

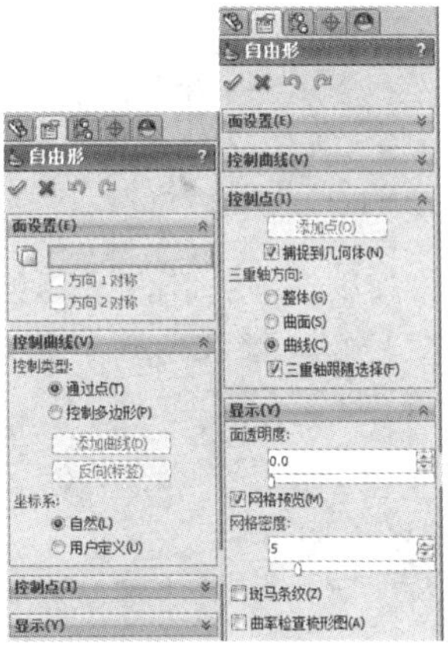

图 11-1 【自由形】面板

【自由形】面板中各选项组中选项的含义如下：

1. 面设置

- 要变形的面。选择一个面以作为自由形特征进行修改。要变形的面的边界会显示边界连续性的控制方法，如图 11-2 所示。这些方法包括【可移动/相切】、【可移动】、【接触】、

【相切】、【曲率】等5种。

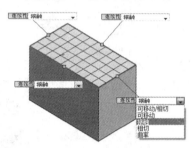

图 11-2 要变形的面

### 边界连续性

边界连续性控制方法包括5种：

- 可移动/相切：表示该边界可以通过拖动三重轴进行平移和相切（与该边界相邻的曲面相切），如图11-3所示为移动与相切的两种情形。

拖动三重轴的球心，为相切　　拖动三重轴的句柄，为平移

图 11-3 可移动/相切

- 可移动：仅仅移动所选边界。
- 接触：与相邻曲面或边界相接，为 G0 连续。
- 相切：与相邻曲面或边界相切，为 G1 连续。
- 曲率：与相邻曲面或边界相切，为 G2 连续。

- 方向1对称（当零件在一个方向对称时可用）。可在一个方向添加穿过面对称线的对称控制曲线。
- 方向2对称（当零件按网格所定义在两个方向对称时可供使用）。可在第二个方向添加对称控制曲线。

2. 控制曲线

- 通过点：在控制曲线上使用控制点，拖动控制点以修改面。
- 控制多边形：在控制曲线上使用控制多边形，拖动控制多边形以修改面。
- 添加曲线：切换【添加曲线】模式，在该模式中，将指针移到所选的面上，然后单击以添加控制曲线。
- 反向（标签）：反转新控制曲线的方向，单击标签可切换方向。
- 坐标系 - 自然：工作区中默认的坐标系，为绝对坐标系。
- 坐标系 - 用户定义：用户定义和创建的坐标系，为相对坐标系。

3. 控制点

- 添加点：切换【添加点】模式，在该模式中添加点到控制曲线。
- 捕捉到几何体：在移动控制点以修改面时将点捕捉到几何体。三重轴的中心在捕捉到几何体时会改变颜色。
- 三重轴方向：控制可用于精确移动控制点的三重轴的方向。整体：定向三重轴以匹配零件的轴；曲面：在拖动之前使三重轴垂直于曲面；曲线：使三重轴与控制曲线上3个点生成的垂直线方向平行。
- 三重轴跟随选择：将三重轴移到当前选择的控制点。

4. 显示

- 面透明度：设定值以调整所选面的透明度。
- 网格预览：显示可用于帮助放置控制点的网格。可以旋转网格预览，使之对齐您创建的变形。量角器将显示旋转角度。
- 网格密度：可调整网格的密度（行数）。
- 斑马条纹：可允许查看曲面中标准显示难以分辨的小变化。斑马条纹模仿在光泽表面上反射的长光线条纹。
- 曲率检查梳形图：沿网格线显示曲率检查梳形图。也可以使用快捷键菜单切换曲率检查梳形图的显示。

## 第 11 章 创建高级实体特征

**动手操作——自由形形变操作**

操作步骤:

**01** 新建零件文件。

**02** 利用【拉伸凸台/基体】命令,在前视基准平面上创建如图 11-4 所示的拉伸凸台。

图 11-4 创建拉伸凸台

**03** 在菜单栏执行【插入】|【特征】|【自由形】命令,打开【自由形】属性面板。

**04** 在图形区域选择要变形的上表面,然后在【控制曲线】选项组中选择【通过点】单选按钮,单击【添加曲线】按钮,再在图形区域用鼠标在实体表面大概中间的位置添加一条曲线,如图 11-5 所示。

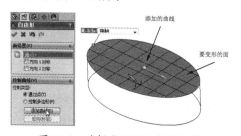

图 11-5 选择变形面和控制曲线

### 技术要点

控制曲线仅仅在所选变形面中生成,为绿色虚拟线。

**05** 在【控制点】选项中,在【三重轴方向】中选择【曲线】单选按钮,单击【添加点】按钮添加点,在曲线上均匀添加 3 个点,如图 11-6 所示。

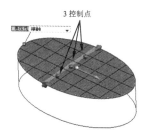

图 11-6 添加 3 个控制点

**06** 再单击【添加点】按钮,并选取 3 个控制点中的其中之一。此时在【控制点】选项组最下面会出现 3 个方向的微调控制按钮和文本框,同时在该点上显示三重轴,如图 11-7 所示。

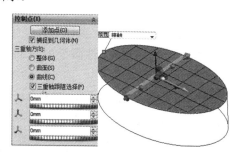

图 11-7 显示三重轴

**07** 只调节一个方向的坐标,如轴句柄,或者拖动三重轴上竖直方向的句柄,使所选曲面变形,结果如图 11-8 所示。

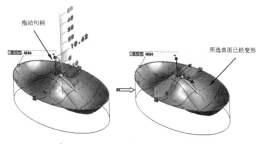

图 11-8 拖动句柄改变曲面形状

**08** 单击属性面板中的【确定】按钮,完成自由形特征操作,如图 11-9 所示。

图 11-9 自由形特征

## 11.1.2 变形

变形是指将整体变形应用到实体或曲面实体。使用变形特征改变复杂曲面或实体模型的局部或整体形状，无须考虑用于生成模型的草图或特征约束。

变形提供一种的简单方法虚拟改变模型（无论是有机的还是机械的），这在创建设计概念或对复杂模型进行几何修改时很有用，因为使用传统的草图、特征或历史记录编辑需要花费长时间。

> **技术要点**
> 与变形特征相比，自由形可提供更多的方向控制。自由形可以满足生成曲线设计的消费产品设计师的要求。

用户可通过以下方式执行【变形】命令：

- 单击【特征】工具栏上的【变形】按钮 。
- 在菜单栏执行【插入】|【特征】|【变形】命令。

执行【变形】命令后，属性管理器才显示变形属性面板。变形属性面板如图 11-10 所示。

图 11-10　变形属性面板

变形特征有 3 种变形类型：点、曲线到曲线和曲面推进。

### 1.【点】变形类型

点变形是改变复杂形状最简单的方法。选择模型面、曲面、边线或顶点上的一点，或选择空间中的一点，然后选择用于控制变形的距离和球形半径，如图 11-11 所示。

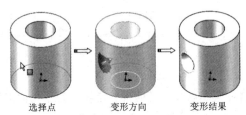

选择点　　　变形方向　　　变形结果

图 11-11　【点】变形类型

点变形的变形设置选项如上图所示。各选项含义如下：

- 变形点 ：在要变形的曲面上单击以放置变形的位置点。
- 变形方向：选择一个平面或者基准平面作为变形方向参考，变形方向就是平面法向，如图 11-12 所示。

图 11-12　变形方向与参考平面的示意图

> **技术要点**
> 单击【反向】按钮 ，可以改变其变形方向。还可以直接在图形中单击方向箭头来改变变形方向。

- 变形距离 ：输入值可以确定变形的长度，如图 11-13 所示。

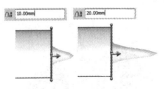

图 11-13　变形长度

- 变形半径 ：输入值可以改变变形特征底部的半径，如图 11-14 所示。

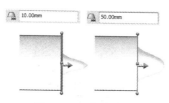

图 11-14　变形半径

- 变形区域：选中或取消选中此复选框，将控制变形的区域。选中此复选框仅仅变形所选曲面区域，取消选中，则对整个实体进行变形，如图 11-15 所示。

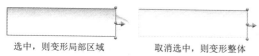

图 11-15　变形区域的确定

- 固定曲线/边线/面：当选中【变形区域】复选框后，此选项才显示。您可以选取变形区域中的曲线、边界或分割面来控制变形区域，如图 11-16 所示，图中为选取了区域边界和没有选取区域边界的变形情况。

图 11-16　固定曲线/边线/面

**技术要点**

当选取了所有的区域边界时，产生的变形与没有选取边界是相同的。因此，要选取边界，仅仅选取其中一条边界即可，否则毫无意义。

- 要变形的其他面：在实体上添加其他需要变形的曲面，如图 11-17 所示。

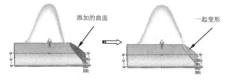

图 11-17　添加要变形的其他面

- 要变形的实体：此选项针对多个实体同时变形的情况，如图 11-18 所示。

图 11-18　多个实体变形的情况

- 形状选项——刚度：表示实体变形后所产生尖角的大小。尖角越小，刚度越小，反之刚度就越大。包括 3 种刚度的形状表现，如图 11-19 所示。

图 11-19　刚度

- 精度：变形曲面的光滑度。可以通过滑块进行调节。精度越小，曲面越粗糙。精度越大，曲面越光滑。
- 保持边界：选中此复选框，边界将固定，不会变形。反之，取消选中此复选框，将使边界一起变形，如图 11-20 所示。

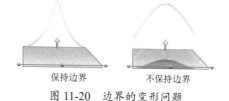

图 11-20　边界的变形问题

### 2.【曲线到曲线】变形类型

曲线到曲线变形是改变复杂形状更为精确的方法。通过将几何体从初始曲线（可以是曲线、边线、剖面曲线，以及草图曲线组等）映射到目标曲线组，可以变形对象，如图 11-21 所示。

图 11-21　【曲线到曲线】变形类型

变形类型不同，属性面板中所显示的属性选项设置也会不同，如图 11-22 所示为【曲线到曲线】变形类型的属性设置。

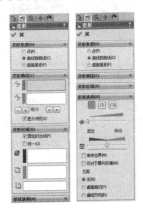

图 11-22 【曲线到曲线】变形类型的属性设置

下面对不同的选项进行介绍。

- 初始曲线：即变形前的参考曲线。
- 目标曲线：即变形后的参考曲线。
- 组[1]：通过单击移除按钮和增加按钮，删除或添加多组曲线。单击后退或前进按钮，可以选择参考进行编辑。由此可以知道，可以同时进行多组曲线的变形。
- 固定的边线：选中此复选框，所选的边线将不会变形。
- 统一：选中此复选框，整个实体将同时变形，反正则变形局部，如图 11-23 所示。

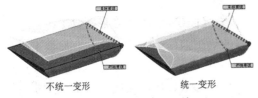

图 11-23 变形的统一性

- 匹配：这里指变形曲线与原实体曲面或曲线之间的连续性问题。包括 3 种匹配类型——无、曲面相切和曲线相切。【无】表示曲线相接连续 G0，【曲面相切】为曲面间的曲率连续 G2，【曲线相切】为曲线间的相切连续 G1，如图 11-24 所示。

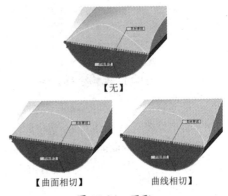

图 11-24 匹配

### 3. 【曲面推进】变形类型

曲面推进变形通过使用工具实体曲面替换（推进）目标实体的曲面来改变其形状。目标实体曲面接近工具实体曲面，但在变形前后每个目标曲面之间保持一对一的对应关系，如图 11-25 所示。

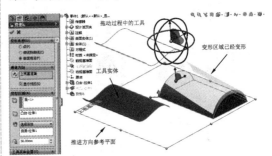

图 11-25 【曲面推进】变形类型

【曲面推进】变形类型的属性选项设置如图 11-26 所示。

图 11-26 【曲面推进】变形类型的属性选项

## 第 11 章 创建高级实体特征

动手操作——变形操作

操作步骤：

**01** 新建零件文件。

**02** 利用【草图绘制】命令，在前视基准平面上绘制如图 11-27 所示的草图曲线。

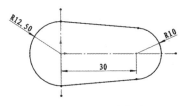

图 11-27 绘制草图

**03** 单击【基准面】按钮，然后参考前视基准平面和草图曲线来创建新基准平面，如图 11-28 所示。

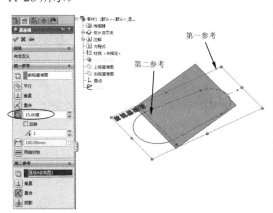

图 11-28 创建基准平面

**04** 创建基准平面后，单击【拉伸凸台/基体】按钮，然后选择前面绘制的草图进行拉伸，结果如图 11-29 所示。

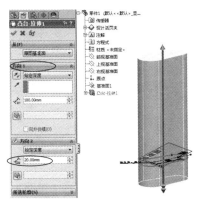

图 11-29 创建拉伸特征

**05** 在菜单栏执行【插入】|【切除】|【使用曲面】命令，打开【使用曲面切除】属性面板。

**06** 选择新建的基准平面作为切除曲面，保留正确的切除方向，最后单击面板中的【确定】按钮，完成切除操作，如图 11-30 所示。

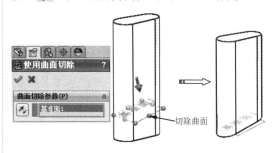

图 11-30 切除特征

**07** 在上视基准平面绘制如图 11-31 所示的样条曲线（此曲线作为变形的参考）。

**08** 在菜单栏执行【插入】|【特征】|【分割】命令，打开【分割】属性面板。

**09** 选择上视基准平面作为剪裁工具，激活【所产生实体】选项组，然后选择拉伸特征作为剪裁对象，最后单击【确定】按钮，完成分割，如图 11-32 所示。

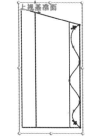

图 11-31 绘制草图

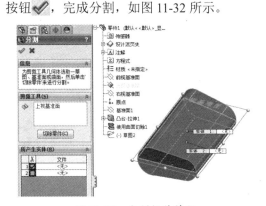

图 11-32 分割拉伸特征

**10** 在菜单栏执行【插入】|【特征】|【变形】命令，打开变形属性面板。

**11** 选择【曲线到曲线】变形类型，选取分割的实体边作为初始曲线，再选取上步绘制的样条曲线作为目标曲线，如图 11-33 所示。

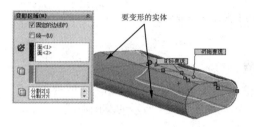

图 11-35　选择要变形的实体

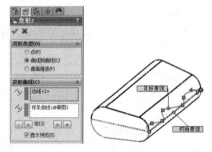

图 11-33　选取变形曲线

**12** 选择固定的曲面（不能变形的区域），如图 11-34 所示。

**14** 在【形状选项】选项组选择中等固定，如图 11-36 所示。

**15** 保留属性面板中其余选项的默认设置，最后单击【确定】按钮，完成变形。变形的结果为刀把形状，如图 11-37 所示。

图 11-36　选择刚度

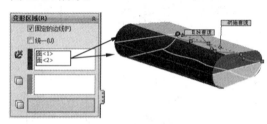

图 11-34　选择固定曲面

**13** 选择要变形的实体——即分割后的两个实体，如图 11-35 所示。

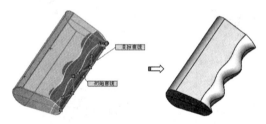

图 11-37　变形的结果

### 11.1.3　压凹

压凹是将实体/曲面模型推越过另一实体/曲面模型。

通过使用厚度和间隙值来生成特征，压凹特征在目标实体上生成与所选工具实体的轮廓非常接近的等距袋套或凸起特征。根据所选实体类型（实体或曲面），指定目标实体和工具实体之间的间隙，并为压凹特征指定厚度。压凹特征可变形或从目标实体中切除材料。

压凹特征以工具实体的形状在目标实体中生成袋套或凸起，因此在最终实体中比在原始实体中显示更多的面、边线和顶点。这与变形特征不同，变形特征中的面、边线和顶点数在最终实体中保持不变。

压凹可用于以指定厚度和间隙值进行复杂等距的多种应用，其中包括封装、冲印、铸模以及机器的压入配合等。

**技术要点**

如果更改用于生成凹陷的原始工具实体的形状，则压凹特征的形状将会更新。

压凹时的一些条件要求：

- 目标实体和工具实体其中必须有一个为实体。
- 如想压凹，目标实体必须与工具实体接触，或者间隙值必须允许穿越目标实体的凸起。
- 如想切除，目标实体和工具实体不必相互接触，但间隙值必须大到可足够生成与目标实体的交叉。
- 如想以曲面工具实体压凹（切除）实体，曲面必须与实体完全相交。

用户可通过以下方式执行【压凹】命令：

第 11 章 创建高级实体特征

- 单击【特征】工具栏上的【压凹】按钮。
- 在菜单栏执行【插入】|【特征】|【压凹】命令。

执行【压凹】命令后，属性管理器才显示【压凹】面板。【压凹】面板如图 11-38 所示。

【压凹】面板中各选项设定：

图 11-38 【压凹】面板

- 目标实体：在图形区域中，为目标实体选择要压凹的实体或曲面实体。
- 工具实体区域：在图形区域中，为工具实体区域选择一个或多个实体或曲面实体。
- 保留选择：通过选中【保留选择】或【移除选择】单选按钮来选择要保留的模型边侧。这些选项将翻转要压凹的目标实体的边侧。
- 移除选择：用来移除目标实体的交叉区，无论是实体还是曲面。在这种情况下，没有厚度但仍会有间隙。
- 切除：选中此复选框，将从目标实体中切除工具实体。
- 设定厚度（仅限实体）：来确定压凹特征的厚度。
- 反向：设定间隙来确定目标实体和工具实体之间的间隙。如有必要，单击此按钮。

**动手操作——压凹特征的应用**

下面利用压凹命令来设计铸模的型芯。

操作步骤：

**01** 新建零件文件。打开本例的源文件【轴.sldprt】。

**02** 单击【拉伸凸台/基体】按钮，然后选择上视基准平面作为草图平面，绘制草图，如图 11-39 所示。

**03** 退出草图环境。在拉伸属性面板中设置拉伸深度及拉伸方向，取消选中【合并结果】复选框。最后单击【确定】按钮，完成拉伸特征的创建，如图 11-40 所示。

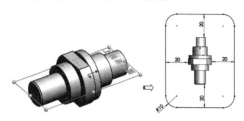

图 11-39 绘制草图

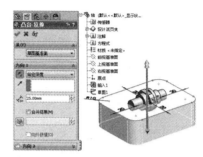

图 11-40 创建拉伸特征

**04** 在菜单栏执行【插入】|【特征】|【压凹】命令，打开【压凹】属性面板。

**05** 选择拉伸特征作为目标实体，选中【切除】复选框后再选择轴零件上的一个面作为工具实体区域，如图 11-41 所示。

图 11-41 选择目标实体和工具实体区域面

**技术要点**

选择轴零件的一个面，随后系统自动选取整个零件中的曲面，并高亮显示。

**06** 最后单击【确定】按钮完成压凹特征的创建，如图 11-42 所示。

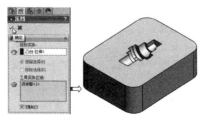

图 11-42 创建压凹特征

249

### 11.1.4 弯曲

弯曲是指弯曲实体和曲面实体。弯曲特征会以直观的方式对复杂的模型进行变形，可以生成4种类型的弯曲：折弯、扭曲、锥削和伸展。

用户可通过以下方式执行【弯曲】命令：

- 单击【特征】工具栏上的【弯曲】按钮 。
- 在菜单栏执行【插入】|【特征】|【弯曲】命令。

执行【弯曲】命令后，属性管理器中显示【弯曲】面板。【弯曲】面板如图11-43所示。

图11-43 【弯曲】面板

**1.【弯曲输入】选项组**

该选项组用来设置弯曲的类型和弯曲值。弯曲类型包括以下4种：

- 折弯：利用两个剪裁基准面的位置来决定弯曲区域，绕一折弯线改变实体，此折弯线相当于三重轴的X轴，如图11-44所示为折弯的实例。

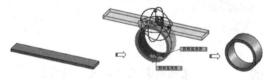

图11-44 折弯

> **技术要点**
>
> 创建折弯时，如果选中了【粗硬边线】复选框，则仅仅折弯曲面。取消选中此复选框则创建折弯实体。

- 扭曲：绕三重轴的Z轴扭曲几何体。常见的有麻花钻，如图11-45所示。

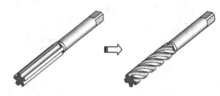

图11-45 扭曲

- 锥削：使模型随着比例因子的缩放，产生具有一定锥度的变形，如图11-46所示。

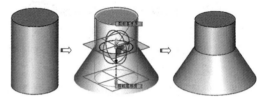

图11-46 锥削

- 伸展：将实体模型沿着指定的方向进行延伸，如图11-47所示。

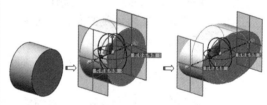

图11-47 伸展

**2.【剪裁基准1】选项组**

剪裁曲面就是弯曲操作的起始平面和终止平面。可以通过两种方式来确定剪裁平面：

- 参考实体 ：为剪裁曲面选取参考点来定位，此点只能在要弯曲的模型上，如图11-48所示。

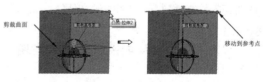

图11-48 参考实体

- 剪裁距离 ：可以输入值来确定剪裁

曲面的新位置,如图11-49所示。

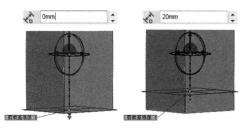

图11-49 剪裁距离

### 3.【三重轴】选项组

通过旋转三重轴或移动三重轴,使弯曲效果更加理想化。除了通过输入值来定位三重轴以外,还可以手动操作三重轴。

不同的弯曲类型,三重轴所起的作用也是不同的。下面介绍4种弯曲类型的三重轴的意义。

（1）折弯三重轴

在折弯方向上拖动折弯的三重轴时,可控制折弯实体的大小,如图11-50所示。

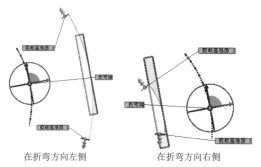

图11-50 折弯三重轴的作用

**技术要点**

上下拖动三重轴,可以改变折弯的朝向,如图11-51所示。

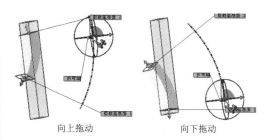

图11-51 上下拖动三重轴改变折弯朝向

（2）扭曲三重轴

扭曲三重轴主要控制扭曲的中心轴位置,改变旋转扭曲半径,如图11-52所示。

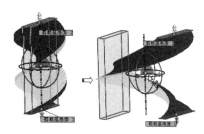

图11-52 拖动三重轴改变扭曲中心轴位置

（3）锥削三重轴

拖动锥削三重轴时,上下拖动可以改变锥度,如图11-53所示。左右移动可以旋转模型。

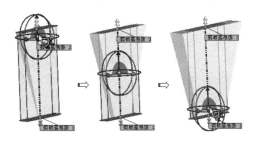

图11-53 上下拖动三重轴改变锥度

（4）伸展三重轴

当弯曲类型为【伸展】时,三重轴无任何作用,如图11-54所示。

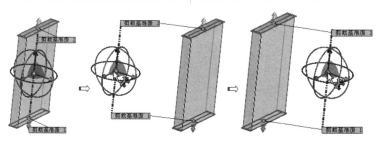

图11-54 对于伸展类型三重轴无任何作用

**动手操作——弯曲特征的应用**

下面以零件设计为例,介绍如何利用选择工具结合其他建模工具展开设计工作。本例中要设计的钻头零件如图 11-55 所示。

图 11-55　钻头

操作步骤:

**01** 启动 SolidWorks 2016,新建零件文件,进入零件模式。

**02** 在【特征】工具栏中单击【旋转凸台/基体】按钮,属性管理器显示【旋转】面板。然后在图形区域选择前视基准面作为草绘平面。

**03** 进入草图模式,绘制出如图 11-56 所示的旋转截面草图。

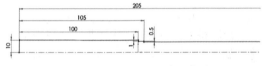

图 11-56　绘制钻头的截面草图

**04** 单击【草图】工具栏中的【退出草图】按钮,在显示的【旋转】面板中单击【确定】按钮,完成钻头主体特征的创建,如图 11-57 所示。

图 11-57　创建钻头主体特征

**技术要点**

在创建旋转基体特征的操作过程中,若需要修改特征,可以在特征管理器设计树中选择该特征并执行编辑命令。

**05** 在【特征】工具栏中单击【拉伸切除】按钮,属性管理器显示【切除-拉伸】面板。

接着在图形区域钻头主体特征的一个端面作为草绘平面,如图 11-58 所示。

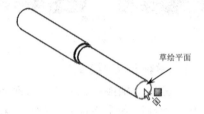

图 11-58　选择草绘平面

**06** 在草图模式中绘制如图 11-59 所示的矩形截面草图后,退出草图模式。

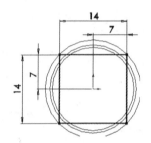

图 11-59　绘制矩形截面草图

**07** 在【切除-拉伸】面板中,设置深度值为 20,并选中【反向切除】复选框,最后单击【确定】按钮,完成钻头夹持部特征的创建,如图 11-60 所示。

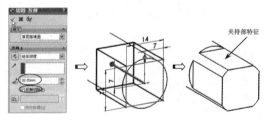

图 11-60　创建钻头夹持部特征

**08** 在菜单栏依次执行【插入】|【特征】|【分割】命令,属性管理器中显示【分割】面板。按信息提示在图形区域选择主体中的一个横截面作为剪裁曲面,再单击【切除零件】按钮,完成主体的分割,如图 11-61 所示。最后关闭该面板。

图 11-61 分割钻头主体

**技术要点**

在这里将主体分割成两部分，是为了在其中一部分中创建钻头的工作部，即带有扭曲的退屑槽。

**09** 使用【拉伸切除】工具，在主体最大直径端创建如图 11-62 所示的工作部退屑槽特征。

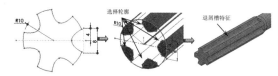

图 11-62 创建工作部退屑槽特征

**技术要点**

在创建拉伸切除特征时，需要手动选择要切除的区域。系统无法自动识别区域。

**10** 在菜单栏依次执行【插入】|【特征】|【弯曲】命令，属性管理器中显示【弯曲】面板。

**11** 在面板的【弯曲输入】选项组中选择【扭曲】单选按钮，然后在图形区域选择钻头主体作为弯曲的实体，随后显示弯曲的剪裁基准面，如图 11-63 所示。

图 11-63 选择弯曲类型及要弯曲的实体

**12** 在【弯曲输入】选项组中输入扭曲角度 360，然后单击【确定】按钮 完成钻头工作部的创建，如图 11-64 所示。

**13** 在特征管理器设计树中选择上视基准面，然后使用【旋转切除】工具，在工作部顶端创建出切削部，如图 11-65 所示。

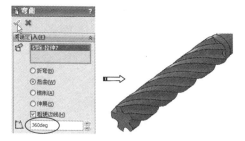

图 11-64 创建钻头工作部

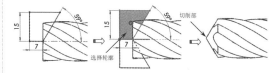

图 11-65 创建钻头切削部

**技术要点**

旋转切除的草图必须是封闭的，否则将无法按设计需要来切除实体。

**14** 钻头设计完成，结果如图 11-66 所示。

图 11-66 钻头

### 11.1.5 包覆

包覆是将草图轮廓闭合到面上。包覆特征会将草图包裹到平面或非平面，可从圆柱、圆锥或拉伸的模型生成一平面。也可选择平面轮廓来添加多个闭合的样条曲线草图。包覆特征支持轮廓选择和草图再用。可以将包覆特征投影至多个面上。

用户可通过以下方式执行【包覆】命令：

- 单击【特征】工具栏上的【包覆】按钮 。
- 在菜单栏执行【插入】|【特征】|【包覆】命令。

执行【包覆】命令并绘制源草图后，属性管理器才显示包覆面板。包覆面板如图 11-67 所示。

图 11-67 包覆面板

包覆面板中各选项含义如下：

- 包覆类型：创建包覆有 3 种常见类型——浮雕、蚀雕和刻划。
- 包覆草图的面：生成包覆特征的父曲面，为非平面。
- 深度：为厚度设定一数值。
- 反向：选中此复选框，可更改投影方向。
- 拔模方向：对于浮雕和蚀雕来说，拔模方向就是投影方向。可以选取一直线、线性边线、或基准面来设定拔模方向。对于直线或线性边线，拔模方向是选定实体的方向。对于基准面，拔模方向与基准面正交。

**技术要点**

包覆的草图只可包含多个闭合轮廓。不能从包含任何开放性轮廓的草图生成包覆特征。

### 包覆类型

包覆有 3 种常见类型——浮雕、蚀雕和刻画：

- 浮雕：在面上生成突起特征，如图 11-68 所示。
- 蚀雕：在面上生成缩进特征，如图 11-69 所示。
- 刻画：在面上生成草图轮廓的压印，如图 11-70 所示。

图 11-68 浮雕

图 11-69 蚀雕

图 11-70 刻划

## 11.1.6 圆顶

圆顶是在已有实体的指定面上形成圆形的面。在菜单栏依次执行【插入】|【圆顶】命令，弹出圆顶面板，创建的圆顶实例如图 11-71 所示。

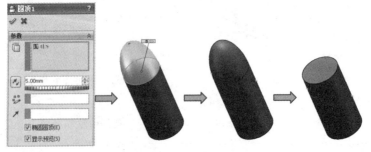

图 11-71 创建圆顶

在【圆顶】面板中的【高度】数值框中输入圆顶的高度，单击【圆顶面】列表框，再单击要圆顶的面，若单击【反向】按钮，则形成凹顶，如图 11-72 所示。

第 11 章　创建高级实体特征

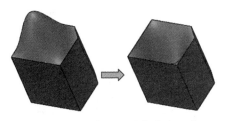

图 11-72　反向后从凸包变成凹坑

圆顶主要用在形体造型上，如 LED 灯头、手机按键、盲孔钻尖角、子弹的造型等。

**动手操作——圆顶工具的应用**

飞行器的结构由飞行器机体、侧翼、动力装置和喷射的火焰组成，如图 11-73 所示。

图 11-73　天际飞行器

操作步骤：

**01** 打开本例源文件，打开的文件为飞行器机体的草图曲线，如图 11-74 所示。

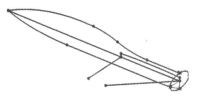

图 11-74　飞行器机体的草图

**02** 在【特征】工具栏中单击【扫描】按钮，属性管理器显示【扫描】面板。然后在图形区域选择草图作为轮廓和路径，如图 11-75 所示。

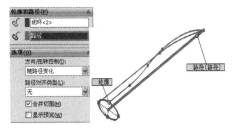

图 11-75　为扫描选择轮廓和路径

**03** 激活【引导线】选项组的列表框，然后在图形区域选择两条扫描的引导线，如图 11-76 所示。

图 11-76　选择扫描的引导线

**04** 查看扫描预览，无误后单击面板的【确定】按钮，完成扫描特征的创建，如图 11-77 所示。

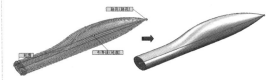

图 11-77　创建扫描特征

### 技术要点

读者在学习本例飞行器机体的设计时，若要自己绘制草图来创建扫描特征，则扫描的轮廓（椭圆）不能为完整椭圆。即要将椭圆一分为二。否则在创建扫描特征将会出现如图 11-78 所示的情况。

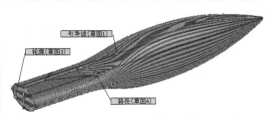

图 11-78　以完整椭圆为轮廓时创建的扫描特征

**05** 在【特征】工具栏单击【圆顶】按钮，属性管理器显示【圆顶】面板。通过该面板，在扫描特征中选择面和方向，随后显示圆顶预览，如图 11-79 所示。

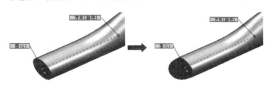

图 11-79　选择圆顶的面和方向

**06** 在面板中输入圆顶的距离 105，最后单击【确定】按钮完成圆顶特征的创建，如图 11-80 所示。扫描特征与圆顶特征即为飞行器机体。

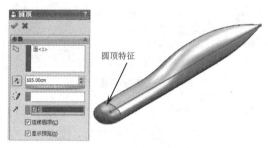

图 11-80 创建圆顶特征

**07** 使用【扫描】工具,选择如图 11-81 所示的扫描轮廓、扫描路径和扫描引导线来创建扫描特征。

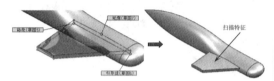

图 11-81 创建扫描特征

### 技术要点

在【扫描】面板的【选项】选项组中须选中【合并结果】复选框。这为了便于后面的镜像操作。

**08** 使用【圆角】工具,分别在扫描特征上创建半径为 91.5 和 160 的圆角特征,如图 11-82 所示。

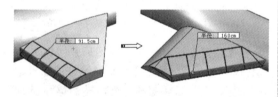

图 11-82 创建圆角特征

**09** 使用【旋转凸台/基体】工具,选择如图 11-83 所示的扫描特征侧面作为草绘平面,然后进行草图模式绘制旋转草图。

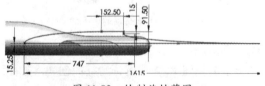

图 11-83 绘制旋转草图

**10** 退出草图模式后,以默认的旋转设置来完成旋转特征的创建,结果如图 11-84 所示。此旋转特征即为动力装置和喷射火焰。

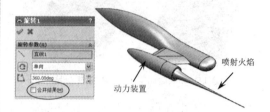

图 11-84 创建旋转特征

**11** 使用【镜像】工具,以右视基准面作为镜像平面,在机体另一侧镜像出侧翼、动力装置和喷射火焰,结果如图 11-85 所示。

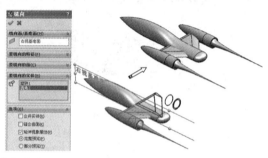

图 11-85 镜像侧翼、动力装置和喷射火焰

### 技术要点

在【镜像】面板中不能选中【合并实体】复选框。这是因为在镜像过程中,只能合并一个实体,不能同时合并两个及以上的实体。

**12** 使用【组合】工具,将图形区域中的所有实体合并成一个整体,如图 11-86 所示。

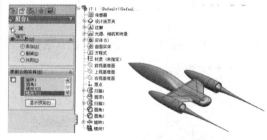

图 11-86 合并所有实体

**13** 使用【圆角】工具,在侧翼与机体连接处创建半径为 120 的圆角特征,如图 11-87 所示。至此,天际飞行器的造型设计操作全部完成。

第 11 章 创建高级实体特征

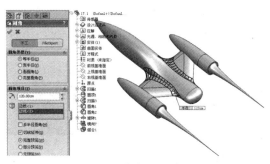

图 11-87 完成天际飞行器

## 11.2 扣合特征

扣合特征简化了为塑料和钣金零件生成共同特征的过程。可以生成装配凸台、弹簧扣、弹簧扣凹槽、通风口及唇缘和凹槽。

【扣合特征】工具栏为生成模具和钣金产品中使用的扣合特征提供了各种工具，如图 11-88 所示。

图 11-88 【扣合特征】工具栏

**技术要点**

仅当在创建了实体特征（曲面特征不可以）以后，【扣合特征】工具栏才可用。

### 11.2.1 装配凸台

使用【装配凸台】工具可以生成通常用于塑料设计的参数化装配凸台，例如 BOSS 柱，起加固和装配作用。

单击【装配凸台】按钮，打开【装配凸台】属性面板，如图 11-89 所示。面板中各选项区含义如下。

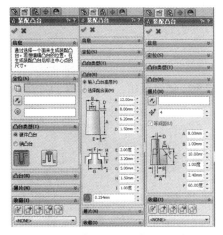

图 11-89 【装配凸台】属性面板

**1.【信息】选项组**

提示用户选择装配凸台的放置面或 3D 基准点，放置面可以是平面，也可以是曲面。

**2.【定位】选项组**

【定位】选项组控制装配凸台的方向和定位。

- 选择一个面或 3D 点：选择要放置装配凸台的平面或曲面或 3D 基准点，如图 11-90 所示。

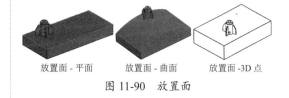

图 11-90 放置面

**技术要点**

当选择 3D 点作为定位参考时，此 3D 点必须位于实体的曲面或平面上。

- 反向 ⬈：单击此按钮可更改装配凸台的放置方向。
- 选择圆形边线 ◎：选择圆形边线的目的是为了在其中心创建装配凸台，如图 11-91 所示为选择圆形边线后的装配凸台定位。

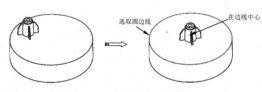

图 11-91 选择圆形边线的定位

**技术要点**

圆形边线应在能放置装配凸台的平面或曲面上，如图 11-92 所示的圆形边线是不能满足此条件的，否则会弹出警告信息。

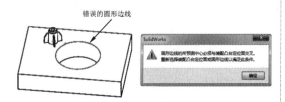

图 11-92 圆形边线必须在凸台放置面上

#### 3.【凸台类型】选项组

装配凸台包括两种类型：硬件凸台和销凸台。

硬件凸台是塑胶产品中常见的穿孔柱，也分头部和螺纹线两种情况，如图 11-93 所示。

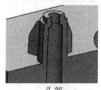 

头部　　　　　　螺纹线

图 11-93 硬件凸台

销凸台是插销形状的凸台，也分头部和螺纹线两种情况，如图 11-94 所示。

头部　　　　　　螺纹线

图 11-94 销凸台

#### 4.【凸台】选项组

【凸台】选项组用来设置凸台的参数。设置参数时参考凸台示意图的代号，精确定义凸台。

#### 5.【翅片】选项组

【翅片】选项组用来设置凸台四周的翅片（固定筋），可以设置翅片的数量、翅片的形状参数等。

### 11.2.2 弹簧扣

使用【弹簧扣】工具可以生成通常用于塑料设计的参数化弹簧扣。弹簧扣是塑件产品中最为常见的一种结构特征，常称为【倒扣】。

单击【弹簧扣】按钮 ⬈，打开【弹簧扣】属性面板，如图 11-95 所示。

【弹簧扣】属性面板中各选项组中选项的含义如下：

#### 1.【弹簧扣选择】选项组

主要用来定义弹簧扣的放置、方向，即配合面。

- 为扣钩的位置选择定位 ⬈：为创建弹簧扣形状放置面（曲面或平面）。

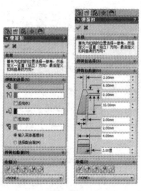

图 11-95 【弹簧扣】属性面板

- 定义扣钩的竖直方向：定义弹簧扣的竖直方向，所选的参考边线必须是直的边，可以选中【反向】复选框来改变方向。
- 定义扣钩的方向：设置弹簧扣的扣合方向，所选的参考边线必须是直的边。
- 选择一个面来配合扣钩实体：选择一个与弹簧扣侧面对齐配合的参考面，如图 11-96 所示。

- 输入实体高度：选择此单选按钮，可以用参数形式来设置钩的高度，如图 11-97 所示是高度为 10 的效果。
- 选择配合面：选择此单选按钮，可以选择一个参考面来确定钩的高度。在上图中的 10 将变得不可用，如图 11-98 所示。

图 11-97　输入实体高度　　图 11-98　选择配合面

图 11-96　弹簧扣的定位

### 2.【弹簧扣数据】选项组

该选项区用来定义弹簧扣的形状参数。

## 11.2.3 弹簧扣凹槽

使用【弹簧扣凹槽】工具可以生成与所选弹簧扣特征配合的凹槽。此工具常用来设计模具中的斜顶头部形状。

> **技术要点**
> 要利用【弹簧扣凹槽】工具，必须首先生成弹簧扣。

单击【弹簧扣凹槽】按钮，打开【弹簧扣凹槽】属性面板，如图 11-99 所示。

各选项含义如下：
- 选择弹簧扣特征：为创建凹槽选择弹簧扣特征。
- 选择一实体：选择要创建凹槽的实体特征。

生成弹簧扣凹槽扣合特征的操作过程，如图 11-100 所示。

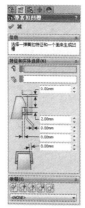

图 11-99　【弹簧扣凹槽】属性面板

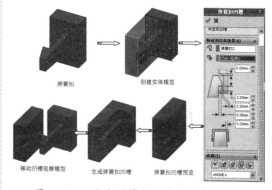

图 11-100　生成弹簧扣凹槽扣合特征操作

## 11.2.4 通风口

【通风口】工具用于使草图实体在塑料或钣金设计中生成通风口供空气流通。通风口使用生成的草图生成各种通风口。设定筋和翼梁数，可以自动计算流动区域。

> **技术要点**
> 必须首先生成要生成通风口的草图，然后才能在属性面板中设定通风口选项。

单击【通风口】按钮，打开【通风口】属性面板，如图 11-101 所示。

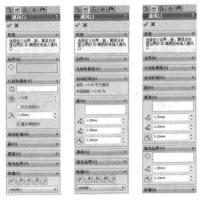

要创建通风口，必须先绘制通风口形状的草图。生成通风口扣合特征的操作过程，如图 11-102 所示。

图 11-102　生成通风口操作

图 11-101　【通风口】属性面板

### 11.2.5　唇缘/凹槽

使用【唇缘/凹槽】工具可以生成唇缘、凹槽或者通常用于塑料设计中的唇缘和凹槽。唇缘和凹槽用来对齐、配合和扣合两个塑料零件。唇缘和凹槽特征支持多实体和装配体。

单击【唇缘/凹槽】按钮，打开【唇缘/凹槽】属性面板，如图 11-103 所示。唇缘特征和凹槽特征是分开进行创建的，首先是创建凹槽特征，选取要创建凹槽的实体模型后，属性面板中展开创建凹槽特征的属性选项，如图 11-104 所示。

凹槽创建完成后，选取凹槽特征作为参考，属性面板将展开创建唇缘特征的属性选项，如图 11-105 所示。

【唇缘/凹槽】属性面板中各选项组中选项含义解释如下：

**1.【实体/零件选择】选项组**

此选项组包含 3 个选项，用于选择要创建的凹槽、唇缘及参考方向。

**2.【唇缘选择】选项组**

该选项组用来选择要创建凹槽、唇缘的参考面和参考边。选中【切线延伸】复选框，将自动选取与所选面或所选边相切的面与边。

图 11-105　创建唇缘特征的属性选项

图 11-103　【唇缘/凹槽】属性面板　　图 11-104　创建凹槽特征的属性选项

> **技术要点**
> 凹槽、唇缘的参考边只能是单条或连续相切的边。

## 动手操作——设计塑件外壳

操作步骤：

**01** 新建零件文件。

**02** 利用【拉伸凸台/基体】工具，在前视基准面上绘制如图 11-106 所示的草图。

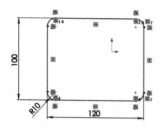

图 11-106　绘制草图

**03** 退出草图环境后，设置拉伸深度类型和深度值，如图 11-107 所示。

图 11-107　设置拉伸参数

**04** 利用【圆角】工具，选择拉伸特征的边来创建半径为 5 的恒定圆角特征，如图 11-108 所示。

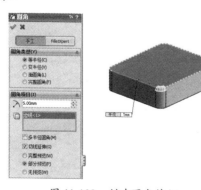

图 11-108　创建圆角特征

**05** 利用【抽壳】工具，选择未倒圆的一侧作为要移除的面，设置厚度为 3，创建的抽壳特征如图 11-109 所示。

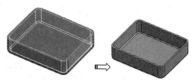

图 11-109　创建抽壳特征

**06** 在抽壳后的外壳平面上绘制通风口草图，如图 11-110 所示。

图 11-110　绘制草图

**07** 单击【通风口】按钮，打开【通风口】属性面板。首选选择直径为 42 的圆作为通风口的边界，如图 11-111 所示。

图 11-111　选择通风口边界

**08** 接着选择 4 条直线创建通风口的筋，筋宽度为 2，如图 11-112 所示。

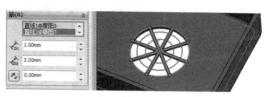

图 11-112　选择代表筋的草图直线

**09** 在【冀梁】选项组激活【选择代表通风口冀梁的 2D 草图段】收集器，然后选择直径分别为 32 和 20 的圆，随后创建冀梁，如图 11-113 所示。

**10** 最后单击【确定】按钮关闭面板，完成通风口的创建。

图 11-113　创建冀梁

**11** 绘制 3D 草图点，如图 11-114 所示。

图 11-114　绘制 3D 草图点

**12** 单击【装配凸台】按钮，打开【装配凸台】属性面板。选取一个 3D 草图点，随后放置凸台，如图 11-115 所示。

图 11-115　选取 3D 点放置凸台

**13** 选择【头部】凸台类型，编辑凸台参数，如图 11-116 所示。

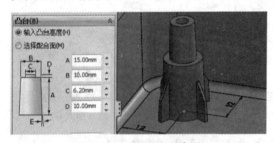

图 11-116　编辑凸台参数

**14** 在【翅片】选项组中设置翅片参数，如图 11-117 所示。

**15** 最后单击【确定】按钮，完成凸台的装配。

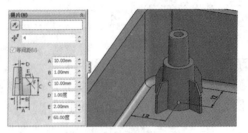

图 11-117　设置翅片参数

**16** 同理，在其余 3 个 3D 草图点上创建相等参数的凸台特征，结果如图 11-118 所示。

图 11-118　创建其余凸台特征

### 技术要点

如果要装配相等参数的凸台，您必须在装配第一凸台时，将凸台参数进行保存。即在属性面板的【收藏】选项组单击【添加或更新收藏】按钮，打开【添加或更新收藏】对话框，输入一个名称，并单击【确定】按钮，如图 11-119 所示。随后单击【保存收藏】按钮 保存为 tutai.sldfvt。当创建第二个凸台时，选择保存的收藏，面板中的参数将与第一个凸台相同，然后选取 3D 草图点即可自动创建凸台了，如图 11-120 所示。

图 11-119　输入收藏名称

图 11-120　选择保存的收藏创建凸台

# 第 11 章　创建高级实体特征

**17** 单击【唇缘/凹槽】按钮，打开【唇缘/凹槽】属性面板。首先选择壳体和定义唇缘方向的参考平面，如图 11-121 所示。

图 11-121　选择壳体和参考平面

**18** 然后选择要生成唇缘的面，如图 11-122 所示。

图 11-122　选择要生成唇缘的面

**19** 选择外边线来移除材料，并输入唇缘参数，如图 11-123 所示。

 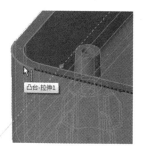

图 11-123　选择外边线来移除材料

**20** 最后单击【确定】按钮 完成唇缘特征的创建，如图 11-124 所示。

图 11-124　创建唇缘特征

## 11.3　综合实战：轮胎轮毂设计

○ **结果文件**：\ 综合实战 \ 结果文件 \Ch11\ 轮胎和轮廓 .sldprt

○ **视频文件**：\ 视频 \Ch11\ 轮胎和轮廓设计 .avi

轮胎和轮毂的设计是比较复杂的，要用到很多基本实体特征和高级实体特征命令。下面我们详解轮胎和轮毂的设计过程。要设计的轮胎和轮毂如图 11-125 所示。

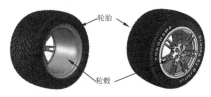

图 11-125　轮胎和轮毂

### 11.3.1　轮毂设计

在轮毂的设计过程中我们将用到拉伸凸台、拉伸切除、旋转切除、旋转凸台、圆角、圆周阵列、圆顶等工具，轮毂的整体造型如图 11-126 所示。

设计方法是：先创建主体，然后设计局部形状（为了截图以清晰表达设计意图，可以调转创建顺序）；先创建加材料特征，再创建减材料特征。

图 11-126　轮毂造型

操作步骤：

**01** 新建 SlidWorks 零件文件。

**02** 单击【拉伸凸台/基体】按钮，然后选择上基准面作为草图平面，绘制如图 11-127 所示的草图。

图 11-127　绘制草图

**03** 退出草图环境，在【凸台-拉伸1】属性面板中设置拉伸选项及参数，最后单击【确定】按钮，完成拉伸凸台的创建，如图 11-128 所示。

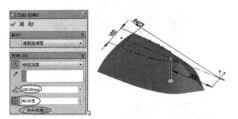

图 11-128　设置拉伸参数创建凸台

**04** 单击【基准轴】按钮，打开【基准轴1】属性面板。选择前视基准面和右视基准面作为参考实体，再选择【两平面】类型，最后单击【确定】按钮完成基准轴的创建，如图 11-129 所示。

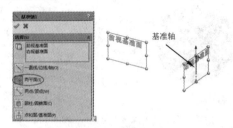

图 11-129　创建基准轴

**05** 执行【圆周草图阵列】命令，打开【圆周阵列1】属性面板。选择基座轴作为阵列轴，设置实例数为7，在【实体】选项组选择【凸台-拉伸1】为要阵列的实体，最后单击【确定】按钮，创建圆周阵列，如图 11-130 所示。

**06** 单击【旋转凸台/基体】按钮，在前视基准面上绘制旋转草图，如图 11-131 所示。

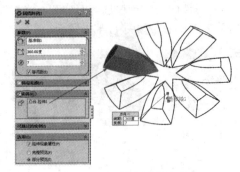

图 11-130　创建圆周阵列

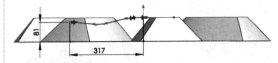

图 11-131　绘制旋转草图

**07** 退出草图环境。在【旋转1】属性面板上设置草图竖直的直线作为旋转轴，最终创建完成的旋转凸台如图 11-132 所示。

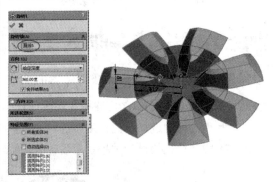

图 11-132　创建旋转凸台

**08** 单击【拉伸切除】按钮，然后在上视基准面上先绘制出如图 11-133 所示的草图。然后再利用【圆周草图阵列】命令阵列草图，结果如图 11-134 所示。

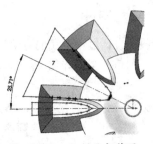

图 11-133　绘制局部草图

第 11 章 创建高级实体特征

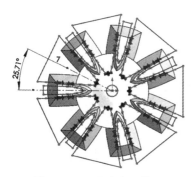

图 11-134 圆周阵列草图

**09** 退出草图环境,在【切除-拉伸1】属性面板中设置【完全贯穿】切除类型,更改拉伸方向。单击【确定】按钮完成切除操作,如图 11-135 所示。

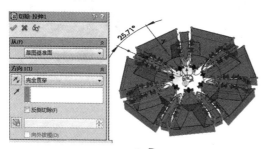

图 11-135 切除拉伸

**10** 同理,再执行【拉伸切除】命令,在前视基准面上绘制草图,如图 11-136 所示。

图 11-136 绘制草图

**11** 退出草图模式后,选择中心线作为旋转轴,再单击【切除-拉伸】属性面板中的【确定】按钮,完成切除,如图 11-137 所示。

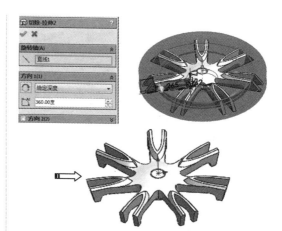

图 11-137 完成切除

**12** 单击【旋转凸台/基体】按钮,在前视基准面上绘制草图,如图 11-138 所示。

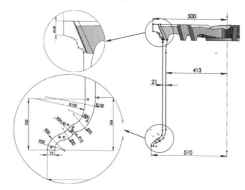

图 11-138 绘制草图

**13** 退出草图环境后,在【旋转】属性面板中设置旋转轴,最后单击【确定】按钮完成旋转凸台的创建,如图 11-139 所示。

图 11-139 创建旋转凸台

**14** 单击【旋转切除】按钮,绘制如图 11-140 所示的草图后,完成旋转切除特征的创建。

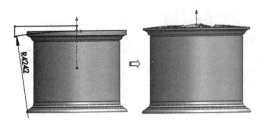

图 11-140 创建旋转切除特征

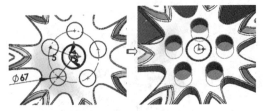

图 11-142 创建拉伸切除特征

**15** 接下来利用【圆角】命令，对轮毂进行倒圆角处理，圆角半径全为4，如图 11-141 所示。

**17** 在拉伸切除特征上倒圆角，圆角半径为4，如图 11-143 所示。

**18** 至此，轮毂设计完成，结果如图 11-144 所示。

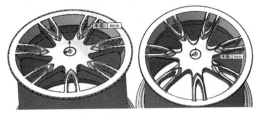

图 11-141 圆角处理

**16** 利用【拉伸切除】工具，绘制图 11-142 所示的草图后，向下拉伸切除，距离为80，完成拉伸切除特征的创建。

图 11-143 创建圆角特征　图 11-144 设计完成的轮毂

## 11.3.2 轮胎设计

轮胎的设计要稍微复杂一些，会用到部分曲面命令和形变命令。

操作步骤：

**01** 利用【旋转凸台/基体】工具，在前视基准面上绘制草图，并完成旋转凸台的创建，如图 11-145 所示。

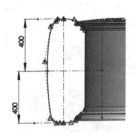 

图 11-145 创建旋转凸台

**02** 利用【基准面】工具，创建基准面1，如图 11-146 所示。

**03** 单击【包覆】按钮，选择基准面1作为草图平面，绘制如图 11-147 所示的草图。

**04** 退出草图环境后，在【包覆1】属性面板上选择【蚀雕】方法，并设置深度为10，单

击【确定】按钮，完成轮胎表面包覆特征的创建，如图 11-148 所示。

图 11-146 创建基准面1

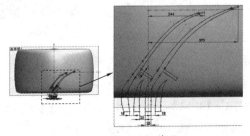

图 11-147 绘制草图

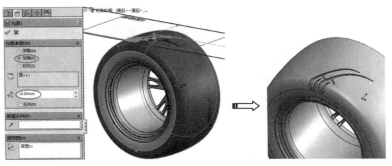

图 11-148 创建轮胎表面的包覆特征

**05** 在【曲面】选项卡中单击【等距曲面】按钮,打开【等距曲面1】属性面板。选择包覆特征的底面作为等距曲面的参考,等距距离为0,单击【确定】按钮创建等距曲面,如图 11-149 所示。

图 11-149 创建等距曲面

**06** 在【曲面】选项卡中单击【加厚】按钮,然后依次选择等距曲面来创建3个加厚特征,如图 11-150 所示。

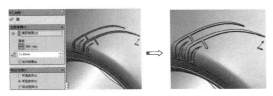

图 11-150 创建加厚特征

**07** 利用【圆周草图阵列】工具,对3个加厚特征进行圆周阵列,如图 11-151 所示。

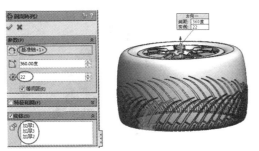

图 11-151 创建圆周阵列

**08** 利用【旋转凸台/基体】工具,在前视基准面绘制草图(小矩形)后,完成旋转凸台的创建,如图 11-152 所示。

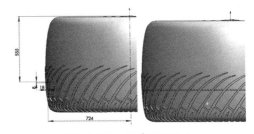

图 11-152 创建旋转凸台

**09** 利用【基准面】工具创建基准面2,如图 11-153 所示。

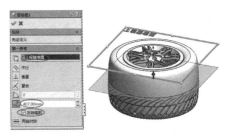

图 11-153 创建基准面2

**10** 利用【镜像】工具,将前面所创建的轮胎花纹全部镜像到基准面2的另一侧,如图 11-154 所示。

图 11-154 创建镜像特征

**11** 利用【等距曲面】工具，选择轮胎上的一个面来创建等距曲面，如图 11-155 所示。

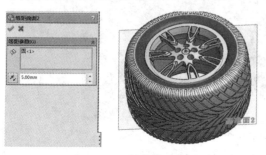

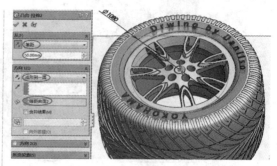

图 11-157　创建字体特征

图 11-155　创建等距曲面

**12** 利用【拉伸凸台/基体】工具，在上视基准面绘制草图文字，如图 11-156 所示。

**14** 在菜单栏执行【插入】|【特征】|【删除/保留实体】命令，将等距曲面 2 删除（上步中作为成型参考的等距曲面），至此就完成轮胎的设计，结果如图 11-158 所示。

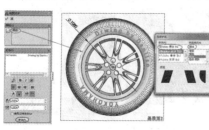

图 11-156　绘制草图文字

图 11-158　设计完成的轮胎

**13** 退出草图环境，在【凸台-拉伸 2】面板中设置拉伸参数，最后单击【确定】按钮 ✓ 创建字体实体特征，如图 11-157 所示。

**15** 最后将设计结果保存。

## 11.4　课后习题

### 1. 玩具飞机造型

本练习利用拉伸、旋转、基准面、基准轴、放样曲面、圆周阵列、圆顶、扫描等工具来设计飞机的造型，如图 11-159 所示。

### 2. QQ 造型

本练习利用旋转、拉伸切除、圆角、放样、镜像、凸台拉伸等工具来设计 QQ 造型，如图 11-160 所示。

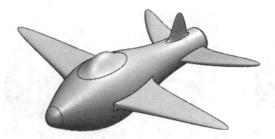

图 11-159　玩具飞机

图 11-160　QQ 造型

# 第 12 章 特征编辑与操作

在 SolidWorks 2016 中，可以利用一些工具在已有模型的基础上进行二次建模与操作，以此来创建出结构域形状都比较复杂的模型。这些特征编辑与操作工具仅在创建基础模型后才变为可用，例如圆角、倒角、抽壳、拔模、阵列、复制、镜像等。接下来本章详细介绍这些工具的含义和具体的应用方法。

百度云网盘

360云盘 密码6955

- ◆ 常规工程特征
- ◆ 特征阵列
- ◆ 复制与镜像
- ◆ 修改实体

## 12.1 常规工程特征

常规工程特征是指在机械零件设计中，常用来进行结构设计或满足零件铸造要求的功能特征。

### 12.1.1 圆角

圆角特征是在一条或多条边、边链或在曲面之间添加半径创建的特征。机械零件中圆角用来完成表面之间的过渡，增加零件强度。

在功能区的【特征】选项卡中单击【圆角】按钮，打开【圆角】属性面板，如图 12-1 所示。

图 12-1 【圆角】属性面板

【圆角类型】选项组中，包括有 4 种圆角类型，每种圆角类型的选项设置又各不相同，下面进行详细讲解。

**1．等半径**

要倒圆角的半径数值为恒定常数，如图 12-2 所示。其选项设置如图 12-1 所示。【圆角项目】选项组参数详解如下：

- 半径：此文本框用来输入圆角的半径值。
- 边线、面、特征和环：选择倒圆角对象。

**2．变半径**

- 变半径：倒圆角的半径是变化的，如图 12-3 所示。

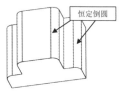
图 12-2 恒定倒圆角

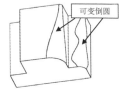
图 12-3 可变倒圆角

### 3. 面圆角

- 面圆角：用于在两个相邻面的相交处创建圆角，如图12-4所示。

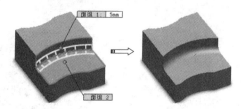

图 12-4　两个曲面的倒圆角放置参照

**技术要点**

采用【面圆角】类型时，需要选择两个面（所选的两个面可以是平面或者曲面），并且该两个面相交，交线为一条直线段或曲线段。

### 4. 完整圆角

- 完整圆角：完整圆角针对相邻3个实体表面对中间面整体倒圆角，如图12-5所示。

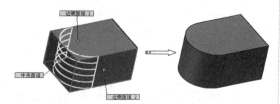

图 12-5　两个曲面的倒圆角放置参照

**技术要点**

圆角特征的创建一般安排在零件建模后期，以免由于特征的修改及重定义等操作引起再生错误。一般而言，辅助特征的创建均安排在模型创建的后期阶段。

### 5.【FilletXpert】类型圆角

- 完整圆角：通过FilletXpert圆角类型，用户可以创建等半径圆角，也可以选中【多半径圆角】复选框后在一个特征中创建多个不同半径的圆角，并可对其中任意一个圆角对象的半径值进行修改，如图12-6所示。

图 12-6　两个曲面的倒圆角放置参照

## 12.1.2　倒角

【倒角】是在所选的边线或者顶点上生成一个倾斜面的特征造型方法，它跟【圆角】命令的使用方法与成型方式相似，差异在于【倒角】成型特征是直面，而圆角成型特征是圆弧面。工程上应用倒角一般是为了去除零件的毛边或者满足装配要求。

在【特征】选项卡中单击【倒角】按钮，弹出如图12-7所示的属性面板，用户可用对其中的参数进行设置来构建合理的倒角。

图 12-7　【倒角】面板

### 1. 倒角方式

- 角度距离：输入一个角度和距离值来创建倒角。
- 距离-距离：用两个距离来创建倒角；
- 顶点：用3个距离来创建倒角，如图12-8所示。

图 12-8　边倒角和顶点倒角

## 技术要点

无论采用哪种倒角方式，倒角的距离不能超出基体模型的厚度或宽度。对于圆柱体，倒角距离不能超出圆柱的半径值。

- 【反转方向】复选框：用于反转倒角方向。
- 【距离】：应用到第一个所选的草图实体。
- 【角度】：应用到从一个草图实体开始的第二个草图实体。

### 2. 倒角选项

- 【通过面选择】复选框：选择该复选框后，通过隐藏边线的面选取边线。
- 【保持特征】复选框：选择该复选框后，系统将保留无关的拉伸凸台等特征，如图 12-9 显示了保持特征前后差异。

原始零件　未选中【保持特征】复选框　选中【保持特征】复选框

图 12-9　保持特征效果

- 【切线延伸】复选框：选择复选框后，所选边线延伸至被截断处。
- 【完整预览】复选框：选择该复选框表示显示所有边线的倒角预览。
- 【部分预览】复选框：选择该复选框表示只显示一条边线的倒角预览。

## 技术要点

对于【倒角】和【圆角】命令的使用时，用户可借助于系统的智能选取提示快速选择待倒角/圆角的边线，如图 12-10 所示的倒角边线选择，选择长方体的一条竖直边线后，激活【连接到开始面，3 边线】和【特征内部，11 曲线】两个智能推断选取按钮，通过单击该按钮可以快速选择被倒角/圆角边线而无须一条一条去选取。

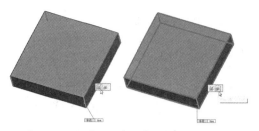

图 12-10　倒角/圆角的智能推断选取按钮

## 技术要点

对于倒角和圆角，用户可借助于系统快捷键进行复制粘贴操作，如图 12-11 所示，首先选择圆角/倒角，按下快捷键【Ctrl+C】，然后选择待圆角/倒角对象，最后按下快捷键【Ctrl+V】即可完成倒角和圆角的复制粘贴。

选择圆角　　按快捷键【Ctrl+C】　再按快捷键【Ctrl+V】
　　　　　　选择棱边　　　　　完成复制/粘贴

图 12-11　圆角的复制

### 动手操作——倒角与圆角操作

操作步骤：

**01** 新建零件文件。

**02** 利用【拉伸凸台/基体】命令，在前视基准平面上创建如图 12-12 所示的拉伸凸台。

图 12-12　创建拉伸凸台

**03** 在图形区域选择凸台的上表面为绘图平面，绘制半径为 R50 的圆弧，并将其封闭，再在【特征】选项卡中单击【拉伸切除】按钮，完成凸台切除，如图 12-13 所示。

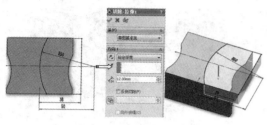

图 12-13　切除凸台

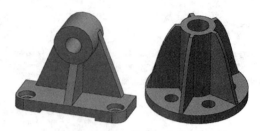

图 12-16　筋特征零件

**04** 在【特征】选项卡中单击【圆角】按钮，设置圆角半径为 5mm，依次选择凸台台阶面和竖直面，创建面圆角，如图 12-14 所示。

### 1. 启动【筋】命令

在【特征】选项卡中单击【筋】按钮，显示如图 12-17 所示的提示窗口，要求用户选择一个基准面或者已有平面或边线来绘制【筋】特征的横断面，或者选择一个已有草图作为特征横断面。

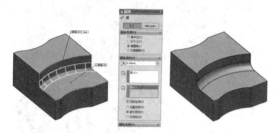

图 12-14　创建面圆角

图 12-17　【筋】命令横断面提示窗口

**05** 单击【特征】选项卡中的【倒角】按钮，选择凸台上表面的两侧棱边，选择【角度距离】倒角方式并设置距离为 5mm、角度为 45°的创建凸台倒角，如图 12-15 所示。

用户选择草图面并完成草图绘制并退出草图后，系统弹出【筋】特征操作面板，并在图形区域中显示出预览效果。用户设置相应参数后，确认退出【筋】命令即可完成筋特征的创建，如图 12-18 所示。

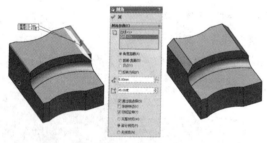

图 12-15　创建倒角

图 12-18　筋特征创建步骤

## 12.1.3　筋

【筋】特征是用添加材料的方法来加强零件强度，用于创建附属零件的辐板或肋片，如图 12-16 所示。

### 2. 参数详解

【筋】命令参数详解如下：

- 【参数】选项组：用于用户为筋特征进行相关参数设置。
- 【厚度】：用于添加厚度到所选草图边上。

- 【拉伸方向】 、 ：设置筋的生长方向。
- 【反转材料方向】复选框：该选项用于更改轮廓拉伸方向。
- 【拔模】 ：该选项用于激活拔模或者关闭拔模，用于生成带有拔模斜度的筋。其中的【向外拔模】用于更改拔模的方向。
- 【所选轮廓】选项组：为草图中的多个线条筋设置拉伸参数。

**动手操作——筋操作**

操作步骤：

**01** 新建零件文件。

**02** 在前视基准平面上创建草图，利用【拉伸凸台/基体】命令，并设置拉伸深度为50mm，选择【两侧对称】的拉伸方式，完成凸台的生成，如图12-19所示。

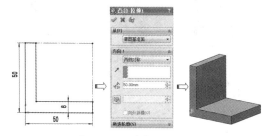

图12-19 创建旋转凸台

**03** 在前视基准平面上绘制草图，使用样条曲线绘制草图并标注尺寸，如图12-20所示。

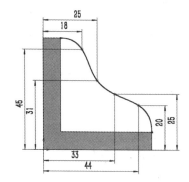

图12-20 绘制筋草图样条曲线

**04** 在【特征】选项卡中单击【筋】按钮 ，在弹出的【筋】面板中选择【两侧】生成方式，并设置筋厚度值为7mm，并选择正确的方向后，生成筋，如图12-21所示。

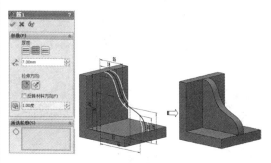

图12-21 创建筋特征

### 12.1.4 拔模

拔模特征在前面的【拉伸凸台/基体】命令讲解时曾提到，它是以特定的角度逐渐缩放截面的特征，主要用于模具和铸件的零件设计中。

在创建零件特征的时候可利用拔模命令进行拔模操作，如图【拉伸凸台/基体】、【筋】等命令自带【拔模】特征；也可对已有的特征进行拔模操作，单击【特征】选项卡中的【拔模】按钮 ，然后选择要拔模的特征，设置相应参数即可，如图12-22所示，对比拔模特征类型。

**1.【拔模】面板**

【拔模】面板有【添加】和【DraftXpert】两个选项卡：

图12-22 拔模

- 手工：控制特征层次。
- DraftXpert：自动测试并找出拔模过程的错误。

**2.【DraftXpert】选项卡**

【DraftXpert】选项卡中选项含义如下：

- 添加：生成新的拔模特征。
- 更改：修改拔模特征。

### 3. 参数详解

【拔模】属性面板如图 12-23 所示。

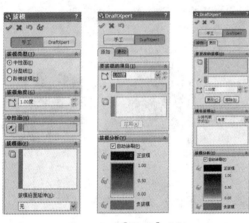

图 12-23 【拔模】面板

**技术要点**

【拔模】特征主要用于模具设计中。通常为了使型腔零件容易脱出模具，一般将零件的直面改为一定角度斜面的方法，在特征造型中对应的方法就是拔模。拔模特征所生成的斜面与直面之间的夹角称为【拔模角度】。

其参数详解如下：

- 【拔模类型】选项组：设置拔模类型，有【中性面】、【分型线】、【阶梯拔模】等。
- 【拔模角度】选项组：在其数值框中可输入要生成拔模的角度。
- 【中性面】选项组：决定模具的拔模方向。
- 【拔模面】选项组：选择被拔模的面。
- 【要拔模的项目】选项组：设置拔模的角度、方向等参数。
- 【拔模分析】选项组：核定拔模角度、检查面内角度，并找出零件的分型线、浇注面和出胚面等。
- 【要更改的拔模】选项组：设置拔模角度、方向等参数。
- 【现有拔模】选项组：根据角度、中性面或者拔模方向过滤所有拔模。

## 12.1.5 抽壳

抽壳是从实体零件移除材料来生成一个薄壁特征零件，抽壳会掏空零件，使所选择的面敞开，在剩余的面上留下指定壁厚的壳。若为选择实体模型上的任何面，实体零件将被掏空成一个闭合的模型。

在默认情况下，抽壳创建的实体具有相同的壁厚，用户可用单独指定某些表面指定厚度，从而创建出壁厚不等的零件模型。

### 1. 启动【抽壳】命令

单击【特征】选项卡中的【抽壳】按钮，在弹出的【抽壳】面板中选择移除的面，并输入厚度值后，单击【确定】按钮，完成零件抽壳特征的创建，如图 12-24 所示。

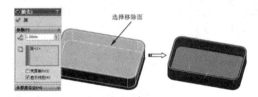

图 12-24 创建【抽壳】特征

### 2. 参数详解

【抽壳】命令参数详解如下：

- 【参数】选项组：为抽壳设置参数。
  - 【厚度】：设置所生成的零件壳的厚度。
  - 【移除的面】：在实体模型中选择要被移除的一个或者多个面。
  - 【壳厚朝外】：选中此复选框后，抽壳后的零件将向外长出抽壳厚度，否则，在零件外轮廓内完成抽壳。
  - 【显示预览】：选中此复选框后，抽壳过程中将预览出当前设置下的抽壳形状，否则不显示预览。
- 【多厚度设定】选项组：生成所有要保留面具有不同厚度的抽壳特征。
  - 【多厚度】：设定要保留的所有面的厚度。

## 第 12 章 特征编辑与操作

- 【多厚度面】 ：选择模型中要保留的所有面。

### 3. 多厚度抽壳创建

一般情况下，创建抽壳零件时选择一个移除面，定义一个厚度，有时为了建模需要，需创建多厚度抽壳，选择多个移除面时其操作如下：

同前面的相同厚度抽壳操作相似，首先选择待移除面并输入抽壳厚度值；然后展开【多厚度设定】选项组，在零件上非移除面中选择一面，并输入该面对应的厚度值；同理，选择其余厚度的面，并输入对应面的对应厚度；单击【确定】按钮 ，完成多厚度抽壳特征的创建，如图 12-25 所示。

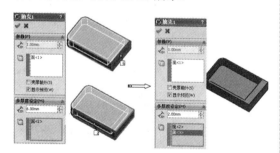

图 12-25　创建不同壁厚的抽壳特征

#### 动手操作——拔模与抽壳操作

操作步骤：

**01** 新建零件文件。

**02** 以上视基准面作为绘图平面，绘制长宽分别为 80mm、50mm 的中心矩形，并分别经过矩形 4 条边线的端点绘制 4 条圆弧，添加对边圆弧相等的几何关系，并标注尺寸，如图 12-26 所示。

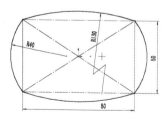

图 12-26　创建草图

**03** 在【特征】选项卡中单击【拉伸凸台/基体】按钮，在弹出的【凸台-拉伸1】面板中选择【给定深度】拉伸方式，并设置深度值为 50mm，并单击【拔模开/关】按钮 ，将拔模打开，设置拔模角度为 3°，并选中【向外拔模】复选框，即可在图形区域预览出拉伸拔模实体形状，如图 12-27 所示。

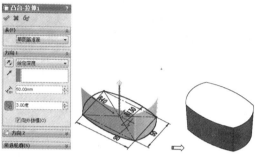

图 12-27　拉伸拔模实体

**04** 在【特征】选项卡中单击【圆角】按钮 ，保持默认的【等半径】圆角方式，并设置圆角半径为 10mm，选择零件侧边一条边线后，在出现的提示图标中选择前者【连接到开始面，3 边线】实现快速选择所需圆角对象，完成侧边圆角特征的创建，如图 12-28 所示。

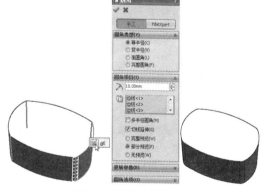

图 12-28　创建侧边圆角

### 操作技巧

在实际设计中，拔模的角度往往比较小，塑胶模为 3°~10°，若方向与所求相反时应选中【向外拔模】复选框。由于角度小，观察拔模方向较为困难时，用户可以将拔模角度夸大至方便辨别方向且设置正确拔模方向后，再改回正确的拔模角度。

**05** 同理，按下键盘上的【Enter】键重复上次使用的命令——圆角，设置圆角半径为5mm，完成底边圆角的创建，如图12-29所示。

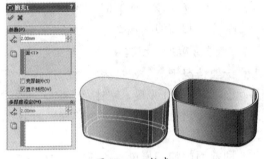

图 12-30 抽壳

图 12-29 创建底边圆角

**06** 单击【特征】选项卡中的【抽壳】按钮，在弹出的【抽壳1】面板中选择零件上表面为移除面，并设置厚度为2mm，其余选项保持默认，完成零件抽壳特征的创建，如图12-30所示。

### 操作技巧

【抽壳】特征一般安排在特征建模的后期，以免抽壳后其余特征对其造成破坏。当模型创建中同时包含【圆角】、【倒角】和【抽壳】特征时，应先创建【倒角】、【圆角】特征，再创建【抽壳】特征，否则【倒角】、【圆角】特征无法创建或者破坏零件厚度。

## 12.2 特征阵列操作

在产品特征建模中，经常会出现一些基本特征造型的重复生成，常见的有产品的散热孔、加强筋、螺钉孔、铆螺柱、元器件槽口等，采用3D软件中的阵列特征命令，有助于减少重复性工作，从而提高设计效率。

在SolidWorks软件中，阵列设计的方法包含规则阵列和不规则阵列。其中规则阵列包括以下两种：

- 线性阵列。
- 圆周阵列。

而不规则阵列则包括以下5种：

- 曲线驱动的阵列。
- 表格驱动的阵列。
- 草图驱动的阵列。
- 填充阵列。
- 随形阵列。

以上各种阵列方法各不相同，在不同的情形下，采用不同的阵列方法往往给设计带来事半功倍的效果。有时，也可将多种阵列方法组合使用，在实际建模中，读者可根据需要灵活发挥。

下面，我们将分别介绍各种阵列方法。

### 12.2.1 线性阵列

线性阵列用于在线性方向上生成相同特征，激活线性阵列命令后，弹出【线性阵列】面板，如图12-31所示。

图 12-31 【线性阵列】面板

【线性阵列】相关参数详解如下：

- 方向 1：选择线性边线、直线、轴、或尺寸。如有必要，单击【反向】按钮来改变阵列的方向。
  - 间距：为方向 1 设定阵列实例之间的间距。
  - 实例数：为方向 1 设定阵列实例之间的数量。此数量包括原有特征或选择。
- 方向 2：以第二方向生成阵列。
  - 阵列方向：为方向 2 阵列设定方向。
  - 间距：为方向 2 设定阵列实例之间的间距。
  - 实例数：为方向 2 设定阵列实例之间的数量。
  - 只阵列源：只使用源特征而不复制方向 1 的阵列实例在方向 2 中生成线性阵列。
- 要阵列的特征：使用所选择的特征作为源特征来生成阵列。
- 要阵列的面：使用构成源特征的面生成阵列。在图形区域中选择源特征的所有面。这对于只输入构成特征的面而不是特征本身的模型很有用。

当使用要阵列的面时，阵列必须保持在同一面或边界内。它不能跨越边界。例如，横切整个面或不同的层（如凸起的边线）将会生成一条边界和单独的面，阻止阵列延伸。

- 要阵列的实体：使用在多实体零件中选择的实体生成阵列。
- 可跳过的实例：在生成阵列时跳过在图形区域中选择的阵列实例。当鼠标移动到每个阵列实例时，单击可以选择阵列实例。阵列实例的坐标出现在图形区域中及可跳过的实例之下。若想恢复阵列实例，再次单击图形区域中的实例标号。
- 随形变化：允许重复时阵列更改。
  - 几何体阵列：只使用特征的几何体（面和边线）来生成阵列，而不阵列和求解特征的每个实例。几何体阵列选项可以加速阵列的生成及重建。对于与模型上其他面共用一个面的特征，您不能使用几何体阵列选项。
  - 延伸视象属性：将 SolidWorks 的颜色、纹理和装饰螺纹数据延伸给所有阵列实例。

**技术要点**

线性阵列用于跟所选参考平行的方向生成多个复制实体，若要生成倾斜实体，用户可首先生成辅助的参考倾斜，如一定角度的直线段等，然后再使用线性阵列命令。

**动手操作——线性阵列操作**

操作步骤：

**01** 新建零件文件。

**02** 利用【拉伸凸台/基体】命令，在上视基准平面上绘制一个长、宽分别为 105mm、80mm 的矩形，并创建如图 12-32 所示的拉伸凸台。

图 12-32 创建拉伸凸台基体

**03** 再执行【拉伸凸台/基体】命令，以凸台上表面作为绘图平面，绘制外轮廓为正六边形内为空心草图，创建一个凸台，如图 12-33 所示。

图 12-33 创建小拉伸凸台

**04** 单击【线性阵列】按钮，选择小凸台作为要阵列的特征。选择第一个拉伸凸台的两条边分别为参考方向 1 和方向 2，设置横向阵列间距为 15、个数为 6，设置竖向阵列间距为 15、个数为 5，最后单击【确定】按钮，完成阵列操作，结果如图 12-34 所示。

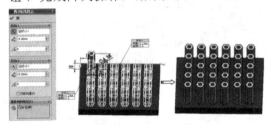

图 12-34 线性阵列

### 12.2.2 圆周阵列

需要选择特征和旋转轴（或边线），然后指定镜像对象生成总数及镜像对象的角度间距，或镜像对象总数及生成阵列的总角度。圆周阵列面板如图 12-35 所示。

图 12-35 圆周阵列面板

圆周阵列与线性阵列相似，其不同之处的参数详解如下：

- 阵列轴：在图形区域中选取一实体，可以是基准轴、临时轴、圆形边线、草图直线、线性边线、草图直线圆柱

面、曲面、旋转面或曲面。
- 角度尺寸：设置生成相邻两个实体之间的夹角。
- 阵列绕此轴生成：如有必要，单击【反向】按钮来改变圆周阵列的方向。
- 角度：指定每个实例之间的角度。
- 实例数：设定源特征的实例数。
- 等间距：设定总角度为 360°，且阵列生成实体呈现均匀分布排列。

**动手操作——圆周阵列操作**

操作步骤：

**01** 新建零件文件。

**02** 利用【旋转凸台/基体】命令，在上视基准平面上创建草图，并完成如图 12-36 所示的旋转凸台。

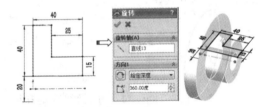

图 12-36 创建旋转凸台

**03** 在【特征】选项卡中单击【异型孔向导】按钮，设置特性参数为 M8 的内六角圆柱头螺钉，选择凸台上表面，单击 3D 草图上的定位点，即可生成异型孔，如图 12-37 所示。

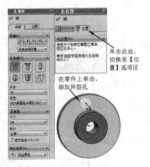

图 12-37 在零件上生成异型孔

### 技术要点

对 3D 草图进行尺寸标注时，需选择正确的参考对象，否则可能标注的空间尺寸并非设计所需尺寸。

## 第 12 章 特征编辑与操作

**04** 单击设计树中的【打孔尺寸根据内六角圆柱头螺钉的类型 1】特征,展开出现的【3D 草图 1】和【草图 2】。右击【3D 草图 1】,在弹出的快捷菜单中单击【编辑草图】按钮 ,并标注尺寸,完成异型孔的位置确定,如图 12-38 所示。

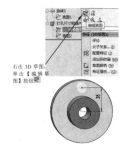

图 12-38　修改异型孔位置尺寸

**05** 依次执行【插入】|【参考几何体】|【基准轴】命令 ,单击凸台内孔圆柱面后,系统自动选择【圆柱/圆柱面】类型,完成基准轴的创建,如图 12-39 所示。

图 12-39　创建基准轴

**06** 在【特征】选项卡中单击【圆周草图阵列】按钮 ,选择所创建的基准轴作为阵列轴、异型孔特征为要阵列的特征,设置为【等间距】5 个,其余参数保持系统默认,完成异型孔的圆周阵列,如图 12-40 所示。

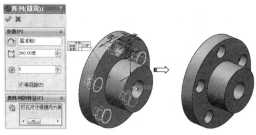

图 12-40　异型孔的圆周阵列

### 12.2.3　曲线驱动的阵列

曲线阵列可使生成的实体沿着所选定的曲线方向长出。激活【曲线阵列】面板,弹出如图 12-41 所示的面板,选择特征和边线或阵列特征的草图线段,然后指定曲线类型、曲线方法和对齐方法,最后生成曲线阵列实体。

图 12-41　【曲线驱动的阵列】面板

**动手操作——曲线驱动的阵列操作**

操作步骤:

**01** 新建零件文件。

**02** 利用【拉伸凸台/基体】命令,在前视基准平面上创建如图 12-42 所示的拉伸凸台。

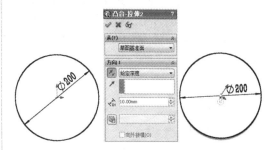

图 12-42　创建凸台基体

**03** 以凸台上表面作为绘图平面,绘制一个大圆,标注其直径为 ø200mm,然后绘制两个半圆阵列曲线,添加两个半圆圆心与大圆圆心共线关系,并添加该两个半圆相切的关系,完成后如图 12-43 所示。退出草图。

**04** 以凸台上表面作为绘图平面,选择外接圆方式绘制一个正五边形,标注其直径为 ø15mm,添加该辅助圆与凸台圆心水平关系,添加该正五边形底边水平的关系,在正五边形顶点两两以直线连接,并用剪裁命令将五

角星中间多余的线条剪掉，完成后如图12-44
所示。

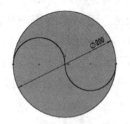

图12-43 添加共线与相切关系

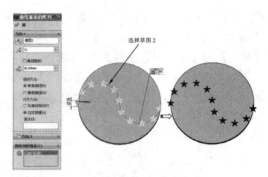

图12-46 曲线阵列的结果

图12-44 绘制正五边形并连接

### 技术要点

选择阵列方向参考时，不要直接在模型上选择草图2。这样选择的结果是仅仅选择了草图2中的一段曲线。所以要在图形区左上方展开设计结构树，然后选择草图2。

### 12.2.4 草图驱动的阵列

【草图驱动的阵列】特征使用草图中的草图点来指定特征阵列，源特征在整个阵列扩散到草图中的每个点。对于孔或其他特征，可以运用由草图驱动的阵列。需要为该特征绘制一系列的点，来指定阵列的实例的位置。

对于多实体零件，选择某一单独实体来生成草图驱动的阵列。具体步骤如下：

在零件的面上打开一个草图；在模型上生成源特征；执行【工具】|【草图绘制实体】|【点】命令，然后添加多个草图点来代表您要生成的阵列；执行【插入】|【阵列/镜像】|【草图驱动的阵列】命令；选择需要阵列的特征，设定相关选项，单击【确定】按钮。

**05** 在不退出草图模式下，单击【拉伸凸台/基体】命令，选择给定深度的拉伸方式，设置拉伸厚度为10mm，并开启拔模开关，设置拔模角度为50°，完成凸台的拉伸拔模，从而生成五角星，如图12-45所示。

### 12.2.5 表格驱动的阵列

表格驱动的阵列要添加或检索以前生成的X、Y坐标从而在模型的面上生成特征。

下面将详细介绍表格驱动的阵列的操作步骤。

**动手操作——表格驱动的阵列操作**

操作步骤：

**01** 新建零件文件。

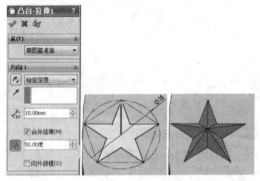

图12-45 拔模拉伸

**06** 在【特征】选项卡中单击【曲线驱动的阵列】按钮，然后选择草图2作为阵列方向参考，设置阵列个数为11，再选择五角星作为要镜像的特征，最后单击【确定】按钮完成曲线阵列，结果如图12-46所示。

**02** 利用【拉伸凸台/基体】命令，在前视基准平面上创建如图12-47所示的拉伸凸台和切除拉伸特征。

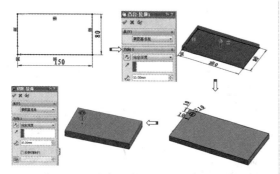

图12-47 创建拉伸凸台和切除拉伸特征

**03** 创建坐标系。表格驱动的阵列实际上就是一组坐标系数据形成的表格，创建表格驱动之前须创建坐标系。在菜单栏中执行【插入】|【参考几何体】|【坐标系】命令，在弹出的【坐标系】面板中单击长方体右下角点作为原点，选择水平和竖直棱边分别作为X轴、Y轴，完成坐标系的创建，如图12-48所示。

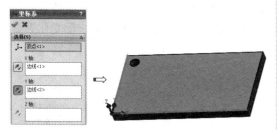

图12-48 创建坐标系

**04** 启用【表格驱动的阵列】。依次单击【特征】选项卡中【线性阵列】下拉菜单中的【表格驱动的阵列】按钮，在弹出的【由表格驱动的阵列】对话框中进行选择坐标系、要复制的特征、输入表格中坐标值等操作后，即可预览出表格驱动的阵列特征的效果，设置完毕后，单击【确定】按钮，完成表格驱动阵列的创建，如图12-49所示。

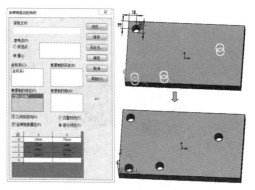

图12-49 完成阵列

### 12.2.6 填充阵列

使用特征阵列或预定义的形状来填充定义的区域，通常用于电气箱开散热孔、模具开通风孔等场合。填充阵列，相对于线性阵列与圆周阵列而言，它更专注于区域生成待阵列实体。

下面，通过实例掌握填充阵列的操作。

**动手操作——填充阵列操作**

操作步骤：

**01** 新建零件文件。

**02** 利用【拉伸凸台/基体】命令，在上视基准平面上创建如图12-50所示的拉伸凸台。

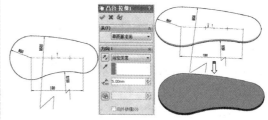

图12-50 创建拉伸凸台1

**03** 利用【拉伸凸台/基体】命令，在上视基准平面上创建如图12-51所示的拉伸凸台。

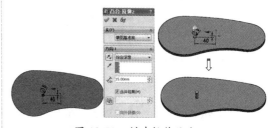

图12-51 创建拉伸凸台2

**04** 依次执行【插入】|【3D草图】命令，单击凸台表面，绘制图示两条直线，如图12-52所示。

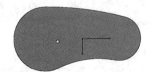

图12-52　绘制3D草图

**05** 单击【填充阵列】按钮，打开【填充阵列】属性面板，选择底边大凸台表面作为填充边界，再选择圆柱形凸台作为阵列特征，设置其他阵列参数后单击【确定】按钮，完成填充阵列操作，结果如图12-53所示。

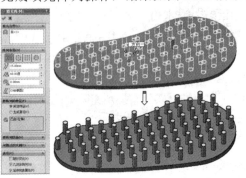

图12-53　填充阵列

### 12.2.7　随形阵列

随形变化阵列主要针对在阵列过程中，特征呈现一定规律变化的阵列。这里的例子就是一块板材，上面打有具备一定规律变化的孔特征。

随形阵列最关键的问题是【随形】，即找一条或多条【引线】，让阵列沿着【引线】走，这条【引线】也就是随形阵列的核心了，最常用的方法自然是【辅助线】，通过添加约束，使得阵列的特征与辅助线之间保持某种约束关系，实现随形，如图12-54所示。

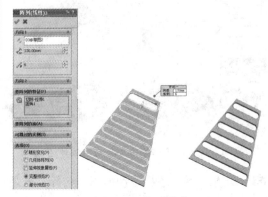

图12-54　随形阵列

随形阵列的基本步骤：

**01** 分析变化规律，绘制基本的特征关系。
**02** 选择某一个实体平面，绘制辅助线和阵列草图，并且确定相互之间的尺寸和约束关系。
**03** 选择尺寸作为阵列方向，确定阵列初始选项，选择阵列的特征，选择【随形变化】复选框。

### 技术要点

随形阵列的另一个核心问题是阵列的驱动问题，简单的阵列通常用默认方向来定义阵列方向，例如最简单的线性阵列；还有以轴线为阵列基础的，例如最简单的圆周阵列。随形阵列的特殊之处在于使用尺寸作为阵列的方向，线性随形阵列使用线性尺寸作为阵列驱动，圆周线性阵列使用角度尺寸作为阵列驱动。

## 12.3　复制与镜像操作

SolidWorks 2016为用户提供了快速生成相同或相似特征的手段，通过复制与镜像操作可以快速实现这一功能。镜像是绕面、基准面或基准面镜像特征、面及实体，生成一个特征（或多个特征）的复制。

### 12.3.1　镜像

SolidWorks软件不仅在草图中提供了【镜像】命令来镜像草图图元，在实体中也有【镜像】命令来镜像实体特征，甚至装配体中也有【镜像】命令来镜像零部件。

### 1. 镜像操作步骤

**01** 在【特征】选项卡中单击【镜像】按钮，弹出【镜像】属性面板。

**02** 在【镜像】属性面板中选择待复制的特征和镜像点后，单击【确定】按钮即可完成特征的镜像，如图12-55所示。

图12-55 特征镜像操作

### 2. 特征的复制与镜像的差异

特征的复制和镜像都是在源实体特征的基础上产生新的一模一样的特征，但是它们对于特征的修改和是否联动却有很大差异：

- 镜像出来的实体没有草图，无法单独编辑，只能对源特征进行编辑从而使镜像的特征也发生相应的变化。
- 镜像后的特征与源特征并无关联，可以直接修改镜像后的特征，源特征不会产生联动变化。

#### 技术要点

若所需创建特征与源特征保持绝大部分相同，而且后续需要保持同步联动，用户可以在使用镜像命令生成新的实体特征后，再对生成的实体特征进行【拉伸凸台/基体】、【切除】等简单特征添加；若所需创建特征与源特征保持绝大部分相同，但是后续它们需要保持各自独立，使用【复制】命令，可以单独修改复制生成的特征草图。

## 12.3.2 复制

SolidWorks 不仅继承了 Windows 系统的界面风格，还包括一些常用快捷键，如【Ctrl+C】、【Ctrl+V】。

选择拉伸切除特征后，按下键盘的【Ctrl+C】组合键，选择零件凸台表面，如图12-56所示。按下键盘的【Ctrl+V】组合键，弹出【复制确认】对话框，提示用户选择删除或悬空草图几何关系，如图12-57所示。

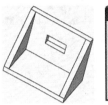 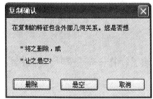

图12-56 复制特征　　图12-57 【复制确认】对话框

单击【悬空】按钮，选择将特征包含的外部几何关系悬空，生成特征之后再做修改。在绘图区域左侧的属性管理器中右击草图，在弹出的快捷菜单中选择【什么错】命令，系统便会弹出【什么错】命令，指出当前错误的原因，提示用户进行更正，如图12-58所示。

图12-58 查看错误原因

左侧90mm的尺寸线和中心线所依附的特征遗失，因此删除该遗失特征的标注，并重新对草图进行水平方向的定位，如图12-59所示。

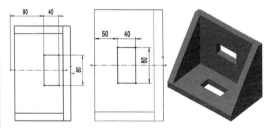

图12-59 重定义草图遗失参考

更改遗失特征，对粘贴特征进行重定义后，特征即被成功复制粘贴。

### 技术要点

复制特征主要用于特征与将生成特征形状相似，且结构上不对称而无法通过【镜像】命令实现的场合。当【镜像】与【复制】均能完成所需功能时，优先选用【镜像】命令，因为一般采用复制生成新的特征时往往需要对生成的特征进行修改才能满足要求。

**动手操作——复制与镜像操作**

操作步骤：

**01** 新建零件文件。

**02** 以上视基准面作为绘图平面，绘制草图生成拉伸凸台，如图 12-60 所示。

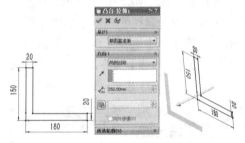

图 12-60　生成拉伸凸台

**03** 以凸台左端边作为绘图平面，利用草图选项卡中的【转换实体引用】命令，选择凸台两条棱边，并连接，拉伸凸台基体生成左侧板，如图 12-61 所示。

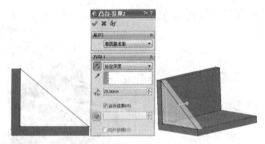

图 12-61　生成左侧板

**04** 在【特征】选项卡中单击【圆角】按钮，保持默认的【等半径】圆角方式，并设置圆角半径为 10mm，选择零件侧边一条边线后，在出现的提示图标中选择前者【连接到开始面，3 边线】实现快速选择所需圆角对象，完成侧边圆角特征的创建，如图 12-62 所示。

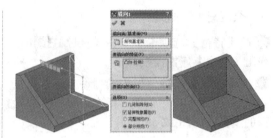

图 12-62　创建侧边圆角

**05** 以凸台竖直内表面为绘图平面，绘制草图，并单击【特征】选项卡中的【拉伸切除】按钮，在弹出的【拉伸切除】对话框中，选择【完全贯穿】切除方式，完成安装孔的切除，如图 12-63 所示。

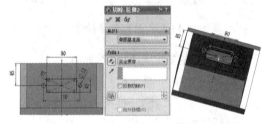

图 12-63　拉伸切除安装孔

**06** 在设计树中选择上一步的切除特征，在键盘上按下【Ctrl+C】组合键，选择凸台上表面，并在键盘上按下【Ctrl+V】组合键，弹出【复制确认】对话框，单击【删除】按钮，即可在模型中看出安装孔特征已经复制到底板上，如图 12-64 所示。

图 12-64　拉伸切除安装孔

### 技术要点

由于待复制安装孔特征草图在原来绘图平面中相对于参考对象完全定义，在复制到新的平面上时其参考将丢失，因此需要删除其外部几何关系，然后在新的绘图平面上进行修改。

在设计树中右击新生成的特征草图，在弹出的快捷菜单中选择【编辑草图】命令，对复制生成的新的特征草图进行重新标注尺寸和添加几何关系，完全草图定义，并确定生成特征，如图 12-65 所示。

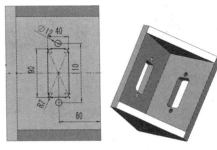

图 12-65  修改复制生成的特征草图

**技术要点**

对于复杂草图生成的特征，可以采用特征复制生成，然后编辑生成特征的草图，从而达到设计要求。

## 12.4 修改实体特征操作

修改实体特征包括移动面、分割和利用 Instant3D 修改实体，下面将分别介绍它们的使用。

### 12.4.1 移动面

移动面用于快速对实体表面进行等距、平移和旋转，从而实现快速修改实体，单击【数据迁移】选项卡中的【移动面】按钮，激活【移动面】命令后弹出【移动面】面板，并在图形区域出现三重坐标轴，如图 12-66 所示。

图 12-66  【移动面】面板及图标

移动面有 3 种方式，分别为：
- 等距：以指定距离等距移动所选面或特征。
- 平移：以指定距离在所选方向上平移所选面或特征。
- 旋转：以指定角度绕所选轴旋转所选面或特征。

移动面相关参数详解如下：
- 要移动的面：显示选择的面或特征。
- 距离：对于【等距】和【平移】，设定移动面或特征的距离。
- 参数方向参考：对于【平移】，选择基准面、平面、线性边线或参考轴来指定移动面或特征的方向；对于【旋转】，选择线性边线或参考轴来指定面或特征的旋转轴。

下面以移动面中较为常用的【平移】方式为例，介绍其操作步骤：

**01** 单击【数据迁移】选项卡中的【移动面】按钮，在弹出的【移动面】面板中选择待移动的 3 个面。

**02** 在图形区域的三重轴中选择平移方向轴。

**03** 拖动三重轴，在图形区域预览图形变化并标尺显示，对比当前平移距离。

**04** 在合适位置停止拖动三重轴，并单击【确定】按钮，完成移动面平移操作，如图 12-67 所示。

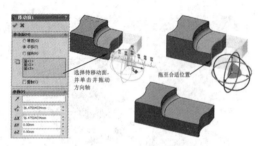

图 12-67　移动面操作

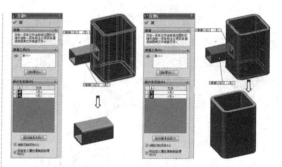

图 12-68　实体分割

**技术要点**

若需要对实体造型进行修改，外部输入文件（如 IGS 格式、STEP 格式的文件）在没有任何特征的情况下很难对模型进行编辑，此时移动面的使用就变得至关重要，此功能可以直接对外部输入文件进行造型修改。

**技术要点**

用户也可以在【所产生实体】选项组中选中所有实体复选框，并选中【消耗切除实体】复选框，则零件所有实体皆被分割并且被剪裁掉，该特征将留下空白。通常这样的操作没有意义，因此极为少用。

### 12.4.2　分割

使用【分割】特征命令可以从一个现有零件生成多个零件。您可以生成个别的零件档案，以从新零件组成组合件。您可以分割单一零件文件为多本体零件文件。

【分割】特征包括实体分割、曲面分割和草图分割，下面将分别对这 3 种分割方法进行介绍。

#### 1. 实体分割

实体分割用于将当前文档中的两个或多个实体特征进行分割，形成单文件多实体零件，或者分割后去掉某个部分。分割的依据为【剪裁工具】选项组中，用户所选的特征表面或系统自动识别所选特征的某个面作为剪裁分界面。若要去掉分割实体的某个部分，需选中【消耗切除实体】复选框。否则，只进行分割而不会去掉零件实体部分。

保留或去掉的部分由用户通过在分割面板中选中或取消选中【所产生实体】选项组中相应的复选框，并选中【消耗切除实体】复选框，如图 12-68 所示分别为保留不同部分的实例。

#### 2. 曲面分割

曲面分割则是用户在执行【分割】命令之前，创建所需分割的分界曲面，然后将其作为剪裁依据对零件进行剪裁。

曲面分割操作与实体分割相似，其差异在于加入了曲面作为剪裁工具，而不是实体特征自行分割。因此曲面分割后将可以产生多种分割结果：实体 1+ 分割曲面、实体 2+ 分割曲面和分割曲面，如图 12-69 所示。

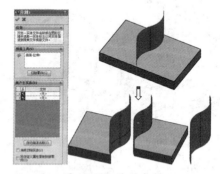

图 12-69　曲面分割

**技术要点**

一般情况下，分割曲面仅作为一个辅助工具，完成分割后其作用即已实现，显示反而影响视觉，因此在完成分割后通常将分割曲面进行隐藏，如图 12-70 所示。

# 第 12 章 特征编辑与操作

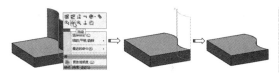

图 12-70　分割后隐藏分割曲面

### 3. 草图分割

草图分割操作与实体分割也相似，其差异在于分割是基于草图作为剪裁工具，而不是实体特征自行分割。因此曲面分割后将可以产生多种分割结果：实体 1、实体 2、分割实体 3……如图 12-71 所示。

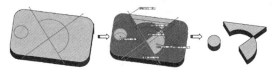

图 12-71　草图分割

同样，用户也可以选择只分割不剪裁，或者去 / 留某些部分实体，如图 12-72 所示。

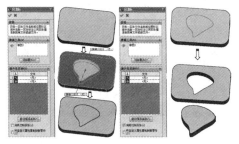

图 12-72　不同的分割结果

**技术要点**

用户亦可以不选中【消耗切除实体】复选框，仅对实体进行分割处理，至于分割后的各部分实体谁去谁留则通过隐藏和取消隐藏来实现。

## 12.4.3　利用 Instan3D 修改实体

Instant3D 可以通过拖动控标、标尺及草图快速生成和修改模型几何体。要生成特征，必须退出编辑草图模式。不仅实体，装配体也支持 Instant3D 技术。此功能对凸台和切除特征有效，可用于多种草图实体。

Instant3D 默认为激活状态。要切换至 Instant3D 模式，单击【特征】选项卡上的【Instant3D】按钮 。

另外，这项技术还应用到了零件和装配体中活动的剖面中，总体上来说，是一个比较实用的功能。

利用 Instant3D（实时三维）技术可以编辑装配体内的零部件特征，也可以编辑装配体层级草图及配合尺寸，以及编辑内部草图轮廓，拖动操纵杆可以通过标尺重新定位内部草图轮廓。Instant3D 支持单击和拖放，并有直观地标尺，可以观察变更尺寸，令我们能够更直观地进行尺寸的编辑修改，而无须进行烦琐的重定义，直接修改实体，而无须通过变更草图。

Instant3D 提供了更高级别的设计直观性，同时大大减少了完成设计任务所需的步骤。新的拖动控标会在用户选择某个设计区域时出现，从而允许实时编辑和创建设计。没有任何对话框或输入字段，用户只需选择面，然后将它们拖动和捕捉到屏幕标尺，就可以得到精确的值。

**动手操作——Instan3D 修改实体**

操作步骤：

**01** 新建零件文件。

**02** 利用【拉伸凸台 / 基体】命令，在前视基准平面上创建如图 12-73 所示的拉伸凸台。

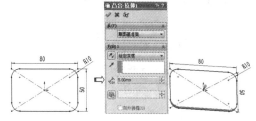

图 12-73　拉伸凸台基体

**03** 以凸台上表面为绘图平面，利用【拉伸凸台 / 基体】命令创建如图 12-74 所示的六棱柱。

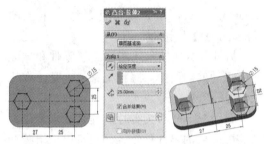

图 12-74　拉伸生成六棱柱

**04** 同上一步，以凸台上表面为绘图平面，利用【拉伸凸台/基体】命令创建圆形凸台，如图 12-75 所示。

图 12-75　创建圆形凸台

**05** 单击【特征】选项卡上的【Instant3D】按钮，单击凸台上表面，在弹出的三重轴中拖动箭头，完成【Instant3D】命令对底板的修改，如图 12-76 所示。

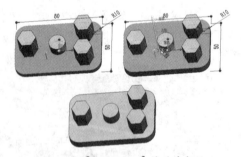

图 12-76　【Instant3D】修改底板 1

**06** 单击【特征】选项卡上的【Instant3D】按钮，单击六棱柱凸台上表面，在弹出的三重轴中拖动箭头，完成【Instant3D】命令对底板的修改，如图 12-77 所示。

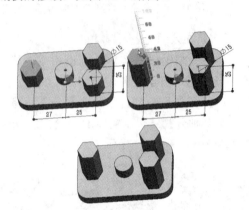

图 12-77　【Instant3D】修改底板 2

**07** 单击【特征】选项卡上的【Instant3D】按钮，单击中心圆柱凸台上表面，在弹出的三重轴中拖动箭头，完成【Instant3D】命令对底板的修改，如图 12-78 所示。

图 12-78　【Instant3D】修改底板 3

## 12.5　综合实战

特征的编辑与操作是机械设计和产品设计过程中必不可少的工具，我们再通过几个典型案例加强练习。

## 12.5.1 工作台零件设计

◎ 引入文件：\综合实战\源文件\Ch12\截面草图.sldprt

◎ 结果文件：\综合实战\结果文件\Ch12\工作台.sldprt

◎ 视频文件：\视频\Ch12\工作台.avi

本例要设计的工作台，如图 12-79 所示。针对工作台零件做出如下设计分析：

- 使用【旋转凸台/基体】工具生成工作台主体。
- 由于工作台中 T 形键槽的分布呈对称分布，因此可先创建一半的 T 形键槽。使用【拉伸切除】工具，创建工作台的 T 形键槽。
- 使用【镜像】工具镜像出另一半 T 形键槽。
- 使用【倒角】工具，创建工作台的倒角特征。
- 使用【异型孔向导】工具，创建工作台的螺纹孔和直孔。

图 12-79　工作台

操作步骤：

**01** 打开本例的源文件——旋转截面草图。

**02** 在【特征】选项卡单击【旋转凸台/基体】按钮 ，属性管理器显示【旋转】面板。

**03** 按信息提示在图形区域选择草图，随后显示旋转预览，如图 12-80 所示。保留面板中的选项设置，最后单击【旋转】面板中的【确定】按钮 ，完成工作台主体的创建。

图 12-80　选择草图显示旋转预览

### 技术要点

选择现有草图，程序会自动判断出旋转中心线和旋转的草图轮廓。

**04** 使用【拉伸切除】工具，在主体中创建出如图 12-81 所示的切除特征。

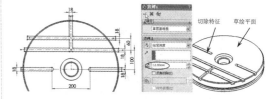

图 12-81　创建拉伸切除特征

**05** 再使用【拉伸切除】工具，在主体中原切除特征基础之上再创建出如图 12-82 所示的切除特征。

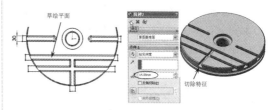

图 12-82　第二次创建拉伸切除特征

**06** 在特征管理器设计树中选择前视基准面，图形区域显示该基准面。然后在【特征】选项卡中单击【镜像】按钮 ，属性管理器显示【镜像】面板。

**07** 在图形区域选择第一次与第二次创建的拉伸切除特征作为要镜像的特征，再单击【确定】按钮 ，完成特征的镜像，如图 12-83 所示。

**08** 使用【倒角】工具，对拉伸切除特征的边全部倒角处理，如图 12-84 所示。

**09** 在【特征】选项卡中单击【异型孔向导】按钮 ，属性管理器显示【孔规格】面板。在面板的【位置】选项卡下，选择主体中间的台阶孔面作为孔草图的草绘平面并进入草图模式中，然后在草图模式中绘制如图 12-85 所示的 3 个点。

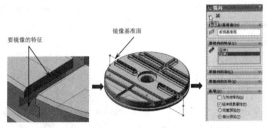

图 12-83 镜像拉伸切除特征

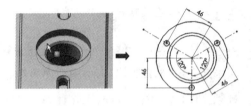

图 12-85 绘制孔草图

图 12-84 对拉伸切除特征进行倒角处理

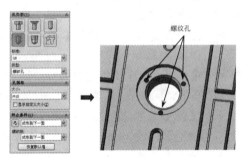

图 12-86 创建螺纹孔

**10** 在面板中的【类型】选项卡中设置如图 12-86 所示的选项后，单击【确定】按钮 完成螺纹孔的创建。

**11** 至此，工作台零件的创建工作已全部完成，创建的工作台如图 12-87 所示。

图 12-87 创建的工作台

**12** 最后单击【保存】按钮 保存结果。

## 12.5.2 创建十字启子

○ 引入文件：\综合实战\源文件\Ch12\截面草图.sldprt

○ 结果文件：\综合实战\结果文件\Ch12\十字启子.sldprt

○ 视频文件：\视频\Ch12\十字启子.avi

本例将要完成十字启子的绘制及模型的创建，完成后如图 12-88 所示。

图 12-88 十字启子模型

提示：十字启子主要由手柄部分和尖端工作部分组成，手柄采用旋转生成，尖端部分则通过倒角、扫描切除和圆周阵列形成，主要操作过程如表 12-1 所示。

## 第 12 章 特征编辑与操作

表 12-1 十字启子主要创建过程

| 序号 | 操作步骤 | 图 解 | 序号 | 操作步骤 | 图 解 |
|---|---|---|---|---|---|
| 1 | 旋转生成启子手握部分的基体特征 | | 4 | 切除刀刃 | |
| 2 | 倒角 | | 5 | 生成加强筋 | |
| 3 | 拉伸工作部分 | | 6 | 切除单个十字刀刃，并圆周阵列 | |

操作步骤：

**01** 按【Ctrl+N】组合键弹出【新建】对话框，新建一个零件文件，将其保存，命名为【十字启子】。

**02** 单击【特征】选项卡中的【旋转】按钮，选择右视基准面作为绘图平面。

**03** 分别使用【直线】命令、【点】命令、【样条曲线】命令完成图 12-89 所示旋转草图的绘制，并标注尺寸。

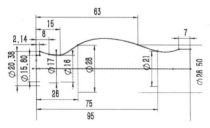

图 12-89 创建旋转草图

**04** 退出草图环境，再单击 ✓ 按钮退出【旋转】命令，创建的旋转特征如图 12-90 所示。

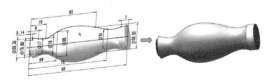

图 12-90 创建旋转特征

**05** 单击【特征】选项卡中的【圆角】按钮，在属性管理器中选择圆角的边线并设置圆角钣金为 7mm，如图 12-91 所示。

图 12-91 创建圆角特征

**06** 单击【特征】选项卡中的【拉伸凸台/基体】按钮，选择零件左端面作为绘图平面，以坐标原点为圆心绘制一个圆并标注圆的直径为 4.78mm，如图 12-92 所示。

**07** 单击【确定】按钮，然后在【拉伸凸台/基体】属性管理器中设置拉伸值为 100.5mm，如图 12-93 所示。

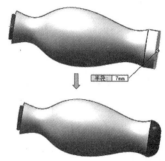

图 12-62 绘制圆　　图 12-93 创建拉伸特征

**08** 单击【特征】选项卡中的【切除-拉伸】按钮，选择零件左端面作为绘图平面，以坐标原点为圆心绘制一个圆并标注圆的直径为 4.77mm，确认后在【切除-拉伸】属性面板中设置拉伸值为 12mm，如图 12-94 所示。

图 12-94 拉伸切除形成启子尖端部位

**09** 单击【特征】选项卡中的【倒角】按钮，选择边线为螺丝刀刀尖部分的外圆棱边，选择【角度距离】的倒角方式并设置距离为 7mm、角度为 15°，如图 12-95 所示。

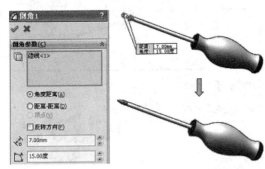

图 12-95 倒角启子刀尖部位

**10** 单击【草图】选项卡中的【草图绘制】按钮，选择刀尖端面作为绘图平面，绘制等边三角形△，边长为 3mm，左顶点距圆心距离为 0.3mm，确定后退出，如图 12-96 所示。

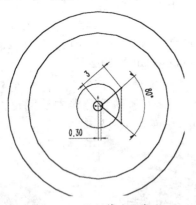

图 12-96 绘制等边三角形

**11** 单击【草图】选项卡中的【草图绘制】按钮，选择上视基准面作为绘图平面。单击【绘制点】按钮，在启子的下边线中点处单击以创建参考点。同理，创建其余 5 个点，并标注这 5 个点的尺寸，然后单击【样条曲面】按钮，顺次通过这 5 个点绘制样条曲线，如图 12-97 所示。

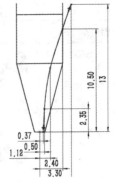

图 12-97 创建点及样条曲线

**12** 单击【特征】选项卡中的【扫描切除】按钮，选择等边三角形草图作为轮廓、样条曲线作为路径，进行扫描切除，如图 12-98 所示。

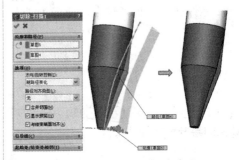

图 12-98 扫描切除启子口

**13** 在菜单栏执行【插入】|【参考几何体】|【基准轴】命令，选择刀杆柱面插入基准轴，如图 12-99 所示。

图 12-99 创建基准轴

**14** 在【特征】选项卡中单击【圆周草图阵列】按钮，选择所创建的基准轴作为阵列轴、扫描切除特征作为要阵列的特征，设置为【等间距】4 个，如图 12-100 所示。

**15** 至此，十字启子创建完毕，如图 12-101 所示，保存文件并关闭文件窗口。

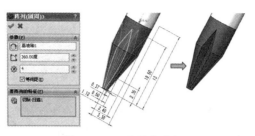
图 12-100 圆周阵列启子刀口

图 12-101 十字启子模型

## 12.6 课后习题

### 1. 创建梯子

梯子是一种居家、工业常用工具。本例练习梯子实体模型的建模操作，其实体模型如图 12-102 所示，梯子自下而上呈缩小的趋势，越往上走，供脚踏的宽度越小，因此需要【线性阵列】中的【随形阵列】阵列生成。

### 2. 创建管接头

本例练习管接头实体模型的建模操作。该实体零件采用一端通过螺纹与金属接头连接，另一端通过锥形凹槽与塑胶软管过盈配合，且用喉箍压紧，从而起到连接作用。

管接头主体为回转体零件，通过旋转实体生成，螺纹则通过插入装饰螺纹生成，锥形凹槽通过旋转切除与【线性阵列】中的【随形阵列】阵列生成，完成后如图 12-103 所示。

图 12-102 梯子

图 12-103 管接头

读书笔记

# 第 13 章 零件装配设计

本章主要介绍了 SolidWorks 装配设计的基本操作、装配环境下零部件的调入、在装配体中为零部件添加配合关系,以及装配体中零部件的复制、阵列与镜像,子装配体的操作,装配体的检查和爆炸视图,大型装配体的简化及装配体的统计与干涉检查等。通过本章的学习,初学者应熟练掌握装配体的设计方法和操作过程,能将已经设计好的零件模型按要求装配在一起,生成装配体模型,直观逼真地表达零件之间的配合关系,并为随后生成装配体工程图做好准备。

资源二维码

百度云网盘

360云盘 密码6955

- ◆ 掌握装配设计方式
- ◆ 掌握装配体的插入
- ◆ 掌握装配体的控制方法
- ◆ 掌握装配体的检测方法
- ◆ 掌握装配爆炸视图
- ◆ 掌握其他装配技术

## 13.1 装配概述

装配是根据技术要求将若干零件接合成部件或将若干个零件和部件接合成产品的劳动过程。装配是整个产品制造过程中的后期工作,各部件需正确地装配,才能形成最终产品。如何从零部件装配成产品并达到设计所需要的装配精度,这是装配工艺要解决的问题。

### 13.1.1 计算机辅助装配

计算机辅助装配工艺设计是用计算机模拟装配人员编制装配工艺,自动生成装配工艺文件。因此它可以缩短编制装配工艺的时间,减少劳动量,同时也提高了装配工艺的规范化程度,并能对装配工艺评价和优化。

#### 1. 产品装配建模

产品装配建模是一个能完整、正确地传递不同装配体设计参数、装配层次和装配信息的产品模型。它是产品设计过程中数据管理的核心,是产品开发和支持设计灵活变动的强有力工具。

产品装配建模不仅描述了零部件本身的信息,而且还描述产品零、部件之间的层次关系、装配关系,以及不同层次的装配体中的装配设计参数的约束和传递关系。

建立产品装配模型的目的在于建立完整的产品装配信息表达,一方面使系统对产品设计能进行全面支持;另一方面它可以为 CAD 系统中的装配自动化和装配工艺规划提供信息源,并对设计进行分析和评价,如图 13-1 所示为基于 CAD 系统进行装配的产品零部件。

图 13-1 基于 CAD 系统进行装配的产品零部件

### 2. 装配特征的定义与分类

从不同的应用角度看，特征有不同的分类。根据产品装配的有关知识，零件的装配性能不仅取决于零件本身的几何特性（如轴孔配合有无倒角），还部分取决于零件的非几何特征（如零件的重量、精度等）和装配操作的相关特征（如零件的装配方向、装配方法及装配力的大小等）。

根据以上所述，装配特征的完整定义即与零件装配相关的几何、非几何信息，以及装配操作的过程信息。装配特征可分为几何装配特征、物理装配特征和装配操作 3 种类型。

- 几何装配特征：包括配合特征几何元素、配合特征几何元素的位置、配合类型和零件位置等属性。
- 物理装配特征：与零件装配有关的物理装配特征属性。包括零件的体积、重量、配合面粗糙度、刚性及黏性等。
- 装配操作特征：指装配操作过程中零件的装配方向，以及装配过程中的阻力、抓拿性、对称性、有无定向与定位特征、装配轨迹和装配方法等属性。

## 13.1.2 了解 Solidworks 装配术语

在利用 Solidworks 进行装配建模之前，初学者必须先了解一些装配术语，这有助于后面的课程学习。

### 1. 零部件

在 Solidworks 中，零部件就是装配体中的一个组件（组成部件）。零部件可以是单个部件（即零件）也可以是一个子装配。零部件是由装配体引用而不是复制到装配体中。

### 2. 子装配体

组成装配体的这些零件称为子装配体。当一个装配体成为另一个装配体的零部件时，这个装配体也可称为子装配体。

### 3. 装配体

装配体是由多个零部件或其他子装配体所组成的一个组合体。装配体文件的扩展名为 .sldasm。

装配体文件中保存了两方面的内容：一是进入装配体中各零部件的路径，二是各零部件之间的配合关系。一个零件放入装配体中时，这个零部件文件会与装配体文件产生链接的关系。在打开装配体文件时，SolidWorks 要根据各零部件的存放路径找出零部件，并将其调入装配体环境。所以装配体文件不能单独存在，要和零部件文件一起存在才有意义。

### 4. 自下而上装配

自下而上装配是指在设计过程中，先设计单个零部件，在此基础上进行装配，生成总体设计。这种装配建模需要设计人员交互地给定配合构件之间的配合约束关系，然后由 SolidWorks 系统自动计算构件的转移矩阵，并实现虚拟装配。

### 5. 自上而下装配

自上而下装配是指在装配体中创建与其他零部件相关的零部件模型，是在装配部件的顶级向下产生子装配和零部件的装配方法。即先通过产品的大致形状特征对整体进行设计，然后根据装配情况对零件进行详细设计。

### 6. 混合装配

混合装配是将自上向下装配和自底向上装配结合在一起的装配方法。例如先创建几个主要零部件模型,再将其装配在一起,然后在装配中设计其他零部件,即为混合装配。在实际设计中,可根据需要在两种模式下切换。

### 7. 配合

配合是在装配体零部件之间生成几何关系。当零部件被调入到装配体中时,除了第一个调入的之外,其他的都没有添加配合,位置处于任意的浮动状态。在装配环境中,处于浮动状态的零部件可以分别沿 3 个坐标轴移动,也可以分别绕 3 个坐标轴转动,即共有 6 个自由度。

### 8. 关联特征

关联特征是用来在当前零部件中通过对其他零部件中几何体进行绘制草图、投影、偏移或加入尺寸来创建几何体。关联特征也是带有外部参考的特征。

## 13.1.3 装配环境的进入

进入装配体环境有两种方法:第一种是新建文件时,在弹出的【新建 SolidWorks 文件】对话框中选择【装配体】模板,单击【确定】按钮即可新建一个装配体文件,并进入装配体环境,如图 13-2 所示。第二种则是在零件环境中,在菜单栏执行【文件】|【从零件制作装配体】命令,切换到装配体环境。

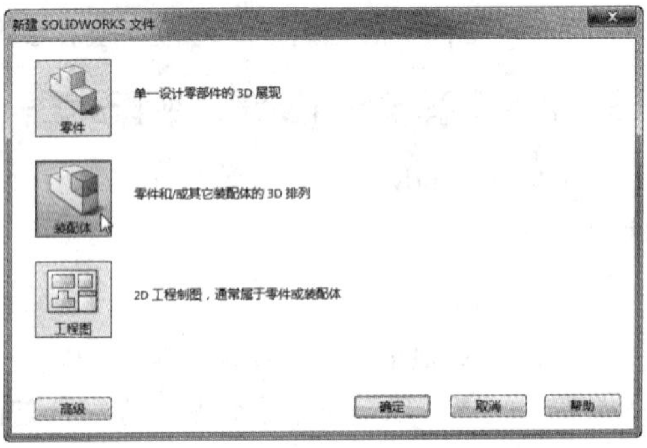

当新建一个装配体文件或打开一个装配体文件时,即进入 SolidWorks 装配体环境。SolidWorks 装配体操作界面和零件模式的界面相似,装配体界面同样具有菜单栏、选项卡、设计树、控制区和零部件显示区。在左侧的控制区中列出了组成该装配体的所有零部件。在设计树最底端还有一个配合的文件夹,包含所有零部件之间的配合关系,如图 13-3 所示。

图 13-2 新建装配体文件

图 13-3 SolidWorks 装配体操作界面

由于 SolidWorks 提供了用户自己定制界面的功能，装配操作界面可能与读者实际应用有所不同，但大部分界面应是一致的。

## 13.2 开始装配体

当用户新建装配体文件并进入到装配体环境中时，属性管理器中显示【开始装配体】面板，如图 13-4 所示。

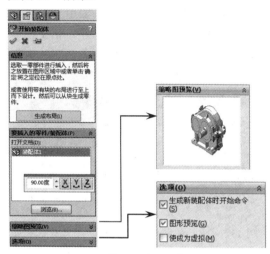

图 13-4 【开始装配体】面板

在面板中，用户可以单击【生成布局】按钮，直接进入到布局草图模式中，绘制用于定义装配零部件位置的草图。

用户还可以通过单击【浏览】按钮，浏览要打开的装配体文件位置并将其插入到装配体环境中，然后再进行装配体的设计、编辑等操作。

在面板的【选项】选项组中包含 3 个复选框，其含义如下：

- 生成新装配体时开始命令：该选项用于控制【开始装配体】面板的显示与否。如果用户的第一个装配体任务为插入零部件或生成布局之外的普通事项，可以取消选中此复选框。

### 技术要点

如果关闭【开始装配体】面板的显示，可以通过执行【插入零部件】命令，重新选中此复选框即可重新打开该面板。

- 图形预览：此选项用于控制插入的装配模型是否在图形区域预览。
- 使成为虚拟：选中此复选框，可以使用户插入的零部件成为虚拟零部件，并断开外部零部件文件的链接，同时在装配体文件内储存零部件定义。

### 虚拟零部件

虚拟零部件是 Solidworks 向用户提供的一种便于频繁操作和更改装配体、零部件的假想装配模型。虚拟零部件保存在装配体文件内部，而不是在单独的零件文件或子装配体文件中。

虚拟零部件的名称格式为：[Part_name^Assembly_name]。

例如，  (固定) [ 装配体-减速器^装配体12 ] 表示一个减速器的虚拟零部件。

虚拟零部件在自上而下的设计中尤其有用，它具有以下几个优点：

- 用户可以在特征管理器设计树中重新命名这些虚拟零部件，而不需要打开它们、另存备份档并使用替换零部件命令。
- 只需一步操作，即可让虚拟零部件中的一个实例独立于其他实例。
- 用于存储装配体的文件夹中，不会存放因零部件设计迭代而产生的未用零件和装配体文件。

### 13.2.1 插入零部件

插入零部件功能可以将零部件添加到新的或现有装配体中。插入零部件功能包括以下几种装配方法：插入零部件、新零件、新装配体和随配合复制。

#### 1. 插入零部件

【插入零部件】工具用于将零部件插入到现有装配体中。用户选择自下而上的装配方式后，先在零件模式中造型，可以使用该工具将之插入装配体，然后使用【配合】功能来定位零件。

用户可通过以下方式来执行【插入零部件】命令：

- 在命令管理器的【装配体】选项卡上单击【插入零部件】按钮。
- 在主界面的【装配体】选项卡上单击【插入零部件】按钮。
- 在菜单栏执行【插入】|【零部件】|【现有零件/装配体】命令。

执行【插入零部件】命令后，属性管理器将显示【插入零部件】面板。【插入零部件】面板中的选项设置与【开始装配体】面板是相同的，这里就不重复介绍了。

> **技术要点**
> 在自上而下的装配设计过程中，第一个插入的零部件可以称为【主零部件】。因为后插入的零部件将以它作为装配参考。

#### 2. 新零件

使用【新零件】工具，可以在关联的装配体中设计新的零件。在设计新零件时可以使用其他装配体零部件的几何特征。只有在用户选择了自上而下的装配方式后，才可以使用此工具。

在【装配体】选项卡中单击【新零件】

按钮后，特征管理器设计树中将显示一个空的【[零件1^装配体1]】的虚拟装配体文件，且鼠标指针变为，如图13-5所示。

当鼠标指针在设计树中移动至基准面位置时，则变为，如图13-6所示。指定某一基准面后，就可以在插入的新零件文件中创建模型了。

图13-5 设计树中的新零部件文件

图13-6 将选择基准面时的指针

对于内部保存的零件，可不选取基准面，而单击图形区域的一空白区域，此时可将空白零件添加到装配体中。用户可编辑或打开空白零件文件并生成几何体。零件的原点与装配体的原点重合，则零件的位置是固定的。

> **技术要点**
> 在生成关联装配体的新零部件之前，要想使虚拟的新零部件文件变为单独的外部装配体文件，只需将虚拟的零部件文件另存为即可。

#### 3. 新装配体

当需要在任何一层装配体层次中插入子装配体时，可以使用【新装配体】工具。当创建了子装配体后，可以用多种方式将零部件添加到子装配体中。

插入新的子装配体的装配方法也是自上而下的设计方法。插入的新子装配体文件也是虚拟的装配体文件。

#### 4. 随配合复制

当使用【随配合复制】工具复制零部件或子装配体时，可以同时复制其关联的【配合】。例如，在【装配体】选项卡中单击【随配合复制】按钮后，在减速器装配体中复制其中一个【被动轴通盖】零部件时，属性管理器将显示【随配合复制】面板，面板中显示了该零部件在装配体中的配合关系，如图13-7所示。

【随配合复制】面板中各选项组及选项的含义如下：

- 【所选零部件】选项组：该选项组下的列表框，用于收集要复制的零部件。
- 复制该配合：单击此按钮，即可在复制零部件过程中复制配合，再单击此按钮，则不复制配合。
- 重复：仅当所创建的所有复件都使用相同的参考时可选中此复选框。

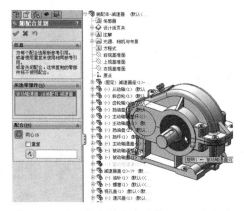

图 13-7　随配合复制减速器装配体的零部件

- 要配合到的新实体：激活此框，可在图形区域中选择新配合参考。
- 反转配合对齐：单击此按钮，改变配合对齐方向。

### 13.2.2 配合

配合就是在装配体零部件之间生成几何约束关系。

当零件被调入到装配体中时，除了第一个调入的零部件或子装配体之外，其他的都没有添加配合，位置处于任意的浮动状态。在装配体环境中，处于浮动状态的零部件可以分别沿3个坐标轴移动，也可以分别绕3个坐标轴转动，即共有6个自由度。

当给零件添加装配关系后，可消除零件的某些自由度，限制了零件的某些运动，此种情况称为不完全约束。当添加的配合关系将零件的6个自由度都消除时，称为完全约束，零件将处于固定状态，如同插入的第一个部件一样（默认情况下为固定），无法进行拖动操作。

> **技术要点**
>
> 一般情况下，第一个插入的零部件位置是固定的，但也可以执行右键菜单中的【浮动】命令，取消其固定状态。

用户可通过以下方式来执行【配合】命令：

- 在命令管理器的【装配体】选项卡上单击【配合】按钮。
- 在主界面的【装配体】选项卡上单击【配合】按钮。
- 在菜单栏执行【插入】|【配合】命令。

执行【配合】命令后，属性管理器将显示【配合】面板。面板中的【配合】选项卡中包括有用于添加标准配合、机械配合和高级配合的选项。【分析】选项卡中各选项用于分析所选的配合，如图13-8所示。

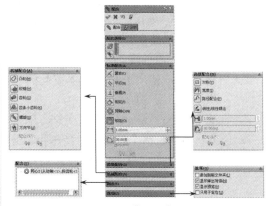

图 13-8　【配合】面板

### 1.【配合选择】选项组

该选项组用于选择要添加配合关系的参考实体。激活【要配合的实体】选项，选择想配合在一起的面、边线、基准面等。这是单一的配合，范例如图 13-9 所示。

多配合模式选项是用于多个零件与同一参考的配合，范例如图 13-10 所示。

图 13-9　单一配合

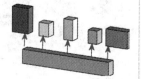
图 13-10　多配合

### 2. 标准配合

该选项组用于选择配合类型。SolidWorks 提供了 9 种标准配合类型，介绍如下：

- 重合：将所选面、边线及基准面定位（相互组合或与单一顶点组合），使其共享同一个无限基准面。定位两个顶点使它们彼此接触。
- 平行：使所选择的配合实体相互平行。
- 垂直：使所选配合实体彼此间呈 90°角放置。
- 相切：使所选配合实体彼此相切放置（至少有一个选择项必须为圆柱面、圆锥面或球面）。
- 同轴心：使所选配合实体放置于共享同一中心线。
- 锁定：保持两个零部件之间的相对位置和方向。
- 距离：使所选配合实体彼此间以指定的距离放置。
- 角度：使所选配合实体彼此间以指定的角度放置。
- 配合对齐：设置配合对齐条件。配合对齐条件包括【同向对齐】和【反向对齐】。【同向对齐】是指与所选面正交的向量指向同一方向，如

图 13-11（a）所示。【反向对齐】是指与所选面正交的向量指向相反方向，如图 13-11（b）所示。

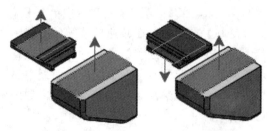

（a）同向对齐　　　　（b）反向对齐

图 13-11　配合对齐

**技术要点**

对于圆柱特征，轴向量无法看见或确定。可选择【同向对齐】或【反向对齐】来获取对齐方式，如图 13-12 所示。

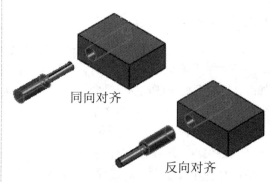

图 13-12　圆柱特征的配合对齐

### 3. 高级配合

【高级配合】选项组提供了相对比较复杂的零部件配合类型。表 13-1 中列出了 6 种高级配合类型的说明及图解。

表 13-1  6 种高级配合类型的说明及图解

| 高级配合 | 说　明 | 图　解 | 高级配合 | 说　明 | 图　解 |
|---|---|---|---|---|---|
| 对称配合 | 强制两个相似的实体相对于零部件的基准面或平面或者装配体的基准面对称 | | 线性/线性耦合 | 在一个零部件的平移和另一个零部件的平移之间建立几何关系 | |
| 宽度配合 | 使零部件位于凹槽宽度内的中心 | | 距离配合 | 允许零部件在距离配合一定数值范围内移动 | |
| 路径配合 | 将零部件上所选的点约束到路径 | | 角度配合 | 允许零部件在角度配合一定数值范围内移动 | |

**4．机械配合**

在【机械配合】选项组中提供了 6 种用于机械零部件装配的配合类型，如表 13-2 所示。

表 13-2  6 种机械配合类型的说明及图解

| 机械配合 | 说　明 | 图　解 | 机械配合 | 说　明 | 图　解 |
|---|---|---|---|---|---|
| 齿轮配合 | 强迫两个零部件绕所选轴相对旋转。齿轮配合的有效旋转轴包括圆柱面、圆锥面、轴和线性边线 | | 齿条/小齿轮 | 通过齿条和小齿轮配合，某个零部件（齿条）的线性平移会引起另一零部件（小齿轮）做圆周旋转，反之亦然 | |
| 铰链配合 | 将两个零部件之间的移动限制在一定的旋转范围内。其效果相当于同时添加同心配合和重合配合 | | 螺旋配合 | 将两个零部件约束为同心，还在一个零部件的旋转和另一个零部件的平移之间添加纵倾几何关系 | |
| 凸轮配合 | 为相切或重合配合类型。它可允许您将圆柱、基准面或点，与一系列相切的拉伸曲面相配合 | | 万向节配合 | 角度配合允许零部件在一定数值范围内移动 | |

**5．【配合】选项组**

【配合】选项组包含【配合】面板打开时添加的所有配合，或正在编辑的所有配合。当配合列表框中有多个配合时，可以选择其中一个进行编辑。

### 万向节的含义

所谓万向节，指的是利用球形连接实现不同轴的动力传送的机械结构，是汽车上的一个很重要的部件。万向节与传动轴组合，称为万向节传动装置。在前置发动机后轮驱动的车辆上，万向节传动装置安装在变速器输出轴与驱动桥主减速器输入轴之间；而前置发动机前轮驱动的车辆省略了传动轴，万向节安装在既负责驱动又负责转向的前桥半轴与车轮之间，如图13-13所示为常见的十字轴式刚性万向节。

1——套筒；2——十字轴；3——传动轴叉；
4——卡环；5——轴承外圈；6——套筒叉

图13-13 十字轴式刚性万向节

6. 【选项】选项组

【选项】选项组包含用于设置配合的选项。选项含义如下：

- 添加到新文件夹：选中此复选框后，新的配合会出现在特征管理器设计树的【配合】文件夹中。
- 显示弹出对话：选中此复选框后，用户添加标准配合时会出现配合文字标签。
- 显示预览：选中此复选框，在为有效配合选择了足够对象后便会出现配合预览。
- 只用于定位：选中此复选框，零部件会移至配合指定的位置，但不会将配合添加到特征管理器设计树中。配合会出现在【配合】选项组中，以便用户编辑和放置零部件，但当关闭【配合】面板时，不会有任何内容出现在特征管理器设计树中。

## 13.3 控制装配体

在Solidworks装配过程中，当出现相同的多个零部件装配时可使用【阵列】或【镜像】功能，可以避免多次插入零部件的重复操作。使用【移动】或【旋转】功能，可以平移或旋转零部件。

### 13.3.1 零部件的阵列

在装配环境下，SolidWorks向用户提供了3种零部件的阵列类型：圆周零部件阵列、线性零部件阵列和特征驱动零部件阵列。

#### 1. 圆周零部件阵列

此种阵列类型可以生成零部件的圆周阵列。在【装配体】选项卡的【线性零部件】下拉菜单中选择【圆周零部件阵列】命令，属性管理器中显示【圆周阵列】面板，如图13-14所示。当指定阵列轴、角度和实例数（阵列数），以及要阵列的零部件后，就可以生成零部件的圆周阵列，如图13-15所示。

图13-14 【圆周阵列】面板

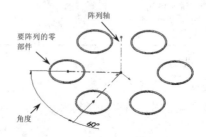

图13-15 生成的圆周零部件阵列

若要将阵列中的某个零部件跳过，在激活【可跳过的实例】列表框后，再选择要跳过显示的零部件即可。

**2．线性零部件阵列**

此种阵列类型可以生成零部件的线性阵列。在【装配体】选项卡单击【线性零部件】按钮，属性管理器中显示【线性阵列】面板，如图 13-16 所示。当指定了线性阵列的方向 1、方向 2，以及各方向的间距、实例数之后，即可生成零部件的线性阵列，如图 13-17 所示。

**3．特征驱动零部件阵列**

此种类型是根据参考零部件中的特征来驱动的，在装配 Toolbox 标准件时特别有用。

在【装配体】选项卡的【线性零部件】下拉菜单中选择【特征驱动零部件阵列】命令，属性管理器中显示【特征驱动】面板，如图 13-18 所示。当指定了要阵列的零部件——螺钉和驱动特征——孔面后，程序自动计算出孔盖上有多少个相同尺寸的孔，并生成阵列，如图 13-19 所示。

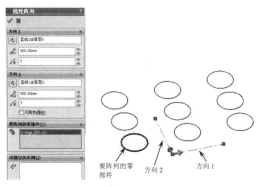

图 13-16 【线性阵列】面板　　图 13-17 生成的线性零部件阵列

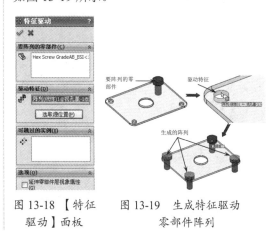

图 13-18 【特征驱动】面板　　图 13-19 生成特征驱动零部件阵列

## 13.3.2 零部件的镜像

当固定的参考零部件为对称结构时，可以使用零部件的镜像工具来生成新的零部件。新零部件可以是源零部件的复制版本或是相反方位版本。

复制版本与相反方位版本之间的生成差异如下：

- 复制类型：源零部件的新实例将添加到装配体，不会生成新的文档或配置。复制零部件的几何体与源零部件完全相同，只有零部件方位不同，如图 13-20 所示。

- 相反方位类型：会生成新的文档或配置。新零部件的几何体是镜像所得的，所以与源零部件不同，如图 13-21 所示。

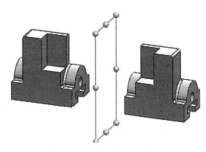

图 13-21 相反方位类型

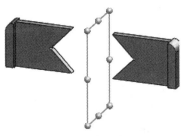

图 13-20 复制类型

在【装配体】选项卡的【线性零部件】下拉菜单中选择【镜像零部件】命令，属性管理器中显示【镜像零部件】属性面板,如图 13-22 所示。当选择了镜像基准面和要镜像的零部件以后(完成第一步骤),在面板顶部单击【下一步】按钮进入第二个步骤。在第二个步骤中,用户可以为镜像的零部件选择镜像版本和定向方式,如图 13-23 所示。

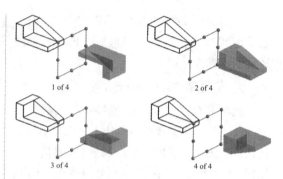

图 13-24 复制版本的 4 种定向方式

图 13-22 【镜像零部件】面板    图 13-23 第二个步骤

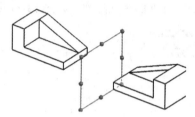

图 13-25 相反方位版本的定向

在第二个步骤中,复制版本的定向方式有 4 种,如图 13-24 所示。

相反方位版本的定向仅为一种,如图 13-25 所示。生成相反方位版本的零部件后,图标会显示在该项目旁边,表示已经生成该项目的一个相反方位版本。

**技术要点**

对于设计库中的 Toolbox 标准件,镜像零部件操作后的结果只能是复制类型,图 13-26 所示。

图 13-26 Toolbox 标准件的镜像

### 13.3.3 移动或旋转零部件

利用移动零件和旋转零件功能,可以任意移动处于浮动状态的零件。如果该零件被部分约束,则在被约束的自由度方向上是无法运动的。利用此功能,在装配体中可以检查哪些零件是被完全约束的。

在【装配体】选项卡上单击【移动零部件】按钮,属性管理器将显示【移动零部件】面板,如图 13-27 所示。【移动零部件】面板和【旋转零部件】面板的选项设置是相同的。

【移动零部件】面板中各选项组及选项的含义如下:
- Smartmate(智能配合):此功能可以实现

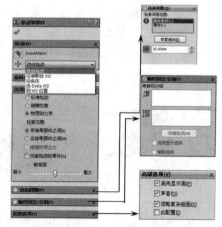

图 13-27 【移动零部件】面板

智能的装配。单击此按钮，然后在图形区域双击要装配的零部件的配合面（或边、点），该零部件透明显示，接着在固定零部件中选择与之相配合的有效面（或边、点），在随后弹出的【配合】选项卡中单击【添加/完成配合】按钮，自动完成装配过程，如图 13-28 所示。

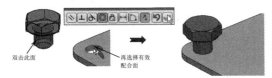

图 13-28  使用 Smartmate 功能

### 技术要点

要使用智能配合功能，无须在移动或旋转零部件操作中进行。用户也可以在图形区域按住【Alt】键选择要配合的零部件。

- 移动类型：在此下拉列表中列出了 5 种类型。包括自由拖动、沿装配体 XYZ、沿实体、由三角形 XYZ 和到 XYZ 位置。
- 旋转类型：在此下拉列表中也列出了 3 种旋转类型。包括自由拖动、对于实体和由三角形 XYZ。

【选项】选项组：该选项组用于设置拖动或旋转零部件时与其他零部件所发生的碰撞检查。

- 标准拖动：选择此单选按钮，只移动或旋转零部件，不检查碰撞。
- 碰撞检查：选择此单选按钮，将检查碰撞。并显示碰撞检查的选项。
- 物理动学：碰撞检查中的一个选项，允许用户以现实的方式查看装配体零部件的移动。
- 所有零部件之间：选择此单选按钮，移动的零部件接触到装配体中任何其他的零部件时，会检查出碰撞。
- 这些零部件之间：选择此单选按钮，再选择【零部件供碰撞检查】列表框中的零部件，然后单击【恢复拖动】按钮。如果要移动的零部件接触到所选零部件，会检测出碰撞。与不在列表框中的项目的碰撞被忽略。
- 碰撞时停止：选中此复选框，来停止零部件的运动以阻止其接触到任何其他实体。
- 【动态间隙】选项组：该选项组用于在移动或旋转零部件时动态检查零部件之间的间隙。激活【零部件供碰撞检查】列表框后，选择要检查的零部件。单击【恢复拖动】按钮以恢复拖动。
- 【临时固定/分组】选项组：该选项组用于在移动过程中选择临时固定组合分组的组件。
- 【高级选项】选项组：该选项组用于设置移动或旋转零部件时的颜色、声音及碰撞检查的忽略面。

## 13.4 布局草图

布局草图对装配体的设计是一个非常有用的工具，利用装配布局草图，可以控制零件和特征的尺寸和位置。对装配布局草图的修改会引起所有零件的更新，如果再采用装配设计表还可进一步扩展此功能，自动创建装配体的配置。

### 13.4.1 布局草图的功能

装配环境中的布局草图有如下功能：

#### 1. 确定设计意图

所有的产品设计都有一个设计意图，不管它是创新设计还是改良设计。总设计师最初的想法、草图、计划、规格及说明都可以用来构成产品的设计意图。它可以帮助每个设计者更好地理解产品的规划和零件的细节设计。

#### 2. 定义初步的产品结构

产品结构包含一系列零件，以及它们所继承的设计意图。产品结构可以这样构成：在它里面的子装配体和零件都可以只包含一些从顶层继承的基准和骨架或者复制的几何参考，而不包括任何本身的几何形状或具体的零件；还可以把子装配和零件在没有任何装配约束的情况下加入装配之中。这样做的好处是，这些子装配和零件在设计的初期是不确定也不具体的，但是仍然可以在产品规划设计时把它们加入装配中，从而可以为并行设计做准备。

#### 3. 在整个装配骨架中传递设计意图

重要零件的空间位置和尺寸要求都可以作为基本信息，放在顶层基本骨架中，然后传递给各个子系统，每个子系统就从顶层装配中获得了所需要的信息，进而它们就可以在获得的骨架中进行细节设计了，因为它们基于同一设计基准。

#### 4. 子装配体和零件的设计

当代表顶层装配的骨架确定，设计基准传递下去之后，可以进行单个的零件设计。这里，可以采用两种方法进行零件的详细设计：一种方法是基于已存在的顶层基准，设计好零件再进行装配；另一种方法是在装配关系中建立零件模型。零件模型建立好后，管理零件之间的相互关联性。用添加方程式的形式来控制零件与零件之间，以及零件与装配件之间的关联性。

### 13.4.2 布局草图的建立

由于自上而下设计是从装配模型的顶层开始的，通过在装配体环境中建立零件来完成整个装配模型设计的方法，为此，在装配体设计的最初阶段，按照装配模型最基本的功能和要求，在装配体顶层构筑布局草图，用这个布局草图来充当装配模型的顶层骨架。随后的设计过程基本上都在这个基本骨架的基础上进行复制、修改、细化和完善，最终完成整个设计过程。

要建立一个装配布局草图，可以在【开始装配体】面板中单击【生成布局】按钮，随后进入 3D 草图模式。在特征管理器设计树中将生成一个【布局】文件，如图 13-29 所示。

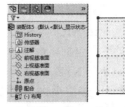

图 13-29　进入 3D 草图模式并生成【布局】文件

### 13.4.3 基于布局草图的装配体设计

布局草图能够代表装配模型的主要空间位置和空间形状，能够反映构成装配模型的各个零部件之间的拓扑关系，它是整个自上而下装配设计展开过程中的核心，是各个子装配体之间相互联系的中间桥梁和纽带。因此，在建立布局草图时，更注重在最初的装配总体布局中捕获和抽取各子装配体和零件间的相互关联性和依赖性。

例如，在布局草图中绘制出如图 13-30 所示的草图。完成布局草图后单击【布局】按钮退出 3D 草图模式。

从绘制的布局草图中可以看出，整个装配体由 4 个零部件组成。在【装配体】选项卡中单击【新零件】工具，生成一个新的零部件文件。在特征管理器设计树中选中该零部件文件并选择右键菜单中的【编辑】命令，即可激活新零件文件。激活新零件文件，也就是进入零件设计模式创建新零件文件的特征。

使用【特征】选项卡中的【拉伸凸台/基体】工具，利用布局草图的轮廓，重新创建 2D 草图，并创建出拉伸特征，如图 13-31 所示。

# 第 13 章 零件装配设计

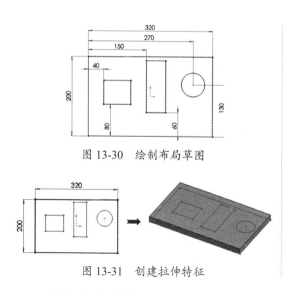

图 13-30 绘制布局草图

图 13-31 创建拉伸特征

创建拉伸特征后在【草图】选项卡中单击【编辑零部件】按钮，完成装配体第一个零部件的设计。同理，再使用相同的操作方法依次创建出其余的零部件，最终设计完成的装配体模型如图 13-32 所示。

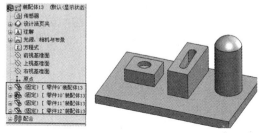

图 13-32 利用布局草图设计的装配体模型

## 13.5 装配体检测

零部件在装配环境下完成装配以后，为了找出装配过程中产生的问题，需使用 SolidWorks 提供的检测工具检测装配体中各零部件之间存在的间隙、碰撞和干涉，使装配设计得到改善。

### 13.5.1 间隙验证

【间隙验证】工具用来检查装配体中所选零部件之间的间隙。使用该工具可以检查零部件之间的最小距离，并报告不满足指定的【可接受的最小间隙】的间隙。

在【装配体】选项卡中单击【间隙验证】按钮，属性管理器中显示【间隙验证】面板，如图 13-33 所示。

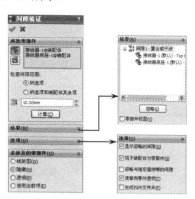

图 13-33 【间隙验证】面板

【间隙验证】面板中各选项组中选项的含义如下：

- 【所选零部件】选项组：该选项组用来选择要检测的零部件，并设定检测的间隙值。

- 检查间隙范围：指定只检查所选实体之间的间隙，还是检查所选实体和装配体其余实体之间的间隙。
- 所选项：只检测所选的零部件。
- 所选项和装配体其余项：选择此单选按钮，将检测所选及未选的零部件。
- 可接受的最小间隙：设定检测间隙的最小值。小于或等于此值时将在【结果】选项组中列出报告。
- 【结果】选项组：该选项组用来显示间隙检测的结果。
  - 忽略：单击此按钮，将忽略检测结果。
  - 零部件视图：选中此复选框，按零部件名称非间隙编号列出间隙。
- 【选项】选项组：该选项组用来设置间隙检测的选项。
  - 显示忽略的间隙：选中此复选框，可在【结果】选项组中以灰色图标显示忽略的间隙。当取消选中此复选框时，忽略的间隙将不会列出。

- 视子装配体为零部件：勾选此复选框，将子装配体作为一个零部件，而不会检测子装配体下的零部件间隙。
- 忽略与指定值相等的间隙：勾选此复选框，将忽略与设定值相等的间隙。

- 使算例零件透明：以透明模式显示正在验证其间隙的零部件。
- 生成扣件文件夹：将扣件（如螺母和螺栓）之间的间隙隔离为单独文件夹。

● 【未涉及的零部件】选项组：使用选定模式来显示间隙检查中未涉及的所有零部件。

## 13.5.2 干涉检查

使用【干涉检查】工具，可以检查装配体中所选零部件之间的干涉。在【装配体】选项卡单击【干涉检查】按钮，属性管理器中显示【干涉检查】面板，如图 13-34 所示。

- 视重合为干涉：选中此复选框，将零部件重合视为干涉。
- 显示忽略的干涉：选中此复选框，将在【结果】选项组的列表框中以灰色图标显示忽略的干涉。反之，则不显示。
- 包括多体零件干涉：选中此复选框，将报告多实体零件中实体之间的干涉。

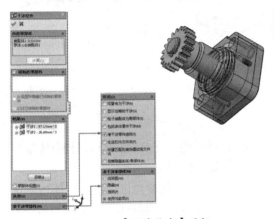

图 13-34 【干涉检查】面板

**技术要点**

默认情况下，除非预选了其他零部件，否则将显示顶层装配体。当检查装配体的干涉情况时，其所有零部件将被检查。如果选取单一零部件，则只报告出涉及该零部件的干涉。

【干涉检查】面板中的属性设置与【间隙验证】面板中的属性设置基本相同，现将【选项】选项组中具有不同含义的选项介绍如下：

## 13.5.3 孔对齐

在装配过程中，使用【孔对齐】工具可以检查所选零部件之间的孔是否未对齐。在【装配体】选项卡中单击【孔对齐】按钮，属性管理器中显示【孔对齐】面板。在面板中设定【孔中心误差】后，单击【计算】按钮，程序将自动计算整个装配体中是否存在孔中心误差，计算的结果将列表于【结果】选项组中，如图 13-35 所示。

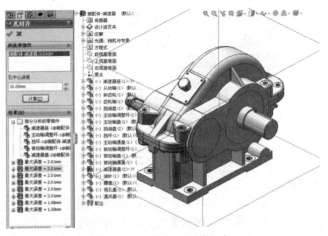

图 13-35 孔中心误差检查

## 13.6 控制装配体的显示

在装配设计过程中,对于复杂的大型装配体来说,常常需要显示或隐藏某些零部件,以便于进行其他零部件的装配工作。接下来将对装配体零部件的显示或隐藏功能进行介绍。

### 13.6.1 显示或隐藏零部件

在 SolidWorks 装配环境下的设计树中,单击顶部的【展开】按钮 》,将打开显示窗格。显示窗格中包括有 4 种显示或隐藏零部件的方法:隐藏/显示、显示模式、外观和透明度,如图 13-36 所示。

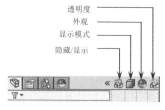

图 13-36 显示窗格

除了可以利用显示窗格中的工具外,还可以在特征管理器设计树中执行右键菜单中的命令来控制零部件的显示或隐藏。右键菜单如图 13-37 所示。

图 13-37 右键菜单中的命令

#### 1. 隐藏/显示

从展开的显示窗格中可以看见,显示的零部件的图标为 ⑨。单击此图标,该零部件即刻隐藏,且图标变为 ⑨,如图 13-38 所示。

图 13-38 零部件的显示与隐藏

#### 2. 显示模式

显示模式有 5 种:线架图、隐藏线可见、消除隐藏线、带边线上色和上色。选中某一零部件,然后在显示窗格中单击【显示模式】图标,会弹出显示模式的菜单。此菜单与特征管理器设计树中右键菜单的显示模式命令相同,如图 13-39 所示为 5 种显示模式下的零部件。

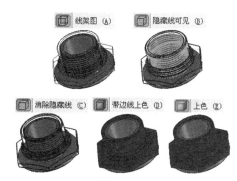

图 13-39 零部件的 5 种显示模式

#### 3. 外观

在显示窗格中单击【color】图标 ⊿,属性管理器会显示【color】面板。在该面板中可以为选取的零部件设置外观。

### 技术要点

在【color】面板的【光学属性】选项组中,拖动滑块可以改变零部件的透明度。

#### 4. 透明度

在显示窗格中单击【透明度】图标 ⑨,可以将 75% 透明度应用到零部件。应用透明度后,图标将透明显示。

### 13.6.2 孤立

使用【孤立】工具，可将选定零部件之外的所有其他零部件隐藏或以透明或线架图显示，使用户专注于选定的零部件。

在退出孤立模式之前，可以保存显示特性到新的显示状态。否则，显示将回到初始状态，而不会包含任何永久改动。

在特征管理器设计树中选择一个零部件，然后在右键菜单中选择【孤立】命令，或者在菜单栏执行【视图】|【显示】|【孤立】命令，将弹出【孤立】工具栏，如图 13-40 所示。

显示状态的工具：线架图、透明和隐藏，如图 13-41 所示为某个零部件的 3 种孤立状态。

图 13-41　零部件的 3 种孤立状态

图 13-40　【孤立】工具栏

【孤立】工具栏中包括 3 个控制零部件

在【孤立】工具栏中单击【保存为显示状态】按钮，将保存当前孤立状态，在选择其他零部件进行孤立时，显示的孤立状态就是先前保存的状态。

最后单击【退出孤立】按钮，退出零部件的孤立模式，并关闭【孤立】工具栏。

## 13.7　其他装配体技术

在装配环境下，除了进行零部件的标准装配（自上而下和自下而上）设计外，还包括有其他诸如智能扣件、智能零部件和装配体直观等装配方式。

### 13.7.1 智能扣件

当装配体中含有标准规格尺寸的孔、孔系列或孔阵列时，可以使用【智能扣件】工具向装配体添加 Toolbox 扣件库中的扣件。

Toolbox 扣件库包含 ISO、GB 及其他国家标准的扣件，如螺纹及螺纹紧固件等，如图 13-42 所示。

能够配合孔尺寸的扣件。

**技术要点**

要使用 Toolbox 扣件库中的标准件，必须将 SolidWorks Toolbox Browser 插件激活。

在【装配体】选项卡中单击【智能扣件】按钮，属性管理器显示【智能扣件】面板，如图 13-43 所示。

如果要手动选择要添加扣件的孔，可以激活【选择】选项组下的列表框，然后在装配体中依次选择孔，此时【添加】按钮被激活。单击此按钮，程序自动计算孔尺寸，并添加

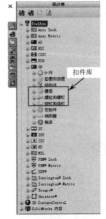

图 13-42　Toolbox 扣件库

图 13-43　【智能扣件】面板

# 第 13 章 零件装配设计

如果需要自动寻找装配体中的孔，可在面板中直接单击【增添所有】按钮，程序则自动添加配合所有孔尺寸的扣件。

添加扣件后，【结果】选项组的结果列表框中将显示添加的扣件组。选择一个组，可以在随后显示的【系列零部件】选项组和【属性】选项组中编辑扣件参数，如图 13-44 所示。

在弹出的【智能扣件】对话框中重新选择智能扣件的标准和类型，如图 13-46 所示。

图 13-45　编辑扣件组的快捷菜单

图 13-44　【系列零部件】选项组与【属性】选项组

在【结果】选项组中单击【编辑分组】按钮，可以对添加的组进行编辑。在组文件下右击系列，然后在弹出的快捷菜单中选择相应命令来编辑扣件组，如图 13-45 所示。

有些情况下，程序自动添加的智能扣件类型未必会符合设计要求。这就需要更改扣件类型。选择【更改扣件类型】命令，可以

用户也可以在图形区域拖动控标来更改扣件的长度，更改之前需要在【系列零部件】选项组中取消选中【自动更新长度】复选框，如图 13-47 所示。

图 13-46　【智能扣件】对话框　　图 13-47　拖动控标以更改扣件长度

## 13.7.2　智能零部件

在装配环境中，用户可以使用【制作智能零部件】工具，将普通零部件（非 Toolbox 标准件）创建为智能零部件，以备重复调用。

在【装配体】选项卡中单击【制作智能零部件】按钮 （如果没有此工具，可以调用出来），属性管理器显示【智能零部件】面板，如图 13-48 所示。

【智能零部件】面板中各选项组中选项的含义如下：

- 【智能零部件】选项组：激活该选项组中的列表框，选择或取消选择要成为智能零部件的零部件。
- 【零部件】选项组：激活该选项组中的列表框，选择或取消选择与智能零部件相关联的零部件。

- 【特征】选项组：激活该选项组中的列表框，选择在插入关联零部件和特征时需要指定的配合参考。
  - 显示（隐藏）零部件：单击此按钮，控制成为智能零部件的显示或隐藏。
- 【自动调整大小】选项组：该选项组用于设置其余的配合参考。例如，选中【直径】复选框，需要为插入智能零部件选择同心配合参考。

创建智能零部件后，在特征管理器原零部件文件夹下生成一个【智能特征】文件夹，如图 13-49 所示。

**技术要点**

用户是不能选择Toolbox标准件制作为智能零部件的，因为其本身就是智能扣件。

图13-48 【智能零部件】面板

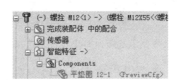

图13-49 生成【智能特征】文件夹

### 13.7.3 装配体直观

特征管理器设计树中由于生成的各种装配体文件繁多，致使操作装配体变得十分困难。为此，SoildWorks提供了装配体直观功能。使用此功能可以独立操作装配体下各零部件。

在【装配体】选项卡，或在【评估】选项卡中单击【装配体直观】按钮，设计树中出现【装配体直观】选项，并显示【装配体直观】界面，如图13-50所示。

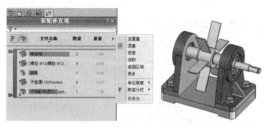

图13-50 【装配体直观】界面

在该操作界面，可以选择零部件，可以查看数量、质量、总重量和密度等，还可以编辑零部件。拖动添加滑杆可以显示或改变零部件的颜色，如图13-51所示。

在面板中上下拖动退回控制棒，在列表或图形区域中隐藏或显示条目，如图13-52所示。

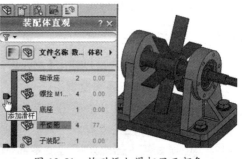

图13-51 拖动添加滑杆显示颜色

图13-52 拖动退回控制棒显示条目

## 13.8 大型装配体的简化

在实际工程中,结构复杂的产品由大型装配体组成,其中包含大量的零部件,这就要求对大型装配体进行相应的简化。简化后的大型装配体具有以下优点:

- 减少模型重建的时间,缩短屏幕刷新时间,显著提高模型的显示速度。
- 可以生成简化的装配体视图,其中只包含所需零部件,而排除其他不必要的零部件。

为此,SolidWorks 提供了多种简化手段。用户可以通过切换零部件的显示状态和改变零部件的压缩状态来简化复杂的装配体。在装配体中的零部件有共 4 种状态:

- 还原:零部件的正常显示状态,将零部件所有数据信息调入内存。
- 隐藏:除零部件不在装配体中显示外,其他与还原状态相同。
- 压缩:使零部件在当前装配体中暂时不起作用,模型不显示,数据不可用。
- 轻化:零部件的数据信息根据需要调入内存,只占用部分内存资源。

### 13.8.1 零部件显示状态的切换

零部件的显示状态有 3 种:显示、隐藏与透明。通过切换装配体中零部件的显示状态,可以暂时将装配体中一些不必要的零部件隐藏起来,以便于用户专心地处理当前未被隐藏的零部件。也可将一些零部件设置为透明状,以便用户观察和处理被该零部件遮挡的零部件。这 3 种状态的切换对装配体及零部件本身并没有影响,只是用于改变显示效果。

### 13.8.2 零部件压缩状态的切换

根据某段时间内的工作范围,用户可以指定合适的零部件压缩状态。这样可以减少工作时装入和计算的数据量,装配体的显示和重建会更快。零部件的压缩状态有 3 种:压缩、轻化和还原。

**1. 压缩**

使用压缩状态可以暂时将零部件从装配体中移除(而不是删除)。它不装入内存,不再是装配体中有功能的部分。压缩后将无法看到压缩的零部件,也无法选取其实体。

一个压缩的零部件将从内存中移除,所以装入速度、重建模型速度和显示性能均有提高。由于减少了复杂程度,其余零部件的计算速度会更快。

不过,压缩零部件包含的配合关系也被压缩。因此,装配体中零部件的位置可能变为欠定义。参考压缩零部件的关联特征也可能受影响。当恢复压缩的零部件为完全还原状态时,可能会发生矛盾。所以在生成模型时必须小心使用压缩状态。

在特征管理器设计树或在图形区域中,右击零部件并选择右键菜单中的【压缩】命令,即可将选择的零部件压缩,如图 13-53 所示。

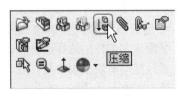

图 13-53 【压缩】命令

**2. 轻化**

轻化零部件,可以显著提高大型装配体的性能。将轻化的零件装入装配体比将完全还原的零部件装入同一装配体速度更快。因为计算的数据更少,包含轻化零部件的装配体的重建速度将更快。

在特征管理器设计树或在图形区域中，右击零部件并选择右键菜单中的【设定为轻化】命令，即可将选择的零部件轻化，如图 13-54 所示。

图 13-54　【设定为轻化】命令

### 3. 还原

还原是装配体零部件的正常状态。完全还原的零部件会完全装入内存，可以使用所有功能并可以完全访问。可以使用它的所有模型数据，所以可选取、参考、编辑，以及在配合中使用它的实体。

在特征管理器设计树或在图形区域中，右击零部件并选择右键菜单中的【设定为还原】命令，即可将压缩状态的零部件还原，如图 13-55 所示。

图 13-55　【设定为还原】命令

**技术要点**

当用户还原或轻化零部件时，将会在装配体的所有配置中还原或轻化。

## 13.8.3　SpeedPak

SpeedPak 是对大型装配体进行简化的有力工具。简单地说，SpeedPak 功能就是指定大型装配体中的某个子装配体哪些面或实体参加配合，从而只把这些参加配合的面或实体调入内存，内存的使用得以减少。SpeedPak 是在配置管理器中创建的。

在配置管理器中，右击现有配置并在弹出的快捷菜单中选择【添加 SpeedPak】命令，属性管理器显示【SpeedPak】面板，如图 13-56 所示。

【SpeedPak】面板中各选项含义如下：

- 要包括的面：激活该列表框，在装配体零部件中选择面。可以在下方通过拖动滑块来收集面。
- 要包括的实体：激活该列表框，在装配体零部件中选择实体。
- 启用快速包括：单击此按钮以便快速选择面和实体。
- 移除幻影图形：选中此复选框，只显示 SpeedPak 配置中活动且可用的面和实体，其他所有面和实体则隐藏，

这样便进一步减少了内存需求，从而提高了性能。

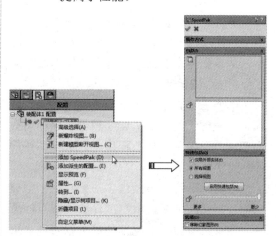

图 13-56　显示【SpeedPak】面板

## 13.9 爆炸视图

装配爆炸视图是在装配模型中组件按装配关系偏离原来位置的拆分图形。爆炸视图的创建可以方便用户查看装配体中的零部件及其相互之间的装配关系。装配体的爆炸视图如图13-57所示。

图13-57 装配体的爆炸视图

### 13.9.1 生成或编辑爆炸视图

在【装配体】选项卡中单击【爆炸视图】按钮，属性管理器中显示【爆炸】面板，如图13-58所示。

图13-58 【爆炸】面板

【爆炸】面板中各选项组及选项含义如下：

- 【爆炸步骤】选项组：该选项组用于收集爆炸到单一位置的一个或多个所选零部件。要删除爆炸视图，可以删除爆炸步骤中的零部件。
- 【设定】选项组：该选项组用于设置爆炸视图的参数。
  - 爆炸步骤的零部件：激活此列表框，在图形区域选择要爆炸的零部件，随后图形区域将显示三重轴，如图13-59所示。

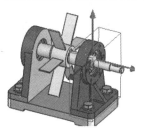

图13-59 显示三重轴

> **技术要点**
> 只有在改变零部件位置的情况下，所选的零部件才会显示在【爆炸步骤】选项组的列表框中。

- 爆炸方向：显示当前爆炸步骤所选的方向。可以单击【反向】按钮改变方向。
  - 爆炸距离：输入值以设定零部件的移动距离。
  - 应用：单击此按钮，可以预览移动后的零部件位置。
  - 完成：单击此按钮，保存零部件移动的位置。
  - 拖动后自动调整零部件间距：选中此复选框，将沿轴心自动均匀地分布零部件组的间距。
  - 调整零部件之间的间距：拖动滑块来调整放置的零部件之间的距离。
  - 选择子装配体的零件：选中此复选框，可选择子装配体的单个零部件。反之则选择整个子装配体。
  - 重新使用子装配体爆炸：使用先前在所选子装配体中定义的爆炸步骤。

除了在面板中设定爆炸参数来生成爆炸视图外，用户可以自由拖动三重轴的轴来改变零部件在装配体中的位置，如图13-60所示。

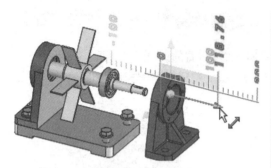

图 13-60　拖动三重轴改变零部件位置

### 13.9.2　添加爆炸直线

创建爆炸视图以后，可以添加爆炸直线来表达零部件在装配体中所移动的轨迹。在【装配体】选项卡中单击【爆炸直线草图】按钮，属性管理器中显示【步路线】面板，并自动进入 3D 草图模式，且程序弹出【爆炸草图】工具栏，如图 13-61 所示。【步路线】面板可以通过在【爆炸草图】工具栏中单击【步路线】按钮来打开或关闭。

在 3D 草图模式中使用【直线】工具来绘制爆炸直线，如图 13-62 所示。绘制后将以幻影线显示。

图 13-61　【步路线】面板和【爆炸草图】工具栏

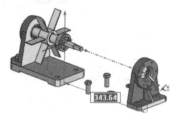

图 13-62　绘制爆炸直线

在【爆炸草图】工具栏中单击【转折线】按钮，然后在图形区中选择爆炸直线并拖动草图线条以将转折线添加到该爆炸直线中，如图 13-63 所示。

图 13-63　添加转折线到爆炸直线中

## 13.10　综合实战

SoildWorks 装配设计分自上而下设计和自下而上设计。下面以两个典型的装配设计实例来说明自上而下和自下而上的装配设计方法及操作过程。

### 13.10.1　自上而下——脚轮装配设计

◎ 结果文件：\综合实战\结果文件\Ch13\脚轮.sldasm

◎ 视频文件：\视频\Ch13\脚轮装配设计.avi

活动脚轮是工业产品，它由固定板、支承架、塑胶轮、轮轴及螺母构成。活动脚轮也就我们所说的万向轮，它的结构允许 360°旋转。

活动脚轮装配设计的方式是自上而下，即在总装配体结构下，依次构建出各零部件模型。装配设计完成的活动脚轮如图 13-64 所示。

## 第 13 章　零件装配设计

图 13-64　活动脚轮

操作步骤：

### 1. 创建固定板零部件

**01** 新建装配体文件，进入装配环境，并关闭属性管理器中的【开始装配体】面板。

**02** 在【装配体】选项卡中单击【插入零部件】下拉按钮，然后选择【插入新零件】命令，随后建立一个新零件文件，然后将该零件文件重命名为【固定板】，如图 13-65 所示。

**03** 选择该零部件，然后在【装配体】选项卡中单击【编辑装配体】按钮，进入零件设计环境。

**04** 在零件设计环境中，使用【拉伸凸台/基体】工具，选择前视基准面作为草绘平面，进入草图模式，绘制出如图 13-66 所示的草图。

　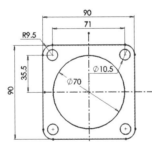

图 13-65　新建零件　　图 13-66　绘制草图
文件并重命名

**05** 在【凸台-拉伸】面板中重新选择轮廓草图，设置如图 13-67 所示的拉伸参数后完成圆形实体的创建。

**06** 再使用【拉伸凸台/基体】工具，选择余下的草图曲线来创建实体特征，如图 13-68 所示。

### 技术要点

创建拉伸实体后，余下的草图曲线被自动隐藏，此时需要显示草图。

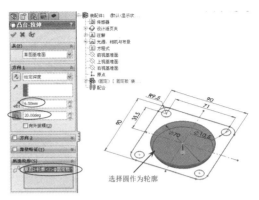

图 13-67　创建圆形实体

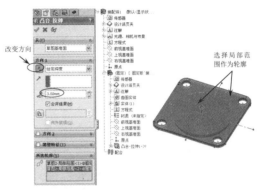

图 13-68　创建由其余草图曲线作为轮廓的实体

**07** 使用【旋转切除】工具，选择上视基准面作为草绘平面，然后绘制如图 13-69 所示的草图。

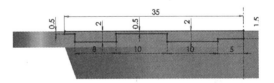

图 13-69　绘制旋转实体的草图

**08** 退出草图模式后，以默认的旋转切除参数来创建切除特征，如图 13-70 所示。

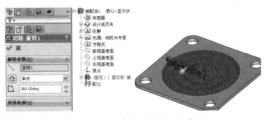

图 13-70　创建旋转切除特征

**09** 最后使用【圆角】工具，对实体创建半径分别为 5、1 和 0.5 的圆角特征，如图 13-71 所示。

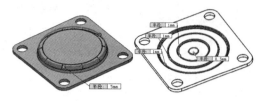

图 13-71 创建圆角特征

**10** 单击【编辑零部件】按钮，完成固定板零部件的创建。

### 2．创建支承架零部件

**01** 在装配环境中插入第二个新零件文件，并重命名为【支承架】。

**02** 选择支承架零部件，然后单击【编辑零部件】按钮，进入零件设计环境。

**03** 使用【拉伸凸台/基体】工具，选择固定板零部件的圆形表面作为草绘平面，然后绘制出如图 13-72 所示的草图。

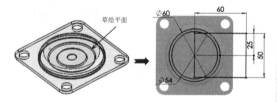

图 13-72 选择草绘平面并绘制草图

**04** 退出草图模式后，在【凸台-拉伸1】面板中重新选择拉伸轮廓（直径 54 的圆），并设置拉伸深度为 3，如图 13-73 所示，最后关闭面板完成拉伸实体的创建。

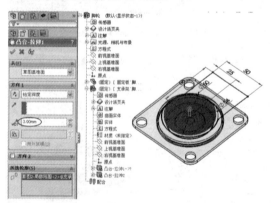

图 13-73 创建拉伸实体

**05** 再使用【拉伸凸台/基体】工具，再选择上一个草图中的圆（直径为 60）来创建深度

为 80 的实体，如图 13-74 所示。

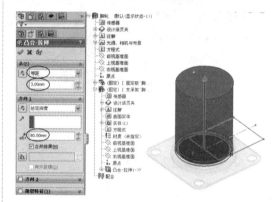

图 13-74 创建圆形实体

**06** 同理，再使用【拉伸凸台/基体】工具选择矩形来创建实体，如图 13-75 所示。

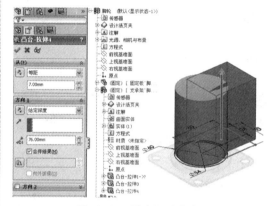

图 13-75 创建矩形实体

**07** 使用【拉伸切除】工具，选择上视基准面作为草绘平面，绘制轮廓草图后再创建出如图 13-76 所示的拉伸切除特征。

图 13-76 创建拉伸切除特征

**08** 使用【圆角】工具，在实体中创建半径为 3 的圆角特征，如图 13-77 所示。

**09** 使用【抽壳】工具，选择如图 13-78 所示的面来创建厚度为 3 的抽壳特征。

第 13 章 零件装配设计

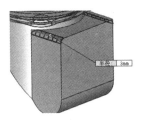

图 13-77 创建圆角特征

图 13-78 创建抽壳特征

**10** 创建抽壳特征后，即完成了支承架零部件的创建，如图 13-79 所示。

**11** 使用【拉伸切除】工具，在上视基准面上创建出支承架的孔，如图 13-80 所示。

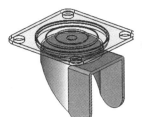 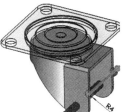

图 13-79 支承架　　图 13-80 创建支承架上的孔

**12** 完成支承架零部件的创建后，单击【编辑零部件】按钮，退出零件设计环境。

### 3. 创建塑胶轮、轮轴及螺帽零部件

**01** 在装配环境下插入新零件并重命名为【塑胶轮】。

**02** 编辑【塑胶轮】零件。进入零件设计环境中。使用【点】工具，在支承架的孔中心创建一个点，如图 13-81 所示。

**03** 使用【基准面】工具，选择右视基准面作为第一参考，选择点作

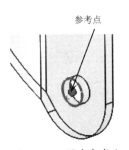

图 13-81 创建参考点

为第二参考，然后创建一个参考基准面，如图 13-82 所示。

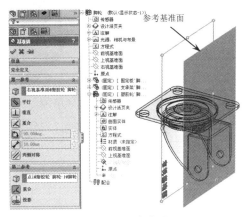

图 13-82 创建参考基准面

### 技术要点

在选择第二参考时，参考点是看不见的。这需要展开图形区域的特征管理器设计树，然后再选择参考点。

**04** 使用【旋转凸台/基体】工具，选择参考基准面作为草绘平面，绘制如图 13-83 所示的草图后，完成旋转实体的创建。

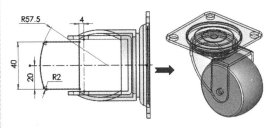

图 13-83 创建旋转实体

**05** 此旋转实体即为塑胶轮零部件。单击【编辑零部件】按钮，退出零件设计环境。

**06** 在装配环境下插入新零件，并重命名为【轮轴】。

**07** 编辑【轮轴】零部件。进入到零件设计环境中，使用【旋转凸台/基体】工具，选择【塑胶轮】零部件中的参考基准面作为草绘平面，然后创建出如图 13-84 所示的旋转实体。此旋转实体即为轮轴零部件。

**08** 单击【编辑零部件】按钮，退出零件设计环境。

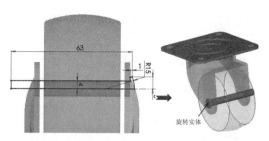

图 13-84 创建旋转实体

**09** 在装配环境下插入新零件,并重命名为【螺母】。

**10** 使用【拉伸凸台/基体】工具,选择支承架侧面作为草绘平面,然后绘制出如图 13-85 所示的草图。

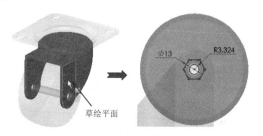

图 13-85 选择草绘平面并绘制草图

**11** 退出草图模式后,创建出深度为 7.9 的拉伸实体,如图 13-86 所示。

**12** 使用【旋转切除】工具,选择【塑胶轮】零部件中的参考基准面作为草绘平面,进入草图模式后绘制如图 13-87 所示的草图,退出草图模式后创建出旋转切除特征。

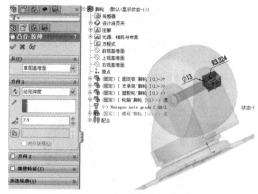

图 13-86 创建拉伸实体

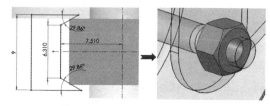

图 13-87 创建旋转切除特征

**13** 单击【编辑零部件】按钮 ,退出零件设计环境。

**14** 至此,活动脚轮装配体中的所有零部件已全部设计完成。最后将装配体文件保存,并重命名为【脚轮】。

## 13.10.2 自下而上——台虎钳装配设计

○ 引入文件:\综合实战\源文件\Ch13\活动钳口.sldprt、底座.sldprt

○ 结果文件:\综合实战\结果文件\Ch13\台虎钳.sldasm

○ 视频文件:\视频\Ch13\台虎钳装配设计.avi

台虎钳是装置在工作台上用于夹稳加工工件的工具。

台虎钳主要由两大部分构成:固定钳身和活动钳身。本例中将利用装配体的自下而上的设计方法来装配台虎钳。台虎钳装配体如图 13-88 所示。

操作步骤:

### 1. 装配活动钳身子装配体

**01** 新建装配体文件,进入装配体环境。

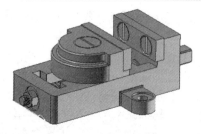

图 13-88 台虎钳装配体

**02** 在属性管理器的【开始装配体】面板中单击【浏览】按钮,然后将本例光盘路径下的【活

动钳口 .sldprt】零部件文件插入到装配体环境中，如图 13-89 所示。

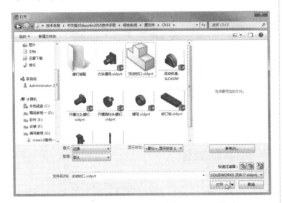

图 13-89　插入零部件到装配体环境中

**03** 在【装配体】选项卡中单击【插入零部件】按钮，属性管理器显示【插入零部件】面板。在该面板中单击【浏览】按钮，将本例光盘中的【钳口板 .sldprt】零部件文件插入到装配体文件中并任意放置，如图 13-90 所示。

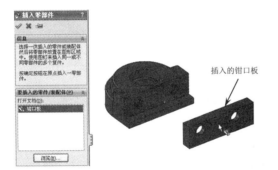

图 13-90　插入钳口板

**04** 同理，依次将【开槽沉头螺钉 .sldprt】和【开槽圆柱头螺钉 .sldprt】零部件插入到装配体环境中，如图 13-91 所示。

图 13-91　插入的零部件

**05** 在【装配体】选项卡中单击【配合】按钮，属性管理器中显示【配合】面板。然后在图形区域选择钳口板的孔边线和活动钳口的孔边线作为要配合的实体，如图 13-92 所示。

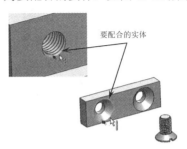

图 13-92　选择要配合的实体

**06** 随后钳口板自动与活动钳口孔对齐，并弹出标准配合工具栏。在该工具栏中单击【添加/完成配合】按钮，完成【同轴心】配合，如图 13-93 所示。

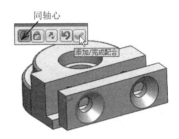

图 13-93　零部件的同轴心配合 1

**07** 接着在钳口板和活动钳口零部件上各选择一个面作为要配合的实体，随后钳口板自动与活动钳口完成【重合】配合，在标准配合工具栏单击【添加/完成配合】按钮，完成配合，如图 13-94 所示。

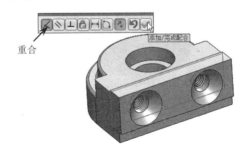

图 13-94　零部件的重合配合 1

**08** 选择活动钳口顶部的孔边线与开槽圆柱头螺钉的边线作为要配合的实体，并完成【同轴心】配合，如图 13-95 所示。

图 13-95 零部件的同轴心配合 2

**技术要点**

一般情况下，有孔的零部件将使用【同轴心】配合与【重合】配合或【对齐】配合。无孔的零部件可用除【同轴心】的配合来配合。

**09** 选择活动钳口顶部的孔台阶面与开槽沉头螺钉的台阶面作为要配合的实体，并完成【重合】配合，如图 13-96 所示。

图 13-96 零部件的重合配合 2

**10** 同理，对开槽沉头螺钉与活动钳口使用【同轴心】配合和【重合】配合，结果如图 13-97 所示。

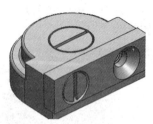

图 13-97 配合开槽沉头螺钉

**11** 在【装配体】选项卡中单击【线性零部件阵列】按钮，属性管理器中显示【线性阵列】面板。然后在钳口板选择边线作为阵列参考方向，如图 13-98 所示。

**12** 选择开槽沉头螺钉作为阵列要阵列的零部件，在输入阵列距离及阵列数量后，单击面板中的【确定】按钮，完成零部件的阵列，如图 13-99 所示。

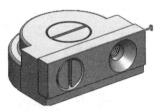

图 13-98 选择阵列参考方向

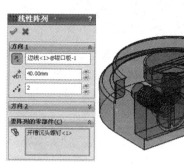

图 13-99 线性阵列开槽沉头螺钉

**13** 至此，活动钳身装配体设计完成，最后将装配体文件另存为【活动钳身.sldasm】，并关闭窗口。

### 2．装配固定钳身

**01** 新建装配体文件，进入装配体环境。

**02** 在属性管理器的【开始装配体】面板中单击【浏览】按钮，然后将本例光盘路径下的【钳座.sldprt】零部件文件插入到装配体环境中，以此作为固定零部件，如图 13-100 所示。

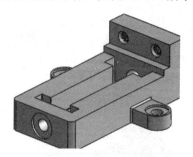

图 13-100 插入固定零部件

**03** 同理，使用【装配体】选项卡中的【插入零部件】工具，执行相同操作，依次将丝杠、钳口板、螺母、方块螺母和开槽沉头螺钉等零部件插入到装配体环境中，如图 13-101 所示。

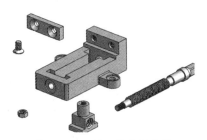

图 13-101　插入其他零部件

**04** 首先装配丝杠到钳身。使用【配合】工具，选择丝杠圆形部分的边线与钳座孔边线作为要配合的实体，使用【同轴心】配合。再选择丝杠圆形台阶面和钳座孔台阶面作为要配合的实体，并使用【重合】配合，配合的结果如图 13-102 所示。

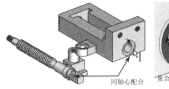 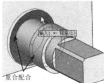

图 13-102　配合丝杠与钳座

**05** 装配螺母到丝杠。螺母与丝杠的配合也将使用【同轴心】配合和【重合】配合，如图 13-103 所示。

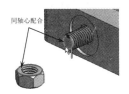 

图 13-103　配合螺母和丝杠

**06** 装配钳口板到钳身。装配钳口板时将使用【同轴心】配合和【重合】配合，如图 13-104 所示。

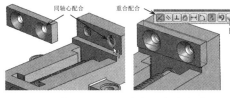

图 13-104　配合钳口板与钳身

**07** 装配开槽沉头螺钉到钳口板。装配钳口板时将使用【同轴心】配合和【重合】配合，如图 13-105 所示。

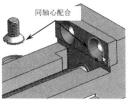 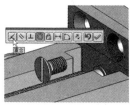

图 13-105　配合开槽沉头螺钉与钳口板

**08** 装配方块螺母到丝杠。装配时方块螺母将会使用【距离】配合和【同轴心】配合。选择方块螺母上的面与钳身上的面作为要配合的实体后，方块螺母自动与钳身的侧面对齐，如图 13-106 所示。此时，在标准配合工具栏上单击【距离】按钮，然后在距离文本框输入 70，再单击【添加/完成配合】按钮，完成【距离】配合，如图 13-107 所示。

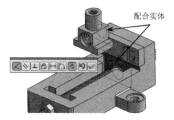

图 13-106　对齐方块螺母与钳身 1

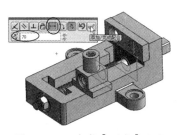

图 13-107　完成【距离】配合

**09** 接着对方块螺母和钳身再使用【同轴心】配合，配合完成的结果如图 13-108 所示。配合完成后，关闭【配合】面板。

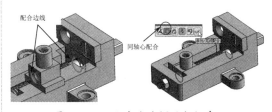

图 13-108　配合方块螺母与钳身 2

**10** 使用【线性零部件阵列】工具，阵列出开槽沉头螺钉，如图 13-109 所示。

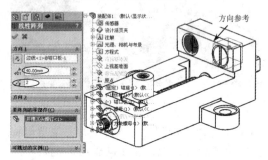

图 13-109　线性阵列开槽沉头螺钉

### 3．插入子装配体

**01** 在【装配体】选项卡中单击【插入零部件】按钮，属性管理器显示【插入零部件】面板。

**02** 在面板中单击【浏览】按钮，然后在【打开】对话框中将先前另存为【活动钳身】的装配体文件打开，如图 13-110 所示。

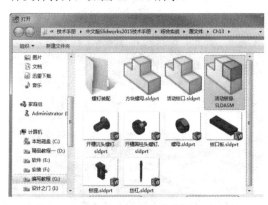

图 13-110　打开【活动钳身】装配体文件

**03** 打开装配体文件后，将其插入到装配体环境中并任意放置。

### 技术要点

在【打开】对话框中，先将【文件类型】设定为【装配体（*.asm;*.sldasm）】以后，才可选择子装配体文件。

**04** 添加配合关系，将活动钳身装配到方块螺母上。装配活动钳身时先使用【重合】配合和【角度】配合，将活动钳身的方位调整好，如图 13-110 所示。

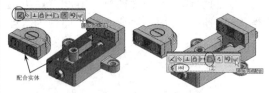

图 13-111　使用【重合】配合和【角度】配合定位活动钳身

**05** 再使用【同轴心】配合，使活动钳身与方块螺母完全地同轴配合在一起，如图 13-112 所示。完成配合后关闭【配合】面板。

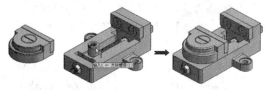

图 13-112　使用【同轴心】配合完成活动钳身的装配

**06** 至此台虎钳的装配设计工作已全部完成。最后将结果另存为【台虎钳.sldasm】装配体文件。

## 13.11　课后习题

### 1．螺钉装配

本练习将利用自上而下的装配设计方法来装配螺钉。本练习的螺钉装配体模型如图 13-113 所示。

练习要求与步骤：

（1）新建装配体文件，并进入装配环境。

（2）使用【新零件】工具创建法兰零件文件。然后编辑法兰零部件，并绘制法兰实体。

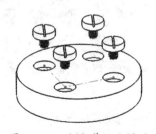

图 13-113　螺钉装配体模型

（3）使用【新零件】工具创建开槽圆柱头螺钉零件文件。然后编辑开槽圆柱头螺钉零部件，并绘制螺钉实体。

（4）使用【线性零部件阵列】工具阵列出其余3个开槽圆柱头螺钉。

（5）最后保存结果。

#### 2. 油门电机装配

本练习中，将利用自下而上的装配设计方法来装配油门电机。油门电机装配体模型如图13-114所示。

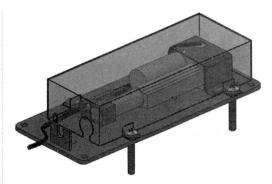

图13-114 油门电机装配体模型

练习要求与步骤：

（1）新建装配体文件，并进入装配体环境。

（2）首先插入【油门电机下部.sldprt】零部件。

（3）再使用【插入零部件】工具将【油门电机上盖.sldprt】和【油压报警开关.sldprt】依次插入。

（4）使用【配合】工具将各零部件装配到【油门电机下部.sldprt】零部件中。

（5）使用【智能扣件】工具插入Toolbox扣件（半圆头螺栓）。

（6）使用【新零件】工具，新建名为【线束】的零件文件。编辑该零部件，然后进入零件设计环境中创建线束实体。

（7）最后保存装配体。

## 读书笔记

# 第 14 章 机械工程图设计

本章的内容包括 SolidWorks 2016 工程图环境设置、建立工程图、修改工程图、尺寸标注和技术要求、材料明细表和转换为 AutoCAD 文档。

资源二维码

百度云网盘

360云盘 密码6955

- ◆ 工程图概述
- ◆ 标准工程视图
- ◆ 派生的工程视图
- ◆ 工程图标注
- ◆ 操作与控制工程图
- ◆ 工程图的打印与输出

## 14.1 工程图概述

在 SolidWorks 中，利用生成的三维零件图和装配体图，可以直接生成工程图。随后便可对其进行尺寸标注，标注表面粗糙度符号及公差配合等。

也可以直接使用二维几何工具绘制工程图，而不必考虑所设计的零件模型或装配体，所绘制出的几何实体和参数尺寸一样，可以为其添加多种几何关系。工程图文件的扩展名为 .slddrw，新工程图名称使用所插入的第一个模型的名称，该名称出现在标题栏中。

### 14.1.1 设置工程图选项

**1. 工程图属性设置**

单击系统选项对话框中选择【文档属性】选项卡，用户可用分别对绘图标准、注解、尺寸、表格、单位、出详图等参数进行设置，如图 14-1 所示为注解的设置页面。

图 14-1 【注解】设置页面

**技术要点**

文档属性一定要根据实际情况正确设置，特别是总的绘图标准，否则将影响后续的投影视角和标注标准。

**2. 设置图纸投影视角**

投影视图有【第一视角】和【第三视角】。中国、德国、法国用第一视角法，美国、英国、日本、中国台湾等国家和地区习惯用第三视角。

当工程图中投影类型不符合设计制图要求时，用户可用通过以下步骤实现切换：在图形区域右击，在弹出的快捷菜单中选择【属

第 14 章　机械工程图设计

性】命令，弹出【图纸属性】对话框，如图 14-2 所示。用户可在【投影类型】选项组选择【第一视角】或者【第三视角】单选按钮实现视角的转换。

**技术要点**

工程图中视角的类型决定了投影方向，视角错误将导致生成投影视图错误，重者将导致生成零件的错误。在出图时必须检查视角，保证其正确。

图 14-2　工程图视角转换

### 14.1.2　建立工程图文件

工程图通常包含一个零部件或装配体的多个视图。在创建工程图之前，需要保存零部件的三维模型。

**技术要点**

有时，也将工程图当作二维绘图软件使用，它较 AutoCAD 最明显的优势在于能够快速修改尺寸和标注，快速创建图形。

要创建一个工程图的操作步骤如下：

**01** 单击【标准】工具栏上的【新建】按钮，或执行菜单栏中的【文件】|【新建】命令，打开如图 14-3 所示【新建 SolidWorks 文件】对话框。

图 14-3　【新建 SolidWorks 文件】对话框

**02** 在【新建 SolidWorks 文件】对话框中单击【高级】按钮，弹出如图 14-4 所示的【模板】选项卡。

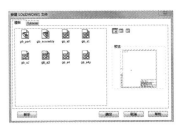

图 14-4　【模板】选项卡

**03** 在【模板】选项卡中选择图纸模板，然后单击【确定】按钮，亦可加载图纸模板。

**04** 加载图纸模板后弹出如图 14-5 所示的窗口，用户通过【浏览】打开需要制作工程图的零件来生成工程图。

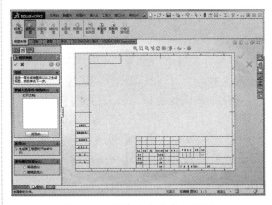

图 14-5　浏览方式生成工程图

**05** 用户也可以单击【取消】按钮直接进入工程图窗口，当前图纸的大小和比例等信息显示在窗口底部的状态栏中，如图 14-6 所示。

**06** 至此，已经成功进入工程图环境中，接下来需要在工程图中进行视图的创建和相关尺寸标注、技术要求等具体操作。

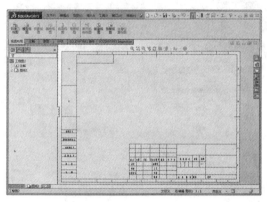

图 14-6 工程图窗口

从零件/装配体制作工程图的操作步骤如下：

**01** 执行【文件】|【从装配体制作工程图(E)】菜单命令。

**02** 在【图纸格式/大小】对话框中选择图纸格式，跟前边的【建立新的工程图】一样，在此不再重复叙述。

**03** 在任务窗格中单击【查看调色板】按钮，如图 14-7 所示。将面板中用户选定的作为主视图的视图拖到图纸区域，单击后即可将主视图放置在光标所在位置。

**04** 依次沿各个方向移动光标，出现虚线引导线，相应的视图也会预览出来（通常作三视图，只需沿主视图下方和右方移动制作对应的俯视图和右视图），在合适位置单击确认即可完成该视图的创建，如图 14-8 所示。

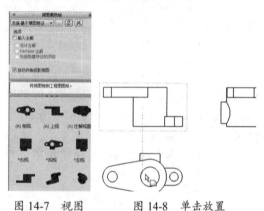

图 14-7 视图调色板　　图 14-8 单击放置投影视图

### 技术要点

调色板中显示了调入模型的前视、上视、右视、后视、左视、下视、当前视图、等轴测，以及注解视图等视图预览。用户可在调色板中预览出视图的结构特征，选择将某个视图拖入图形区域，或者在建模环境中将模型旋转到最恰当的位置，在工程图中拖入【当前】视图来创建轴测图。

**3. 在一个工程图文件中建立多张工程图**

在实际情况下，一个复杂的零件或者装配体需要多张图纸才能将其表达完整，这样就需要在一个工程图文件中建立多张工程图，即在已有工程图文件中添加工程图。

添加工程图有如下 3 种方法：

- 单击图纸底部图纸名称右边的【添加图纸】按钮。
- 在图纸底部的图纸名称上右击，在弹出的快捷菜单中选择【添加图纸】命令。
- 在工程图图纸区域空白处右击，弹出如图 14-9 所示的快捷菜单，选择其中的【添加图纸】菜单命令。

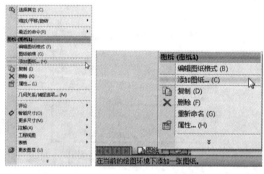

图 14-9 添加工程图

### 技术要点

添加的工程图纸默认为原来图纸的格式。

## 14.2 标准工程视图

标准工程视图包括标准三视图、模型视图、空白视图、预定义视图和相对视图。

### 14.2.1 标准三视图

标准三视图是从零件三维模型的前视、右视、上视 3 个正交角度投影生成的正交视图。在标准三视图中,主视图与俯视图及右视图有固定的对齐关系。俯视图可以竖直移动,右视图可以水平移动。

下面介绍两种环境下的标准三视图生成方法。

#### 1. 模型视图法

在此新建一张工程图,并利用模型视图法生成五角星的标准三视图,其操作步骤如下:

**01** 新建工程图,在【模型视图】面板中,执行【要插入的零件/装配体】|【打开文档】命令,选择一个已经打开的实体文档,或单击【浏览】按钮找到要制作标准三视图的零部件。

**02** 在【模型视图】面板中的【方向】选项组中选中【生成多视图】复选框,然后单击【前视】、【上视】和【左视】按钮,如图 14-10 所示。

**03** 单击【确定】按钮,生成支座的三视图,如图 14-11 所示。

按钮🔳,或者执行【插入】|【工程视图】|【标准三视图】命令,弹出【标准三视图】面板,如图 14-12 所示。

打开要创建三视图的零件——【支座-基于草图的特征】,单击【确定】按钮,程序自动创建标准三视图,如图 14-13 所示。

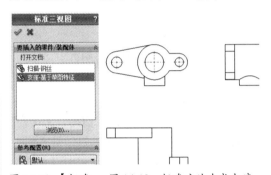

图 14-12 【标准三视图】面板    图 14-13 标准方法生成支座的标准三视图

### 14.2.2 模型视图

将模型视图插入到工程图文件中时,出现【模型视图】属性面板。在模型文件中从视图名称为视图选择一方向。

将模型视图插入到工程图中的步骤如下:

**01** 单击【工程图】选项卡中的【模型视图】按钮,或执行【插入】|【工程视图】|【模型】命令。

**02** 在【模型视图】属性面板中设定选项,如图 14-14 所示。

**03** 单击【下一步】按钮。此时也可单击【标准三视图】按钮🔳来插入所选模型的标准三视图。

**04** 在【模型视图】属性面板中设定额外选项,如图 14-15 所示。

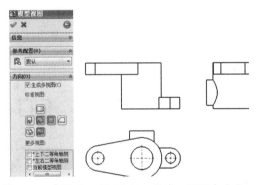

图 14-10 【模型视图】面板    图 14-11 新建工程图中生成支座的标准三视图

> **技术要点**
> 模型视图方式不仅能生成标准三视图,还可以根据需要选择系统提供的 7 个视图中的任意一个或多个视图。

#### 2. 标准方法

在【工程图】选项卡中单击【标准三视图】

图 14-14 【模型视图】面板选项设定　　图 14-15 【模型视图】面板额外选项设定

## 标准三视图

将人的视线规定为平行投影线,然后正对着物体看过去,将所见物体的轮廓用正投影法绘制出来该图形称为视图。

一个物体有 6 个视图:

(1) 从物体的前面向后面投射所得的视图称主视图(正视图)——能反映物体的前面形状。

(2) 从物体的上面向下面投射所得的视图称俯视图——能反映物体的上面形状。

(3) 从物体的左面向右面投射所得的视图称左视图(侧视图)——能反映物体的左面形状,还有其他 3 个视图不是很常用。

三视图就是主视图(正视图)、俯视图和左视图(侧视图)的总称。

一个视图只能反映物体一个方位的形状,不能完整反映物体的结构形状。三视图是从 3 个不同方向对同一个物体进行投射的结果。另外,还有如剖面图、半剖面图等作为辅助,基本能完整地表达物体的结构。

3 个视图位置摆放:

- 主视图在图纸的左上方。
- 左视图在主视图的右方。
- 俯视图在主视图的下方。
- 主视图与俯视图长应对正(简称长对正)。
- 主视图与左视图高度保持平齐(简称高平齐)。
- 左视图与俯视图宽度应相等(简称宽相等)。

若不按上述顺序放置,则应注明视图名称。

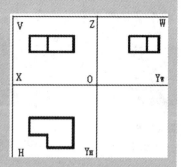

### 14.2.3 空白视图

**1. 添加【空白视图】按钮**

【空白视图】和【相对视图】按钮在默认情况下并未显示在【工程图】选项卡中,用户可通过以下步骤将其调出:在选项卡空白区域右击,在弹出的快捷菜单中选择【自定义】命令,在弹出的【自定义】对话框中选择【命令】选项，在命令选项中选择【工程图】选项，如图 14-16 所示。

2．创建空白视图

创建空白视图步骤为：单击【空白视图】按钮，光标变为带有虚框的样式，预览出空白视图图框，将光标移至适当位置后单击，即可将其放置在相应位置，左侧出现【工程视图 N】（N 为数字）属性面板，设置相关参数后单击【确定】按钮，即可完成空白视图的创建，如图 14-17 所示。

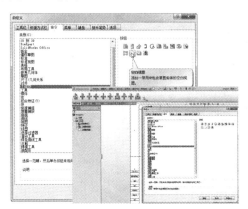

图 14-16　在【工程图】选项卡中添加【空白视图】按钮

图 14-17　创建空白视图

选择【自定义】对话框中的【工程图】选项后，右侧【按钮】区域显示了工程图相关的全部按钮，选择【空白视图】后，按住鼠标左键不放，将其拖到【工程图】选项卡的合适位置后放开，即可完成【空白视图】按钮在【工程图】选项卡中的添加。

同理，将【相对视图】添加到【工程图】选项卡中。

3．空白视图的作用

空白视图可用于使用二维草图绘制工具绘制工程图的几何实体，或者用来为零件或装配体添加注释。

### 14.2.4　预定义的视图

在工程图中预定义一个可以是任何性质的空白视图，然后将所需的零件文件或装配体文件调进来，就可以快速创建一个工程视图。

以此类推，在工程图中预定义多个空白视图，并将其合理布置与设置参数选项，然后加上图框便成为预定义视图的模板文件。

完成多个预定义视图，并将它们合理布局后，可以通过以下两种方法快速创建工程图：

- 拖曳法：将已经激活的零部件模型文件拖曳到预定义视图的工程图文件中。
- 插入模型法：在预定义视图区域右击，在弹出的快捷菜单中选择【插入模型】命令，在已激活的零部件文件中选择要插入的模型文件即可，如图 14-18 所示。

**技术要点**

预定义视图可以用于经常使用的模型零件尺寸相当、视图排布一致的工程图纸的生成。用户可以在预定义好图纸模板后，插入零件模型快速出图。

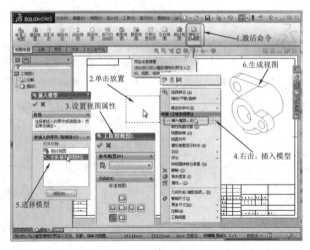

图 14-18 创建预定义视图

## 14.2.5 相对视图

相对视图是一个正交视图，由模型的两个正交面或基准面及各自的具体方位的规格定义。

- 第一方向下，选择某一视向（前视、上视、左视等），然后在工程视图中为此方向在模型中选择面。
- 第二方向下，选择另一视向，与第一方向正交，然后在工程视图中为此方向选择另一个面。

创建相对视图图解如图 14-19 所示。

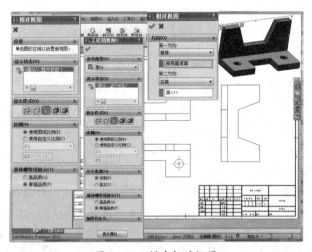

图 14-19 创建相对视图

## 14.3 派生视图

派生工程视图，是在已有视图基础上生成新的工程图。派生工程图包括投影视图、辅助视图、局部视图、剪裁视图和剖面视图等。用户在决定工程图中视图方位时，可以先生成一个主体视图，然后根据零部件工程图的表达需要添加派生的工程视图。

## 14.3.1 投影视图

投影视图是根据已有视图，通过正交投影生成的视图。投影视图的投影法，用户可在图纸设定对话框中指定使用第一角或第三角投影法。

生成投影视图的操作步骤如下：

**01** 打开的工程图。

**02** 单击【工程图】选项卡中的【投影视图】按钮，或依次执行【插入】|【工程视图】|【投影视图】命令，弹出【投影视图】面板。

**03** 在图形中选择一个用于创建投影视图的视图。

**04** 将鼠标指针指向要创建投影视图的方向，在指针移动过程中，在指针位置显示投影视图预览。

**05** 将视图移动到合适位置后单击，投影视图放置在指针单击的位置。系统默认投影视图只能沿着投影方向移动，而且与源视图保持对齐。

**06** 单击【确定】按钮，完成投影视图的创建。

图示为在某零件模型工程图中插入投影视图，其创建过程如图 14-20 所示。

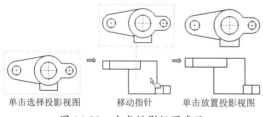

图 14-20  生成投影视图步骤

## 14.3.2 辅助视图

辅助视图的用途相当于机械制图中的斜视图，是一种特殊的投影视图，在恰当的角度上向选定的面或轴进行投影，用来表达零件的倾斜结构。

生成辅助视图步骤如下：

**01** 单击【工程图】选项卡中的【辅助视图】按钮，或依次执行【插入】|【工程视图】|【辅助视图】命令，弹出【辅助视图】面板。

**02** 选择参考边线。参考边线可以是零件的边线、侧轮廓边线、轴线或者所绘制的直线。

**03** 将鼠标指针指向要创建辅助视图的方向，在指针移动过程中，在指针位置显示辅助视图预览，同时在辅助视图的反侧显示投影方向的箭头符号。

**04** 将视图移动到合适位置后单击，投影视图放置在指针单击的位置。若有必要，用户可更改视图方向。

**05** 单击【确定】按钮，完成辅助视图的创建。

从工程图中已有视图生成辅助视图的过程，如图 14-21 所示。

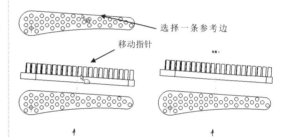

图 14-21  生成辅助视图

若使用绘制的直线生成辅助视图，草图将被吸收，这样不能将其删除。但在编辑草图时可以删除草图实体。

编辑所绘制的用于生成辅助视图的直线的过程如下：

**01** 选择辅助视图。

**02** 在【辅助视图】面板中选取箭头。

**03** 右击视图箭头后选择【编辑草图】命令。

**04** 编辑所绘制的直线，然后退出草图模式。

**05** 修改生成辅助视图的直线，并重生辅助视图的过程如图 14-22 所示。

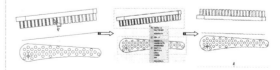

图 14-22  修改辅助视图

单击【重建模型】按钮，系统弹出如图 14-23 的提示信息，单击【确定】按钮后即以修改后的直线重生辅助视图。

图 14-23　提示消息

### 14.3.3　局部视图

在工程图中生成一个局部视图来放大显示某一个部位，局部视图对 FeatureManager 设计树中展开所有零部件和特征均适用。

生成局部放大视图步骤如下：

**01** 单击【工程图】选项卡中的【局部视图】按钮，或依次执行【插入】|【工程视图】|【局部视图】命令，弹出【局部视图】面板。

**02** 弹出【局部视图】面板，提示用户绘制创建局部放大视图的封闭轮廓，默认情况下绘制一个圆，系统自动将【圆】命令激活。

**03** 绘制一个圆，或者使用草图中其他命令绘制一个封闭轮廓。

**04** 移动鼠标指针，出现局部放大视图预览，将指针移动到合适位置单击进行放置。用户可以根据绘图需要编辑视图标号和字体样式，还可以修改视图。

**05** 单击【确定】按钮，完成辅助视图的创建。生成局部放大视图，如图 14-24 所示。

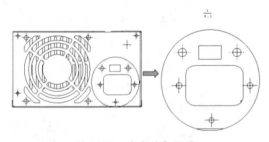

图 14-24　生成局部视图

默认情况下，工程图中生成的局部放大图将源区域放大两倍。用户根据图形大小的实际需要，可以调整放大倍数来切除显示局部放大区域。修改局部视图放大倍数有以下两种方法：

- 修改系统默认局部视图放大倍数。
- 修改生成的局部视图倍数。

两种方法修改局部视图放大倍数具体操作步骤分别如下：

- 在菜单栏中执行【工具】|【选项】命令，在弹出的系统选项对话框中选择工程图，在【局部视图缩放】选项右侧重设放大倍数，如图 14-25 所示，将系统视图比例缩放值修改为【3.】，单击【确定】按钮后即可生效。再次生成局部视图时，其放大比例则变成 3 倍，如图 14-25 所示。

图 14-25　修改系统默认下的局部视图比例

- 修改已经生成的局部视图的放大比例：单击局部视图，在左侧弹出的【局部视图 I】属性面板中的【比例】选项组中选择【使用自定义比例】复选框，在其下拉列表中选择合适的比例因子，或者选择【用户定义】选项，并在其下的文本框中输入自定义的视图显示比例，如图 14-26 所示为自定义局部视图显示比例为 1:1.25。

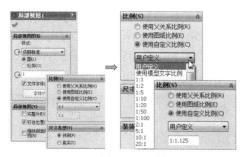

图 14-26 修改局部放大视图显示比例

### 14.3.4 剪裁视图

除了局部视图和已用于生成局部视图的视图，可以使用【剪裁视图】命令裁剪任何工程视图。

#### 1．剪裁视图步骤

**01** 激活现有的视图。
**02** 使用圆、样条曲线等草图绘制工具绘制闭合轮廓。
**03** 单击【工程图】选项卡中的【剪裁视图】按钮，或执行【工具】|【剪裁视图】|【移除剪裁视图】命令，轮廓以外的视图区域将消失，如图 14-27 为剪裁视图前后对照。

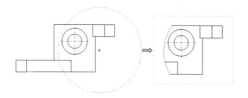

图 14-27 修改特征草图的基准面

#### 2．编辑或删除剪裁视图

编辑/移除剪裁视图：右击剪裁视图，在弹出的快捷菜单中选择【剪裁视图】|【剪裁视图】或【移除剪裁视图】命令即可实现剪裁视图的编辑或移除，如图 14-28 所示。

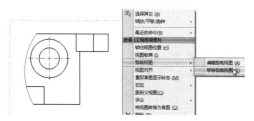

图 14-28 编辑/移除剪裁视图

### 14.3.5 断开的剖视图

断开的剖视图是在已有视图中局部剖开，它不是单独的视图，而是视图中的一部分。用闭合的轮廓定义断开的剖视图，通常用样条曲线来围成待剖开的封闭区域。通过设置剖切深度，在相关视图中选择一条边线来指定剖切深度。

> **技术要点**
> 不能在局部视图、剖面视图上生成断开的剖视图。

创建断开的剖视图步骤如下：

**01** 单击【工程图】选项卡中的【断开的剖视图】按钮，激活【断开的剖视图】命令。
**02** 使用【样条曲线】命令绘制断开剖面视图的封闭轮廓。
**03** 设置深度后并选中【预览】复选框，方便查看剖切深度是否恰当，可以输入数值或者使用微调开关进行调整。也可以在【深度参考】中选择工程图中视图的实体棱边作为参考生成断开的剖视图，使用【深度参考】方式后，距离文本框中的数值变成灰色，并显示出所选参考实体对应的深度值。
**04** 单击【确定】按钮，完成操作。断开剖视图的生成如图 14-29 所示。

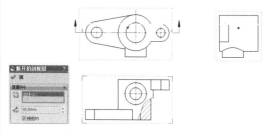

图 14-29 生成断开的剖视图

### 14.3.6 断裂视图

断裂视图即视图的折断画法。

对于具有相同截面或截面均匀变化的长杆类零件，其工程图可使用沿长度方向折断显示的断裂视图，这样可使零件以较大比例显示在较小的工程图纸上。

断裂视图可以使视图图样更加简洁、直观，还能清楚、完整地表达设计意图。下面介绍断裂视图操作步骤：

**01** 在工程图中生成待打断的视图。断裂视图为派生视图，必须在已有视图的基础上创建，而且要断开的工程图视图不能为局部视图、剪裁视图或空白视图。

**02** 在【工程图】选项卡中的【视图布局】中单击【断裂视图】按钮，弹出【断裂视图】面板，并显示出【选择要断开的工程图视图】的提示信息，如图14-30所示。

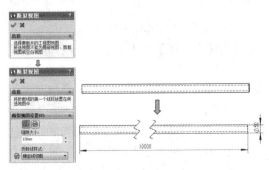

图14-30　断裂视图

**03** 在图形区域选择已有待断裂的视图后，【断裂视图】面板出现设置选项。单击【添加竖直折断线】类型，并设置其缝隙大小保持默认值为10mm，在【折断线样式】下拉列表中选择【锯齿线折断】选项，单击【确定】按钮，完成断裂视图的创建。

### 14.3.7　剖面视图

剖面视图是通过用一条剖切线分割父视图所生成的，属于派生视图，然后借助于分割线拉出预览投影，在工程图投影位置生成一个剖面视图。

剖切平面可以是单一剖切面或者是用阶梯剖切线定义的等距剖面。其中用于生成剖面视图的父视图可以是已有的标准视图或派生视图，并且可以生成全剖、半剖、阶梯剖、旋转剖、局部剖、斜剖视、断面图等。剖切线还可以包括同心圆弧。

生成剖面视图的操作步骤如下：

**01** 单击【工程图】选项卡上的【剖面视图】按钮，或依次执行【插入】|【工程视图】|【剖面视图】命令，在弹出的【剖面视图】面板中选择剖切线类型，如图14-31所示。

图14-31　【剖面视图】与【半剖面】选项卡

### 技术要点

SolidWorks 2016关于剖面视图较以前版本软件有了更加智能的处理，用户无须再用【直线】命令绘制剖切线，系统能根据所选择的剖切线类型自动智能地借助捕捉到的特征点帮助用户完成剖切线的确定。同时，智能的半剖面也能帮助用户方便快速地完成半剖视图的创建。

**02** 选择剖切线类型（水平、竖直、辅助视图和对齐）为水平，并将光标移至待剖切的视图区域，光标处自动预览出黄色的辅助剖切线。

**03** 移动光标捕捉剖切线上的特征点（如中点、圆心、坐标原点等），捕捉到圆心位置后单击，并单击【确定】按钮，系统自动将剖切线确定出来，并双箭头显示在剖切线向外的两个方向，如图14-32所示。

**04** 移动光标到要生成剖视图的方向，系统预览出剖面视图。根据预览的剖面视图，移至合适位置单击，放置剖面视图，即完成了剖面视图的生成。此时，用户可以修改剖面视图标示的字母，可单击【反转方向】按钮调整视图方向，还可对【剖面视图】选项组的【部分剖面】、【只显示切面】、【自动加剖面线】

等复选框进行勾选，从而实现对生成的剖面视图参数进行设置。

**05** 完成后的剖面视图如图 14-32 所示。

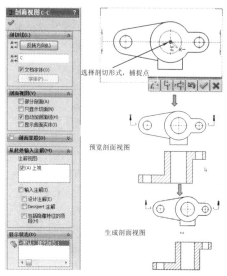

图 14-32　图解生成剖面视图步骤

### 14.3.8　旋转剖视图

旋转剖视图是用来表达具有回转轴的机件内部形状，与剖面视图所不同的是旋转剖视图的剖切线至少应由两条具有一定夹角的连续线段组成。

生成旋转视图的操作步骤如下：

**01** 单击【工程图】选项卡中的【旋转剖视图】按钮，或依次执行【插入】|【工程视图】|【旋转剖视图】命令。

**02** 绘制剖切线：根据需要绘制两条相交的中心线段或直线段。一般情况下，两条线段的交点需与回转轴重合。

**03** 在【剖切视图】面板中设置相关参数。

**04** 移动鼠标指针，显示视图预览。系统默认视图与所选择中心线或直线生成的剖切线箭头方向对齐，当视图位于适当位置时单击将其放置。

从选择视图生成旋转视图的步骤，如图 14-33 所示。

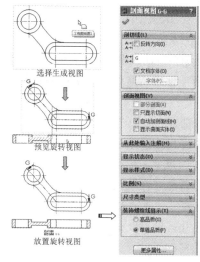

图 14-33　生成旋转视图

> **技术要点**
>
> 生成旋转剖视图的方向与绘制剖切线末段的方向有关，图 14-34 所示的剖切线绘制顺序为先绘制倾斜线段，再绘制水平线段，旋转剖视图沿水平方向的垂直方向长出。若顺序相反视图则发生变化。

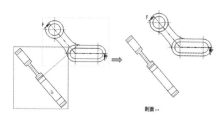

图 14-34　剖切线顺序变化引起剖视图方向变化

## 14.4　标注图纸

标注是完成工程图的重要环节，通过尺寸标注、公差标注、技术要求等将设计者的设计意图和对零部件的要求完整表达。

## 14.4.1 尺寸标注

草图、模型、工程图是全相关的，模型变更更会反映到工程图中。通常在生成每个零件特征时已经包含，然后将这些尺寸插入各个工程图中。在模型中改变尺寸会更新工程图，在工程图中改变插入的尺寸也会引起模型相应发生变化。

根据系统默认设置，插入的尺寸为黑色，还包括零件或装配体文件中以蓝色显示的尺寸（例如拉伸深度）。参考尺寸以灰色显示，并带有括号。

当将尺寸插入所选视图时，可以插入整个模型的尺寸，也可以有选择地插入一个或多个零部件（在装配体工程图中）的尺寸或特征（在零件或装配体工程图中）的尺寸。

尺寸只放置在适当的视图中，不会自动插入重复的尺寸。如果尺寸已经插入一个视图中，则它不会再插入另一个视图中。

### 1. 设置尺寸选项

用户可以对当前文件中的尺寸选项进行设置，也可以在文档属性对话框中指定文件中特定尺寸的属性。

依次执行【工具】|【选项】命令，在【文档属性】选项卡中选择【尺寸】选项，如图14-35所示，用户根据需要进行相关选项的重置。

图14-35 尺寸选项设定页面

在工程图图形区域中，单击选择某个尺寸后，将弹出该尺寸的属性面板，如图14-36所示。用户可以选择【数值】、【引线】、【其他】选项卡进行设置。比如在【数值】选项卡中，可以设置尺寸公差/精度、自定义新的数值覆盖原来数值、双制尺寸等。

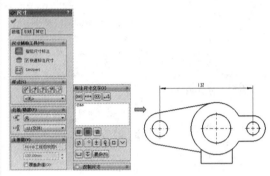

图14-36 【尺寸】属性面板

### 2. 自动标注工程图尺寸

用户可以使用自动标注工程图尺寸工具将参考尺寸作为基准尺寸、链和尺寸插入工程图视图中，还可以在工程图视图内的草图中使用自动标注尺寸工具。

自动标注工程图尺寸的操作步骤如下：

**01** 在工程图文档中，单击【尺寸/几何关系】选项卡中的【智能尺寸】按钮，在弹出的【尺寸】面板中，单击【自动标注尺寸】选项卡。

**02** 在【自动标注尺寸】选项卡中设定属性，选择待标注视图，然后单击【确定】按钮，即可实现自动尺寸标注，如图14-37所示。

> **技术要点**
>
> 使用【自动标注尺寸】命令后，系统自动标出的尺寸排列杂乱，需用户重新整理尺寸才能使图形标注美观大方。因为自动标注不可控，也不能体现设计意图，因此在实际工程图标注中很少使用。

### 3. 参考尺寸

参考尺寸显示模型的测量值，但并不驱动模型，也不能更改其数值，但是当用户改变模型时，参考尺寸会相应更新。

# 第 14 章 机械工程图设计

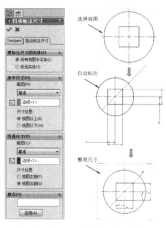

图 14-37 自动标注尺寸

可以使用与标注草图尺寸同样的方法添加平行、水平和竖直的参考尺寸到工程图中。添加参考尺寸步骤如下：

**01** 单击【智能尺寸】按钮，或执行【工具】|【标注尺寸】|【智能尺寸】命令。

**02** 在工程图视图中单击想标注尺寸的图形。

**03** 单击以放置尺寸。

### 技术要点

按照默认设置，参考尺寸包括在圆括号中，如要防止括号出现在参考尺寸周围，请执行【工具】|【选项】|【文档属性】|【尺寸】命令，在弹出的对话框取消选中【添加默认括号】复选框。

#### 4．插入模型项目

用户可以将模型文件（零件或装配体）中的尺寸、注解及参考几何体插入到工程图中。还可以将项目插入到所选特征、装配体零部件、装配体特征、工程视图或者使用视图中。当插入项目到所有工程图视图时，尺寸和注解会以最适当的视图出现。显示在部分视图的特征，局部视图或剖面视图会先在视图中标注尺寸。

### 技术要点

如果视图中没有标注特征尺寸，那么可以先选择特征，再单击【模型项目】按钮，则所选特征尺寸会标注到视图中。

将现有模型视图插入到工程图中：

**01** 单击【注解】选项卡中的【模型项目】按钮，或执行【插入】|【模型项目】命令。

**02** 在【模型项目】面板中设定相关参数。

**03** 单击【确定】按钮。

可对模型项目进行的操作：

- 删除：将删除模型项目。
- 拖动：将模型项目拖动到另一工程图视图中。
- 复制：将模型项目复制到另一工程图视图中。

## 14.4.2 公差标注

工程图中的公差包括尺寸公差和形位公差，下面分别介绍。

用户可通过单击【尺寸】按钮或【尺寸属性】对话框中的【公差】按钮来激活【尺寸】属性面板，然后单击【数值】，并在【公差/精度】选项组设置尺寸公差值和非整数尺寸之显示，可根据所选的公差类型及是否设定文件选项或应用规格到所选的尺寸而定。

设置尺寸公差的步骤如下：

**01** 单击工程视图上的任一尺寸。

**02** 在【尺寸】属性面板中设置尺寸公差的各种选项，尺寸公差选项及图例如图 14-38 所示。

**03** 单击【确定】按钮 ✓。

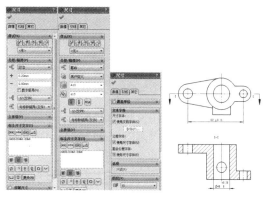

图 14-38 尺寸公差选项及图例

【尺寸】属性面板中主要选项详解如下：

- 公差类型：可从此下拉列表中选择【无】、【基本】、【双边】、【极限】、【对称】、【最小】、【最大】、【套合】、【与公差套合】和【套合（仅对公差）】之一，如图14-39所示。

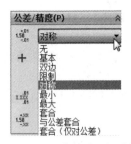

图14-39　公差类型下拉列表

- 公差值：指定适合于所选公差类型的正向变化量➕和负向变化量➖。
- 孔套合和轴套合：孔套合和轴套合只可用于【套合】、【与公差套合】或尺寸属性的【套合（仅对公差）】类型。
- 字体 / 套合公差字体：指定尺寸公差文字使用的字体。对于【套合】和【与公差套合】和【套合仅对公差】字体可用于孔套合和轴套合文字。

### 技术要点

如果不想更改尺寸公差文字的字体大小，请单击使用尺寸字体。如要更改尺寸公差文字的大小，消除选择使用尺寸字体并可选择以下一项：

- 字体比例：输入 0 ～ 10.0 之间的一个数字来调整字体比例。
- 字体高度：输入一个数值指定字体高度。
- 主要单位精度和公差精度：主要单位精度设置基本尺寸精度，公差精度设置尺寸公差精度。
- 套合公差显示：选择以直线显示层叠、无直线显示层叠或线性显示。

## 14.4.3　注解的标注

可以将所有类型的注解添加到工程图文件中，可以将大多数类型添加到零件或装配体文档，然后将其插入到工程图文档。在所有类型的文档中，注解的行为方式与尺寸相似。可以在工程图中生成注解。

【注解】选项卡提供的工具用于添加注释及符号到工程图、零件或装配体文件。

注解包括：注释、表面粗糙度、形位公差、零件序号、自动零件序号、基准特征、焊接符号、中心符号线和中心线等内容，如图14-40所示为轴的零件图注解内容。

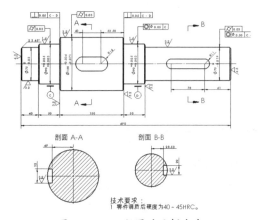

图14-40　工程图的注解内容

### 1. 注释

在文档中，注释可自由浮动或固定，也可带有一条指向某项（面、边线或顶点）的引线放置。注释可以包含简单的文字、符号、参数文字或超文本链接。

生成注释的步骤如下：

**01** 单击【注解】选项卡中的【注释】按钮🅰，或执行【插入】|【注解】|【注释】命令，弹出【注释】属性面板，如图14-41所示。

**02** 在【注释】面板中设定相关选项。

**03** 如果注释有引线，单击以放置引线。

**04** 再次单击放置注释，再单击并拖动边界线。

**05** 生成边界框。在输入文字前单击并拖动边界框，单击以放置注释，然后拖动控标根据需要调整边界框。

**06** 输入文字。

**07** 在【格式化】选项卡中设定选项。

**08** 在图形区域的注释外单击以完成注释。

**09** 保持【注释】面板打开，重复以上步骤生成所需数量的注释。

**10** 单击【确定】按钮。

**技术要点**

若要编辑注释，双击注释，即可在面板或对话框中进行相应编辑。

### 2．表面粗糙度符号

用户可以使用表面粗糙度符号来指定零件实体面的表面纹理。

输入表面粗糙度操作步骤如下：

**01** 单击【注解】选项卡上的【表面粗糙度】按钮，或执行【插入】|【注解】|【表面粗糙度符号】命令，弹出【表面粗糙度】属性面板，如图 14-42 所示。

图 14-41 【注释】属性面板　　图 14-42 【表面粗糙度】属性面板

**02** 在面板中设定属性。

**03** 在图形区域中单击以放置符号。

**04** 对于多个实例，根据需要单击多次以放置多条引线。

**05** 编辑每个实例。可以在面板中更改每个符号实例的文字和其他项目。

**06** 引线。如果符号带引线，单击一次放置引线，然后再次单击以放置符号。

**07** 单击【确定】按钮。

### 3．基准特征符号

在零件或装配体中，可以将基准特征符号附加在模型平面或参考基准面上。在工程图中，可以将基准特征符号附加在显示为边线（不是侧影轮廓线）的曲面或剖面视图面上。

插入基准特征符号操作步骤如下：

**01** 单击【注解】选项卡中的【基准特征】按钮，或者执行【插入】|【注解】|【基准特征符号】命令，弹出【基准特征】属性面板，如图 14-43 所示。

图 14-43 工程图的注解内容

**02** 在【基准特征】面板中设定相关选项。

**03** 在图形区域中单击以放置附加项，然后放置该符号。如果将基准特征符号拖离模型边线，则会添加延伸线。

**04** 根据需要继续插入多个基准特征符号。

**05** 单击【确定】按钮。

## 14.4.4 材料明细表

装配体由多个零部件组成，因此需要在装配图中列出装配清单。装配清单可以通过材料明细表来快速生成。

### 1．生成材料明细表

在装配图中生成材料明细表的步骤如下：

**01** 依次执行【插入】|【材料明细表】命令，打开【材料明细表】面板，如图 14-44 所示。

图 14-44 【材料明细表】面板

**02** 选择工程图中的一个视图生成材料明细表的指定模型，图形区域预览出材料明细表，如图 14-45 所示。

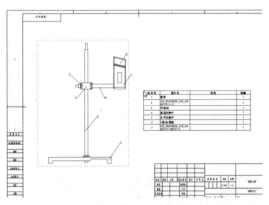

图 14-45 单击视图后预览材料明细表

**03** 将鼠标指针移至合适位置单击，放置材料明细表。通常需要将材料明细表与标题栏表格衔接，如图 14-46 所示。

**04** 编辑表格内容。在工程图中生成材料明细表后，用户可以双击材料明细表并编辑材料明细表内容。应该强调的是，由于材料明细表是参考装配体生成的，用户对材料明细表内容的更改将在重建时被覆盖。

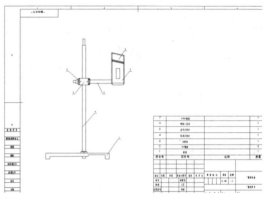

图 14-46 放置材料明细表

> **技术要点**
>
> 编辑表格格式：右击表格区域，在弹出的快捷菜单中选择相应命令对表格进行编辑，如图 14-47 所示。这些编辑命令包括：插入左／右列、插入上／下行、删除表格、隐藏表格、格式化、排序等。通过这些命令的使用，实现对表格的处理。

图 14-47 编辑材料明细表

> **技术要点**
>
> 可以使用【表格标题在下】命令实现标题栏转移到表格底部，如图 14-48 所示，并且零部件顺序由下至上编排，从而符合国标制图标准。

图 14-48 使用【表格标题在下】命令

**05** 设置完毕后，单击确认 ✅。

### 2．自定义材料明细表模板

系统所预设的材料明细表范本位置为：安装目录 SolidWorks\lang\chinese-simplified\…，用户可根据需要打开自定义模板，操作步骤如下：

**01** 打开 SolidWorks\lang\chinese-simplified\ Bomtemp.xl 文件。

**02** 进行如图 14-49 所示的设置：定义名称应与零件模型的自定义属性一致，以便在装配体工程图中自动插入明细表。

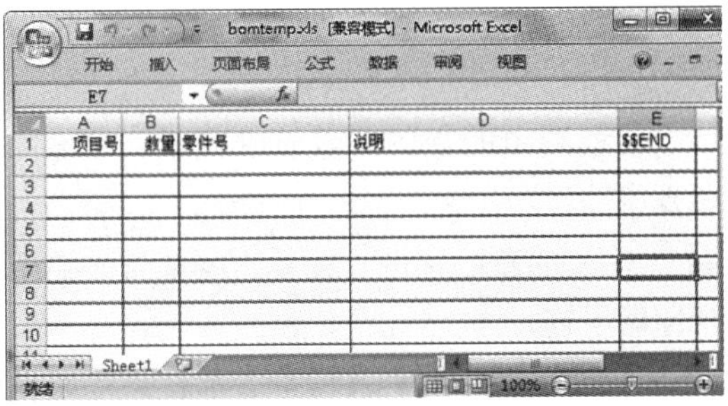

图 14-49　自定义材料明细表标题栏

**03** 将原 Excel 文件中的【项目号】改为【序号】，定义名称为【ItemNo】。

**04** 在【数量】前插入两列，分别为【代号】和【名称】，定义名称分别为【DrawingNo】和【PartNo】。

**05** 将【零件号】改为【材料】，定义名称为【Material】。

**06** 在【说明】前插入两列，分别为【单重】和【总重】，定义名称分别为【Weight】和【TotalWeight】。

**07** 将原 Excel 文件中的【说明】改为【备注】，定义名称为【DEscription】。

**08** 在 Excel 文件编辑环境中，逐步在 G 列中输入表达式 D2*F2，…，D12*F12，以便在装配体的工程图中由装入零件的数量与重量乘积来自动计算所装入零件的重量。

**09** 依次执行【文件】|【另存为】命令，将文件命名为 BOM 表模板，进行保存，保存路径为：SolidWorks\lang\chinese-simplified\… 下的模板文件。

**10** 自定义材料明细表模板文件成功后，新建工程图或在工程图中插入材料明细表时，均会按定制的选项执行，并且无须查找模板文件烦琐的放置路径。

> **技术要点**
>
> 用户在尝试自定义材料明细表模板文件之前需要先对系统源文件进行备份，以防自定义材料明细表模板文件失败，而且找不到源文件时方便恢复。

## 14.5　操作与控制工程图

在一张复杂的工程图纸中，一般都要求要将各个视图根据其空间位置关系严格对齐，但在特殊情况下却需要某个或某些视图旋转一个角度、错开一段距离，这时就需要解除视图对齐的关系。同理，打印输出或是图纸设计、交流过程中也会遇到将某个或某些视图隐藏，而另一些时候又要将它们显示。

下面将介绍视图的对齐与解除对齐、视图的显示与隐藏。

### 14.5.1　对齐视图

#### 1．解除对齐视图

通过投影关系生成的辅助视图系统自动添加上了对齐的关系，如图 14-50 所示的支座的剖面视图与主视图有对齐的关系，选中剖面视图并按住不放进行拖动，剖面视图始终在竖直方向上移动。

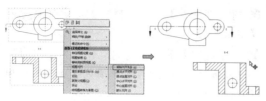

图 14-50　解除对齐关系

**01** 选中包含与其他视图对齐关系的工程视图。

**02** 右击，在弹出的快捷菜单中执行【对齐视图】|【解除视图关系】命令，或依次执行【工具】|【对齐视图】|【解除对齐关系】命令，即可完成视图对齐的解除。

**03** 如要再回到原来的对齐关系，右击视图边框内部，在弹出的快捷菜单中选择【视图对齐】|【默认对齐】命令，或在菜单栏中依次执行【工具】|【对齐视图】|【默认对齐关系】命令，视图即可恢复默认对齐状态，如图14-51所示。

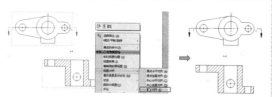

图 14-51　解除对齐关系的视图恢复默认对齐

#### 2．对齐视图

对于默认为未对齐的视图，或解除了对齐关系的视图，可以添加对齐关系。

下边将介绍使一个视图与另一个视图对齐的操作步骤：

**01** 右击视图，在弹出的快捷菜单中选择【视图对齐】|【水平对齐】/【竖直对齐】命令，指针形状变成 ，如图 14-52 所示。

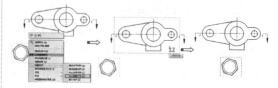

图 14-52　添加两个视图中心竖直对齐的关系

**02** 单击要对齐的参考视图，视图的中心沿所选的方向对齐，如图 14-52 所示为对齐后的视图，如果移动参考视图，对齐关系将保持不变。

添加竖直对齐关系后的两个视图的移动，只能分别沿着竖直方向移动。

### 14.5.2　视图的隐藏和显示

工程图中的视图可以被隐藏或显示，隐藏视图的操作步骤如下：

**01** 右击要隐藏的视图，或单击特征管理器中视图的名称。

**02** 从快捷菜单中选择【隐藏】命令。如果该视图有从属视图（如局部、剖面视图等），则出现对话框询问是否也要隐藏从属视图。

**03** 视图被隐藏后，当鼠标指针经过隐藏的视图时，指针形状改变，并且视图边界高亮显示。

**04** 如果要查看图纸中隐藏视图的位置但并不显示它们，在菜单栏中执行【视图】|【显示被隐藏视图】命令。

**05** 要再次显示视图，右击视图，然后从快捷菜单中选择【显示】命令。当要显示的隐藏视图有从属视图，则出现对话框询问是否也要显示从属视图。

## 14.6　工程图的打印、输出

零部件的设计通过图纸的形式体现设计成果，而图纸需要打印成纸质文档，方便公司之间、公司内部各部门之间的流通。

SolidWorks 工程图可以转换为 AutoCAD 文件，结果修改、调整后在 AutoCAD 软件中进行打印，效率最高的当然是能够直接在 SolidWorks 中完成图纸的最终形式，然后直接在 SolidWorks 工程图环境下进行打印。

### 14.6.1　一般工程图的打印、输出

下面介绍输出打印的操作步骤：

# 第 14 章　机械工程图设计

**01** 打开工程图，执行【文件】|【打印】命令，或者使用快捷键【Ctrl+P】，系统弹出【打印】对话框，如图 14-53 所示。

图 14-53　【打印】对话框

**02** 打印设置。单击【打印】对话框中的【页面设置】按钮，在弹出的【页面设置】对话框中设置相关参数，如工程图颜色、图纸打印方向、纸张大小和打印比例等，如图 14-54 所示。

图 14-54　【页面设置】对话框

**03** 页眉/页脚设置。在【打印】对话框中的【文件选项】选项组中单击【页眉/页脚】按钮，在弹出的【页眉/页脚】对话框中设置对应的内容，用户可以使用系统提供的页眉/页脚内容，亦可自定义，如图 14-55 所示。

图 14-55　【页眉页脚】对话框

### 技术要点

页眉页脚往往设置打印日期、设计者、公司 logo、图纸共几张、当前是第几张等内容，便于表达信息和后续图纸追溯。

**04** 线粗。用户可以预先设置好系统属性，然后直接打印。对于特殊情况下，需要手动设置，如图 14-56 所示。

图 14-56　设置线粗

**05** 边界。设定打印区域与纸张的边界距离。

**06** 打印范围。选中【选择】复选框，出现【打印所选区域】对话框，图形区域出现一个显示打印区域的方框，按住方框边界可移动方框改变打印的区域。用小打印机打印较大的图纸时，可分区打印再采用粘贴的方法形成整张图纸。

**07** 设置完毕后，单击【预览】按钮，查看打印设置是否妥当，若不行则返回进行调整。否则，单击【打印】按钮即可将图纸打印出来，如图 14-57 所示。

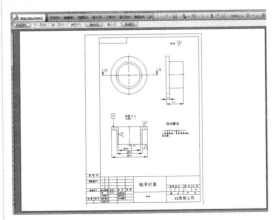

图 14-57　预览打印效果

**08** 打印完毕后，保存打印设置，方便下次打印使用。

### 14.6.2 为单独的工程图纸指定设置

若要打印单个工程图，其操作步骤如下：

**01** 在菜单栏中执行【文件】|【页面设置】命令，在弹出的【页面设置】对话框中，选择【使用此文件的设备】单选按钮，并选中【单独设定每个工程图纸】复选框，如图14-58所示。

图 14-58 单独设定每个工程图纸

**02** 在【设定的对象】下拉列表中选择一张图纸，或者保留系统默认的图纸选择。若SolidWorks窗口中仅打开一幅图纸，则默认或用户选择都只能选中该图纸。

**03** 对每个图纸对象分别进行设置，或者保留图纸的默认设置，然后单击【确定】按钮。

### 14.6.3 打印多个工程图文件

若要打印多张工程图，而且不必对每张图纸进行单独打印，其操作步骤如下：

**01** 在菜单栏中执行【文件】|【打印】命令，在弹出的【打印】对话框中的【打印范围】选项组下选择【所有图纸】单选按钮，或者指定要打印的页码范围。

**02** 单击【页面设置】按钮，在弹出的【页面设置】对话框中勾选【比例】复选框，输入自定义的打印比例，如95%，或者单击选中【调整比例以套合】以最佳比例将整张工程图打印在纸上，如图14-59所示。

图 14-59 设置打印对象及比例

**03** 单击确定按钮，开始打印。

## 14.7 综合实战——阶梯轴工程图

◎ 引入文件：\综合实战\源文件\Ch14\阶梯轴.sldprt

◎ 结果文件：\综合实战\结果文件\Ch14\阶梯轴工程图.slddrw

◎ 视频文件：\视频\Ch14\阶梯轴工程图.avi

阶梯轴的工程图包括一组视图、尺寸和尺寸公差、形位公差、表面粗糙度符号和一些必要的技术说明等。

本例练习阶梯轴的工程图绘制，阶梯轴工程图如图14-60所示。

操作步骤：

#### 1. 生成新的工程图

**01** 单击【标准】选项卡中的【新建】按钮。

**02** 在【新建SolidWorks文件】对话框中单击【高级】按钮进入【模板】选项卡。

**03** 在【模板】选项卡中选择【gb_a3】，选择横幅图纸模板，再单击【确定】按钮加载图纸，如图14-61所示。

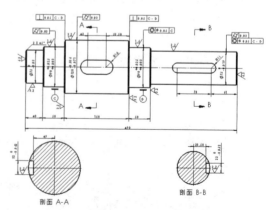

图 14-60 阶梯轴工程图

## 第 14 章 机械工程图设计

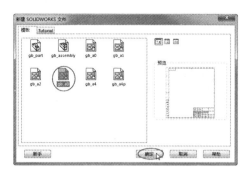

图 14-61 选择图纸模板

**04** 进入工程图环境后,指定图纸属性。在工程图图纸绘图区中右击,在弹出的快捷菜单中选择【属性】命令,在【图纸属性】对话框中进行设置,如图 14-62 所示。【名称】为【阶梯轴】,【比例】为 1:2,【投影类型】选择【第一视角】。

图 14-62 【图纸属性】面板

### 2. 将模型视图插入到工程图中

**01** 单击【视图布局】选项卡中的【模型视图】按钮,在打开的【模型视图】属性面板中设定选项,如图 14-63 所示。

图 14-63 在【模型视图】面板中设定选项

**02** 单击【下一步】按钮。在【模型视图】属性面板中设定额外选项,如图 14-64 所示。

图 14-64 在【模型视图】面板中设定额外选项

**03** 单击【确定】按钮。将模型视图插入到工程图中,如图 14-65 所示。

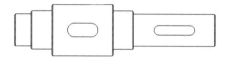

图 14-65 插入模型视图到工程图中

**04** 添加中心线到视图中。单击【注解】选项卡中的【中心线】,为插入中心线选择旋转 1 生成中心线,如图 14-66 所示。

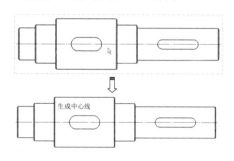

图 14-66 生成中心线

### 3. 生成剖面视图过程

**01** 单击【工程图】选项卡中的【剖面视图】按钮,出现剖面视图属性面板并进行设置,如图 14-67 所示,【直线】工具被激活。

图 14-67　剖面视图面板

**02** 绘制剖切线，单击以放置视图。生成剖面视图，如图 14-68 所示。

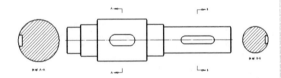

图 14-68　生成剖面视图

**03** 编辑视图标号或字体样式，更改视图对齐方式，如图 14-69 所示。

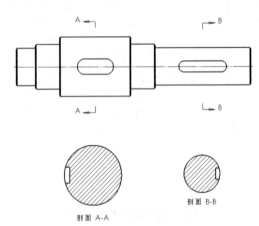

图 14-69　编辑剖面视图

**04** 在剖面视图中添加中心符号线。单击【注解】选项卡中【中心符号线】按钮 ⊕，出现【中心符号线】属性面板并进行设置，在剖面视图中生成中心符号线，如图 14-70 所示。

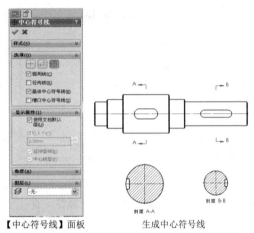

【中心符号线】面板　　　生成中心符号线

图 14-70　在剖面视图中生成中心符号线

### 4．尺寸的标注

**01** 利用智能尺寸标注基本尺寸。单击选项卡中的【智能尺寸】按钮 ⌀，在【智能尺寸】属性面板中设定选项，标注工程图尺寸，如图 14-71 所示。

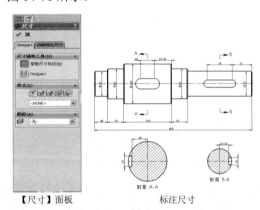

【尺寸】面板　　　标注尺寸

图 14-71　标注工程图尺寸

**02** 标注尺寸公差。单击需要标注公差的尺寸，进行尺寸公差标注，如图 14-72 所示。

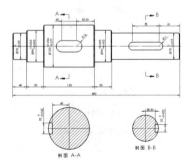

图 14-72　标注尺寸公差

## 5. 标注基准特征

**01** 单击【注解】选项卡中的【基准特征】按钮 ，在【基准特征】属性面板中设定选项，如图 14-73 所示。

**02** 在图形区域中单击以放置附加项，然后放置该符号，根据需要继续插入基准特征符号，如图 14-74 所示。

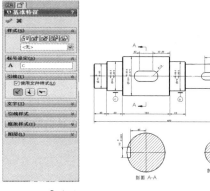

图 14-73 【基准特征】面板　　图 14-74 工程图中基准特征符号标注

## 6. 标注形位公差

**01** 在【注解】选项卡中单击【形位公差】按钮 ，在属性对话框和【形位公差】属性面板中设定选项，如图 14-75 所示。

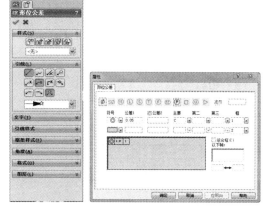

图 14-75 【形位公差】面板和【属性】对话框

**02** 在绘图区单击以放置符号，在工程图中标注形位公差，如图 14-76 所示。

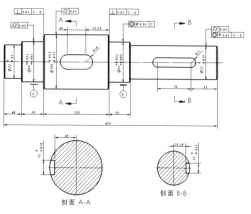

图 14-76 工程图中形位公差标注

## 7. 标注表面粗糙度

**01** 单击【注解】选项卡中的【表面粗糙度】按钮 ，在属性面板中设定属性。

**02** 在图形区域中单击以放置符号。工程图中表面粗糙度标注如图 14-77 所示。

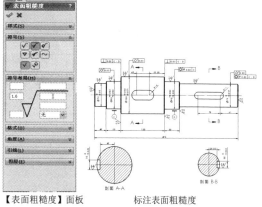

【表面粗糙度】面板　　标注表面粗糙度

图 14-77 工程图中表面粗糙度标注

## 8. 标注注释

**01** 单击【注解】选项卡中的【注释】按钮 ，在【注释】属性面板中设定选项，如图 14-78 所示。

**02** 单击并拖动边界框，如图 14-79 所示。

**03** 输入文字，如图 14-80 所示。

图 14-78 【注释】设定　图 14-79 单击并拖动生成的边界框　图 14-80 在边界框中输入技术要求

**04** 使用【格式化】选项卡设定文字选项。

**05** 在图形区域中注释外单击来完成注释。

**06** 进一步完善阶梯轴的工程图，如图 14-81 所示。

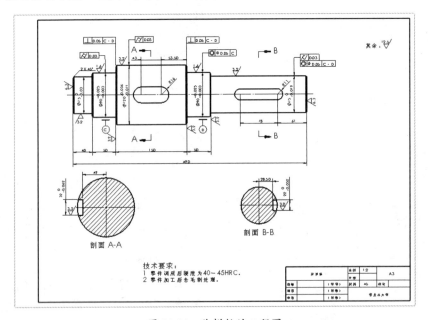

图 14-81 阶梯轴的工程图

## 14.8 课后习题

**1. 建立高速轴的工程图**

本练习建立高速轴的工程图，并完成工程图中尺寸和注解标注，结果如图 14-82 所示。

# 第 14 章 机械工程图设计

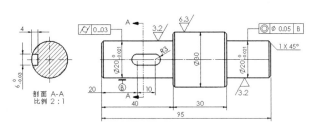

图 14-82 高速轴工程图

## 2. 建立轴承座的工程图

本练习建立轴承座工程图，并完成工程图中尺寸和注解标注，结果如图 14-83 所示。

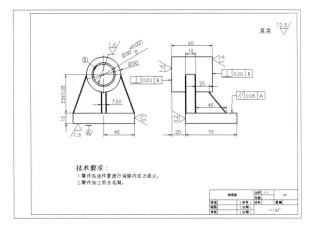

图 14-83 轴承座工程图

## 读书笔记

# 第15章 SolidWorks 机械设计案例

零件的形状虽然千差万别，但根据它们在机器（或部件）中的作用和形状特征，通过比较、归纳，可大体将它们划分为几种类型：轴套类、盘盖类、叉架类和箱体类。

本章将主要介绍利用 SolidWorks 来设计具有代表性零件类型的知识，让读者了解机械零件的一般设计步骤与方法。

资源二维码

百度云网盘

360云盘 密码6955

- ◆ 轴类零件设计
- ◆ 盘盖类零件设计
- ◆ 叉架类零件设计
- ◆ 箱体类零件设计
- ◆ 合页装配设计
- ◆ 阀盖零件工程图设计

## 15.1 轴套类零件设计

轴类零件结构的特点是：结构主体为回转体，并以其轴线为对称中心，各轴线直径虽然有一定差异，但相邻轴段直径相差不大，呈阶梯状；根据使用场合和功能要求的不同，轴上的其他结构有的地方关于其轴线为对称，另一些结构则没有对称线、对称面；当需要传递扭矩时，轴类零件需要键槽配合或花键配合结构来实现；为了加工定位方便，轴两端具有中心孔结构。

### 15.1.1 设计思想

若忽略轴类零件的一些次要结构及非对称结构，则其主要结构是由不同直径的等直径圆柱体组合而成的，其外形结构一般为阶梯轴，有些轴类零件还具有阶梯孔。轴类零件建模的主体结构实现有以下3种方法：

#### 1. 层叠法

使用拉伸命令生成不同的轴段，再将这些轴段以层叠形式组合起来。简而言之，就是将上一轴段端面作为草图绘制平面，依次使用【拉伸】命令，生成不同直径的轴段。

若要生成轴上孔位特征，可以使用【拉伸-切除】命令。

#### 2. 拉伸切除生成法

轴类零件的加工以车削、铣削为主，这是由其结构特点所决定的，因此，可以参照此加工方法，在生成轴类零件的三维模型时将零件的加工工艺思想融入设计中。

首先生成轴类零件的毛坯，既可以是使用【拉伸】/【旋转】命令生成的等直径棒料，也可以是旋转生成的阶梯形毛坯。然后，根据机械加工工艺过程的顺序或者参照工艺过程，逐渐去除多余的材料，最终形成零件模型。

#### 3. 旋转生成法

轴类零件的主要结构以其轴线为对称，因此，可以将轴类零件的主体结构看作是由一个封闭的矩形绕轴线回转一周形成的。然后，再通过【拉伸 - 切除】命令，生成其他结构要素。

在使用这种方法时，若要通过改变特征的生成次序，改变模型特征，生成不同的零件模型或者编辑零件模型，则比较困难。因为，通过旋转生成的特征是一个整体，要改变零件模型的结构，就只能通过编辑草图来实现。

使用不同的设计方法实现同一种零件模型，可以体会不同设计方法的优劣，从而更好地理解如何将设计思想与建模方法结合起来。

### 15.1.2 泵轴零件实例

◎ **结果文件：\ 综合实战 \ 结果文件 \Ch15\ 泵轴零件 .sldprt**

◎ **视频文件：\ 视频 \Ch15\ 泵轴零件 .avi**

本节将以一个轴类零件——泵轴设计实例，如图 15-1 所示，来详解轴类零件的应用技巧。

图 15-1　泵轴实体模型图

**1．泵轴的模型分析**

针对泵轴零件做出如下设计分析：

结构及工艺分析：泵轴的典型特征为回转体，其主要主体为车削加工形成，经过钻孔、铣削键槽等成型工艺，同时还包括加工退刀槽、倒角等辅助工艺。

主要工序：粗车棒料毛皮→车右端小轴部分→车退刀槽/轴阶→钻孔/铣削键槽→旋转 90°后钻孔→端面倒角。

> **技术要点**
>
> 在进行泵轴实体建模设计时，不必完全按照其加工工艺顺序进行。用户可以根据建模特点对一些加工工艺进行合并或者将其打乱，从而实现快速实体建模。

下面将介绍泵轴的建模过程。

**2．泵轴的模型创建**

操作步骤：

**01** 启动 SolidWorks 2016 软件，新建一个零件文件，并另存为【泵轴零件 .sldprt】，如图 15-2 所示。

图 15-2　新建文件并保存

**02** 在【特征】工具栏中单击【拉伸】按钮，在绘图区域中选择右视基准面作为草绘平面。

**03** 单击【草图】工具栏中的【圆】按钮，绘制直径为 15mm 的圆。单击【确定】按钮后，在弹出的【凸台 - 拉伸】面板中，选择【给定深度】拉伸方式，设置深度为 68mm，单击【确定】按钮完成凸台的拉伸，如图 15-3 所示。

图 15-3　拉伸凸台

**04** 同理，选择已有凸台的端面作为绘图平面，绘制直径为 9mm 的圆，拉伸 28mm，生成阶梯凸台实体，如图 15-4 所示。

图 15-4　生成阶梯凸台实体

**05** 切除退刀槽。利用【草图】工具栏中的【直线】、【圆】命令绘制草图，标注尺寸，剪裁多余线条后，单击【确定】按钮，完成退刀槽的旋转切除，如图 15-5 所示。

图 15-5　旋转切除退刀槽

**06** 圆角。对所创建的退刀槽进行圆角处理。单击【特征】工具栏中的【圆角】按钮，在弹出的【圆角1】面板中设置圆角半径为 0.5mm，并选择创建退刀槽的两条棱边进行圆角处理，单击【确定】按钮，完成圆角创建，如图 15-6 所示。

 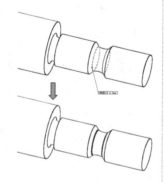

图 15-6　创建圆角

**07** 切除孔。选择上视基准面作为绘图平面，绘制两个圆，标注圆的直径分别为 2mm、5mm。单击【特征】工具栏中的【拉伸切除】按钮，在弹出的【切除-拉伸1】属性面板中选择【两侧对称】的切除方式，并设置切除深度为 28mm，对轴进行切除孔，如图 15-7 所示。

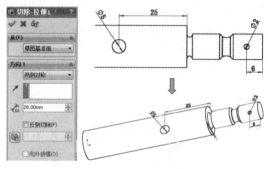

图 15-7　切除孔

**08** 创建键槽草图的基准面。在菜单栏中执行【插入】|【参考几何体】|【基准面】命令，在弹出的【基准面1】属性面板中选择前视基准面作为第一参考，并单击【偏移距离】按钮，在数框中输入偏移距离值 3.5mm，单击【确定】按钮即可完成基准面的创建，如图 15-8 所示。

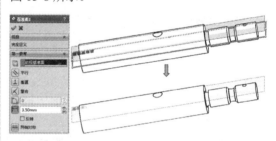

图 15-8　创建键槽草图的基准面

**09** 绘制键槽草图。单击基准面1后，在【草图】工具栏中单击【草图绘制】按钮，并在【前导视图】工具栏中【视图定向】的下拉菜单中单击【正视于】按钮，或者使用快捷键【Ctrl+8】，将绘图平面与屏幕贴合。

**10** 绘制中心线和直槽口。单击【草图】工具栏中的【中心线】按钮，绘制经过中间轴中点的竖直中心线和经过坐标原点的水平中心线。单击【直槽口】按钮，绘制中心线在水平中心线上的直槽口，如图 15-9 所示。

**11** 标注键槽尺寸及添加几何关系。单击【草图】工具栏中的【智能尺寸】按钮，标注槽口左端圆心与轴键距离为 3mm，并绘制过该段轴中点的中心线，添加槽口几何中心与该中心线重合的几何关系、添加槽口水平中心线与原点重合的几何关系，完成后如图15-10所示。

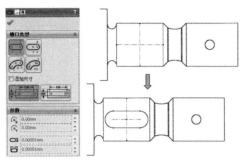

图 15-9　绘制中心线和直槽口

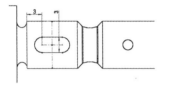

图 15-10　标注键槽尺寸及添加几何关系

**12** 切除键槽。单击【特征】工具栏中的【拉伸切除】按钮，在弹出的【拉伸切除】属性面板中选择【完全贯通】的切除方式，其余保持默认设置，对键槽草图进行切除，如图15-11所示。

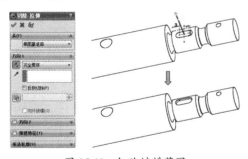

图 15-11　切除键槽草图

**13** 切除孔。单击【特征】工具栏中的【拉伸切除】命令按钮，选择上视基准面作为草图平面，绘制一个直径为5的圆，退出草图后在弹出的【拉伸切除】属性面板中选择"完全贯通"的切除方式，其余保持默认设置，单击【确定】按钮完成孔的切除，如图15-12所示。

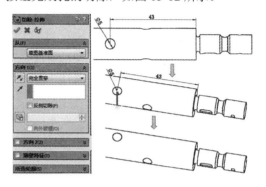

图 15-12　标注键槽尺寸及添加几何关系

**14** 倒角。单击【特征】工具栏中的【倒角】按钮，在弹出的【倒角】属性面板中保持默认的【角度距离】倒角方式，设置【距离】为1mm、【角度】为45°，完成后如图15-13所示。

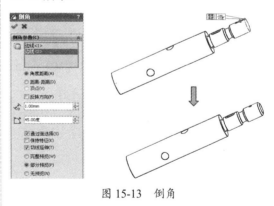

图 15-13　倒角

**15** 至此，泵轴模型创建完毕，保存文件。

## 15.2　盘盖类零件设计

盘盖类零件一般是指法兰盘、端盖、透盖等零件。这类零件在机器中主要起传动、连接、支承、密封和轴向定位等作用，如手轮、皮带轮、齿轮、法兰盘、各种端盖等。

产品或机器中的箱体，通常都有为装配和调整而设置的孔，这些孔需用端盖、支承盖等盘盖类零件加以保护，并支承和调整各零部件。

## 15.2.1 设计思想

盘盖类零件在进行设计时结合实际，考虑到其应用场合和主要功能，将很好地完成盘盖零件的设计。盘盖类零件的设计思想主要包括结构设计和技术要求。

**1. 盘盖类零件的结构分析**

盘盖类零件的基本形状多为扁平的圆形或方形盘状结构，并且以车床加工为主。与轴套类零件的工艺结构类似，盘盖类零件的加工以倒角和圆角、退刀槽和越程槽为主，一些零件上还有凸台、凹坑、螺孔、销孔、轮辐等局部结构。

轴向尺寸相对于径向尺寸小很多，常见的零件主体一般由多个同轴的回转体，或由一个正方体与几个同轴的回转体组成；在主体上常有沿圆周方向均匀分布的凸缘、肋条、光孔或螺纹孔、销孔等局部结构；常用作端盖、齿轮、带轮、链轮、压盖等，制造材料一般多为灰铸铁。

这类零件的主体多数由共轴的回转体构成，也有一些盘盖类零件其主体是方形的。这类零件与轴套类零件正好相反，一般轴向尺寸较小，而径向尺寸较大。其上常有凸台、凹坑、螺孔、销孔、轮辐等局部结构。

盘盖类零件上常常具有轴孔；为了加强支承，减少加工面积，常设计有凸缘、凸台或凹坑等结构；为了与其他零件相连接，盘盖类零件上还常有较多的螺孔、光孔、沉孔、销孔或键槽等结构。此外，有些盘盖类零件上还具有轮辐、辐板、肋板，以及用于防漏的油沟和毡圈槽等密封结构。

**2. 盘盖类零件的技术要求**

有配合要求或用于轴向定位的面，其表面粗糙度和尺寸精度要求较高，端面与轴心线之间常有形位公差要求。

盘类零件往往对支承用端面有较高平面度、轴向尺寸精度及两端面平行度要求；对连接作用中的内孔等有与平面的垂直度要求，以及与圆、内孔间的同轴度要求等。

## 15.2.2 阀盖设计实例

◎ **结果文件：** \综合实战\结果文件\Ch15\阀盖零件.sldprt

◎ **视频文件：** \视频\Ch15\阀盖零件.avi

本例中将设计如图 15-14 所示的轴套类零件——阀盖。

图 15-14　阀盖实体模型图

**1. 阀盖的模型分析**

针对阀盖零件做出如下设计分析：
阀盖包括用作传动特征的回转体和固定的方形板，其主体为铣削和车削，配以钻孔、倒角等辅助工艺。

**2. 阀盖模型创建步骤**

操作步骤：

**01** 启动 SolidWorks 2016 软件，新建一个零件文件，并另存为【阀盖.sldprt】，如图 15-15 所示。

**02** 在【特征】工具栏中单击【拉伸】按钮，在绘图区域中选择上视基准面作为草绘平面。单击【草图】工具栏中的【矩形】按钮，绘制直径为 15mm 的圆。单击【确定】按钮后，在弹出的【凸台-拉伸1】面板中,选择【给定深度】拉伸方式,设置深度为68mm,单击【确定】按钮完成凸台的拉伸,如图15-16所示。

图 15-15  新建文件并保存文件

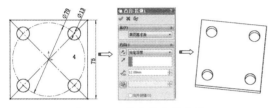

图 15-16  拉伸长方体基体

**03** 拉伸凸台。选择凸台上表面作为绘图平面,在【草图】工具栏中单击【圆】按钮,以坐标原点为圆心绘制一个圆,并标注其直径为53mm。单击【特征】工具栏中的【拉伸】按钮,在弹出的【拉伸】属性面板中选择【给定深度】拉伸方式,并输入深度为1mm,单击确定完成拉伸后如图15-17所示。

图 15-17  拉伸凸台 2

**04** 拉伸凸台。单击【特征】工具栏中的【拉伸】按钮,选择上一步中绘制的凸台表面作为绘图平面,原点为圆心绘制圆,并标注其直径为50mm。单击【确定】按钮,进入【凸台-拉伸】面板,设置深度为5mm,拉伸实体,如图15-18所示。

图 15-18  拉伸凸台 3

**05** 拉伸凸台。单击【特征】工具栏中的【拉伸】按钮,选择上一步中绘制的凸台表面作为绘图平面,原点为圆心绘制圆,并标注其直径为41mm。单击【确定】按钮,进入【凸台-拉伸】面板,设置深度为4mm,拉伸实体,如图15-19所示。

图 15-19  拉伸凸台 4

**06** 翻面拉伸凸台。单击【特征】工具栏中的【拉伸】按钮,选择长方体基体的另一面作为绘图平面,原点为圆心绘制圆,并标注其直径为32mm。单击【确定】按钮,进入【凸台-拉伸】面板,设置深度为15mm,拉伸实体,如图15-20所示。

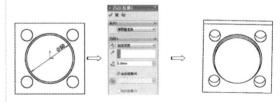

图 15-20  拉伸凸台 5

**07** 拉伸凸台。单击【特征】工具栏中的【拉伸】按钮,选择上一步中绘制的凸台表面作为绘图平面,原点为圆心绘制圆,并标注其直径为36mm。单击【确定】按钮,进入【凸台-拉伸】面板,设置深度为5mm,拉伸实体,如图15-21所示。

**08** 圆角。单击【特征】工具栏中的【圆角】

按钮 ,选择凸台与长方体交线为圆角对象,圆角半径为3mm,如图15-22所示。

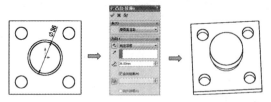

图 15-21　拉伸凸台 6

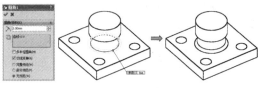

图 15-22　圆角 1

**09** 倒角。单击【特征】工具栏中的【倒角】按钮 ,选择中间边线为倒角对象,设置倒角半径为3mm、角度为45°,如图15-23所示。

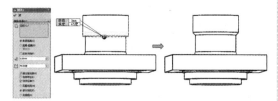

图 15-23　倒角 1

**10** 倒角。同理,单击【特征】工具栏中的【倒角】按钮 ,选择端边线为倒角对象,设置倒角半径为1.5mm,角度为45°,如图15-24所示。

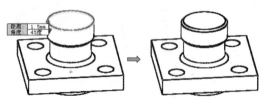

图 15-24　倒角 2

**11** 拉伸切除。单击【特征】工具栏中的【拉伸切除】按钮 ,在弹出的【切除-拉伸1】属性面板中,选择【完全贯通】拉伸方式,完成拉伸切除,如图15-25所示。

图 15-25　拉伸切除

**12** 拉伸切除。单击【特征】工具栏中的【拉伸切除】按钮 ,在弹出的【切除-拉伸2】属性面板中,选择【给定深度】的切除方式,完成拉伸切除,如图15-26所示。

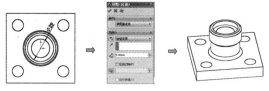

图 15-26　拉伸切除 2

**13** 翻面切除。单击【特征】工具栏中的【拉伸切除】按钮 ,在弹出的【切除-拉伸3】属性面板中,选择【给定深度】切除方式,完成拉伸切除,如图15-27所示。

图 15-27　修改特征草图的基准面

**14** 圆角。单击【特征】工具栏中的【圆角】按钮 ,选择凸台与长方体交线为圆角对象,圆角半径为3mm,如图15-28所示。

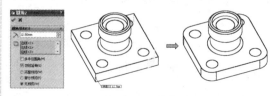

图 15-28　圆角

**15** 圆角。单击【特征】工具栏中的【圆角】按钮 ,选择凸台与长方体交线为圆角对象,圆角半径为3mm,如图15-29所示。

**16** 至此,完成了阀盖模型创建,保存文件。

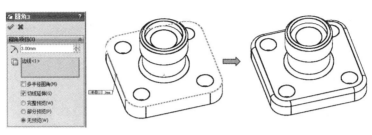

图 15-29　圆角 3

## 15.3 叉架类零件设计

叉架类零件是机器中常用的零件，主要在变速机构、操纵机构和支承结构中用于拨动、连接和支承传动零件，如拨叉、连杆、杠杆、拉杆、摇臂、支架等零件。其功能是通过它们的摆动或移动，实现机构的各种不同的动作，如离合器的开合、快慢档速度的变换、气门的开关等。

### 15.3.1 设计思想

叉架类零件的结构形状多样，差别较大，但都是由支承部分、工作部分和连接部分组成，多数为不对称零件，具有凸台、凹坑、铸（锻）造圆角、拔模斜度等常见结构。

由于工作位置的特殊性导致其加工表面较多且不连续。叉架类零件的装配基准一般为孔或平面，其加工精度要求较高，工作表面杆身细长，刚性较差，易变形。

在加工叉架类零件时，应以装配基准或设计基准作为精基准，以保证其他表面相对装配基准的正确位置。粗基准的选择一是要保证以后加工时精基准的壁厚均匀；二是要保证重要表面相对精基准的准确位置。

因此可选择装配基准孔的外圆表面或装配基准面作为主要粗基准；选择重要的工作表面或非加工表面作为次要粗基准。

**1. 叉架类零件的功用**

叉架类零件一般都是传力结构，承受冲击载荷。

**2. 外形特点**

- 外形复杂，不易定位。
- 弯曲刚性差，易变形。
- 尺寸精度、形状精度、位置精度和表面粗糙度要求较高。

叉架类零件加工要遵循加工分阶段，粗、精加工分开的原则。成批生产以工序分散较为有利，使工件在各工序之间能充分变形，以确保各表面相互位置的精度。

### 15.3.2 叉架设计

◎ **结果文件：** \综合实战\结果文件\Ch15\叉架零件 .sldprt

◎ **视频文件：** \视频\Ch15\叉架零件 .avi

本例中将设计如图 15-30 所示的叉架类零件——叉架。

图 15-30 叉架实体模型图

**1. 叉架的模型分析**

针对叉架零件作出如下设计分析：

结构及工艺分析：叉架的典型用作支撑和固定传动零件等，配以钻孔、倒角、加强筋等功能特征。

**2. 叉架的模型创建**

操作步骤：

**01** 启动 SolidWorks 2016 软件，新建一个零件文件，并另存为【叉架零件 .sldprt】，如图 15-31 所示。

图 15-31 新建文件并保存文件

**02** 选择右视基准面作为绘图平面，在【草图】工具栏中单击【直线】按钮，绘制经过坐标原点的水平中心线和竖直中心线。单击【矩形】下拉按钮，再单击【中心矩形】按钮，以坐标原点为中心绘制矩形，添加相邻两条边线相等的几何关系，并标注边长为 80mm，对 4 个角进行圆角处理，半径为 10mm。单击【直槽口】下拉按钮，绘制槽口曲线，标注槽口半径为 3mm、竖直中心距为 20mm、两个槽口的水平中心距为 60mm，如图 15-32 所示。

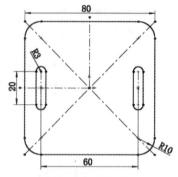

图 15-32 基板草图

**03** 拉伸基板。单击【特征】工具栏中的【拉伸】按钮，在弹出的【凸台 - 拉伸】属性面板中选择【给定深度】的拉伸方式，并设置深度值为 15mm，如图 15-33 所示。

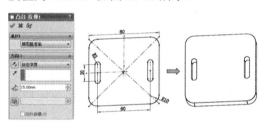

图 15-33 基板草图

**04** 切除。选择前视基准面作为绘图平面，单击【矩形】下拉按钮，再单击【中心矩形】按钮，以坐标原点为中心绘制矩形，并标注其宽度为 30mm，长度方向超出实体边界，如图 15-34 所示。

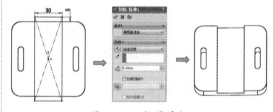

图 15-34 拉伸基板

**05** 圆角。单击【特征】工具栏中的【圆角】下拉按钮，在弹出的【圆角 1】属性面板中设置圆角半径为 5mm，然后在图形区域单击选择待圆角的两条棱边，如图 15-35 所示。

**06** 绘制草图并拉伸实体。选择前视基准面作为绘图平面，绘制水平中心线和竖直中心线，并标注：水平中心线相对于原点的竖直距离为95mm，竖直中心线相对于原点的水平距离为75mm。在【草图】工具栏中单击【圆】按钮 ⊙·，以所绘制的两条中心线交点为圆心，绘制两个同心圆，并标注其直径分别为20mm、38mm，如图15-36所示。

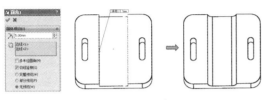

图15-35 圆角

图15-36 绘制草图并拉伸实体

**07** 倒角。单击【特征】工具栏中的【倒角】按钮 ◯，在弹出的【倒角1】属性面板中选择【角度距离】倒角方式，设置距离为1mm、角度为45°，并选择所创建的圆柱体两条外棱边为倒角对象进行倒角，如图15-37所示。

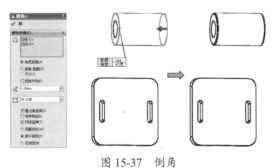

图15-37 倒角

**08** 创建连接臂。选择前视基准面作为绘图平面，绘制封闭草图轮廓。单击【特征】工具栏中的【拉伸】按钮 ◯，在弹出的拉伸属性面板中选择【两侧对称】拉伸方式，设置深度值为40mm，如图15-38所示。

**09** 创建基准轴。在菜单栏中执行【插入】|【参考几何体】|【基准轴】命令。激活【基准轴】命令后，在图形区域单击，选择圆柱面，创建其中心线重合的基准轴，如图15-39所示。

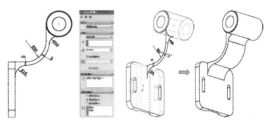

图15-38 创建连接臂

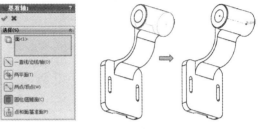

图15-39 创建基准轴

**10** 创建基准面1。在菜单栏中执行【插入】|【参考几何体】|【基准面】命令，在弹出的【基准面1】面板中，第一参考选择所创建的基准轴，第二参考选择上视基准面，创建基准面1，如图15-40所示。

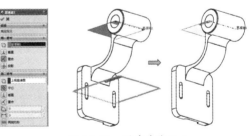

图15-40 创建基准面1

**11** 创建基准面2。同理，在菜单栏中执行【插入】|【参考几何体】|【基准面】命令，在弹出的【基准面2】面板中，第一参考选择所创建的基准面，并设置距离为22mm，创建基准面2如图15-41所示。

**12** 拉伸凸台。单击【特征】工具栏中的【拉伸】按钮 ◯，选择上一步创建的基准面作为绘图平面，绘制两个端点分别在圆柱中心的中心线，单击【圆】按钮 ⊙·，以中心线的中点为圆心绘制一个圆，并标注其直径为16mm，单击【确定】按钮,在弹出的【凸台-拉伸4】面板中选择【成型到下一面】拉伸方式,生成与圆柱体相交的凸台,如图15-42所示。

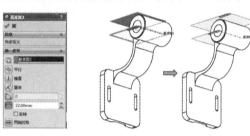

图15-41 创建基准面2

图15-42 拉伸凸台

**13** 拉伸切除。单击【特征】工具栏中的【拉伸切除】按钮,选择凸台上表面为绘图平面,在【草图】工具栏中单击【圆】下拉按钮,捕捉凸台圆心为圆心绘制一个圆,在弹出的【切除-拉伸2】属性面板中选择【成型到下一面】切除方式,切除圆孔,如图15-43所示。

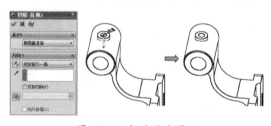

图15-43 切除凸台圆孔

**14** 加强筋草图。选择前视基准面作为绘图平面,绘制两条圆弧段,分别标注其半径为100mm、25mm,并标注100mm半径圆弧的圆心位置与圆柱中心竖直距离为10mm,添加圆弧与圆柱相切的关系,且圆弧的原点即为切点,同时添加小圆弧与基板相切的关系,完成的加强筋草图,如图15-44所示。

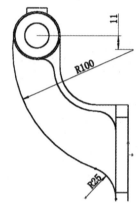

图15-44 完成加强筋草图

**15** 生成加强筋。在不退出草图的环境下单击【特征】工具栏中的【筋】按钮,在弹出的筋面板中,选择【两侧】筋长出方式,在【筋厚度】数值框中输入8mm,单击【确定】按钮,完成筋特征的创建,如图15-45所示。

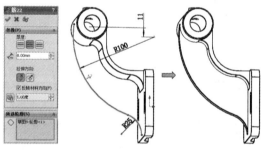

图15-45 完成筋特征

**16** 至此,叉架模型创建完毕,保存文件。

## 15.4 箱体类零件设计

箱座零件种类繁多,结构差异很大。其结构以箱壁、筋板和框架为主,工作表面以平面、孔和凸台为主。

在结构上,箱座零件的共性较少,只能针对具体零件具体设计。

## 15.4.1 设计思想

**1. 选择基准面**

箱座零件外形往往比较复杂，对其建模往往难以下手。但大多数箱体零件都近似为一个立方体，一般选择其某个外表面作为第一个草图绘制的基准面。若以不同的表面作为第一个绘制基准面，则后续生成各个特征的先后次序将有很大不同，因而设计过程也会有很大差异。

**2. 主体结构**

- 在生成箱座零件的主体结构特征时，如果使用【拉伸凸台/基体】、【拉伸切除】和【薄壁】命令，则要求绘制较复杂的草图。
- 如果使用【扫描】命令，则要求绘制较复杂的路径。

**3. 孔特征**

- 箱座具有对称面，在生成孔特征时，按照对称方式绘制部分草图，生成孔特征，然后再使用【镜像】命令生成其他孔特征。
- 孔特征排列有序，生成一个孔后，可使用线性阵列命令生成其他孔。
- 排列不规则的孔，只能单个地完成。

**4. 凸台特征**

侧面上按照密封盖用的凸台结构有 3 种设计方法。

- 绘制环形草图，使用【拉伸凸台/基体】命令。
- 绘制较大矩形，进行【拉伸凸台/基体】操作，再绘制较小的矩形，使用【拉伸切除】操作。
- 绘制横截面内的轮廓线，绘制环形草图，使用【扫描】功能。

## 15.4.2 箱体设计

◎ **结果文件：\综合实战\结果文件\Ch15\摆动箱体.sldprt**

◎ **视频文件：\视频\Ch15\摆动箱体.avi**

本例中将设计如图 15-46 所示的箱体类零件——摆动箱体。

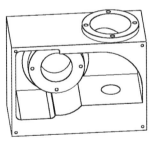

图 15-46 摆动箱体模型

**1. 箱体的模型分析**

针对箱体零件做出如下设计分析：

箱体的典型功能是用作支撑和固定传动零件等，并利用自身重量自动平衡由于轴的转动等带来的震动。

**2. 箱体的模型创建**

操作步骤：

**01** 启动 SolidWorks 2016 软件，新建一个零件文件，并另存为【摆动箱体.sldprt】，如图 15-47 所示。

**02** 在【草图】工具栏中单击【草图绘制】按钮，选择前视基准面作为绘图平面，绘制一个矩形，并添加矩形底边与原点【中点】的几何关系，如图 15-48 所示。

**03** 拉伸箱体基体。单击【特征】工具栏中的【拉伸】按钮，在弹出的拉伸属性面板中设置拉伸深度为122mm，生成箱体基体，如图15-49所示。

图15-47  新建文件并保存

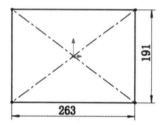

图15-48  箱体基体草图

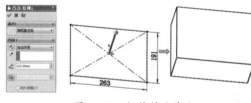

图15-49  拉伸箱体基体

**04** 切除内腔。单击【特征】工具栏中的【拉伸切除】按钮，选择箱体面为绘图平面，绘制内腔草图，单击【确定】按钮，在弹出的【切除-拉伸1】属性面板中，选择【给定深度】切除方式，并输入深度值114mm，完成箱体内腔的切除，如图15-50所示。

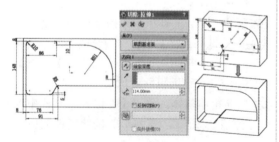

图15-50  切除箱体内腔

**05** 拉伸凸台。在【草图】工具栏中单击【草图绘制】下拉按钮，选择内腔底面作为绘图平面，单击【圆】下拉按钮，绘制一个圆，并标注其与箱体边缘的距离尺寸。单击【特征】工具栏中的【拉伸】按钮，在弹出的【拉伸2】属性面板中，选择【给定深度】拉伸方式，并输入深度值26.34mm，如图15-51所示。

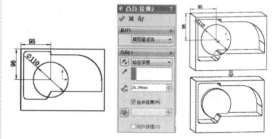

图15-51  拉伸凸台

**06** 圆角。单击【特征】工具栏中的【圆角】按钮，在弹出的【圆角1】属性面板中输入圆角半径10mm，并选择凸台与腔底的交线为圆角线，创建圆角，如图15-52所示。

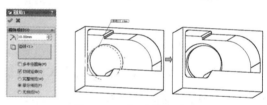

图15-52  摆动箱体模型

**07** 切除圆孔。在【草图】工具栏中单击【草图绘制】下拉按钮，选择凸台面作为绘图平面，单击【圆】下拉按钮，绘制一个圆，并标注其直径为62mm。单击【特征】工具栏中的【拉伸切除】按钮，在弹出的【切除-拉伸2】属性面板中，选择【完全贯穿】拉伸方式，完成圆孔切除，如图15-53所示。

图15-53  切除圆孔

**08** 切除凸台上的螺纹孔。单击【特征】工具栏中的【拉伸切除】按钮，选择凸台面为绘图平面，绘制以坐标原点为圆心的圆，标注其直径为95mm，并将其设置为构造线。在构造线上绘制一个小圆，标注其直径为6mm，单击【确定】按钮，在弹出的【切除-拉伸3】属性面板中，选择【给定深度】切除方式，并输入深度值15mm，完成凸台螺孔的切除，如图15-54所示。

图15-54　切除螺纹孔

**09** 插入装饰螺纹线。依次执行【插入】|【注解】|【装饰螺纹线】命令，在弹出的【装饰螺纹线】面板中选择【标准】为【GB】（国标）、【类型】为【机械螺纹】、【大小】为M8×1.0，单击【确定】按钮，完成装饰螺纹线的插入，同时设计树中添加装饰螺纹线的切除孔特征下增加了【装饰螺纹线1】，如图15-55所示。

图15-55　插入装饰螺纹线

**10** 显示临时轴。在菜单栏执行【视图】|【临时轴】命令，显示模型中所有临时轴，如图15-56所示。

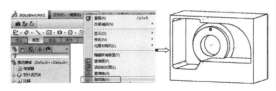

图15-56　显示临时轴

**11** 阵列凸台螺纹孔。单击【特征】工具栏中的【圆周草图阵列】按钮，在弹出的圆周阵列面板中选择圆孔的临时轴为基准轴、螺纹孔为要阵列的特征，并输入阵列数量4，并

选中【等间距】复选框，完成螺纹孔的阵列，如图15-57所示。

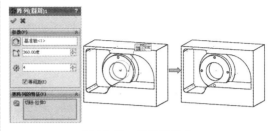

图15-57　阵列螺纹孔

**技术要点**

创建孔特征后，系统会自动添加临时轴，该轴为孔的轴线，可用作圆周阵列等辅助特征建模。

**12** 绘制竖轴孔草图。在【草图】工具栏中单击【草图绘制】下拉按钮，选择摆动箱体侧面作为绘图平面，单击【圆】下拉按钮，标注其直径为37mm，与箱体边缘的水平和竖直距离分别为198mm、65mm，如图15-58所示。

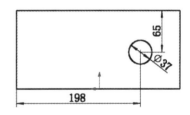

图15-58　竖轴孔草图

**13** 切除竖轴孔。在不退出草图环境的情形下，单击【特征】工具栏中的【拉伸切除】按钮，在弹出的【切除-拉伸3】属性面板中，选择【完全贯穿】切除方式，完成箱体切除竖轴孔的切除，如图15-59所示。

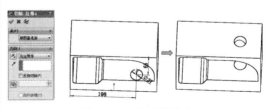

图15-59　切除竖轴孔

**14** 拉伸凸台。在【草图】工具栏中单击【草图绘制】下拉按钮，选择箱体侧表面作

为绘图平面，单击【圆】下拉按钮，绘制一个与圆孔同心的圆，并标注其直径为110mm。单击【特征】工具栏中的【拉伸】按钮，在弹出的【拉伸3】属性面板中，选择【给定深度】拉伸方式，并输入深度值10mm，如图15-60所示。

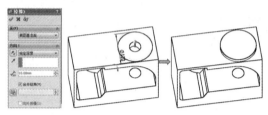

图 15-60 生成拉伸凸台

**15** 切除孔。单击【特征】工具栏中的【拉伸切除】按钮，选择凸台面为绘图平面，绘制一个与圆孔同心的圆，并标注其直径为80mm，单击【确定】按钮，在弹出的【切除-拉伸6】属性面板中，选择【成型到下一面】切除方式，完成孔的切除，如图15-61所示。

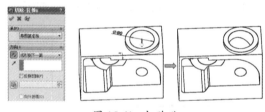

图 15-61 切除孔

**16** 绘制凸台螺纹孔草图。在【草图】工具栏中单击【草图绘制】下拉按钮，选择摆动作箱体底面作为绘图平面，单击【圆】下拉按钮，绘制与圆孔同心的圆，标注其直径为95mm，并将其设置为构造线，在构造线圆上顶点绘制直径为8mm的圆，如图15-62所示。

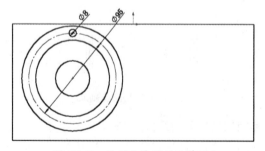

图 15-62 绘制凸台螺纹孔草图

**17** 切除凸台螺纹孔。在不退出草图环境的情形下，单击【特征】工具栏中的【拉伸切除】按钮，在弹出的【切除-拉伸10】属性面板中，选择【给定深度】切除方式，并输入深度值10mm，完成凸台螺纹孔的切除，如图15-63所示。

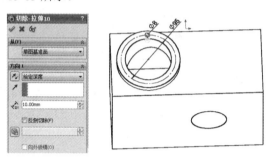

图 15-63 切除凸台螺纹孔

**18** 阵列凸台螺纹孔。单击【特征】工具栏中的【圆周草图阵列】按钮，在弹出的圆周阵列面板中选择圆孔柱面为旋转基准、螺纹孔为要阵列的特征，并输入阵列数量4，并选中【等间距】复选框，完成螺纹孔的阵列，如图15-64所示。

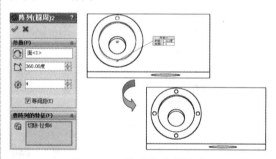

图 15-64 阵列凸台螺纹孔

**19** 切除端盖孔。单击【特征】工具栏中的【拉伸切除】按钮，选择箱体面为绘图平面，绘制构造圆，并标注其直径为80mm，绘制竖直中心线，并绘制倾斜中心线，标注与竖直中心线角度为35°。在倾斜中心线与构造圆心为圆心绘制直径为8mm的圆，单击【确定】按钮，在弹出的【切除-拉伸11】属性面板中，选择【给定深度】切除方式，并输入深度值15m，完成箱体端盖孔的切除，如图15-65所示。

的情形下，单击【特征】工具栏中的【拉伸切除】按钮，在弹出的【切除 - 拉伸9】属性面板中，选择【给定深度】切除方式，并输入深度值20m，完成箱体端盖孔的切除，如图15-68所示。

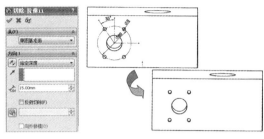

图 15-65 切除箱体端盖孔

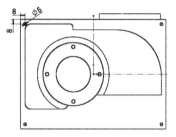

图 15-67 绘制箱体盖板连接孔草图

**20** 切除干涉部分。单击【特征】工具栏中的【拉伸切除】按钮，选择箱体顶面为绘图平面，绘制一个圆，并添加圆与腔底凸台圆【全等】的几何关系，单击【确定】按钮，在弹出的【切除-拉伸13】属性面板中，选择【成型到一面】切除方式，并选择相抵凸台面为截至面，完成箱体内腔干涉部分的切除，如图15-66所示。

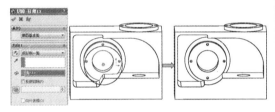

图 15-66 切除箱体内腔干涉部分

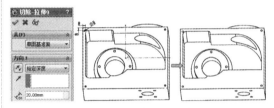

图 15-68 切除箱体盖板连接孔

**23** 依次执行【视图】|【隐藏所有类型】菜单命令，将临时轴隐藏，如图15-69所示。

图 15-69 隐藏临时轴

**21** 绘制箱体盖板连接孔草图。在【草图】工具栏中单击【草图绘制】下拉按钮，选择箱体侧面作为绘图平面，绘制经过原点的水平和竖直中心线，单击【圆】下拉按钮，绘制一个圆，并标注其与箱体边缘的距离尺寸均为8mm、直径为5mm，并镜像成4个圆，如图15-67所示。

**22** 切除箱体盖板连接孔。在不退出草图环境

**24** 至此，摆动箱体模型创建完毕，保存文件。

## 15.5 铰链合页装配设计

◎ **结果文件**：\综合实战\结果文件\Ch15\合页.sldprt

◎ **视频文件**：\视频\Ch15\合页.avi

合页，俗称【铰链】，一种用于连接或传动的装置。合页由销钉连接的一对金属叶片组成。合页装配体模型如图15-70所示。

图 15-70 合页装配体模型

### 15.5.1 设计思想

针对合页的装配设计做出如下分析：

- 合页的装配设计将采用自上而下的装配设计方法。
- 使用装配环境下的布局草图功能，绘制合页的布局草图。
- 新建 3 个零件文件。
- 然后利用布局草图，分别在各零件文件中创建合页零部件模型。
- 使用【爆炸实体】工具，创建合页装配体模型的爆炸视图。

### 15.5.2 造型与装配步骤

操作步骤：

**01** 新建装配体文件，进入装配环境，再关闭属性管理器中的【开始装配体】面板。

**02** 在【装配体】工具栏中单击【插入零部件】命令下方的下三角按钮 ，然后选择【插入新零件】命令，随后建立一个新零件文件，并将该零件文件重命名为【叶片1】。

> **技术要点**
> 
> 要重命名零件文件，执行【新零件】命令后，先在图形区域单击，否则不能激活【装配体】工具栏中的工具命令。

**03** 同理，再新建两个零件文件，并分别命名为【叶片2】和【销钉】，如图 15-71 所示。

**04** 在【装配体】工具栏上单击【生成布局草图】按钮 ，程序自动进入 3D 草图模式，并显示 3D 基准面，如图 15-72 所示。

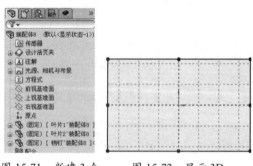

图 15-71　新建 3 个　　图 15-72　显示 3D
　　　　　零件文件　　　　　　　基准面

**05** 在布局中默认的 XY 基准面上绘制如图 15-73 所示的 3D 草图。完成草图后退出 3D 草图模式。

**06** 在特征管理器设计树中选择【叶片1】零部件进行编辑。在零件设计环境中，使用【拉伸凸台/基体】工具，选择右视基准面作为草绘平面，进入草图模式绘制出如图 15-74 所示的草图。

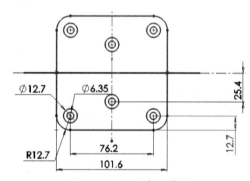

图 15-73　绘制布局草图

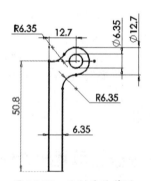

图 15-74　绘制零件草图

**07** 退出草图模式后，在【凸台-拉伸】面板中设置如图 15-75 所示的选项及参数后，完成拉伸实体的创建。

**08** 使用【拉伸切除】工具，选择右视基准面为草绘平面，绘制草图后再创建出如图 15-76 所示的拉伸切除特征。

第 15 章 SolidWorks 机械设计案例

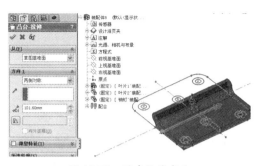

图 15-75 创建拉伸实体

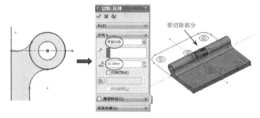

图 15-76 创建拉伸切除特征

**技术要点**

创建拉伸切除特征，也可以不绘制草图。可以直接选择实体中的小孔边线作为草图来创建。

**09** 同理，再使用【拉伸切除】工具，选择上图中的草图，创建出如图 15-77 所示的拉伸切除特征。在另一侧也创建出同样参数的切除特征。

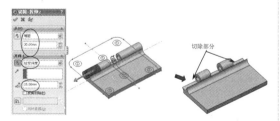

图 15-77 创建拉伸切除特征

**10** 使用【拉伸切除】工具，选择如图 15-78 所示的实体面作为草绘平面，根据布局草图然后绘制 2D 草图。

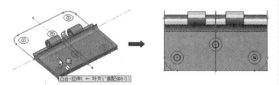

图 15-78 选择草绘平面并绘制草图

**11** 退出草图模式，以默认的参数创建出如图 15-79 所示的拉伸切除特征。

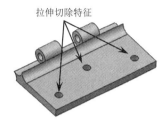

图 15-79 创建拉伸切除特征

**12** 同理，按此操作方法创建出拉伸深度为 3 的切除特征，如图 15-80 所示。

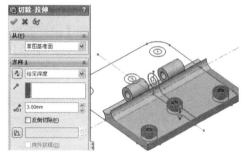

图 15-80 创建拉伸切除特征

**13** 使用【圆角】工具，选择如图 15-81 所示的边线来创建半径为 12.7 的圆角特征。

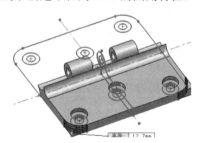

图 15-81 创建半径为 12.7 的圆角

**14** 同理，再选择如图 15-82 所示的边线来创建半径为 0.25 的圆角特征。

图 15-82 创建半径为 0.25 的圆角

369

**15** 单击【编辑装配体】按钮，完成【叶片 1】零部件的模型创建。

**16** 在特征管理器设计树中选择【叶片 2】零部件进行编辑。该零部件的模型创建方法与【叶片 1】零部件模型的创建方法是完全相同的，其过程这里就不再赘述了。创建的【叶片 2】零部件模型如图 15-83 所示。

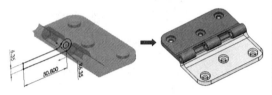

图 15-83　创建【叶片 2】零部件的模型

**17** 在特征管理器设计树中选择【销钉】零部件进行编辑。进入零件设计环境后，使用【旋转凸台/基体】工具，选择上视基准面作为草绘平面，绘制出如图 15-84 所示旋转草图。

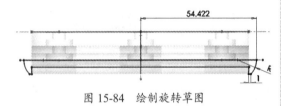

图 15-84　绘制旋转草图

**18** 退出草图模式后，完成旋转实体的创建，如图 15-85 所示。

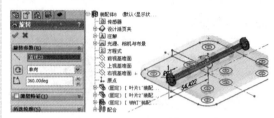

图 15-85　创建旋转实体

**19** 单击【编辑零部件】按钮，完成销钉零部件的创建。

**20** 使用【爆炸视图】工具，创建合页装配体的爆炸视图，如图 15-86 所示。

图 15-86　创建爆炸视图

**21** 最后将合页装配体保存。

## 15.6　阀盖零件工程图设计

**引入文件：**\综合实战\源文件\Ch15\阀盖.sldprt

**结果文件：**\综合实战\结果文件\Ch15\阀盖.slddrw

**视频文件：**\视频\Ch15\阀盖工程图.avi

　　使用阀盖模型，在此以其工程图的创建过程为例，介绍工程图中视图添加、尺寸标注及注视等内容，根据阀盖零件结构特征，创建其一般视图和剖面视图，完成如图 15-87 所示的工程图。

操作步骤：

**01** 启动 SolidWorks 2016，并从光盘中打开本例模型。

**02** 执行【从零件制作工程图】命令，如图 15-88 所示，弹出【新建 SolidWorks 文件】对话框。

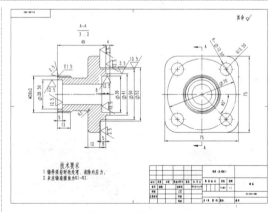

图 15-87　阀盖工程图

第 15 章 SolidWorks 机械设计案例

图 15-88 修改特征草图的基准面

**03** 选择 gb-a3 工程图模板，如图 15-89 所示。

图 15-89 选择 gb-a3 工程图模板

**04** 单击【确定】按钮进入工程图环境，同时绘图区右侧的【视图调色板】也显示出来，如图 15-90 所示。

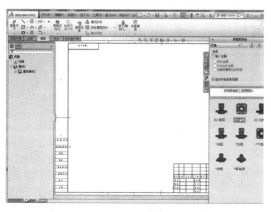

图 15-90 工程图环境中显示调色板

**05** 在【视图调色板】中选择【（A）上视】选项，并按住左键不放将其拖至绘图区域的合适位置后放开，即可将上视图放置在绘图区域，如图 15-91 所示。

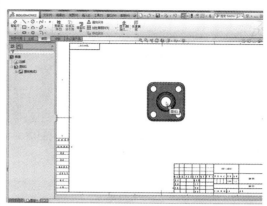

图 15-91 拖动上视图至绘图区

**06** 修改图纸比例。单击该上视图，在左侧的设计树中显示【工程图视图 1】面板，在【比例】选项组的文本框中输入 3:2，单击【确定】按钮，则视图显示比例发生改变，如图 15-92 所示。

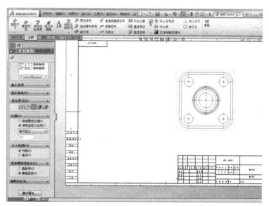

图 15-92 修改上视图比例

**07** 建立剖视图。在【视图布局】工具栏中单击【剖面视图】按钮，或者在菜单栏中执行【插入】|【工程图视图】|【剖面视图】命令，弹出【剖面视图】属性面板。在【剖面视图】属性面板中使用系统默认的【竖直】切割线，将光标移至阀盖的中心点，单击确认切割线的位置后，在弹出的对话框中单击【确定】按钮，完成切割线的放置，同时预览出剖面视图，如图 15-93 所示。

**08** 将光标移至上视图的左侧合适位置，单击将其放置，如图 15-94 所示。

371

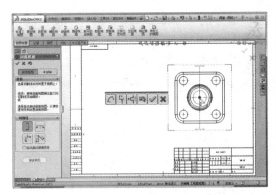

图 15-93　创建剖面视图

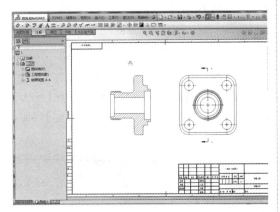

图 15-94　放置剖面视图

### 技术要点

建立剖面视图，用户可根据需要进行相应的设置，如设置剖切线的文字标示为 A。

**09** 隐藏边线。在 SolidWorks 工程图中的投影视图，并不完全符合国家标准，需要用户手动将一些不必要的线条隐藏。其方法为：右击待隐藏边线，在弹出的快捷菜单中选择【隐藏/显示边线】按钮，即可将所选线条隐藏，如图 15-95 所示。

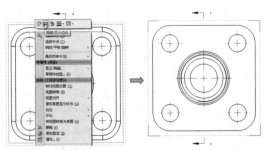

图 15-95　添加中心线

### 技术要点

借助于【Ctrl】键可一次性选择任意条线段，然后右击，选择相应命令将它们隐藏。

**10** 添加中心线。单击【注释】工具栏中的【中心线】按钮，或者在菜单栏中依次执行【插入】|【注释】|【中心线】命令，弹出【中心线】属性面板。依次单击待添加中心线的两条边线，即可添加中心线，手动将中心线两端拖出零件轮廓边线外，如图 15-96 所示。

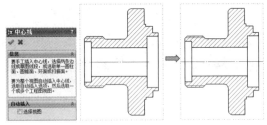

图 15-96　添加中心线

**11** 尺寸标注。单击【注解】工具栏中的【智能尺寸】按钮，或者在菜单栏中依次执行【插入】|【注解】|【智能尺寸】命令，弹出【尺寸】属性面板，单击待标注对象，标注直径、半径时只需单击圆弧上一点往外拉出，在合适位置单击；若标注直线段长度、圆上两条边线的直径则分别单击直线段上的两个端点、圆上的两条边线。完成尺寸标注后如图 15-97 所示。

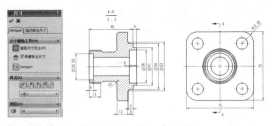

图 15-97　添加中心线

### 技术要点

进行尺寸标注时，要选择合适的视图进行尺寸标注，从而达到清晰表达特征的目的。对于多个尺寸的标注要做到【既不遗漏，也不重复】。

**12** 覆盖尺寸值。在标注螺纹 M36×2 与均布孔 4-φ12.5 时，系统无法识别设计者的标注意图，需要手动输入相应值覆盖原有尺寸值文字，系统会弹出覆盖尺寸文字将禁用公差显示提示窗口，如图 15-98 所示，单击【是】按钮继续。

图 15-98　覆盖尺寸值时提示窗口

**13** 完成圈住部分尺寸文字的覆盖，如图 15-99 所示。

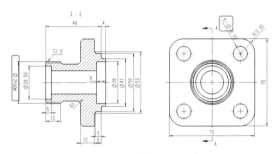

图 15-99　覆盖尺寸文字

**14** 添加辅助线。将右边视图的中心线拖至图形边线轮廓外，单击【草图】工具栏中的【直线】命令下的【中心】按钮，绘制经过中心点和右下角圆圆心的中心线，并单击【圆】下拉按钮，绘制以中心点为圆心、与周边圆圆心贴合的圆，作为构造线，如图 15-100 所示。

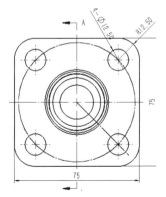

图 15-100　添加尺寸标注辅助线

**15** 辅助线尺寸标注。单击【注释】工具栏中的【智能尺寸】按钮，标注辅助圆直径为 70mm，倾斜中心线与水平中心夹角为 45°，如图 15-101 所示。

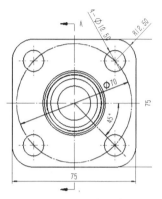

图 15-101　辅助线尺寸标注

**16** 公差标注。单击【注解】工具栏上的【表面粗糙度】按钮，或执行【插入】|【注解】|【表面粗糙度符号】命令，弹出【表面粗糙度】属性面板，在粗糙度符号上方的文本框中输入 12.5，在角度文本框中根据需要输入相应值后，将光标移至待标注公差的尺寸/实体边线上，单击即可放置，如图 15-102 所示。

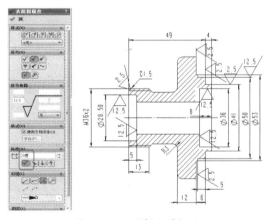

图 15-102　图解公差标注

**17** 同理，添加 2.5 的粗糙度，完成后如图 15-103 所示。

**18** 添加文字注释。单击【注解】工具栏上的【注释】按钮，或执行【插入】|【注解】|【注释】命令，弹出【注释】属性面板，单击待注释对象，在引出线中输入 C1.5 完成倒角的标注。再次

激活【注释】命令，在空白地方单击，然后输入技术要求，并分别设置字体及大小等，如图15-104所示。

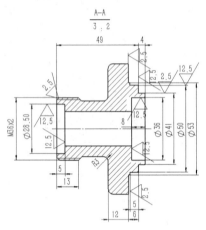

图 15-103　完成公差标注

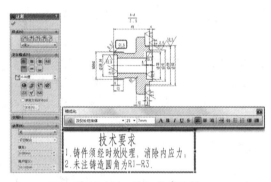

图 15-104　添加文字注释

**19** 编辑图纸格式。在图形区域右击，并在弹出的快捷菜单中选择【编辑图纸格式】命令，如图15-105所示。

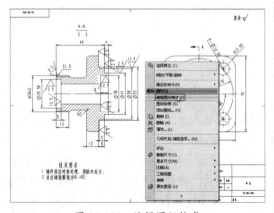

图 15-105　编辑图纸格式

**20** 完善标题栏。在标题栏中添加文字注释，完成图号、零件名称、比例、设计者、时间等相关信息的完善，如图15-106所示。

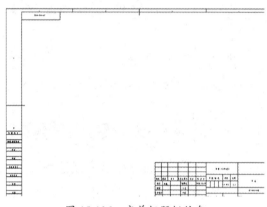

图 15-106　完善标题栏信息

**21** 回到编辑图纸状态。在图形区域右击，并在弹出的快捷菜单中选择【编辑图纸】命令，完成整个工程图图纸的创建，如图15-107所示。

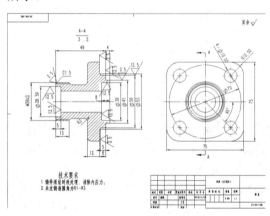

图 15-107　完成图纸的创建

**22** 至此，工程图已经创建完毕，保存图纸。

## 第3篇 产品设计篇

# 第16章 基本曲面特征

本章主要介绍 SolidWorks 2016 基本类型的曲面特征命令、应用技巧及曲面控制方法。曲面的造型设计在实际工作中会经常用到，往往是三维实体造型的基础，因此要熟练掌握。

资源二维码

百度云网盘

- ◆ 曲面概述
- ◆ 常规曲面
- ◆ 平面区域

360云盘 密码6955

## 16.1 曲面概述

在许多情况下，您需要使用曲面建模，例如在输入其他 CAD 系统生成的曲面模型时，将自由曲面缝合到一起生成实体。

实体模型的外表是由曲面组成的，曲面定义了实体的外形，曲面可以是平的，也可以是弯曲的。曲面模型与实体模型的区别在于所包含的信息和完备性。实体模型总是封闭的，没有任何缝隙和重叠边；曲面模型可以不封闭，几个曲面之间可以不相交，也可以有缝隙和重叠。

实体模型所包含的信息是完备的，系统知道哪些空间位于实体【内部】，哪些位于实体【外部】，而曲面模型则缺乏这种信息完备性。您可以把曲面看作是极薄的【薄壁特征】，只有形状，没有厚度。可以把多个曲面缝合在一起，没有缝隙，这时曲面将被填充为实体。

### 16.1.1 SolidWorks 曲面定义

当用 SolidWorks 设计的飞机螺旋桨发动机展示在 Internet 网站上时，曾经对 SolidWorks 复杂曲面造型能力的怀疑已不复存在了，人们更关心的可能是 SolidWorks 在曲面设计上还会给人什么样的惊奇。

曲面是一种可以用来生成实体特征的几何体。SolidWorks 对曲面建模的增强，让世人耳目一新。也许是因为 SolidWorks 以前在实体和参数化设计方面太出色，人们可能会忽略其在曲面建模方面的强大功能。

在 SolidWorks 2016 中，建立曲面后，可以用很多方式对曲面进行延伸。用户既可以将曲面延伸到某个已有的曲面，与其缝合或延伸到指定的实体表面；也可以输入固定的延伸长度，或者直接拖动其红色箭头手柄，实时地将边界拖到想要的位置。

另外，现在的版本可以对曲面进行修剪，可以用实体修剪，也可以用另一个复杂的曲面进行修剪。此外还可以将两个曲面或一个曲面一个实体进行弯曲操作，SolidWorks 2016 将保持其相关性。即当其中一个发生改变时，另一个会同时相应改变。

SolidWorks 2016 可以使用下列方法生成多种类型的曲面：

- 由草图拉伸、旋转、扫描或放样生成曲面。
- 从现有的面或曲面等距生成曲面。
- 从其他应用程序（如 Pro/ENGINEER、MDT、Unigraphics NX、SolidEdge、

AutodeskInventor等）导入曲面文件。
- 由多个曲面组合成曲面。
- 曲面实体用来描述相连的零厚度的几何体，如单一曲面、圆角曲面等。一个零件中可以有多个曲面实体。

### 16.1.2 曲面命令介绍

用户可以在标准工具栏的任意位置右击，在出现的快捷菜单中选择【曲面】命令，就会出现如图16-1所示的【曲面】工具栏。

图16-1 【曲面】工具栏

还可以在功能区【曲面】选项卡中选择相应的曲面命令来创建曲面，如图16-2所示。

图16-2 功能区【曲面】选项卡

如果您在功能区或【曲面】工具栏中找不到所执行的曲面命令，可以在菜单栏执行【插入】|【曲面】命令，展开【曲面】菜单，即可选中所需的曲面命令，如图16-3所示。

**技术要点**

当然您也可以从【自定义】对话框中调出相应的曲面命令，调出过程前面已经详解。

## 16.2 常规曲面

前面章节提到的常规的几个曲面工具与【特征】选项卡中的几个实体特征工具属性设置相同，下面列出几种曲面的常用方法。

### 16.2.1 拉伸曲面

拉伸曲面与拉伸凸台/基体特征的含义是相同的，都是基于草图沿指定方向进行拉伸。不同的是结果，拉伸凸台/基体是实体特征，拉伸曲面是曲面特征。

图16-3 【曲面】菜单

**技术要点**

这里提示一下，拉伸凸台/基体的轮廓如果是封闭的，则创建实体；如果是开放的，则创建加厚实体，但不能创建曲面。拉伸曲面工具不能创建实体，也不能创建薄壁实体特征。

在功能区【曲面】选项卡中单击【拉伸曲面】按钮，打开【曲面-拉伸】属性面板，如图16-4所示，如图16-5所示为选择圆弧轮廓后创建的【两侧对称】拉伸曲面。

## 第16章 基本曲面特征

图 16-4 【曲面-拉伸】属性面板

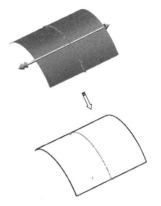

图 16-5 创建拉伸曲面

**动手操作：废纸篓设计**

操作步骤：

**01** 新建零件文件。

**02** 单击【拉伸曲面】按钮，然后选择上视基准面作为草图平面，绘制如图 16-6 所示的草图。

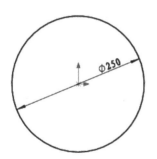

图 16-6 绘制拉伸截面草图

**03** 退出草图环境后，在【曲面-拉伸】属性面板中设置拉伸参数及选项，如图 16-7 所示。

图 16-7 创建拉伸曲面

**04** 选择上视基准面，然后利用【等距实体】命令绘制如图 16-8 所示的草图。

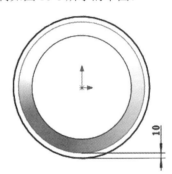

图 16-8 绘制草图 2

**05** 单击【填充曲面】按钮，打开【填充曲面】属性面板，然后选择拉伸曲面的边和草图 2 作为修补边界，创建填充曲面，如图 16-9 所示。

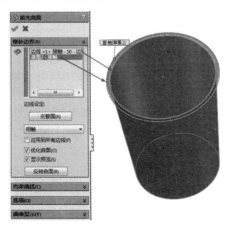

图 16-9 创建填充曲面

**06** 再单击【拉伸曲面】按钮，选择前视基准面作为草图平面，绘制如图 16-10 所示的草图。

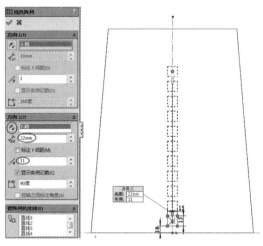

图 16-10 绘制草图

**07** 退出插入环境后，在【曲面-拉伸】属性面板上设置拉伸参数，最后单击【确定】按钮，完成拉伸曲面的创建，如图 16-11 所示。

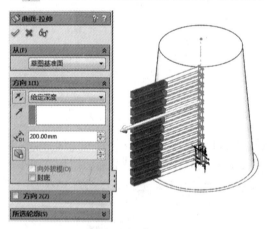

图 16-11 创建拉伸曲面

**08** 单击【剪裁曲面】按钮，打开【曲面-剪裁1】属性面板。选择上步创建的其中一个拉伸曲面作为剪裁工具，再选择圆桶面为保留部分，单击【确定】按钮，完成剪裁，如图 16-12 所示。

**09** 同理，依次使用【剪裁曲面】工具，选择其余拉伸曲面之一，对圆桶曲面进行剪裁，最终剪裁结果如图 16-13 所示。

**10** 利用【基准轴】工具创建如图 16-14 所示的基准轴。

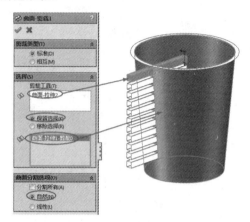

图 16-12 剪裁曲面

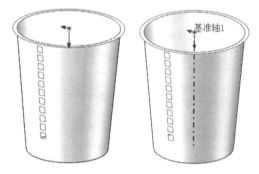

图 16-13 利用其余拉伸　图 16-14 创建基准轴
曲面剪裁圆桶面

**11** 单击【缝合曲面】按钮，将缝合曲面和填充曲面缝合，如图 16-15 所示。

图 16-15 缝合曲面

**12** 单击【圆角】按钮，然后选择两条边，分别倒圆角 2mm 和 5mm，如图 16-16 所示。

第 16 章　基本曲面特征

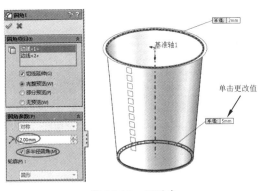

图 16-16　倒圆角

图 16-17　加厚曲面

**13** 单击【加厚】按钮，然后为缝合的曲面创建加厚特征，变为实体，如图 16-17 所示。

**14** 在【特征】选项卡中单击【圆周草图阵列】命令，设置阵列参数后单击属性面板中的【确定】按钮，完成方孔的阵列，如图 16-18 所示。

**15** 至此，完成了废纸篓的设计。

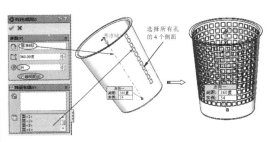

图 16-18　创建方孔的阵列

### 16.2.2　旋转曲面

要创建旋转曲面，必须满足两个条件：旋转轮廓和选择中心线。轮廓可以是开放的，也可以是封闭的；中心线可以是草图中的直线、中心线或构造线，也可以是基准轴。

在功能区【曲面】选项卡中单击【旋转曲面】按钮，打开【曲面 - 旋转】属性面板，如图 16-19 所示，如图 16-20 所示为选择样条曲线轮廓并旋转 180°后创建的旋转曲面。

图 16-19　【曲面 - 旋转】属性面板

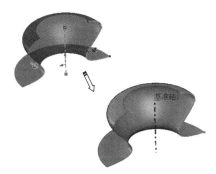

图 16-20　创建旋转曲面

**动手操作——饮水杯造型**

操作步骤：

**01** 新建零件文件。

**02** 单击【旋转曲面】按钮，再选择前视基准平面作为草图平面，绘制如图 16-21 所示的样条曲线草图。

379

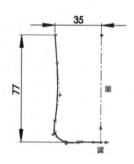

图 16-21 绘制草图 1

**03** 在【曲面-旋转1】属性面板中保留默认选项设置,单击【确定】按钮✓,完成曲面的创建,如图 16-22 所示。

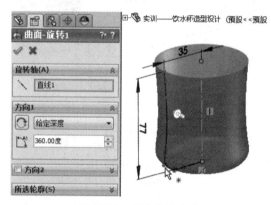

图 16-22 创建旋转曲面

**04** 在【草图】选项卡中单击【草图绘制】按钮,然后旋转前视基准面作为草图平面,绘制出如图 16-23 所示的草图。

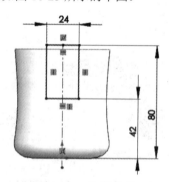

图 16-23 绘制草图 2

**05** 退出草图环境后,再在菜单栏执行【插入】|【曲线】|【分割线】命令,打开【分割线】属性面板。选择【投影】分割类型,选中【单向】复选框,并调整投影方向,最终单击【确

定】按钮,完成曲面的分割,如图 16-24 所示。

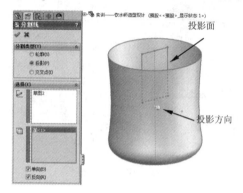

图 16-24 分割曲面

**06** 在菜单栏执行【插入】|【特征】|【自由形】命令,打开【自由形】属性面板。选择分割出来的小块曲面作为要变形的曲面,如图 16-25 所示。

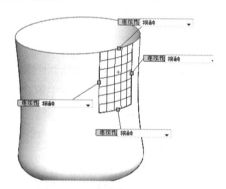

图 16-25 选择要变形的曲面

**07** 修改变形曲面4条边的连续性(3个【相切】,1个【可移动】),如图 16-26 所示。

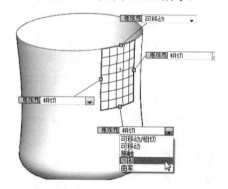

图 16-26 修改连续性

**08** 在【面设置】选项组选中【方向1对称】复选框,再单击【控制点】选项组中的【控

制点】按钮，添加控制点到连续性为【可移动】边的中点上，如图16-27所示。

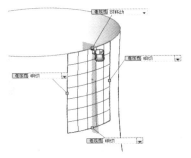

图 16-27　添加控制点

**09** 按【Esc】键结束添加控制点操作。然后选中控制点使其显示三重轴，拖动三重轴的Z向轴，然后再拖动Y向轴，结果如图16-28所示。

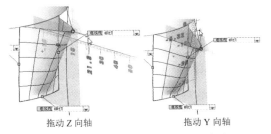

图 16-28　拖动控制点上的三重轴，改变曲面形状

**10** 最后单击【确定】按钮，完成曲面的变形，结果如图16-29所示。

**11** 利用绘制草图工具，在右视基准面上绘制如图16-30所示的草图。

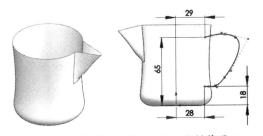

图 16-29　变形结果　　图 16-30　绘制草图 3

**12** 单击【基准面】按钮，打开【基准面 1】属性面板。选择草图曲线和草图曲线的端点作为第一参考和第二参考，创建垂直于曲线的基准面 1，如图16-31所示。

**13** 再次利用【绘制草图】命令，在基准面 1 上绘制如图16-32所示的草图 4。

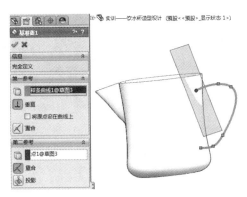

图 16-31　创建基准面 1

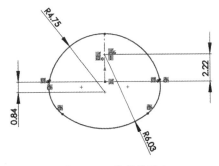

图 16-32　绘制草图 4

**14** 单击【扫描曲面】按钮，打开【曲面-扫描】面板。选择草图 3 作为扫描路径、草图 4 作为轮廓，创建如图16-33所示的扫描曲面。

图 16-33　创建扫描曲面

**15** 单击【剪裁曲面】按钮，打开【曲面-剪裁 1】属性面板。选择【剪裁类型】为【相互】，再选取扫描曲面和自由形曲面作为相互剪裁的曲面，如图16-34所示。

**16** 激活【要保留的部分】收集区，然后再选取扫描曲面和自由形曲面大部分曲面作为要保留的部分，如图16-35所示。

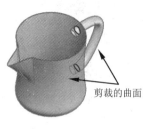

图 16-34 选取相互剪裁的曲面

**技术要点**

注意光标选取位置，光标选取的位置代表着要保留的曲面部分。

**17** 单击【加厚】按钮，选择修剪后的整个曲面作为加厚对象，并单击【加厚侧边1】按钮，输入加厚厚度1，再单击【确定】按钮，完成加厚特征的创建，如图 16-36 所示。

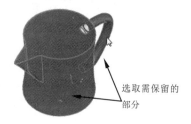

图 16-35 选取要保留的部分

图 16-36 创建加厚特征

**18** 至此，完成了饮水杯的造型设计。

### 16.2.3 扫描曲面

扫描曲面是将绘制的草图轮廓沿绘制或指定的路径进行扫掠而生成的曲面特征。要创建扫描曲面需要满足两个基本条件：轮廓和路径，如图 16-37 所示为扫描曲面的创建过程。

路径草图和轮廓草图　　扫描预览　　扫描结果

图 16-37 扫描曲面的创建

**技术要点**

您也可以在模型面上绘制扫描路径，或为路径使用模型边线。

**动手操作——田螺曲面造型**

操作步骤：

**01** 新建零件文件。

**02** 在菜单栏执行【插入】|【曲线】|【螺旋线/涡状线】命令，打开【螺旋线/涡状线1】属性面板。

**03** 选择上视基准面作为草绘平面，绘制圆形草图1，如图 16-38 所示。

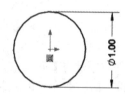

图 16-38 绘制草图 1

**04** 退出草图环境后，在【螺旋线/涡状线1】属性面板上设置如图 16-39 所示的螺旋线参数。

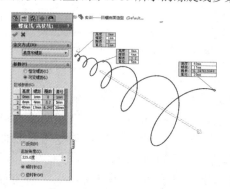

图 16-39 设置螺旋线参数

05 单击【确定】按钮,完成螺旋线的创建。

**技术要点**

要设置或修改高度和螺距,应选择【高度和螺距】定义方式。若再需要修改圈数,再选择【高度和圈数】定义方式即可。

06 利用【草图绘制】工具,在前视基准面上绘制如图 16-40 所示的草图 2。

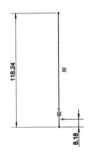

图 16-40 绘制草图 2

07 利用【基准面】工具,选择螺旋线和螺旋线端点作为第一参考和第二参考,创建垂直于端点的基准面 1,如图 16-41 所示。

图 16-41 创建基准面 1

08 利用【草图绘制】命令,在基准面 1 上绘制如图 16-42 所示的草图 3。

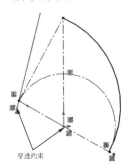

图 16-42 绘制草图 3

**技术要点**

当草绘曲线无法利用草绘环境外的曲线进行参考绘制时,可以先随意绘制草图,然后选取草图曲线端点和草绘外曲线进行【穿透】约束,如图 16-43 所示。

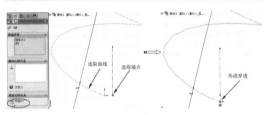

图 16-43 穿透约束

09 单击【扫描曲面】按钮,打开【曲面-扫描 1】属性面板。

10 选择草图 3 作为扫描截面、螺旋线作为扫描路径,再选择草图 2 作为引导线,如图 16-44 所示。

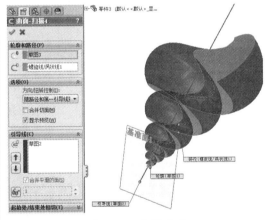

图 16-44 扫描曲面

11 单击【确定】按钮,完成扫描曲面的创建。

12 利用【螺旋线/涡状线】工具,选择上视基准面作为草图平面。再在原点绘制直径为 1 的圆形草图,完成如图 16-45 所示的螺旋线的创建。

13 利用【草图绘制】工具,在基准面 1 上绘制如图 16-46 所示的圆弧草图。

14 单击【扫描曲面】按钮,打开【曲面-扫描 6】属性面板。按如图 16-47 所示的设置,创建扫描曲面。

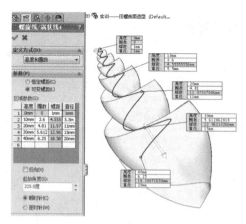

图 16-45 创建螺旋线

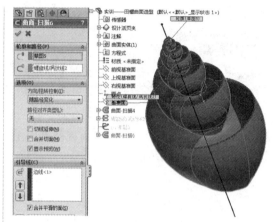

图 16-47 创建扫描曲面

图 16-46 绘制圆弧草图

**15** 最终完成的结果如图 16-48 所示。

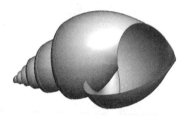

图 16-48 创建完成的田螺曲面

### 16.2.4 放样曲面

要创建放样曲面,必须绘制多个轮廓,每个轮廓的基准平面不一定要平行。除了绘制多个轮廓,对于一些特殊形状的曲面,还要绘制引导线。

> **技术要点**
> 当然,您也可以在 3D 草图中将所有轮廓都绘制出来。

如图 16-49 所示为放样曲面的创建过程。

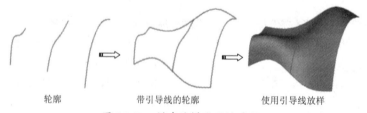

轮廓　　　带引导线的轮廓　　　使用引导线放样

图 16-49 创建放样曲面的过程

**动手操作——海豚曲面造型**

操作步骤:

**01** 新建零件文件。

**02** 利用【草图绘制】工具,在前视基准面上绘制如图 16-50 所示的草图 1。

图 16-50  绘制草图 1

**03** 再利用【草图绘制】工具和【样条曲线】工具绘制如图 16-51 所示的草图 2。

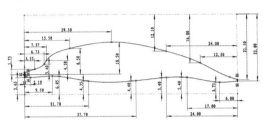

图 16-51  绘制草图 2

**04** 继续绘制草图。在前视基准面上绘制如图 16-52 所示的草图 3。

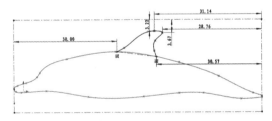

图 16-52  绘制草图 3

**05** 在前视基准面上绘制如图 16-53 所示的草图 4（构造斜线）。

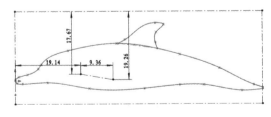

图 16-53  绘制草图 4

**06** 利用【基准面】工具，创建基准面 1，如图 16-54 所示。

**07** 同理，再创建基准面 2，如图 16-55 所示。

**08** 在前视基准面上绘制草图 5，如图 16-56 所示。

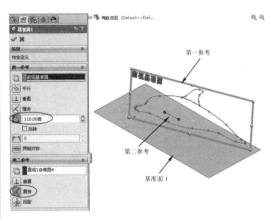

图 16-54  创建基准面 1

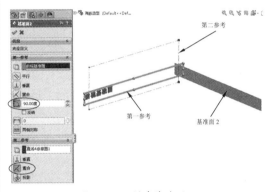

图 16-55  创建基准面 2

如图 16-56  绘制草图 5

**09** 在上视基准面上绘制草图 6，如图 16-57 所示。

图 16-57  绘制草图 6

### 技术要点

绘制样条曲线前，必须绘制一条竖直的构造线，用作样条曲线端点与构造线进行【相切】约束。

**10** 在新建的基准面 2 上绘制如图 16-58 所示的草图 7。

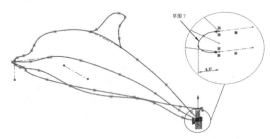

图 16-58 绘制草图 7

**11** 在前视基准面上绘制如图 16-59 所示的草图 8。此草图应用【等距实体】命令，基于草图 2 的草图轮廓进行偏移，偏移距离为 0。

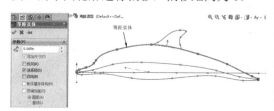

图 16-59 绘制等距偏移的草图 8

**12** 同理，在前视基准面绘制基于草图 2 的新草图 7，如图 16-60 所示。

图 16-60 绘制等距偏移的草图 16

**13** 在菜单栏执行【插入】|【曲线】|【投影曲线】命令，打开【投影曲线】属性面板。按住【Ctrl】键选择草图 5、草图 6 进行【草图上草图】投影，如图 16-61 所示。

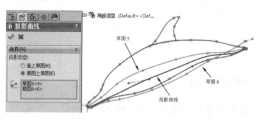

图 16-61 创建投影曲线

**14** 单击【放样曲面】按钮，打开【曲面-放样 1】属性面板。然后选择草图 8、草图 16 和投影曲线作为放样轮廓，再选择草图 7 作为引导线。单击【确定】按钮，完成放样曲面的创建，如图 16-62 所示。

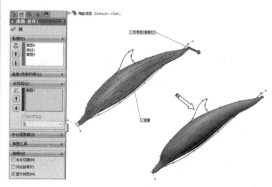

图 16-62 创建放样曲面

**15** 在菜单栏执行【插入】|【阵列/镜像】|【镜像】命令，打开【镜像】属性面板。选择前视基准面作为镜像平面，再选择放样曲面作为要镜像的实体，单击【确定】按钮，完成曲面的镜像，如图 16-63 所示。

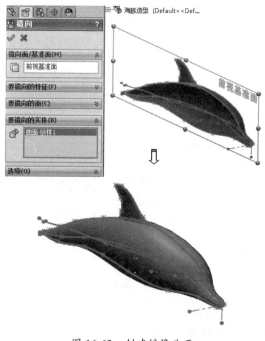

图 16-63 创建镜像曲面

**16** 利用【基准面】工具，创建基准面 3，如图 16-64 所示。

第 16 章 基本曲面特征

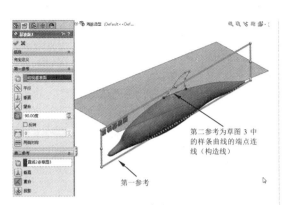

图 16-64　创建基准面 3

**17** 在基准面 3 上绘制如图 16-65 所示的草图 10（短轴半径为 1 的椭圆，长轴端点与草图 3 的端点重合）。

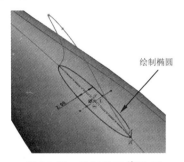

图 16-65　绘制椭圆草图 10

**18** 在前视基准面上绘制如图 16-66 所示的草图 16。

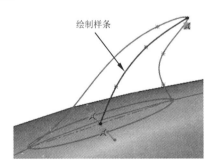

图 16-66　绘制样条曲线草图 16

**19** 进入 3D 草图环境，在草图 16 的样条曲线端点上创建点，如图 16-67 所示。

**20** 随后再在前视基准面上以草图 3 作为参考并绘制出草图 12，如图 16-68 所示。

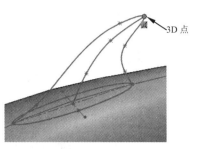

图 16-67　创建 3D 点

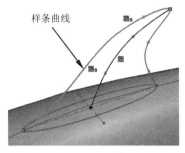

图 16-68　绘制草图 12

**技术要点**

在基于草图 3 创建样条曲线时，先绘制等距实体，再将其修剪。

**21** 同理，再以草图 3 作为参考并绘制出草图 13，如图 16-69 所示。

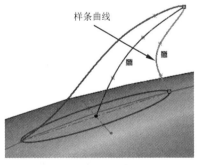

图 16-69　绘制草图 13

**22** 单击【曲面放样】按钮，打开【曲面-放样 2】属性面板。然后选择草图 10 和 3D 点作为放样轮廓，选择草图 12 和草图 13 作为放样引导线，如图 16-70 所示。再单击面板中的【确定】按钮，完成放样曲面的创建。

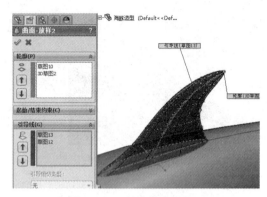

图 16-70　创建曲面放样 2

**23** 单击【延伸曲面】按钮，打开【延伸曲面】属性面板。选择曲面放样 2 的底边线作为延伸参考，单击【确定】按钮 ✅ 完成延伸，如图 16-71 所示。

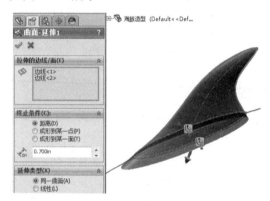

图 16-71　创建延伸曲面

**24** 接下来绘制草图 14，即如图 16-72 所示的构造线。

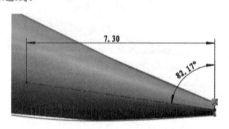

图 16-72　绘制草图 14

**25** 利用【基准面】工具，以前视基准面和草图 14 的构造线作为参考，创建基准面 4，如图 16-73 所示。

**26** 接下来在基准面 4 上绘制草图 15，如图 16-74 所示。

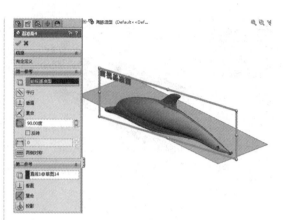

图 16-73　创建基准面 4

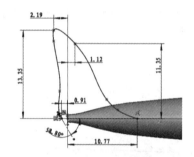

图 16-74　绘制草图 15

**27** 在前视基准面上绘制草图 16，如图 16-75 所示。

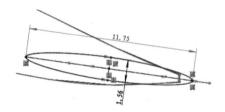

图 16-75　绘制草图 16

**28** 在基准面 4 上连续绘制草图 17、草图 18、和草图 19，结果如图 16-76、图 16-77、图 16-78 所示。

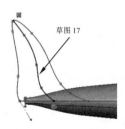

图 16-76　绘制草图 17

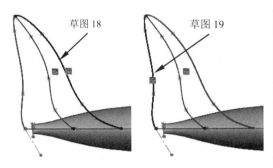

图 16-77　绘制草图 18　　图 16-78　绘制草图 19

**29** 进入 3D 草图环境，在草图 17 的端点上创建点，如图 16-79 所示。

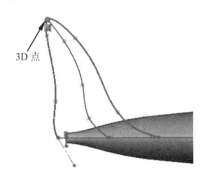

图 16-79　创建 3D 点

**30** 利用【放样曲面】工具，创建放样曲面 3，如图 16-80 所示。

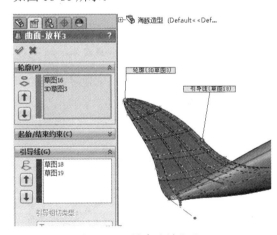

图 16-80　创建放样曲面 3

**31** 利用【镜像】工具，将放样曲面镜像至前视基准面的另一侧，如图 16-81 所示。

**32** 在基准面 1 上绘制如图 16-82 所示的草图 20。

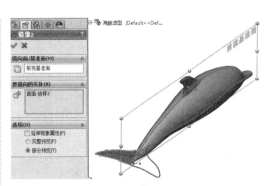

图 16-81　镜像放样曲面

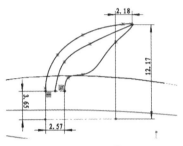

图 16-82　绘制草图 20

**33** 利用【基准面】工具创建基准面 5，如图 16-83 所示。

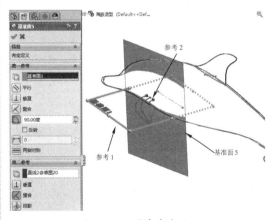

图 16-83　创建基准面 5

**34** 在基准面 5 上绘制草图 21，如图 16-84 所示。

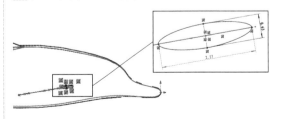

图 16-84　绘制草图 21

**35** 在基准面 1 上连续绘制草图 22、草图 23，进入 3D 草图环境，创建 3D 点，如图 16-85、图 16-86、图 16-87 所示。

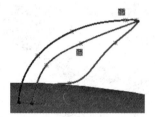

图 16-85　绘制草图 22

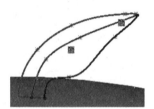

图 16-86　绘制草图 23

图 16-87　创建 3D 点

**36** 利用【放样曲面】工具，创建放样曲面 4，如图 16-88 所示。

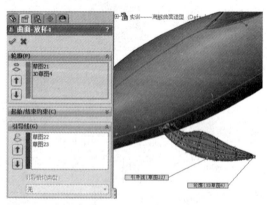

图 16-88　创建放样曲面 4

**37** 创建放样曲面 4 后，再利用【镜像】工具，将其镜像至前视基准面的另一侧，结果如图 16-89 所示。

图 16-89　创建镜像曲面

**38** 单击【剪裁曲面】按钮，打开【曲面-剪裁 1】属性面板。选择所有曲面作为要剪裁的曲面，然后再选择所有曲面作为要保留的曲面，最后单击【确定】按钮，完成剪裁，如图 16-90 所示。

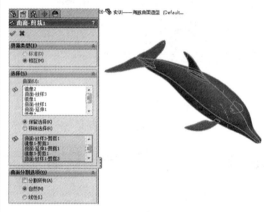

图 16-90　剪裁曲面

### 技术要点

在选择要保留的曲面时，注意光标选取的位置。剪裁曲面自动将曲面转换成实体。

**39** 最后利用【圆角】工具，创建多半径的圆角特征，如图 16-91 所示。

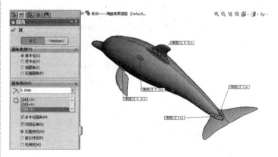

图 16-91　创建多半径圆角

**40** 至此，完成了海豚的曲面造型设计。最后保存结果。

## 16.2.5 边界曲面

边界曲面是在轮廓之间双向生成边界曲面。边界曲面特征可用于生成在两个方向上（曲面所有边）相切或曲率连续的曲面。大多数情况下，这样产生的结果比放样工具产生的结果质量更高。

边界曲面有两种情况：一种是一个方向上的单一曲线到点；另一种就是两个方向上的交叉曲线，如图 16-92 所示。

**技术要点**

方向1和方向2在属性面板中可以完全相互交换。无论使用方向1还是方向2选择实体，都会获得同样的结果。

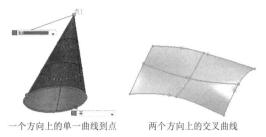

一个方向上的单一曲线到点　　两个方向上的交叉曲线

图 16-92　边界曲面的两种情况

## 16.3 平面区域

平面区域是指使用草图或一组边线来生成平面区域。利用该命令可以由草图生成有边界的平面，草图可以是封闭轮廓，也可以是一对平面实体。

创建平面区域应具备以下条件：

- 非相交闭合草图。
- 一组闭合边线。
- 多条共有平面分型线，如图 16-93 所示。
- 一对平面实体，如曲线或边线，如图 16-94 所示。

**技术要点**

平面区域工具主要还是用在模具产品的拆模工作上，即修补产品中出现的破孔，以此获得完整的分型面。

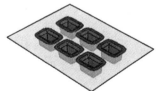 

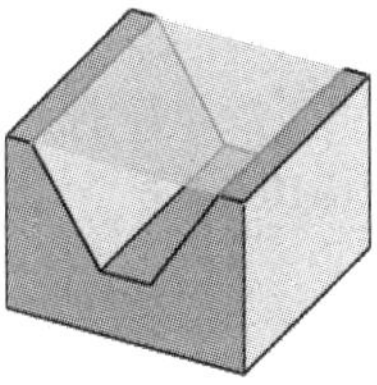

图 16-93　多条共有　　图 16-94　平面
　　平面分型线　　　　　实体的边线

图 16-95　【平面】面板

单击【平面区域】按钮，属性管理器显示【平面】面板。【平面】面板如图 16-95 所示。

如图 16-96 所示为某产品破孔修补的过程。

产品中的破孔　　选择破孔边界　　修补破孔

图 16-96　利用【平面区域】工具修补破孔

**技术要点**

【平面区域】工具只能修补平面中的破孔，不能修补曲面中的破孔。

## 16.4 综合实战——玩具飞机造型

◎ 结果文件：\综合实战\结果文件\Ch16\玩具飞机.sldprt

◎ 视频文件：\视频\Ch16\玩具飞机.avi

本章前面介绍了关于 SolidWorks 2016 的高级特征建模命令。下面介绍一个玩具飞机的造型过程，造型过程中将用到旋转曲面、分割线、自由形、填充曲面等工具。

玩具飞机造型如图 16-97 所示。

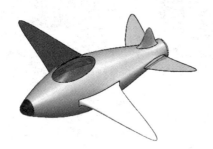

图 16-97　玩具飞机造型

操作步骤：

**01** 新建零件文件。

**02** 在前视基准面上绘制如图 16-98 所示的草图 1。

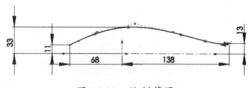

图 16-98　绘制草图 1

**03** 再利用【曲面】选项卡中的【旋转曲面】工具，创建旋转曲面，如图 16-99 所示。

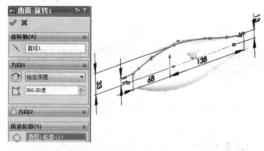

图 16-99　创建旋转曲面

**04** 在前视基准面上绘制如图 16-100 所示的草图 2。

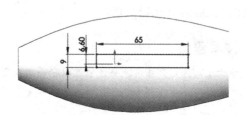

图 16-100　绘制草图 2

**05** 在菜单栏执行【插入】|【曲线】|【分割线】命令，选择草图曲线，在旋转曲面上进行分割，如图 16-101 所示。

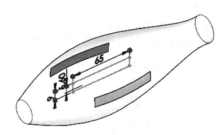

图 16-101　分割曲面

**06** 单击【自由形】按钮，打开【自由形】属性面板。选择分割后的曲面进行变形，如图 16-102 所示。

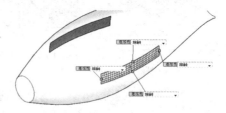

图 16-102　选择要变形的曲面

**07** 单击【添加曲线】、【反向（标签）】按钮，然后在变形曲面上添加变形曲线，如图 16-103 所示。

**08** 单击【添加点】按钮，然后在变形曲线的中点添加变形控制点，如图 16-104 所示。

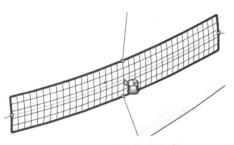

图 16-103　添加变形曲线

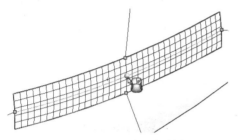

图 16-104　添加变形控制点

**09** 按【Esc】键结束添加，然后拖动变形控制点，使曲面变形，如图 16-105 所示。

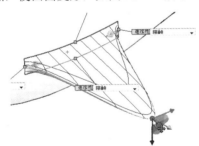

图 16-105　拖动点使曲面变形

**10** 在【控制点】选项组设置变形参数，即三重轴的位置坐标，如图 16-106 所示。最后单击【确定】按钮，完成曲面的变形，如图 16-107 所示。

图 16-106　设置
变形参数

图 16-107　完成自由
变形操作

## 第 16 章　基本曲面特征

**11** 在上视基准面绘制草图 3，如图 16-108 所示。

**12** 利用【分割线】工具，用草图 3 单向分割旋转曲面，如图 16-109 所示。

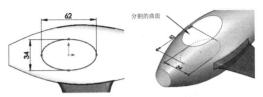

图 16-108　绘制草图 3　　图 16-109　分割旋转曲面

**13** 利用【自由形】工具，打开【自由形】属性面板。选择要变形的曲面。

**14** 单击【添加曲线】、【反向（标签）】按钮，在变形曲面上添加变形曲线，如图 16-110 所示。

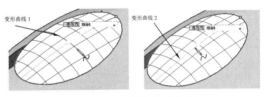

图 16-110　添加变形曲线

**15** 单击【添加点】按钮，然后在变形曲线上添加两个点，如图 16-111 所示。

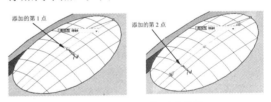

图 16-111　添加变形控制点

**16** 拖动控制点 1 进行变形，并设置三重轴坐标，如图 16-112 所示。

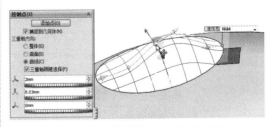

图 16-112　拖动控制点 1 进行变形

**17** 再拖动控制点 2 进行变形，如图 16-113 所示。

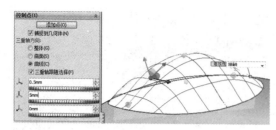

图 16-113 拖动控制点 2 进行变形

**18** 单击【确定】按钮 ✓，完成变形。

**19** 同理。在前视基准面上绘制草图 4，如图 16-114 所示。并利用【分割线】工具来分割旋转曲面，如图 16-115 所示。

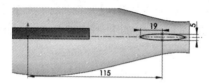

图 16-114 绘制草图 4

图 16-115 分割旋转曲面

**20** 利用【自由形】工具，添加两条变形曲线和 3 个控制点，如图 16-116 所示。

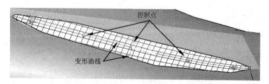

图 16-116 添加变形曲线和变形控制点

**21** 然后拖动 3 个控制点，使曲面变形，如图 16-117 所示。

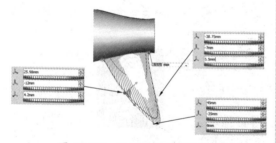

图 16-117 拖动控制点变形曲面

**22** 最后单击【确定】完成曲面的变形操作。

**23** 在上视基准面绘制草图 5，如图 16-118 所示。再利用【分割线】工具将旋转曲面进行分割，如图 16-119 所示。

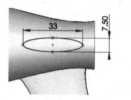 

图 16-118 绘制草图 5　　图 16-119 分割曲面

**24** 利用【自由形】工具，添加两条变形曲线和 3 个控制点，如图 16-120 所示。

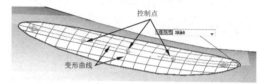

图 16-120 添加变形曲线和变形控制点

**25** 然后拖动 3 个控制点，使曲面变形，如图 16-121 所示。

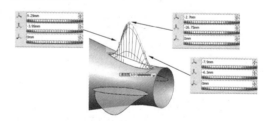

图 16-121 拖动控制点变形曲面

**26** 最后单击【确定】完成曲面的变形操作。

**27** 利用【填充曲面】工具，在飞机头部曲面上创建填充曲面，如图 16-122 所示。

 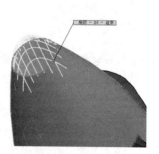

图 16-122 创建填充曲面

**28** 利用【曲面】选项卡中的【平面区域】工具，在飞机尾部曲面上创建平面区域，如图 16-123 所示。

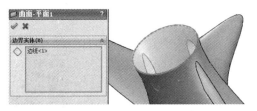

图 16-123　创建平面区域

**29** 利用【特征】选项卡中的【镜像】工具，将机翼和尾翼镜像至前视基准面的另一侧，如图 16-124 所示。

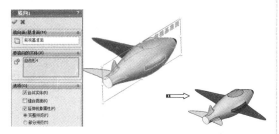

图 16-124　创建镜像特征

**30** 将主体曲面、填充曲面和平面区域进行缝合，形成实体，如图 16-125 所示。

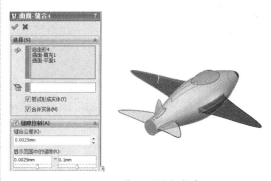

图 16-125　将曲面缝合成实体

**31** 利用【圆顶】工具，在尾部的平面区域上创建圆顶特征，如图 16-126 所示。

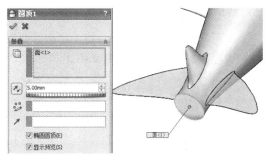

图 16-126　创建圆顶特征

## 16.5　课后习题

### 1．伞造型

本练习是利用拉伸、旋转、基准面、基准轴、放样曲面、圆周阵列、圆顶、扫描等工具来设计伞的造型，如图 16-127 所示。

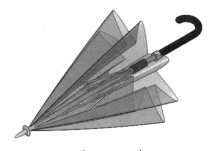

图 16-127　伞

### 2．电热水壶

本练习将利用旋转、拉伸曲面、旋转曲面、剪裁曲面、加厚、放样曲面等工具来设计电热水壶，如图 16-128 所示。

图 16-128　电热水壶

# 第 17 章 高级曲面特征

本章介绍 SolidWorks 高级曲面特征命令。这里所指的高级曲面，就是在已有曲面基础之上，进行一些变换操作，如填充、等距偏移、直纹曲面、中面及延展曲面等。

资源二维码

百度云网盘

360云盘 密码6955

- ◆ 填充曲面
- ◆ 等距曲面
- ◆ 直纹曲面
- ◆ 中面
- ◆ 延展曲面

## 17.1.1 填充曲面

填充曲面是在现有模型边线、草图或曲线所定义的边框内建造曲面修补。

用户可以使用此特征来建造填充模型中有缝隙的曲面，或用来填补模型中的缝隙。填充曲面一般用于：其他软件设计的零件模型没有正确输入 SolidWorks（有丢失的面）；或者是用作核心和型腔模具设计的零件中孔的填充；也可以根据需要为工业设计应用建造曲面；通过填充生成实体；作为独立实体的特征或合并那些特征。

单击【曲面】工具栏上的【填充曲面】按钮◇，或在菜单栏执行【插入】|【曲面】|【填充曲面】命令，打开【填充曲面】属性面板，如图 17-1 所示。

图 17-1 【填充曲面】属性面板

属性面板中各选项含义如下：

- 修补边界◇：用于选取构成破孔的边界。

**技术要点**

所选的边界必须是封闭的，开放的边界不能修补。

- 交替面：切换边界所在的面。当【曲率控制】设为【相切】时，此边界面不同，所产生的曲面也会不同，如图 17-2 所示。

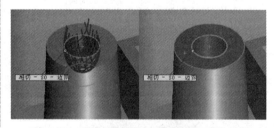

图 17-2 切换边界面会产生不同的修补结果

- 【曲率控制】下拉列表框：对于修补曲面破孔，曲率控制很重要，可以帮助您沿着产品的曲面形状来修补破孔。曲率控制方法包括 3 种，分别是【接触】、【相切】和【曲率】，如图 17-3 所示为 3 种曲率的控制。

### 技术要点

从右图的曲率控制对比显示可以看出，连续性越好，曲面就越光顺。

图 17-3 曲率的控制

## 曲面连续性

在曲面的造型过程中，经常需要关注曲线和曲面的连续性问题。曲线的连续性通常是曲线之间的端点的连续问题，而曲面的连续性通常是曲面的边线之间的连续问题，曲线和曲面的连续性通常有位置连续、斜率连续和曲率连续等3种常用类型。

- 位置连续：SolidWorks中称接触。曲线在端点处连接或者曲面在边线处连接，通常称为G0连续，如图17-4所示。
- 斜率连续：SolidWorks中称相切。对于斜率连续，要求曲线在端点处连接，并且两条曲线在连接的点处具有相同的切向，并且切向夹角为0°。对于曲面的斜率连续，要求曲面在边线处连接，并且在连接线上的任何一点，两个曲面都具有相同的法向，斜率连续通常称为G1连续，如图17-5所示。

 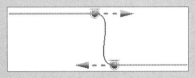

图 17-4 位置连续　　图 17-5 斜率连续

- 曲率连续：SolidWorks中称曲率。曲率连续通常称为G2连续。对于曲线的曲率连续，要求在G1连续的基础上，曲线在接点处曲率具有相同的方向，以及曲率大小相同。对于曲面的曲率连接要求在G1的基础上，两个曲面与公共曲面的交线也具有G2连续，如图17-6所示。

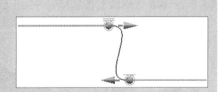

图 17-6 曲率连续

- 应用到所有边线：选中此复选框，能将相同的曲率控制应用到所有边线。

### 技术要点

在将【接触】以及【相切】应用到不同边线后，将应用当前选择到所有边线。

- 优化曲面：对两边或四边曲面选择优化曲面选项。优化曲面选项应用与放样的曲面相类似的简化曲面修补。优化的曲面修补的潜在优势包括重建时间加快，以及当与模型中的其他特征一起使用时增强了稳定性。
- 显示预览：选中此复选框，显示填充曲面的预览情况。
- 预览网格：选中此复选框，填充曲面将以网格显示。
- 约束曲线：约束曲线相当于引导线，就是为填充曲面进行约束的参考曲线，如图17-7所示为添加约束曲线后的填充曲面对比。

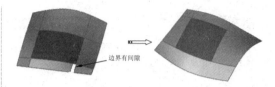

没有结束曲线　　　　有约束曲线　　　　　　　　图 17-8　修复边界

图 17-7　有无结束曲线的填充曲面结果

- 修复边界：当所选的边界曲面中存在缝隙时（使边界不能封闭），可以选中此复选框，自动修复间隙，构造一个有效的填充边界，如图 17-8 所示。
- 合并结果：选中此复选框，将填充曲面与周边的曲面缝合。
- 尝试形成实体：如果创建的填充曲面与周边曲面形成封闭，选中【合并结果】和【尝试形成实体】复选框，会生成实体特征。
- 反向：选中此复选框，可更改填充曲面的方向。

### 动手操作——产品破孔的修补

操作步骤：

**01** 打开本例的素材源文件【灯罩.sldprt】。

**02** 从产品上看，存在 5 个小孔和 1 个大孔，鉴于模具分模要求，将曲面修补在产品外侧，即外侧表面的孔边界上，如图 17-9 所示。

**03** 单击【填充曲面】按钮，打开【填充曲面】属性面板。依次选取大孔中的边界，如图 17-10 所示。

图 17-9　查看孔　　图 17-10　选取大孔边界

### 技术要点

修补边界可以不按顺序进行选取，不会影响修补效果。

**04** 单击【交替面】按钮，改变边界曲面，如图 17-11 所示。

**05** 单击【确定】按钮完成大孔的修补，如图 17-12 所示。

### 技术要点

更改边界曲面可以使修补曲面与产品外表面形状保持一致。

图 17-11　更改边界曲面　　图 17-12　完成大孔修补

**06** 同理，再执行 5 次【填充曲面】命令，将其余 5 个小孔按此方法进行修补，【曲率控制】方式为【曲率】，结果如图 17-13 所示。

图 17-13　修补其余 5 个小孔

## 17.1.2 等距曲面

【等距曲面】工具用来创建基于原曲面的等距缩放特征曲面,当偏移复制的距离为 0 时,是一个复制曲面的工具,功能等同于【移动/复制实体】工具。

单击【曲面】工具栏上的【等距曲面】按钮,或在菜单栏执行【插入】|【曲面】|【等距曲面】命令,打开【等距曲面】属性面板,如图 17-14 所示。

图 17-14 【等距曲面】属性面板

等距复制曲面,将缩放　　等距复制平面,无缩放

图 17-15 曲面与平面的等距复制

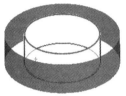 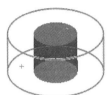

默认等距方向　　　　反转等距方向

图 17-16 反转等距方向

【等距曲面】属性面板仅有两个选项设置:
- 要等距的曲面或面:选取要等距复制的曲面或平面。

**技术要点**

对于曲面,等距复制将产生缩放曲面。对于平面,等距复制不会缩放,如图 17-15 所示。

- 反转等距方向:单击此按钮,可更改等距方向,如图 17-16 所示。

**技术要点**

无论您在模型中选择多少个曲面进行等距复制,只要原曲面是整体的,等距复制后仍然是整体。

### 动手操作——金属汤勺曲面造型

操作步骤:

01 新建零件文件。

02 利用【草图绘制】命令,在前视基准面上绘制如图 17-17 所示的草图 1。

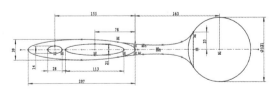

图 17-17 绘制草图 1

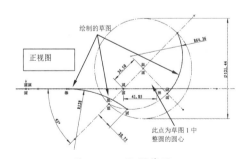

图 17-18 绘制草图 2

03 利用【草图绘制】命令,在上视基准面上绘制如图 17-18 所示的草图 2。

**技术要点**

由于线条比较多,为了让大家看得更清楚绘制了多少曲线,将原参考草图 1 暂时隐藏,如图 17-19 所示。

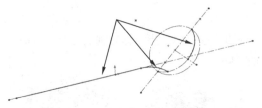

图 17-19　隐藏草图 1 观察草图 2

**04** 利用【拉伸曲面】命令，选择草图 2 中的部分曲线来创建拉伸曲面，如图 17-20 所示。

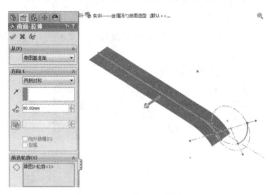

图 17-20　创建拉伸曲面

**05** 利用【旋转曲面】命令，选择如图 17-21 所示的旋转轮廓和旋转轴来创建旋转曲面。

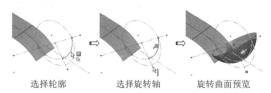

选择轮廓　　选择旋转轴　　旋转曲面预览

图 17-21　创建旋转曲面

**06** 利用【剪裁曲面】命令，以【标准】剪裁类型，选择草图 1 作为剪裁工具，再在拉伸曲面中选择要保留的曲面部分，如图 17-22 所示。

要保留的部分　　剪裁后的曲面

图 17-22　剪裁曲面

**07** 单击【等距曲面】按钮，打开【曲面-等距 1】属性面板。选择如图 17-23 所示的曲面进行等距复制。

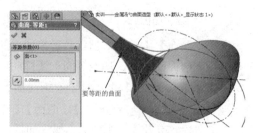

要等距的曲面

图 17-23　创建等距曲面

**08** 利用【基准面】工具，创建如图 17-24 所示的基准面 1。

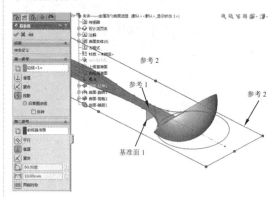

参考 2　参考 1　参考 2　基准面 1

图 17-24　创建基准面 1

**09** 再利用【剪裁曲面】工具，以基准面 1 为剪裁工具，剪裁如图 17-25 所示的曲面（此曲面为前面剪裁后的曲面）。

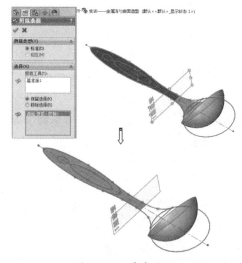

图 17-25　剪裁曲面

**10** 单击【加厚】按钮，打开【加厚】属性面板。选择剪裁后的曲面进行加厚，厚度为 10，单击【确定】按钮完成加厚，如图 17-26 所示。

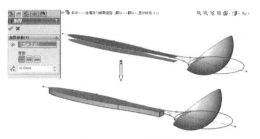

图 17-26　加厚实体

**11** 利用【圆角】工具，对加厚的曲面进行圆角处理，半径为 3，结果如图 17-27 所示。

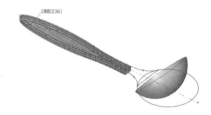

图 17-27　创建圆角

**12** 单击【删除面】按钮，然后选择如图 17-28 所示的两个面进行删除。

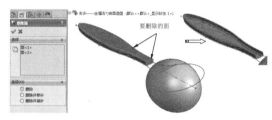

图 17-28　删除面

**13** 利用【直纹曲面】工具，选择等距曲面 1 上的边来创建直纹曲面，如图 17-29 所示。

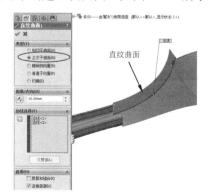

图 17-29　创建直纹曲面

**14** 利用【分割线】工具，选择上视基准面作为分割工具，选择两个曲面作为分割对象，创建如图 17-30 所示的分割线 1。

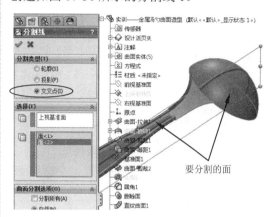

图 17-30　创建分割线 1

**15** 再利用【分割线】工具，创建如图 17-31 所示的分割线 2。

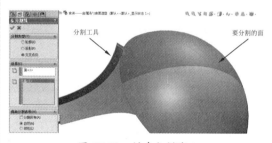

图 17-31　创建分割线 2

**16** 在上视基准面绘制如图 17-32 所示的草图 3。

图 17-32　绘制草图 3

**17** 利用【投影曲线】工具，将草图 3 投影到直纹曲面上，如图 17-33 所示。

**18** 随后再在上视基准面上绘制如图 17-34 所示的草图 4。

**19** 利用【组合曲线】工具，选择如图 17-35 所示的 3 个边创建组合曲线。

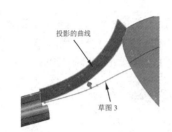

图 17-33　投影草图 3

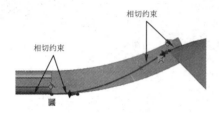

图 17-34　绘制草图 4

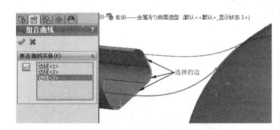

图 17-35　创建组合曲线

**20** 利用【放样曲面】工具，创建如图 17-36 所示的放样曲面。

图 17-36　创建放样曲面

**21** 利用【镜像】工具，将放样曲面镜像至上视基准面的另一侧，如图 17-37 所示。

**22** 在上视基准面绘制如图 17-38 所示的草图 5。

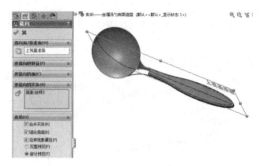

图 17-37　镜像放样曲面

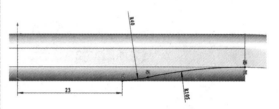

图 17-38　绘制草图 5

**23** 再利用【剪裁曲面】工具，用草图 5 中的曲线剪裁把手曲面，如图 17-39 所示。

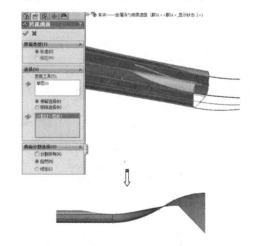

图 17-39　剪裁把手曲面

**24** 利用【缝合曲面】工具，缝合所有曲面。再利用【加厚】命令，创建厚度为 0.8 的特征。

**25** 至此，完成了汤勺的造型设计，结果如图 17-40 所示。

图 17-40　完成的汤勺

## 17.1.3 直纹曲面

【直纹面】工具是通过实体、曲面的边来定义曲面的。单击【直纹面】按钮，打开【直纹面】属性面板，如图 17-41 所示。

图 17-41 【直纹面】属性面板

**技术要点**

如果所选边线为单边，【交替面】按钮将呈灰显不可用状态。

- 裁剪和缝合：当所选的边线为两个或两个以上且相连，【裁剪和缝合】复选框被激活。此选项用来相互剪裁和缝合所产生的直纹面，如图 17-44 所示。

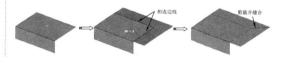

图 17-44 直纹面的裁剪和缝合

属性面板中提供了 5 种直纹曲面的创建类型，下面分别介绍。

### 1．相切于曲面

【相切于曲面】类型可以创建相切于所选曲面的延伸面，如图 17-42 所示。

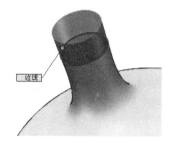

图 17-42 相切于曲面的直纹面

**技术要点**

【直纹面】不能创建基于草图和曲线的曲面。

- 交替面：如果所选的边线为两个模型面的共边，可以单击【交替面】按钮切换相切曲面，来获取想要的曲面，如图 17-43 所示。

图 17-43 交替面

**技术要点**

如果取消选中此复选框，将不进行缝合，但会自动修剪。如果所选的多边线不相连，那么选中此复选框就不再有效。

- 连接曲面：选中此复选框，具有一定夹角且延伸方向不一致的直纹面将以圆弧过渡进行连接，如图 17-45 所示为不连接和连接的情况。

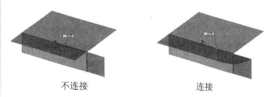

图 17-45 连接曲面

### 2．正交于曲面

【正交于曲面】类型是创建与所选曲面边正交（垂直）的延伸曲面，如图 17-46 所示。单击【反向】按钮可改变延伸方向，如图 17-47 所示。

### 3．锥削到向量

【锥削到向量】类型可创建沿指定向量成一定夹角（拔模斜度）的延伸曲面，如图 17-48 所示。

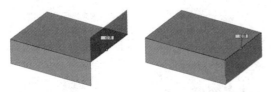

图 17-46 正交于曲面　　图 17-47 更改延伸方向

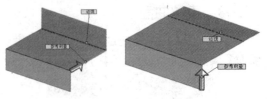

图 17-49 垂直于向量

### 5. 扫描

【扫描】类型可创建沿指定参考边线、草图及曲线的延伸曲面,如图 17-50 所示。

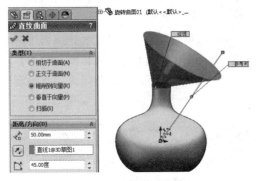

图 17-48 锥削到向量

### 4. 垂直于向量

【垂直于向量】可创建沿指定向量成垂直角度的延伸曲面,如图 17-49 所示。

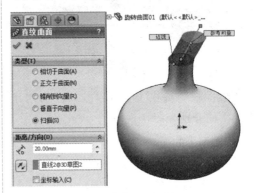

图 17-50 扫描

## 17.1.4 中面

【中面】就是在两组实体面中间创建面。

【中面】工具可在实体上合适的所选双对面之间生成中面。合适的双对面应彼此等距。面必须属于同一实体。例如,两个平行的基准面或两个同心圆柱面就是合适的双对面。

生成中面的过程如图 17-51 所示。

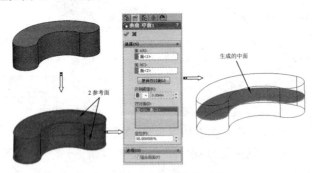

图 17-51 生成中面的过程

## 17.1.5 延展曲面

【延展曲面】是通过选择平面参考来创建实体或曲面边线的新曲面的。在大多数情况下,也利用此工具来设计简单产品的模具分型面。

单击【延展曲面】按钮 ,打开【延展曲面】属性面板,如图 17-52 所示。

图 17-52 【延展曲面】属性面板

面板中各属性含义如下:
- 延展方向参考:单击此收集器,为创建延展曲面来选择延展方向,延展方向与所选平面为同一方向,即平行于所选平面(平面包括平的面和基准平面)。
- 反转延展方向:单击此按钮,将改变延展方向。
- 要延展的边线:选取要延展的实体边或曲面边。
- 沿切面延伸:选中此复选框,将创建与所选边线都相切的延展曲面,如图 17-53 所示。
- 延展距离:设置延展曲面的延展长度。

图 17-53 沿切面延伸的延展曲面

### 动手操作——创建产品模具分型面

利用【延展曲面】工具,创建如图 17-54 所示的某产品模具分型面。

图 17-54 某产品模具分型面

操作步骤:

**01** 打开本例源文件【产品 .sldprt】。

**02** 单击【延展曲面】按钮,打开【延展曲面】属性面板。首先选择右视基准面作为延展方向参考,如图 17-55 所示。

图 17-55 选择延展方向参考

**03** 然后依次选取产品一侧、连续的底部边线作为要延展的变形,如图 17-56 所示。

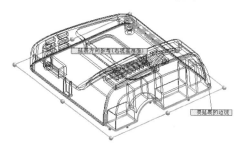

图 17-56 选择要延展的、连续的一侧边线

### 技术要点

选取的边线必须是连续的。如果不连续,可以分多次来创建延展曲面,最后缝合曲面即可。

**04** 输入延展距离 100,再单击【确定】按钮,完成延展的曲面创建,如图 17-57 所示。

图 17-57 创建产品一侧的延展曲面

**05** 同理,继续选择产品底部其余方向的边线来创建延展曲面,结果如图 17-58 所示。

**06** 最后利用【缝合曲面】工具，缝合两个延展曲面成一个整体，完成模具外围分型面的创建。

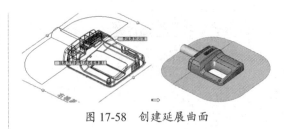

图 17-58　创建延展曲面

## 17.2　综合实战——牛仔帽造型设计

○ 结果文件：\综合实战\结果文件\Ch17\牛仔帽.sldprt
○ 视频文件：\视频\Ch17\牛仔帽.avi

本例要设计的牛仔帽造型如图 17-59 所示。在创建造型的过程中，将利用拉伸曲面、剪裁曲面、放样曲面、填充曲面、等距曲面、加厚及分割线等工具。

图 17-59　牛仔帽造型

操作步骤：

**01** 新建零件文件。

**02** 在前视基准面上绘制草图 1，如图 17-60 所示。

**03** 利用【拉伸曲面】工具，选择草图 1 作为拉伸截面曲线，创建如图 17-61 所示的拉伸曲面。

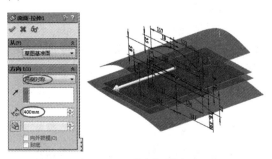

图 17-61　创建拉伸曲面

**04** 随后在上视基准面上继续绘制草图 2，如图 17-62 所示。

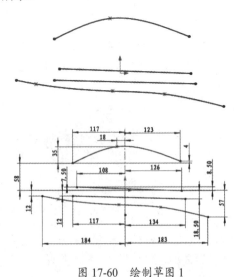

图 17-60　绘制草图 1

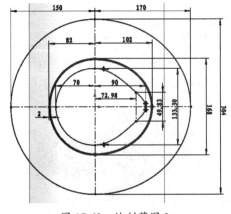

图 17-62　绘制草图 2

**05** 利用【剪裁曲面】工具，用草图 2 作为剪裁工具，剪裁前面创建的拉伸曲面 1（包含 4 个拉伸曲面），如图 17-63 所示。

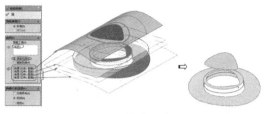

图 17-63　剪裁拉伸曲面

**06** 利用【放样曲面】工具，选择剪裁 4 个拉伸曲面后各面的边，作为轮廓，创建如图 17-64 所示的放样曲面。

图 17-64　创建放样曲面

**技术要点**

选择边时要从上到下或从下到上依次选择。

**07** 利用【缝合曲面】工具，将放样曲面和最上面那个拉伸曲面（其余 3 个剪裁后的拉伸曲面隐藏）进行缝合，如图 17-65 所示。

图 17-65　缝合曲面

**08** 利用【圆角】工具，创建如图 17-66 所示的圆角特征。

图 17-66　创建圆角

**09** 在前视基准面上绘制草图 3，如图 17-67 所示。

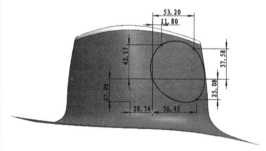

图 17-67　绘制草图 3

**10** 利用【剪裁曲面】工具，选择草图 3 作为剪裁工具，然后对缝合后的帽子曲面进行剪裁，结果如图 17-68 所示。

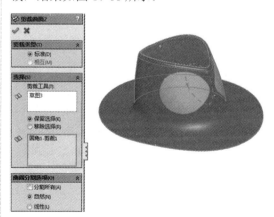

图 17-68　剪裁曲面

**11** 绘制 3D 草图点，如图 17-69 所示。

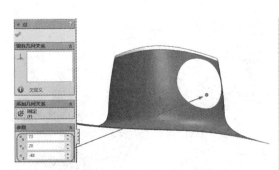

图 17-69　绘制 3D 草图点

**12** 同理，继续绘制 3D 草图点，其位置基于 Z 轴与前面绘制的 3D 草图点正好对称，如图 17-70 所示。

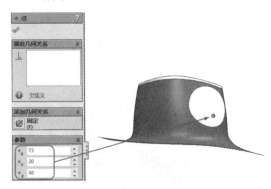

图 17-70　继续绘制 3D 草图点

**13** 单击【填充曲面】按钮，打开【填充曲面】属性面板。选择修补边界和约束曲线，单击【确定】按钮，完成填充曲面的创建，如图 17-71 所示。

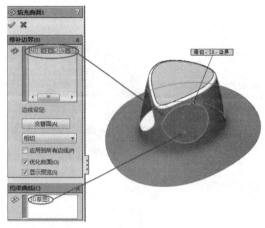

图 17-71　创建填充曲面

**14** 同理，创建创建另一填充曲面。

**15** 利用【加厚】工具，为填充曲面创建厚度，如图 17-72 所示。

图 17-72　创建加厚

**16** 在前视基准面绘制草图 4，如图 17-73 所示。

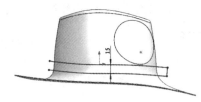

图 17-73　绘制草图 4

**17** 利用【分割线】工具，用草图 4 对帽子的外表面进行分割，结果如图 17-74 所示。

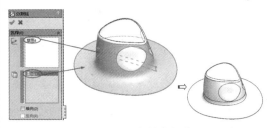

图 17-74　分割线操作

**18** 利用【等距曲面】工具，创建等距曲面，如图 17-75 所示。

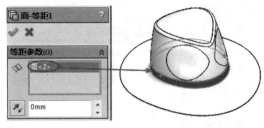

图 17-75　创建等距曲面

**19** 最后利用【加厚】工具，在等距曲面上创建厚度，如图 17-76 所示。

**20** 至此，完成了牛仔帽的设计。

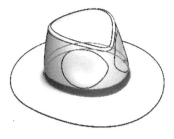

图 17-76　创建加厚特征

## 17.3　课后习题

### 1. 椅子造型

熟练应用曲面拉伸、曲面放样、等距曲面、曲面剪裁、扫描曲面、镜像、移动复制等命令，设计出如图 17-77 所示的椅子造型。

### 2. 帽子造型

熟练应用曲面拉伸、曲面放样、等距曲面、曲面剪裁、实体拉伸、实体切除、实体旋转、圆角、扫描、镜像、使用曲面切除等命令，设计出如图 17-78 所示的帽子造型。

图 17-77　椅子造型　　　　图 17-78　帽子造型

◇◇◇◇◇◇◇◇◇◇◇◇　读书笔记　◇◇◇◇◇◇◇◇◇◇◇◇

# 第 18 章 曲面编辑与操作

本章主要介绍 SolidWorks 2016 曲面编辑与操作指令及实际应用方法,包括曲面控制命令和曲面加厚、切除等。

◆ 曲面操作
◆ 曲面加厚
◆ 曲面切除

资源二维码
百度云网盘

360云盘 密码6955

## 18.1 曲面操作

SolidWorks 2016 提供了用于曲面编辑与操作的相关命令,这些命令可以帮助用户完成复杂产品的造型工作,如替换面、延展曲面、延伸曲面、缝合曲面、剪裁曲面、剪除剪裁曲面、加厚等工具。

### 18.1.1 替换面

替换面可以用一个面替换一个或多个面。

替换曲面实体不必与旧的面具有相同的边界。当替换面时,原来实体中的相邻面自动延伸并剪裁到替换曲面实体,新的面剪裁。

> **技术要点**
> 
> 替换的目标面可以是曲面,也可以是实体表面。但【替换曲面】必须是曲面。

**动手操作——替换面操作**

使用【替换面】命令把零件的两小凸台去除,加强筋和圆柱不足的位置进行填补,如图 18-1 所示。

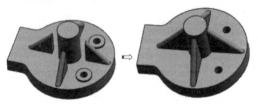

图 18-1 替换面

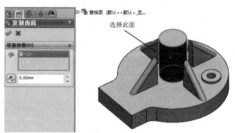

图 18-2 创建等距曲面

操作步骤:

**01** 打开本例【替换面 .sldprt】文件。

**02** 利用【等距曲面】工具,选择中间圆柱表面来创建等距曲面,如图 18-2 所示。

**03** 单击【替换面】按钮,打开【替换面1】属性面板。

**04** 首先选择要替换的目标面和替换曲面,如图 18-3 所示。

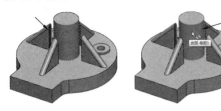

图 18-3  选择替换目标面和替换曲面

**05** 单击【确定】按钮,完成替换面操作。结果如图 18-4 所示。

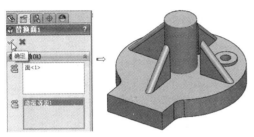

图 18-4  完成替换面操作

### 技术要点

由于要替换的 4 个加强筋方向是相对的,如果同时替换,会造成自身相交。所以一次只能替换一个加强筋表面。

**06** 同理,完成其余 3 个加强筋的表面替换操作,结果如图 18-5 所示。

图 18-5  替换面操作完成的加强筋

## 18.1.2 延伸曲面

【延伸曲面】是基于已有曲面而创建的新曲面,与前面所介绍的延展曲面不同,延伸的终止条件有多重选择,可以沿不同方向延伸,但截面会有变化。延展曲面只能跟所选平面平行,截面是恒定的。

此外,延展曲面可以针对实体或曲面,而延伸曲面只能是基于曲面进行创建。

### 技术要点

对于边线,曲面沿边线的基准面延伸。对于面,曲面沿面的所有边线延伸,除那些连接到另一个面的以外。

单击【延伸曲面】按钮,打开【延伸曲面】属性面板,如图 18-6 所示。

面板中各选项含义如下。

- 拉伸的边线/面:所选面/边线收集器,可在图形区域选择要延伸的面或边线。
- 终止条件:有 3 种终止条件供选择——距离、成型到某一点和成型到某一面,如图 18-7 所示。

图 18-6  【延伸曲面】属性面板

按输入的距离值进行延伸　　将曲面延伸到指定的点或顶点　　将曲面延伸到指定的平面或基准面

图 18-7  终止条件

- 延伸类型：包括同一曲面延伸和线性延伸。【同一曲面延伸】是沿曲面的几何体延伸曲面，如图18-8所示；【线性延伸】是沿边线相切于原有曲面来延伸曲面，如图18-9所示。

图18-8 同一曲面延伸　　图18-9 线性延伸

### 18.1.3 缝合曲面

缝合曲面是将两个或多个相邻、不相交的曲面组合在一起。【缝合曲面】工具用于将相连的曲面连接为一个曲面。缝合曲面对于设计模具意义重大，因为缝合在一起的面，在操作中会作为一个面来处理，这样就可以一次选择多个缝合在一起的面。

单击【缝合曲面】按钮，打开【缝合曲面】属性面板，如图18-10所示。

图18-10 【缝合曲面】属性面板

属性面板中各选项含义如下：
- 要缝合的曲面和面：为创建缝合曲面特征选取要缝合的多个面。
- 尝试形成实体：选中此复选框，将缝合后的封闭曲面转换成实体。

**技术要点**

在默认情况下，如果缝合的曲面是封闭的，即使取消选中此复选框，也会自动生成实体。

- 合并实体：选中此复选框，将缝合后生成的实体与其他实体进行合并，形成整体。
- 缝合公差：修改缝合曲面的公差，缝隙大的公差值就大，反之则取值较小值。

### 18.1.4 剪裁曲面

剪裁曲面是在一个曲面与另一曲面、基准面或草图交叉处剪裁曲面。【剪裁曲面】命令可以使相互交叉的曲面利用布尔运算进行剪裁。可以使用曲面、基准面或草图作为剪裁工具来剪裁相交曲面，也可以将曲面和其他曲面联合使用作为相互的剪裁工具。

单击【剪裁曲面】按钮，打开【剪裁曲面】属性面板，如图18-11所示。

属性面板中各选项含义如下：
- 剪裁类型：包括【标准】和【相互】两种。【标准】类型是单边剪裁，剪裁工具只有一个，如图18-12所示；【相互】类型是多个曲面相互剪裁，剪裁工具为多个曲面，如图18-13所示。

图18-11 【剪裁曲面】属性面板

第 18 章　曲面编辑与操作

图 18-12　【标准】剪裁

图 18-13　【相互】剪裁

- 剪裁工具：在图形区域选择曲面、草图实体、曲线或基准面作为剪裁其他曲面的工具。
- 保留选择：用于选择要保留的部分曲面。选择的曲面将列于下面的收集器中。
- 移除选择：与【保留选择】相反，用于选择要移除的曲面。
- 分割所有：选中此复选框，将显示多个分割曲面的预览，如图 18-14 所示。

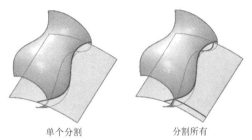

单个分割　　　　　　分割所有

图 18-14　分割所有的预览

- 自然：强迫边界边线随曲面形状变化。
- 线性：强迫边界边线随剪裁点的线性方向变化。

**动手操作——塑胶小汤匙造型**

利用剪裁曲面功能设计如图 18-15 所示的塑胶汤匙。

图 18-15　塑胶汤匙造型

操作步骤：

**01** 新建零件文件。

**02** 在前视基准面上绘制如图 18-16 所示的草图 1。

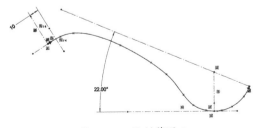

图 18-16　绘制草图 1

**03** 利用【旋转曲面】工具，创建如图 18-17 所示的旋转曲面。

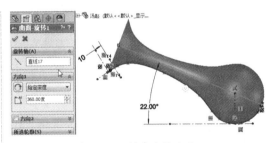

图 18-17　创建旋转曲面 1

**04** 再在前视基准面绘制如图 18-18 所示的草图 2（样条曲线）。

图 18-18　绘制草图 2

**05** 单击【剪裁曲面】按钮，打开【曲面-剪裁1】属性面板。然后选择草图2作为剪裁

413

工具，选择要保留的曲面，完成剪裁的结果如图 18-19 所示。

**08** 利用【加厚】工具，创建加厚特征。结果如图 18-22 所示。

图 18-22　创建加厚特征

**09** 利用【圆角】工具，创建加厚特征上的圆角特征，如图 18-23 所示。

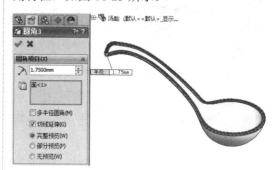

图 18-23　创建圆角特征

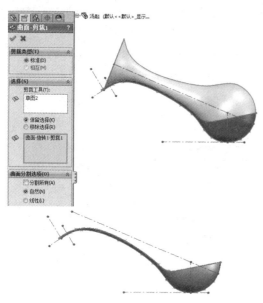

图 18-19　剪裁曲面

**06** 同理，在上视基准面继续绘制草图 3，如图 18-20 所示。

图 18-20　绘制草图 3

**07** 再利用【剪裁曲面】工具，选择草图 3 作为剪裁工具，完成曲面的剪裁操作，如图 18-21 所示。

**10** 新建如图 18-24 所示的基准面 1。

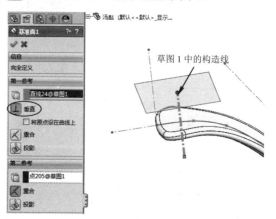

图 18-24　创建基准面 1

**11** 最后利用【拉伸切除】工具，在基准面 1 上绘制草图 5 后，再创建出如图 18-25 所示的汤勺挂孔。

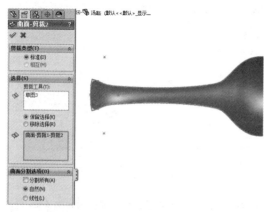

图 18-21　剪裁曲面

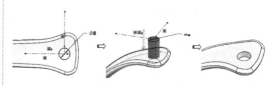

图 18-25　创建汤勺挂孔

## 18.1.5 解除剪裁曲面

解除剪裁曲面可以使剪裁后的曲面重新返回到剪裁操作前的状态，也常用来创建沿其自然边界延伸现有曲面来修补曲面上的洞及外部边线。此工具常用于模具设计过程中修补产品的破孔。

单击【解除剪裁曲面】按钮，打开【解除剪裁曲面】属性面板，如图 18-26 所示。

图 18-26 【解除剪裁曲面】属性面板

**技术要点**

上图中的右图显示的多个选项，仅在选择了面和边线后才显示。

属性面板中各选项含义如下：

- 所选面/边线：收集用于修补破孔的曲面或边线。
- 距离百分比：通过设置此百分比值，可以调整修补曲面的大小，如图 18-27 所示为几种比例的修补曲面效果预览。
- 面接触剪裁类型：包括 3 种解除剪裁类型供选择——所有边线、内部边线和外部边线。【所有边线】包括原曲面对象的所有边界；【内部边线】仅包括原曲面内部的所有边界；【外部边线】也仅包括原曲面的外部边界，如图 18-28 所示。

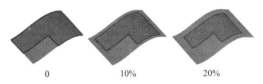

图 18-27 距离百分比

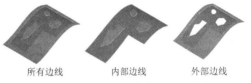

图 18-28 面接触剪裁的 3 种类型

- 边线解除剪裁类型：当选择原曲面的边线进行解除剪裁操作时，有两种类型供选择——延伸边线和连接端点。【延伸边线】就是延伸所选的曲面边界；【连接端点】是指创建两条边线的端点连线曲面，如图 18-29 所示。

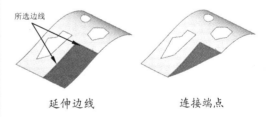

图 18-29 边线解除剪裁的两种类型

- 与原有合并：选中此复选框，新建的曲面将与原曲面缝合成整体曲面。

## 18.1.6 删除面

删除面可以删除实体上的面来生成曲面，或者在曲面实体（指多个曲面形成的整体曲面）上删除曲面。

单击【删除面】按钮，打开【删除面】属性面板，如图18-30所示。

面板中各选项含义如下：

- 要删除的面：选取要删除的实体面或曲面实体中的面。

图18-30 【删除面】属性面板

### 技术要点

单个的曲面是不能利用【删除面】进行删除的。

- 删除：只删除，不修补或填充。
- 删除并修补：删除曲面，然后利用自身的修补功能去修补留下的孔，如图18-31所示。此类修补是沿曲面延伸进行修补。

### 技术要点

若曲面延伸后不能相交，就不能修补。上图中的顶面删除后，相邻的锥面延伸后会形成相交，所以能自动修补。但如果是圆柱面或竖直、水平而永远不能相交，则不能进行修补，如图18-32所示。

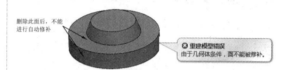

图18-32 不能自动修补的情况

- 删除并填补：删除曲面，然后利用自身的修补功能去填补留下的孔，如图18-33所示为两种填充——一般填补和相切填补。

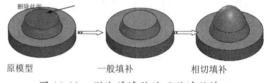

图18-33 删除并填补的两种填补情况

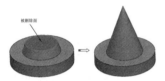

图18-31 删除并修补

### 动手操作——烟斗造型

下面利用旋转曲面、剪裁曲面、扫描曲面、扫描切除、曲面缝合等功能，设计如图18-34所示的烟斗。

操作步骤：

**01** 新建零件文件。

**02** 利用【草图绘制】工具，选择右视基准面作为草图平面，进入草图环境。

**03** 在菜单栏执行【工具】|【草图工具】|【草图图片】命令，然后打开本例的素材图片【烟斗.bmp】，如图18-35所示。

**04** 双击图片，然后将图片旋转并移动到如图18-36所示的位置。

图18-34 烟斗造型

图18-35 导入草图图片

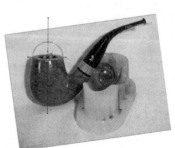

图18-36 对正草图图片

## 技术要点

对正的方法是：先绘制几条辅助线，找到烟斗模型的尺寸基准或定位基准。不难看出，烟斗的设计基准就是烟斗的烟嘴部分（圆心）。

**05** 然后利用【样条曲线】命令按烟斗图片的轮廓来绘制草图，如图18-37所示。

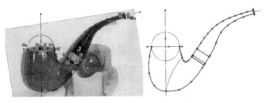

图18-37 参考图片绘制样条曲线

**06** 利用【旋转曲面】工具，创建如图18-38所示的旋转曲面。

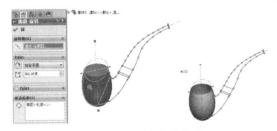

图18-38 创建旋转曲面

**07** 利用【拉伸曲面】工具拉伸曲面1，如图18-39所示。

**08** 利用【剪裁曲面】工具，用基准面1剪裁旋转曲面，结果如图18-40所示。

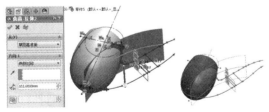

图18-39 创建基准面1　　图18-40 剪裁曲面

**09** 利用【基准面】工具创建基准面2，如图18-41所示。

**10** 在基准面2上绘制圆草图，圆上的点与草图1中直线2的端点重合，如图18-42所示。

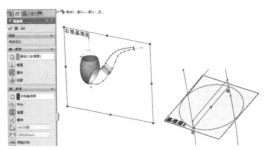

图18-41 创建基准面2　　图18-42 绘制圆

**11** 利用【拉伸曲面】工具创建拉伸曲面2，如图18-43所示。

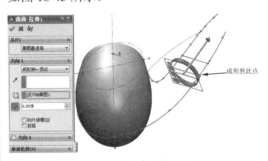

图18-43 创建拉伸曲面2

**12** 在右视基准平面上先后绘制草图3和草图4，如图18-44和图18-45所示。

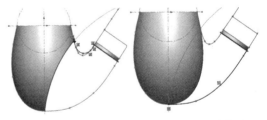

图18-44 绘制草图3　　图18-45 绘制草图4

**13** 利用【放样曲面】工具，创建如图18-46所示的放样曲面。

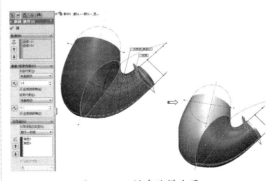

图18-46 创建放样曲面

**14** 利用【延伸曲面】工具,创建如图 18-47 所示的延伸曲面。

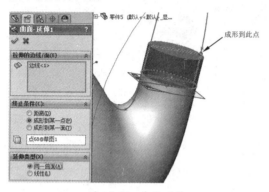

图 18-47 曲面延伸

**15** 利用【基准面】工具创建基准面 2,如图 18-48 所示。

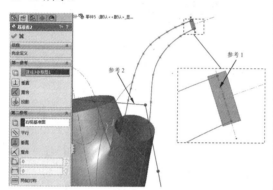

图 18-48 创建基准面 2

**16** 在基准面 2 上绘制草图 5——椭圆,如图 18-49 所示。

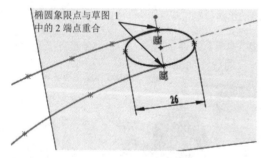

图 18-49 绘制草图 5

**17** 在右视基准面上绘制草图 6,如图 18-50 所示。

**18** 同理,在草图 1 的基础上,等距绘制出草图 7,如图 18-51 所示。

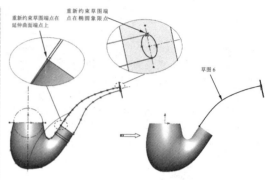

图 18-50 绘制草图 6

### 技术要点

绘制草图 6 的方法是:先利用【等距实体】工具,将原草图 1 中的曲线等距(偏移距离为 0)偏移出,然后剪裁草图,最后删除等距实体的相关约束——等距尺寸,并重新将草图的端点分别约束在延伸曲面端点和草图 5 的椭圆象限点上。

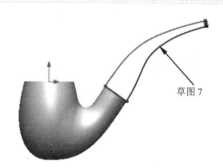

图 18-51 绘制草图 7

**19** 利用【放样曲面】工具,创建如图 18-52 所示的放样曲面。

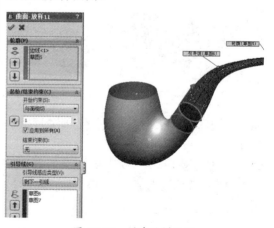

图 18-52 创建放样曲面

**20** 利用【平面区域】工具创建平面,如图 18-53 所示。

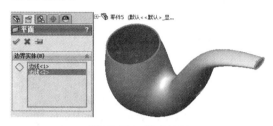

图 18-53　创建平面

**21** 利用【缝合曲面】工具,将所有曲面缝合,并生成实体模型,如图 18-54 所示。

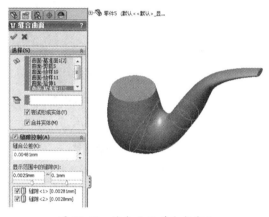

图 18-54　缝合曲面并生成实体

**22** 在右视基准面上绘制草图 8——圆弧,如图 18-55 所示。

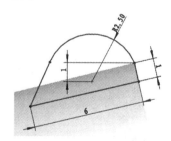

图 18-55　绘制草图 8

**23** 再利用【特征】工具栏中的【扫描】工具,创建扫描特征,如图 18-56 所示。

**技术要点**

在创建扫描特征时,必须设置【起始处相切类型】和【结束处相切类型】为【无】。否则无法创建扫描特征。

图 18-56　创建扫描特征

**24** 利用【旋转切除】工具,创建烟斗部分的空腔。草图与切除结果如图 18-57 所示。

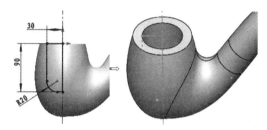

图 18-57　创建旋转切除特征

**25** 在右视基准面绘制草图 10,如图 18-58 所示。

**26** 在烟嘴平面上绘制草图 11,如图 18-59 所示。

图 18-58　绘制草图 10　　图 18-59　绘制草图 11

**27** 利用【扫描切除】工具,创建如图 18-60 所示的扫描切除特征。

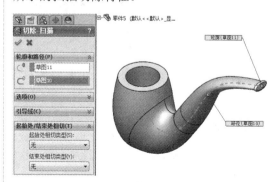

图 18-60　创建扫描切除特征

**28** 利用【倒角】工具，对烟斗外侧的边创建倒角特征，如图18-61所示。

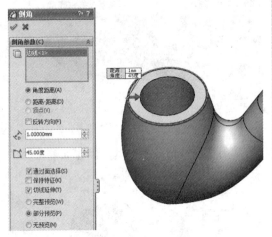

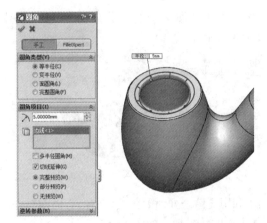

图18-62  创建烟斗内侧边的圆角特征

图18-61  创建倒角特征

**29** 利用【圆角】工具，对烟斗内侧边创建圆角特征，如图18-62所示。

**30** 最后对烟嘴部分的边进行圆角处理，如图18-63所示。

**31** 至此，完成了烟斗的整个造型工作。结果如图18-64所示。

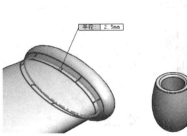 

图18-63  创建烟嘴的圆角特征　　图18-64  创建完成的烟斗

## 18.2 曲面加厚与切除

曲面加厚与切除工具是用曲面来创建实体或切割实体的工具，下面对其进行详细讲解。

### 18.2.1 加厚

加厚是根据所选曲面来创建具有一定厚度的实体，如图18-65所示。

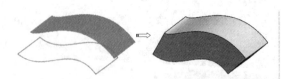

图18-65  加厚曲面生成实体

单击【加厚】按钮，打开【加厚】属性面板，如图18-66所示。

**技术要点**

必须先创建曲面特征，【加厚】命令才变为可用。

图18-66  【加厚】属性面板

属性面板中包括3种加厚方法：加厚侧边1、加厚两侧和加厚侧边2。

- 加厚侧边 1：此加厚方法是在所选曲面的上方生成加厚特征，图 18-67（a）所示。
- 加厚两侧：在所选曲面的两侧同时加厚，如图 18-67（b）所示。
- 加厚侧边 2：在所选曲面的下方生成加厚特征。图 18-67（c）所示。

图 18-67　加厚方法

### 18.2.2　加厚切除

也可以使用【加厚切除】工具来分割实体，从而创建出多个实体。

**技术要点**

仅当在图形区域创建了实体和曲面后，【加厚切除】命令才变为可用。

单击【加厚切除】按钮，打开【切除-加厚】属性面板，如图 18-68 所示。

该属性面板中的选项与【加厚】属性面板中的完全相同，如图 18-69 所示为加厚切除的操作过程。

图 18-68　【切除-加厚】属性面板

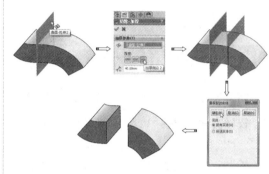

图 18-69　创建加厚切除特征

### 18.2.3　使用曲面切除

【使用曲面切除】工具通过曲面来分割实体。如果是多实体零件，可选择要保留的实体。单击【使用曲面切除】按钮，打开【使用曲面切除】属性面板，如图 18-70 所示。

图 18-70　【使用曲面切除】属性面板

如图 18-71 所示为使用曲面切除的操作过程。

图 18-71　使用曲面切除

### 技术支持

对于多实体零件，在特征范围下选择以下之一：

- 所有实体。每次特征重建时，曲面将切除所有实体。如果将被切除曲面所交叉的新实体添加到位于 FeatureManager 设计树中切除特征之前的模型上，则也会重建这些新实体使切除生效。
- 选择实体。曲面只切除所选择的实体。如果将被切除曲面所交叉的新实体添加到模型上，请右击，然后选择【编辑特征】命令，选择这些实体以将其添加到所选实体的清单中。如果不将新实体添加到所选实体清单中，则它们将保持完整无损。（选择的实体在图形区域中高亮显示，并列举在特征范围下。）
- 自动选择（可用于所选实体）。自动选择所有相关的交叉实体。【自动选择】比【所有实体】快，因为它只处理初始清单中的实体，并不会重建整个模型。如果取消选中【自动选择】复选框，则必须选择您想在图形区域中切除的实体。

## 18.3 综合实战——灯饰造型

◎ 结果文件：\综合实战\结果文件\Ch18\灯饰造型.sldprt
◎ 视频文件：\视频\Ch18\灯饰造型.avi

本例要设计的灯饰造型如图18-72所示。灯饰造型设计是采用了曲面和实体功能相结合的方式进行的。通过本例不但可学习曲面的建模技巧，还可温习实体造型功能及应用。

图 18-72 灯饰造型

操作步骤：

**01** 新建零件文件。

**02** 利用【旋转曲面】工具，在右视基准面上绘制草图1，并完成旋转曲面的创建，结果如图18-73所示。

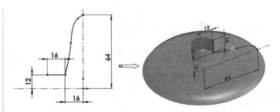

图 18-73 创建旋转曲面

**03** 利用【拉伸曲面】工具，在前视基准面绘制草图2，并完成拉伸曲面的创建，结果如图18-74所示。

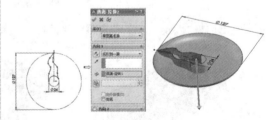

图 18-74 创建拉伸曲面

**04** 利用【放样曲面】工具,创建如图 18-75 所示的放样曲面。

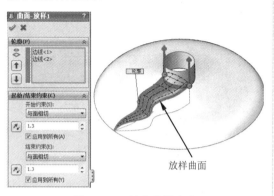

图 18-75　创建放样曲面

**05** 利用【剪裁曲面】工具,对曲面进行剪裁,结果如图 18-76 所示。

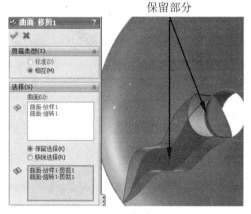

图 18-76　剪裁曲面

**06** 利用【基准轴】工具,创建一个基准轴,如图 18-77 所示。

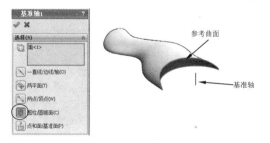

图 18-77　创建基准轴

**07** 利用【圆周阵列】工具,以基准轴为旋转中心,创建阵列个数为 12、角度为 30 的阵列特征,如图 18-78 所示。

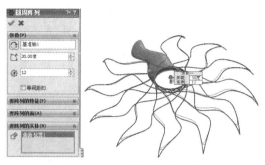

图 18-78　创建圆周阵列

**08** 利用【旋转凸台/基体】工具,在右视基准面上绘制草图 3,并完成创建如图 18-79 所示的旋转特征。

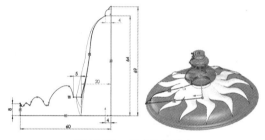

图 18-79　创建旋转特征

**09** 利用基准面工具,创建 3 个基准面,如图 18-80 所示。

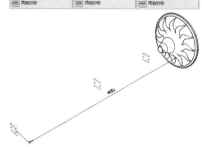

图 18-80　创建 3 个基准面

**10** 接下来在旋转特征顶部面、基准面 1、基准面 2 和基准面 3 上分别绘制草图 4、草图 5、草图 6 和草图 7,如图 18-81 所示。

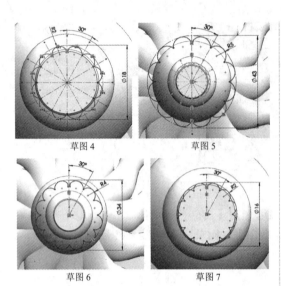

图 18-81 连续绘制 4 个草图

**11** 利用【放样凸台/基体】工具,创建如图 18-82 所示的放样实体特征。

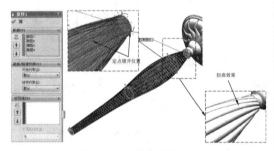

图 18-82 创建放样实体

**技术要点**

在选择轮廓时,每个轮廓的光标选取位置不应在同一位置,为了使放样实体产生扭曲效果,选取轮廓的定点应逐步偏移。毕竟 4 个轮廓形状是完全相同的,仅仅是尺寸不同而已。

**12** 利用【旋转凸台/基体】工具,在右视基准面绘制草图 8,然后创建出如图 18-83 所示的旋转特征 2。

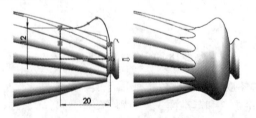

图 18-83 创建旋转特征 2

**13** 再利用【旋转凸台/基体】工具,在右视基准面绘制草图 18,然后创建出如图 18-84 所示的旋转角度为 60 的旋转特征 3。

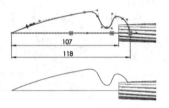

图 18-84 创建旋转特征 3

**14** 利用【圆角】工具,选择旋转特征 3 的边创建变半径的圆角特征,如图 18-85 所示。

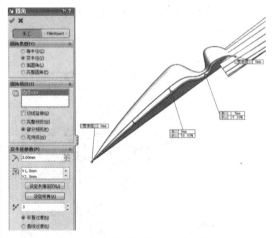

图 18-85 创建变半径的圆角特征

**15** 同理,在此旋转特征的另一侧也创建出相同的变半径圆角特征。

**16** 利用【圆周阵列】工具,将圆角后的旋转特征 3 进行阵列,结果如图 18-86 所示。

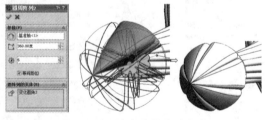

图 18-86 创建圆周阵列实体

**17** 利用【旋转凸台/基体】工具,在右视基准面上绘制草图 10,然后创建出如图 18-87 所示的旋转特征 4。

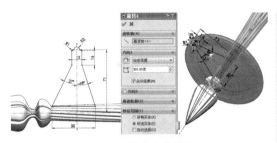

图 18-87　创建旋转特征 4

**18** 在右视基准面绘制草图 11，如图 18-88 所示。

图 18-88　绘制草图 11

**19** 利用【基准面】工具创建基准面 4，如图 18-89 所示。

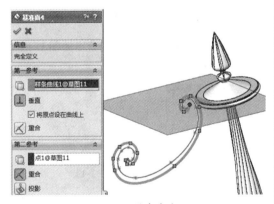

图 18-89　创建基准面 4

**20** 在基准面 4 上绘制如图 18-90 所示的草图 12。

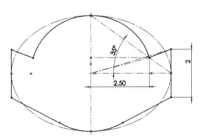

图 18-90　绘制草图 12

**21** 利用【曲面扫描】工具，创建如图 18-91 所示的扫描曲面特征 1。

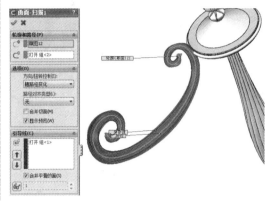

图 18-91　创建扫描曲面 1

**22** 再利用【平面区域】工具，创建两个平面，将扫描曲面 1 的 2 个端口封闭，如图 18-92 所示。然后再利用【缝合曲面】工具缝合扫描曲面和平面，以此生成实体模型。

图 18-92　创建两个平面

**23** 利用【圆周阵列】工具，将缝合后的实体进行圆周阵列，结果如图 18-93 所示。

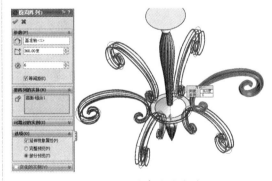

图 18-93　创建圆周阵列

**24** 利用【旋转凸台/基体】工具，在右视基准面绘制草图 13 后，完成旋转特征 5 的创建，如图 18-94 所示。

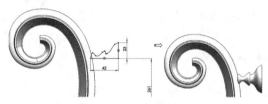

图 18-94　创建旋转特征 5

**25** 利用【基准面】工具创建如图 18-95 所示的基准面 5。

**26** 然后在基准面 5 上绘制草图 14（8 边形），如图 18-96 所示。

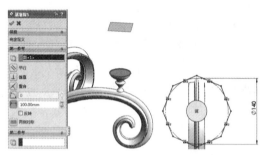

图 18-95　创建基准面 5　　图 18-96　绘制草图 14

**27** 同理，创建基准面 6，并在基准面 6 上绘制草图 15，结果如图 18-97 所示。

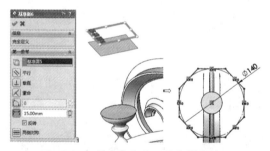

图 18-97　创建基准面 6 并绘制草图 15

**28** 同理，再创建基准面 7，以及在基准面 7 上绘制草图 16，结果如图 18-98 所示。

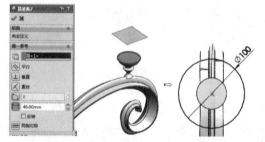

图 18-98　创建基准面 7 并绘制草图 16

**29** 在右视基准面上绘制草图 17，如图 18-99 所示。

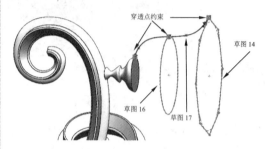

图 18-99　绘制草图 17

**30** 进入 3D 草图环境，利用【样条曲线】命令，依次选取草图 14 和草图 15 上的参考点来创建 3D 样条曲线，如图 18-100 所示。

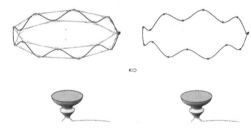

图 18-100　创建 3D 样条曲线

**31** 利用【扫描曲面】工具，创建出如图 18-101 所示的扫描曲面 3。

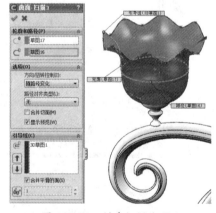

图 18-101　创建扫描曲面 3

**32** 利用【加厚】工具，将扫描曲面 3 加厚，如图 18-102 所示。

**33** 最后利用【圆周阵列】工具，将加厚的特征进行圆周阵列，完成整个大堂装饰灯的造型设计，如图 18-103 所示。

## 第18章 曲面编辑与操作

图 18-102　加厚扫描曲面

图 18-103　阵列加工特征完成灯饰的设计

## 18.4　课后习题

### 1．女士鞋曲面造型

熟练应用曲面拉伸、曲面放样、等距曲面、曲面剪裁、扫描、镜像、移动/复制等命令，设计出如图18-104所示的女士鞋造型。

图 18-104　女士鞋造型

### 2．百合花造型

熟练应用放样曲面、旋转曲面、填充曲面、剪裁曲面、实体复制、扫描曲面、镜像、分割线等命令，设计出如图18-105所示的百合花造型。

图 18-105　百合花造型

## 读书笔记

# 第19章 产品检测与分析

在利用 SolidWorks 进行机械零件、产品造型、模具设计、钣金设计及管道设计中,需要利用 SolidWorks 提供的产品测量与分析工具,辅助设计人员完成设计。

这些工具包括模型测量、质量与剖面属性、传感器、实体分析与检查、面分析与检查等,希望初学者熟练掌握这些工具的应用,以提高自身的设计能力。

- ◆ 测量工具
- ◆ 质量属性与剖面属性
- ◆ 传感器
- ◆ 统计、诊断与检查
- ◆ 体、面、线的分析

资源二维码

百度云网盘

360云盘 密码6955

## 19.1 测量工具

利用模型测量,可以测量草图、3D 模型、装配体或工程图中直线、点、曲面、基准面的距离、角度、半径和大小,以及它们之间的距离、角度、半径或尺寸。当选择一个顶点或草图点时,会显示其 X、Y 和 Z 坐标值。

在【评估】选项卡中单击【测量】按钮 ,程序弹出【测量 - 零件 1】对话框,如图 19-1 所示。同时,鼠标指针由 变为 。

【测量 - 零件 1】对话框中包括有 5 种测量类型:圆弧 / 圆测量、显示 XYZ 测量、面积与长度测量、零件原点测量和投影测量。

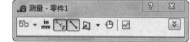

图 19-1 【测量 - 零件 1】对话框

### 19.1.1 设置单位 / 精度

在对模型进行测量之前,用户可以设置测量所用的单位及精度。在【测量 - 零件 1】对话框中单击【单位 / 精度】按钮 ,程序弹出【测量单位 / 精度】对话框,如图 19-2 所示。

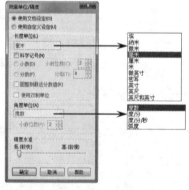

图 19-2 【测量单位 / 精度】对话框

【测量单位/精度】对话框各选项含义如下:

- 使用文档设定:选择此单选按钮,将使用文档属性对话框中所定义的单位和材质属性,如图 19-3 所示为系统选项对话框中【文档属性】选项卡中默认的单位设置。

- 使用自定义设定:选择此单选按钮。用户可以自定义单位与精度的相关选项。

- 【长度单位】选项组:该选项组可以设置测量的长度单位与精度。其中包括选择线性测量的单位、科学记号、小数位数、分数与分母等。
- 【角度单位】选项组：该选项组可以设置测量的角度单位与精度。包括选择角度尺寸的测量单位、设定显示角度尺寸的小数位数等。

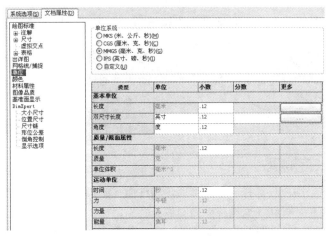

图19-3 【文档属性】选项卡中的单位设置

### 技术要点

科学记号就是以科学记法来显示测量的值。例如，以【5.02e+004】表示【50200】。修复输入模型后，要将结果保存在自定义目录中，以便作数据准备时导入。

### 19.1.2 圆弧/圆测量

圆弧/圆测量类型是测量圆与圆或圆弧与圆弧之间的间距。包括3种测量方法：中心到中心、最小距离和最大距离。

#### 1．中心到中心

【中心到中心】测量方法是选择要测量距离的两个圆弧或圆，程序自动计算并得出测量结果。如果两个圆或圆弧在同一平面内，将只产生中心距离，如图19-4所示；若不在同一平面内，将会产生中心距离和垂直距离，如图19-5所示。

#### 2．最小距离

【最小距离】测量方法是测量两个圆或圆弧的最近端。无论是选择圆形实体的边缘或者是圆面，程序都将依据最近端来计算出最小的距离值，如图19-6所示。

### 技术要点

选择要测量的对象时，程序会自动拾取对象上的面或边进行测量。

#### 3．最大距离

【最小距离】测量方法是测量两个圆或圆弧的最远端。无论是选择圆形实体的边缘或者是圆面，程序都将依据最远端来计算出最大的距离值，如图19-7所示。

图19-4 同平面的圆测量　图19-5 不同平面的圆测量

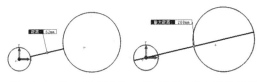

图19-6 最小距离测量　图19-7 最大距离测量

### 19.1.3 显示 XYZ 测量

【显示 XYZ 测量】类型是在图形区域中所测实体之间显示 dX、dY 或 dZ 的距离。

例如，以【中心到中心】测量方法来测量两圆之间的中心距离并得出测量结果，然后在【测量 - 零件 1】对话框中单击【显示 XYZ 测量】按钮 ，图形区域将自动显示 dX、dY 和 dZ 的实测距离，如图 19-8 所示。

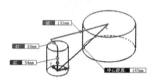

图 19-8　显示 XYZ 测量

**技术要点**

当测量的对象在同一平面内时，单击【显示 XYZ 测量】按钮将只显示 dX 和 dY 的距离。当测量的对象相互垂直时，单击【显示 XYZ 测量】按钮将只显示 dZ 的距离。

### 19.1.4 面积与长度测量

在默认情况下，当用户只选择一个圆形面、圆柱面、圆锥面或矩形面时，程序会自动计算出所选面的面积、周长及直径（当选择面为圆柱面时）。

例如，仅选择矩形面、圆形面或圆锥面来测量，会得到如图 19-9 ～ 图 19-11 所示的面积测量结果。仅选择圆柱面测量时，会得到如图 19-12 所示的结果。

在默认情况下，若用户选择实体的边线（直边或圆边）进行测量，则程序会自动计算出所选边的长度、直径或中心点坐标，如图 19-13、图 19-14 所示。

图 19-9　测量矩形面　　图 19-10　测量圆形面

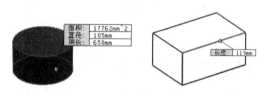

图 19-12　测量圆柱面　　图 19-13　测量直边

图 19-11　测量圆锥面

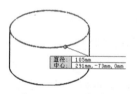

图 19-14　测量圆边

### 19.1.5 零件原点测量

【零件原点测量】的测量类型主要测量相对于用户坐标系的原点至所选边、面或点之间的间距（包括中心距离、最小距离和最大距离）。

要使用【零件原点测量】类型测量距离，需要创建一个坐标系。使用该测量类型来测量的中心距离、最小距离和最大距离如图 19-15 ～ 图 19-17 所示。

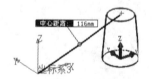
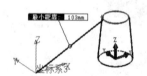
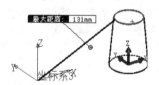

图 19-15　基于原点中心距离　　图 19-16　基于原点最大距离　　图 19-17　基于原点最小距离

## 19.1.6 投影测量

【投影测量】测量类型用于测量所选实体之间投影于【无】、【屏幕】或【选择面/基准面】之上的距离。

### 1. 投影于【无】

投影于【无】将只测量而不作任何投影。这对于不同平面内的对象测量来说，此方法保持其他类型的测量结果。

### 2. 投影于【屏幕】

投影于【屏幕】的方法是将测量的数据结果投影于屏幕。

### 3. 投影于【选择面/基准面】

使用该方法，可以计算所投影的距离（所选的基准面上）及正交距离（所选的基准面正交）。投影和正交显示在【测量-零件1】对话框中，如图19-18所示。

图 19-18  投影于选择面/基准面

## 19.2 质量属性与剖面属性

使用【质量属性】工具或【剖面属性】工具，可以显示零件或装配体模型的质量属性，或者显示面或草图的剖面属性。

用户也可为质量和引力中心指定数值，以覆写所计算的值。

### 19.2.1 质量属性

用户可以利用【质量属性】工具对模型的质量属性结果进行打印、复制、属性选项设置、重算等操作。

在【评估】选项卡中单击【质量属性】按钮 ，程序弹出【质量属性】对话框，如图19-19所示。

对话框中各选项、按钮的含义如下：

- 打印：算出质量特性后，单击【打印】按钮，打开【打印】对话框。通过【打印】对话框可以直接打印结果。
- 复制：单击此按钮，可以将质量特性结果复制到剪切板。
- 关闭：单击此按钮，关闭【质量属性】对话框。
- 选项：单击此按钮，将弹出【质量/剖面属性选项】对话框。然后对质量属性的单位、材料属性和精度水准等选项进行设置，如图19-20所示。
- 重算：当设置质量属性的选项后，单击【重算】按钮可以重新计算结果。
- 输出坐标系：为计算质量属性而选择参考坐

图 19-19  【质量属性】对话框

图 19-20  【质量/剖面属性选项】对话框

标系。默认的坐标系为绝对坐标系。如果用户创建了坐标系，该坐标系将自动保存于【输出坐标系】列表框中。当选择一个输出坐标系后，程序自动计算其质量属性，并结果显示在对话框下方，如图 19-21 所示。

- 所选项目：选择要计算分析的零件。
- 包括隐藏的实体 / 零部件：选中此复选框，在计算中包括隐藏的实体和零部件。

**技术要点**

用户不必关闭【质量属性】对话框即可计算其他实体。取消之前的选择，然后选择实体，接着单击【重算】按钮即可。

图 19-21　显示质量的属性

## 质量属性的计算

通常，质量属性结果显示在【质量特性】对话框中，惯性主轴和质量中心以图形显示在模型中。

结果中，惯性动量及惯性项积将进行计算以符合如图 19-22 所示的定义。惯性张量矩阵的计算符合如图 19-23 所示的定义。

$$I_{xx} = \int (y^2 + z^2)dm$$
$$I_{yy} = \int (z^2 + x^2)dm$$
$$I_{zz} = \int (x^2 + y^2)dm$$
$$I_{xy} = \int (xy)dm$$
$$I_{yz} = \int (yz)dm$$
$$I_{zx} = \int (zx)dm$$

图 19-22　惯性动量及惯性项积

$$\begin{bmatrix} I_{xx} & -I_{xy} & -I_{xz} \\ -I_{xy} & I_{yy} & -I_{yz} \\ -I_{xz} & -I_{yz} & I_{zz} \end{bmatrix}$$

图 19-23　惯性张量矩阵

### 19.2.2　剖面属性

使用【剖面属性】工具可以为位于平行基准面的多个面和草图评估剖面属性。【剖面属性】对话框及操作与【质量属性】对话框是相同的。

## 技术要点

当计算一个以上实体时，第一个所选面为计算截面属性定义基准面。此外，要计算剖面属性，必须创建一个用户坐标系。

当为多个实体计算剖面属性时，可以选择以下项目：
- 一个或多个平面的模型面。
- 剖面上的面。
- 工程图中剖面视图的剖面。
- 草图（在 FeatureManager 设计树中单击草图，或右击特征，然后选择【编辑草图】命令）。

在【评估】选项卡中单击【剖面属性】按钮，程序弹出【剖面属性】对话框。在对话框的【报告与以下项相对的坐标值】下拉列表中选择用户定义的坐标系，程序自动计算出所选平面的剖面属性，并将结果显示在对话框下方，且主轴和输出坐标系将显示在模型中，如图 19-24 所示。

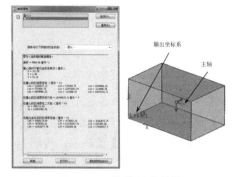

图 19-24　计算剖面属性

## 技术要点

【剖面属性】工具只能计算平面，不能计算曲面，如圆弧、异形曲面等是不能计算的。

## 19.3　传感器

传感器监视零件和装配体的所选属性，并在数值超出指定阈值时发出警告。传感器包括以下类型：

- 质量属性：监视质量、体积和曲面区域等属性。
- 尺寸：监视所选尺寸。
- 干涉检查：在监视装配体中选定的零部件之间的干涉情况（只在装配体中可用）。
- 接近：监视装配体中所定义的直线和选取的零部件之间的干涉（只在装配体中可用）。例如，使用接近传感器来建立激光位置检测器的模型。
- Simulation 数据：（在零件和装配体中可用）监视 Simulation 的数据，如模型特定区域的应力、接头力和安全系数；监视 Simulation 瞬态算例（非线性算例、动态算例和掉落测试算例）的结果。

### 19.3.1　生成传感器

使用【传感器】工具，可以创建传感器以辅助设计。在【评估】选项卡中单击【传感器】按钮，属性管理器中显示【传感器】面板，如图 19-25 所示。

用户也可以右击特征管理器设计树中的【传感器】文件夹图标，并选择【添加传感器】命令，也会显示【传感器】面板，如图 19-26 所示。

图 19-25　【传感器】面板

图 19-26 添加传感器

【传感器】面板中各选项组(为【质量属性】类型时的选项)含义如下:

- 【传感器类型】选项组:传感器类型下拉列表中列出了要创建传感器的传感器类型。包括5种类型,【质量属性】类型参见图19-25所示。其他4种类型如图19-27所示。

时立即发出警告。当传感器类型为【Simulation 数据】、【质量属性】和【尺寸】时,需要指定一个运算符和一到两个数值。运算符如图19-28所示。当传感器类型为【干涉检查】和【接近】时,需要指定发出警告的真假,如图19-29所示。

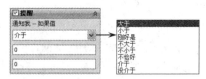

图 19-28 指定运算符和值

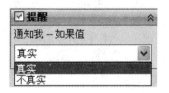

图 19-29 指定真假

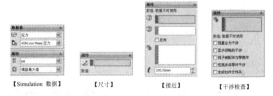

图 19-27 其他几种传感器类型的【属性】选项区

- 【提醒】选项组:该选项组用于选择警戒并设定运算符和阈值。设定【提醒】后,在传感器数值超出指定阈值

**技术要点**

如果传感器文件夹不可见,右击特征管理器设计树,然后选择【隐藏/显示树项目】命令。然后在弹出的系统选项对话框的【FeatureManager】选项中将传感器设为【显示】。

### 19.3.2 传感器通知

当用户为实体设定了传感器类型并生成传感器后,若检查的结果超出【提醒】值,在特征管理器设计树中的【传感器】文件夹名称将灰显,同时会显示预警符号 ⚠,鼠标指针接近图标时会显示【传感器】通知,如图19-30所示。

在特征管理器设计树中,右击【传感器】文件夹图标,然后选择【通知】命令,属性管理器将显示【传感器】面板,该面板仅包含【通知】选项组,如图19-31所示。

图 19-30 传感器通知        图 19-31 【传感器】面板

【传感器】面板中【通知】选项组下各选项含义如下：
- 触发警告频率：对于已引发警戒的传感器，指定通知消息之间的重建或保存次数。
- NotifyOn（关于通知）：包括重建和保存选项。
- 过时警告频率：对于已过时的传感器，指定通知消息之间的重建或保存次数。

### 19.3.3 编辑、压缩或删除传感器

如果需要对传感器进行编辑、压缩或删除操作，可以在特征管理器设计树中选中【传感器】文件夹并选择右键菜单中的命令即可。

#### 1．编辑传感器

在特征管理器设计树中，右击【传感器】文件夹下的传感器子文件，然后选择右键菜单中的【编辑传感器】命令，属性管理器中显示【传感器】面板，如图19-32所示。通过【传感器】面板，为传感器重新设定类型、属性和警告等。

如果需某个传感器的详细信息，可在特征管理器设计树中双击它进行查看。例如，双击【质量属性】传感器，将打开【质量属性】对话框。

#### 2．压缩传感器

压缩传感器是将传感器进行压缩，压缩后的传感器以灰色显示，而且模型不会计算它。

在特征管理器设计树中，右击【传感器】文件夹下的传感器子文件，然后选择右键菜单中的【压缩传感器】命令，所选的传感器被压缩，如图19-33所示。

图19-32 执行【编辑传感器】命令

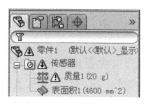
图19-33 压缩传感器

#### 3．删除传感器

要删除传感器，可在特征管理器设计树中右击【传感器】文件夹下的传感器子文件，然后选择右键菜单中的【删除】命令。

## 19.4 统计、诊断与检查

利用SolidWorks提供的基于实体特征的检查工具，可以帮助用户统计特征数量、找出特征错误并解决。

### 19.4.1 统计

【统计】工具是显示重建零件中每个特征所需时间量的工具。使用此工具通过压缩需要很长时间重建的特征，以减少重建时间。此工具在所有零件文件中都可使用。

在【评估】选项卡中单击【统计】按钮，程序弹出【特征统计】窗口，如图19-34所示。

【特征统计】窗口中各按钮的含义如下：

- 打印：单击此按钮，弹出【打印】对话框，如图19-35所示。设置该对话框中的相关选项可以打印统计结果。
- 复制：单击此按钮，复制特征统计，然后可将之粘贴到另一文件中。
- 刷新：单击此按钮，刷新特征统计结果。
- 关闭：单击此按钮，关闭【特征统计】窗口。
- 在【特征统计】窗口的统计列表中，按降序显示所有特征及其重建时间的清单。包括以下3项：
    - 特征顺序：在特征管理器设计树中列举每个项目（特征、草图及派生的基准面）。使用快捷菜单来编辑特征定义、压缩特征等。
    - 时间%：显示重新生成每个项目的总零件重建时间百分比。
    - 时间：以秒数显示每个项目重建所需的时间量。

图19-34 【特征统计】窗口

图19-35 【打印】对话框

## 19.4.2 检查

【检查】工具可以检查实体几何体并识别出不良几何体。保持零件文档激活状态，然后在【评估】选项卡中单击【检查】按钮，将弹出【检查实体】对话框，如图19-36所示。

【检查实体】对话框中各选项含义如下：

- 【检查】选项组：选择检查的等级和想核实的实体类型。
    - 严格实体/曲面检查：在取消选中此复选框时进行标准几何体检查，并利用先前几何体检查的结果改进性能。

图19-36 【检查实体】对话框

    - 所有：检查整个模型，指定实体、曲面，或者两者。
    - 所有项：检查在图形区域中所选择的面或边线。
    - 特征：检查模型中的所有特征。
- 【查找】选项组：选择想查找的问题类型及用户想决定的数值类型。包括无效的面、无效的边线、短的边线、最小曲率半径、最大边线间隙、最大顶点间隙等。
    - 检查：单击【检查】按钮，程序执行检查，并将检查结果显示在【结果清单】列表框中。对话框下方信息区域中显示检查的信息。
    - 关闭：单击此按钮，将关闭【检查实体】对话框。
    - 帮助：单击此按钮，可查看【检查实体】工具的帮助文档。

第 19 章 产品检测与分析

**技术要点**

在【结果清单】列表中选择一个项目以在图形区域中高亮显示，并在信息区域显示额外信息。

### 19.4.3 输入诊断

【输入诊断】工具可以修复检查实体后所出现的错误。在【评估】选项卡中单击【输入诊断】按钮，属性管理器中将显示【输入诊断】面板，如图 19-37 所示。

【输入诊断】面板中各选项含义如下：

- 【信息】选项组：该选项组显示有关模型状态和操作结果。
- 【分析问题】选项组：该选项组显示错误面数和面之间的间隙数。面有错误时，图标为。当面被修复时，图标则变为。选择一个错误面，并右击，会弹出右键菜单，如图 19-38 所示。根据需要可以选择右键菜单中的命令进行相应的操作。修复所有错误面后，错误面将按顺序编号，如图 19-39 所示。

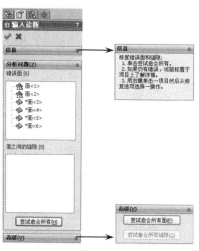

图 19-37 【输入诊断】面板

**技术要点**

此右键菜单中的命令与在图形区域的右键菜单命令相同。图形区的右键菜单命令如图 19-40 所示。

  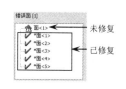  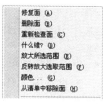

图 19-38 右键菜单　　图 19-39 以序编号的已修复面　　图 19-40 图形区域的右键菜单

- 尝试愈合所有：单击此按钮，程序会尝试着修复错误面和面间隙。
- 【高级】选项组：当出现的错误面和面间隙较多时，可以使用【高级】选项组中的【尝试愈合所有面】和【尝试愈合所有间隙】功能来修复错误，修复的错误将不再显示在【分析问题】选项组中。

## 19.5 分析

SolidWorks 提供的面分析与检查功能，可以帮助用户完成曲面的误差分析、曲率分析、误差分析、底切分析、分型线分析等。对产品设计和模具设计有极大的辅助作用。

### 19.5.1 几何体分析

【几何体分析】可以分析零件中无意义的几何体、尖角及断续几何体等。在【评估】选项卡中单击【几何体分析】按钮，属性管理器中将显示【几何体分析】面板，如图 19-41 所示。

【几何体分析】面板中各选项含义如下：

- 无意义几何体：选中此复选框，可以设置短边线、小面和细薄面等无意义的几何体选项。通常情况下，无法修复的实体就会出现无意义的几何体。
- 尖角：尖角就是几何体中出现的锐角边，包括锐边线和锐顶点。
- 断续几何体：是指几何体出现的断续的边线和面。
- 全部重设：单击此按钮，将取消设定的分析参数选项。
- 计算：单击此按钮，程序会按设定的分析选项进行分析，分析结束后将结果显示在随后弹出的【分析结果】选项组中。

图 19-41 【几何体分析】面板

图 19-42 【分析结果】选项组

- 【分析结果】选项组：该用于显示几何体分析的结果，如图 19-42 所示。

### 技术要点

在[分析结果]中选择一分析结果，图形区域将显示该结果，如图 19-43 所示。

- 保存报告：单击此按钮，弹出【几何体分析：保存报告】对话框，如图 19-44 所示。为报告指定名称及文件夹路径后，单击【保存】按钮将分析结果保存。
- 重新计算：单击此按钮，重新计算几何体。

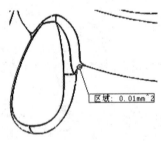

图 19-43 显示分析结果

图 19-44 【几何体分析：保存报告】对话框

## 19.5.2 拔模分析

【拔模分析】工具用来设置分析参数和颜色设定以识别并直观地显示铸模零件上拔模不足的区域。

在【评估】选项卡中单击【拔模分析】按钮，属性管理器中将显示【拔模分析】面板，如图 19-45 所示。

第 19 章 产品检测与分析

图 19-45 【拔模分析】面板

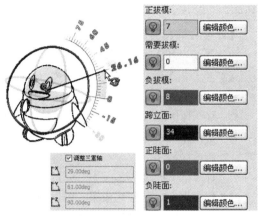

图 19-46 旋转三重轴环　图 19-47 应用【面分类】

【拔模分析】面板中各选项含义如下：

- 拔模方向：选择一平面、线性边线或轴来定义拔模方向。单击【反向】按钮，可以更改拔模方向。
- 拔模角度：输入参考拔模角度，用于与模型中现有的角度进行对比。
- 调整三重轴：选中此复选框，当用户在图形区域拖动三重轴环时，拔模角度将更改，面的颜色也随之动态更新，而【分析参数】选项组中也出现只读的三重轴旋转角度值，如图 19-46 所示。
- 面分类：选中此复选框，将每个面归入颜色设定下的类别之一，然后对每个面应用相应的颜色，并提供每种类型的面的计数，如图 19-47 所示。

**技术要点**

如果取消选中此复选框，分析将生成面角度的轮廓映射。例如，在放样面上，随着面角度的更改，面的不同区域将呈现出不同的颜色。

- 查找陡面：该选项仅在选中了【面分类】复选框时才可用。选中此复选框，分析应用于曲面的拔模，以识别陡面。
- 逐渐过渡：以色谱形式显示角度范围（正拔模到负拔模），如图 19-48 所示。逐渐过渡对于在拔模角度中具有无数变化的复杂模型很有帮助。
- 正拔模：面的角度相对于拔模方向大于设定的参考角度。单击【编辑颜色】按钮，在弹出的【颜色】对话框中更改拔模面的颜色，如图 19-49 所示。

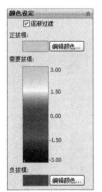 

图 19-48 以色谱形式　图 19-49 【颜色】对
　　　　　显示角度范围　　　　　话框

- 需要拔模：面的角度小于负参考角度或大于正参考角度。
- 负拔模：面的角度相对于拔模方向小于设定的负参考角度。
- 跨立面：显示包含正和负拔模的面。通常，通过生成分割线便可以消除跨立面，这对于模具设计很有用。
- 正陡面：显示带有正拔模的陡面。
- 负陡面：显示带有负拔模的陡面。

### 19.5.3 厚度分析

【厚度分析】工具主要用于检查薄壁的壳类产品中的厚度检测与分析。在【评估】选项卡中单击【厚度分析】按钮 ，属性管理器中将显示【厚度分析】面板，如图 19-50 所示。

【厚度分析】面板中各选项含义如下：

- 目标厚度 ：输入要检查的厚度，检查结果将与此值对比。
- 显示薄区：选择此单选按钮，厚度分析结束后图形区域将高亮显示低于目标厚度的区域。
- 显示厚区：选择此单选按钮，厚度分析结束后图形区域将高亮显示高于设定的厚区限制的区域。
- 计算：单击此按钮，程序运行厚度分析。
- 保存报告：单击此按钮，可以保存厚度分析的结果数据。
- 全色范围：选中此复选框，将以单色来显示分析结果。
- 目标厚度颜色：设定目标厚度的分析颜色。单击【编辑颜色】按钮，可以通过弹出的【颜色】对话框来更改颜色设置。
- 连续：选择此单选按钮，颜色将连续、无层次地显示。
- 离散：选择此单选按钮，颜色将不连续且无层次地显示。通过输入值来确定显示的颜色层次。
- 厚度比例：以色谱的形式显示厚度比例。【连续】和【离散】分析类型的厚度比例色谱是不同的，如图 19-51 所示。
- 供当地分析的面：仅分析当前选择的面，如图 19-52 所示。拖动【分辨率】滑块，可以调节所选面的分辨率显示。

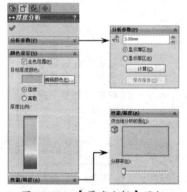
图 19-50 【厚度分析】面板

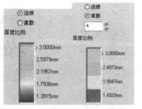
图 19-51 【连续】与【离散】的厚度比例色谱

图 19-52 分析当前选择的面

### 19.5.4 误差分析

【误差分析】工具为计算面之间角度的诊断工具。用户可选择一条单一的边线或一系列边线。边线可以是在曲面上的两个面之间，或位于实体上的任何边线上。

在【评估】选项卡中单击【误差分析】按钮 ，属性管理器中将显示【误差分析】面板，如图 19-53 所示。

【误差分析】面板中各选项含义如下：

- 边线 ：激活列表框，在图形区域选择要分析的边线。

第19章 产品检测与分析

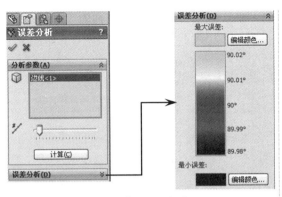

图19-53 【误差分析】面板

- 计算：单击此按钮，程序将自动计算所选边线的误差，并将结果显示在图形区域。
- 最大误差：所选边线的最大误差错误。单击【编辑颜色】按钮，可以更改最大误差的颜色显示。
- 最小误差：沿所选边线的最小误差错误。
- 平均误差：沿所选边线的最大误差和最小误差之间的平均数。从色谱中可以看出，平均误差的角度为90°。

- 样本点数：拖动滑块，调整误差分析后在边线上显示的样本点数，如图19-54所示。

**技术要点**

误差分析结果取决于所选的边线。若选择的边线为由平直面构成的，则误差分析结果如图19-54所示。若选择由复杂曲面构成的边线，误差分析结果如图19-55所示。

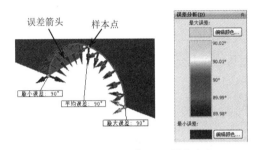

图19-54 误差分析后的样本点数

**技术要点**

点数根据窗口客户区域的大小而定。若选择一条以上边线，样本点则分布在所选边线上，与边线长度成比例。

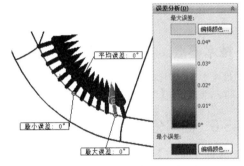

图19-55 曲面边线的误差分析

### 19.5.5 斑马条纹

【斑马条纹】工具允许用户查看曲面中标准显示难以分辨的小变化。有了【斑马条纹】工具，用户可方便地查看曲面中小的褶皱或疵点，并且可以检查相邻面是否相连或相切，或具有连续曲率，如图19-56所示。

在【评估】选项卡中单击【斑马条纹】按钮，属性管理器中将显示【斑马条纹】面板，如图19-57所示。

【误差分析】面板中各选项含义如下：

- 条纹数：拖动滑块调整条纹数。条纹数越少，条纹就越大。
- 条纹宽度：拖动滑块调整条纹的宽度。条纹最大宽度如图19-58所示，最小宽度如图19-59所示。
- 条纹精度：将滑块从低精度（左）拖动到高精度（右）以改进显示品质。
- 条纹颜色：通过单击【编辑颜色】按钮，更改条纹的颜色显示。
- 背景颜色：通过单击【编辑颜色】按钮，更改背景的颜色显示。

- 球形映射：零件似乎位于内部充满光纹的大球形内。斑马条纹总是弯曲的（即使是在平面上），如图 19-60 所示。

图 19-56　斑马条纹　　　　　　　　　　图 19-57　【斑马条纹】面板

图 19-58　最大宽度条纹　　图 19-59　最小宽度条纹　　图 19-60　球形映射条纹

- 方形映射：零件似乎处于墙壁上、天花板上及地板上充满光纹的大方形房间内。斑马条纹在平面上为直线，不展现奇异性。

**技术要点**

用户可通过只选择那些用斑马条纹显示的面来提高显示精度。若想以斑马条纹查看面，在图形区域中右击，然后选择【斑马条纹】命令即可。

### 19.5.6　曲率分析

【曲率分析】是根据模型的曲率半径以不同颜色来显示零件或装配体的。显示带有曲面的零件或装配体时，可以根据曲面的曲率半径让曲面呈现不同的颜色。曲率定义为半径的倒数（1/半径），使用当前模型的单位。在默认情况下，所显示的最大曲率值为 1.000，最小曲率值为 0.0010。

随着曲率半径的减小，曲率值增加，相应的颜色从黑色（0.0010）依次变为蓝色、绿色和红色（1.0000）。

在【评估】选项卡中单击【曲率分析】按钮，程序自动计算模型的曲率，并将分析结果显示在模型中。当鼠标指针靠近模型并慢慢移动时，指针旁边显示指定位置的曲率及曲率半径，如图 19-61 所示。

对于规则的模型（长方体）来说，每个面的曲率为 0，如图 19-62 所示。

图 19-61　显示曲率分析结果　　　　　　图 19-62　规则模型面的曲率

## 19.5.7 底切分析

在设置分析参数和颜色后,【底切分析】可以识别并直观地显示铸模零件上可能会阻止零件从模具弹出的围困区域。该区域通常要做侧抽芯机构。

在【评估】选项卡中单击【底切分析】按钮，属性管理器将显示【底切分析】面板，如图 19-63 所示。

图 19-63 【底切分析】面板

【底切分析】面板中各选项、按钮的含义如下：

- 坐标输入：选中此复选框，程序自动参考坐标系的 Z 轴来分析模型。
- 拔模方向：为拔模方向选择参考边、平面。单击【反向】按钮，可更改拔模方向。

**技术要点**

不要选择非线性边线和非平面作为拔模参考。若拔模方向与 Z 轴方向一致，可选中【坐标输入】复选框。

- 分型线：若已创建了分型线，程序自动将分型线收集到该列表中。并自动完成底切分析。分型线以上或以下将显示底切颜色的面，如图 19-64 所示。

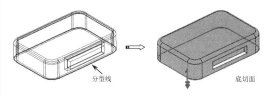

图 19-64 以分型线作为拔模参考

- 调整三重轴：选中此复选框，当用户在图形区域拖动三重轴环时，拔模角度将更改，面的颜色也随之动态更新。
- 高亮显示封闭区域：选中此复选框，图形区域将高亮显示封闭区域（模型面）。
- 方向 1 底切：从分型线以上底切的面。单击【显示/隐藏】按钮，控制底切面的显示。单击【编辑颜色】按钮，可以改变底切颜色。
- 方向 2 底切：从分型线以下底切的面。
- 封闭底切：从分型线以上或以下底切的面。
- 跨立底切：双向底切的面。
- 无底切：没有底切的面。

## 19.5.8 分型线分析

【分型线分析】工具用来分析正拔模和负拔模之间的过渡情况，从而直观地显示并优化铸模零件上可能的分型线。

在【评估】选项卡中单击【分型线分析】按钮，属性管理器将显示【分型线分析】面板，如图 19-65 所示。

在图形区域的模型中选择垂直于拔模方向的平面或平行于拔模方向的边线，将显示拔模方向箭头，如图 19-66 所示。单击【分型线分析】面板中的【确定】按钮，图形区域将显示模型中的所有分型线，如图 19-67 所示。通过显示的边线，找出模型在拔模方向上的最大外环边线，就可作为模具分型线了。

图 19-65 【分型线分析】面板　　图 19-66 选择拔模方向　　图 19-67 显示所有分型线

## 19.6 综合实战

SolidWorks 提供的【评估】功能，可帮助用户在零件设计、产品造型、模具设计等方面进行优化，并提供数据参考。本节将以几个典型的实例来说明 SolidWorks 的【评估】功能在各个设计领域里面的应用。

### 19.6.1 测量模型

○ 引入文件：\ 综合实战 \ 源文件 \Ch19\ 壳体 .sldprt

○ 结果文件：\ 综合实战 \ 结果文件 \Ch19\ 壳体 .sldprt

○ 视频文件：\ 视频 \ Ch19\ 测量模型 .avi

用户在利用 SolidWorks 进行设计时，通常要使用模型测量工具来测量距离，以达到精确定位的效果。下面以模具设计为例进行讲解，模具的模架是以坐标系为参考的，那么在模具设计初期就要将产品定位在便于模具分模的位置，也就是将产品的中心定位在坐标系原点。

本例练习的模型如图 19-68 所示。

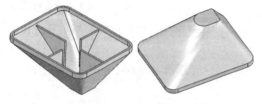

图 19-68 练习模型

操作步骤：

**01** 从光盘中打开实例文件。

**02** 从打开的模型文件来看，绝对坐标系的原点不在模型的中心及底平面上。而且坐标系 Z 轴没有指向正确的模具开模方向（产品拔模方向），如图 19-69 所示。

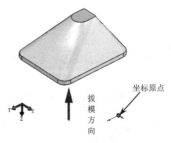

图 19-69 查看模型的方位

**技术要点**

要想知道模型在坐标系中位于何处，需要将原点显示在图形区域。

**03** 从上述出现的情况看，需要对模型进行平移和旋转操作。因不清楚到底需要进行多少距离的平移和多少角度的旋转，这就需要使用模型的测量工具来测量。为了便于观察坐标系，使用参考几何体的【坐标系】工具，在原点位置创建一个参考坐标系，如图 19-70 所示。

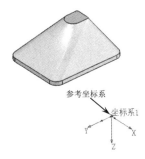

图 19-70　创建参考坐标系

**04** 接下来，需要在模型底部平面上创建一个参考点。这个点可作为测量模型至坐标系原点之间距离的参考。在【特征】工具栏的【参考几何体】下拉菜单中选择【点】命令，属性管理器显示【点】面板。

在【点】面板中单击【面中心】按钮，然后在图形区域选择模型的底面作为点的放置面，随后显示预览点，如图 19-71 所示。

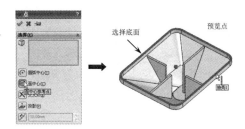

图 19-71　创建参考点

**05** 单击【点】面板中的【确定】按钮，完成参考点的创建。

**06** 在【评估】选项卡中单击【测量】按钮，程序弹出【测量】对话框，同时图形区域显示绝对坐标系，如图 19-72 所示。

图 19-72　显示绝对坐标系

在对话框的【圆弧/圆测量】类型下拉列表中选择【中心到中心】选项，然后在图形区域选择参考点与坐标系原点进行测量。

在对话框中单击【显示 XYZ 测量】按钮，图形区域显示参考点至坐标系原点的 3D 距离，且测量对话框中显示测量的数据，如图 19-73 所示。从测量的结果看，DX 的距离为 77.38，DZ 的距离为 39.75，DY 的距离为 0。这说明要想参考点与坐标系原点重合，需要对模型做 X 和 Z 方向的平移操作。

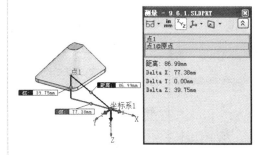

图 19-73　显示测量的数据

在不关闭测量对话框的情况下，进入【特征】工具栏。然后单击【移动/复制实体】按钮，属性管理器中显示【移动/复制实体】面板。

### 技术要点

用户必须先打开测量对话框，然后再打开【移动/复制实体】面板进行测量操作。

此时，测量对话框灰显，但对话框顶部显示【单击此处来测量】字样，如图 19-74 所示。

图 19-74　测量对话框灰显

在图形区域选择模型作为要移动的实体，模型中随后显示三重轴，如图 19-75 所示。

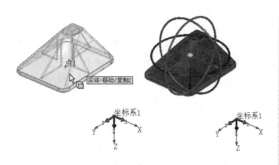

图 19-75 选择要移的实体

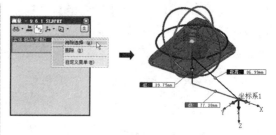

图 19-77 重新测量参考点与原点之间的 3D 距离

单击测量对话框的顶部以将其激活,先前测量的数据被消除。但选择的模型被收集到测量对话框的信息列表中,如图 19-76 所示。

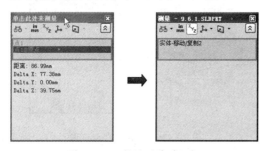

图 19-76 激活测量对话框

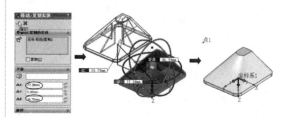

图 19-78 平移模型

**09** 再次打开【移动/复制实体】面板,在面板的【旋转】选项组中输入 X 旋转角度 180,并单击【Enter】键确认,图形区域显示旋转预览。最后单击面板中的【确定】按钮,完成模型的旋转,如图 19-79 所示。

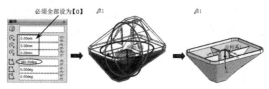

图 19-79 旋转模型

### 技术要点

在没有选择要移动或旋转的实体之前,不要将测量对话框激活。否则,不能选择实体进行移动或旋转。

**07** 在测量对话框的信息列表中选择右键菜单中的【消除选择】命令,然后在图形区域重新选择参考点和坐标系原点进行测量,如图 19-77 所示。

**08** 按照测量的数据,在【移动/复制实体】面板的【平移】选项组中输入△X 的值 77.38、△Z 的值 39.75,然后单击面板中的【确定】按钮,完成模型的平移,如图 19-78 所示。

### 技术要点

由于模型是绕三重轴的球心来旋转的,当你选择了模型后,面板中的旋转原点参数可能发生了变化,这就需要重新设置为 0。

**10** 至此本例的模型测量应用于模具设计的操作已全部结束,最后将本例操作的结果保存即可。

## 19.6.2 检查与诊断模型

○ 引入文件:\综合实战\源文件\Ch20\吸尘器手柄.prt
○ 结果文件:\综合实战\结果文件\Ch20\吸尘器手柄.sldprt
○ 视频文件:\视频\Ch20\吸尘器手柄检查与诊断.avi

与其他 3D 软件一样,从 SolidWorks 也可以载入有由他 3D 软件生成的文件,如 UG、Pro/E、CATIA、AutoCAD 等。但打开的模型有可能因精度(每个 3D 软件设置的精度不一样)问

第 19 章　产品检测与分析

题而导致一些交叉面、重叠面或间隙面产生，这就需要利用 SolidWorks 的修复功能进行模型的修复。

本例中，将从导入 UG 零件文件开始，然后依次进行输入诊断、检查实体、几何体分析、厚度分析等操作，并对分析后出现的错误进行修复。本例练习模型如图 19-80 所示。

图 19-80　练习模型

### 1．输入诊断

操作步骤：

**01** 新建一个零件文件。

**02** 在零件设计模式下，在标准工具栏中单击【打开】按钮，程序弹出【打开】对话框。在【文件类型】下拉列表中选择【Unigraphics/NX（*.prt）】，然后将本例模型文件打开，如图 19-81 所示。

图 19-81　打开 UG 文件

> **技术要点**
> UG 零件文件仅在选择了 UG 文件类型后才显示。或者将【文件类型】设为【所有文件】。没有安装 UG 软件，此文件将不会显示软件图标。

**03** 随后需单击【SolidWorks】对话框中的【是】按钮，如图 19-82 所示。

图 19-82　执行输入诊断命令

> **技术要点**
> 如果在【SolidWorks】对话框单击【否】按钮，那么可以在【评估】选项卡中单击【输入诊断】按钮，然后再进行诊断分析。若选中【不要再显示】复选框，往后再打开其他格式文件时，此对话框将不再显示。

**04** 图形区域显示打开的模型，同时程序自动对模型进行诊断分析，并在属性管理器中显示【输入诊断】面板。面板中列出了关于模型的【错误面】，选择【错误面】，模型中高亮显示错误的面，如图 19-83 所示。

图 19-83　【输入诊断】面板中列出错误

**05** 在面板中单击【尝试愈合所有】按钮，程序自动将错误面修复。而错误面的图片由变为，【信息】选项组则显示修复的信息，如图 19-84 所示。

图 19-84　选择修复的面

**06** 最后单击面板中的【确定】按钮，完成模型的修复操作。

### 2．检查实体与几何体分析

为了检验 SolidWorks 程序对模型是否做

出了合理的诊断分析，下面用【检查】工具来复查模型中是否有其他类型的错误。

操作步骤：

**01** 在【评估】选项卡中单击【检查】按钮，程序弹出【检查实体】对话框。

**02** 在对话框中选中【严格实体/曲面检查】复选框，然后单击【检查】按钮进行检查。程序将检查结果显示在信息区域，如图19-85所示。信息区域中显示【未发现无效的边线/面】，说明模型无错误。

图19-85 【检查实体】对话框

**03** 在【评估】选项卡单击【几何体分析】按钮，属性管理器显示【几何体分析】面板。在面板中选中所有的参数复选框，然后单击【计算】按钮，程序开始计算且将分析结果列表于【分析结果】选项组中，如图19-86所示。

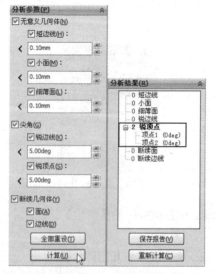

图19-86 几何体分析

**04** 从几何体分析结果中看出，模型中出现了两个锐顶点。选择【锐顶点】选项，模型中将高亮显示两个锐顶点，如图19-87所示。

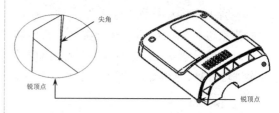

图19-87 几何体分析结果

**05** 现在对出现的尖角（锐顶点）进行表述，模型中的尖角并非模型出现错误而导致的，而是由于设计造型的需要。且用来做分模设计（模具的分模），由于在拔模方向上，并不影响产品的脱模，只是在数控加工这个区域时需要使用电极，的确增加了制造难度。因此，出现的锐边无须修改。

### 3．厚度分析

模型的厚度分析结果主要用于参考塑料产品的结构设计。最理想的壁厚分布无疑是切面在任何地方都是均一的厚度。均匀的壁厚可以避免注塑过程出现翘曲、气穴现象。过厚的产品不但会增加物料成本，而且会延长生产周期（冷却时间）。

操作步骤：

**01** 在【评估】选项卡中单击【厚度分析】按钮，属性管理器显示【厚度分析】面板。

**02** 在【分析参数】选项组输入目标厚度3，并选择【显示厚区】单选按钮。在单击【计算】按钮后，程序开始计算模型的厚度，如图19-88所示。

**03** 计算完成后，程序将结果以颜色表达并显示在模型中，如图19-89所示。从分析结果看，模型有3处位置属于【过厚】，因此需要对模型进行修改。修改的方法是，对两侧的过厚区域做【拔模】处理，对中间过厚区域做【拉伸切除】处理。

# 第 19 章 产品检测与分析

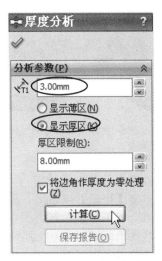

图 19-88 设置厚度分析参数

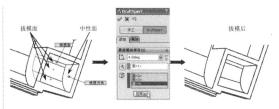

图 19-90 对模型做拔模处理

**06** 最后单击【确定】按钮✔关闭面板。

**07** 同理,对另一侧的过厚区域也做相同的拔模操作。

**08** 在【特征】工具栏中单击【拉伸切除】按钮,属性管理器显示【切除-拉伸】面板。选择模型的底面作为草绘平面并进入草图模式中,如图 19-91 所示。

**09** 使用【边角矩形】工具,在过厚区域绘制一个矩形,如图 19-92 所示。

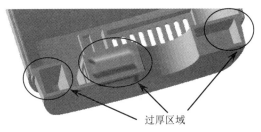

图 19-89 厚度分析结果显示

**04** 单击【确定】按钮✔,关闭面板。

**05** 在【特征】工具栏中单击【拔模】按钮,属性管理器显示【DraftXpert】面板。在面板中设置拔模角度为 4.5,在图形区域选择中性面和拔模面后,再在面板中单击【应用】按钮,程序将拔模应用于模型中,如图 19-90 所示。

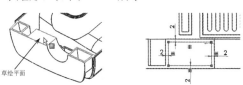

图 19-91 选择草绘平面　　图 19-92 绘制矩形

**10** 退出草图模式,然后在【切除-拉伸】面板的【方向 1】选项组中输入深度值 17,单击【确定】按钮✔后,完成过厚区域的拉伸切除处理,如图 19-93 所示。

图 19-93 切除过厚区域

**11** 至此,本例的模型检查与诊断操作已全部完成。最后将操作的结果保存。

## 19.6.3　产品分析与修改

○ **引入文件:** \综合实战\源文件\初始文件\Ch20\前大灯罩.sldprt

○ **结果文件:** \综合实战\结果文件\Ch20\前大灯罩.sldprt

○ **视频文件:** \视频\Ch20\前大灯罩的分析与修改.sldprt

在产品结构设计阶段,产品设计师必须为后续的模具设计、数控加工等工作流程深思熟虑。毕竟,产品的结构直接影响了模具结构和数控加工方法。最直接的因素就是产品的脱模问题。

下面以一个产品的模具分析实例来说明拔模分析、底切分析及分型线分析的分析过程，以及对分析的结果做出判断和修改。分析模型为摩托车前大灯罩，如图19-94所示。

图 19-94　分析模型——前大灯灯罩

### 1. 拔模分析

操作步骤：

**01** 在【评估】选项卡中单击【拔模分析】按钮，属性管理器显示【拔模分析】面板。
**02** 在面板中输入拔模角度 0，然后按信息提示在图形区域选择与平直的模型表面作为拔模方向参考，随后程序设置进行拔模分析，如图19-95所示。

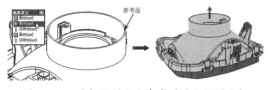

图 19-95　选择拔模方向参考并进行拔模分析

**03** 从拔模分析结果看，模型中显示正拔模（绿色显示）和负拔模（红色显示）两种面。以产品最大截面的外环边线（也是模具分型线）为界，分产品外侧区域和产品内侧区域。外侧也是型腔区域，内侧也是型芯区域。如果型芯区域中出现负拔模角的面，是不影响脱模的。但型腔区域中出现负拔模角面，会有两种情况：一种是侧抽芯区域，它可以设计侧向分型机构帮助脱模；另一种则是产品出现倒扣，在不便于使用侧抽芯帮助脱模的情况下，必须修改其拔模角度，如图19-96所示，产品拔模分析后，型腔区域多处区域显示红色（负拔模），这里就出现了前面所述的两种情况。

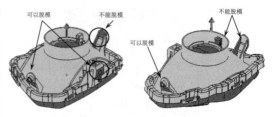

图 19-96　结果分析

**04** 接下来对不能脱模的红色区域（含4个面）进行修改，也就是做拔模处理。在【特征】工具栏中单击【拔模】按钮，属性管理器显示【DraftXpert】面板。在面板中设置拔模角度为6，在图形区域选择中性面和拔模面后，再在面板中单击【应用】按钮，程序将拔模应用于模型中。拔模处理后，该面由红色变为绿色，如图19-97所示。

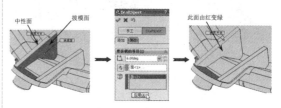

图 19-97　拔模处理

**05** 在面板没有关闭的情况下，在型腔区域的其余红色面上依次做拔模处理，直至型腔区域中的红色全部变为绿色。完成拔模处理后关闭面板。拔模处理完成的结果如图19-98所示。

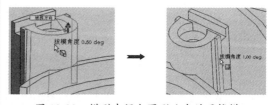

图 19-98　模型中间大圆形孔内的面拔模

### 技术要点

模型中间圆形孔内的红色面，由于拔模角度与模型两侧的红色面不相同，因此拔模角度取值为0.05和1即可。

### 2. 底切分析

通过底切分析，可以从模型中知道哪些区域有底切面，或者没有底切面。对于底切分析来说，封闭底切和跨立底切是我们重点关注的区域。

操作步骤：

**01** 在【评估】选项卡中单击【底切分析】按钮，属性管理器显示【底切分析】面板。

**02** 按信息提示，在模型中选择拔模方向的参考面（拔模分析中的参考面相同）。

**03** 随后程序自动做出底切分析，并将分析结果显示在【底切面】选项组中，如图19-99所示。

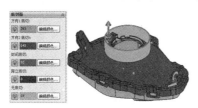

图 19-99　底切分析

**04** 从分析结果看，【方向1底切】是型芯区域面，没有问题；【方向2底切】是型腔区域面，也没有问题；而【封闭底切】正是可以做成侧向分型机构的区域，因此，也没有问题；【跨立区域】则既包含于型腔又包含于型芯，

该区域面是需要进行剪裁的；【无底切区域】为竖直面（即零拔模角的面），不存在脱模困难问题。因此，此产品模型对于模具设计来说，【无底切区域】的面是需要进行修改的。

### 3．分型线分析

操作步骤：

**01** 在【评估】选项卡中单击【分型线分析】按钮，属性管理器显示【分型线分析】面板。

**02** 按信息提示在图形区域选择拔模方向参考面，然后程序自动计算出模型的分型线，并直观地显示在模型中，最后单击【确定】按钮，关闭面板，如图19-100所示。

图 19-100　分型线分析

**03** 至此，本实例的拔模分析、底切分析和分型线分析操作全部完成。最后保存结果。

## 19.7　课后习题

### 1．移动/旋转模型

本练习的模型——通风器，如图19-101所示。

练习要求与步骤：

（1）新建零件文件，并打开练习模型。

（2）在零件头部面中心创建参考点。

（3）使用【测量】工具测量参考到原点之间的距离。

（4）使用【移动/复制实体】工具移动模型至原点。

（5）使用【移动/复制实体】工具旋转模型，使其轴心与X轴重合。

图 19-101　通风器模型

### 2．模型诊断与检查

本练习的面罩模型如图19-102所示。

练习要求与步骤：

（1）新建零件文件，并打开练习模型。

（2）使用【输入诊断】工具修复错误面和面间隙。

（3）做几何体分析。

（4）做厚度分析。

（5）做实体检查。

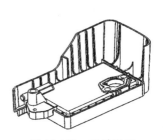

图 19-102　面罩模型

### 3. 模具分析

本练习的吸尘器外壳模型如图 19-103 所示。

图 19-103　吸尘器外壳模型

练习要求与步骤：
（1）新建零件文件，并打开模型。
（2）对产品做拔模分析。
（3）对产品做底切分析。
（4）对产品做分型线分析。

◇◇◇◇◇◇◇◇◇◇ 读书笔记 ◇◇◇◇◇◇◇◇◇◇

# 第 20 章 产品高级渲染

渲染是产品设计的收尾阶段,在进行了建模、设计材质、添加灯光或制作一段动画后,需要进行渲染,才能生成丰富多彩的图像或动画,客户才会满意。

在本章中,将详细介绍 SolidWorks 2016 的 PhotoView 360 的模型渲染设计功能。最后通过典型实例来讲解如何渲染,以及渲染的一些基本知识,通过对本章知识的学习,希望大家能够基本掌握渲染的步骤方法,并能做一些简单的渲染。

百度云网盘

360云盘 密码6955

- ◆ 产品渲染概述
- ◆ PhotoView 360 渲染功能
- ◆ 渲染操作

## 20.1 产品渲染概述

渲染是三维制作中的收尾阶段,在进行了建模、设计材质、添加灯光或制作一段动画后,需要进行渲染,才能生成丰富多彩的图像或动画。通过渲染场景对话框来创建渲染并将它保存到文件中,也可以直接显示在屏幕内。

### 20.1.1 认识渲染

渲染(Render),也称为着色,但工程师更习惯把 Shade 称为着色,把 Render 称为渲染。因为 Render 和 Shade 这两个词在三维软件中是截然不同的两个概念,虽然它们的功能很相似,但却有不同。

Shade 是一种显示方案,一般出现在三维软件的主要窗口中,和三维模型的线框图一样起到辅助观察模型的作用。很明显,着色模式比线框模式更容易让设计人员理解模型的结构,但它只是简单地显示而已,数字图像中把它称为明暗着色法,如图 20-1 所示为模型的着色效果显示。

在 PhotoView 360 软件中,还可以用 Shade 显示出简单的灯光效果、阴影效果和表面纹理效果,当然,高质量的着色效果(RealView)是需要专业三维图形显示卡来支持的,它可以加速和优化三维图形的显示。但无论怎样优化,它都无法把显示出来的三维图形变成高质量的图像,这是因为 Shade 采用的是一种实时显示技术,硬件的速度限制它无法实时地反馈出场景中的反射、折射等光线追踪效果。

Render 效果就不同了,它是基于一套完整的程序计算出来的,硬件对它的影响只是一个速度问题,而不会改变渲染的结果,影响结果的是看它基于什么程序渲染,比如是光影追踪还是光能传递,如图 20-2 所示。

图 20-1　产品着色显示

图 20-2　产品渲染效果

### 20.1.2　PhotoView 360 概述

PhotoView 360 软件用于产品的渲染，生成逼真的渲染效果图。PhotoView 360 可以直接使用 PhotoView 360 模型。用户可以在 PhotoView 360 的零件和装配体设计环境下使用 PhotoView 360 进行效果渲染，但不能用于 PhotoView 360 工程图。

利用 PhotoView 360 产生的真实效果渲染图，用户可以在产品展示或产品的介绍文件中增强产品视觉效果。

PhotoView 360 软件的主要功能如下：

- 直接利用 PhotoView 360 模型产生真实效果图。PhotoView 360 直接利用其建立的三维模型进行渲染，因此对 PhotoView 360 进行的任何修改都将精确反映到 PhotoView 360 图像中。
- 与 PhotoView 360 无缝集成。PhotoView 360 软件是作为 PhotoView 360 的动态链接库（.dll）来执行的。在 PhotoView 360 中加载 PhotoView 360 以后，PhotoView 360 的所有功能都可以从 PhotoView 360 主菜单中新添的【PhotoView 360】菜单或【PhotoView 360】选项卡中得到。在 PhotoView 360 中打开零件或装配体文件时，将在 PhotoView 360 软件界面中显示【PhotoView 360】菜单和【PhotoView 360】选项卡。
- 材质。在 PhotoView 360 中使用材质指定模型表面属性，如颜色、纹理、反射系数和透明度。PhotoView 360 软件提供了大量预定义的材质，用户可以直接利用选择材质进行渲染。另外，用户也可以从不同的站点上下载其他的材质、通过扫描或使用图像编辑软件建立材质。
- 光源。使用 PhotoView 360 进行渲染时，用户可以使用与摄影师同样的方式添加光源。PhotoView 360 软件使用 PhotoView 360 中定义的光源，但 PhotoView 360 还可以利用跟踪光线和反射技术。PhotoView 360 为用户提供了不同的预定义的光源方案。
- 布景（场景）。每个 PhotoView 360 模型都与 PhotoView 360 的布景相关。利用布景设置，用户可以指定如房间、环境和背景等方面的属性。通过设置布景，可以将产品放置到相关的环境中。
- 贴图。用户可以将不同的图片（如公司的徽标）应用到模型上。
- 输出。PhotoView 360 软件可以将渲染效果输出到屏幕、打印机或图像文件。

### 20.1.3　启动 PhotoView 360 插件

PhotoView 360 功能随 PhotoView 360 软件安装以后不会自动出现在 PhotoView 360 用户界面中，用户必须从 PhotoView 360 中加载 PhotoView 360 插件。

如图 20-3 所示，在标准工具栏中单击【插件】按钮，程序弹出【插件】对话框。在【插件】对话框中选中【PhotoView 360】复选框，然后单击【确定】按钮即可启动 PhotoView 360 插件。

第 20 章　产品高级渲染

图 20-3　启动【PhotoView 360】插件

## 20.1.4　PhotoView 360 菜单及工具栏

当激活零件或装配体窗口时，PhotoView 360 程序将显示在【渲染工具】选项卡（如图 20-4 所示）、【PhotoView 360】菜单（如图 20-5 所示）及【PhotoView 360】工具栏（如图 20-6 所示）中。【渲染工具】选项卡与其他 PhotoView 360 选项卡一样，可以被移动、改变大小或固定在窗口边缘。

图 20-4　【渲染工具】选项卡　　图 20-5　【PhotoView 360】菜单　　图 20-6　【渲染】工具栏

## 20.2　PhotoView 360 渲染功能

使用 PhotoView 360 应用程序生成 PhotoView 360 模型具有特殊品质的逼真图象。PhotoView 360 提供了许多专业渲染效果。

### 20.2.1　渲染步骤

在使用 PhotoView 360 对模型进行渲染时，所需要的步骤基本相同。为了达到理想的渲染效果，可能需要多次重复渲染步骤。渲染的基本步骤如下：

**01** 放置模型。使用标准视图或放大、旋转和移动模型的位置，使需要渲染的零件或装配体处于一个理想的视图位置。

**02** 应用材质。在零件、特征或模型表面上指定材质。

**03** 设置布景。从 PhotoView 360 预设的布景库中选择一个布景，或根据要求设置背景跟场景。

**04** 设置光源。从 PhotoView 360 预设的光源库中选择预定义的光源，或建立所需的光源。

**05** 渲染模型。在屏幕中渲染模型并观看渲染效果。

**06** 后处理。PhotoView 360 输出的图像可能不是最终的要求，用户可以将输出的图像用于其他应用程序，以达到更加理想的效果。

### 20.2.2 应用外观

PhotoView 360 外观定义模型的视象属性，包括颜色和纹理。物理属性是由材料所定义的，外观不会对其产生影响。

#### 1. 外观的层次关系

在零件中，用户可以将外观添加到面、特征、实体及零件本身。在装配体中，可以将外观添加到零部件。根据外观在模型上的指派位置，会对其应用一种层次关系。

例如，在【外观、布景和贴图】任务窗格中，浏览到【外观】下并将某个外观拖到模型上。释放指针后会出现一个弹出式工具栏，这个工具栏中的按钮表达了外观层次关系，如图 20-7 所示。

- 应用到整个零件：整个零件会呈现新外观，除非被实体、特征或面指派所覆盖，如图 20-11 所示。

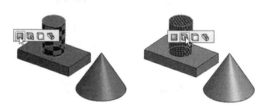

图 20-8 应用到面　　图 20-9 应用到特征

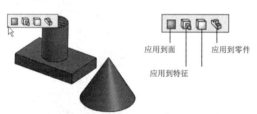

图 20-7 表达外观层次关系的弹出式工具栏

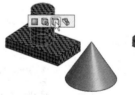 

图 20-10 应用到实体　　图 20-11 应用到整个零件

外观的层次关系表达如下：

- 应用到面：单击此按钮，所选择的面被外观覆盖，其余面不被覆盖，如图 20-8 所示。
- 应用到特征：单击此按钮，特征会呈现新外观，除非被面指派所覆盖，如图 20-9 所示。
- 应用到实体：实体会呈现新外观，除非被特征或面指派所覆盖，如图 20-10 所示。

#### 2. 编辑外观

在【渲染工具】选项卡中单击【编辑外观】按钮，或者在前导视图工具栏上单击【编辑外观】按钮，信息管理器中显示【颜色】面板。同时打开【外观、布景和贴图】任务窗格。【颜色】面板中包括【基本】和【高级】两个选项卡，如图 20-12 和图 20-13 所示。

（1）【基本】选项卡

在【基本】选项卡中，包括【所选几何体】

选项组、【颜色】选项组、【光学属性】选项组和【显示状态（链接）】选项组，下面分别介绍。

- 添加当前颜色到样块：在颜色项样本框中选一颜色，再单击【添加当前颜色到样块】按钮，即可将颜色添加进样块框中，如图 20-15 所示。用户也可以使用样块框中的颜色为模型上色。

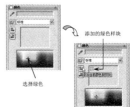

图 20-12 【基本】选项卡　　图 20-13 【高级】选项设置　　图 20-14 【颜色】选项组　　图 20-15 添加颜色样块

- 【所选几何体】选项组：该选项组用来选择要编辑外观的零件、面、曲面、实体和特征。例如，单击要编辑外观的【选择特征】按钮后，所选的特征将显示在几何体列表框中。通过单击【移除外观】按钮，可以从面、特征、实体或零件中移除外观。

> **技术要点**
>
> 【所选几何体】选项组包含了表达外观层次关系的按钮，包括选择零件、选取面、选择曲面、选择实体、选择特征。

- 【颜色】选项组：【颜色】选项组中各选项可以将颜色添加至所选对象中，各选项设置如图 20-14 所示。

- 主要颜色：为当前状态下默认的颜色，要编辑此颜色，需双击颜色区域，然后在弹出的【颜色】对话框中选择新颜色。

- 生成新样块：将用户自定义的颜色保存为 .sldclr 样块文件，以便于调用。

- 移除所选样块颜色：在样块框中选中一个颜色，再单击【移除所选样块颜色】按钮，即可将其从样块框中移除。

- RGB：以红、绿及蓝色数值定义颜色。在如图 20-16 所示的界面中拖动滑块或输入数值来设置颜色。

- HSV：以色调、饱和度和数值条目定义颜色。在如图 20-17 所示的界面中拖动滑块或输入数值来设置颜色。

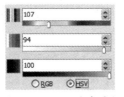
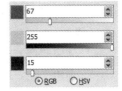

图 20-16 RGB 颜色滑块　　图 20-17 HSV 颜色滑块

- 【光学属性】选项组：【光学属性】选项组为用户提供模型的透明度、反射量、光泽度和明暗度的选项设置。通过拖动数值滑块、输入值或单击微调按钮，即可改变当前状态下的光学属性，如图 20-18 所示。

- 【显示状态（链接）】选项组：设置显示状态，且列表框中的选项反映出显示状态是否链接到配置，如图20-19所示。

 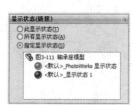

图 20-18 【光学属性】选项组　　图 20-19 【显示状态（链接）】选项组

**技术要点**

如果无显示状态链接到该配置，则该零件或装配体中的所有显示状态均可供选择。如果有显示状态链接到该配置，则仅可选择该显示状态。

- 此显示状态：所做的更改只反映在当前显示状态中。
- 所有显示状态：所做的更改反映在所有显示状态中。
- 指定显示状态：所做的更改只反映在所选的显示状态中。

（2）【高级】选项卡

【高级】选项卡主要用于模型的高级渲染。在【高级】选项卡中，包含有4个选项卡：照明度、表面粗糙度、颜色/图像和映射。其中【颜色/图像】选项卡在【基本】选项设置中已介绍。

- 【照明度】选项卡：该选项卡下的选项用于在零件或装配体中调整光源。在外观类型下拉列表中包含多种照明属性，如图20-20所示。
- 【表面粗糙度】选项卡：使用该选项卡下的功能可修改外观的表面粗糙度。其中包括有多种表面粗糙度类型供选择，如图20-21所示。

图 20-20 外观类型

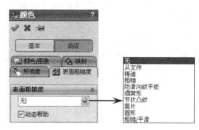

图 20-21 表面粗糙度类型

- 【映射】选项卡：使用该选项卡中的功能，在零件或装配体文档中映射纹理外观。映射可以控制材质的大小、方向和位置，例如织物、粗陶瓷（瓷砖、大理石等）和塑料（仿塑料、合成塑料等）。

### 3．【外观、布景和贴图】任务窗格

【外观、布景和贴图】任务窗格包含了所有的外观、布景、贴图和光源的数据库，如图20-22所示。

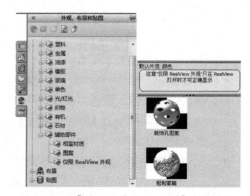

图 20-22 【外观、布景和贴图】任务窗格

【外观、布景和贴图】任务窗格有以下几种功能：

- 拖动：当用户从【外观、布景和贴图】任务窗格中拖动外观、布景或贴图到图形区域时，可将之直接应用到模型上，按【Alt】键+拖动可打开对应的属性管理器面板或对话框。对于光源方案不会显示属性管理器面板。

**技术要点**

将光源方案拖到图形区域不仅仅添加光源，它会更改光源方案。

- 双击：当用户在任务窗格上双击外观、布景或光源文件时，布景或光源会附加到活动文档中。双击贴图时，会打开【贴图】面板，但是贴图不会插入到图形区域。
- 保存：编辑一个外观、布景、贴图或光源文件后，可通过属性管理器面板、布景编辑器保存。

### 20.2.3 应用布景

使用布景功能可生成被高光外观反射的环境。用户可以通过 PhotoView 360 的布景编辑器或布景库来添加布景。

在【渲染工具】选项卡中单击【编辑布景】按钮，程序弹出【编辑布景】属性面板。

【编辑布景】属性面板包含 3 个功能选项卡：基本、高级和照明度，如图 20-23 所示。

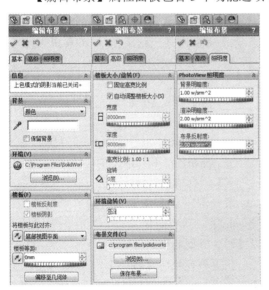

图 20-23 【编辑布景】属性面板

### 20.2.4 光源与相机

使用光源，可以极大地提高渲染的效果。关于光源的位置，设计者可以将自己想象为一个摄影师，在 PhotoView 360 中设置光源与在实际照相过程中设置灯光效果的原理是相同的。

**1. 光源类型**

PhotoView 360 光源类型包括环境光源、线光源、点光源和聚光源。

（1）环境光源

环境光源从所有方向均匀照亮模型。白色墙壁房间内的环境光源很强，这是由于墙壁和环境中的物体会反射光线所致。

在 DisplayManager（显示管理器）设计树中，打开【布景、光源与相机】属性面板。并在该属性面板下双击【环境光源】项目，属性管理器再显示【环境光源】面板，如图 20-24 所示。

图 20-24 显示【环境光源】面板

【环境光源】面板中各选项、按钮的含义如下：

- 在 SolidWorks 中打开：选中此复选框，可打开或关闭模型中的光源。

- 编辑颜色：单击此按钮，显示【颜色】调色板，这样用户就可以选择带颜色的光源，而不是默认的白色光源。
- 环境光源：控制光源的强度。拖动滑块或输入一个介于 0 和 1 之间的数值。数值越高，光源强度就会越强。在模型各个方向上，光源强度均等地改变。

**技术要点**

环境光源依据多种因素，包括光源的颜色、模型的颜色，以及环境光源的度数（强度）。例如，更改环境光源的颜色在高环境光源中比在低环境光源中会产生更显著的结果，如图 20-25 所示。

低强度光源　　　　　高强度光源

图 20-25　环境光源

（2）线光源

线光源是从距离模型无限远的位置发射的光线，可以认为是从单一方向发射的、由平行光组成的准直光源。线光源中心照射到模型的中心。

在显示管理器设计树的【光源】面板下，右击【线光源 1】面板，并在弹出的快捷菜单中选择【添加线光源】命令，如图 20-26 所示。或者在菜单栏执行【视图】|【光源与相机】|【添加线光源】命令，属性管理器中显示【线光源 5】面板，如图 20-27 所示。同时图形区域显示线光源预览。

图 20-26　选择【添加线光源】命令

图 20-27　显示【线光源 5】面板

【线光源 5】面板中各选项含义如下：

- 明暗度：控制光源的明暗度。移动滑块或输入一个介于 0 和 1 之间的数值。较高的数值在最靠近光源的模型一侧投射更多的光线。
- 光泽度：控制光泽表面在光线照射处展示强光的能力。移动滑块或输入一个介于 0 和 1 之间的数值。此数值越高，则强光越显著，且外观更为光亮。
- 锁定到模型：当选中此复先框时，相对于模型的光源位置将保留，当取消选中此复先框时，光源在模型空间中保持固定。
- 经度与纬度：拖动滑块调节光源在经度和纬度上的位置。

（3）聚光源

聚光源来自一个限定的聚焦光源，具有锥形光束，其中心位置最为明亮。聚光源可以投射到模型的指定区域。

在菜单栏执行【视图】|【光源与相机】|【添加聚光源】命令，属性管理器中显示【聚光源 1】面板，如图 20-28 所示。同时图形区域显示聚光源预览。

【聚光源】面板中各选项含义如下：

- 球坐标：使用球形坐标系来指定光源的位置。在图形区域中拖动操纵杆或者在【光源位置】选项组中输入值或拖动滑块都可以改变光源的位置。
- 笛卡尔式：使用笛卡尔坐标系来指定光源的位置。

- 【高级】选项组：该选项组用于设置光强度、衰减系数 ABC 等参数。

在图形区域，当指针由 变为 时，可以拖动操纵杆来旋转聚光灯源。当移动鼠标指针变为 时，可以平移聚光灯源。将鼠标指针移到定义圆锥基体的圆上，可以放大或缩小聚光灯源。

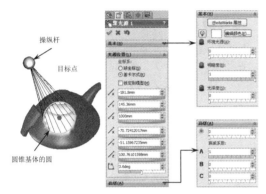

图 20-28  显示【聚光源 1】面板

（4）点光源

点光源的光来自位于模型空间特定坐标处一个非常小的光源。此类型的光源向所有方向发射光线。

在菜单栏执行【视图】|【光源与相机】|【添加点光源】命令，属性管理器中显示【点光源 1】面板，如图 20-29 所示。同时图形区域显示点光源预览。

图 20-29  显示【点光源 1】面板

**技术要点**

将鼠标指针移到点光源上。当指针变成 时，可以平移点光源。当将点光源拖动在模型上时，可以捕捉到各种实体，如顶点和边线。

## 2. 相机

使用相机，可以创建自定义的视图。也就是说，使用相机对渲染的模型进行照相，然后通过相机拍摄角度来查看模型，如图 20-30 所示。

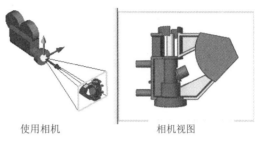

使用相机　　　　　　　相机视图

图 20-30  相机

在菜单栏执行【视图】|【光源与相机】|【添加相机】命令，属性管理器中显示【相机 2】面板，同时图形区域显示相机预览和相机视图，如图 20-31 所示。

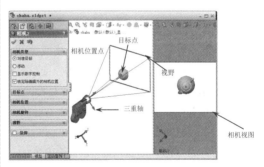

图 20-31  显示【相机 1】面板、相机和相机视图

【相机 2】面板中各选项组介绍如下。

（1）【相机类型】选项组

该选项组用于设置相机的位置。各选项含义如下：

- 对准目标：当拖动相机或设置其他属性时，相机保持到目标点的视线。
- 浮动：相机不锁定到任何目标点，可任意移动。
- 显示数字控制：选中此复选框，为相机和目标位置显示数字栏区。如果取消选中此复选框，则可通过在图形区域单击来选择位置。
- 锁定除编辑外的相机位置：选中此复

选框，在相机视图中禁用视图工具（旋转、平移等），在编辑相机视图时除外。

（2）【目标点】选项组

当选择了【对准目标】单选按钮后，该选项组才可用，如图20-32所示。该选项组用来设置目标点。各选项含义如下：

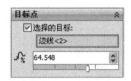

图20-32 【目标点】选项组

- 选择的目标：选中此复选框，可以在图形区域选取模型上的点、边线或面来指定目标点。

**技术要点**

若想在已通过选择而选取了某一目标点时拖动目标点，按住【Ctrl】键并拖动。

- 沿边线/直线/曲线的百分比距离：如果为目标点选择边线、直线或曲线，则可通过输入值、拖动滑块，或在图形区域中拖动目标点来指定目标点沿实体的距离。

（3）【相机位置】选项组

通过该选项组，可以指定相机的位置点。

【相机位置】选项组如图20-33所示。各选项含义如下：

图20-33 【相机位置】选项组

- 选择的位置：相机可以在任意空间中，也可以将之连接到零部件上或草图中（包括模型的内部空间）的实体。
- 球形：通过球形坐标的方法来拖动相机位置。
- 笛卡尔式：通过笛卡尔坐标方式来指定相机位置。
- 沿边线/直线/曲线的百分比距离：如果为相机位置选择边线、直线或曲线，则可通过输入值、拖动滑块，或在图形区域中拖动相机点来指定相机点沿实体的距离。

**技术要点**

选择的位置被消除且禁用，但仍维持参考。如果您再次选择选择的位置，相机位置将返回到选择。

（4）【相机旋转】选项组

该选项组定义相机的定位与方向。如果在【相机类型】选项组选择对准目标类型，则【相机旋转】选项组如图20-34（a）所示。如果选择浮动类型，则显示如图20-34（b）所示的选项组。

 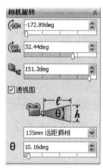

（a）对准目标类型　　　　（b）浮动类型

图20-34 【相机旋转】选项组

【相机旋转】选项组中各选项含义如下：

- 通过选择设定卷数：选择直线、边线、面或基准面来定义相机的朝上方向。如果选择直线或边线，它将定义朝上方向。如果选择面或基准面，由垂直于基准面的直线来定义朝上方向。
- 偏航（边到边）：输入值或拖动滑块来指定边到边的相机角度。
- 俯仰（上下）：输入值或拖动滑块来指定上下方向的相机角度。
- 滚转（扭曲）：输入值或拖动滑块来指定相机推进角度。

- 透视图：选中此复选框，可以透视查看模型。
- 标准镜头预设值：从镜头下拉列表中选择 PhotoView 360 提供的标准镜头。如果选择【自定义】选项，将通过设置视图的角度值、高度值和距离值来调整镜头。
- 视图角度 θ：设定此值，矩形的高度将随视图角度的变化而调整。

（5）【视野】选项组

该选项组用于指定相机视野的尺寸。【视野】选项组如图 20-35 所示。镜头尺寸示意图如图 20-36 所示。

图 20-35　【视野】选项组

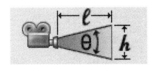

图 20-36　镜头尺寸示意图

各选项含义如下：

- 视图矩形的距离 $l$：设定此值，视图角度将随距离的变化而调整。该值与【视图角度】值都可以通过在图形区域拖动视野来更改，如图 20-37 所示。

图 20-37　拖动视野

- 视图矩形的高度 $h$：设定此值，视图角度将随高度的变化而调整。
- 高度比例（宽度：高度）：输入数值或从下拉列表中选择数值来设定比例。
- 拖动高宽比例：选中此复选框，可以通过拖动图形区域中的视野矩形来更改高宽比例。

（6）【景深】选项组

景深指定物体处在焦点时所在的区域范围。基准面将出现在图形区域，以指明对焦基准面，以及对焦基准面两侧大致失焦的基准面，与对焦基准面交叉的模型部分将锁焦，如图 20-38 所示。

【景深】选项组用于设置相机位置点与目标点之间的距离，以及对焦基准面到失焦基准面的距离。【景深】选项组如图 20-39 所示。

图 20-38　景深示意图　　图 20-39　【景深】选项组

选项组中各选项含义如下：

- 选择的锁焦：在图形区域中单击以选择到对焦基准面的距离。
- 到准确对焦基准面的距离 $d$：如果消除了【选择的锁焦】，则可设置到对焦基准面的距离。
- 对焦基准面到失焦的大致距离 $f$：设置从对焦基准面到基准面（对焦基准面每侧一个）的距离，以指明大致的失焦位置。

> **技术要点**
>
> 失焦基准面与对焦基准面不是等距的，因为相对于与相机距离较近的物体而言，距离较远的物体在显示时所需的像素要少。

## 成像原理

如图 20-40 所示为简单的相机成像平面图，光学变焦就是通过移动镜头内部镜片来改变焦点的位置，改变镜头焦距的长短，并改变镜头的视角大小，从而实现影像的放大与缩小。图中，红色三角形较长的直角边就是相机的焦距。当改变焦点的位置时，焦距也会发生变化。例如将焦点向成像面反方向移动，则焦距会变长，图中的视角也会变小。这样，视角范围内的景物在成像面上会变得更大。这就是光学变焦的成像原理。

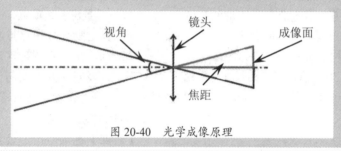

图 20-40  光学成像原理

**动手操作——渲染篮球**

篮球是皮革或塑胶制品，表面具有粗糙的纹理。在其渲染的效果图像里，场景、灯光、材质要合理搭配，地板上能反射篮球，光源要有阴影效果，使渲染的篮球作品达到以假乱真的地步。

本例渲染的篮球作品，如图 20-41 所示。同电灯泡渲染操作类似，篮球的渲染操作也分应用材质、应用布景、应用光源，以及渲染和输出等步骤进行。

图 20-41  渲染的篮球作品

操作步骤：

**1. 应用外观**

**01** 打开本例练习模型，打开的练习模型中包括篮球实体和地板实体。

**02** 首先对地板实体应用材质。在【外观、布景和贴图】任务窗格中，依次展开【外观】|【有机】|【木材】|【抛光青龙木 2】选项。然后选择【地板 2】外观，并将其拖动至图形区域，然后将外观图案应用到地板特征中，如图 20-42 所示。

**03** 对篮球应用外观。在【外观、布景和贴图】任务窗格中，依次展开【外观】|【有机】|【辅助部件】选项。然后选择【皮革】外观，并将其拖动至图形区域，然后将外观图案应用到篮球实体中，如图 20-43 所示。

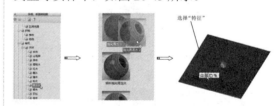

图 20-42  将外观应用到地板

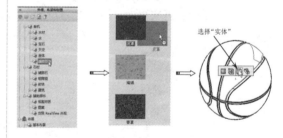

图 20-43  将外观应用到篮球实体

**04** 对篮球中的凹槽应用外观。在【外观、布景和贴图】任务窗格中，依次展开【外观】|【油漆】|【喷射】选项。然后选择【黑色喷漆】外观，

并将其拖动至图形区域，然后将外观图案应用到篮球凹槽面中，如图 20-44 所示。

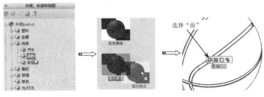

图 20-44　将外观应用到篮球凹槽面

**05** 由于凹槽面不是一个整体面，因此需要多次对凹槽面应用【黑色喷漆】外观。

**06** 在图形区左边的【DisplyManager】面板中，单击【查看外观】按钮，展开【外观】属性面板。然后选择【皮革】外观进行编辑。

**07** 随后属性管理器中显示【皮革】面板。在面板中的【基本】设置的【颜色/图像】选项卡中为皮革选择红色；在【高级】设置的【照明度】选项卡中，将【环境光源】设为 0，【漫射度】为 1、【光泽度】为 1、【反射度】为 0.1，其余参数保持默认；在【高级】设置的【表面粗糙度】选项卡中，将表面粗糙度的【高低幅度】值设为 -8，如图 20-45 所示。

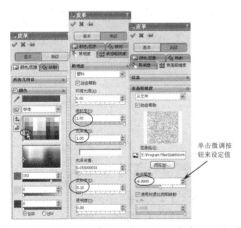

图 20-45　设置皮革的颜色、映射和表面粗糙度

**08** 在【DisplyManager】的【外观】属性面板中选择【地板 2】外观进行编辑，随后属性管理器中显示【floorboard2】面板。在面板的【高级】设置的【照明度】选项卡中，设置【环境光源】为 0，【漫射度】为 1、【反射度】为 0.7，其余参数保留默认，最后关闭面板完成编辑，如图 20-46 所示。

图 20-46　设置地板照明度

### 2. 应用布景

**01** 在【DisplyManager】中，展开【布景】面板。然后选择右键菜单中的【编辑景观】命令，程序弹出【编辑布景】属性面板。

**02** 在【编辑布景】属性面板中，选择【基本布景】，然后在右边展开的布景中选择【单白色】布景，再单击对话框中的【应用】按钮，完成布景的应用，如图 20-47 所示。

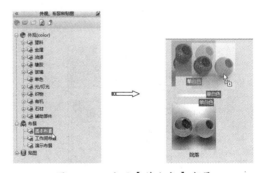

图 20-47　应用【单白色】布景

**03** 在【编辑布景】属性面板的【基本】选项卡中，选择【单色】的背景选项，单击【背景】的颜色框，然后在弹出的【颜色】对话框中选择【黑色】作为背景颜色，最后单击【应用】按钮，完成背景的编辑，如图 20-48 所示。

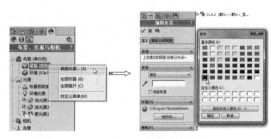

图 20-48 编辑背景颜色

### 3. 应用光源

**01** 展开【布景、光源与相机】任务窗格。展开【Solidworks 光源】项目，在【环境光源】子项目选择右键菜单中的【编辑环境光源】命令，属性管理器显示【环境光源】面板，如图 20-49 所示。

图 20-49 选择【编辑光源】命令

**02** 在面板中设置环境光源的值为 0，然后单击【确定】按钮关闭面板，如图 20-50 所示。

图 20-50 设定环境光源的值

### 技术要点

将环境光源、线光源的光源值设为 0，是为了突出聚光源的照明。

**03** 同理，在【光源、相机与布景】任务窗格选择【线光源 1】和【线光源 2】来编辑属性，将线光源的所有参数都设为 0，如图 20-51 所示。

图 20-51 编辑线光源的属性

**04** 在【光源、相机与布景】任务窗格选择右键菜单中的【添加聚光源】命令，属性管理器显示【聚光源 1】面板。在【SOLIDWORKS】选项卡中将【光泽度】设为 0；在【基本】选项卡中选中【锁定到模型】复选框，如图 20-52 所示。

图 20-52 设置聚光源

**05** 然后在图形区域将聚光源的目标点放置在球面上，并缩小圆锥基体的圆，如图 20-53 所示。

# 第 20 章 产品高级渲染

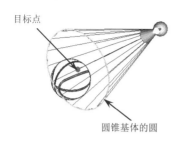

图 20-53 放置聚光源

**06** 将视图切换为【左视图】和【前视图】，然后拖动聚光源的操纵杆至如图 20-54 所示的位置。

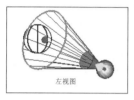 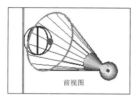

图 20-54 拖动操纵杆至合适位置

### 技术要点

在确定操纵杆的位置时，可以通过面板中坐标值的输入，但利用切换视图来拖动操纵杆，更加便于控制。

**07** 在面板的【PhotoView 360】选项组中选中【在 PhotoView360 打开】复选框。

**08** 最后单击【聚光源】面板中的【确定】按钮，完成聚光源的添加。

**09** 在【渲染工具】选项卡中单击【最终渲染】按钮，程序开始渲染模型。经过一定时间的渲染进程后，完成了渲染。渲染的篮球如图 20-55 所示。

图 20-55 渲染的篮球

**10** 最后单击【保存】按钮，保存本例篮球作品的渲染结果。

## 20.2.5 贴图和贴图库

贴图是应用于模型表面的图像，在某些方面类似于赋予零件表面的纹理图像，并可以按照表面类型进行映射。

贴图与纹理材质又有所不同。贴图不能平铺，但可以覆盖部分区域。通过掩码图像，可将图像的部分区域覆盖，且仅显示特定区域或形状的图像部分。

### 1. 从任务窗格添加贴图

PhotoView 360 提供了贴图库。在【外观、布景和贴图】任务窗格中，展开【贴图】项目，然后单击【贴图】面板图标，在标签下方显示所有贴图图像，如图 20-56 所示。

图 20-56 贴图库

选择一个贴图图像，如果拖动至图形区域的任意位置，它将应用到整个零件，操纵杆将随着贴图出现，如图 20-57 所示。如果拖动至模型的面、曲面中，被选择的面或曲面则贴上图像，如图 20-58 所示。

### 技术要点

贴图不能在精确的【消除隐藏线】、【隐藏线可见】和【线架图】的显示模式中添加或编辑。

图 20-57 应用于零件　　图 20-58 应用于面

当拖动贴图图像至模型中后，属性管理器中将显示【贴图】面板。通过该面板可以编辑贴图图像。

2．从 PhotoView 360 添加贴图

在【渲染工具】选项卡中单击【编辑贴图】按钮，属性管理器中将显示【贴图】面板，如图 20-59 所示。

面板中包含 3 个选项卡：图像、映射和照明度。【映射】选项卡中的选项如图 20-60 所示。【照明度】选项卡中的选项如图 20-61 所示。

（1）【图像】选项卡

该标签用于贴图图像的编辑。当用户可以从【贴图预览】选项组单击【浏览】按钮，然后从图像文件保存路径中将其打开，或者从贴图库拖动贴图图像到模型中，将显示贴图预览，并显示【掩码图形】选项组，如图 20-62 和图 20-63 所示。

【图像】选项卡下各选项、按钮的含义如下：

- 浏览：单击此按钮，浏览贴图文件的文件路径，并将其打开。
- 保存贴图：单击此按钮，可将当前贴图及其属性保存到文件。
- 无掩码：没有掩码文件。
- 图形掩码文件：在掩码为白色的位置处显示贴图，而在掩码为黑色的位置处贴图会被阻挡。

图 20-59 【贴图】面板　　图 20-60 【映射】选项卡　　图 20-61 【照明度】选项卡

图 20-62 贴图预览　　图 20-63 【掩码图形】选项组

### 贴图与掩码

由于贴图为矩形，使用掩码可以过滤图像的一部分。掩码文件是黑白图像，也是除贴图外的其他区域，它与贴图配合使用。当贴图为深颜色时，掩码文件为白色，可以反转掩码，如图 20-64 所示为掩码文件的示意图。

通常情况下，没有经过掩码处理的图像，拖放到模型中时，无掩码图形预览，而程序自动选择为【无掩码】类型。有掩码图像的贴图，拖放到模型中时，程序则自动选择掩码类型为【图形掩码文件】。

在贴图库的【标志】文件夹中的贴图，是没有掩码图像的。在贴图文件路径中，凡类似于 XXX_mask.bmp 的文件均为掩码文件，XXX.bmp 为贴图文件。

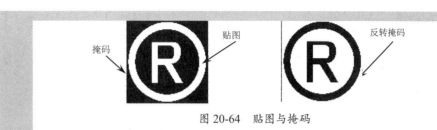

图 20-64　贴图与掩码

（2）【映射】选项卡

该选项卡控制贴图的位置、大小和方向，并提供渲染功能。当拖动贴图到模型中时，选项卡中将显示【映射】选项组和【大小/方向】选项组，如图 20-65 和图 20-66 所示。

图 20-65　【映射】　　图 20-66　【大小/方向】
　　　　　　选项组　　　　　　　　　选项组

【映射】选项卡下各选项含义如下：

- 映射类型：映射类型下拉列表中列出了4种类型，包括【标号】、【投影】、【球形】和【圆柱形】。各种类型均有不同的选项设置，如图 20-67 所示为【投影】、【球形】和【圆柱形】类型的选项。

图 20-67　【映射】选项组

- 【标号】类型：也称为UV，以一种类似于在实际零件上放置黏合剂标签的方式将贴图映射到模型面（包括多个相邻非平面曲面），此方式不会产生伸展或紧缩现象。

- 【投影】类型：将所有点映射到指定的基准面，然后将贴图投影到参考实体。

- 【球形】类型：将所有点映射到球面。程序会自动识别球形和圆柱形。

- 【圆柱形】类型：将所有点映射到圆柱面。

- 固定高宽比例：选中此复选框，将同时更改贴图框的高宽比例。在下方的【高度】、【宽度】和【旋转】数值框中输入值或拖动滑块，可以改变贴图框的大小。

- 将宽度套合到选择：选中此复选框，将固定贴图框的宽度。

- 将高度套合到选择：选中此复选框，将固定贴图框的高度。

- 水平镜像：水平反转贴图图象。

- 竖直镜像：竖直反转贴图图象。

（3）【照明度】选项卡

该选项卡用于选择贴图对照明度的反应。在选项卡下的照明度类型下拉列表中包括所有 PhotoView 360 的照明度类型。不同的类型则有不同的设置选项。

### 动手操作——渲染烧水壶

烧水壶的材料主要由不锈钢、铝和塑胶组成。渲染作品中地板面能反射，不锈钢具有抛光性且能反射，塑胶手柄和壶盖为黑色，但要光亮，另外壶身有贴图。

本例渲染的烧水壶作品，如图 20-68 所示。

烧水壶作品的渲染过程包括应用外观、应用布景、应用贴图，以及渲染和输出。由于应用的布景中已经有了很好的光源，因此就不再另外添加光源了。

图 20-68 渲染的烧水壶作品

操作步骤：

01 打开烧水壶模型。

02 对烧水壶的壶身应用材质。在【外观、布景和贴图】任务窗格中，依次展开【外观】|【金属】|【钢】。然后选择【地板2】外观，并将其拖动至图形区中，然后将外观图案应用到壶身特征中，如图20-69所示。

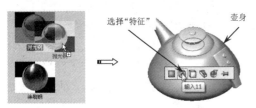

图 20-69 将外观应用到壶身

03 对壶盖应用外观。同理，将【抛光钢】材料应用于壶盖，如图20-70所示。

04 对壶钮应用外观。将金属【无光铝】材料应用于3个壶钮，如图20-71所示。

图 20-70 将外观应用到壶盖　　图 20-71 将外观应用到壶钮

05 对壶柄应用外观。将塑料库中的【黑色锻料抛光塑料】材料应用于两个壶柄，如图20-72所示。

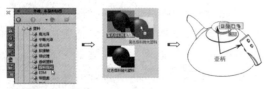

图 20-72 将外观应用于两个壶柄

06 在【外观、布景和贴图】任务窗格中，展开【布景】文件夹。

07 单击【基本布景】文件夹，然后在下方展开的布景中选择【带完整光源的黑色】布景，将其拖移到图形区域，完成布景的应用，如图20-73所示。

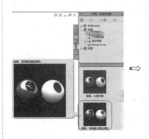 

图 20-73　应用【带完整光源的黑色】布景

08 在【外观、布景和贴图】任务窗格中，依次展开【贴图】选项，然后选择【SolidWorks】外观，并将其拖动至图形区域的壶身上，壶身显示贴图预览，如图20-74所示。

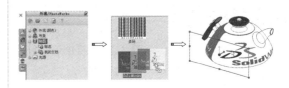

图 20-74　将贴图应用于壶身

09 随后，属性管理器显示【贴图】面板。拖动贴图控制框至合适大小，如图20-75所示。

图 20-75　拖动贴图控制框至合适位置

10 保留【贴图】面板中其余参数的默认设置，单击【确定】按钮✓，完成贴图图像的编辑。

11 单击【渲染】按钮，程序开始渲染模型。最终渲染完成的烧水壶作品如图20-76所示。

12 单击【渲染到文件】按钮，程序弹出【渲染到文件】对话框。在对话框中输入渲染图像文件的名称后，单击【渲染】按钮，将烧水壶的渲染结果保存为 *.bmp 文件。

**13** 最后单击【保存】按钮，保存本例烧水壶作品的渲染结果。

## 20.2.6 渲染操作

当用户完成了模型的外观（材质）、布景、光源及贴图等操作后，就可以使用渲染工具对模型进行渲染。

### 1．整合预览

利用此功能可以实时预览设置渲染条件后的渲染情况，便于用户重新做出渲染设置，如图 20-77 所示。

图 20-76　渲染的烧水壶作品

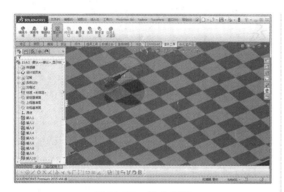

图 20-77　整合预览

### 2．预览窗口

当用户设置完成并想渲染成真实的效果时，可以单击【预览窗口】按钮，单独打开 PhotoView 360 窗口预览渲染效果，如图 20-78 所示。

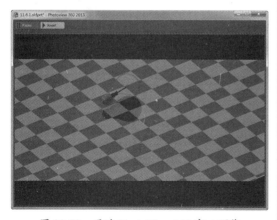

图 20-78　通过 PhotoView 360 窗口预览

### 3．选项

单击【选项】按钮，打开【PhotoView 360 选项】属性面板，如图 20-79 所示。

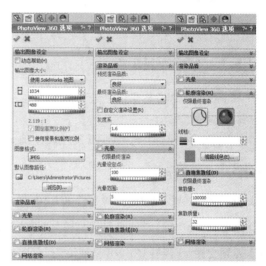

图 20-79　【PhotoView 360 选项】属性面板

通过【PhotoView 360 选项】属性面板，可以设置渲染效果质量、图像的输出、轮廓渲染、直接焦散线、网格渲染等。

### 4．排定渲染

使用【排定渲染】对话框在指定时间进行渲染并将其保存到文件。由于渲染的时间较长，如果渲染的对象很多，那么使用此功能排定要渲染的项目后，无须再值守在电脑前了。

单击【排定渲染】按钮，打开【排定

渲染】对话框，如图 20-80 所示。通过此对话框，您还可以输出渲染图片。取消选中【在上一任务后开始】复选框，可以自行设定单个渲染项目的时间段。

击【最终渲染】按钮，程序开始渲染模型，并打开【最终渲染】窗口，浏览渲染完成的效果，如图 20-81 所示。

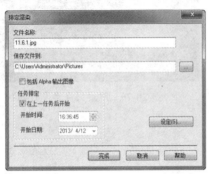

图 20-80　【排定渲染】对话框

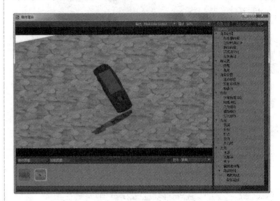

图 20-81　最终渲染的模型

### 5. 最终渲染

将设置的外观、布景、光源及贴图全部渲染到模型中。在【渲染工具】选项卡中单

### 6. 召回上次渲染

通过此功能，可以查找先前渲染的项目。

## 20.3　综合实战

PhotoView 360 提供的渲染功能十分强大，使用户操作起来方便、快捷，渲染的模型可以达到逼真的效果。

下面以几个渲染操作实例来说明模型渲染的基本步骤，以及渲染中所涉及的方法。

### 20.3.1　渲染钻戒

◎ 引入文件：\ 综合实战 \ 源文件 \Ch20\ 钻戒 .sldprt

◎ 结果文件：\ 综合实战 \ 结果文件 \Ch20\ 钻戒 .sldprt

◎ 视频文件：\ 视频 \Ch20\ 钻戒渲染 .avi

钻戒渲染要想达到逼真的效果，要在材质（外观）和灯光两个方面充分考虑。材质主要有黄金镶边、铂金箍和镶嵌钻石。钻戒渲染的效果如图 20-82 所示。

图 20-82　钻戒

图 20-83　钻戒模型

操作步骤：

#### 1. 应用外观

**01** 打开本例练习模型——钻戒，如图 20-83 所示。

**02** 应用黄金材质。在【外观、布景和贴图】任务窗格中，依次展开【外观】|【金属】|【金

选项。然后选择【抛光金】外观，并按鼠标左键不放将其拖动至图形区域的空白位置，松开鼠标，即可将黄金材质应用到整体钻戒实体中，如图20-84所示。

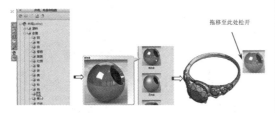

图20-84 将外观应用到整个钻戒

### 技术要点

首先将黄金材质赋予整个钻戒，是考虑到要镶边的曲面最多。

**03** 对钻戒箍应用外观。首先按住【Ctrl】键依次选取钻戒箍的所有曲面，然后在【外观、布景和贴图】任务窗格中，依次展开【外观】|【金属】|【白金】选项。将【皮抛光白金】外观拖移至图形区域空白位置，自动松开鼠标，则白金材质自动添加到所选曲面上，如图20-85所示。

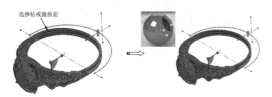

图20-85 将外观应用到钻戒箍

### 技术要点

考虑到要应用外观的曲面比较多，若有选择遗漏的，可以在DisplayManager显示属性管理器中单击【查看外观】按钮，然后编辑白金外观，重新添加遗漏的曲面即可，如图20-86所示。

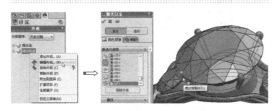

图20-86 编辑外观以添加曲面

**04** 对钻戒上的最大钻石应用外观。首先选择最大钻石上的所有曲面，然后在【外观、布景和贴图】任务窗格中，依次展开【外观】|【有机】|【宝石】选项。选择【红宝石01】外观，并将其拖动至图形区域，随后红宝石外观自动应用到最大钻石中，如图20-87所示。

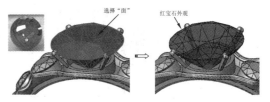

图20-87 将红宝石外观应用到最大宝石上

**05** 同理，将【海蓝宝石01】外观应用到最大钻石旁边的两颗钻石上，如图20-88所示。

图20-88 应用海蓝宝石外观

**06** 再将【紫水晶01】应用到其余4颗小钻石上，如图20-89所示。

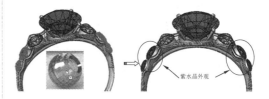

图20-89 应用紫水晶外观

### 2．应用布景和光源

**01** 在【外观、布景和贴图】任务窗口中，展开【布景】|【工作间布景】选项，然后将【反射黑地板】布景拖到图形区域中，如图20-90所示。

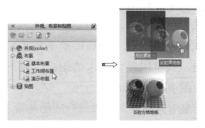

图20-90 应用工作间布景

**02** 在【DisplyManager】中，单击【查看布景、光源和相机】按钮，展开【布景、光源与相机】任务窗格。然后选择右键菜单中的【编辑布景】命令，显示【编辑布景】属性面板。在属性面板的【照明度】选项卡中设置如图 20-91 所示的参数。

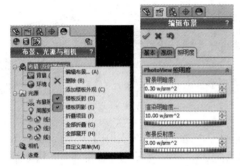

图 20-91 编辑布景

图 20-92 设置线光源　　图 20-93 设置渲染选项

**03** 在【布景、光源与相机】任务窗格中展开【光源】项目，然后将光源 1、光源 2 和光源 3 设为在【Photo View 中打开】，如图 20-92 所示。

**技术要点**

如果不设为【Photo View 中打开】，那么光源将不会在 Photo View360 渲染时打开，渲染的效果会大打折扣。

**04** 在功能区的【渲染工具】选项卡单击【选项】按钮，打开【Photo View 360】属性面板。然后设置【最终渲染品质】为【最大】，如图 20-93 所示。

**05** 在【渲染工具】选项卡中单击【最终渲染】按钮，程序开始渲染模型。经过一定时间的渲染进程后，完成了渲染。渲染的钻戒如图 20-94 所示。

图 20-94 钻戒最终渲染的效果

**06** 最后单击【保存】按钮，保存本例钻戒作品的渲染结果。

### 20.2.3 渲染灯泡

○ 引入文件：\综合实战\源文件\Ch20\灯泡.sldprt

○ 结果文件：\综合实战\结果文件\Ch20\灯泡.sldprt

○ 视频文件：\视频\Ch20\灯泡渲染.avi

　　本例中，灯泡的渲染图像质量要求比较高，且渲染效果非常逼真，特别是场景光源使灯泡、地板都可以反射。同时，为地板赋予材质后并将其设置为投影，则可以镜像灯泡的图像。灯泡作品的渲染效果如图 20-95 所示。

　　灯泡渲染的操作过程可分应用外观、应用布景、应用光源，以及渲染和输入。

图 20-95 灯泡渲染效果

操作步骤：

### 1. 应用外观

**01** 打开本例练习模型，打开的练习模型中包括地板实体和电灯泡实体。

**02** 首先对地板实体应用材质。在【外观、布景和贴图】任务窗格中，依次展开【外观】|【辅助部件】|【图案】选项。然后选择【方格图案2】外观，并将其拖动至图形区域，然后将外观图案应用到地板实体模型中，如图20-96所示。

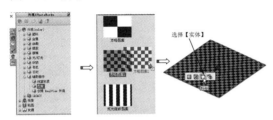

图 20-96　将外观应用到地板

**技术要点**

你也可以将外观应用到地板的面、特征上。但不能应用到整个实体，否则会将外观应用到灯泡模型中。

**03** 对灯泡的球形玻璃面应用外观。在【外观、布景和贴图】任务窗格中，依次展开【外观】|【玻璃】|【光泽】选项。然后选择【透明玻璃】外观，并将其拖动至图形区域，然后将外观图案应用到灯泡球面特征中，如图20-97所示。

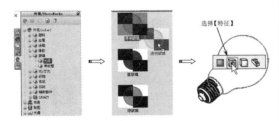

图 20-97　将外观应用到灯泡球面特征

**04** 对灯泡的灯丝架应用外观。在【外观、布景和贴图】任务窗格中，依次展开【外观】|【玻璃】|【光泽】选项。然后选择【透明玻璃】外观，并将其拖动至图形区域，然后将外观图案应用到灯丝架特征中，如图20-98所示。

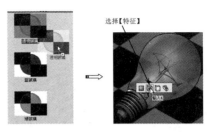

图 20-98　将外观应用到灯丝架特征

**05** 对灯泡的灯丝应用外观。在【外观、布景和贴图】任务窗格中，依次展开【外观】|【光/灯光】|【区域光源】选项。然后选择【区域光源】外观，并将其拖动至图形区域，然后将外观图案应用到灯丝特征中，如图20-99所示。

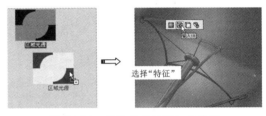

图 20-99　将外观应用到灯丝特征

**技术要点**

对灯丝应用【灯光】外观，是为了渲染后可以让灯泡发出模拟的光源，以此增添真实感。

**06** 对灯泡的灯头应用外观。在【外观、布景和贴图】任务窗格中，依次展开【外观】|【金属】|【锌】选项。然后在该列表下选择【抛光锌】外观，并将其拖动至图形区域，然后将外观图案应用到灯头特征中，如图20-100所示。

图 20-100　将外观应用到灯头特征

**07** 对灯头的绝缘体应用外观。在【外观、布景和贴图】任务窗格中，依次展开【外观】|【石材】|【粗陶瓷】选项。然后选择【陶瓷】外观，

并将其拖动至图形区域，然后将外观图案应用到灯头绝缘体面中，如图 20-101 所示。

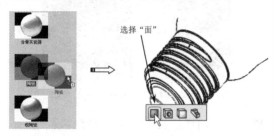

图 20-101　将外观应用到灯头绝缘体面中

**08** 在【DisplyManager】中，单击【查看外观】按钮，然后在【外观】面板下选择【陶瓷】外观进行编辑，如图 20-102 所示。

图 20-102　选择【陶瓷】外观进行编辑

**09** 随后属性管理器中显示【陶瓷】面板。在面板中的【基本】选项卡，为陶瓷选择【黑色】，然后单击【确定】按钮，关闭【陶瓷】面板，如图 20-103 所示。

图 20-103　设置陶瓷的颜色

**10** 在【DisplyManager】的【外观（颜色）】文件夹中选择【透明玻璃】（这个透明玻璃是应用于球面特征的外观）外观进行编辑，随后属性管理器中显示【透明玻璃】面板。在面板的【高级】设置中单击【照明度】选项卡，然后在【照明度】选项组中设置折射系数为 1.55、【透明量】为 1，最后关闭【透明玻璃】面板完成编辑，如图 20-104 所示。

**11** 在【DisplyManager】的【外观（颜色）】文件夹中选择【方格图案 2】外观进行编辑，随后属性管理器中显示【方格图案 2】面板。在面板的【高级】设置中单击【照明度】选项卡，然后在【照明度】选项组中设置【环境光源】为 0、【漫射量】为 0.5、【光泽量】为 0.5、【反射量】为 0.3，最后关闭【方格图案 2】面板完成地板的编辑，如图 20-105 所示。

图 20-104　编辑球面外观　　图 20-105　编辑地板外观

### 2. 应用布景

在【外观、布景和贴图】任务窗格，展开【布景】文件夹。选择【工作间布景】，然后在下方展开的布景中选择【灯卡】布景，再单击对话框中的【应用】按钮，完成布景的应用，如图 20-106 所示。

图 20-106　应用灯卡布景

### 3. 应用光源

**01** 在特征管理器设计树【DisplyManager】中，展开【光源、相机与布景】任务窗格。在【PhotoView 360 光源】项目下选择右键菜单中的【添加点光源】命令,属性管理器显示【点光源1】面板,如图20-107所示。

图 20-107　添加点光源

**02** 在面板中设置【明暗度】和【光泽度】为0.5,并选中【锁定到模型】复选框,如图20-108所示。

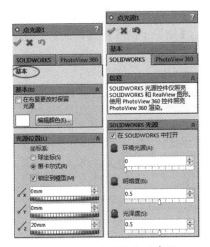

图 20-108　设置点光源参数

**技术要点**

选中【锁定到模型】复选框,是为了便于在球形面上选择点的放置位置。否则,选择的点可能在球形面或地板之后。

**03** 然后在图形区域的灯泡球形面上选择点光源的放置位置,如图20-109所示。

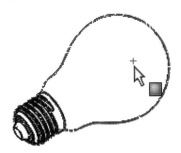

图 20-109　选择放置位置

**04** 最后单击【点光源】面板中的【确定】按钮,完成点光源的添加。

### 4. 渲染和输出

**01** 在【渲染工具】选项卡中单击【最终渲染】按钮,程序开始渲染模型。经过一定时间的渲染后,完成了渲染。

**02** 渲染后的灯泡如图20-110所示。

图 20-110　渲染的灯泡

**03** 最后单击【保存】按钮,保存本例灯泡的渲染结果。

## 20.4　课后习题

### 1. 渲染手机

本练习渲染手机,如图20-111所示。

练习要求与步骤:

(1) 打开练习模型。

(2) 为桌面应用【LEGACY】|【天然】|【有机物】下的【三叶草】外观。

(3) 为手机外壳应用【塑料】|【High Gloss】下的【红色高光泽塑料】外观。

（4）为手机按钮应用【塑料】|【透明塑料】下的【半透明塑料】外观。

（5）为手机屏幕应用贴图，贴图图片【手机 .bmp】在本例光盘文件夹中。

（6）应用【单白色】基本布景。

（7）编辑基本布景下的环境光源、线光源，使其产生阴影。再添加聚光源，也使其产生阴影。

（8）渲染手机模型。

（9）输出渲染的图像文件。

### 2．渲染茶几

本练习渲染茶几作品，如图 20-112 所示。

练习要求与步骤：

（1）打开练习模型。

（2）为茶几桌面应用【LEGACY】|【玻璃】|【反射】下的【蓝色玻璃】外观。

（3）为茶几 4 条腿及支架应用【金属】|【钢】列表下的【抛光钢】外观。

（4）为茶几脚及茶几与玻璃的固定脚应用【金属】|【铜】下的【抛光黄铜】外观。

（5）应用【带完整光源的工作间】基本布景。

（6）编辑基本布景下的环境光源、线光源，使其产生阴影。

（7）渲染茶几模型。

（8）输出渲染图像文件。

### 3．渲染水杯

本练习渲染水杯作品，如图 20-113 所示。

练习要求与步骤：

（1）打开练习模型。

（2）为水杯的桌面应用【石材】|【建筑】下的【花岗岩】外观。

（3）为水杯应用【塑料】|【High Gloss】下的【白色高光泽塑料】外观。

（4）为水杯中的水应用【LEGACY】|【其他】|【水】列表下的【液体】外观。

（5）应用【单白色】基本布景，并将背景颜色设为【黑色】。

（6）编辑基本布景下的环境光源、线光源，使其产生阴影，并添加聚光源。

（7）渲染茶几模型。

（8）输出渲染图像文件。

图 20-111　渲染的手机作品

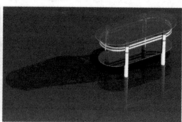

图 20-112　渲染的茶几作品

图 20-113　渲染的水杯作品

# 第 21 章 SolidWorks 产品设计案例

产品造型设计是指从确定产品设计任务书起到确定产品结构为止的一系列技术工作的准备和管理,是产品开发的重要环节,是产品生产过程的开始。

本章将通过 4 个产品造型设计实例来讲解 SolidWorks 的应用,以及产品造型设计技巧与设计过程。

◆ 电吹风设计
◆ 玩具蜘蛛造型设计
◆ 洗发露瓶造型设计
◆ 工艺花瓶造型设计

百度云网盘

360云盘 密码6955

## 21.1 电吹风造型设计

◎ 结果文件:\综合实战\结果文件\Ch21\电吹风.sldprt

◎ 视频文件:\视频\Ch21\电吹风.avi

电吹风是常见的家用电器产品。本例的电吹风造型将只设计电吹风的外观形状,而不涉及内部结构。电吹风的造型设计过程分 3 个部分进行:壳体造型、附件设计、电源线与插头。电吹风完整造型如图 21-1 所示。

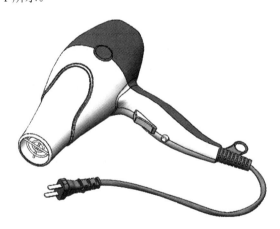

图 21-1 电吹风造型

### 21.1.1 壳体造型

整个壳体造型包括机身和手柄的曲面建模、抽壳、圆角等步骤,下面详细讲解。

**01** 新建零件文件。

**02** 在前视基准面上绘制如图 21-2 所示的草图 1。

**03** 在右视基准面上先绘制如图 21-3 所示的两个同心圆和正六边形,然后继续绘制出如图 21-4 所示的样条曲线,完成后退出草图环境。

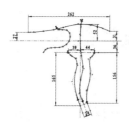

图 21-2 绘制草图 1

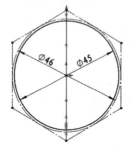

图 21-3 绘制同心圆和正六边形

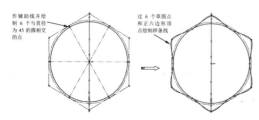

图 21-4 绘制完成草图 2

**04** 在前视基准面上，参考草图 1，利用【等距实体】命令绘制出草图 3，如图 21-5 所示。

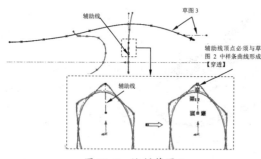

图 21-5 绘制草图 3

### 技术要点

为什么要创建辅助线呢？这是因为在创建扫描曲面时，草图 2 中的样条曲线将用作引导线。草图 3 作为轮廓，而引导线必须与轮廓或轮廓草图中的点重合，否则不能创建扫描曲面。

**05** 利用【扫描曲面】工具，打开【曲面-扫描 1】属性面板。首先选择草图 3 作为扫描轮廓，如图 21-6 所示。

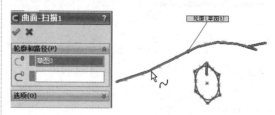

图 21-6 选择扫描轮廓

**06** 然后选择路径。在路径 收集框里右击，再选择快捷菜单中的【Selection Manager（B）】命令，打开选择管理器。单击【选择封闭】按钮，接着选择草图 2 中的直径为 45 的圆，如图 21-7 所示。

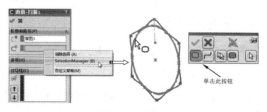

图 21-7 选择路径的方法

### 技术要点

由于草图 2 中包含两个图形：圆和样条曲线。所以选择路径或引导线时，需要利用选择过滤器（选择管理器）中的相关工具来辅助选择。否则不能正确创建此扫描特征。

**07** 选择圆后，再单击选择管理器中的【确定】按钮，完成路径的选取。随后显示扫描预览，如图 21-8 所示。

图 21-8 选择路径后预览扫描

**08** 选择引导线。在【引导线】选项组激活收集框，然后按选择路径的方法来选择引导线，如图 21-9 所示。

## 第21章 SolidWorks 产品设计案例

图 21-9 选择引导线

**09** 最后单击属性面板中的【确定】按钮 ✓，完成扫描曲面的创建。

**10** 利用【等距曲面】工具，创建扫描曲面的等距偏移曲面，如图 21-10 所示。

图 21-10 创建等距偏移曲面

**11** 在前视基准面上，参考草图 1 中的样条曲线来绘制草图 4，如图 21-11 所示。

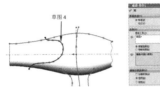 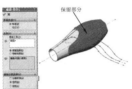

图 21-11 绘制草图 4

**12** 利用【剪裁曲面】工具，用草图 4 来修剪扫描曲面，如图 21-12 所示。

图 21-12 修剪扫描曲面

**13** 在前视基准面上，参考草图 4，利用【等距实体】命令来等距偏移出草图曲线 5，如图 21-13 所示。

**14** 利用【剪裁曲面】工具，用草图 5 来修剪等距曲面，如图 21-14 所示。

 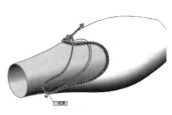

图 21-13 绘制草图 5　　图 21-14 修剪等距曲面

**15** 利用【放样曲面】工具，打开【曲面 - 放样 1】属性面板。选择草图 5 和草图 4 作为放样轮廓，设置【开始约束】为【与面相切】，其余保留默认，单击【确定】完成放样曲面的创建，如图 21-15 所示。

 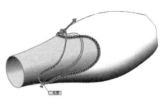

图 21-15 创建放样曲面

### 技术要点

在开始或结束位置设置【与面相切】约束，这跟您所选择的轮廓顺序有关。

**16** 利用【基准面】工具，创建基准面 1，如图 21-16 所示。

 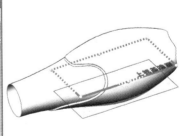

图 21-16 创建基准面 1

**17** 在前视基准面上绘制草图 6，如图 21-17 所示。然后利用【拉伸曲面】工具将草图 6 拉伸成曲面，如图 21-18 所示。

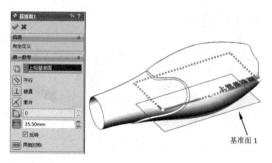

图 21-17 绘制草图 6

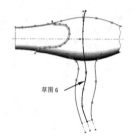

图 21-18 创建拉伸曲面 1

**18** 在前视基准面上绘制草图 7，如图 21-19 所示。然后利用【拉伸曲面】工具将草图 7 拉伸成曲面，如图 21-20 所示。

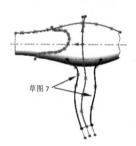

图 21-19 绘制草图 7

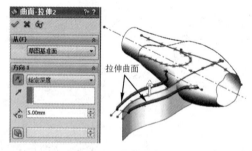

图 21-20 创建拉伸曲面 2

**19** 进入 3D 草图环境，利用【曲面上的样条曲线】命令，在拉伸曲面 1 上绘制样条曲线，如图 21-21 所示。

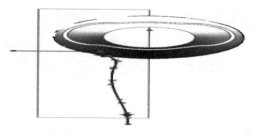

图 21-21 绘制样条曲线

**20** 利用【剪裁曲面】工具，用 3D 样条曲线去修剪拉伸曲面 1，修剪结果如图 21-22 所示。

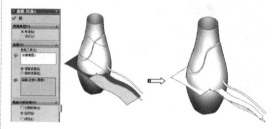

图 21-22 修剪拉伸曲面 1

**21** 进入 3D 草图环境，利用【转换实体引用】命令，选取拉伸曲面 1 修剪后的边来绘制 3D 草图曲线，如图 21-23 所示。

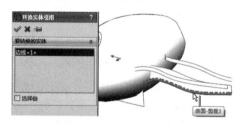

图 21-23 绘制 3D 草图 2

**22** 然后利用【拉伸曲面】命令，选择 3D 草图 2 进行拉伸，如图 21-24 所示。

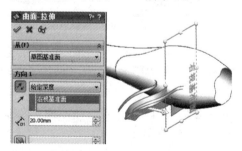

图 21-24 创建拉伸曲面 3

**23** 暂时隐藏拉伸曲面 1。利用【放样曲面】工具，创建如图 21-25 所示的放样曲面 2。

第 21 章 SolidWorks 产品设计案例

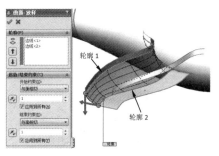

图 21-25 创建放样曲面 2

**24** 同理，再利用【放样曲面】工具，创建放样曲面 3，如图 21-26 所示。

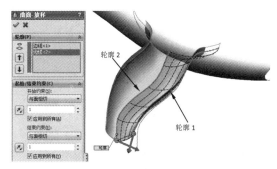

图 21-26 创建放样曲面 3

**技术要点**

在选取轮廓 2 时，可以将拉伸曲面 3 暂时隐藏。避免将拉伸曲面的边作为放样轮廓。否则不会创建所需的放样曲面。

**25** 利用【镜像】工具，将放样曲面 2 和放样曲面 3 镜像复制至前视基准面的另一侧，如图 21-27 所示。

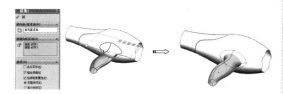

图 21-27 镜像曲面

**26** 在前视基准面上绘制如图 21-28 所示的草图 8。

**27** 再利用【旋转曲面】工具，创建旋转曲面，如图 21-29 所示。

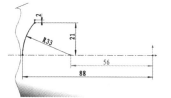

图 21-28 绘制草图 8

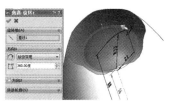

图 21-29 创建旋转曲面

**28** 利用【放样曲面】工具，创建放样曲面 4，如图 21-30 所示。

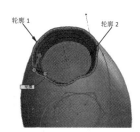

图 21-30 创建放样曲面 4

**29** 利用【缝合曲面】工具，缝合手柄上的几个曲面。

**30** 利用【剪裁曲面】工具，对手柄和机身进行相互剪裁，如图 21-31 所示。

图 21-31 缝合和剪裁曲面

**31** 利用【填充曲面】工具，在手柄曲面上创建填充曲面，如图 21-32 所示。再利用【平面区域】工具，在吹风口位置创建平面，如图 21-33 所示。

483

图 21-32　创建填充曲面

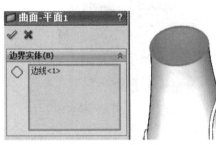

图 21-33　创建平面

**32** 最后利用【缝合曲面】工具，缝合所有曲面，并形成实体，如图 21-34 所示。

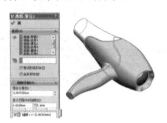

图 21-34　缝合曲面并形成实体

**33** 利用【圆角】命令，对缝合的实体分别进行圆角处理，且各圆角半径不一致，如图 21-35 所示。

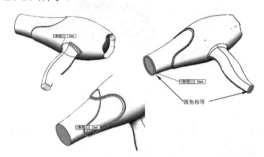

图 21-35　创建圆角

**34** 利用【特征】选项卡中的【抽壳】工具，选择吹风口的平面进行移除，以此创建出抽壳特征，如图 21-36 所示。

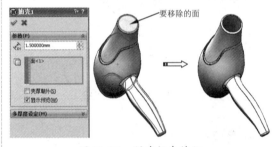

图 21-36　创建抽壳特征

### 21.1.2　吹风机附件设计

电吹风的附件特征包括电线输出接头、通风口网罩、按钮、散热窗等特征。设计过程详解如下：

#### 1．电线输出接头

**01** 利用【分割线】工具，选择草图 6 投影到机身曲面上，并对机身曲面进行分割，如图 21-37 所示。

**02** 在前视基准面上绘制草图 9，如图 21-38 所示。

**03** 再利用【拉伸曲面】命令，将草图 9 的曲线拉伸成曲面，如图 21-39 所示。

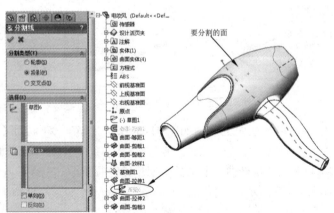

图 21-37　分割机身曲面

# 第 21 章 SolidWorks 产品设计案例

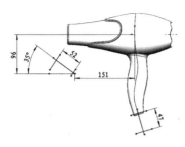

图 21-38 绘制草图 9

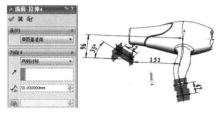

图 21-39 创建拉伸曲面 4

**04** 在拉伸曲面 4 的其中两个平面上先后绘制草图 10 和草图 21,如图 21-40 所示。

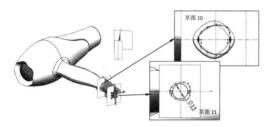

图 21-40 绘制草图 10 和草图 21

**05** 利用【放样凸台/基体】工具,创建放样实体特征,如图 21-41 所示。

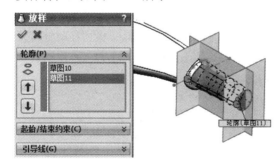

图 21-41 创建放样特征

**06** 利用【拉伸凸台/基体】命令,在前视基准面上绘制草图 12,并创建拉伸特征 1,如图 21-42 所示。

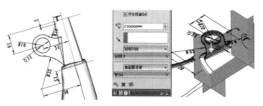

图 21-42 创建拉伸特征 1

**07** 利用【圆角】工具对拉伸特征 1 创建圆角特征,如图 21-43 所示。

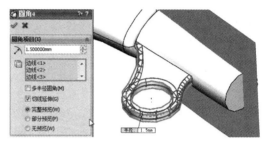

图 21-43 创建圆角

**08** 利用【拉伸切除】工具,在拉伸曲面 4 的其中一个平面上绘制草图 13,并创建拉伸切除特征 1,如图 21-44 所示。

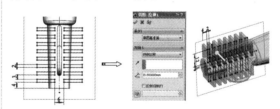

图 21-44 创建切拉伸除 1

### 2. 开关按钮设计

**01** 利用【拉伸凸台/基体】工具,在前视基准面绘制草图 14,并创建出拉伸特征 2,如图 21-45 所示。

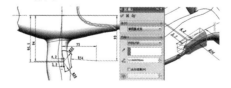

图 21-45 创建拉伸特征 2

**02** 利用【圆角】工具,在拉伸特征 2 上创建圆角特征,如图 21-46 所示。

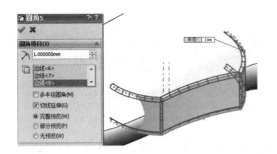

图 21-46 创建圆角特征

**03** 利用【等距曲面】工具，选择拉伸特征 2 上的几个曲面进行等距偏移，如图 21-47 所示。

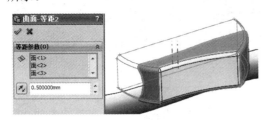

图 21-47 创建等距曲面

**04** 利用【使用曲面切除】工具，使用等距曲面来切除手柄实体，如图 21-48 所示。

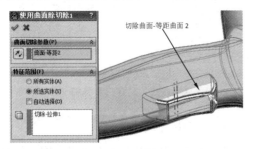

图 21-48 切除手柄实体

**05** 利用【旋转切除】工具，在前视基准面上绘制草图 15，并完成旋转切除，结果如图 21-49 所示。

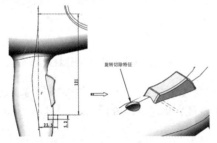

图 21-49 创建旋转切除特征 1

**06** 再利用【旋转凸台/基体】工具，创建出旋转特征 1，如图 21-50 所示。然后再创建半径为 1 的圆角特征，如图 21-51 所示。

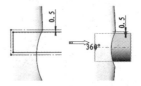

图 21-50 创建旋转特征 1

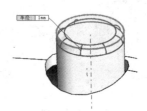

图 21-51 创建圆角特征

### 3. 吹风机散热窗

**01** 利用【拉伸切除】工具，先在右视基准面绘制草图 17，然后再创建切除拉伸特征 2，如图 21-52 所示。

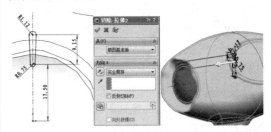

图 21-52 创建切除拉伸特征 2

**02** 利用【圆周阵列】工具，将切除拉伸特征 2 进行圆周阵列，如图 21-53 所示。

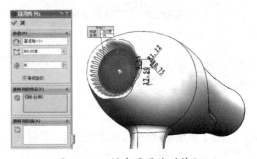

图 21-53 创建圆周阵列特征

**03** 同理，再利用【拉伸切除】工具，在右视基准面绘制草图 21，然后再创建切除拉伸特征 3，如图 21-54 所示。

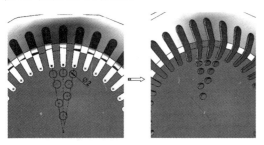

图 21-54　创建切除拉伸特征 3

**04** 利用【圆周阵列】工具，将切除拉伸特征 3 进行圆周阵列，如图 21-55 所示。

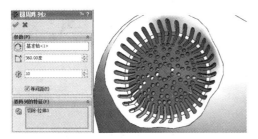

图 21-55　创建圆周阵列特征

#### 4．通风口网罩

**01** 利用【旋转凸台/基体】工具，在前视基准面上绘制旋转截面——草图 19，然后完成旋转特征 2 的创建，如图 21-56 所示。

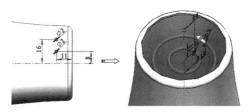

图 21-56　创建旋转特征 2

**02** 继续在前视基准面上绘制草图 21，并创建拉伸特征 3，如图 21-57 所示。

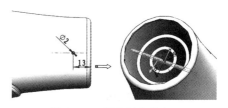

图 21-57　创建拉伸特征 3

**03** 利用【旋转凸台/基体】工具，在前视基准面上绘制草图 21，并创建出如图 21-58 所示的旋转特征 3。

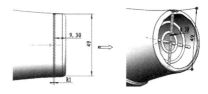

图 21-58　创建旋转特征 3

**04** 利用【拉伸凸台/基体】工具，在前视基准面绘制草图 22，并创建出拉伸特征 4（双侧拉伸，深度为 105），如图 21-59 所示。

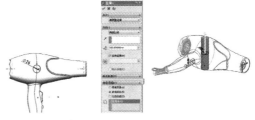

图 21-59　创建拉伸特征 4

**05** 随后利用【圆角】工具创建圆角特征，如图 21-60 所示。

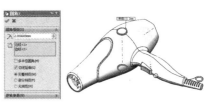

图 21-60　创建圆角特征

### 21.1.3　电源线与插头设计

**01** 在拉伸曲面 4 的其中一个平面上，绘制草图 23，如图 21-61 所示。

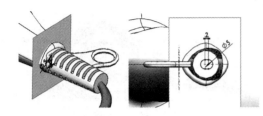

图 21-61　绘制草图 23

**02** 在前视基准面绘制草图 24，如图 21-62 所示。

图 21-62　绘制草图 24

**03** 利用【扫描】工具，创建扫描实体特征 1，如图 21-63 所示。

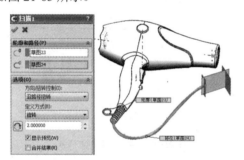

图 21-63　创建扫描特征 1

**04** 利用【拉伸凸台/基体】工具，在拉伸曲面 4 的其中一个平面上，绘制草图 25，然后创建如图 21-64 所示的深度为 8 的拉伸特征 5。

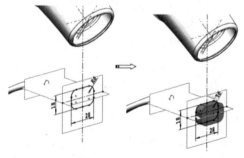

图 21-64　创建拉伸特征 5

**05** 同理，依次在拉伸曲面 4 的其中 3 个平面上，绘制出草图 26、草图 27、草图 28，如图 21-65 所示。

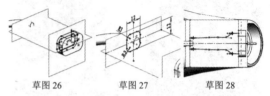

草图 26　　草图 27　　草图 28

图 21-65　绘制草图 26、草图 27 和草图 28

**06** 利用【放样凸台/基体】工具，创建放样特征 2，如图 21-66 所示。

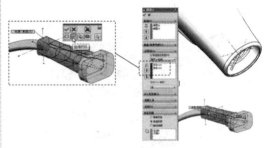

图 21-66　创建放样特征 2

**07** 在拉伸特征 5 上创建圆角特征，如图 21-67 所示。

**08** 利用【拉伸凸台/基体】工具，在前视基准面绘制草图 29，如图 21-68 所示。

图 21-67　创建圆角特征　图 21-68　绘制草图 29

**09** 退出草图环境后，完成拉伸特征 6 的创建，如图 21-69 所示。

**10** 随后对拉伸特征 6 创建圆角特征，如图 21-70 所示。

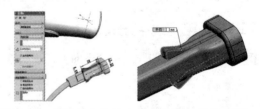

图 21-69　创建拉伸特征 6　图 21-70　创建圆角特征

# 第 21 章　SolidWorks 产品设计案例

**11** 利用【拉伸切除】工具，在拉伸曲面 4 的一个平面上绘制草图 30，然后创建切除拉伸特征 4，如图 21-71 所示。

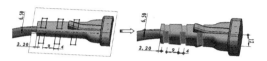

图 21-71　创建切除拉伸特征 4

**12** 再利用【拉伸切除】工具，在前视基准面上绘制草图 31，然后创建切除拉伸特征 5，如图 21-72 所示。

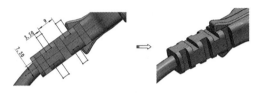

图 21-72　创建切除拉伸特征 5

**13** 利用【拉伸凸台/基体】工具，在插头端面绘制草图 32，然后创建拉伸深度为 20 的拉伸特征 7（即插针），如图 21-73 所示。

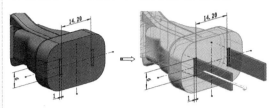

图 21-73　创建拉伸特征 7

**14** 最后对插针进行圆角处理，如图 21-74 所示。

**15** 至此，完成了整个电吹风的造型设计，最终结果如图 21-75 所示。最后将结果保存。

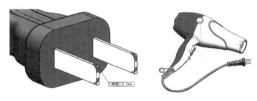

图 21-74　创建圆角特征　　图 21-75　完成的电吹风造型

## 21.2　玩具蜘蛛造型设计

下面用一个玩具蜘蛛造型的设计实例来说明 SolidWorks 的建模技巧。

○ **结果文件：**\ 综合实战 \ 结果文件 \Ch21\ 玩具蜘蛛 .sldprt

○ **视频文件：**\ 视频 \Ch21\ 玩具蜘蛛设计 .avi

本例中，绘制蜘蛛的工具用得比较多，主要的工具有：【基准面】、【3D 草图】、【拉伸凸台/基体】、【分割线】、【放样凸台/基体】、【镜像】和【圆顶】等。完成后的蜘蛛模型如图 21-76 所示。

操作步骤：

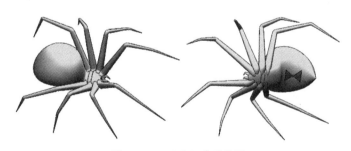

图 21-76　玩具蜘蛛效果图

**01** 启动 SolidWorks 2016。新建零件，并将其保存为【玩具蜘蛛】。

**02** 在【草图】选项卡中单击【草图绘制】按钮，选择前视基准面作为草绘平面，绘制一条中心线，如图 21-77 所示。

**03** 在【参考几何体】中单击【基准面】按钮，选择右视基准面作为第一参考，创建基准面 1，操作过程如图 21-78 所示。

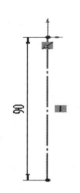

图 21-77 绘制中心线（草图 1）

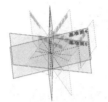

图 21-80 创建各基准面的结果图

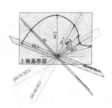

图 21-81 绘制 3D 草图

**06** 在【特征】选项卡中单击【拉伸凸台 / 基体】按钮，选择基准面 1 作为草图基准面，操作过程如图 21-82 所示。

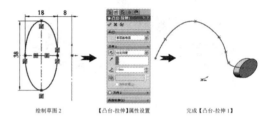

图 21-82 创建拉伸 - 凸台 1

**07** 在【特征】选项卡中单击【圆顶】按钮，创建圆顶 1，操作过程如图 21-83 所示。

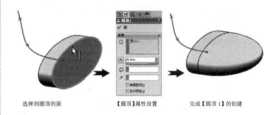

图 21-83 创建圆顶 1

**08** 在【草图】选项卡中单击【草图绘制】按钮，选择基准面 2 作为草绘平面，绘制一个椭圆，如图 21-84 所示。

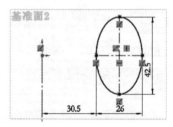

图 21-84 在基准面 2 上绘制椭圆（草图 3）

**09** 用同样的方法在其他基准面上绘制椭圆，绘制的尺寸、基准面和结果如图 21-85 所示。

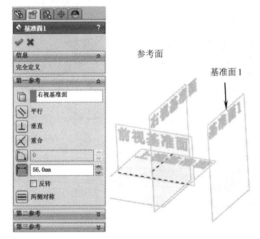

图 21-78 创建基准面 1

**04** 用同样的方法创建基准面 2、基准面 3、基准面 4 和基准面 5，在创建过程中各个基准面的参考面和参数设置如图 21-79 所示，完成结果如图 21-80 所示。

图 21-79 创建各基准面的参数设置

**05** 在【草图】选项卡中单击【3D 草图】按钮，在上视基准面上绘制 3D 草图，完成结果如图 21-81 所示。

第 21 章 SolidWorks 产品设计案例

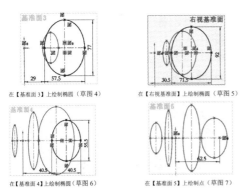

图 21-85 在各基准面上绘制椭圆和点

**10** 在【特征】选项卡中单击【放样凸台/基体】按钮,创建放样 1,操作过程如图 21-86 所示。

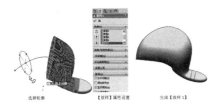

图 21-86 创建放样 1

**11** 在【参考几何体】命令菜单中单击【基准面】按钮,选择前视基准面作为第一参考,输入偏移距离值 16.5,偏移方向是向前,创建基准面 6,完成结果如图 21-87 所示。

图 21-87 创建基准面 6

**12** 在【参考几何体】命令菜单中单击【基准面】按钮,创建基准面 7,操作过程如图 21-88 所示。

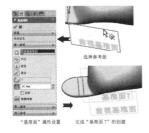

图 21-88 创建基准面 7

**13** 在【草图】选项卡中单击【草图绘制】按钮,选择【基准面 7】作为草图基准面绘制草图,完成结果如图 21-89 所示。

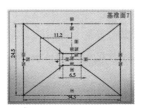

图 21-89 绘制草图 8

**14** 在【曲线】命令菜单中单击【分割线】按钮,创建分割线 1,操作过程如图 21-90 所示。

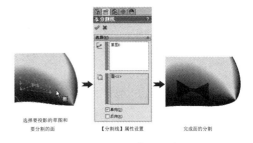

图 21-90 创建分割线 1

**15** 在【草图】选项卡中单击【3D 草图】按钮,绘制 3D 草图,完成结果如图 21-91 所示。

**16** 在【草图】选项卡中单击【3D 草图】按钮,绘制 3D 草图,完成结果如图 21-92 所示。

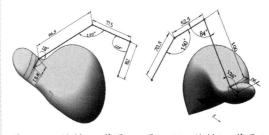

图 21-91 绘制 3D 草图 2    图 21-92 绘制 3D 草图 3

**技术要点**

在绘制的过程中,按【Tab】键来切换草绘平面。

**17** 在【草图】选项卡中单击【3D 草图】按钮,绘制 3D 草图,完成结果如图 21-93 所示。

**18** 在【草图】选项卡中单击【3D 草图】按钮,绘制 3D 草图,完成结果如图 21-94 所示。

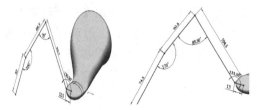

图 21-93　绘制 3D 草图 4　　图 21-94　绘制 3D 草图 5

**19** 在【参考几何体】命令菜单中单击【基准面】按钮，创建基准面 8，操作过程如图 21-95 所示。

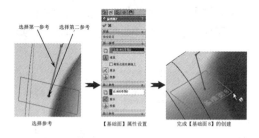

图 21-95　创建基准面 8

**20** 用同样的方法创建基准面 9、基准面 10 和基准面 11，在创建过程中各个基准面的【第一参考】和【第二参考】设置如图 21-96 所示，完成结果如图 21-97 所示。

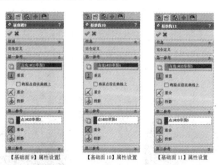

图 21-96　创建各基准面的参数设置

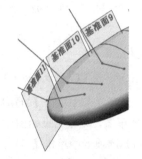

图 21-97　创建各基准面的结果图

**21** 在【草图】选项卡中单击【圆】按钮，分别选择基准面 8、基准面 9、基准面 10 和基准面 11 作为草图基准面绘制圆，完成结果如图 21-98~图 21-101 所示。

图 21-98　绘制草图 8　　图 21-99　绘制草图 9

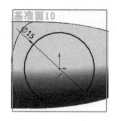 

图 21-100　绘制草图 10　　图 21-101　绘制草图 11

**22** 在【草图】选项卡中单击【3D 草图】按钮，绘制 3D 草图，完成结果如图 21-102 所示。

**23** 在【草图】选项卡中单击【3D 草图】按钮，绘制 3D 草图，完成结果如图 21-103 所示。

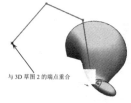 

图 21-102　绘制 3D 草图 6　　图 21-103　绘制 3D 草图 7

**24** 用同样的方法绘制 3D 草图 8～3D 草图 13，完成结果如图 21-104～图 21-109 所示。

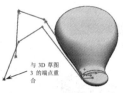 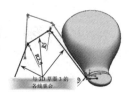

图 21-104　绘制 3D 草图 8　　图 21-105　绘制 3D 草图 9

图 21-106　绘制 3D　　图 21-107　绘制 3D
　　　草图 10　　　　　　　草图 11

图 21-108　绘制 3D　　图 21-109　绘制 3D
　　　草图 12　　　　　　　草图 13

**25** 在【特征】选项卡中单击【放样凸台/基体】按钮，创建放样 2，其操作过程如图 21-110 所示。

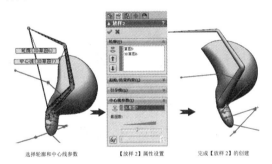

图 21-110　创建放样 2

**26** 用同样的方法创建放样 3、放样 4 和放样 5，在创建过程中各个放样的【轮廓】和【中心线参数】设置如图 21-111 所示，完成结果如图 21-112 所示。

**27** 在【草图】选项卡中单击【3D 草图】按钮，绘制 3D 草图，完成结果如图 21-113 所示。

【放样3】属性设置　【放样4】属性设置　【放样5】属性设置

图 21-111　各个放样的参数设置

图 21-112　完成各个放　　图 21-113　绘制 3D 草
样的最终结果图　　　　　　图 14

**28** 在【参考几何体】命令菜单中单击【基准面】按钮，创建基准面 12，操作过程如图 21-114 所示。

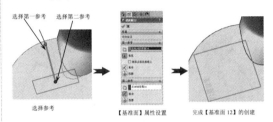

图 21-114　创建基准面 12

**29** 在【草图】选项卡中单击【圆】按钮，选择基准面 12 作为草图基准面绘制圆，完成结果如图 21-115 所示。

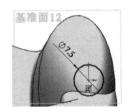

图 21-115　绘制圆（草图 13）

**30** 在【草图】选项卡中单击【3D 草图】按钮，绘制 3D 草图 15，完成结果如图 21-116 所示。

**31** 同理，继续绘制 3D 草图 16，如图 21-117 所示。

图 21-116　绘制【3D　　图 21-117　绘制 3D 草
草图 15　　　　　　　　图 16

**32** 在【特征】选项卡中单击【放样凸台/基体】按钮，创建放样 6，其操作过程如图 21-118 所示。

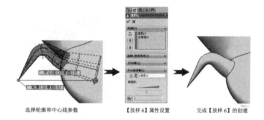

图 21-118　创建放样 6

**33** 在【特征】选项卡中单击【镜像】按钮，创建【镜像 1】，其操作过程如图 21-119 所示。

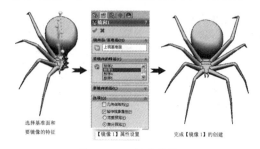

图 21-119　创建镜像 1

**34** 在【草图】选项卡中单击【圆】按钮，选择基准面 6 作为草图基准面绘制圆，完成结果如图 21-120 所示。

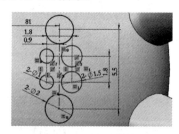

图 21-120　绘制草图 14

**35** 在【参考几何体】命令菜单中单击【基准面】按钮，创建基准面 13，操作过程如图 21-121 所示。

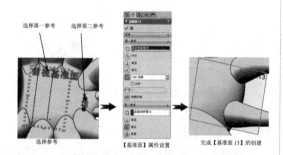

图 21-121　创建基准面 13

**36** 在【特征】选项卡中单击【拉伸凸台/基体】按钮，选择基准面 13 作为草图基准面，绘制草图并进行拉伸，其操作过程如图 21-122 所示。

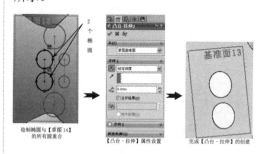

图 21-122　创建拉伸凸台 2

**37** 用同样的方法创建拉伸凸台 3 和拉伸凸台 4，其草图基准面和属性设置与拉伸凸台 2 完全一样，其区别在于绘制的椭圆不一样，完成结果如图 21-123 和图 21-124 所示。

图 21-123　创建拉伸凸台 3

图 21-124　创建拉伸凸台 4

**38** 在【特征】选项卡中单击【圆顶】按钮，创建圆顶 2，操作过程如图 21-125 所示。

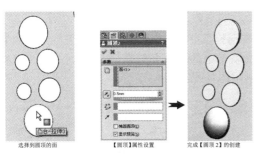

图 21-125　创建圆顶 2

图 21-126　创建圆顶

**39** 用同样的方法创建圆顶 3、圆顶 4、圆顶 5、圆顶 6 和圆顶 7，其属性设置与圆顶 2 完全一样，其区别在于选择的面不一样，完成结果如图 21-126 所示。

**40** 在【标准】工具栏中单击【保存】按钮，将其保存。至此，整个玩具蜘蛛的绘制已经完成，其最终效果如图 21-127 所示。

图 21-127　玩具蜘蛛最终效果图

## 21.3　洗发露瓶造型设计

下面用一个洗发露瓶造型的设计实例来说明 SolidWorks 的建模技巧。

◉ **结果文件：\ 综合实战 \ 结果文件 \Ch21\ 洗发露瓶 .sldprt**

◉ **视频文件：\ 视频 \Ch21\ 洗发露瓶设计 .avi**

使用【平面区域】、【放样曲面】、【拉伸曲面】、【剪裁曲面】、【旋转曲面】和【扫描曲面】工具就可以完成洗发露瓶的创建。完成后的洗发露瓶如图 21-128 所示。

操作步骤：

**01** 启动 SolidWorks 2016。新建零件，并将其保存为【洗发露瓶】。

**02** 在【草图】选项卡中单击【圆】按钮，选择上视基准面作为草绘平面，绘制如图 21-129 所示的草图。

图 21-128　洗发露瓶

图 21-129　绘制草图

**03** 在【曲面】选项卡中单击【平面区域】按钮，创建一个平面，创建过程如图 21-130 所示。

图 21-130　创建平面

**04** 选择前视基准面作为草绘平面，单击【草图】选项卡中的【中心线】按钮，绘制一条构造线，如图 21-131（a）所示；单击【3 点画弧】按钮，绘制一段圆弧，如图 21-131（b）所示。

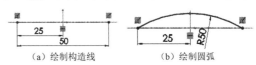

（a）绘制构造线　　　　（b）绘制圆弧

图 21-131　绘制草图

**05** 在【曲面】选项卡中单击【填充曲面】按钮，将创建的平面区域中间空的地方填充起来，填充的过程如图 21-132 所示。

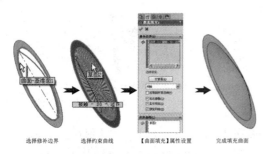

图 21-132　填充曲面

**06** 选择上视基准面作为参考，单击【参考几何体】命令菜单中的【基准面】按钮，在【基准面】面板中的【偏移距离】文本框中输入距离值100，创建基准面1，完成结果如图 21-133 所示。

**07** 用同样的方法创建基准面2、基准面3和基准面4，其偏移距离分别为107.5、125 和140，完成结果如图 21-134 所示。

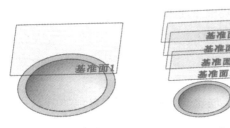

图 21-134　创建基准面1　　图 21-134　创建基准面

**08** 选择基准面1作为草绘平面，单击【草图】选项卡中的【圆】按钮，绘制如图 21-135 所示的草图。

**09** 选择基准面2作为草绘平面，单击【草图】选项卡中的【圆】按钮，绘制如图 21-136 所示的草图。

 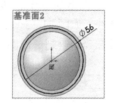

图 21-135　绘制直径为　　图 21-136　绘制直径为
　　　60 的圆　　　　　　　　56 的圆

**10** 选择基准面3作为草绘平面，单击【草图】选项卡中的【圆】按钮，绘制如图 21-137 所示的草图。

**11** 选择基准面4作为草绘平面，单击【草图】选项卡中的【圆】按钮，绘制如图 21-138 所示的草图。

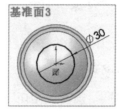 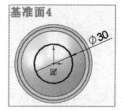

图 21-137　绘制直径为　　图 21-138　绘制直径为
　　　30 的圆　　　　　　　　30 的圆

**12** 在【曲面】选项卡中单击【放样曲面】按钮，创建放样曲面，放样过程如图 21-139 所示。

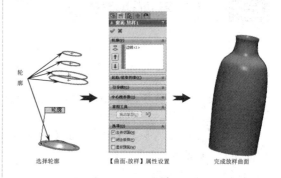

图 21-139　放样曲面

**13** 在【曲面】选项卡中单击【平面区域】按钮，创建一个平面，创建过程如图 21-140 所示

图 21-140　创建平面

**14** 选择刚创建好的平面作为基准，在【曲面】选项卡中单击【拉伸曲面】按钮，创建拉伸曲面，其操作过程如图 21-141 所示。

第 21 章 SolidWorks 产品设计案例

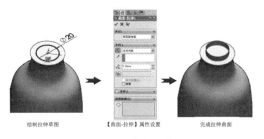

图 21-141 创建拉伸曲面

**15** 在【曲面】选项卡中单击【剪裁曲面】按钮，对第二次创建的平面进行剪切，剪切的过程如图 21-142 所示。

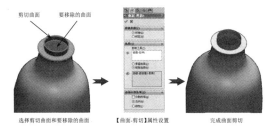

图 21-142 剪切曲面

**16** 选中前视基准面，在【曲面】选项卡中单击【旋转曲面】按钮，进入草图绘制界面，绘制好旋转曲面的草图，再创建旋转曲面，其创建过程如图 21-143 所示。

图 21-143 创建旋转曲面

**17** 选中前视基准面，在【草图】选项卡中单击【草图绘制】按钮，进入草图绘制界面，绘制扫描曲面的路径，如图 21-144（a）所示；选中前视基准面，在【草图】选项卡中单击【草图绘制】按钮，进入草图绘制界面，绘制扫描曲面的轮廓，如图 21-144（b）所示。

**18** 在【曲面】选项卡中单击【扫描曲面】按钮，创建扫描曲面，其创建过程如图 21-145 所示。

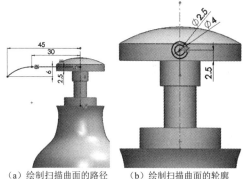

（a）绘制扫描曲面的路径　（b）绘制扫描曲面的轮廓

图 21-144 绘制扫描曲面的路径和轮廓

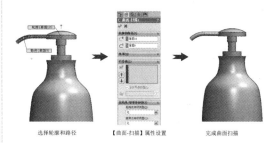

图 21-145 创建扫描曲面

**19** 在【曲面】选项卡中单击【平面区域】按钮，创建一个平面，创建过程如图 21-146 所示。

图 21-146 创建平面

**20** 单击【保存】按钮将其保存，至此，整个洗发露瓶的创建已完成，其结果如图 21-147 所示。

图 21-147 洗发露瓶最终效果图

## 21.4 工艺花瓶造型设计

下面用一个工艺花瓶造型的实例来说明 SolidWorks 的建模技巧。

◎ 结果文件：\综合实战\结果文件\Ch21\工艺花瓶.sldprt
◎ 视频文件：\视频\Ch21\工艺花瓶设计.avi

使用【旋转曲面】、【分割线】、【删除面】、【填充曲面】和【加厚】工具就可以完成工艺花瓶的创建。完成后的工艺花瓶如图 21-148 所示。

操作步骤：

**01** 启动 SolidWorks 2016。新建零件，并将其保存为【工艺花瓶】。

**02** 在【草图】选项卡中单击【样条曲线】按钮 ∿，选择【前视基准面】作为草绘平面，绘制如图 21-149 所示的草图。

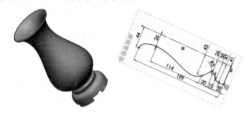

图 21-148　工艺花瓶　　图 21-149　绘制草图

**03** 在【曲面】选项卡中单击【旋转曲面】按钮 ，创建一个曲面，创建过程如图 21-150 所示。

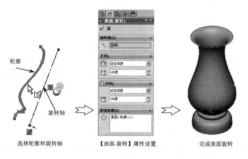

图 21-150　创建曲面旋转

**04** 在【特征】选项卡中单击【圆角】按钮 ，将旋转的曲面进行圆角处理，其操作过程如图 21-151 所示。

图 21-151　添加圆角

**05** 在【草图】选项卡中单击【样条曲线】按钮 ∿，选择前视基准面作为草绘平面，绘制如图 21-152 所示的草图。

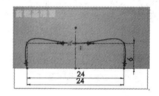

图 21-152　绘制草图

**06** 在【曲线】命令菜单中单击【分割线】按钮 ，创建分割线，其操作过程如图 21-153 所示。

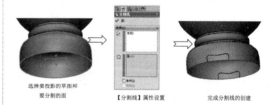

图 21-153　创建分割线

**07** 在【曲线】命令菜单中单击【删除面】按钮 ，创建删除面，其操作过程如图 21-154 所示。

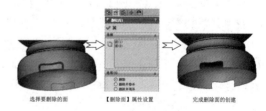

图 21-154　创建【删除面 1】

## 第 21 章 SolidWorks 产品设计案例

**08** 用同样的方法创建删除面 2，只是绘制草图的时候选择右视基准面作为草图基准面，完成结果如图 21-155 所示。

图 21-155　创建删除面 2

**09** 在【曲面】选项卡中单击【填充曲面】按钮，创建曲面填充，其操作过程如图 21-156 所示。

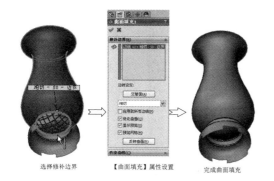

图 21-156　填充曲面

**10** 在【曲面】选项卡中单击【加厚】按钮，将工艺花瓶进行加厚处理，其操作过程如图 21-157 所示。

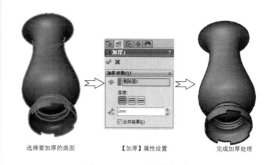

图 21-157　加厚曲面

**11** 在【特征】选项卡中单击【圆角】按钮，对工艺花瓶进行圆角处理，其操作过程如图 21-158 所示。

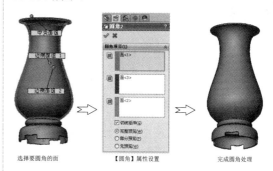

图 21-158　进行圆角处理

## 读书笔记

# 第4篇 模具设计篇

# 第 22 章 模具设计基础

众所周知，模具业是一个专业性和经验性极强的行业，模具界也深切体会到模具设计之重要，因设计不良、尺寸错误等极易造成加工延误、成本增加等不良后果。但培养一名经验丰富，能独立作业且面面具到之模具设计师，须三五年以上磨练才能达成。

对于模具初学者，要利用 SolidWorks 合理地设计模具必须了解与掌握模具设计与制造相关的基本知识。

百度云网盘

360云盘 密码6955

- ◆ 模具设计概述
- ◆ 模具设计常识
- ◆ 产品设计、模具设计和数控加工

## 22.1 模具设计概述

对于模具初学者，要合理地设计模具必须事先全面了解模具设计与制造相关的基本知识，这些知识包括模具的种类与结构、模具设计流程，以及在注塑模具设计中存在的一些问题等。

### 22.1.1 模具种类

在现代工业生产中，各行各业里模具的种类很多，并且个别领域还有创新的模具诞生。模具分类方法很多，经常使用的分类方法如下：

- 按模具结构形式分类，可分为单工序模、复式冲模等。
- 按使用对象分类，可分为汽车覆盖件模具、电机模具等。
- 按加工材料性质分类，可分为金属制品用模具、非金属制用模具等。
- 按模具制造材料分类，可分为硬质合金模具等。
- 按工艺性质分类，可分为拉深模、粉末冶金模和锻模等。

### 22.1.2 模具的组成结构

在上述的分类方法中，有些不能全面地反映各种模具的结构和成型加工工艺的特点及它们的使用功能，因此，采用以使用模具进行成型加工的工艺性质，以及使用对象为主和根据各自的产值比重的综合分类方法，主要将模具分为以下五大类。

#### 1. 塑料模

塑料模用于塑料制件成型，当颗粒状或片状塑料原材料经过一定的高温加热成黏流态熔融体后，由注射设备将熔融体经过喷嘴射入型腔内成型，待成型件冷却固定后再开模，最后由模具顶出装置将成型件顶出。塑料模在模具行业所占比重较大，约为 50% 左右。

通常塑料模具根据生产工艺和生产产品的不同又可分为注射成型模、吹塑模、压缩成型模、转移成型模、挤压成型模、热成型模和旋转成型模等。

塑料注射成型是塑料加工中最普遍采用的方法。该方法适用于全部热塑性塑料和部分热固性塑料，制得的塑料制品数量之大是其他成型方法望尘莫及的，作为注射成型加工主要工具之一的注塑模具，在质量精度、制造周期，以及注射成型过程中的生产效率等方面水平的高低，直接影响产品的质量、产量、成本及产品的更新，同时也决定着企业在市场竞争中的反应能力和速度。常见的注射模典型结构如图22-1所示。

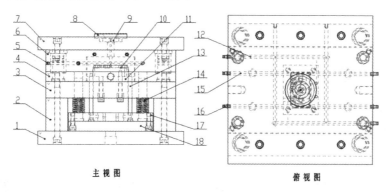

图22-1 注射模典型结构

1——动模座板 2——支撑板 3——动模垫板 4——动模板 5——管塞 6——定模板 7——定模座板 8——定位环 9——浇口衬套 10——型腔组件 11——推板 12——围绕水道 13——顶杆 14——复位弹簧 15——直水道 16——水管街头 17——顶杆固定板 18——推杆固定板

注射成型模具主要由以下几个部分构成：

- 成型零件：直接与塑料接触构成塑件形状的零件称为成型零件，它包括型芯、型腔、螺纹型芯、螺纹型环、镶件等。其中构成塑件外形的成型零件称为型腔，构成塑件内部形状的成型零件称为型芯，如图22-2所示。
- 浇注系统：它是将熔融塑料由注射机喷嘴引向型腔的通道。通常，浇注系统由主流道、分流道、浇口和冷料穴4个部分组成，如图22-3所示。

图22-2 模具成型零件　　图22-3 模具的浇注系统

- 分型与抽芯机构：当塑料制品上有侧孔或侧凹时，开模推出塑料制品以前，必须先进行侧向分型，将侧型芯从塑料制品中抽出，塑料制品才能顺利脱模。例如斜导柱、滑块、锲紧块等，如图22-4所示。
- 导向零件：引导动模和推杆固定板运动，保证各运动零件之间相互位置的准确度的零件为导向零件。如导柱、导套等，如图22-5所示。

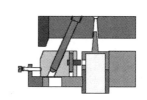 

图22-4 分型与抽芯机构　　图22-5 导向零件

- 推出机构：在开模过程中将塑料制品及浇注系统凝料推出或拉出的装置。如推杆、推管、推杆固定板、推件板等，如图22-6所示。
- 加热和冷却装置：为满足注射成型工艺对模具温度的要求，模具上需设有加热和冷却装置。加热时在模具内部或周围安装加热元件，冷却时在模具内部开设冷却通道，如图22-7所示。

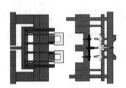 

图 22-6　推出机构　　图 22-7　模具冷却通道

- 排气系统：在注射过程中，为将型腔内的空气及塑料制品在受热和冷凝过程中产生的气体排除而开设的气流通道。排气系统通常在分型面处开设排气槽，有的也可利用活动零件的配合间隙排气，如图 22-8 所示的排气系统部件。
- 模架：主要起装配、定位和连接的作用。它们是定模板、动模板、垫块、支承板、定位环、销钉、螺钉等，如图 22-9 所示。

 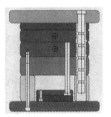

图 22-8　排气系统部件　　图 22-9　模具模架

### 2．冲压模

冲压模是利用金属的塑性变形，由冲床等冲压设备将金属板料加工成型。其所占行业产值比重为 40% 左右，如图 22-10 所示为典型的单冲压模具。

图 22-10　单冲压模具

### 3．压铸模

压铸模具被用于熔融轻金属，如铝、锌、镁、铜等合金成型。其加工成型过程和原理与塑料模具差不多，只是两者在材料和后续加工所用的器具不同而已。塑料模具其实就是由压铸模具演变而来的。带有侧向分型的压铸模具，如图 22-11 所示。

### 4．锻模

锻造就是将金属成型加工，将金属胚料放置在锻模内，运用锻压或锤击的方式，使金属胚料按设计的形状来成型，如图 22-12 所示为汽车件锻造模具。

图 22-11　压铸模具　　图 22-12　锻造模具

### 5．其他模具

除以上介绍的几种模具外，还包括有如玻璃模、抽线模、金属粉末成型模等其他类型的模具，如图 22-13（a）、（b）、（c）所示为常见的玻璃模、抽线模和金属粉末成型模。

（a）玻璃模具　　（b）抽线模具　　（c）金属粉末成型模具

图 22-13　其他类型模具

## 22.1.3　模具设计与制造的一般流程

当前我国大部分模具企业在模具设计/制造过程中最普遍的问题是：至今模具设计仍以二维工程图纸为基础，产品工艺分析及工序设计也是以设计师丰富的实践经验为基础的，模具的主件加工以二维工程图为基础，作三维造型，进而由数控加工完成。

基于以上现状，将直接影响产品的质量，模具的试制周期及成本。现在大部分企业已实现模具产品设计数字化、生产过程数字化、制造装备数字化、管理数字化，为机械制造业信息化工程提供基础信息化、提高模具质量缩短设计制造周期、降低成本的最佳途径，如图 22-14 所示为基于数字化的模具设计与制造的整体流程。

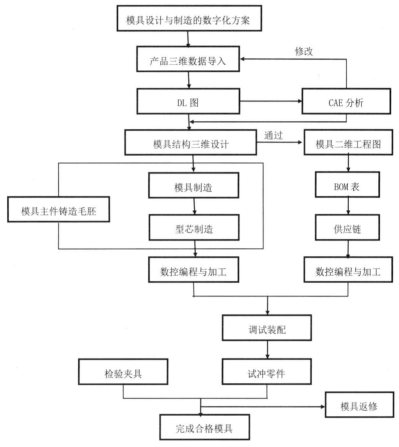

图 22-14　模具设计与制造的一般流程

## 22.2　模具设计常识

一副模具的成功与否，关键在于模具设计标准的应用和模具设计细节的处理是否正确。合理的模具设计主要体现在以下几个方面：

- 所成型的塑料制品的质量。
- 外观质量与尺寸稳定性。
- 加工制造时方便、迅速、简练，节省资金、人力，留有更正、改良的余地。
- 使用时安全、可靠，便于维修。
- 在注射成型时有较短的成型周期。
- 较长使用寿命。
- 具有合理的模具制造工艺性。

下面就有关模具的设计常识做必要的介绍。

## 22.2.1 产品设计注意事项

制件设计的合理与否，事关模具能否成功开出。模具设计人员要注意的问题主要有制件的肉厚（制件的厚度）要求、脱模斜度要求、BOSS 柱处理，以及其他一些应该避免的设计误区。

**1. 肉厚要求**

在设计制件时，应注意制件的厚度应以各处均匀为原则。决定肉厚的尺寸及形状需考虑制件的构造强度、脱模强度等因素，如图 22-15 所示。

**2. 脱模斜度要求**

为了在模具开模时能够使制件顺利地取出，而避免其损坏，制件设计时中应考虑增加脱模斜度。脱模角度一般取整数，如 0.5、1、1.5、2 等。通常，制件的外观脱模角度比较大，这便于成型后脱模，在不影响其性能的情况下，一般应取较大脱模角度，如 5°～10°，如图 22-16 所示。

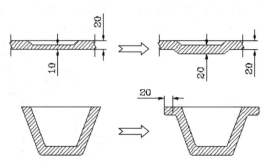

图 22-15　制件的肉厚

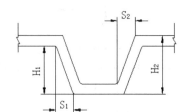

| 拔模比 \ 高度H | 凸面 | 凹面 |
|---|---|---|
| 外侧 S1/H1 | 1/30 | 1/40 |
| 内侧 S2/H2 | / | 1/60 |

图 22-16　制件的脱模斜度要求

**3．BOSS 柱（支柱）处理**

支柱为突出胶料壁厚，用以装配产品、隔开对象及支撑承托其他零件。空心的支柱可以用来嵌入镶件、收紧螺丝等。这些应用均要有足够强度支持压力而不致破裂。

为避免在扭上螺丝时出现打滑的情况，支柱的出模角一般会以支柱顶部的平面为中性面，而且角度一般为 0.5°～1.0°。如支柱的高度超过 15.0mm，为加强支柱的强度，可在支柱连上一些加强筋，以加强结构。如支柱需要穿过 PCB 的时候，同样在支柱连上一些加强筋，而且在加强筋的顶部设计成平台形式，此可做承托 PCB 之用，而平台的平面与丝筒项的平面必须要有 2.0mm～3.0mm，如图 22-17 所示。

为了防止制件的 BOSS 部位出现缩水，应做防缩水结构，即【火山口】，如图 22-18 所示。

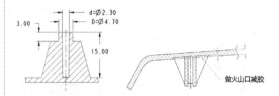

图 22-17　BOSS 柱的处理　图 22-18　做火山口防缩水

## 22.2.2 分型面设计主要事项

一般来说，模具都由两大部分组成：动模和定模（或者公模和母模）。分型面是指两者在闭和状态时能接触的部分。在设计分型时，除考虑制品的形状要素外，还应充分考虑其他选择因素。下面将分型面的一般设计要素做简要介绍。

（1）在模具设计中，分型面的选择原则如下：

- 不影响制品外观，尤其是对外观有明确要求的制品，更应注意分型面对外观的影响。
- 有利于保证制品的精度。
- 有利于模具的加工，特别是型胚的加工。
- 有利于制品的脱模，确保在开模时使制品留于动模一侧。
- 方便金属嵌件的安装。
- 绘二维模具图时要清楚地表达开模线位置，以及封胶面是否有延长等。

（2）分型面的设置。

分型面的位置应设在塑件断面的最大部位，形状应以模具制造及脱模方便为原则，应尽量防止形成侧孔或侧凹，有利于产品的脱模，如图22-19所示，左图产品的布置能避免侧抽芯，右图的产品布置则使模具增加了侧抽芯机构。

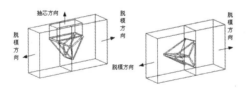

图 22-19　不同分型面设计

#### 1．分型面的封胶

中、小型模具有 15mm～20mm，大型模具有 25mm～35mm 的封胶面，其余分型面有深 0.3mm～0.5mm 的避空。大、中模具避空后应考虑压力平衡，在模架上增加垫板（模架一般应有 0.5mm 左右的避空），如图22-20 所示。

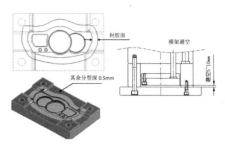

图 22-20　分型面的封胶

#### 2．分型面的其他主要事项

分型面为大曲面或分型面高低距较大时，可考虑上下模料做虎口配合（型腔与型芯互锁，防止位移），虎口大小依模料而定。长和宽在 200mm 以下，做 15mm×8mm 高的虎口 4 个，斜度约为 10°。如长度和宽度超过 200mm 以上的模料，其虎口应做 20mm×10mm 高或以上的虎口，数量依排位而定（可做成镶块也可原身留），如图 22-21 所示。

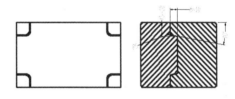

图 22-21　做虎口配合

在动、定模上做虎口配合（在动模的 4 个边角上的凸台特征，作定位用），以及分型面有凸台时，需做 R 角间隙处理，以便于模具的机械加工、装配与修配，如图 22-22 所示。

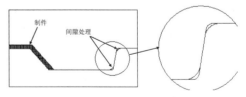

图 22-22　做 R 角间隙处理

### 22.2.3　模具设计注意事项

设计人员在模具设计时应注意以下重要事项：

- 模具设计开始时应多考虑几种方案，衡量每种方案的优缺点，并从中优选一种最佳设计方案。对于 T 形模，亦应认真对待。由于时间与认识上的原因，当时认为合理的设计，经过生产实践也一定会有可改进之处。

- 在交出设计方案后，要与工厂多沟通，了解加工过程及制造使用中的情况。每套模具都应有一个分析经验、总结得失的过程，这样才能不断地提高模具的设计水平。
- 设计时多参考过去所设计的类似图纸，吸取其经验与教训。
- 模具设计部门应视为一个整体，不允许设计成员各自为政，特别是在模具设计总体结构方面，一定要统一风格。

### 22.2.4 模具设计依据

模具设计的主要依据就是客户所提供的产品图纸及样板。设计人员必须对产品图及样板进行认真详细的分析与消化，同时在设计进程中必须逐一核查以下所有项目：

- 尺寸精度与相关尺寸的正确性。
- 脱模斜度是否合理。
- 制品壁厚及均匀性。
- 塑料种类。塑料种类影响到模具钢材的选择和缩水率的确定。
- 表面要求。
- 制品颜色。一般情况下，颜色对模具设计无直接影响。但制品壁过厚、外形较大时易产生颜色不匀，且颜色越深时制品缺陷暴露得越明显。
- 制品成型后是否有后处理。如需表面电镀的制品，且一模多腔时，必须考虑设置辅助流道将制品连在一起，待电镀工序完毕再将其分开。
- 制品的批量。制品的批量是模具设计重要依据，客户必须提供一个范围，以决定模具腔数、大小，模具选材及寿命。
- 注塑机规格。
- 客户的其他要求。设计人员必须认真考虑及核对，以满足客户要求。

## 22.3 产品设计、模具设计与加工制造

许多朋友由于受到所学专业的限制，对整个产品的开发流程不甚了解，这也导致了模具设计的学习难度。模具工程师所具备的能力不仅仅是做出产品的模具结构，他还要懂得如何进行产品设计、如何修改产品、如何数控加工制造和数控编程。

一个合格的产品设计工程师，如果不懂得模具结构设计和数控加工理论知识，那么在设计产品时，则会脱离实际导致无法开模和加工生产出来。同样，模具工程师也要懂得产品结构设计和数控加工知识，因为这会让他清楚地知道如何去修改产品，如何节约加工成本而设计出结构更加简易的模具。数控编程工程师是最后一个环节，除了自身具备数控加工的应有知识外，还要明白如何有效地拆电极、拆模具镶件，以降低加工成本。

总而言之，具备多样化的知识，能让您在今后的职场上获得更多、更适合自己的工作岗位。

### 22.3.1 产品设计阶段

通常，一般产品的开发包括以下几个方面的内容：
（1）市场研究与产品流行趋势分析：构想、市场调查、产品价值观。
（2）概念设计与产品规划：外型与功能。
（3）D造型设计：外观曲线和曲面、材质和色彩造型确认。

(4) 机构设计：组装、零件。

(5) 模型开发：简易模型、快速模型（R.P）。

### 1．市场研究与产品流行趋势分析

任何一款新产品在开发之初，都要进行市场研究。产品设计策略必须建立在客观的调查之上，专业的分析推论才有正确的依据，产品设计策略不但要适合企业的自身特点，还要适合市场的发展趋势，以及适合消费者的消费需求。同时，产品设计策略也必须与企业的品牌、营销等策略相符合。

下面介绍一个热水器项目的案例。本案例是由深圳市嘉兰图设计有限公司完成的，针对【润星泰】电热水器的目前情况，通过产品设计策划，完成了 3 套主题设计，全面提升原有产品的核心市场地位，树立了品牌形象。

（1）热水器行业分析。

①热水器产品比较（如表 22-1 所示）：目前市场上有 4 种热水器：燃气热水器、储水式电热水器、即热式电热器和太阳能热水器。各种产品具有各自的优、劣势，各自拥有相应的用户群体。其中即热型热水器凭借其安全、小巧和时尚的特点正在越来越多地被年轻时尚新房装修的一类群体接受。

表 22-1　热水器产品比较

| 行　　业 | 劣　　势 | 优　　势 |
| --- | --- | --- |
| 传统电热水器 | 加热时间长、占用空间、易生水垢 | 适应任何气候环境，水量大 |
| 燃气热水器 | 空气污染、安全隐患和能源不可再生 | 快速、占地小，不受水量控制 |
| 太阳能热水器 | 安装条件限制、各地太阳能分布不均 | 安全、节能、环保、经济 |
| 即热型电热水器 | 对于安装条件受限制 | 快速、节能、时尚、小巧、方便 |

②热水器产品市场占有率的变化：由于能源价格不断攀升，燃气热水器的竞争优势逐渐丧失，【气弱电强】已成定局，整个电热水器品类的市场机会增大！数据显示，近两年来即热式电热水器行业的年增长率超过 100%，可称得上是家电行业增长最快的产品之一。2006 年国内即热式电热水器的市场销售总量已达 60 万台。预计未来 3 年~5 年内，即热式电热水器将继续保持 50% 以上的高速增长率，如图 22-23 所示为即热型热水器和传统电热水器、燃气热水器、太阳能热水器的市场占有率分析图表。

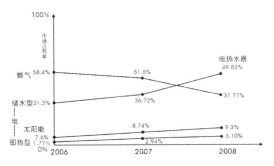

图 22-23　各类热水器的市场占有率分析图表

③即热型热水器发展现状：除早期介入市场已经形成一定的规模的奥特朗、哈佛、斯狄沨等品牌外，快速电热水器市场比较混乱，绝大部分快速电热水器生产企业不具备技术和研发优势，无一定规模和售后服务不完善，也缺乏资金实力等。

④分析总结：目前进入即热型热水器领域时机较好。

- 市场培育基本成熟，目前进入市场无须培育市场推广费用，风险小。
- 行业品牌集中程度不高，没有形成垄断经营局面，基本上仍然处于完全竞争状态，对新进入者是个机会。
- 行业标准尚未建立，没有技术壁垒。
- 产品处在产品生命周期中的高速成长期，目前利润空间较大。

（2）即热型热水器竞争格局。

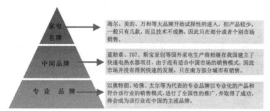

①产品组合策略：凭借设计、研发实力开发出满足不同需要、不同场所、中档到高档五大系列共几十个品种。

②产品线策略：按常理，在新产品上市初期应尽量降低风险，采用短而窄的产品线，奥特朗反其道而行之，采用了长而宽的产品线策略。一方面强化快速电热水器已经是主流热水器产品的有形证据，让顾客感觉到快速电热水器已经不是边缘产品，另一方面以强势系列产品与传统储水式和燃气式热水器进行对抗，强化行业领导者印象。

**2. 概念设计与产品规划**

在概念开发与产品规划阶段，将有关市场机会、竞争力、技术可行性、生产需求的信息综合起来，确定新产品的框架。这包括新产品的概念设计、目标市场、期望性能、

水平、投资需求与财务影响。在决定某一新产品是否开发之前，企业还可以通过小规模实验对概念、观点进行验证。实验可包括样品制作和征求潜在顾客意见。

（1）产品设计规划。

产品设计规划是依据企业整体发展战略目标和现有情况，结合外部动态形势，合理地制订本企业产品的全面发展方向和实施方案，以及一些关于周期、进度等的具体问题。产品设计规划在时间上要领先于产品开发阶段，并参与产品开发全过程。

产品设计规划的主要内容包括：

- 产品项目的整体开发时间和阶段任务时间计划；
- 确定各个部门和具体人员各自的工作及相互关系与合作要求，明确责任和义务，建立奖惩制度。
- 结合企业长期战略，确定该项目具体产品的开发特性、目标、要求等内容。
- 产品设计及生产的监控和阶段评估。
- 产品风险承担的预测和分布。
- 产品宣传与推广。
- 产品营销策略。
- 产品市场反馈及分析。
- 建立产品档案。

这些内容都在产品设计启动前安排和定位，虽然这些具体工作涉及不同的专业人员，但其工作的结果却是相互关联和相互影响的，最终将交集完成一个共同的目标，体现共同的利益。在整个过程中，需存在一定的标准化操作技巧，同时需要专职人员疏通各个环节，监控各个步骤，期间既包括具体事务管理，也包括具体人员管理。

（2）概念设计。

概念设计不同于现实中真实的产品设计，概念产品的设计往往具有一定的超前性，它不考虑现有的生活水平、技术和材料，而是在设计师遇见能力所能达到的范围来考虑人们未来的产品形态，它是一种针对人们的潜在需求的设计。

## 第 22 章 模具设计基础

概念设计主要体现在：
- 产品的外观造型风格比较前卫。
- 比市场上现有的同类产品技术上先进很多。

下面列举几款国外的概念产品设计。

① Sbarro Pendolauto 概念摩托车。瑞士汽车摩托改装公司的概念车。有意混淆汽车和摩托车的界限，如图 22-24 所示。

图 22-24 Sbarro Pendolauto 概念摩托车

② 概念手机。手机外形简洁，虽说看上去方方正正，但是薄薄的身材有点像巧克力。外壳完全采用橡胶材质，特点是在生活中能经受磕磕碰碰。而且还有个细微的特点，仔细看图—键盘和屏幕是有点倾斜的，据说更符合人体工程学。内置 400 万像素的摄像头和一对立体声喇叭，如图 22-25 所示。

图 22-25 概念手机

③ 折叠式笔记本电脑。设计师 Niels van Hoof 设计了一款全新的折叠式笔记本电脑—Feno，它除了能像普通笔记本电脑在键盘与屏幕之间折叠外，柔性 OLED 屏幕的加入使得它还可以从中间再折叠一次。这样使得它更加小巧，携带方便。它还配备了一个弹出式无线鼠标，轻轻一按，即能弹出使用，如图 22-26 所示。

图 22-26 折叠式笔记本电脑

④ MP3 播放器概念产品。这款新型的 MP3 播放器，既保持小巧的身姿，又能够兼顾 CD 音乐媒体，大部分时候它都像是普通的 MP3 播放器一样工作，但是如果你想听一下 CD，只需要将 CD 插入插槽，通过一端的转轴将 CD 光盘固定住，它就可以读取 CD 上的音乐了，如图 22-27 所示。

图 22-27 MP3 播放器

（3）将概念设计商业化。

当一个概念设计符合当前的设计、加工制造水平时，就可以商业化了，即把概念产品转变成真正能使用的产品。

把一个概念产品变成具有市场竞争力的商品，并大批量地生产和销售之前有很多问题需要解决，工业设计师必须与结构设计师、市场销售人员密切配合，对他们提出的设计中一些不切实际的新创意进行修改。对于概念设计中具有可行性的设计成果也要敢于坚持自己的意见，只有这样才能把设计中的创新优势充分发挥出来。

例如，借助了中国卷轴画的创意，设计出一款类似的画轴手机。这款手机平时像一个圆筒，但如果你想看视频或者收短消息，就可以从侧面将卷在里面的屏幕抽出来。按照设计师的理念，这块可以卷曲的屏幕还应该有触摸功能，如图 22-28 所示。

图 22-28　卷轴手机

之前,这款手机商业化的难题是:没有软屏幕。现在,世界著名的手机厂商三星日前设计出一款软屏幕【软性液晶屏】,可以像纸一样卷起来,如图 22-29 所示。利用这个新技术,卷轴手机也就可以真正商品化了。

图 22-29　三星【软性液晶屏】

(4) 概念设计的二维表现。

既然产品设计是一种创造活动,就工业产品来讲,新创意往往就是从未出现过的新创意,这种产品的创意是没有参考样品的,无论多么聪明的脑瓜,都不可能一下子在头脑里形成相当成熟和完整的方案甚至更精确的设计细节,他必须借助书面的表达方式,或文字,或图形,随时记录想法进而推敲定案。

①手绘表现。在诸多的表达方式(如速写、快速草图、效果图、计算机设计等)中,最方便快捷的是快速表现方法,如图 22-30 所示的就是利用速写方式进行的创意表现。通过使用不同颜色的笔,我们可以绘制出带有色彩、质感和光射效果且较为逼真的设计草图,如图 22-31 所示。现在,工业设计师们越来越多地采用数字手绘方法,即利用数位板(手绘板)手绘,如图 22-32 所示。

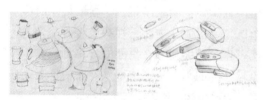

图 22-30　利用速写方式进行创意表现

图 22-31　较逼真的设计草图

图 22-32　利用数位板(手绘板)手绘

②计算机二维表现。计算机二维表现是另一种表达设计师概念设计意图的方式。计算机二维效果图(2D Rendering)介于草绘和数字模型之间,具有制作速度快、修改方便,基本能够反映产品本身材质、光影、尺度比例等诸多优点。制作二维效果图的软件常用的有 Photoshop、Illustrator、Freehand、CorelDRAW 等。效果图如图 22-33 和图 22-34 所示。

图 22-33　手机二维设　　图 22-34　太阳能手电
　　　　计效果图　　　　　　　筒二维设计效果图

### 3. 3D 造型设计

有了产品的手绘草图以后,我们就可以利用计算机辅助设计软件,进行 3D 造型。3D 造型设计也就是将概念产品参数化,便于后期的产品修改、模具设计及数控加工等工作。

工业设计师常用的 3D 造型设计软件常见的有 Pro/E、UG、SolidWorks、Rhino、Alias、3ds Max、MsterCAM、Cinema 4D 等。

# 第 22 章 模具设计基础

首先，产品设计师利用 Rhino 或 Alias 造型设计出不带参数的产品外观，如图 22-35 所示为利用 Rhino 软件设计的产品造型。

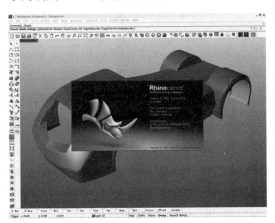

图 22-35 在 Rhinoceros 中造型

在产品外观造型阶段，还可以再次对方案进行论证，以达到让客户满意的效果。

然后将 Rhino 中构建的模型导入到 Pro/E、UG、SolidWorks 或 MsterCAM 中进行产品的结构设计，这样的结构设计是带有参数的，这便于后期的数据存储和修改，如图 22-36 所示为 MsterCAM 软件产品结构设计界面。

图 22-36 在 MsterCAM 中进行结构设计

前面我们介绍了产品的二维表现，这里我们可以用 3D 软件做出逼真的实物效果图，如图 22-37~图 22-40 所示为利用 Alias、V-Ray for Rhino、Cinema 4D 等 3D 软件制作的概念产品效果图。

图 22-37 StudioTools 制作的电熨斗效果图    图 22-38 V-Ray for Rhino 制作的消毒柜效果图

图 22-39 V-Ray for Rhino 制作的食品加工机效果图    图 22-40 Cinema 4D 制作的概念车效果图

### 4. 机构设计

3D 造型完成后，最后创建产品的零件图纸和装配图纸，这些图纸用来在加工制造和装配过程中师傅作为参考，如图 22-41 所示为利用 SolidWorks 软件创建的某自行车产品图纸。

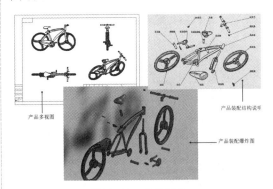

图 22-41 产品图纸

### 5. 模型开发

模型，首先是一种设计的表达形式。它是以接近现实的，立体的形态来表达设计师的设计理念及创意思想的手段。同时也是一种方案。使设计师的意图转化为视觉和触觉的近似真实的设计方案。产品设计模型与市场上销售的商品模型是有根本区别的。产品模型的功能是设计师将自己所从事的产品设计过程中的构想与意图通过接近或等同于设计产品的直观化体现出来。这个体现过程其实也就是一种设计创意的体现。它使人们可以直观地感受设计师的创造理念、灵感、意识等诸要素，如图 22-42 所示。

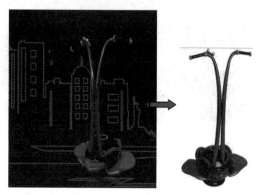

图 22-42　效果图向模型的转换

根据材料不同，模型包括纸质模型、石膏模型、陶土模型、油泥模型、玻璃钢模型、ABS 板塑胶模型、泡沫塑料模、木质模型、金属模型（RP 成型技术）和 3D 打印机模型等。

- 纸质模型：纸质材料是一种常见的制作材料，它具有来源广泛、易加工成型、制作简单、简易方便等特性。常见的有各种克数的卡纸、瓦楞纸、包装纸，以及厚度不同的泡沫夹心纸板等。纸质模型及其制作工具如图 22-43 所示。

图 22-43　纸质模型及制作刀具

- 石膏模型：石膏模型具有实体性强、具有一定强度、成型较为容易、不宜变型、保存期长、方便二次加工制作、可涂着色彩等优点。不足之处是有一定重量、易碰碎、不宜携带、细微刻画不足等。所以石膏模型一般用于形态适中、外形较为整体、负空间不大的产品设计。石膏模型及其制作工具如图 22-44 所示。

图 22-44　石膏模型及制作刀具

- 陶土模型：陶土也叫黏土，其特点是取材方便，成本低廉，具有很好的可塑性，加工修改方便、简易。同时具有可回收性和重复制作性特点。不足之处是重量较大、质地较粗糙、不太适合精加工。以此材质制作的模型干湿变化很大，常常因脱水而造成模型变型和表面龟裂。现在一般用来制作构思阶段的草稿性模型，为以后的定型提供探讨研究依据。陶土模型及其制作工具如图 22-45 所示。

图 22-45　陶土模型及制作刀具

- 油泥模型：油泥是一种含油质的材料，不溶于水，成型后不会干裂，其特点是可塑性和黏接性非常好，成型后经过加热软化后可以自由修改，油泥经过加温，硬度会有所降低，呈现出很好的柔软性，温度降低后，硬度会恢复到原先的强度，这个过程可以经过无数次，而丝毫不影响材质的质量。油泥材质还可以回收再用，对设计师来讲是非常方便和有效的。油泥模型及其制作工具如图 22-46 所示。

图 22-46　油泥模型及制作刀具

- 玻璃钢模型：玻璃钢是一种复合材料。主要由环氧树脂与玻璃纤维构成，是一种高分子有机树脂。学名玻璃纤维增强塑料。玻璃钢具有密度小、强度高等特点。重量比铝还轻，但强度比钢还高。还具有良好的耐酸碱腐蚀特性，不导电，具有绝缘性，且耐瞬间高温，表面易于进行装饰，是当今许多工业产品广泛使用的优良材料。玻璃钢模型及其制作工具如图 22-47 所示。

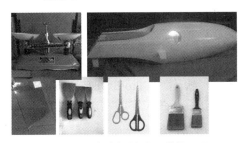

图 22-47　玻璃钢模型及制作刀具

- ABS 板塑胶模型：ABS 是一种五大合成树脂之一，其抗冲击性、耐热性、耐低温性、耐化学药品性及电气性能优良，还具有易加工、制品尺寸稳定、表面光泽性好等特点，容易涂装、着色，还可以进行表面喷镀金属、电镀、焊接、热压和黏接等二次加工。在模型制作中，主要使用 ABS 的板材，板材多通过热温变软后配合磨具制作大曲面，或在常态下雕刻镂空，用于制作产品面板之类部件。也可通过 CNC 数控加工中心切削制作精确的模型形态。设计师既可以自己动手通过简单工具制作简易的模型，也可以通过专业人员运用数码设备制作手板级别的精密模型。ABS 板塑胶模型及其制作工具如图 22-48 所示。

图 22-48　ABS 板塑胶模型及数控加工中心

- 泡沫塑料模型：泡沫塑料的种类用很多，用于制作模型的有 UPS、XPS、PU 这 3 种材料，其中 UPS 和 XPS 一般用作制作黏土模型和油泥模型的芯料，能够较为独立地应用于模型制作的材料便是 PU 了，这里所说的 PU 就是聚氨酯发泡塑料。这种材料同前面提到的 3 种材料一样，主要应用于建筑做隔温材料使用，聚氨酯发泡密度较低：80 千克/立方～150 千克/立方，由于其颗粒均匀、易于切削打磨的特点，它既可以用于方案初期快速的草模制作，也可用于后期较为精密的效果模型的制作。泡沫塑料模型和常用工具如图 22-49 所示。

图 22-49　泡沫塑料模型和常用工具

- 木质模型：木材是一种常见的材料，它来源广泛，品种众多，品质呈多样性，是一种模型制作常用的构成材质，相对来讲，木材质量轻而强度大，具有绝缘隔热的特性，有其天然的纹理和色泽，加工相对容易和便于制作。同时易于表面装饰和利用自身色泽肌理进行产品模型的制作。因此木材常用于家具和家居产品模型制作。木质模型和常用工具如图 22-50 所示。

图 22-50　木质模型和常用工具

- 金属模型：金属模型要动用的材料和工具比较复杂和高端，所以在制作这类模型时往往需要专业技师来进行。但作为设计师来说，也要掌握一些这方面的专业知识，以更好地达到设计目的和更好地体现设计效果。金属模型和常用加工工具如图 22-51 所示。金属模型加工的步骤如图 22-52 所示。

图 22-51　金属模型及加工工具

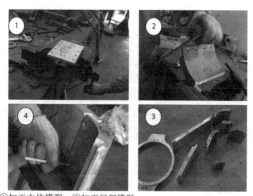

①加工主体模型；②加工局部模型；
③完成所有模型加工；④零件模型装配

图 22-52　金属模型加工的基本步骤

- 3D 打印机制作模型：3D 打印机的应用技术也称 RP（Rapid Prototyping）快速成型技术。它是一种以数字模型文件为基础，运用粉末状金属或塑料等可黏合材料，通过逐层打印的方式来构造物体的技术。过去常在模具制造、工业设计等领域被用于制造模型，现正逐渐用于一些产品的直接制造，意味着这项技术正在普及。它的原理是：把数据和原料放进 3D 打印机中，机器会按照程序把产品一层层造出来。打印出的产品，可以即时使用。3D 打印机及其加工的模型如图 22-53 所示。

图 22-53　3D 打印机及其加工的模型

### 22.3.2　模具设计阶段

除了前面介绍的利用 3D 打印技术制作产品以外，几乎所有的塑胶产品都需要利用注射成型技术（模具）来制造产品。

常见用于模具结构设计的计算机辅助设计软件有 Pro/E、UG、SolidWorks、MsterCAM、CATIA 等。模具设计的步骤如下：

#### 1. 分析产品

主要是分析产品的结构、脱模性、厚度、最佳浇口位置、填充分析、冷却分析等，若发现产品有不利于模具设计的，与产品结构设计师商量后须进行修改，如图 22-54 所示为利用 MsterCAM 软件对产品进行的脱模性分析，即更改产品的脱模方向。

图 22-54　产品的脱模性分析

## 2．分型线设计

分型线是型腔与型芯的分隔线。它在模具设计初期阶段有着非常重要的指导作用——只有合理地找出分型线才能正确分模乃至模具的完整。产品的模具分型线如图22-55所示。

图22-55　模具分型线

## 3．分型面设计

模具上用以取出制品与浇注系统凝料的、分离型腔与型芯的接触表面称为分型面。在制品的设计阶段，就应考虑成型时分型面的形状和位置。模具分型面如图22-56所示。

## 4．成型零件设计

构成模具模腔的零件统称为成型零件，它主要包括型腔、型芯、各种镶块、成型杆和成型环，如图22-57所示为模具的整体式成型零件。

图22-56　模具分型面　图22-57　整体式成型零件

## 5．模架设计

模架（沿海地区或称为【模胚】）一般采用标准模架和标准配件，这对缩短制造周期、降低制造成本是有利的。模架有国际标准和国家标准。符合国家标准的龙记模架结构如图22-58所示。

## 6．浇注系统设计

浇注系统是指塑料熔体从注塑机喷嘴出来后到达模腔前在模具中所流经的通道。普通浇注系统由主流道、分流道、浇口、冷料穴几部分组成，如图22-59所示是卧式注塑模的普通浇注系统。

图22-58　模架

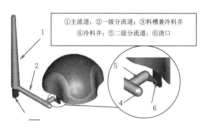

图22-59　普通浇注系统

## 7．侧向分型机构设计

由于某些特殊要求，在塑件无法避免其侧壁内外表面出现凸凹形状时，模具就需要采取特殊的手段对所成型的制品进行脱模。因为这些侧孔、侧凹或凸台与开模方向不一致，所以在脱模之前必须先抽出侧向成型零件，否则将不能脱模。这种带有侧向成型零件移动的机构我们称之为侧向分型与抽芯机构，如图22-60所示为模具四面侧向分型的滑块机构设计。

## 8．冷却系统设计

模具冷却系统的设计与使用的冷却介质、冷却方法有关。注塑模可用水、压缩空气和冷凝水冷却，其中使用水冷却最为广泛，因为水的热容量大，传热系数大，成本低。冷却系统组件包括冷却水路、水管接头、分流片、堵头等，如图22-61所示为模具冷却系统设计图。

图22-60　四面滑块机构　图22-61　模具冷却系统

### 9. 顶出系统

成型模具必须有一套准确、可靠的脱模机构，以便在每个循环中将制件从型腔内或型芯上自动脱出模具外，脱出制件的机构称为脱模机构或顶出机构（也称模具顶出系统）。常见的顶出形式有顶杆顶出和斜向顶出，如图22-62所示。

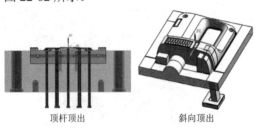

图 22-62　顶出系统

### 10. 拆电极

作为数控编程师，一定要懂得拆镶块和拆电极。拆镶块可以降低模具数控加工的成本。拆出来的镶块用普通机床、线切割机床就可以完成加工。如果不拆，那么就有可能会用到电极加工方式，电极加工成本是很高的。即使用不上电极加工，对于数控机床也会增加加工时间。此外，拆镶块还利用装配和维修，如图22-63所示为拆镶块的示意图。

有的产品为了保证产品的外观质量，例如手机外壳，是不允许有接缝产生的。因此必须利用电极加工，那么就需要拆电极，如图22-64所示为模具的型芯零件与型芯电极。

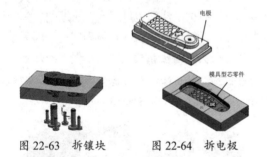

图 22-63　拆镶块　　图 22-64　拆电极

## 22.3.3　加工制造阶段

在模具加工制造阶段，新手除应掌握前面介绍的知识外，还应掌握以下重要内容：

### 1. 数控加工中常见的模具零件结构

一般情况下，前模（也叫定模）的加工要求比后模的加工要求高，所以前模面必须加工得非常准确和光亮，该清的角一定要清；但后模（也叫动模）的加工就有所不同，有时有些角不一定需要清得很干净，表面也不需要很光亮。另外，模具中一些特殊部位的加工工艺要求不相同，如模具中的角位需要留0.02mm的余量待打磨师傅打磨；前模中的碰穿面、擦穿面需要留0.05mm的余量用于试模，如图22-65所示列出了模具中的一些常见组成零件。

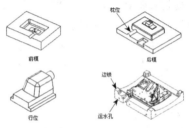

图 22-65　常见的模具零件

### 2. 模具加工的刀具选择

在模具型腔数控铣削加工中，刀具的选择直接影响着模具零件的加工质量、加工效率和加工成本，因此正确选择刀具有着十分重要的意义。在模具铣削加工中，常用的刀具有平端立铣刀、圆角立铣刀、球头刀和锥度铣刀等，如图22-66（a）、（b）、（c）、（d）所示。

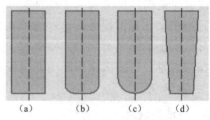

图 22-66　模具铣削刀具

（1）刀具选择的原则。

在模具型腔加工时刀具的选择应遵循以下原则。

- 根据被加工型面形状选择刀具类型。

对于凹形表面，在半精加工和精加工时，应选择球头刀，以得到好的表面质量，但在粗加工时宜选择平端立铣刀或圆角立铣刀，这是因为球头刀切削条件较差；对凸形表面，粗加工时一般选择平端立铣刀或圆角立铣刀，但在精加工时宜选择圆角立铣刀，这是因为圆角铣刀的几何条件比平端立铣刀好；对带脱模斜度的侧面，宜选用锥度铣刀，虽然采用平端立铣刀通过插值也可以加工斜面，但会使加工路径变长而影响加工效率，同时会加大刀具的磨损而影响加工的精度。

- 根据从大到小的原则选择刀具。模具型腔一般包含多个类型的曲面，因此在加工时一般不能选择一把刀具完成整个零件的加工。无论是粗加工还是精加工，应尽可能选择大直径的刀具，因为刀具直径越小，加工路径越长，造成加工效率降低，同时刀具的磨损会造成加工质量的明显差异。
- 根据型面曲率的大小选择刀具。

在精加工时，所用最小刀具的半径应小于或等于被加工零件上的内轮廓圆角半径，尤其是在拐角加工时，应选用半径小于拐角处圆角半径的刀具，并以圆弧插补的方式进行加工，这样可以避免采用直线插补而出现过切现象。

在粗加工时，考虑到尽可能采用大直径刀具的原则，一般选择的刀具半径较大，这时需要考虑的是粗加工后所留余量是否会给半精加工或精加工刀具造成过大的切削负荷，因为较大直径的刀具在零件轮廓拐角处会留下更多的余量，这往往是精加工过程中出现切削力的急剧变化而使刀具损坏或裁刀的直接原因。

- 粗加工时尽可能选择圆角铣刀。一方面圆角铣刀在切削中可以在刀刃与工件接触的 0°～90°范围内给出比较连续的切削力变化，这不仅对加工质量有利，而且会使刀具寿命大大延长；另一方面，在粗加工时选用圆角铣刀，与球头刀相比具有良好的切削条件，与平端立铣刀相比可以留下较为均匀的精加工余量，如图 22-67 所示，这对后续加工是十分有利的。

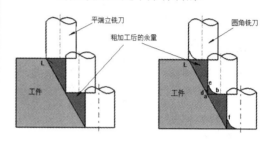

图 22-67　圆角铣刀与平端铣刀粗加工后的余量比较

（2）刀具的切入与切出。

一般的 UG CAM 模块提供的切入/切出方式有刀具垂直切入/切出工件、刀具以斜线切入工件、刀具以螺旋轨迹下降切入工件、刀具通过预加工工艺孔切入工件，以及圆弧切入切出工件。

其中刀具垂直切入/切出工件是最简单、最常用的方式，适用于可以从工件外部切入的凸模类工件的粗加工和精加工，以及模具型腔侧壁的精加工，如图 22-68 所示。

刀具以斜线或螺旋线切入工件常用于较软材料的粗加工，如图 22-69 所示。通过预加工工艺孔切入工件是凹模粗加工常用的下刀方式，如图 22-70 所示。圆弧切入/切出工件由于可以消除接刀痕而常用于曲面的精加工，如图 22-71 所示。

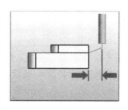 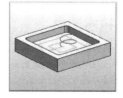

图 22-68　垂直切入/切出　　图 22-69　螺旋切入/切出

图 22-70　预钻孔切入　　图 22-71　圆弧切入/切出

**技术要点**

需要说明的是，在粗加工型腔时，如果采用单向走刀方式，一般 CAD/CAM 系统提供的切入方式是一个加工操作开始时的切入方式，并不定义在加工过程中每次的切入方式。这个问题有时是造成刀具或工件损坏的主要原因。解决这一问题的一种方法是采用环切走刀方式或双向走刀方式，另一种方法是减小加工的步距，使背吃刀量小于铣刀半径。

### 3. 模具前后模编程注意事项

在编写刀路之前，先将图形导入编程软件，再将图形中心移动到系统默认坐标原点，最高点移动到 Z 原点，并将长边放在 X 轴方向，短边放在 Y 轴方向，基准位置的长边向着自己，如图 22-72 所示。

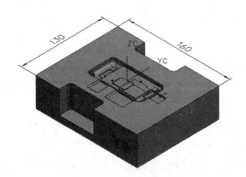

图 22-72　加工模型的位置确定

**技术要点**

工件最高点移动到 Z 原点有两个目的，一是防止程式中忘记设置安全高度造成撞机，二是反映刀具保守的加工深度。

（1）前模（定模仁）编程注意事项。

编程技术人员编写前模加工刀路时，应注意以下事项：

- 前模加工的刀路顺序：大刀开粗→小刀开粗和清角→大刀光刀→小刀清角和光刀。
- 应尽量用大刀加工，不要用太小的刀，小刀容易弹刀，开粗通常先用刀把（圆鼻刀），光刀时尽量用圆鼻刀或球刀，因圆鼻刀足够大，有力，而球刀主要用于曲面加工。
- 加工有 PL 面（分型面）的前模时，通常会碰到一个问题，当光刀时 PL 面因碰穿需要加工到数，而型腔要留 0.2mm～0.5mm 的加工余量（留出来打火花）。这时可以将模具型腔表面朝正向补正 0.2mm～0.5mm，PL 面在写刀路时将加工余量设为 0。
- 前模开粗或光刀时通常要限定刀路范围，一般系统默认参数以刀具中心产生刀具路径，而不是刀具边界范围，所以实际加工区域比所选刀路范围单边大一个刀具半径。因此，合理设置刀路范围，可以优化刀路，避免加工范围超出实际加工需要。
- 前模开粗常用的刀路方法是曲面挖槽，平行式光刀。前模加工时分型面、枕位面一般要加工到数，而碰穿面可以留余量 0.1 mm，以备配模。
- 前模材料比较硬，加工前要仔细检查，减少错误，不可轻易烧焊。

（2）后模（动模）编程注意事项。

- 后模加工的刀路顺序：大刀开粗→小刀开粗和清角→大刀光刀→小刀清角和光刀。
- 后模同前模所用材料相同，尽量用圆鼻刀（刀把）加工。分型面为平面时，可用圆鼻刀精加工。如果是镶拼结构，则后模分为镶块固定板和镶块，需要分开加工。加工镶块固定板内腔时要多走几遍空刀，不然会有斜度，造成上面加工到数，下面加工不到位的问题，造成难以配模，深腔更明显。光刀内腔时尽量用大直径的新刀。

- 内腔高、较大时，可翻转过来首先加工腔部位，装配入腔后，再加工外形。如果有止口台阶，用球刀光刀时需控制加工深度，防止过切。内腔的尺寸可比镶块单边小 0.02mm，以便配模。镶块光刀时公差为 0.01mm～0.03mm，步距值为 0.2mm～0.5mm。
- 塑件产品上下壳配合处凸起的边缘称为止口，止口结构在镶块上加工或在镶块固定板上用外形刀路加工。止口结构如图 22-73 所示。

图 22-73　止口结构

### 4. 数控加工过程中的常见问题

在数控编程中，经常遇到的问题有撞刀、弹刀、过切、漏加工、多余的加工、空刀过多、提刀过多和刀路凌乱等问题，这也是编程初学者急需解决的重要问题。

（1）撞刀。

撞刀是指刀具的切削量过大，除了切削刃外，刀杆也撞到了工件。造成撞刀的原因主要是安全高度设置不合理或根本没设置安全高度、选择的加工方式不当，以及刀具使用不当和二次开粗时余量的设置比第一次开粗设置的余量小等。

撞刀的原因及其解决方法介绍如下：

- 吃刀量过大。由于吃刀量过大，可引起刀具与工件碰撞，如图 22-74 所示。解决方法是：减少吃刀量。刀具直径越小，其吃刀量应该越小。一般情况下模具开粗每刀吃刀量不大于 0.5mm，半精加工和精加工吃刀量更小。
- 不当加工方式。选择了不当的加工方式，同样会引起撞刀，如图 22-75 所示。解决方法是：将等高轮廓铣的方式改为型腔铣的方式。当加工余量大于刀具直径时，不能选择等高轮廓的加工方式。

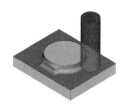  

图 22-74　吃刀量过大　　图 22-75　不当加工方
　　　　引起撞刀　　　　　　式引起撞刀

- 安全高度。由安全高度设置不当引起的撞刀，如图 22-76 所示。解决方法是：安全高度应大于装夹高度；多数情况下不能选择【直接的】进退刀方式，除了特殊的工件之外。

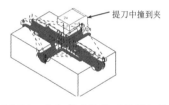

图 22-76　安全高度设置不当引起撞刀

- 二次开粗余量。由二次开粗余量设置不当引起的撞刀现象，如图 22-77 所示。解决方法是：二次开粗时余量应比第一次开粗的余量要稍大一点，一般大 0.05mm。如第一次开粗余量为 0.3mm，则二次开粗余量应为 0.35mm。否则，刀杆容易撞到上面的侧壁。

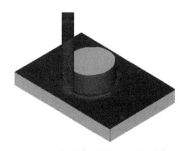

图 22-77　二次开余量设置不当引起撞刀

- 其他原因。除了上述原因会产生撞刀外，修剪刀路有时也会产生撞刀，故尽量不要修剪刀路。撞刀产生最直接的后果就是损坏刀具和工件，更严重的可能会损害机床主轴。

（2）弹刀。

弹刀是指刀具因受力过大而产生幅度相对较大的振动。弹刀造成的危害就是造成工件过切和损坏刀具，当刀径小且刀杆过长或受力过大都会产生弹刀的现象。下面是弹刀的原因及其解决方法。

- 刀径小且刀杆过长。由刀径小且刀杆过长导致的弹刀现象，如图22-78所示。解决方法是：改用大一点的球刀清角或电火花加工深的角位。
- 吃刀量过大。由吃刀量过大导致的弹刀现象，如图22-79所示。解决方法是：减少吃刀量（即全局每刀深度），当加工深度大于120mm时，要分开两次装刀，即先装上短的刀杆加工到100mm的深度，然后再装上加长刀杆加工100mm以下的部分，并设置小的吃刀量。

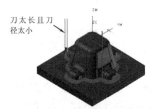 

图22-78 刀杆问题引起弹刀　　图22-79 吃刀量大引起弹刀

（3）过切。

过切是指刀具把不能切削的部位也切削了，使工件受到了损坏。造成工件过切的原因有多种，主要有机床精度不高、撞刀、弹刀、编程时选择小的刀具但实际加工时误用大的刀具等。另外，如果操机师傅对刀不准确，也可能会造成过切，如图22-80所示的情况是由于安全高度设置不当而造成的过切。

（4）漏加工。

漏加工是指模具中存在一些刀具能加工到的地方却没有加工，其中平面中的转角处是最容易漏加工的，如图22-81所示。

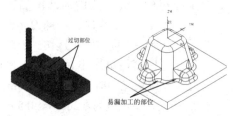

图22-80 过切　　图22-81 平面中的转角处漏加工

出现这种现象的解决方法是：先使用较大的平底刀或圆鼻刀进行光平面，当转角半径小于刀具半径时，则转角处就会留下余量，如图22-82所示。为了清除转角处的余量，应使用球刀在转角处补加刀路，如图22-83所示。

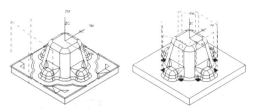

图22-82 平面铣加工　　图22-83 补加刀路

（5）多余加工。

多余加工是指对于刀具加工不到的地方或电火花加工的部位进行加工，它多发生在精加工或半精加工。有些模具的重要部位或者普通数控加工不能加工的部位都需要进行电火花加工，所以在开粗或半精加工完成后，这些部位就无须再使用刀具进行精加工，否则就是浪费时间或者造成过切，如图22-84所示的模具部位就无须进行精加工。

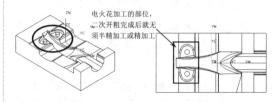

图22-84 无须进行精加工的部位

（6）空刀过多。

空刀是指刀具在加工时没有切削到工件，

当空刀过多时则浪费时间。产生空刀的原因多是加工方式选择不当、加工参数设置不当、已加工的部位所剩的余量不明确和大面积进行加工,其中选择大面积的范围进行加工最容易产生空刀。

为避免产生过多的空刀,在编程前应详细分析加工模型,确定多个加工区域。编程总脉络是开粗用型腔铣刀路,半精加工或精加工平面用平面铣刀路,陡峭的区域用等高轮廓铣刀路,平缓区域用固定轴轮廓铣刀路。

半精加工时不能选择所有的曲面进行等高轮廓铣加工,否则将产生过多空刀,如图 22-85 所示。

角处的残余量约为 4mm;当使用 D12R0.4 的飞刀进行等高清角时,则转角处的余量约为 0.4mm;当使用 D10 或比 D10 小的刀具进行加工时,则转角处的余量为设置的余量,当设置的余量为 0 时,则可以完全清除转角上的余量。

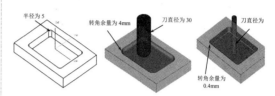

图 22-86 转角余量

当使用 D30R5 的飞刀对上图的模型进行开粗时,其底部会留下圆角半径为 5mm 的余量,如图 22-87 所示。

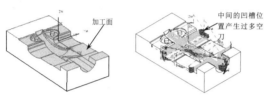

图 22-85 空刀过多

(7)残料。

如图 22-86 所示的模型,其转角半径为 5mm,如使用 D30R5 的飞刀进行开粗,则转

图 22-87 底部留下余量

## 读书笔记

# 第23章 SolidWorks 手动分模

分模是模具设计流程中最为复杂也是最为关键的技术，因为它直接影响到模具的成败或者产品的质量好坏。对于利用软件进行分模来说，关键在于合理应用软件的相关功能指令，再结合实际的模具分型技术，高效设计出完整、合格的分型面和成形零件。

本章将全面介绍利用 SolidWorks 的模具工具指令进行手动分模。

百度云网盘

360云盘 密码6955

- ◆ SolidWorks 模具工具介绍
- ◆ 产品分析工具
- ◆ 分型线设计工具
- ◆ 分型面设计工具
- ◆ 成型零部件设计工具

## 23.1 SolidWorks 模具工具介绍

SolidWorks 模具工具主要用来进行模具的分模设计，即设计分型面来分割工件得到型芯、型腔和其他小成型镶件的设计过程。SolidWorks 的【模具工具】选项卡如图 23-1 所示。

图 23-1 【模具工具】选项卡

## 23.2 产品分析工具

当载入一个分模产品后，首先要做的工作是对产品进行分析，这些分析包括产品厚度分析、拔模分析、底切分析、分型线分析等。

产品分析工具我们在本书第 20 章中已经全面介绍，这里不再赘述。产品分析工具在【评估】选项卡中，如图 23-2 所示。

图 23-2 【评估】选项卡

## 23.3 分型线设计工具

仅在确定好模具分型线后,才可以设计出合理的分型面。而分型线就是产品中型芯区域和型腔区域的分界线。

对于大多数形状较规则、简单点的产品,我们均可以使用【分型线】工具来分析出产品中的分型线。其基本原理就是:通过在某一方向上进行投影,得到产品最大的投影边界,此边界就是分型线。

> **技术要点**
> 对于具有侧孔、侧凹、倒扣等复杂结构的产品,最大投影边界不一定就全是产品上的分型线。

在【模具工具】选项卡中单击【分型线】按钮 ⊖,打开【分型线】属性面板,如图23-3所示。

面板中个选项含义如下:

- 实体:选择要设计分型线的壳体产品。
- 拔模方向:激活此收集器,为拔模方向(投影方向)选择参考平面。参考平面与拔模方向始终垂直,如图23-4所示。
- 【反向】:单击此按钮,改变投影方向。
- 拔模角度:设置拔模分析的角度。此值必须大于0且小于等于90。
- 拔模分析:单击此按钮,将执行拔模分析命令,得到拔模分析结果,同时也得到产品最大投影方向上的截面边界。
- 用于型芯/型腔分割:选中此复选框,可直接得到产品分型线。此选项针对简单产品,如图23-5所示。

图23-3 【分型线】属性面板

> **技术要点**
> 【分型线】属性面板中【用于型心/型腔分割】选项的【型心】系人为翻译错误。

图23-4 拔模方向

图23-5 产品分型线

- 分割面:选中此复选框,可以得到投影曲线,再利用此曲线来分割产品,使产品中的某些混合区域得以分割,从而使其分别从属于型芯区域和型腔区域,如图23-6所示。
- 于+/-拔模过渡:仅当在0度拔模位置分割曲面。
- 于指定的角度:在指定的拔模角度位置分割曲面,如图23-7所示。

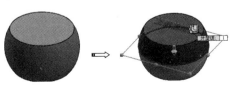

图23-6 分割面

图 23-7 于指定的角度

## 23.4 分型面设计工具

分型面包括产品区域面（型芯区域或型腔区域）、分型线延展曲面和破孔修补曲面。

### 23.4.1 用于创建区域面的工具

使用【模具工具】选项卡中用于设计区域面的工具如【等距曲面】工具，选取产品的外表面（通常为型腔区域面）或者产品内表面（型芯区域面）进行等距复制，可以得到区域面，如图 23-8 所示。

【移动面】也可以用于区域面的创建，单击【移动面】按钮，打开【移动面】属性面板。此面板中包括 3 个移动复制类型：等距、移动和旋转。

图 23-8 复制区域面

【等距】类型与【等距曲面】工具的功能作用是相同的。【移动】、【旋转】类型与【移动/复制】工具的作用也是相等的，如图 23-9 所示。

### 23.4.2 用于创建延展面的工具

#### 1. 手动分型面设计工具

设计了分型线以后，需利用【延展曲面】工具创建水平延展的曲面，这种分型面称为平面分型面，如图 23-10 所示。

当产品底部为弧形曲面时，是不能直接创建水平延展曲面的，需要利用【曲面】选项卡中【延伸曲面】工具来创建延伸曲面，延伸一定距离后，再创建出水平延展曲面，这种分型面称为斜面分型面，如图 23-11 所示。

图 23-9 【移动面】属性面板

图 23-10 平面分型面　　　图 23-11 斜面分型面

当选用的分模面具有单一曲面（如柱面）特性时，要求按图 23-12（b）的形式即按曲面的曲率方向伸展一定距离建构分型面，这种分型面称为【曲面分型面】。否则，则会形成如图 23-12（a）所示的不合理结构，产生尖钢及尖角形的封胶面，尖形封胶不易封胶且易于损坏。

曲面分型面除了利用延展曲面工具、还将会利用到【放样曲面】或【扫描曲面】工具。

 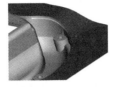

(a) 不合理结构　　　　(b) 合理结构

图 23-12　曲面分型面

上述介绍的是手动操作的分型面设计工具。下面介绍【分型面】工具，此工具将能创建水平延展、斜面延伸、曲面曲率连续的分型面。

### 2. 自动分型面工具

单击【分型面】按钮，打开【分型面】属性面板，如图 23-13 所示。

图 23-13　【分型面】属性面板

属性面板中各选项含义如下：

(1)【模具参数】选项组。

- 拔模方向：即选择与拔模方向垂直的参考平面。
- 相切于曲面：选择此单选按钮，将创建出相切于产品底部曲面的分型面。
- 正交于曲面：选择此单选按钮，将创建出正交于产品底部曲面的分型面。
- 垂直于拔模：选择此单选按钮，将创建出垂直于拔模方向的分型面。

(2)【分型线】选项组。

- 边线：为创建分型面而选择分型线作为分型面的边界。
- 添加所选边线：单击此按钮，将自动添加分型线。
- 选择下一边线：单击此按钮，改变自动搜索的路径，使自动添加得以正确完成。
- 放大所选边线：单击此按钮，将放大显示所选的分型线。
- 撤销：单击此按钮，撤销选择的分型线。
- 恢复：单击此按钮，恢复选择的分型线。

(3)【分型面】选项组。

- 距离：在距离数值框中输入分型面的延伸距离。
- 反转等距方向：单击此按钮，更改方向。
- 角度：当在【模具参数】选项组中选择【相切于曲面】类型后，可以输入拔模角度，使分型面与底部曲面呈一定角度等距偏移出。
- 平滑：转角处分型面的平滑过渡形式。包括【尖锐】和【平滑】两种。
- 距离：设定相邻曲面之间的距离。高的值在相邻边线之间生成更平滑的过渡。

(4)【选项】选项组。

- 缝合所有曲面：选中此复选框，将自动缝合所有边线产生的分型面。
- 显示预览：选中此复选框，将显示分型面的预览，保证分型面的设计正确。

### 23.4.3　修补孔的工具

若产品中存在破孔，是需要进行修补的。在一个平面或曲面中的孔（如图 23-14 所示），可以使用【关闭曲面】工具来自动修补。如果破孔由多个面（不在同平面）的组合而成（如图 23-15 所示），将使用一般的曲面工具进行修补，如【平面区域】、【直纹】、【填充】等。

图 23-14　在同平面中　　图 23-15　由多个面组
　　　　　的孔　　　　　　　　　合而成的孔

这里主要介绍【关闭曲面】工具的应用。单击【关闭曲面】按钮。打开【关闭曲面】属性面板，如图 23-16 所示。

面板中各选项含义如下：

- 边线：此列表框中用于收集要修补的孔边界。默认情况下，SolidWorks 会自动收集同平面或同曲面中的简单孔边界。图 23-16 中的边线 1~边线 4 就就是自动收集的。

### 技术要点

对于斜面上的孔，需要用户手动选择边线，如图 23-17 所示。

 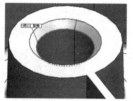

图 23-16　【关闭曲面】　图 23-17　斜面上的孔
　　　　　属性面板

- 缝合：选中此复选框将自动缝合封闭曲面与产品区域面。
- 过滤环：选中此复选框，将自动过滤符合修补要求的孔边线。即孔边线必须形成封闭的环，否则不能创建曲面。
- 显示预览：选中此复选框将显示修补曲面，如图 23-18 所示。
- 显示标注：选中此复选框将显示孔边线的说明文字，如图 23-19 所示。

图 23-18　显示预览　　图 23-19　显示标注

- 重设所有修补类型：共有 3 种修补类型：【全部不填充】、【全部相触】和【全部相切】。【全部不填充】表示将不创建封闭曲面；【全部相触】表示封闭曲面与孔所在曲面仅仅接触，为 G0 连续，如图 23-20 所示；【全部相切】表示表示封闭曲面与孔所在曲面全相切，为 G1 连续，如图 23-21 所示。

图 23-20　全部相触　　图 23-21　全部相切

**动手操作——设计平面分型面**

操作步骤：

**01** 打开本例产品模型，如图 23-22 所示。

图 23-22　产品模型

**02** 单击【分型线】按钮，打开【分型线】属性面板。选择拔模方向参考为【前视基准面】，再单击【拔模分析】按钮，产品中显示分型线，如图 23-23 所示。

第 23 章　SolidWorks 手动分模

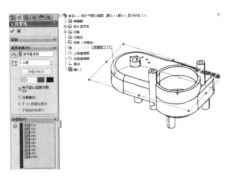

图 23-23　拔模分析得出分型线

**03** 单击【确定】按钮 ✓，创建分型线。
**04** 利用【关闭曲面】工具，自动修补产品中的破孔，如图 23-24 所示。

 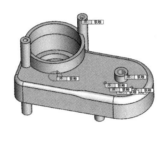

图 23-24　修补破孔

### 技术要点

暂时不要选中【缝合】复选框。

**05** 以分型线和封闭曲面为界，产品外侧所有曲面为型腔面，而产品内部所有曲面则为型芯面。利用【等距曲面】工具，等距复制出产品外侧的所有曲面，如图 23-25 所示。

### 技术要点

本例中我们仅以创建型腔区域面为例，讲解详细的操作方法。型芯区域面的创建方法是相同的，所以不重复介绍。

图 23-25　等距复制出产品外侧曲面

**06** 单击【分型面】按钮 ⊕，打开【分型面】属性面板。程序已自动拾取前视基准面作为拔模参考，如图 23-26 所示。
**07** 选择【垂直于拔模】类型，设置距离为 60，并单击【尖锐】按钮 ▣，预览情况如图 23-27 所示。

图 23-26　自动选择的　　图 23-27　预览分型面
　　　　拔模参考

**08** 选中【缝合所有曲面】复选框，并单击【确定】按钮 ✓，完成平面分型面的设计，如图 23-28 所示。

图 23-28　创建平面分型面

## 23.5　成型零部件设计工具

设计了分型面后，就可以利用【切削分割】工具来分割出型腔零件与型芯零件了，并用【型心】工具拆分出其他成型零部件（也称【镶件】）。

### 23.5.1 分割型芯和型腔

【切削分割】操作就是进入草图平面绘制工件轮廓，然后以分型面作为分割工具对具有一定厚度的工件进行分割而得到的型芯、型腔零件的操作。

下面我们通过动手操作来说明【切削分割】工具的应用，就以图23-28所创建的分型面来分割型芯和型腔。

**动手操作——分割型芯与型腔**

操作步骤：

**01** 打开创建完成的分型面。

**02** 单击【切削分割】按钮 ☒，然后选择分型面上的平面作为草图平面，然后绘制如图23-29所示的工件轮廓。

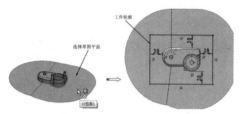

图23-29 绘制工件轮廓

**03** 退出草图环境，然后在【切削分割】属性面板中设置方向1的深度为20、方向2的深度为40，最后单击【确定】按钮完成工件的分割，并得到型芯和型腔零件，如图23-30所示。

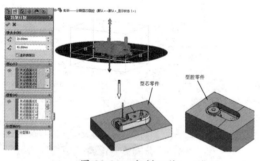

图23-30 分割工件

**04** 最后将结果保存。

### 23.5.2 拆分成型镶件

分割型芯和型腔零件后，有些时候为了便于零件的加工，同时也是为了节约加工成本，需要将型芯零件或型腔零件上的某些特征给分割出来，形成小的成型镶件。

分割镶件的工具是【型芯】。下面我们以分割型芯零件中的某镶件为例，具体说明此工具的应用方法。源文件为上一节操作后的型芯零件。

**动手操作——分割型芯镶件**

操作步骤：

**01** 打开型芯零件。除型芯零件外，隐藏其余特征，如图23-31所示。

**02** 下面需要对型芯零件中最长的一个立柱进行分割。单击【型芯】按钮 ☒，然后选择型芯零件上的平面（即分型面）作为草图平面，如图23-32所示。

 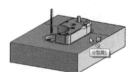

图23-31 型芯零件　　图23-32 选择草图平面

**03** 绘制如图23-33所示的草图，然后退出草图环境。

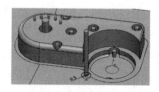

图23-33 绘制草图

**04** 在随后打开的【型芯】属性面板中设置深度值，如图23-34所示。

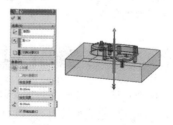

图23-34 设置深度值

**05** 再单击【确定】按钮完成镶件的分割,结果如图 23-35 所示。
**06** 最后保存结果。

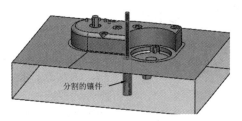

图 23-35 分割的镶件

## 23.6 综合实战——风扇叶分模

◎ 引入文件:\综合实战\源文件\Ch23\风扇叶.sldprt

◎ 结果文件:\综合实战\结果文件\Ch23\风扇叶.sldprt

◎ 视频文件:\视频\Ch23\风扇叶分模.avi

风扇叶片的分模具有分型线不明显、分模困难等特点。风扇叶片模型如图 23-36 所示。

针对风扇叶产品的分模设计做出如下分析:

- 分型线不明显,位于中间圆形壳体、叶片与叶片之间,在这里需要手动创建分型线来连接产品边线。

图 23-36 风扇叶片模型

- 由于风扇叶模型的深度较大,因此作分型线时要考虑到作插破分型面,便于产品脱模。
- 整个产品的分模将在零件设计环境中进行,并使用【模具工具】工具栏中的命令,而不是应用 IMOLD。
- 整个分模过程包括分型线设计、分型面设计和分割型腔与型芯。

操作步骤:

### 1. 分型线设计

**01** 从本例光盘中打开【风扇叶.sldprt】零件文件。
**02** 选择右视基准面作为草绘平面,进入草图模式,绘制如图 23-37 所示的草图。

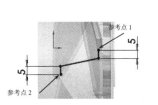

图 23-37 绘制草图

**03** 在菜单栏执行【插入】|【曲线】|【投影曲线】命令,属性管理器显示【投影曲线】面板。
**04** 然后在图形区域选择草图作为要投影的草图,选择产品圆柱表面作为投影面,程序自动将草图投影到圆柱面上,如图 23-38 所示。完成投影后关闭该面板。

**技术要点**

选择投影面后,可以查看投影预览。如果草图没有投影到预定面上,可选中【反转投影】复选框来调整。

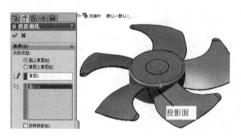

图 23-38　投影草图

**05** 使用【基准轴】工具，以上视基准面和右视基准面为参考创建如图 23-39 所示的轴。

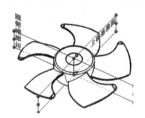

图 23-39　创建基准轴

**06** 使用【基准面】工具，选择右视基准面作为第一参考、基准轴作为第二参考，然后创建出两面夹角为 72°、基准面数为 4 的 4 个新基准面，如图 23-40 所示。

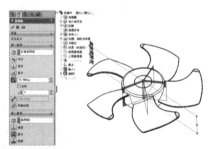

图 23-40　新建 4 个基准面

**07** 按步骤 02 的操作方法，分别在 4 个基准面上绘制同样参数的草图。绘制后使用【投影曲线】工具分别将绘制的 4 个草图投影到产品圆柱面上，如图 23-41 所示。

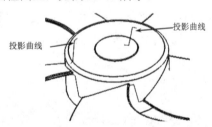

图 23-41　投影草图到产品圆柱面上

**08** 投影的 5 个草图曲线为分型线中的一部分，也是作为插破分型面的基础。其余分型线即为叶片外沿边线，无须再创建出来。

### 2. 分型面设计

**01** 使用【曲线】工具栏上的【组合曲线】工具，依次选择投影曲线和叶片与圆柱面的交线作为要连接的实体，然后创建出组合曲线，如图 23-42 所示。

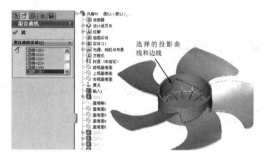

图 23-42　创建组合曲线

**02** 使用【等距曲面】工具，选择圆柱面作为要等距的面，然后创建出等距距离为 0 的曲面，如图 23-43 所示。

**03** 使用【剪裁曲面】工具，选择组合曲线作为剪裁工具，然后再选择如图 23-44 所示的区域作为要保留的曲面，以此剪裁圆柱面。

图 23-43　创建等距曲面　　图 23-44　剪裁曲面

**04** 使用【等距曲面】工具，以组合曲线为界，选择产品其中一个叶片的外部面进行复制，结果如图 23-45 所示。

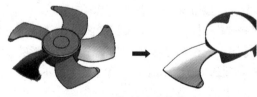

图 23-45　复制叶片外表面

**05** 暂时隐藏产品模型。使用【直纹曲面】工具，以【正交于曲面】类型，选择叶片曲面边线来创建距离为5的直纹曲面,如图23-46所示。

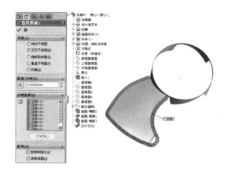

图 23-46 创建叶片上的直纹曲面

**06** 使用【通过参考点的曲线】工具,创建如图23-47所示的曲线。

**07** 使用【填充曲面】工具,创建出如图23-48所示的填充曲面。

图 23-47 创建曲线　图 23-48 创建填充曲面

**08** 同理,在叶片的另一侧也创建曲线和填充曲面。

**09** 使用【直纹曲面】工具,选择直纹曲面的边线和参考矢量来创建具有锥度(锥度为10.65)的新直纹曲面,如图23-49所示。

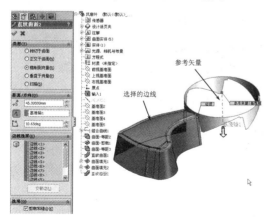

图 23-49 创建具有锥度的直纹曲面

**10** 使用【延伸曲面】工具,选择锥度直纹曲面的两端边线来创建距离为5的延伸曲面,如图23-50。

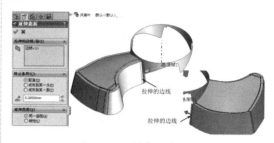

图 23-50 创建延伸曲面

**11** 使用【特征】工具栏中的【圆周阵列】工具,将叶片表面、直纹曲面和延伸曲面进行圆周阵列,结果如图23-51所示。

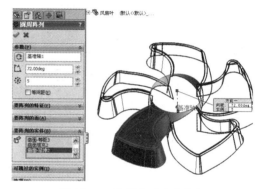

图 23-51 圆周阵列曲面实体

**12** 使用【延展曲面】工具,选择产品模型底部外边线作为要延展的边线,然后创建出如图23-52所示的延展曲面。

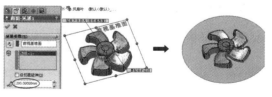

图 23-52 创建延展曲面

### 技术要点

在创建延展曲面时,要尽量将延展曲面做得足够大,以此可以将毛坯完全分割。

**13** 使用【剪裁曲面】工具,选择延展曲面作为剪裁工具,将圆周阵列的曲面剪裁,如图23-53所示。

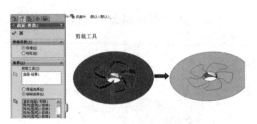

图 23-53　裁剪圆周阵列的曲面

**14** 使用【通过参考点的曲线】工具，创建如图 23-54 所示的 5 条曲线。

**15** 暂时隐藏延展曲面。使用【剪裁曲面】工具，选择一条曲线来剪裁叶片中的延伸曲面，如图 23-55 所示。

图 23-54　创建 5 条曲线　　图 23-55　剪裁叶片中的延伸曲面

**16** 同理，按此方法选择其余 4 条曲线将其余叶片中的延伸曲面剪裁。

**17** 再使用【剪裁曲面】工具，以两个叶片相邻的延伸曲面进行两两相互剪裁，最终完成的结果如图 23-56 所示。

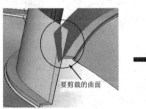

图 23-56　剪裁延伸曲面

**18** 隐藏剪裁的圆柱面、叶片外表面，图形区域仅显示剪裁的直纹曲面和延展曲面，以及延展曲面。在延展曲面中绘制如图 23-57 所示的等距实体草图。

**19** 使用【拉伸曲面】工具，选择上步骤绘制的草图来创建【两侧对称】的曲面，如图 23-58 所示。

图 23-57　绘制草图　　图 23-58　创建拉伸曲面

### 技术要点

这里创建拉伸曲面，是用来剪裁延展曲面的。草图是不能剪裁出要求的形状的。

**20** 使用【剪裁曲面】工具，选择其中一个叶片位置的拉伸曲面作为剪裁工具，然后剪裁延展曲面，如图 23-59 所示。

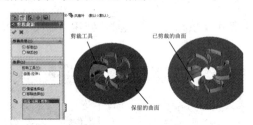

图 23-59　剪裁延展曲面

**21** 同理，按此方法依次剪裁延展曲面，最终剪裁的结果如图 23-60 所示。

**22** 将拉伸曲面隐藏。使用【缝合曲面】工具，缝合如图 23-61 所示的曲面。

图 23-60　最终剪裁延展曲面的结果　　图 23-61　合并曲面

**23** 使用【等距曲面】工具，复制上步骤缝合后的曲面。复制的曲面将作为型芯分型面的一部分（复制后暂时隐藏），原曲面则作为型腔分型面的一部分。

**24** 使用【等距曲面】工具，复制产品顶部的面，如图 23-62 所示。最后将属于型腔区域的所有面缝合成整体，即完成了型腔分型面分设计，如图 23-63 所示。

第 23 章 SolidWorks 手动分模

图 23-62 复制产品顶部 　图 23-63 型腔分型面

**25** 将最后一个缝合的曲面重命名为【型腔分型面】。

### 技术要点

在缝合曲面的过程中，不要选择全部的面进行缝合，这可能会因其精度太大而不能缝合。这时需要一个一个曲面地进行缝合。

**26** 使用【等距曲面】工具，复制产品圆柱面，然后使用【剪裁曲面】工具，以组合曲线作为剪裁工具，来剪裁复制的圆柱面，如图 23-64 所示。

图 23-64 复制圆柱面，然后剪裁

**27** 使用【等距曲面】工具，依次选择组合曲以下的叶片表面进行复制，如图 23-65 所示。

**28** 使用【等距曲面】工具，依次产品内部的曲面进行复制，如图 23-66 所示。

图 23-65 复制叶片表面 　图 23-66 复制产品内部面

**29** 将先前隐藏的、作为型芯分型面的一部分的曲面显示，然后使用【缝合曲面】工具，将所有属于型芯区域的曲面进行缝合。缝合结果如图 23-67 所示。

图 23-67 缝合的型芯分型面

### 技术要点

在缝合曲面不成功的情况下，除了前面所介绍的方法外，最好的方法是将一步一步缝合的曲面的缝合公差设为 0.1。这样就可以将不能缝合的曲面成功地缝合在一起。

#### 3. 创建型腔和型芯

**01** 使用【拉伸曲面】工具，选择如图 23-68 所示的型芯分型面作为草绘平面，并绘制【等距实体】草图。

图 23-68 绘制草图

**02** 退出草图模式后，创建拉伸距离为 50 的曲面，如图 23-69 所示。

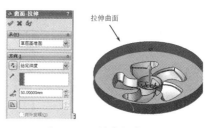

图 23-69 创建拉伸曲面

**03** 使用【平面区域】工具，创建如图 23-70 所示的平面。

图 23-70 创建平面

**04** 使用【缝合曲面】工具，将型芯分型面、拉伸曲面和【平面区域】曲面缝合成实体，如图 23-71 所示。缝合后生成的实体就是型芯。

**05** 将缝合后的曲面实体的名称更改为【型芯】。创建的型芯如图 23-72 所示。

**06** 显示型腔分型面。同理，按创建型芯的方法来创建型腔（拉伸曲面的距离为 90），创建的型腔如图 23-73 所示。

图 23-71 缝合曲面生成型芯

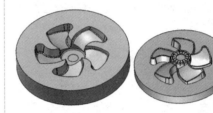

图 23-72 型芯　　　　图 23-73 型腔

**07** 最后将风扇叶的模设计的结果保存。

## 23.7 课后习题

在本练习中，将以一个简单壳体零件的模具设计来巩固前面所学的 IMOLD 模具设计。练习模型为一塑料壳体，完成的模具如图 23-74 所示。

练习的要求及步骤如下：

（1）利用复制曲面工具复制产品内部面和外部面。

（2）修补外部面和内部面中的破孔。

（3）创建拉伸实体作为模坯。

（4）利用分型面分割模坯。

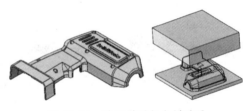

图 23-74 练习模型与分模结果

◇◇◇◇◇◇◇◇◇◇ 读书笔记 ◇◇◇◇◇◇◇◇◇◇

# 第 24 章　IMOLD V12 注塑模具设计

IMOLD 是一个高效的模具设计工具,其全面的 17 个组件,考虑到所有的模具设计和制造方面,使模型设计师之间可以直接进行交流。

对于模具初学者,SolidWorks 自动分模技术和 IMOLD 模具插件的应用是不可或缺的,那么本章就针对这种自动分模技术进行详细的介绍。

百度云网盘

360云盘 密码6955

- ◆ IMOLD V12 简介
- ◆ IMOLD 数据准备过程
- ◆ IMOLD 项目管理
- ◆ IMOLD 型芯/型腔设计
- ◆ IMOLD 模腔布局
- ◆ IMOLD 浇注系统设计
- ◆ IMOLD 模架设计
- ◆ IMOLD 顶出系统设计
- ◆ IMOLD 冷却系统设计

## 24.1　IMOLD V12 SP4 简介

IMOLD V12 SP4.0 是 SolidWorks 2011~SolidWorks 2014 版本环境下最强大的模具设计功能插件,这个以流程为导向的应用软件,由世界级的 R & D 软件工程师,协同有经验的模具设计工程师共同开发的。

模具设计者可快速进行产品设计,并可随时预览。利用其自动工具或交互工具,如自动分离线生成工具、内部/空穴表面分割工具及边核开发工具等,IMOLD 提供的功能不能与别的模具设计系统同日而语。基于 IMOLD 设计开发的注塑模具如图 24-41 所示。

图 24-1　基于 IMOLD 设计开发的注塑模具

### 24.1.1　IMOLD 特征设计工具

IMOLD 提供了辅助模具设计的大量排列工具。提供的工具主要是以下几个方面:

#### 1. 数据准备

【数据准备】是一个辅助产品模型准备的工具。当产品的分型方向不是沿着 Z 轴,或者是不想在原始模型中进行操作,就可以应用【数据准备】工具。

【数据准备】工具将帮助模具设计用户准备零件模型,以便在零件中作相应改动,这些改动会在下面型芯/型腔创建流程中得到反映。

#### 2．项目管理

所有的 IMOLD 设计项目都从【项目管理】开始。通过【项目管理】，用户可以载入已有项目或者开始新的项目，可以指定项目代码、单位、用于项目的材料类型和各种收缩因子，也可以指定方向上缩放比例的收缩率因子。在项目过程中，也可以预定义模架、滑块系统、内抽芯及供应商等。

#### 3．型芯/型腔创建

【创建型芯/型腔】工具为型芯、型腔和侧型芯的创建提供了方便。用从模型及其延展面所确定的分型面，可以从产品模型中分型型芯和型腔。

【创建型芯/型腔】工具可以帮助设计者完成主镶块的形状、尺寸，确定分型线，查找型芯和型腔面，对分型的型芯和型腔进行补孔。

#### 4．模具模腔布局

模腔布局提供了在一个多型腔模具中，分配模腔的工具。它也提供了在模腔布局设计中，编辑一个模腔的布局和调动任何一个模腔的工具。

#### 5．浇注系统设计

浇注系统设计提供了设计浇口和流道系统的工具。像潜伏式浇口和扇形浇口都是参数化创建的，所以设计者能够很容易地设计一个浇口，并添加浇口到模腔布局中。

直线和 S 形的流动能够满足各种设计需要，浇口和流道能自动地从镶块中被删除。

#### 6．模架设计

模架设计允许设计者在装载模架前，预览不同供应商的模架。加载模架后，可以添加顶杆、定义模板厚度及组件位置。一旦完成模架的设计，可从模板中抽出组件，移除不需要的零件。IMOLD 也能满足创建整体的模架系统，以满足单个公司独特的需求。

#### 7．顶出系统设计

IMOLD 顶出系统设计功能可以帮助设计者从不同的供应商那里，根据自己需求来添加标准顶杆，并允许通过其接触面来自定义顶杆。使用顶出系统设计功能，设计者可以轻松地完成顶杆和顶筒的添加，并快速地修剪顶杆或顶筒。

#### 8．标准件库

标准件库提供了能够添加进设计中的多个供应商的标准件范围。标准件库确保了配合条件，组件也能够被移除。

#### 9．内/外抽芯设计

IMOLD 有统一、标准的滑块实体和附件，允许设计者方便地添加滑块到侧抽芯，以便外部的底切能在注塑模循环中本制造。当设计滑块时，IMOLD 自动参考滑块位置，考虑到了位置数据、块和释放的角度等细节。

#### 10．冷却系统设计

冷却系统设计功能提供了通过指定冷却线路来设计冷却通路的工具。水路被设计后，如果需要，一些必要的变化可以被修改。另外，冷却系统设计也通过提供钻孔和延伸功能，考虑到了制造。

#### 11．IMOLD 出图

IMOLD 出图将自动创建一个模具的型芯和型腔的视图。通过在视图中选择点，可以定义剖面线。IMOLD 可以为所有的模具零件创建工程图，也能创建孔的明细表。

### 24.1.2　IMOLD 设计流程

在用户设计时，IMOLD 为用户提供了一个流程来进行模具设计。软件的这些功能使设计模具的工作变得更容易、更快捷，提高了设计效率。IMOLD 模具设计的流程如图 24-2 所示。

# 第 24 章　IMOLD V12 注塑模具设计

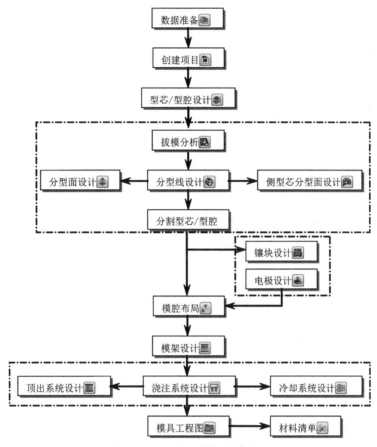

图 24-2　IMOLD 模具设计流程

## 24.1.3　IMOLD V12 工具

用户在安装了 IMOLD V12 应用软件以后，在 SolidWorks 零件设计环境中的标准工具栏上单击【插件】按钮，程序弹出【插件】对话框。在【插件】对话框的【其他插件】选项组中选中【IMOLD】复选框，再单击【确定】按钮，【IMOLD】选项卡将显示在 SolidWorks 功能区中。【IMOLD】选项卡如图 24-3 所示。

图 24-3　【IMOLD】选项卡

## 24.1.4　相关 IMOLD 模具设计术语

在利用 IMOLD 进行模具设计之前，设计者需要了解一些 IMOLD 模具设计术语。

### 1. 绝对坐标系

SolidWorks 用一个原点坐标系统作为绝对坐标系。绝对坐标系是用户进入 SolidWorks 时在原点位置存在的坐标系统。绝对坐标系是固定的坐标系，是不可更改的，如图 24-4 所示。

## 2. 用户坐标系

用户坐标系是用户自定义的可以编辑更改的坐标系。当用户需要创建一个新的坐标系作为参照时，可以在实体中选择边、顶点来放置用户坐标系，如图 24-5 所示。

## 3. 模具坐标系

在模具设计准备初期阶段，需要设置模具坐标系（用户坐标系），以使产品在正确的拔模方向上，从而可以正确分模。在后续的模架及标准件加载过程中，IMOLD 是以模具坐标系作为参照来加载的，如图 24-6 所示。

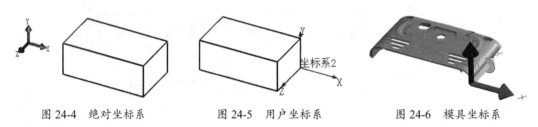

图 24-4　绝对坐标系　　　　图 24-5　用户坐标系　　　　图 24-6　模具坐标系

## 4. 输入模型

通过 SolidWorks 导入的模型，可以是其他 CAD 系统保存的模型文件，而导入的模型有可能是破面，则不是实体模型，这时就需要对输入模型进行诊断，然后对有问题的模型进行修复。

## 5. 衍生件

在一些模具厂家不允许设计者直接在客户产品模型上进行修改的情况下，可以通过数据准备功能从客户产品中衍生一个零件出来，这个零件（就是衍生件）与原零件存在联系。然后设计者就可以很容易地修改衍生件，使其符合成型要求。

## 24.2 IMOLD 数据准备过程

用户在设计模具之前处理产品时，需要做好几个准备工作：输入模型、数据准备和拔模分析，这 3 个准备工作也是利用 IMOLD 模具设计过程中的一个重要阶段。

### 24.2.1 输入模型

在 SolidWorks 中输入模型，可以事先对要分模的产品及模具设计有个初步认识。而输入的模型如果是由其他 CAD 系统创建的，导入后的模型可能会产生错误面或缝隙，这就需要进行输入诊断。

例如，输入模型为 UG 系统中生成的模型，打开后程序会弹出【输入诊断】对话框，如图 24-7 所示。单击该对话框中的【是】按钮，属性管理器中显示【输入诊断】面板，如图 24-8 所示。

如果输入模型中有错误面或缝隙，程序会将信息显示在【输入诊断】面板的【分析问题】选项组的【错误面】列表框或【面之间的缝隙】列表框中。单击面板中的【尝试愈合所有】按钮，程序则自动修复列出的错误。【信息】选项组将显示修复结果，如图 24-9 所示。

图 24-7 【输入诊断】对话框　　图 24-8 【输入诊断】面板　　图 24-9 修复后的信息

**技术要点**

如果用户直接使用 SolidWorks 的模型进行模具设计，可以跳过【输入模型】这一步。

修复输入模型后，要将结果保存在自定义目录中，以便做数据准备时导入。

### 24.2.2 数据准备

数据准备是一个用来在设计之前准备产品模型的工具。用户可以将此工具用来衍生一个与客户产品一模一样模型，以进行后期的模具设计。

**技术要点**

衍生一个新的模型并不是必须的，但是为了管理方便建议这样做。

数据准备协助产品模型重新定义其注塑方向（旋转、平移、移动等），使产品模型自动校正到正确的方向（所要求的开模方向）。同时也保留原始的产品模型数据和方向。如果在后来的设计过程中有任何改动，也可以直接用 IMOLD 提供的编辑功能来重新定义其方向。

在菜单栏执行【IMOLD】|【IMOLD 数据准备】|【IMOLD 数据准备】命令，或者在【IMOLD】选项卡中单击【IMOLD 数据准备】按钮，然后在弹出的命令菜单中选择【IMOLD 数据准备】命令，程序弹出【需衍生的零件名】对话框。通过该对话框将产品模型打开，如图 24-10 所示。

打开模型后，属性管理器中将显示【衍生】面板，如图 24-11 所示。

图 24-10 打开产品模型　图 24-11 【衍生】面板

【衍生】面板中各选项组中的选项、按钮的含义如下：

(1)【输出】选项组。

- 衍生零件名：在【输出】选项组中，可以编辑衍生零件的零件名称。【输出】选项组如图 24-12 所示。
- 拔模分析：单击此按钮，将转入【拔模分析】面板。以此对产品模型进行拔模分析。
- 一点：选取一个点作为模具坐标系的原点。如果没有选取点，程序会将绝对坐标系的原点作为模具坐标系原点。
- 两点之间点：将模具坐标系原点确定在选取的两个点之间，在下方的【比率】文本框内输入介于两点间的位置比例。
- 中心：自动选择实体的中心作为模具坐标系原点。

图 24-12　【输出】　　图 24-13　【新坐标系】
　　　　　选项组　　　　　　　　选项组

### 技术要点
选择【中心】单选按钮，有时原点会位于产品的中心。为了清楚地显示原点位置，在【IMOLD】选项卡中，单击【显示管理器】按钮，然后再依次选择【透明】|【添加】命令，可将产品设置为透明状态。

（2）【新坐标系】选项组。
- 该选项组用于设置新坐标系的 X 轴、Y 轴或 Z 轴，如图 24-13 所示。用户可以选择一条边、一个面或点来作为 X 轴、Y 轴或 Z 轴。选中【反向】复选框，可以更改轴方向。

（3）【参考】选项组。
- 绝对坐标系：选择此单选按钮，模具坐标系将以绝对坐标系作为参考来创建。
- 用户坐标系：选择此单选按钮，模具坐标系将以用户坐标系作为参考来创建。

（4）【平移】选项组。
在该选项组中，可以输入 X 平移量、Y 平移量或 Z 平移量来平移模具坐标系。

（5）【旋转】选项组。
在该选项组中，可以输入 X 角度增量、Y 角度增量或 Z 角度增量来旋转模具坐标系。

### 24.2.3　拔模分析

产品设计师和模具设计师都可以用【拔模分析】工具来检查产品模型的正确拔模面。利用【拔模分析】工具，用户可以检查核对面的角度、分型线的位置、型芯/型腔面、零角度面和侧凹面。

用户可通过以下命令方式来执行【拔模分析】命令：
- 在菜单栏执行【IMOLD】|【IMOLD 数据准备】|【拔模分析】命令。
- 在【IMOLD】选项卡单击【数据准备】按钮，然后在弹出的菜单中选择【拔模分析】命令。

执行该命令后，属性管理器中将显示【拔模分析】面板，如图 24-14 所示。
【拔模分析】面板中各选项、按钮的含义如下：
- 反向：在用户选择一个基准平面、平面或边线作为拔模方向参考后，单击此按钮可以更改拔模方向。拔模方向始终垂直于参考的基准平面和平面，但与边线大致平行。
- 拔模角：拔模角度是公差范围。所有在这些公差范围之内的角度都被考虑为零度拔模角，这也适用于侧凹面。
- 保留结果：选中此复选框，拔模分析结束后将在产品模型上显示分析结果（以颜色表示）。
- 静态分析：静态分析是没有为拔模角度指定精度和拔模角范围的分析。执行静态分析的结果将以各种颜色来表示，如图 24-15 所示。

# 第 24 章　IMOLD V12 注塑模具设计

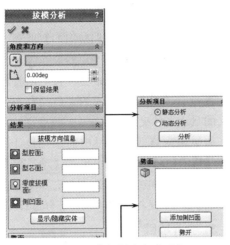

图 24-14　【拔模分析】面板

图 24-17　【动态分析设置】选项组

图 24-18　拔模方向信息

看拔模方向的信息，如图 24-18 所示。

**技术要点**

在拔模方向信息对话框中，X、Y、Z 的值若为 0，则表示该方向非拔模方向，若值为 1，则表示该方向为拔模方向。正值为正拔模方向，负值为负拔模方向。

- 动态分析：与静态态分析的区别是，动态分析可以对动态分析角度的精度和角度的范围进行设置。一旦分析完成，将看到一个箭头指向最优化的拔模方向，这是根据给定范围的侧凹面分析后的结果，如图 24-16 所示。选择【动态分析】后，将弹出【动态分析设置】选项组，如图 24-17 所示。拔模角精度在这里是指角度分析的增量；拔模角范围是变换参考于当前的工作平面和给定的角度范围。

图 24-15　静态分析结果　　图 24-16　动态分析结果

- 分析：单击此按钮，将执行拔模分析。
- 拔模方向信息：单击此按钮，可以查

- 型腔面、型芯面、零度拔模面和侧凹面：当执行静态或动态分析后，型腔面、型芯面、零度拔模面和侧凹面的文本框中将分别显示分析后的面数。其中侧凹面是指处于正负拔模角度之间的面，这种面需要劈开。
- 显示/隐藏实体：单击此按钮，控制产品模型的显示或隐藏。
- 选择侧凹面：激活此按钮，可选择要劈开的侧凹面。
- 添加侧凹面：单击此按钮，将自动选择要劈开的侧凹面。
- 劈开：单击此按钮，劈开侧凹面，使其成为拔模方向上的面。

## 24.3　IMOLD 项目管理

IMOLD 的模具设计是从项目管理开始的。当创建一个新的项目时，用户可以定义特定信息，如项目名、前缀、工作目录和材料类型等。这些信息将会保存在项目管理里以备后用。

项目管理包括以下内容：新项目、项目储存、打开项目、关闭项目、编辑项目和复制项目。

### 1. 创建新项目

【新项目】是指利用 IMOLD 为模具设计创建的一个新项目。在新建项目过程中对模型进行初始化，并完成模具装配结构的克隆。

在【IMOLD】选项卡中单击【项目管理】按钮，并在弹出的菜单中选择【新项目】命令，程序则弹出【项目管理】对话框。在【项目】选项卡下，可以为项目输入名称，然后单击【调入产品】按钮将衍生件模型打开，如图 24-19 所示。

图 24-19　【项目管理】对话框

在左边的列表框中，可以更改项目名称。例如选中属于衍生件的项目，还可以为其编辑收缩率和材料；选择型芯或型腔的项目，可以为其指派区域并更改名称。

在【选项】选项卡下，可以为项目中的型芯、型腔、侧型芯和镶块设置材料、硬度及热处理方式，还可以选择侧抽芯机构的供应商、类型等。

完成新项目的设置后，单击【同意】按钮，程序进入项目初始化进程。稍后完成了项目初始化（模具装配体创建过程），并在特征管理器设计树中显示初始化的项目组，如图 24-20 所示。

图 24-20　项目初始化

## 2．项目储存

创建新项目后，在【IMOLD】选项卡中单击【项目储存】按钮，然后在弹出的菜单中选择【储存项目】命令，就可以将所创建的新项目或是编辑完成的项目保存在用户定义的目录文件夹中。

如果用户修改了项目中的某些设计，可以在【IMOLD】选项卡中单击【项目储存】按钮，然后在弹出的菜单中选择【储存当地文档】命令，仅将修改的设计部分进行保存。

## 3．打开项目

当用户每次启动 SolidWorks 进行模具的流程设计时，可以通过【打开项目】命令将扩展名为 .imoldprj 的文件打开，加载项目后以便继续操作。

在【IMOLD】选项卡中单击【项目管理】按钮，然后在弹出的菜单中选择【打开项目】命令，程序会弹出【打开 IMOLD 项目】对话框。通过该对话框浏览项目文件的位置后，选择项目文件并单击对话框中的【打开】按钮，即可打开项目文件，如图 24-21 所示。

图 24-21　打开项目文件

## 4．关闭项目

若要关闭项目以结束模具设计，可以在【IMOLD】选项卡中单击【项目管理】按钮，然后在弹出的菜单中选择【关闭项目】命令，程序会弹出【IMOLD】信息提示操作对话框，按提示进行操作后（单击【是】、【否】或【取消】按钮）即可关闭或取消关闭当前的项目文件。【IMOLD】信息提示操作对话框如图 24-22 所示。

图 24-22 【IMOLD】信息对话框

**5. 编辑项目**

【编辑项目】用来修改【项目管理】对话框中的选项设置,包括项目名称、保存路径、编号,以及材料、硬度、热处理等。

在【IMOLD】选项卡中单击【项目管理】按钮,然后在弹出的菜单中选择【编辑项目】命令,程序会弹出【项目管理】对话框。通过弹出的对话框,可以对各项设置进行编辑,完成后单击【同意】按钮。

**6. 复制项目**

【复制项目】用来复制项目文件,通过此功能,用户就很容易地找出模具设计的最佳方案。例如,复制一个项目后,在复制的项目中按一种方法进行模具设计,若不是最佳的设计,删除此项目即可。但原项目并没有改变,仍然可以继续设计。

在【IMOLD】选项卡中单击【项目管理】按钮,然后在弹出的菜单中选择【复制项目】命令,程序会弹出【复制项目】对话框,如图 24-23 所示。通过此对话框,找出原项目路径和要复制项目的路径,再设置复制项目的【代号】与【后缀】,单击【同意】按钮即可完成项目的复制操作。

图 24-23 【复制项目】对话框

## 24.4 IMOLD 型芯 / 型腔设计

IMOLD 的型芯 / 行腔设计功能提供了各种设计工具来创建型芯、行腔和侧型芯镶块,根据已有的分型面和创建的延展面,从产品模型中可以自动分出型芯和型腔。

型芯 / 行腔设计设计功能指导用户如何定义主要镶件的形状和尺寸、识别分型线、查找型芯和型腔面、补孔,以进行型芯和型腔分型等。

### 24.4.1 分型线设计

分型线位于产品模型的边缘,在型芯和型腔面之间,可用来创建和分离分型面。一般情况下,在产品模型添加收缩率和适当拔模角度之后创建分型线是很容易的。

分型线分两种:内分型线和外分型线。

- 内分型线是指产品模型中的孔或者碰面的内边缘,被型芯和型腔共用,如图 24-24 所示。
- 外分型线是指产品的外边缘,在型芯和型腔面之间,如图 24-25 所示。

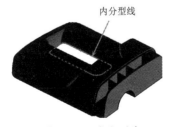

图 24-24 内分型线

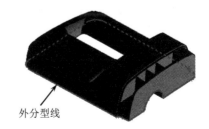

图 24-25 外分型线

在【IMOLD】选项卡中单击【型芯/型腔设计】按钮，然后在弹出的菜单中选择【分型线】命令，在属性管理器中将显示【分型线】面板，如图24-26所示。

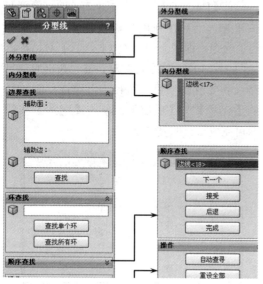

图 24-26 【分型线】面板

【分型线】面板中各选项、按钮的含义如下：

- 外分型线：激活列表框后，手动依次选择产品边缘作为外分型线。
- 内分型线：激活列表框后，手动依次选择产品内部孔或碰面边缘作为内分型线。
- 辅助面：激活列表框后，选择产品中的面，再单击【查找】按钮，可以找出面边缘并作为分型线的一部分。
- 辅助边：激活列表框后，选择产品中的边，再单击【查找】按钮，可以将其添加为外分型线或内分型线的一部分。
- 环查找：在产品中选择一条边，然后单击【查找单个环】或【查找所有环】按钮，可以找出相连的环边缘或单环边缘。
- 顺序查找：在产品中先选择一条边，然后单击【下一个】按钮来选择查找的边；单击【接受】按钮接受查找的边，并指向下一条边；单击【后退】按钮可以返回到错误查找之前；单击【完成】按钮，完成顺序查找操作。
- 自动查寻：单击此按钮，程序会在产品模型中自动查找出所有的模型边缘。
- 重设全部：单击此按钮，重新设置分型线。

**技术要点**

当用IMOLD创建一个项目时，它所创建的IMOLD项目是一个独特的带有.imoldprj扩展名的延伸文件。随后的操作只需要打开这个文件来加载这个项目。

### 24.4.2 分型面设计

模具上用以取出制品与浇注系统凝料的、分离型腔与型芯的接触表面称为分型面。在IMOLD中，分型面包括型芯、型腔面，以及沿分型线所创建的延伸面。

型芯、型腔分型面的设计可以利用 IMLOD 的【分型面】工具来完成。在【IMOLD】选项卡中单击【型芯/型腔设计】按钮，然后在弹出的菜单中选择【分型面】命令，在属性管理器中将显示【分型面】面板，如图24-27所示。

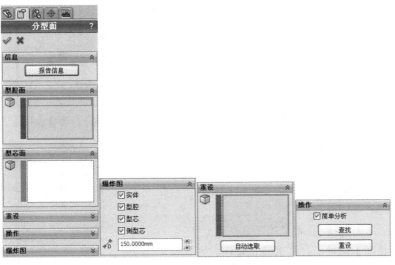

图 24-27 【分型面】面板

## 分型面形状的确定

通常情况下，分型面是与注塑机开模方向相垂直的平面，随着产品复杂程度的增加，有时也将分型面作成倾斜的平面、弯折面、曲面。这样的分型面虽然加工比较困难，但型腔的制造和制品脱模比较容易，在分型面上利用锥面增加合模对中性能时，其分型面自然也成了曲面，如 24-28 所示。

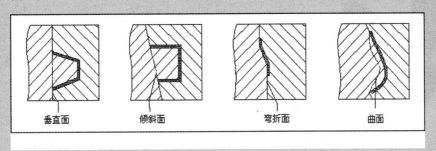

图 24-28 分型面的各种形状

【分型面】面板中各选项、按钮含义如下：

- 报告信息：单击此按钮，将弹出【IMOLD】信息对话框，如图 24-29 所示。该对话框显示产品中定义的和未定义的分型面的信息。
- 型腔面：激活列表框，可以手动或自动选择属于型腔侧的面。
- 型芯面：激活列表框，可以手动或自动选择属于型芯侧的面。
- 重设：消除型腔和型芯面的选取。单击【自动选取】按钮，程序将自动选取产品模型所有的面。再单击【自动选取】按钮，可以取消自动选取的操作，但保留了前面型腔或型芯面的所选。

（1）简单分析：选中此复选框，可以对型腔、型芯面的个数进行简单分析，并将分析结果显示于报告信息中，如图 24-30 所示。

图 24-29 【IMOLD】信息对话框　　图 24-30 简单分析的报告信息

（2）查找：单击此按钮，程序将根据分型线的分布，自动计算出产品模型中型腔、型芯面。型腔面以蓝色显示，型芯面以棕色显示。

（3）重设：单击此按钮，将消除计算结果。

- 【爆炸图】选项组：扩展该选项组，图形区中将按默认设置的爆炸图距离值，来展开分析得出的型腔面、产品（实体）和型芯面（有侧型芯面也将展开），如图 24-31 所示。选中下面的复选框，将展开该类型，取消选中，则不展开该类型。

图 24-31 展开分型面

（4）爆炸图距离：在数值框中可以设定分型面爆炸图的距离。

### 24.4.3 侧型芯分型面设计

当产品中出现侧凹或侧孔特征时，这就需要设计侧抽芯机构以帮助产品顺利脱模。设计侧抽芯机构就要创建独立的侧型芯分型面，用户可以使用【侧型芯面】工具来创建。

在【IMOLD】选项卡中单击【型芯/型腔设计】按钮，然后在弹出的菜单中选择【侧型芯】命令，属性管理器将显示【侧型芯面】面板，如图 24-32 所示。

图 24-32 【侧型芯面】面板

通过【侧型芯面】面板，用户可以利用【查找】功能来查找属于侧型芯的分型面（对于复杂且较多的面，如图 24-33（a）所示的侧凹特征），也可以手动选择（对于简单且较少的面，如图 24-33（b）所示的侧孔特征）侧抽芯分型面。

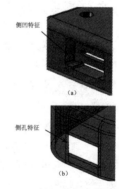

图 24-33 侧凹特征与侧孔特征

【侧型芯面】面板中各选项、按钮含义如下：

- 角度和方向：选中【角度和方向】复选框后，可以定义方向和拔模角度来查找侧型芯面。
- 反向：单击此按钮，可更改定义的拔模方向。激活列表框，可以选择基准面、平面或边线来定义方向。
- 拔模角：输入值以设定拔模角度。
- 辅助面：激活列表框，可以为查找条目选择种子面。种子面包含于侧型芯面中。
- 边界面：激活列表框，可以为查找条目选择包含所有侧型芯面的边界面。
- 查找：单击此按钮，程序会自动查找出按【角度和方向】或按【查找条目】来定义的侧型芯面。
- 侧型芯面：激活列表框，来选择侧型芯面。
- 重设：单击此按钮，将重新查找侧型芯面。

### 24.4.4 补面工具

在 IMOLD 中，补面工具提供了破孔修补、创建延伸面、劈面、创建碰穿面等功能。下面将主要介绍【补孔】工具与【沿展面】工具的应用，其余工具将在实例中详细介绍。

#### 1．补孔

【补孔】工具用来修补或删除产品模型中的破孔。在【IMOLD】选项卡中执行【型芯/型腔设计】|【工具】|【补孔】命令，属性管理器将显示【补孔】面板，如图24-34所示。【补孔】面板中包括有6种破孔修补方法。

图24-34 【补孔】面板

- 自动补孔：使用该方法可以自动、快速地修补模型中的孔。

**技术要点**

如果模型中有孔，但没有经过分型线设计，这是不能使用【自动补孔】方法来修补的。

- 补洞：此种方法仅修补同一个面内的孔，如图24-35所示。

图24-35 【补洞】的修补对象

- 删除孔：该方法是选择已修补的孔面进行删除。
- 恢复无孔面：此方法主要用于修补一个面上的多个孔。选择孔所在的模型表面后，将生成一个新的曲面，新曲面与孔面无关联，如图24-36所示。

图24-36 用【恢复无孔面】方法修补孔

- 补圆孔：使用此方法，可以连续修补一个平面（不能修改曲面上的孔）中的多个圆形孔。
- 边界补孔：使用此方法，可以修补任何类型的孔。

#### 2．沿展面

沿展面是从产品模型的边线（外分型线）延伸，超过工件（毛胚）边界的面。这些面将沿着分型线来分割工件，并最终得到型芯零件和型腔零件。

在【IMOLD】选项卡中执行【型芯/型腔设计】|【工具】|【沿展面】命令，属性管理器将显示【沿展面】面板。面板中包括有4种破孔修补方法，如图24-37所示为4种沿展

面方法的相同与不同的选项设置。

图24-37 【沿展面】面板

【沿展面】面板中各方法、选项及按钮的含义如下：

- 放样曲面：需要选择参考平面和创建沿展面需要的边线。曲面的创建和选择的边有关联，如图24-38（a）所示。
- 延展曲面：需要选择多创建的沿展面的边，在被选择的边上，单个曲面被创建。这样生成的曲面比放样生成的曲面还复杂。这个曲面也和边界有关，如图24-38（b）所示。
- 延伸面：这种方法仅用于封闭边线的情况，它所创建的曲面和放样的曲面相似，但是它们却不相关，如图24-38（c）所示。调入复杂零件时可用这种方法，因为所创建的曲面，重生时特别快。
- 角度沿展面：用这种方法允许用户在型芯和型腔之间创建拔模角，以便更容易分模，如图24-38（d）所示。

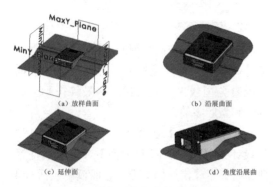

图24-38 由4种方法创建的沿展面

- 参考面◇：在【放样曲面】方法中，为创建沿展面而指定的距离参考平面。若事先没有创建参考面，则通过【缺省参考面】选项组设定距离值，并单击【创建】按钮，即可创建出4个方向的参考面，如图24-39所示。创建参考面后，再激活【请选择参考面】列表框，就可以选择任一方向上的参考面了。

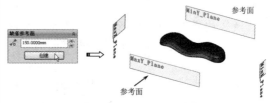

图24-39 创建参考面

### 技术要点

利用【放样曲面】的方法，一次只能创建出一个参考面方向上的延展曲面。

- 选择边：选择要延伸的产品边线。若用户想要完全选择产品的所有边缘，即外分型线，则可以通过【分型线工具】选项组中的【自动查找】功能或【按顺序查找】功能，来完成外分型线的自动选择，如图24-40所示。

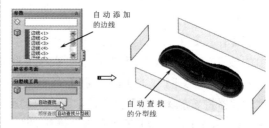

图24-40 自动查找分型线

- 角度和方向：在【角度沿展面】方法中，【角度和方向】选项组用来设置沿展面的拉伸方向和拔模角度。其中【选择对象定义方向】列表框用于选择拉伸方向，单击【反向】按钮可更改拉伸方向；【拔模角】用于设置拔模角度。

### 技术要点

一般情况下，默认的拉伸方向为水平方向。若要选择参考面或直线边线作为方向参考，则拉伸方向将与参考呈垂直状态。

### 24.4.5 创建型腔/型芯镶块

创建型腔/型芯镶块，即创建毛胚。在【IMOLD】选项卡中单击【型芯/型腔设计】按钮，然后在弹出的菜单中选择【创建型腔/型芯】命令，属性管理器中将显示【创建型腔/型芯】面板，且图形区显示镶块预览，如图 24-41 所示。

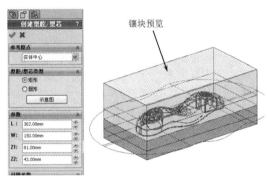

图 24-41 【创建型腔/型芯】面板

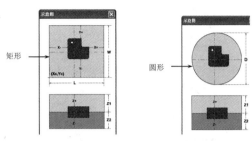

图 24-42 矩形和圆形的示意图

【创建型腔/型芯】面板中各选项组的含义如下：

- 【参考原点】选项组：该选项组定义包围方块的参考原点。包括【实体中心】和【组件原点】两种定义方法。【实体中心】是型腔镶块与型芯镶块的包容中心；【组件原点】是产品的中心点。

- 【型腔/型芯类型】选项组：该选项组包括两个镶块的形状类型：矩形和圆形。单击【示意图】按钮，可以查看产品在镶块中的位置状态，如图 24-42 所示。

- 【参数】选项组：当镶块形状为矩形时，【参数】选项组显示 4 个参数选项，包括长度 L、宽度 W、型腔高度 Z1 和型芯高度 Z2。当镶块形状为圆形时，【参数】选项组显示 3 个参数选项，包括镶块直径 D、型腔高度 Z1 和型芯高度 Z2。

- 【间隙参数】选项组：该选项组用于设置产品边缘与镶块边缘间的距离值。X+、X－表示在 X 方向上的间距，Y+、Y－表示在 Y 方向上的间距，Z+、Z－表示在 Z 方向上的间距。选中【X 对称】或【Y 对称】复选框，正、负方向的间距相等。

### 技术要点

除特殊需要外（例如创建一模两腔的布局，布局中的两镶块合并为整体时），镶块的形状基本上是对称的。

### 24.4.6 复制曲面

当用户识别分型面之后，这些面还没有从产品模型中析出。此外，延展面和补面也存在于产品模型中。因此使用【复制曲面】工具选择特定的曲面并复制到镶块中。复制后的曲面可以用来切割型腔/型芯镶块。在【IMOLD】选项卡中单击【型芯/型腔设计】按钮，然后在弹出的菜单中选择【复制曲面】命令，属性管理器中将显示【复制曲面】面板，如图 24-43 所示。

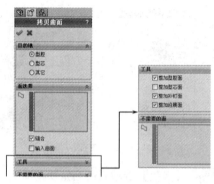

图 24-43 【复制曲面】面板

【复制曲面】面板中各选项组含义如下：

- 【目的地】选项组：该选项组用来设置复制对象。包括型腔、型芯和其他 3 种。【型腔】用来复制、缝合型腔面并分割出型腔；【型芯】用来复制、缝合型芯面并分割出型芯；【其他】用于复制、缝合侧抽芯面并分割出侧抽芯。
- 【面选择】选项组：该选项组用来在图形区域内选择要被复制的面／曲面。如果要将所有复制的面缝合为完整面，可选中【缝合】复选框。选中【输入面】复选框，可以将复制的面输出为 STEP 文件类型。

**技术要点**

选中【缝合】复选框，复制曲面后将自动分割型腔与型芯镶块。否则，将使用 SolidWorks 中的【使用曲面】功能来切割镶块。

- 【工具】选项组：该选项组用来设置要复制的内容。其中【整加型腔面】是要全部复制型腔侧的面；【整加型芯面】是要全部复制型芯侧的面；【整加补钉面】是要复制所有补孔曲面；【整加沿展面】是要复制所有延展曲面。

**技术要点**

如果已执行过删除孔操作，则必须从图形区域选择补面作为整加面而不是整个删除孔的操作特征。

- 【不需要的面】选项组：如果想要删除已选的某个面，可通过该选项组选择不需要的面。

## 24.5 IMOLD 模腔布局

模腔在模板中的布局按模腔数量来分，可分为单模腔、双模腔、四模腔、八模腔、十六模腔等。模腔的数量是由模具成本、产品生产数量、时间等因素决定的。

模腔在模板中的布局按排列方式来分可分为矩形布局和圆形布局。

在【IMOLD】选项卡中单击【模腔布局】按钮，然后在弹出的菜单中选择【创建模腔布局】命令，属性管理器将显示【创建模腔布局】面板，同时图形区域显示默认的布局预览，如图 24-44 所示。

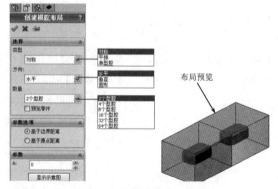

图 24-44 【创建模腔布局】面板

## 24.5.1 模腔布局类型与方向

【模腔布局】面板中提供了3种布局类型：对称、平排和单型腔，以及3种布局方向：水平、垂直和圆形。

### 1．【对称】类型与方向

【对称】类型是沿装配体原点进行均衡排布的，保证每个型腔间距相等，如图24-45所示为在3种方向指导下的对称布局。

图24-45 【对称】类型的布局

图中A为基于产品中心的距离，R为圆形阵列时阵列中心到产品中心的距离。

### 2．【平排】类型

【平排】类型的布局为水平或垂直方向的矩阵排列。平排的型腔数目至少为6，如图24-46所示。

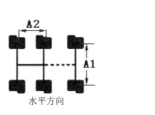 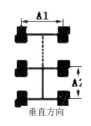

图24-46 【平排】类型的布局

图中A1为水平方向上基于产品中心的距离，A2为垂直方向上基于产品中心的距离。

### 3．【单型腔】类型

一般情况下，产品适合做大中型模具的尽量使用【单型腔】类型的布局。

## 24.5.2 模腔数量

模腔的数量取决于产品的尺寸，产品越小，则模腔的数量就越多。IMOLD中包括有从单模腔到64个模腔的布局。

当布局类型为【对称】时，其模腔数量最多可以为64个，最少为2个。模腔的数量则是以【2】的倍数递增。

当布局类型为【平排】时，模腔数量最多为32，最少为6个，且模腔的数量以2递加。

# 24.6 IMOLD 浇注系统设计

浇注系统是引导融熔体进入模腔的流道通道系统，它的位置与尺寸决定了成型时注射压力的损失、热量散失、摩擦损耗的大小和熔体填充速度等。它的设计合理与否，将直接影响着模具的整体结构及其工艺操作的难易。

## 24.6.1 浇注系统设计概述

无论用于哪一种注射成型机的模具，其浇注系统都由主流道、分流道、浇口和冷料穴4部分组成。卧式注射机的浇注系统如图24-47所示，角式注射机的浇注系统如图24-48所示。

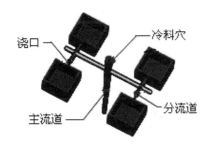 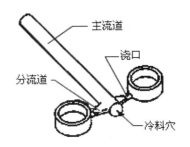

图24-47 卧式注射机浇注系统　　图24-48 角式注射机浇注系统

1. 主流道

主流道可以理解成注射喷嘴开始到分流道为止的熔融塑料流动通道,与注塑机的喷嘴在同一轴线上。主流道形状为圆锥形,以便于熔体的流动和开模时主流道凝料的顺利拔出。主流道的尺寸直接影响到熔体的流动速度和充模时间,由于主流道要与高温塑料熔体及注射机喷嘴反复接触,所以在模具中主流道部分常设计成可拆卸更换的浇口套,如图 24-49 所示。

2. 分流道

分流道可以理解成从主流道末端开始到浇口为止的塑料熔体流动通道。在多模腔模具中必须设计分流道,而单模腔模具可省去分流道。

分流道的截面形状如图 24-50 所示。其中圆形具有最大体积和最小表面积的特点,分流道的截面形状应以圆形截面为最佳,还有 U 形截面较常用。

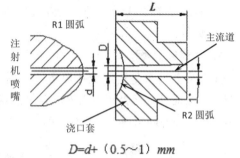

$D=d+(0.5\sim1)$ mm
$R_2=R_1+(1\sim2)$ mm

图 24-49 注射机喷嘴与主流道

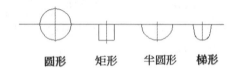

图 24-50 分流道的截面形状

## 分流道的布置

分流道的布置形式取决于模腔的布局,设计时的原则是:排列紧凑,模板尺寸小,流动距离短,锁模力平衡。

实际生产用到的多腔模具中,各个型腔为相同制件的情况最常见,其分流道分布和浇注系统平衡有两种方式:

- 流动支路平衡:是指从主流道到达各个模具型腔的分流道和浇口,其长度、截面形状和尺寸完全相同,如图 25-51 所示。

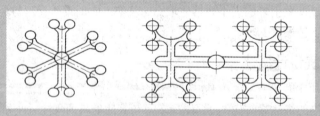

图 25-51 流动支路平衡

- 熔体压降平衡:在型腔数量非常多的时候,不能采用流动支路平衡方法。这时,各个模具型腔的分流道截面形状和大小可以相同,但长度不同,进入各个模具型腔的浇口截面大小因此也不同,如图 25-52 所示,只有通过对各个模具型腔浇口截面大小的调节,使熔体从主流道流经不同长度的分流道,并经过大小不一的各个模具型腔浇口而产生相同的压力降,以达到各个模具型腔的同时充满。

第 24 章 IMOLD V12 注塑模具设计

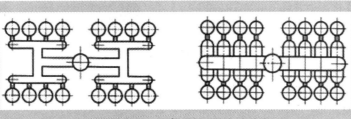

图 25-52 熔体压降平衡流动支路平衡

### 3. 浇口

浇口是连接模腔与流道之间的一段细短通道。浇口的形状、位置和尺寸对制品的质量影响很大。浇口类型取决于制品外观要求，尺寸和形状的制约及所用塑料种类等因素。下面列举了 5 种常见的浇口类型：

- 直浇口：此类浇口多用于热敏感性及高黏度塑料，以及具有厚截面和品质要求较高之成品。形状如图 24-53 所示。
- 侧浇口：此类浇口用途广泛，具有易加工、制件尺寸精确、分离容易等优点，其形状如图 24-54 所示。

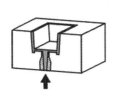

图 24-53 直浇口 　　图 24-54 侧浇口

- 薄片浇口：此类浇口适用于大型薄膜塑件如板、片及容易因充填材料（玻璃纤维）流动配向的塑件等。其形状如图 24-55 所示。

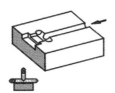

图 24-55 薄膜浇口

- 扇形浇口：主要适用于大型之薄壁塑件。其优点是塑料进入模穴后横向分配较平均且充填均匀，能弥补熔接线及其他制品的缺陷。缺点是浇口残痕较大，不易清除，制品需进行整修。其形状如图 24-56 所示。
- 耳形浇口：此浇口适用于平面之薄壁塑件，以及硬质 PVC、PC 等。优点是可防止喷射，能均匀地充填型腔。缺点是浇口残痕较大，压力损失较大。其形状如图 24-57 所示。

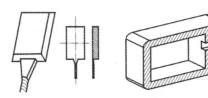

图 24-56 扇形浇口 　　图 24-57 耳形浇口

### 24.6.2 浇口设计

在 IMOLD 中，可以使用浇口设计工具在型腔零件中创建浇口特征。在【IMOLD】选项卡中单击【浇注系统】按钮，然后在弹出的菜单中依次选择【浇口设计】|【创建浇口】命令，属性管理器中将显示【创建浇口】面板，如图 24-58 所示。

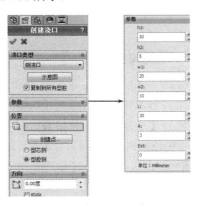

图 24-58 【创建浇口】面板

【创建浇口】面板中各选项组的含义如下：

- 【浇口类型】选项组：用于设置浇口的类型。选择一个浇口类型后，单击【示意图】按钮可以查看浇口图解，如图24-59所示。选中【复制到所有型腔】复选框，自动复制浇口到布局中所有模腔的同一个位置。

- 【参数】选项组：用于修改浇口尺寸。修改时请打开浇口的示意图以帮助修改。

- 【位置】选项组：用于设置浇口的位置。单击【创建点】按钮可以在弹出的【智能点子】对话框中设置浇口的定义点，如图24-60所示。选择【型芯侧】或【型腔侧】单选按钮可以将浇口定义在型芯或是型腔零件中。

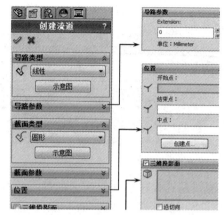

图24-61 【创建流道】面板

【创建流道】面板中各选项组含义如下：

- 【导路类型】选项组：用于设置流道的导路形式。在其【导路类型】下拉列表中包含6种类型，如图24-62所示。单击【示意图】按钮，可以查看流道导路的示意图。

图24-59 浇口示意图　图24-60 【智能点子】对话框

- 【方向】选项组：用于修改浇口的方向。选中【反向】复选框，将更改浇口方向。

## 24.6.3 流道设计

IMOLD中的流道设计功能将帮助用户完成主流道与分流道的设计。在【IMOLD】选项卡中单击【浇注系统】按钮 ，然后在弹出的菜单中依次选择【流道设计】|【创建流道】命令，属性管理器中将显示【创建流道】面板，如图24-61所示。

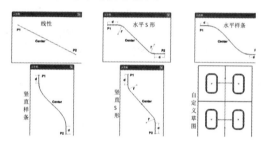

图24-62 6种流道导路类型

- 【导路参数】选项组：用于设置流道导路参数。导路形式不同，则参数也会不同。

- 【截面类型】选项组：用于设置流道截面类型。在【截面类型】下拉列表中包含6种类型，如图24-63所示。单击【示意图】按钮可以查看图解。

### 技术要点

在6种截面类型中，圆形和六边形可以同时创建在型腔、型芯中，其余4种则只能在型腔侧或是型芯侧中。

第 24 章　IMOLD V12 注塑模具设计

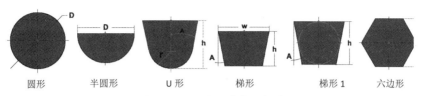

图 24-63　6 种流道截面类型

- 【截面参数】选项组：用于设置流道截面的参数，选择的截面类型不同，则参数选项也有所不同。
- 【位置】选项组：用于设置流道导路的起点、终点和中点。单击【创建点】按钮，可以通过【智能点子】对话框来创建点。当导路形式为【自定义草图】时，不需要设置【位置】。

**技术要点**

在创建流道时，可以选择【中点】，也可不选择，因为它的作用只是用来保证流道经过此点。

【三维投影面】选项组：如果流道要投影到一个曲面可以选中【三维投影面】复选框。在其选项组下选择面或者曲面作为投影对象。选中【沿切向】复选框，可以使流道的终点垂直投影到投影面。

## 24.7　IMOLD 模架设计

模架设计提供多样化的选择，帮助用户从当今流行的供应商中选择不同尺寸的模板。一旦选取一个系列模架之后，在图形区会显示其三维预览，帮助用户确认选取的模架以加载到设计中，也允许用户在加载模架到设计中之后进行模架编辑。

通过 IMOLD 提供的模架数据库，用户可以轻易地选择各种适合于设计需要的模架类型并将其加载至装配环境中。

在【IMOLD】选项卡中单击【模架】按钮，在弹出的菜单中选择【创建模架】命令，属性管理器中显示【创建模架】面板，同时图形区域显示默认设置的模架预览，如图 24-64 所示。

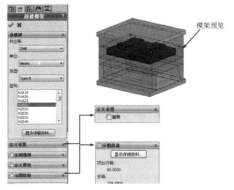

图 24-64　【创建模架】面板

【创建模架】面板中各选项组含义如下：

- 【选模架】选项组：用于设置模架供应商（也包括符合 GB 的龙记模架）、模架尺寸单位、模架类型及模架型号等。
- 【定义设置】选项组：选中【旋转】复选框，可以旋转模架 90°，如图 24-65 所示。

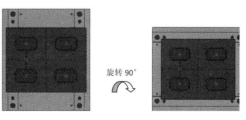

图 24-65　旋转模架

- 【定制模架】选项组：用于设置模架中各模板的长、宽尺寸参数，如图 24-66 所示。设置参数时需单击【显示详细资料】按钮，从打开的【显示详细资料】图解对话框中得到修改帮助，如图 24-67 所示。

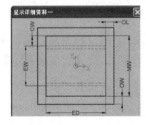

图 24-66 【定制模架】选项组　　图 24-67 【显示详细资料】对话框

- 【定制厚度】选项组：用于设置模架中各模板的厚度尺寸参数，如图 24-68 所示。单击【厚度】按钮，可以通过弹出的【改厚度】对话框来修改各模板的厚度参数，如图 24-69 所示。单击【显示详细资料】按钮，打开【显示详细资料】图解对话框，以帮助厚度参数的设置，如图 24-70 所示。

- 【示图信息】选项组：在该选项组中可以获取更多如顶出机构行程模架总高等信息。

- 【Tie Bar】选项组：用于设置模板中导柱孔的直径、水平和垂直间距，如图 24-71 所示。单击【显示详细资料】按钮，打开【显示详细资料】对话框，以此帮助 Tie Bar 选项的设置，如图 24-72 所示。

图 24-68 【定制厚度】选项组　图 24-69 【改厚度】对话框　图 24-70 【显示详细资料】对话框

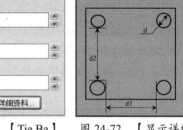

图 24-71 【Tie Ba】选项组　　图 24-72 【显示详细资料】对话框

## 24.8 IMOLD 顶出系统设计

制品的顶出是注射成型过程中最后的一个重要环节，顶出的好坏将直接影响到制品的质量，因此顶出系统的合理设计至关重要。

顶出系统也称脱模系统，主要包括顶杆系列、斜顶（内抽芯）、侧向抽芯滑块（外抽芯）等组件类型。

### 24.8.1 顶杆设计

IMOLD 中顶杆设计提供设计、修改和平移模具中的标准顶杆组件。顶杆设计中也有内置自动剪裁功能，提供多种方法精确地沿型芯面剪裁顶杆。

在【IMOLD】选项卡中单击【顶杆设计】按钮，然后在弹出的菜单中选择【增加顶杆】命令，程序弹出【顶杆设置】对话框，如图24-73所示。单击【确定】按钮，属性管理器中将显示【增加顶杆】面板，如图24-74所示。

图24-73 【顶杆设置】   图24-74 【增加顶杆】
      对话框                 面板

【增加顶杆】面板中各选项组的含义如下：

- 【零件名】选项组：该选项组用于定义要添加到设计中的顶杆名字。顶杆设计系统将会自动添加一个后缀号码用以区分不同顶杆。

**技术要点**

因为顶杆的顶出形状依赖于产品形状，正因为如此每个顶杆被认为是各不相同的特征。

- 【选择】选项组：该选项组用于设置供应商、单位和要添加顶杆的类型，如图24-75所示。单击【显示示意图】按钮，将弹出【示意图】对话框以帮助参数设置，如图24-76所示。

  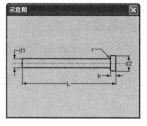

图24-75 【选择】选项组 图24-76 【示意图】对话框

- 【参数】选项组：该选项组用于设置顶杆的参数。顶杆类型不同，其参数设置也会不同，如图24-77所示。

- 【间隙参数】选项组：该选项组用于设置顶杆与其接触的模板组件之间的间隙参数，如图24-78所示。单击【显示示意图】按钮，将弹出【示意图】对话框以帮助参数设置。

- 【定义位置】选项区：该选项区用于定义顶杆的位置点，如图24-79所示。可以选择草图点定义位置，也可以单击【创建点】按钮，使用创建点的功能来创建这些位置点。

图24-77 【参  图24-78 【间  图24-79 【定
数】选项组  隙参数】对话框  义位置】对话框

- 【草图】选项组：通过此选项组，可以选择草图点作为顶杆的位置点。

- 【定位平面】选项组：通过此选项组，选择顶杆的坐落平面（ER1）。在默认状况下，此面定义为顶杆板。

**技术要点**

一旦选择草图，草图中的所有点将会显示在【定位点】列表框中。

### 24.8.2 滑块设计

当塑件上具有与开模方向不同的外侧孔或外侧凹时，塑件不能直接脱模，须将成型侧孔或侧凹的零件做成滑块，在开模前先将之抽出，然后再将制件顶出。成型侧壁较深且侧壁不允许有脱模斜度的制品，以及成型侧壁较深且要求高亮度的制品，也需采用侧抽芯滑块设计。

在【IMOLD】选项卡中单击【滑块设计】按钮，然后在弹出的菜单中选择【加外抽芯机构】|【标准】命令，属性管理器将显示【增加滑块】面板，如图24-80所示。

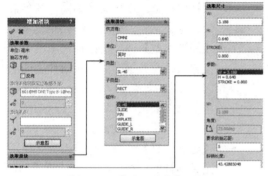

图 24-80 【增加滑块】面板

【增加滑块】面板中各选项组含义如下：

- 【选取参数】选项组：该选项组用于定义抽芯方向。此方向为滑块的移动方向，选中【反向】复选框，则更改滑块移动方向。

**技术要点**

选择一边或者一面（将取此面的垂直面）定义抽芯方向，抽芯方向可与分型面平行，也可成一角度。

- 【选取滑块】选项组：该选项组用来定义滑块的供应商、单位、类型、子类型等。其中【类型】下拉列表中包含了 4 种滑块类型 7 种规格，如图 24-81 所示。在【组件】列表框中列出了滑块机构的各组件，选择一组件，再单击【示意图】按钮，弹出【示意图】对话框以帮助参数设置。

SL-20、SL-25、SL-30

图 24-81 4 种滑块类型

- 【选取尺寸】选项组：该选项组用于设置滑块机构中各组件的尺寸参数。

**技术要点**

滑块设计将自动隐藏其他的型腔体，以方便定义此滑块的所有参数。当滑块加入到设计中后，每个型腔的表达式也自动添加此滑块，而不需要单独为型腔表达式添加滑块。

### 24.8.3 内抽芯（斜顶）设计

斜顶是侧向抽芯滑块和顶杆部件相结合的一种制品顶出部件。它的工作原理是在顶出过程中，斜顶在顶出制品的同时因受制品压力而横向移动，从而使制品脱离成型部分（根据力的分解原理）。

在【IMOLD】选项卡中单击【内抽芯设计】按钮 ，然后在弹出的菜单中选择【增加内抽芯机构】|【标准】命令，属性管理器将显示【增加内抽芯】面板，如图 24-82 所示。

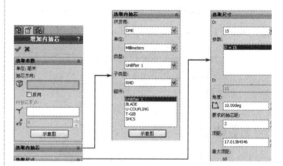

图 24-82 【增加内抽芯】面板

【增加内抽芯】面板中各选项组含义如下：

- 【选取参数】选项组：该选项组用以定义抽芯方向。此方向为斜顶的移动方向，选中【反向】复选框，则更改斜顶移动方向。

**技术要点**

与滑块设计相同，当选择一条边或者一个面（将取此面的垂直面）定义抽芯方向时，抽芯方向可与分型面平行，也可成一定角度。

- 【选取内抽芯】选项组：该选项组用来定义斜顶的供应商、单位、类型、子类型等。其中【子类型】下拉列表中包含了两种斜顶子类型，如图 24-83 所示。单击【示意图】按钮，弹出【示意图】对话框以帮助参数设置。

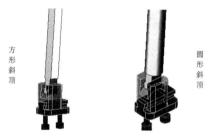

图 24-83 斜顶子类型

- 【选取尺寸】选项组：该选项组用于设置斜顶机构中各组件的尺寸参数。

## 24.9 IMOLD 冷却系统设计

冷却系统也称为热交换系统，当成型材料熔体注射到模腔成型后，冷却系统使成型制件快速降温并冷凝，其经济意义在于缩短成型周期、提高生产效率。

冷却系统的设计时常受到模穴（模具内腔）的几何形状、分模线、滑块及顶杆的限制，因此不能僵硬地按标准分布来进行设计，冷却系统的设计必须要保证冷却迅速和冷却均匀。

在【IMOLD】选项卡上单击【冷却通路设计】按钮，然后在弹出的菜单中选择【创建冷却通道】命令，属性管理器将显示【创建水路】面板，如图 24-84 所示。

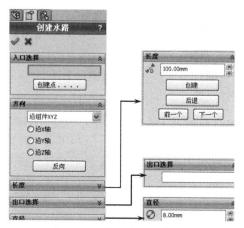

图 24-84 【创建水路】面板

【创建水路】面板中各选项组含义如下：

- 【入口选择】选项组：此选项组用于设置冷却水路的入口位置。方法是选择一个面，或者单击【创建点】按钮，为入口位置创建一个点。
- 【方向】选项组：该选项组用于定义水路管道的钻取方向。选项组中包括有 5 种定义方向的方法，分别是【沿组件 XYZ】、【绕 XYZ】、【选特征】、【屏幕点选】和【选现存点】。单击【反向】按钮可以更改方向。
- 【长度】选项组：该选项组用于设置水路的长度。在【水管的长度】数值框输入值后，单击【创建】按钮，将创建水管。单击【后退】按钮，撤销创建操作。若单击【前一个】

或【下一个】按钮可以高亮选取前一个水管或下一个水管。
- 【出口选择】选项组：该选项组定义出水口位置。

**技术要点**

如果入水口和出水口实体是同一个，例如：出水口面和入水口面相同，在选取此面为入水口面之后再选取为出水口面系统会移去入水口面的选取。这是由于特征管理器的显示所导致的，但并不影响操作。

- 【直径】选项组：该选项组用于设置水管的直径。

## 24.10 综合实战：手机壳分模

◎ 引入文件：\Example\start\Ch17\ 手机壳 .sldprt

◎ 结果文件：\Example\finish\Ch17\ 手机壳分模 .sldprt

◎ 视频文件：\ 视频 \Ch17\ 手机壳分模 .avi

在本例中，将应用 IMOD 插件程序来进行手机壳产品的分模。分模设计过程包括创建数据准备、新建项目、分型线设计、分型面设计、补孔、创建沿展面和复制曲面等操作，如图 24-85 所示为产品。

图 24-85　手机壳产品模型

针对手机壳产品的 IMOLD 分模设计做出如下分析：

- 首先进行数据准备，创建产品的衍生件，以用于分模。
- 新建一个项目，该项目用于储存分模设计中各个模具组件。
- 设计分型线，用于沿展面的创建。
- 设计分型面，即复制产品外表面（轻轻区域）和内表面（型芯区域）。
- 使用 IMOLD 的补孔工具来修补模型中的孔。
- 使用【沿展面】工具来创建产品边缘的延展曲面。
- 使用【创建型芯/型腔】工具，创建镶块。
- 使用【复制曲面】工具来自动分割型腔与型芯。

### 24.10.1　数据准备和新建项目

在【IMOLD】选项卡中单击【数据准备】按钮，然后在弹出的命令菜单中选择【数据准备】命令，程序弹出【需衍生的零件名】对话框。通过该对话框从光盘路径下将本例模型文件【手机壳 .sldprt】打开。

操作步骤：

**01** 随后在属性管理器中显示【衍生】面板，同时在图形区中显示 IMOLD 模具坐标系，坐标系的 +Z 轴指向模具脱模方向，而且坐标原点在产品中心，因此对产品的位置不做任何更改，如图 24-86 所示。

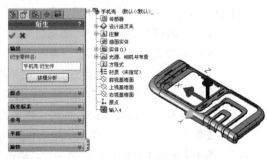

图 24-86　显示模具坐标系

**02** 在面板的【输出】选项组中单击【拔模】按钮,属性管理器中显示【拔模分析】面板。

**03** 选择前视基准面作为拔模参考,然后在【拔模分析】面板的【分析项目】选项组单击【分析】按钮,程序自动运行拔模分析,分析结果如图 24-87 所示。

图 24-89　调入产品并命名项目

**06** 保留 IMOLD 自动为产品设定的材料及参数,单击【项目管理】对话框中的【同意】按钮,完成模具项目的创建。

### 技术要点

当没有为项目定义前缀时,关闭【项目管理】对话框时会弹出【IMOLD】信息对话框,单击【是】按钮将不定义前缀。

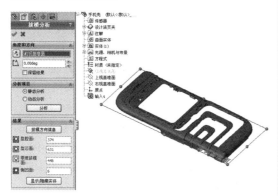

图 24-87　执行拔模分析

**04** 分析完成后单击【确定】按钮✔。关闭【拔模分析】面板和【衍生】面板,程序自动创建了一个衍生件,如图 24-88 所示。

### 24.10.2　分型线与分型面设计

操作步骤:

**01** 在【IMOLD】选项卡中单击【型芯/型腔设计】按钮,然后在弹出的菜单中选择【分型线】命令,属性管理器中显示【分型线】面板。

**02** 在【分型线】面板的【操作】选项组中单击【自动查寻】按钮,程序自动查找产品中的分型线,并显示在产品中,如图 24-90 所示。

图 24-88　创建的衍生件

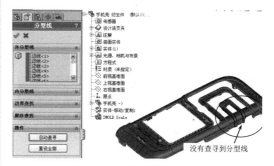

图 24-90　自动搜寻分型线

**05** 在【IMOLD】选项卡中单击【项目管理】按钮,然后在弹出的命令菜单中选择【新项目】命令,程序弹出【项目管理】对话框。通过该对话框将保存路径下的【手机壳衍生件.sldprt】文件打开,然后为模具项目命名为【手机壳模具】,如图 24-89 所示。

**03** 从自动查找的分型线看,产品中部分内、外分型线没有被查寻,这需要对产品进行劈面处理。

**04** 关闭【分型线】面板。使用【基准面】工具，在产品外侧表面位置创建一个重合的参考基准面，如图 24-91 所示。

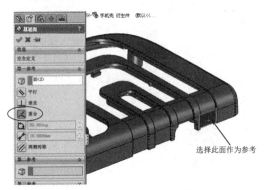

图 24-91　创建参考基准面

**05** 在【模具工具】工具栏单击【分割线】按钮，然后在属性管理器的【分割线】面板中选择【交叉点】类型。接着在产品中选择参考基准面作为分割工具，然后再选择如图 24-92 所示要分割的面进行分割。

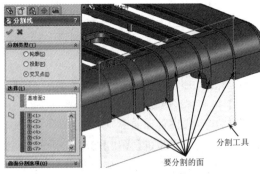

图 24-92　选择分割工具和要分割的面进行分割

**06** 使用【曲线】工具栏中的【通过参考点的曲线】工具，来创建如图 24-93 所示的曲线。创建的这些曲线将作为分型线的一部分。

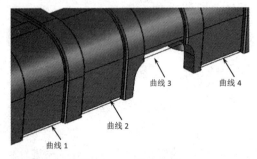

图 24-93　创建曲线

### 技术要点

由于后面的补孔及沿展面的创建几乎靠手动操作，所以就无须再重新创建分型线了。

**07** 在【IMOLD】选项卡单击【型芯/型腔设计】按钮，然后在弹出的菜单中选择【分型面】命令，属性管理器中显示【分型面】面板。单击【操作】选项组中的【查找】按钮，程序自动查找出型腔分型面、型芯分型面和侧型芯分型面。展开【爆炸图】选项组，图形区中将显示展开的分型面和实体，如图 24-94 所示。

**08** 在【信息】选项组单击【报告信息】按钮，可以查看未被定义的面的个数，如图 24-95 所示。从信息报告中可以看出，未定义面的数量为 105，这说明有 105 个面需要重新定义。

图 24-94　查找并显示分型面　　图 24-95　查看报告信息

**09** 从爆炸的分型面中可以看见，未定义的面多数在产品型芯侧，少数几个面在型腔侧，为绿色的面。激活【型芯面】选项组中的列表框，然后将多数面指派给型芯面，将少数面指派给型腔面。完成指派后关闭【分型面】面板。

### 技术要点

要想知道未定义的面是否全部被指派给型芯面，可以再次查看信息报告，或者在【爆炸图】选项组取消选中【实体】复选框。如果未定义的面很小，且不容易被选取时，可以隐藏产品，然后在被选取面处执行右键菜单中的【选择其他】命令，即可选取此面。

### 24.10.3　补孔和沿展面

在补孔之前需要重新对分型线进行修正，因为补孔及创建沿展面是参考分型线来进行的。

操作步骤：

**01** 使用【补孔】工具，以【补洞】方法来修补单个面中的孔，如图24-96所示。以【补圆孔】方法来修补如图24-97所示的圆孔。

图 24-96　以【补洞】方法来修补单个面中的孔

图 24-97　以【补圆孔】方法来修补圆孔

**02** 下面创建一条曲线，以辅助产品中间大孔的修补，如图24-98所示。

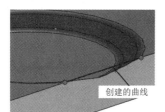

图 24-98　创建曲线

**03** 使用【补孔】工具，以【边界孔】方法来修补小的孔，如图24-99所示。

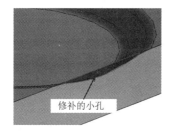

图 24-99　修补小孔

**04** 使用【补孔】工具，以【边界孔】方法来修补大的孔，如图24-100所示。

图 24-100　修补大孔

**05** 使用IMOLD的【劈面】工具，在如图24-101所示的位置选择要劈开的面，以及确定直线的两点。

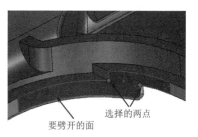

图 24-101　创建3条曲线

**06** 劈开的面如图24-102所示。

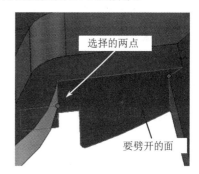

图 24-102　劈开的面

**07** 同理，在另一侧也劈开一个面，如图24-103所示。

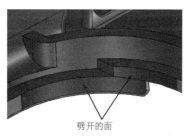

图 24-103　选择面以劈开

**08** 劈开面后,原来的面将变为【未定义】的分型面。使用【分型面】工具,将劈开的面以分割线为界,分别指派给型腔和型芯,如图 24-104 所示。

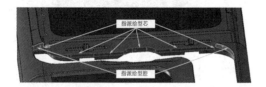

图 24-104 重新指派未定义的面

**09** 使用【补孔】工具,以【边界孔】方法来修补大的孔,如图 24-105 所示。

图 24-105 以【边界补孔】方法修补孔

**10** 同理,再使用【补孔】工具,并以【边界孔】方法来在产品侧面修补如图 24-106 所示的 4 个孔。

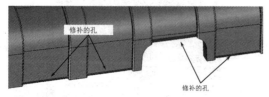

图 24-106 修补产品侧的孔

> **技术要点**
> 此两个小孔,也可以直接使用【补孔】工具中的【边界补孔】方法来修补。

**11** 在【IMOLD】选项卡中单击【型芯/型腔设计】按钮,然后在弹出的菜单中选择【工具】|【沿展面】命令,属性管理器将显示【沿展面】面板。在面板的【缺省参考面】选项组中单击【创建】按钮,图形区中显示 4 个参考基准面,如图 24-107 所示。

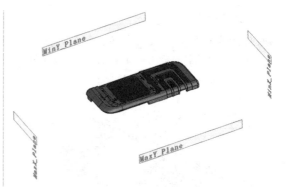

图 24-107 创建 4 个参考基准面

**12** 以【放样曲面】的方法,在图形区域选择同一侧的参考面和产品外分型线(手动选择),然后单击【沿展面】面板中的【确定】按钮,完成该侧沿展面的创建,如图 24-108 所示。

图 24-108 创建一侧的沿展面

**13** 同理,按同样的操作方法,创建出其余 3 侧的沿展面,结果如图 24-109 所示。

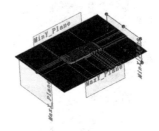

图 24-109 创建完成的沿展面

### 24.10.4 创建型腔和型芯

操作步骤:

**01** 在【IMOLD】选项卡中单击【型芯/型腔设计】按钮,然后在弹出的菜单中选择【创建型芯/型腔】命令,属性管理器将显示【创建型芯/型腔】面板。同时图形区中显示预览,如图 24-110 所示。

## 第 24 章　IMOLD V12 注塑模具设计

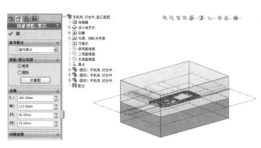

图 24-110　预览型芯/型腔镶块

**02** 保留面板中默认的参数设置，单击【确定】按钮，完成型芯镶块和型腔镶块的创建。

**03** 在【IMOLD】选项卡中单击【型芯/型腔设计】按钮，然后在弹出的菜单中选择【复制曲面】命令，属性管理器将显示【复制曲面】面板。按如图 24-111 所示的选项设置，单击【确定】按钮，随后程序弹出【IMOLD】信息报告对话框，单击该对话框中的【是】按钮，图形区中将显示型腔组件模型。

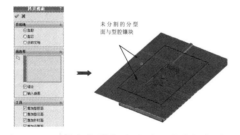

图 24-111　复未分割成功的型腔镶块与分型面

**04** 这说明分型面、沿展面或补孔面中存在缝隙、重叠及交叉问题。

**05** 除型腔面外，隐藏其余所有面。使用【评估】工具栏中的【检查】工具，对型腔面进行检查，如图 24-112 所示。

图 24-112　检查型腔面

**06** 从检查结果中没有看出曲面有问题。一般情况下，如果型腔面或沿展面出现间隙、交叉问题，该类型曲面在特征管理器设计树中将灰显，而在特征管理器设计树中没有出现灰显的曲面。进一步推断，可能出现重叠面。

**07** 使用【缝合曲面】工具，依次选择图形区中的曲面进行缝合，最好不要在图形区中框选，这样会让重叠面也被选中，而导致缝合失败。缝合的曲面如图 24-113 所示。

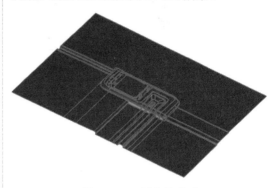

图 24-113　缝合的曲面

**08** 在菜单栏执行【插入】|【切除】|【使用曲面】命令，属性管理器显示【使用曲面切除】面板。在图形区域选择缝合的曲面，然后单击面板中的【确定】按钮，完成型腔的分割，如图 24-114 所示。

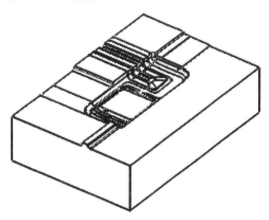

图 24-114　分割的型腔

**09** 使用【IMOLD】选项卡中的【复制曲面】工具，按此方法分割出型芯。

**10** 至此，手机壳产品的分模设计全部完成。最后将结果保存。

## 24.11 课后习题

在本练习中,将以一个简单零件的模具设计来巩固前面所学的 IMOLD 模具设计知识。练习模型为一塑料扣件,完成的模具如图 24-115 所示。

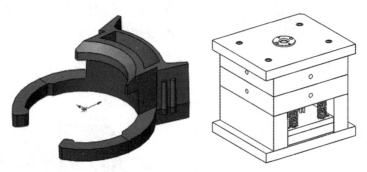

图 24-115　练习模型与设计完成的模具

练习的要求及步骤如下:
(1) 模具设计前期准备。
(2) 型芯与型腔设计。
(3) 流道与浇口设计。
(4) 模架设计。
(5) 顶出系统设计。
(6) 加载定位环与浇口套。
(7) 冷却系统设计。

# 第 25 章 SolidWorks 模具设计案例

前面我们学习了模具的理论与结构设计，从而得知模具的难易程度取决于产品结构的复杂性。对于初次涉入模具行业的读者来说，简单产品的分模更容易掌握，但对于有一定模具基础的读者，产品结构比较复杂一点的则更容易学习到知识。因此，本章将以一个典型的产品模具设计实例，综合上述两者情况讲述模具从易到难的设计过程。

百度云网盘

360云盘 密码6955

- ◆ 模具设计任务
- ◆ 模具设计准备过程
- ◆ 型芯与型腔设计
- ◆ 浇注系统设计
- ◆ 模架设计
- ◆ 顶出系统设计
- ◆ 模具标准件设计

## 25.1 产品与模具任务

○ 引入文件：\ 实训操作 \ 源文件 \Ch25\ 吸尘器外壳 .sldprt

○ 结果文件：\ 实训操作 \ 结果文件 \Ch25\ 吸尘器外壳模具 .sldprt

○ 视频文件：\ 视频 \ Ch25\ 吸尘器模具 .avi

本章模具设计产品——吸尘器外壳，以及设计完成的吸尘器外壳模具，如图 25-1 所示。

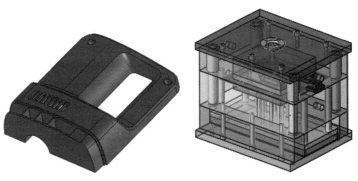

图 25-1 吸尘器外壳

吸尘器外壳模具的设计任务如下：

- 模型规格：170mm×142mm×48mm。
- 壁厚：非均匀壁厚，最大壁厚为 6.5mm，最小壁厚为 1mm。
- 质量要求：表面光泽度高。
- 材料：材料为 ABS。
- 收缩率：模型收缩率为 0.005。
- 模具布局：一模一腔。

## 25.2 模具设计准备过程

吸尘器外壳模具的设计准备过程包括打开模型、数据准备、拔模分析和创建模具新项目。在数据准备过程中，如果模具坐标系的定位不利于产品脱模，还需要更改模具坐标系。在项目管理过程中，将为项目命名、设置工作路径，以及选择产品收缩率，定义侧抽芯镶块的位置等。

操作步骤：

**01** 在【IMOLD】选项卡中单击【IMOLD 数据准备】按钮，然后在弹出的命令菜单中选择【IMOLD 数据准备】命令，程序弹出【需衍生的零件名】对话框。通过该对话框将路径下的本例模型文件打开，如图 25-2 所示。

图 25-2　打开要衍生的模型

**02** 属性管理器显示【衍生】面板，同时在图形区中显 IMOLD 模具坐标系，如图 25-3 所示。

**03** 从图形区域显示的模具坐标系可以看出坐标系 +Z 轴与产品拔模方向（或脱模方向）不一致，这就需要对产模具坐标系作旋转操作（旋转坐标系，相对来说也是旋转产品），使其符合模具设计要求。在面板的【旋转】选项组中输入 Y 角度增量的值为 90，并按 Enter 键确认，图形区域显示更改的预览，如图 25-4 所示。

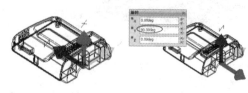

图 25-3　显示模具坐标系　　图 25-4　旋转模具坐标系

### 技术要点

在 SolidWorks 中，模具坐标系的 +Z 方向应与产品拔模（也称脱模）方向一致。因为模具模架与其他模具标准件的定位是由模具坐标系的 +Z 轴确定的。

**04** 对于模具坐标系应在产品中的什么位置，这完全取决于模具的模腔数。本例模具设计要求为一模一腔，也就是说将模具坐标系定位在产品底面的中心为最佳。在【原点】选项组中选择【中心】单选按钮，程序自动将坐标系移动至产品中心，并显示预览，如图 25-5 所示。

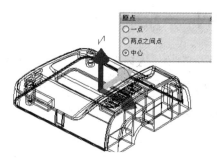

图 25-5　设置模具坐标系原点

**05** 在【输出】选项组中单击【拔模】按钮，属性管理器则显示【拔模分析】面板，如图 25-6 所示。

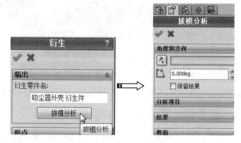

图 25-6　显示【拔模分析】面板

**06** 选择与模具坐标系 Z 轴平行的边作为拔模参考，然后在【拔模分析】面板的【分析项目】选项组单击【分析】按钮，程序自动进行拔模分析，如图 25-7 所示。

# 第 25 章 SolidWorks 模具设计案例

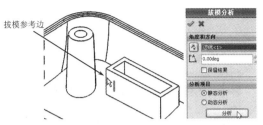

图 25-7 选择拔模方向参考并执行分析命令

**07** 分析完成后将结果数据显示在【结果】选项组中，模型中则以不同颜色来显示拔模分析结果，如图 25-8 所示。

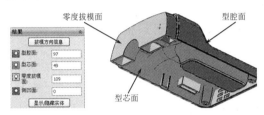

图 25-8 查看拔模分析结果

**08** 分析结果中，侧凹面的个数为 0，说明没有跨立面需要分割。但没有侧凹面并不说明就没有侧凹特征出现。单击【拔模分析】面板中的【确定】按钮，关闭该面板。然后再在【衍生】面板中单击【确定】按钮关闭【衍生】面板，程序会自动创建一个衍生件，并将其保存在原模型文件所在文件夹中。

**09** 在【IMOLD】选项卡中单击【项目管理】按钮，然后在弹出的命令菜单中选择【新项目】命令，程序弹出【项目管理】对话框。通过该对话框将保存路径下的衍生件文件打开，然后为模具项目命名为【吸尘器模具】，如图 25-9 所示。

图 25-9 通过【项目管理】对话框调入产品并命名模具项目

**10** 在【项目管理】对话框左边展开的列表中选择【吸尘器外壳 衍生件】子项目，然后在右边亮显的【收缩率】选项组中选择材料为【ABS】，最后单击【项目管理】对话框中的【同意】按钮，完成模具项目的创建，如图 25-10 所示。

图 25-10 设置收缩率并创建侧型芯组件

### 技术要点

在【项目管理】对话框中为产品选择一种材料后，IMOLD 会自动提供该材料的收缩率。但在实际工程中，产品收缩率由材料生产厂家提供，该值比通用的收缩率精准，由此产生的模具误差也会更小。

## 25.3 型芯与型腔设计

在型芯/型腔设计过程中，将进行一系列的设计工作，包括分型线设计、分型面设计（也包括侧型芯分型面），以及创建型芯、型腔和侧型芯。

### 25.3.1 分型线、分型面设计

在创建分型面之前，必须先创建侧型芯分型面。这是因为分型面是以拔模分析的结果作为参考来进行创建的，侧型芯区域总是存在着型腔区域或型芯区域的面。因此在创建了侧型芯分型面后，IMOLD 程序才能正确判断出型腔分型面和型芯分型面。

操作步骤：

**01** 在【IMOLD】选项卡中单击【型芯/型腔设计】按钮⬛，然后在弹出的菜单中选择【分型线】命令,属性管理器中显示【分型线】面板。

**02** 在【分型线】面板的【操作】选项组中单击【自动查寻】按钮，程序自动查找产品中的分型线，并显示在产品中，如图 25-11 所示。

图 25-11　自动搜寻分型线

**03** 从自动查找的分型线看，除产品侧孔的内分型线不合理外，其余分型线是合理的。将侧孔的内分型线修改为在产品内侧。

**04** 在【草图】工具栏中单击【直线】按钮，然后选择侧孔外部面作为草绘平面，如图 25-12 所示。在草图模式中绘制如图 25-13 所示的草图，完成后退出草图模式。

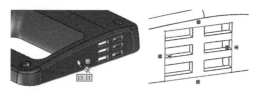

图 25-12　选择草绘平面　　图 25-13　绘制草图

**05** 在【模具工具】工具栏中单击【分割线】按钮，然后在属性管理器的【分割线】面板中选择【投影】类型。接着在产品中选择草图进行投影，再选择侧孔外部面作为要分割的面，如图 25-14 所示。

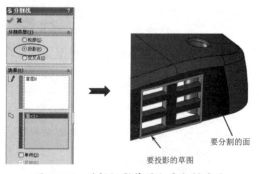

图 25-14　选择投影草图和要分割的面

**06** 在【分割线】面板中单击【确定】按钮，侧孔外部面被分割成两个面，如图 25-15 所示。

图 25-15　分割产品侧孔的外部面

**技术要点**

IMOLD 中的【劈面】工具，不能劈开面的一部分，它只能将整个面劈开，即【一分为二】。

**07** 在【IMOLD】选项卡中单击【型芯/型腔设计】按钮⬛，然后在弹出的菜单中选择【分型面】命令,属性管理器中显示【分型面】面板。单击【操作】选项组中的【查找】按钮，程序自动查找出型腔分型面、型芯分型面和侧型芯分型面。展开【爆炸图】选项组，图形区中将显示展开的分型面和实体，如图 25-16 所示。

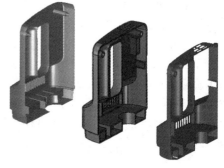

图 25-16　选择侧型芯面

**08** 在【信息】选项组单击【报告信息】按钮，可以查看未被定义的面的个数，如图 25-17 所示。

图 25-17　查看报告信息

第25章 SolidWorks模具设计案例

**09** 从爆炸的分型面中可以得知，产品中有20个显示为绿色的面（未定义的面）没有被计算到型芯区域和型腔区域中，这需要重新指派。激活【型芯面】选项组中的列表框，然后在产品中依次选择产品内侧的绿色面，绿色面随即被收集到【型芯面】选项组中的列表框中，并且爆炸图中也显示绿色面被指派到型芯分型面中，如图25-18所示。

项组中激活列表框后，将其指派为型腔面，如图25-19所示。

图25-19 指派型腔分型面

**11** 再次单击【报告信息】按钮，在弹出的【IMOLD】对话框中看见【未定义面的数量】为0，这说明分型面的设计已经完成。

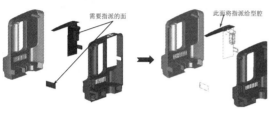

图25-18 指派型芯分型面

**10** 爆炸图中还有一个绿色面，因其属于产品外侧面（即型腔面），因此在【型腔面】选

### 技术要点

如果发现自动查找的型腔面中有本应是型芯面的面，同样可以进行重新指派。指派时最好使用爆炸图形式，便于观察。

## 25.3.2 补孔和延展面

在补孔之前需要重新对分型线进行修正，因为补孔及创建延展面是参考分型线来进行的。

操作步骤：

**01** 在【IMOLD】选项卡中单击【型芯/型腔设计】按钮，然后在弹出的菜单中选择【工具】|【补孔】命令，属性管理器中显示【补孔】面板。选择【自动补孔】方法，然后单击【确定】按钮，程序自动创建出内分型线所包含的补面。

**02** 在产品底部边缘有两个小孔需要手动工修补。在【曲线】工具栏中单击【通过参考点的曲线】按钮，属性管理器显示【通过参考点的曲线】面板。然后在产品底部小孔位置创建一条曲线。同理，在对应的另一侧也创建一条曲线，如图25-20所示。

图25-20 创建两条曲线

### 技术要点

如果【曲线】工具栏没有在界面中，可以通过在工具栏位置右击，选择【曲线】命令，将【曲线】工具栏调出来。

**03** 在【模具工具】工具栏中单击【填充曲面】按钮，属性管理器显示【填充曲面】面板。按信息提示依次选择小孔的边界，单击【确定】按钮后，关闭该面板完成小孔的修补，如图25-21所示。同理，在另一侧也完成小孔修补。

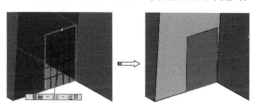

图25-21 修补小孔

**04** 执行【分型面】命令，重新打开【分型面】面板。激活【型腔面】选项组中的列表框，然后选择两个小孔面。

**05** 在【IMOLD】选项卡中单击【型芯/型腔设计】按钮，然后在弹出的菜单中选择【工

具】|【指定面属性】命令，然后为两个小孔面指定【补洞】面。

**技术要点**

此两个小孔，也可以直接使用【补孔】工具中的【边界补孔】方法来修补。

**06** 在【IMOLD】选项卡中单击【型芯/型腔设计】按钮，然后在弹出的菜单中选择【工具】|【沿展面】命令，属性管理器将显示【沿展面】面板。在面板中选择【放样曲面】方法，然后在【分型线工具】选项组单击【查找】按钮，产品中显示外分型线，如图 25-22 所示。

**07** 在图形区域选择同一侧的参考面和产品外分型线（手动选择），然后单击【沿展面】面板中的【确定】按钮，完成该侧沿展面的创建，如图 25-23 所示。

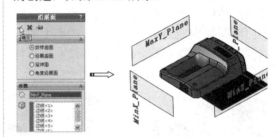

图 25-23　创建一侧的沿展面

**08** 同理，按同样的操作方法，创建出其余 3 侧的沿展面，结果如图 25-24 所示。

**技术要点**

如果要使用面板执行多次相同的操作，只要在面板中单击【保持可见】按钮，面板就不会被关闭了。

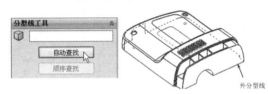

图 25-22　查找外分型线

### 25.3.3　创建型腔和型芯镶块

操作步骤：

**01** 在【IMOLD】选项卡中单击【型芯/型腔设计】按钮，然后在弹出的菜单中选择【创建型芯/型腔】命令，属性管理器将显示【创建型芯/型腔】面板。同时图形区中显示预览，如图 25-25 所示。

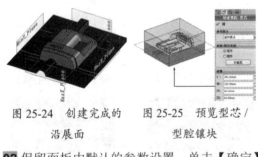

图 25-24　创建完成的沿展面　　图 25-25　预览型芯/型腔镶块

**02** 保留面板中默认的参数设置，单击【确定】按钮，完成型芯镶块和型腔镶块的创建。

**03** 在【IMOLD】选项卡中单击【型芯/型腔设计】按钮，然后在弹出的菜单中选择【复制曲面】命令，属性管理器将显示【复制曲面】面板。按如图 25-26 所示的选项进行设置，单击【确定】按钮，程序自动完成型腔的创建。

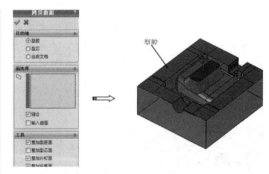

图 25-26　复制曲面并生成型腔

**04** 在创建型芯时，需要对沿展面做一些变换。使用【沿展面】工具，选择如图 25-27 所示的边线和参考面来创建沿展面。

**05** 使用【IMOLD】选项卡中的【分型面】工具，将如图 25-28 所示的型芯面指派为型腔面。

第 25 章　SolidWorks 模具设计案例

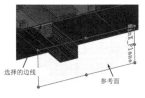

图 25-27　创建沿展面　　图 25-28　重新指派型腔面

**06** 使用【IMOLD】选项卡中的【补孔】工具，在型芯侧修补如图 25-29 所示的孔。

**07** 在【IMOLD】选项卡中单击【型芯/型腔设计】按钮，然后在弹出的菜单中选择【复制曲面】命令，属性管理器将显示【复制曲面】面板。选择【型芯】作为复制面目的地，接着在面板的【不需要的面】选项组激活列表框，并在图形区域选择如图 25-30 所示的沿展面。

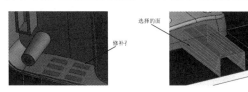

图 25-29　修补孔　　图 25-30　选择不需要的面

**08** 按如图 25-31 所示的选项设置，单击【确定】按钮，稍后程序弹出【IMOLD】信息对话框，单击该对话框中的【否】按钮，自动完成型芯的创建。

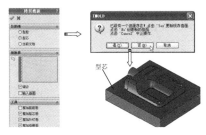

图 25-31　复制曲面并生成型芯

### 技术要点

在创建型腔或型芯过程中弹出【IMOLD】信息对话框，是由于先前创建了一个自定义的分割曲面。反之，则不会出现该对话框

**09** 在【IMOLD】选项卡中单击【型芯/型腔设计】按钮，然后在弹出的菜单中选择【侧型芯】命令，属性管理器将显示【侧型芯面】面板。

**10** 激活【侧型芯面】选项组中的列表框，然后选择如图 25-32 所示的面作为侧型芯面。最后关闭该面板。

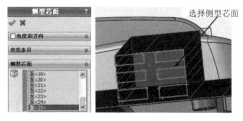

图 25-32　指定侧型芯面

**11** 在【IMOLD】选项卡中单击【型芯/型腔设计】按钮，然后在弹出的菜单中选择【创建侧型芯】命令，属性管理器将显示【创建侧型芯面】面板。

**12** 在图形区中选择辅助面和其他的面，然后单击【确定】按钮，完成侧型芯的创建，如图 25-33 所示。

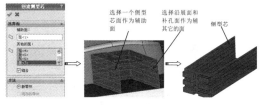

图 25-33　创建侧型芯

**13** 创建的侧型芯文件中仅有曲面，而不是实体。从窗口中打开【13.11 衍生件_侧型芯 1.sldprt】文件。使用【曲线】工具栏中的【通过参考点的曲线】工具，创建一条直线，如图 25-34 所示。

**14** 使用【模具工具】工具栏中的【填充曲面】工具，创建两个填充曲面，如图 25-35 所示。

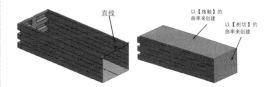

图 25-34　创建直线　　图 25-35　创建填充曲面

**15** 使用【缝合曲面】工具，将所有侧型芯曲面合并，生成一个实体。

573

## 25.4 浇注系统设计

吸尘器产品中间有个大方孔，适合在中间创建流道和浇口。由于是单模腔模具，主流道将采用模具标准件——浇口衬套来代替，模具中有两个浇口，因此分流道为半圆形布置，在分流道末端创建冷料穴。

### 25.4.1 创建分流道

操作步骤：

**01** 在窗口中打开【吸尘器模具 .silasm】文件。然后在特征管理器设计树中，将【吸尘器衍生件_型芯型腔组件】子项目下的【衍生件】、【衍生件_型腔】、【衍生件_侧型芯】等零部件隐藏（整个图形区域仅显示型芯）。

**技术要点**
用户也可以通过【IMOLD】选项卡中的【显示管理器】工具，将模具零部件进行显示/隐藏操作。

**02** 使用【草图绘制】工具，在型芯中绘制如图 25-36 所示的草图。

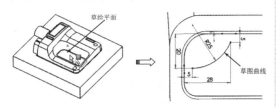

图 25-36 绘制草图

**03** 在【IMOLD】选项卡中单击【浇注系统】按钮。然后在弹出的菜单中选择【流道设计】|【创建流道】命令，属性管理器中显示【创建流道】面板。

**04** 按如图 25-37 所示的选项设置，在型芯中选择草图后，单击【确定】按钮，完成流道的创建。

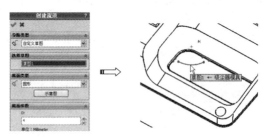

图 25-37 创建流道

**05** 再使用【草图绘制】工具在型芯中间绘制草图曲线，如图 25-38 所示。

**06** 使用【创建流道】工具，选择绘制的草图创建出如图 25-39 所示的流道（此流道也称冷料穴）。

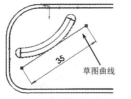

图 25-38 绘制草图

图 25-39 创建冷料穴

**技术要点**
用户也可以通过【创建流道】面板直接创建线性流道。但这样则不便于精确定位流道。

### 25.4.2 创建浇口

操作步骤：

**01** 关闭型芯显示，图形区中显示型腔。在【IMOLD】选项卡中单击【浇注系统】按钮。然后在弹出的菜单中选择【浇口设计】|【创建浇口】命令，属性管理器中显示【创建流道】面板。

**02** 在面板的【位置】选项组中单击【创建点】按钮，随后弹出【智能点子】对话框。按信息提示选择圆形流道的边线，随后显示示意箭头，且【智能点子】对话框显示【边控制】选项组，选择选项组中的【中心】单选按钮，然后单击【创建】按钮，完成参考点的创建，如图 25-40 所示。

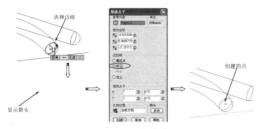

图 25-40　创建参考点

**03** 同理，在圆形流道的另一端也创建出参考点。完成参考点的创建后关闭【智能点子】对话框。

**04** 在【创建浇口】面板的【位置】选项组中激活【定义浇口位置】列表框，然后选择其中一个参考点。该参考点上显示浇口预览，如图 25-41 所示。

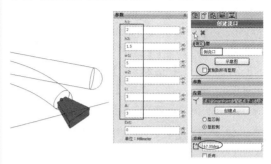

图 25-42　创建第一个浇口

**05** 在面板中按如图 25-42 所示设置参数后，单击【确定】按钮完成第一个浇口的创建。

**06** 同理。以相同的参数创建出圆形流道另一端的浇口，如图 25-43 所示。

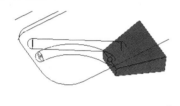

图 25-41　选择参考点预览浇口

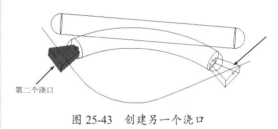

图 25-43　创建另一个浇口

## 25.5　模具模架设计

一般情况下，IMOLD 会自动判断型芯、型腔零件的尺寸，并给出一个参考的模架，但需要更改模板厚度。用户再根据模具中是否有侧抽芯机构、斜顶机构等结构，对模具的尺寸做适当调整。

操作步骤：

**01** 在【IMOLD】选项卡中单击【模架设计】按钮。然后在弹出的菜单中选择【创建模架】命令，属性管理器中显示【创建模架】面板。同时图形区域显示 IMOLD 定义的 DME 模架，如图 25-44 所示。

**02** 可以看出，默认的模架是不能满足设计需要的。在【选模架】选项组中选择 LKM（符合国标的龙记模架）、Type CI 类型、型号为 3550 的模架，如图 25-45 所示。

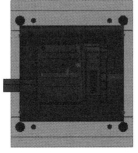

图 25-44　默认的模架

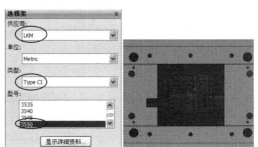

图 25-45　选择 LKM 模架

**03** 在面板中选中【定义厚度】复选框，展开【定义厚度】选项组，单击【厚度】按钮，弹出【改厚度】对话框。在该对话框中更改 B 板的厚度为 150，完成后单击该对话框中的【应用】按钮，并关闭对话框，如图 25-46 所示。在更改厚度的同时，可以在【定义厚度】选项组中单击【显示详细资料】按钮，弹出【显示详细资料】对话框来帮助更改，如图 25-47 所示。

**06** 在【特征】工具栏中，使用【拉伸切除】工具，选择型芯底部平面作为草绘平面，并绘制如图 25-49 所示的草图。

图 25-48 执行编辑 B 板的命令　图 25-49 绘制草图

**07** 退出草图后，拖动控标至一定高度，最终创建的拉伸切除特征如图 25-50 所示。

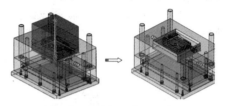

图 25-50　创建拉伸切除特征

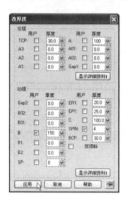
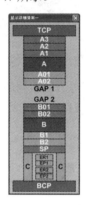

图 25-46　更改厚度　图 25-47　【显示详细资料】对话框

**04** 最后单击【确定】按钮 ✓，完成模架的设计。
**05** 通过【显示管理器】工具，将定模和型腔隐藏。在图形区域选择 B 板，然后在特征管理器设计树中对 B 板执行【编辑】命令，如图 25-48 所示。

### 技术要点

这个拉伸切除的特征也是用来安放型芯、型腔的空间。照此方法，创建出 A 板中的拉伸切除特征。

## 25.6　顶出系统设计

吸尘器模具的顶出系统设计包括顶杆设计、内抽芯设计（斜顶设计）和外抽芯设计（滑块设计）。

### 25.6.1　顶杆设计

操作步骤：

**01** 在【IMOLD】选项卡中单击【顶杆设计】按钮 。然后在弹出的菜单中选择【增加顶杆】命令，程序弹出【顶杆设置】对话框，如图 25-51 所示。保留对话框中的默认设置，单击【确定】按钮，进入【衍生件_型芯型腔组件】装配组件中，且属性管理器显示【增加顶杆】面板。
**02** 在【选择】选项组中选择顶杆的参数，如图 25-52 所示。

图 25-51　选择工作装配体　图 25-52　选择顶杆参数

**03** 在面板的【定义位置】选项组中单击【创建点】按钮，随后弹出【智能点子】对话框。然后在图形区中指定要创建点的位置，完成指定后关闭【智能点子】对话框，如图 25-53 所示。

**04** 在【定义位置】选项组中激活【选择草图点】列表框，然后依次选择上步创建的点，图形区域则显示顶杆预览，如图 25-54 所示。

按钮，完成顶杆设计。

**06** 在【IMOLD】选项卡中单击【顶杆设计】按钮。然后在弹出的菜单中选择【剪裁顶杆】命令，属性管理器显示【剪裁顶杆】面板，按如图 25-55 所示的选项进行设置，单击【确定】按钮，程序自动完成顶杆的剪裁。

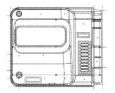

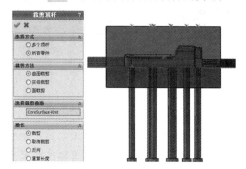

图 25-53 创建顶杆参考点　　图 25-54 选取点以放置顶杆　　图 25-55 剪裁顶杆

**05** 最后单击【增加顶杆】面板中的【确定】

## 25.6.2 外抽芯（滑块）设计

操作步骤：

**01** 在【IMOLD】选项卡中单击【滑块设计】按钮。然后在弹出的菜单中选择【增加外抽芯机构】|【标准】命令，属性管理器显示【增加滑块】面板。

**02** 按信息提示在图形区中选择一条边线作为滑块抽芯方向，如图 25-56 所示。选择侧型芯表面作为定位数据平面，如图 25-57 所示。接着选择侧型芯的中点作为滑块的原点，如图 25-58 所示。

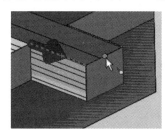
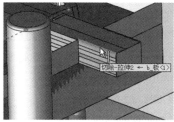
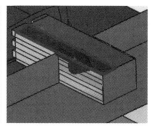

图 25-56 选择抽芯方向参考　　图 25-57 选择定位数据平面　　图 25-58 选择滑块原点

**03** 在【选择滑块】选项组中设置如图 25-59 所示的参数。在【选取尺寸】选项组中设置如图 25-60 所示的参数。在【选取参数】选项组中设置如图 25-61 所示的参数。

图 25-59 选择滑块　　图 25-60 选取尺寸　　图 25-61 选取参数

**04** 最后单击面板中的【确定】按钮，完成外抽芯机构的创建，如图 25-62 所示。

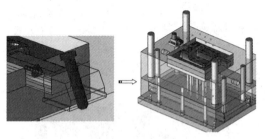

图 25-62　加载滑块标准件

### 技术要点

从加载的滑块看，滑块并没有在所定义的位置上，这是由于滑块是由模具坐标系来决定的，因此需要对位置进行调整。

**05** 在图形区域选中滑块，然后在特征管理器设计树中展开【配合】项目，选择一个子项目【距离1】进行编辑，在随后显示的【配合】面板的【标准配合】选项组中取消选中【反向】复选框，如图 25-63 所示。

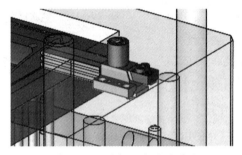

图 25-63　编辑滑块的【距离1】配合

**06** 同理，选择【距离2】和【距离3】配合来编辑，并进行同样的操作。最终编辑配合后的结果如图 25-64 所示。

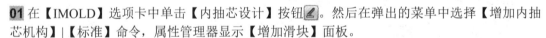

图 25-64　编辑配合后的滑块

## 25.6.3　内抽芯（斜销）设计

操作步骤：

**01** 在【IMOLD】选项卡中单击【内抽芯设计】按钮。然后在弹出的菜单中选择【增加内抽芯机构】|【标准】命令，属性管理器显示【增加滑块】面板。

**02** 按信息提示在图形区中选择一条边线作为斜销抽芯方向。接着选择型芯中内侧凹特征的中点作为内抽芯的原点，如图 25-65 所示。

**03** 在【选取参数】选项组中设置如图 25-66 所示的参数。

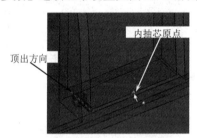

图 25-65　选择内抽芯方向参考和原点

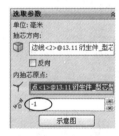

图 25-66　选取参数

**04** 在【选择内抽芯】选项组中设置如图 25-67 所示的参数。在【选取尺寸】选项组中设置如图 25-68 所示的参数。

### 技术要点

如果内抽芯的顶出方向不符合设计要求，可以在【选取参数】选项组中选中【反向】复选框。

图 25-67 选取内抽芯　　图 25-68 选取尺寸

**06** 同样，内抽芯也是根据模具坐标系来载入的。因此，按编辑滑块标准件的距离配合的操作步骤来编辑内抽芯的距离配合。结果如图 25-70 所示。

**07** 在【IMOLD】选项卡中单击【内抽芯设计】按钮。然后在弹出的菜单中选择【剪裁斜销】命令，属性管理器显示【剪裁斜销】面板，按如图 25-71 所示的选项进行设置，单击【确定】按钮，程序自动完成斜销的剪裁。

**05** 最后单击面板中的【确定】按钮，完成内抽芯机构的创建，如图 25-69 所示

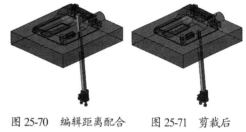

图 25-69 加载内抽芯标准件　　图 25-70 编辑距离配合的斜销　　图 25-71 剪裁后的斜销

## 25.7 加载模具标准件

模具标准件包括模具的定位环和浇口套。浇口套是作为浇注系统的主流道进行创建的。定位环用于固定注射机喷嘴和模具浇口套的接触部分。

操作步骤：

**01** 在【IMOLD】选项卡中单击【标准件库】按钮。然后在弹出的菜单中选择【增加标准件】命令，属性管理器显示【增加标准件】面板。然后在面板的【选标准件】选项组中设置如图 25-72 的参数。

**02** 在【定义位置】选项组中单击【建立坐标点】按钮，然后通过弹出的【智能点子】对话框创建出如图 25-73 所示的坐标点。

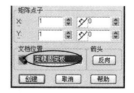
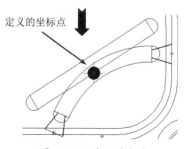

图 25-72 选择标准件　　图 25-73 定义坐标点

**03** 定义坐标点并选择该点作为定位环的定位点后，单击面板中的【确定】按钮✅，完成定位环的加载，如图25-74所示。

图25-76 加载的定位环与浇口套

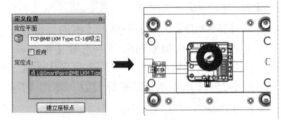

图25-74 完成定位环的加载

**04** 再次打开【增加标准件】面板，然后设置如图25-75所示的参数及选项，完成浇口套的加载。

**06** 至此，本例吸尘器外壳的模具设计工作已全部结束。吸尘器外壳模具如图25-77所示。

图25-77 吸尘器外壳模具

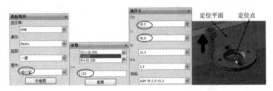

图25-75 浇口套的参数设置

### 技术要点

鉴于本章篇幅的限制，后面的冷却系统的设计就不讲解了。读者可以参考本例的视频来完成冷却系统设计。

**05** 加载完成的定位环与浇口套如图25-76所示。

### 读书笔记

# 第 26 章 钣金结构件设计

使用 SolidWorks 软件进行钣金设计是由各个法兰开始的，在各个法兰上完成其他的特征，进而完成钣金零件的设计。因此，各个法兰在 SolidWorks 钣金设计中占有重要地位，是使用该模块的基础。SolidWorks 的法兰包括基体法兰、边线法兰、斜接法兰、薄片。法兰是钣金零件设计的基础。本章将详细介绍钣金法兰工具、钣金折弯工具、钣金成型工具及特征工具。

百度云网盘

360云盘 密码6955

- 钣金概述
- SolidWorks 2016 钣金设计工具
- 钣金法兰设计
- 折弯钣金体
- 钣金成型工具
- 编辑钣金特征

## 26.1 钣金设计概述

钣金产品在日常生活中随处可见，从日用家电到汽车、飞机、轮船等。随着科技的发展和生活水平的提高，对产品外观、质量的要求也越来越高。SolidWorks 2016 中的钣金设计模块提供了强大的钣金设计功能，使用户轻松、快捷地完成设计工作。

### 26.1.1 钣金零件分类

根据成型的类型不同钣金零件大致可分为 3 类：平板类钣金件零件、折弯类钣金零件（不包括蒙皮、壁板类零件）和型材类钣金零件。

（1）平板类钣金零件包括：剪切成型钣金零件、铣切成型钣金零件和冲裁成型钣金零件。

- 剪切成型钣金零件是通过剪切加工得到的钣金零件。
- 铣切成型钣金零件是通过铣切加工得到的钣金零件。
- 冲裁成型钣金零件是通过冲裁加工得到的钣金零件。

（2）折弯类钣金零件包括：闸压钣金零件、滚压钣金零件、液压钣金零件和拉伸钣金零件。

- 闸压钣金零件时利用闸压模逐边、逐次将板材折弯成所需形状的成型方法。
- 滚压钣金零件时板料从两到四根同步旋转的辊轴间通过，并连续的产生塑性弯曲的成型方法。
- 液压钣金零件是利用橡皮垫或橡皮囊液压成型的，液压橡皮囊作为凹模（或凸模），将金属板材按刚性凸模（或凹模）加压成型的方法称为橡皮成型。
- 拉伸钣金零件是通过拉形模对板料施加拉力，使板料产生不均匀拉应力和拉伸应变，随之板料与拉形模贴合面逐渐扩展，直至与拉形模型面完全贴合。

（3）型材类钣金零件包括：拉弯钣金零件、压弯钣金零件和直型材钣金零件。

- 拉弯钣金零件是指毛料在弯曲的同时加以切向拉力，将毛料截面内的应力分布都变为拉应力，以减少回弹，提高成型准确度。
- 压弯钣金零件是在冲床、液压机上，利用弯曲模对型材进行弯曲成型。

**技术要点**

压弯适用于曲率半径小、壁厚大于 2mm 及长度较小的型材零件的成型。

- 直型材钣金件是通过成型模具直接将金属材料成型，以达到需要的钣金零件形状。

### 26.1.2 钣金加工工艺流程

随着当今社会的发展，钣金业也随之迅速发展，现在钣金涉及各行各业，对于任何一个钣金件来说，它都有一定的加工过程，也就是所谓的工艺流程。钣金加工工艺流程大致如下：

（1）材料的选用：钣金加工一般用到的材料有冷轧板（SPCC）、热轧板（SHCC）、镀锌板（SECC、SGCC）、铜（CU）_黄铜、紫铜、铍铜_铝板（6061、6063、硬铝等）_铝型材_不锈钢（镜面、拉丝面、雾面），根据产品作用不同，选用材料不同，一般需从产品用途及成本上来考虑。

（2）图面审核：要编写零件的工艺流程，首先要知道零件图的各种技术要求；则图面审核是对零件工艺流程编写最重要的环节。

（3）展开零件图：展开图是依据零件图（3D）展开的平面图（2D）。

（4）钣金加工的工艺流程，根据钣金件结构的差异，工艺流程可各不相同，但不超过以下几点：

- 下料。下料的方式有很多。
- 剪床。利用剪床剪切条料简单料件，它主要是为模具落料成型准备加工，成本低，精度低于 0.2，但只能加工无孔无切角的条料或块料。
- 冲床。分一步或多步在板材上将零件展开后的平板件冲裁成型各种形状料件，其优点是耗费工时短，效率高，精度高，成本低，适用大批量生产，但要设计模具。
- NC 数控下料：首先要编写数控加工程式，利用编程软件，将绘制的展开图编写成 NC 数位加工机床可识别的程式，让其根据这些程式一步一刀在平板上冲裁各构形状平板件，但其结构受刀具结构所限，成本低，精度于 0.15。
- 镭射下料：利用激光切割方式，在大平板上将其平板的结构形状切割出来，同 NC 下料一样需要编写镭射程式，它可下各种复杂形状的平板件，成本高，精度于 0.1。
- 锯床：主要用下铝型材、方管、图管、圆棒料之类，成本低，精度低。

①钳工加工。沉孔、攻丝、扩孔、钻孔沉孔角度一般 120℃，用于拉铆钉，90℃用于沉头螺钉，攻丝英制底孔。

②冲床。利用模具成型的加工工序，一般冲床加工的有冲孔、切角、落料、冲凸包（凸点）、冲撕裂、抽孔、成型等加工方式，其加工需要有相应的模具来完成操作，如冲孔落料模、凸包模、撕裂模、抽孔模、成型模等，操作主要注意位置及方向性。

③折弯。折弯就是将 2D 的平板件，折成 3D 的零件。其加工需要由折床及相应折弯模具完成，它也有一定的折弯顺序，其原则是对下一刀不产生干涉的先折，会产生干涉的后折。

④焊接。焊接是将材料原子与分子距京达晶格距离形成一体。焊接的有电焊、点焊、氩氟焊、二氧化碳保护焊等。

（5）表面处理：钣金零件的表面处理方式有很多，根据钣金零件的用途和颜色来确定表面处理方式。钣金零件的表面处理包括喷塑、电镀、电解、阳极氧化等。

### 26.1.3 钣金结构设计注意事项

钣金设计的最终结果是以一定的结构形式表现出来的，按照所设计的结构进行加工、组装，制造成最终的钣金成品。所以，钣金结构设计应满足产品的多方面要求，基本要求有功能性、可靠性、工艺性、经济性和外观造型等要求。此外，还应该改善钣金零件的受力，提高强度、精度和使用寿命。因此，钣金结构设计是一项综合性的技术工作。

钣金结构设计过程中应注意以下事项：
- 是否能实现预期功能。
- 是否满足强度功能要求。
- 是否满足刚度结构要求。
- 是否影响加工工艺性。
- 是否影响组装性。
- 是否影响外观造型。

## 26.2 SolidWorks 2016 钣金设计工具

SolidWorks 2016 的钣金设计工具如图 26-1 所示。

图 26-1 钣金设计工具

- 基体工具：基体工具是钣金造型的第一步，设定钣金件基本参数和钣金基体。
- 折弯工具：折弯工具用于生成钣金折弯造型。
- 边角工具：边角工具可以闭合角、焊接边角、断开边角和边角剪裁。
- 成型工具：成型工具可以快速创建钣金复杂成型特征。
- 孔工具：孔工具可以生成孔及通风孔造型。
- 展开工具：展开工具可以将钣金折弯特征进行展平。
- 实体工具：实体工具是使实体生成钣金件的工具。

## 26.3 钣金法兰设计

SolidWorks 2016 具有 4 种不同的法兰特征工具来生成钣金零件，使用这些法兰特征可以按预定的厚度增加材料。这 4 种法兰特征依次是：基体法兰、薄片（凸起法兰）、边线法兰和斜接法兰，具体如表 26-1 所示。

表 26-1　法兰特征列表

| 法兰特征 | 定义解释 | 图例 |
| --- | --- | --- |
| 基体法兰 | 基体法兰可为钣金零件生成基体特征。它与基体拉伸特征相类似，只不过用指定的折弯半径增加了折弯 | 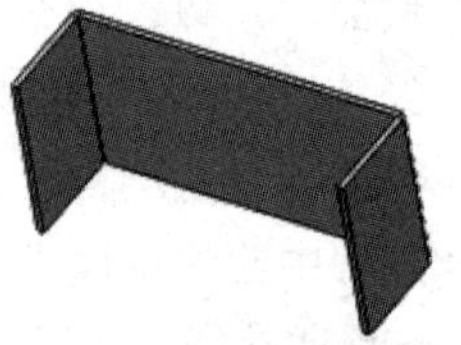 |
| 薄片（凸起法兰） | 薄片特征为钣金零件添加相同厚度薄片，薄片特征的草图必须产生在已存在的表面上 |  |
| 边线法兰 | 边线法兰特征可将法兰添加到钣金零件上的所选边线上，它的弯曲角度和草图轮廓都可以修改 |  |
| 斜接法兰 | 斜接法兰特征可将一系列法兰添加到钣金零件的一条或多条边线上，可以在需要的地方加上相切选项产生斜接特征 | 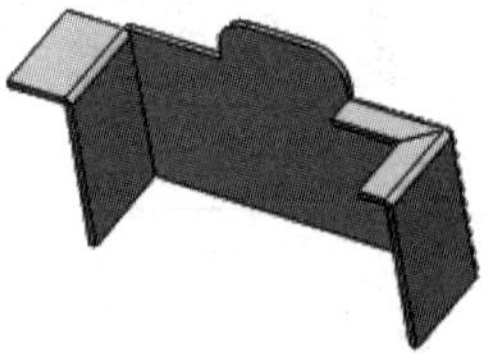 |

## 26.3.1　基体法兰

基体法兰是钣金零件的第一个特征。基体法兰被添加到 SolidWorks 零件后，系统就会将该零件标记为钣金零件。折弯添加到适当位置，并且特定的钣金特征被添加到 FeatureManager 设计树中。

基体法兰特征是由草图生成的。生成基体法兰特征的草图可是单一开环轮廓、单一封闭轮廓或多重封闭轮廓，如表 26-2 所示。

表 26-2　3 种不同草图建立的基体法兰

| 草图 | 说明 | 图解 |
| --- | --- | --- |
| 单一开环轮廓 | 单一开环的草图轮廓可以用于拉伸、旋转、剖面、路径、引线及钣金 | 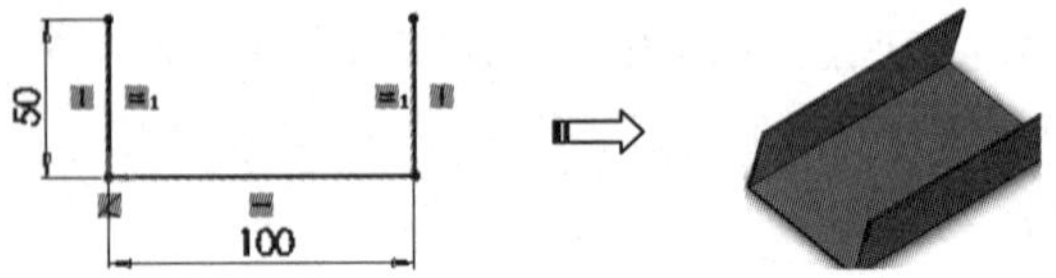 |

续表

| 草 图 | 说 明 | 图 解 |
|---|---|---|
| 单一封闭轮廓 | 单一闭环的草图轮廓可以用于拉伸、旋转、剖面、路径、引线及钣金 | |
| 多重封闭轮廓 | 多重封闭草图轮廓可以用于拉伸、旋转及钣金 | |

**动手操作——创建钣金法兰**

在 SolidWorks 中用多重封闭轮廓创一个料厚为 2.0 的钣金零件，如图 26-2 所示。

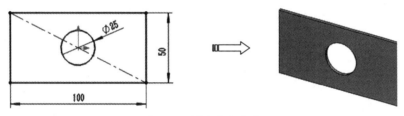

图 26-2　创建基体法兰

操作步骤：

**01** 单击【新建】按钮，创建一个新的零件文件。

**02** 在菜单栏执行【插入】|【钣金】|【基体法兰】命令，或者在同步建模工具栏中单击【基体法兰/薄片】按钮，选择前视基准面为草绘基准平面，绘制草图，如图 26-3 所示，单击【退出草图】按钮。

**03** 在【基体法兰】面板中，修改【厚度】值为 2.0mm；在【折弯系数类型】下拉列表中选择【K 因子】；设置【K 因子】为 0.158；在【自动释放槽类型】下拉列表中选择【矩形】；在释放槽【比例】数值框中输入 0.05，然后单击【确定】按钮，生成基体法兰实体，如图 26-4 所示。

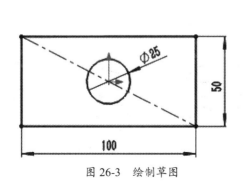

图 26-3　绘制草图

图 26-4　生成基体法兰实体

### 技术要点

在 SolidWorks 零件中，只能有一个基体法兰特征，且样条曲线对于包含开环轮廓的钣金为无效的草图实体。

在生成基体法兰特征时，同时生成钣金特征。

在特征管理器设计树中选中【钣金1】后右击，在弹出的快捷菜单中单击【编辑特征】按钮，如图 26-5 所示。打开【钣金1】面板，如图 26-6 所示。钣金特征中包含用来设计钣金零件的参数，这些参数可以在其他法兰特征生成的过程中设置，也可以在钣金特征中编辑定义来改变它们。

的表格，它包含基于板厚和折弯半径的折弯运算。折弯系数表是 Execl 表格文件，其扩展名为 *.xls。可以通过执行【插入】|【半径】|【折弯系数表】|【从文件】命令，在当前的钣金零件中添加折弯系数表。也可以在钣金特征面板中的【折弯系数类型】下拉列表中选择【折弯系数表】，并选择指定的折弯系数表，或单击【浏览】按钮使用其他的折弯系数表，如图 26-8 所示。

图 26-5 快捷菜单

图 26-6 【钣金1】面板

图 26-7 【折弯系数】类型

图 26-8 选择【折弯系数表】

- K 因子：K 因子在折弯计算中是一个常数，它是内表面到中性层面的距离与材料厚度的比率。
- 折弯系数和折弯扣除：可以根据用户的经验和工厂实际情况给定一个实际的数值。
- 折弯计算：折弯计算与折弯系数表类似。

（3）自动切释放槽。

在【自动切释放槽】下拉列表中提供了 3 种不同的释放槽类型。

- 矩形：在需要进行折弯释放的边上生成一个矩形切除，如同 26-9（a）所示。
- 撕裂形：在需要撕裂的边和面之间生成一个撕裂口，如图 26-9（b）所示。
- 矩圆形：在需要进行折弯释放的边上生成一个矩圆形切除，如图 26-9（c）所示。

【钣金1】面板中的各个参数含义如下：

（1）折弯参数。

- 固定的面和边：该选项被选中的面或边在展开时保持不变。在使用集团法兰特征建立钣金零件时，该选项不可选。
- 折弯钣金：该选项定义了建立其他钣金特征时默认的折弯半径，也可以针对不同的折弯给定不同的半径值。

（2）折弯系数。

在【折弯系数】下拉列表中，提供了 5 类型的折弯系数表，如图 26-7 所示。

折弯系数表是一种指定材料（如刚、铝等）

(a) 矩形释放槽
(b) 撕裂形释放槽
(c) 矩圆形释放槽

图 26-9 自动释放槽类型

### 26.3.2 薄片

薄片特征可以为钣金零件添加薄片。系统会自动将薄片特征的深度设置为钣金零件的厚度。至于深度的方向,系统会自动将其设置为与钣金零件重合,从而避免事态脱节。

> **技术要点**
> 在生成薄片特征时,需要注意的是,草图可以是单一闭环、多重闭环和多重封闭轮廓。草图必须为一垂直钣金零件厚度方向的基准面或平面上。

薄片特征可以编辑草图,但不能编辑定义,其原因是它已将深度、方向及其他参数设置为与钣金零件参数相匹配。

**动手操作——创建薄片**

在基体法兰上创建一个薄片特征,如图 26-10 所示。

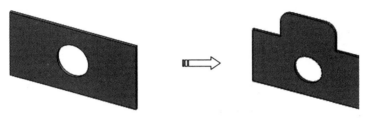

图 26-10 创建薄片特征

操作步骤:

**01** 接着上一个动手操作文件创建薄片特征。

**02** 在菜单栏执行【插入】|【钣金】|【基体法兰】命令,或者在同步建模工具栏中单击【基体法兰/薄片】按钮,选择前视基准面作为草绘基准平面,绘制草图,如图 26-11 所示,单击【退出草图】按钮。

**03** 在【基体法兰】面板中,单击【确定】按钮,生成薄片特征,如图 26-12 所示。

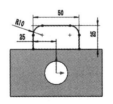 

图 26-11 绘制薄片草图轮廓　　图 26-12 生成薄片特征

> **技术要点**
> 可以先绘制草图,然后再单击【钣金】工具栏中的【基体法兰/薄片】按钮,来生成薄片特征。

> **技术要点**
> 在【基体法兰】面板中,若选中【合并结果】复选框,生成的薄片特征将与父特征合并。若取消选中此复选框,则生成独立的特征,在特征管理器设计树中将会出现【钣金2】,如图 26-13 所示,基体法兰特征与薄片特征之间将出现分界线,如图 26-14 所示。

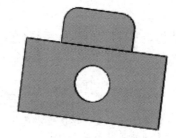

图 26-13　设计树中出现【钣金 2】　　图 26-14　分界线效果图

### 26.3.3　边线法兰

使用边线法兰特征工具可以将法兰添加一条或多条边线上。添加边线法兰时，所选边线必须为线性。系统自动将褶边厚度链接到钣金零件的厚度上。轮廓的一条草图直线必须位于所选边线上。

**动手操作——创建边线法兰特征**

在钣金零件上创建边线法兰特征，如图 26-15 所示。

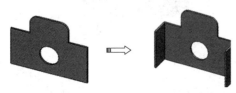

图 26-15　创建边线法兰特征

操作步骤：

**01** 接着上一个动手操作文件创建边线法兰特征。

**02** 在菜单栏执行【插入】|【钣金】|【边线法兰】命令，或者在同步建模工具栏中单击【边线法兰】按钮，在钣金零件上选择两条边线，在【边线 - 法兰 1】面板的【边线】列表框中将显示所选中的边线，如图 26-16 所示。

**03** 在【边线法兰】面板的【法兰角度】数值框中输入角度值 90；在【长度终止条件】下拉列表中选择【给定深度】选项，在【长度】数值框中输入长度值 25mm；在【边线 - 法兰 1】面板中单击【外部虚拟交点】按钮和【材料在内】按钮；最后单击【确定】按钮，生成边线法兰特征，如图 26-17 所示。

在【边线 - 法兰 1】面板中各个参数的含义如下：

（1）法兰参数。

- 边线：在列表框中显示所选择需要添加边线法兰的边线。
- 编辑法兰轮廓按钮 编辑法兰轮廓(E)：单击此按钮可以对边线法兰的轮廓进行编辑。
- 使用默认半径：选中此复选框，边线法兰的折弯半径将与基体法兰的折弯半径相等，反之，则可以在【折弯半径】数值框中通过输入值或单击微调按钮，来设置边线法兰的折弯半径。

（2）角度。

- 角度：通过输入值或单击微调按钮，来设置边线法兰的角度。

（3）法兰长度。

- 反向：单击此按钮，可更改边线法兰拉伸方向。
- 长度终止条件：为边线法兰设定拉伸的终止方式。其下拉列表框中包括有 3 种终止方式，如图 26-18 所示。

图 26-16　选择边线　图 26-17　生成边线法兰特征

# 第26章 钣金结构件设计

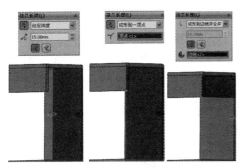

图 26-18 3种边线法兰长度终止条件

- 虚拟交点：确定法兰的起始长度（包括两种方式：外部虚拟交点 和内部虚拟交点 。）

**技术要点**

【外部虚拟交点】与【内部虚拟交点】的区别在于，【外部虚拟交点】生成法兰的长度比【内部虚拟交点】生成法兰的长度少一个材料的厚度。

（4）法兰位置。

- 法兰位置：确定边线法兰的位置，其有4种不同类型的位置供选择（【材料在内】 、【材料在外】 、【折弯在外】 和【虚拟交点的折弯】 ）。选择不同的选项生成的法兰位置将不同，如图26-19所示。
- 剪裁侧边折弯：选中此复选框，切除相邻折弯的多余材料，反之，则不会

切除相邻折弯的多余材料。

图 26-19 4种【边线法兰】位置

- 等距：选中此复选框，生成一个两边相等的边线法兰，如图26-20所示。

图 26-20 选中【等距】复选框生成的边线法兰

（5）自定义折弯系数：选中此复选框，显示折弯系数类型，可以重新设定折弯系数类型，若不选中此复选框，则默认为前面的折弯系数类型。这里的折弯系数类型与【基体法兰】面板中的折弯系数类型一样。

（6）自定义释放槽类型：选中此复选框，显示释放槽类型，可以重新设定释放槽类型，若不选中此复选框，则默认为前面的释放槽类型。这里的释放槽类型与【基体法兰】面板中的释放槽类型一样。

## 26.3.4 斜接法兰

使用【斜接法兰】工具可将一系列法兰添加到钣金零件的一条或多条边线上。在生成【斜接法兰】特征的时候首先要绘制一个草图，斜接法兰的草图可以是直线或圆弧，使用圆弧草图生成斜接法兰的时候，圆弧是不能与钣金件厚度边线相切的，但可以与长边线相切，或在圆弧和厚度边线之间有一条直线相连。

**动手操作——创建斜接法兰特征**

在钣金零件上创建的斜接法兰特征，如图26-21所示。

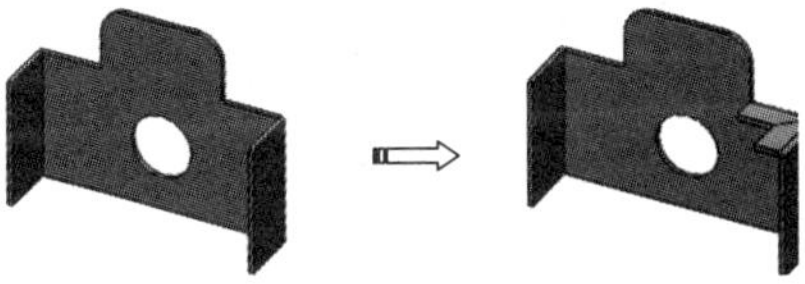

操作步骤：

01 接着上一个动手操作文件创建斜接法兰特征。

图 26-21 创建斜接法兰特征

02 在菜单栏执行【插入】|【钣金】|【斜接法兰】命令，或者在同步建模工具栏中单击【斜接法兰】按钮 ，在钣金零件上选择一个平面为草图基准面，绘制草图，如图26-22所示。在钣金零件上选择边线，如同26-23所示。

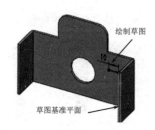

图 26-22 选择草绘平面绘制草图

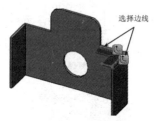

图 26-23 选择生成斜接法兰的边线

**03** 在【斜接法兰】面板中单击【材料在内】按钮；在【切口缝隙】数值框中输入缝隙值 0.1；最后单击【确定】按钮，生成斜接法兰特征，如图 26-24 所示。

图 26-24 生成斜接法兰特征

【斜接法兰】面板中各选项组中的选项、按钮命令的含义如下：

- 沿边线：在此列表框中显示所选择需要添加斜接法兰的边线。
- 使用默认钣金：选中此复选框，边线法兰的折弯半径将与基体法兰的折弯半径相等，反之则可以在【折弯半径】数值框中通过输入值或单击微调按钮，来设置边线法兰的折弯半径。
- 法兰位置：确定斜接法兰的位置，其有 3 种不同类型的位置供选择

（【材料在内】、【材料在外】和【折弯在外】）。选择不同的选项生成的法兰位置将不同，如图 26-25 所示。

图 26-25 3 种【斜接法兰】位置

- 剪裁侧边折弯：选中此复选框，切除相邻折弯的多余材料；反之，则不会切除相邻折弯的多余材料。
- 切口缝隙：确定斜接法兰两个相邻边的缝隙大小。
- 开始等距距离：通过输入值或单击微调按钮，来设置斜接法兰起始位置缺少相应距离的法兰，如图 26-26 所示。
- 结束等距距离：通过输入值或单击微调按钮，来设置斜接法兰结束位置缺少相应距离的法兰，如图 26-27 所示。

图 26-26 【开始等距距离】生成法兰　　图 26-27 【结束等距距离】生成法兰

- 自定义折弯系数：选中此复选框，显示折弯系数类型，可以重新设定折弯系数类型，若不选中此复选框，则默认为前面的折弯系数类型。这里的折弯系数类型与【基体法兰】面板中的折弯系数类型一样。

**技术要点**

要生成多边斜接法兰的钣金零件的折弯半径不能为 0，如果折弯半径为 0，则不能生成多边斜接法兰。

## 26.4 折弯钣金体

SolidWorks 2016 钣金模块有 6 种不同的折弯特征工具来设计钣金零件，这 6 种折弯特征分别是：【绘制的折弯】、【褶边】、【转折】、【展开】、【折叠】和【放样的折弯】。使用这些折弯特征可以对钣金零件进行折弯或添加折弯。

### 26.4.1 绘制的折弯

绘制的折弯特征可以在钣金零件处于折叠状态绘制草图时将折弯线添加到零件。草图中只允许使用直线，可为每个草图添加多条直线。折弯线的长度不一定要与被折弯的面的长度相等。

**动手操作——创建绘制的折弯特征**

在钣金零件上创建绘制的折弯特征，如图 26-28 所示。

操作步骤：

**01** 接着上一个动手操作文件创建折弯特征。

**02** 在菜单栏执行【插入】|【钣金】|【绘制的折弯】

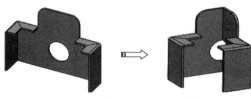

图 26-28 创建绘制的折弯特征

命令，或者在同步建模工具栏中单击【绘制的折弯】按钮 ，在钣金零件上选择一个平面为草图基准面，绘制草图，如图 26-29 所示。在钣金零件上选择固定面，如同 26-30 所示。

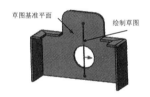

图 26-29 选择草绘平面绘制草图

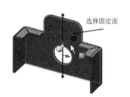

图 26-30 选择固定面

**03** 在【绘制的折弯】面板中单击【折弯中心线】按钮，再单击【确定】按钮，生成绘制的折弯特征，如图 26-31 所示。

图 26-31 生成绘制的折弯特征

【绘制的折弯】面板中各选项组中的选项、按钮命令的含义如下：

- 固定面：在此列表框中显示所选择的固定不动的面。

- 折弯位置：确定绘制的折弯位置，其有 4 种不同的折弯位置共选择（【折弯中心线】、【材料在内】、【材料在外】和【折弯在外】）。选择不同类型的折弯位置，生成的绘制的折弯特征将不同，如图 26-32 所示。

图 26-32 绘制的折弯的折弯位置

- 使用默认钣金：选中此复选框，边线法兰的折弯半径将与基体法兰的折弯半径相等；反之，则可以在【折弯半径】数值框中通过输入值或单击微调按钮，来设置边线法兰的折弯半径。
- 反向：单击此按钮，可以更改特征的生成方向，如图 26-33 所示。

默认生成方向　　　　　反向生成方向

图 26-33　绘制的折弯生成的方向

- 自定义折弯系数：选中此复选框，显示折弯系数类型，可以重新设定折弯系数类型，若不选中此复选框，则默认为前面的折弯系数类型。这里的折弯系数类型与【基体法兰】面板中的折弯系数类型一样。

### 技术要点
在【折弯半径】中的值只能是大于等于 0.001 并且小于等于 1000000 之间的数值。

- 使用默认钣金：选中此复选框，边线法兰的折弯半径将与基体法兰的折弯半径相等；反之，则可以在【折弯半径】数值框中，通过输入值或单击微调按钮，来设置边线法兰的折弯半径。
- 法兰位置：确定斜接法兰的位置，其有 3 种不同类型的位置供选择（【材料在内】、【材料在外】和【折弯在外】）。选择不同的选项生成的法兰位置将不同，如图 26-25 所示。

## 26.4.2　褶边

褶边工具可将褶边添加到钣金零件的所选边线上。生成褶边特征时所选边线必须为直线。斜接边角被自动添加交叉褶边上。

### 技术要点
如果选择多个要添加褶边的边线，则这些边线必须在同一个面上。

**动手操作——创建褶边特征**

在钣金零件上创建褶边特征，如图 26-34 所示。

操作步骤：

**01** 接着上一动手操作文件创建褶边特征。

**02** 在菜单栏执行【插入】|【钣金】|【褶边】命令，或者在同步建模工具栏中单击【褶边】按钮，在钣金零件上选择一条边线，如图 26-35 所示。

**03** 在【褶边】面板中单击【折弯在外】按钮；单击【滚扎】按钮；在【角度】数值框中输入角度值 270；在【半径】数值框中输入半径值 10，如图 26-36 所示。单击【确定】按钮，生成褶边特征，如图 26-37 所示。

图 26-34　创建褶边特征

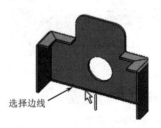

选择边线

图 26-35　选择边线

## 第 26 章 钣金结构件设计

图 26-36 【褶边】面板    图 26-37 创建褶边特征

【褶边】面板中各选项组中的选项、按钮的含义如下：

- 边线 ：在此列表框中显示所选择需要生成褶边特征的边线。
- 反向 ：单击此按钮，可以更改褶边的生成方向，如图 26-38 所示。

图 26-38 褶边生成的方向

- 编辑褶边宽度：单击此按钮，可以改褶边在钣金零件上面的宽度。
- 褶边位置：确定褶边生成的起始位置，其有两种不同的折弯位置供选择（【材料在内】 和【折弯在外】 ）。选择不同类型的折弯位置，生成的褶边特征将不同，如图 26-39 所示。

图 26-39 褶边的位置

- 褶边的类型：确定生成褶边的形状，其有 4 种不同类型的褶边形状（【闭合】 、【打开】 、【撕裂形】 和【滚扎】 ）。选择不同的选项生成的褶边形状将不同，如图 26-40 所示。

图 26-40 【褶边】的形状

### 技术要点

每种类型的褶边都有与其相对应的尺寸设置参数。长度参数只应用于【闭合】和【打开】褶边，缝隙距离参数只应用于【打开】褶边，角度参数只应用于【撕裂形】和【滚扎】褶边，半径参数只应用于【撕裂形】和【滚扎】褶边。

- 自定义折弯系数：选中此复选框，显示折弯系数类型，可以重新设定折弯系数类型，若不选中此复选框，则默认为前面的折弯系数类型。这里的折弯系数类型与【基体法兰】面板中的折弯系数类型一样。
- 自定义释放槽类型：选中此复选框，显示释放槽类型，可以重新设定释放槽类型，若不选中此复选框，则默认为前面的释放槽类型。

### 26.4.3 转折

使用转折特征工具可以在钣金零件上通过草图直线生成两个一折弯。生成转折特征的草图只能包含一条直线。直线可以不是水平和垂直的直线，折弯线的长度不一定要与被折弯面的长度相等。

**动手操作——创建转折特征**

在钣金零件上创建转折特征，如图 26-41 所示。

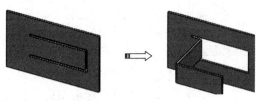

图 26-41 创建转折特征

操作步骤：

**01** 打开光盘文件【26-1.sldprt】。在菜单栏执行【插入】|【钣金】|【转折】命令，或者在同步建模工具栏中单击【转折】按钮，在钣金零件上选择一个草绘基准平面绘制草图，如图 26-42 所示。在钣金零件上选择一个固定面，如图 26-43 所示。

图 26-42 绘制草图　　图 26-43 选择固定面

**02** 在【转折1】面板的【等距距离】数值框中输入距离值 50，单击【外部等距】按钮，单击【折弯中心线】按钮，如图 26-44 所示，单击【确定】按钮，生成转折特征，如图 26-45 所示。

图 26-44 【转折1】　　图 26-45 创建转折
　　　　　面板　　　　　　　　　特征

【转折1】面板中各选项组中的选项、按钮命令的含义如下：

- 固定面：在此列表框中显示所选固定面。

- 使用默认半径：选中此复选框，边线法兰的折弯半径将与基体法兰的折弯半径相等，反之，则可以在【折弯半径】数值框中通过输入值或单击微调按钮，来设置边线法兰的折弯半径。

- 终止条件：为转折特征设定拉伸的终止方式。其下拉列表框中包括有4种终止方式，如图 26-46 所示。

图 26-46 4 种转折终止条件

- 尺寸位置：确定【转折】特征的位置，其下有3种不同类型的尺寸位置（【外部等距】、【内部等距】和【总尺寸】）。选择不同的选项生成的转折将不同，如图 26-47 所示。

【外部等距】类型转折　　【内部等距】类型转折　　【总尺寸】类型转折

图 26-47 3 种转折尺寸位置

### 技术要点

3种【尺寸位置】的关系是，【总尺寸】类型比【外部等距】类型少一个钣金材料厚度，【外部等距】类型比【内部等距】类型少一个钣金材料厚度。

- 转折位置：确定转折生成的起始位置，其有4不同的转折位置共选择（【折弯中心线】、【材料在内】、【材料在外】和【折弯在外】）。选择不同类型的转折位置，生成的转折特征将不同，如图 26-48 所示。

第 26 章 钣金结构件设计

图 26-48 4 种类型的转折位置

- 转折角度 ⟑：通过输入值或单击微调按钮，来设置转折的角度。
- 自定义折弯系数：选中此复选框，显示折弯系数类型，可以重新设定折弯系数类型，若不选中此复选框，则默认为前面的折弯系数类型。这里的折弯系数类型与基体法兰面板中的折弯系数类型一样。

### 26.4.4 展开

使用展开特征工具可以在钣金零件中展开一个、多个或所有折弯。

**动手操作——创建展开特征**

在钣金零件上创建展开特征，如图 26-49 所示。

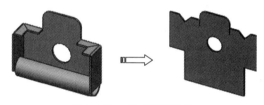

图 26-49 创建展开特征

操作步骤：

**01** 接着褶边动手操作创建展开特征。

**02** 在菜单栏执行【插入】|【钣金】|【展开】命令，或者在同步建模工具栏中单击【展开】按钮，在钣金零件上选择所有的折弯和固定面，如图 26-50 所示。

图 26-50 选择折弯和固定面

**03** 选择好所有的折弯和固定面后，在【展开 1】面板中将显示所有的选择，如图 26-51 所示。在【展开 1】面板中单击【确定】按钮，生成展开特征，如图 26-52 所示。

图 26-51 【展开 1】面板　图 26-52 创建展开特征

【展开 1】面板中各选项组中的选项、按钮命令的含义如下：

- 固定面：在此列表框中显示所选择固定面。
- 展开的折弯：在此列表框中显示选择好的要展开的折弯。
- 【收集所有折弯】按钮 收集所有折弯(A)：单击此按钮，可以在钣金零件中选择所有要展开的折弯特征。

### 26.4.5 折叠

使用折叠特征工具可以在钣金零件中折叠一个、多个或所有折弯特征。

**动手操作——创建折叠特征**

在钣金零件上创建折叠特征，如图 26-53 所示。

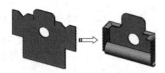

图 26-53　创建折叠特征

操作步骤：

**01** 接着上一个动手操作文件创建折叠特征。

**02** 在菜单栏执行【插入】|【钣金】|【折叠】命令，或者在同步建模工具栏中单击【折叠】按钮，在钣金零件上选择一个固定面，如图 26-54 所示。

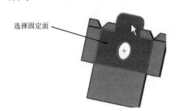

图 26-54　选择固定面

**03** 在【折叠】面板中单击【收集所有折弯】按钮；在【折叠】面板中将显示所有的选择，如图 26-55 所示。单击【确定】按钮，生成折叠特征，如图 26-56 所示。

图 26-55　设置【折叠】面板　　图 26-56　创建折叠特征

【折叠】面板中各选项组中的选项、按钮命令的含义如下：

- 固定面：在此列表框中显示所选择的固定面。
- 折叠的折弯：在此列表框中显示选择好的要折叠的折弯。
- 收集所有折弯按钮：单击此按钮可以在钣金零件中选择所有要折叠的折弯特征。

### 26.4.6　放样折弯

使用放样折弯特征工具可以在钣金零件中生成放样的折弯。放样的折弯和零件实体设计中的放样特征类似，需要有两个草图才可以进行放样操作。

> **技术要点**
> 放样折弯的草图必须为开环轮廓，轮廓开口应同向对齐，以使平板更精确。草图不能有尖角边线。

#### 动手操作——创建放样折弯

在 SolidWorks 中用两个草图轮廓创建一个料厚为 2.0 的钣金零件，如图 26-57 所示。

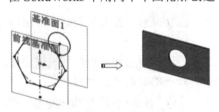

图 26-57　创建基体法兰

**01** 单击【新建】按钮，创建一个新的零件文件。

**02** 在【草图】工具栏上单击【草图绘制】按钮，选择前视基准面为草图基准面，绘制如图 26-58 所示草图，单击【退出草图】按钮。

**03** 在距离前视基准面 50mm 处，创建一个基准面，绘制草图，如图 26-59 所示。

图 26-58　绘制草图　　图 26-59　绘制草图

**04** 在菜单栏执行【插入】|【钣金】|【放样折弯】命令，或者在同步建模工具栏中单击【放样折弯】按钮，选择两个草图为轮廓，在【放样折弯】面板的厚度数值框中输入厚度值 2mm，如图 26-60 所示。单击【确定】按钮，生成放样折弯特征，如图 26-61 所示。

## 第 26 章 钣金结构件设计

图 26-60　设置【放样折弯】面板　　图 26-61　生成放样折弯特征

【放样折弯】面板中各选项组中的选项、按钮的含义如下：

- 信息：在其下拉列表中，显示了放样折弯过程中的重要信息。
- 轮廓：在此列表框中显示所选择放样折弯需要的两个草图轮廓。
- 厚度：通过输入值或单击微调按钮，来设置放样折弯的厚度。

- 反向：单击此按钮，更改生成的放样折弯方向。
- 上移按钮：单击此按钮可以将【轮廓】列表框中选择的草图向上移动，如图 26-62 所示。

单击【上移】按钮之前　　单击【上移】按钮之后

图 26-62　单击【上移】按钮的变化

- 下移：单击此按钮可以将【轮廓】列表框中选择的草图向下移动，如图 26-63 所示。

单击【下移】按钮之前　　单击【下移】按钮之后

图 26-63　单击【下移】按钮的变化

## 26.5　钣金成型工具

SolidWorks 2016 中的成型工具可以生成各种钣金成型特征，SolidWorks 软件中自带了 5 种标准成型工具，即 embosses（凸包）、extruded flanges（冲孔）、louvers（百叶窗）、ribs（筋）和 lances（切口）成型特征。

### 26.5.1　使用成型工具

使用成型工具，可以在钣金零件上生成特殊的形状特征。在设计的时候使用钣金成型特征工具，可以为设计节约很多时间。

**动手操作——成型工具**

在 SolidWorks 中使用成型工具在一个长为 200mm、宽为 100mm、厚度为 2mm 的钣金上创建百叶窗的一个成型特征，如图 26-64 所示。

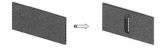

图 26-64　创建百叶窗成型特征

操作步骤：

01 单击任务窗格中的【设计库】按钮。
02 打开【设计库】任务窗格，按照路径【Design Library】|【louver】可以找到 5 种钣金标准成型工具的文件夹，在每一个文件夹中都有许多种成型工具，如图 26-65 所示。

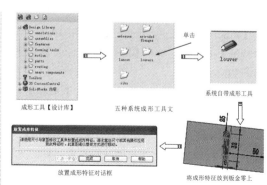

图 26-65　调用成型工具的过程

**03** 单击【放置成型特征】对话框中的【完成】按钮，完成成型工具的放置，如图26-66所示。

图 26-66 创建成型特征

### 技术要点

使用成型特征工具时，默认情况下成型工具向下进行，即成型的特征方向是向下凹的，如果要使成型特征的方向向上凸，需要在拖入成型特征的同时按一下【Tab】键。

### 26.5.2 编辑成型工具

在【设计库】中标准成型工具的形状或大小与实际需要的形状或大小有差异的时候，需要对成型工具进行编辑，使其达到实际所需要的形状或大小。

**动手操作——编辑成型工具**

编辑成型工具的操作步骤如下：

**01** 单击【任务窗格】中的【设计库】按钮 ，在【设计库】中按照路径【Design Library】|【forming tools】找到需要修改的成型工具，双击成型工具图标。例如：双击 embosses（凸起）文件夹中的【counter sink emboss】特征工具图标，如图26-67所示。系统将进入【counter sink emboss】特征工具的设计界面。

**02** 在操作界面左侧的特征管理器设计树中右击【Boss-Revolve1】，在弹出的快捷菜单中单击【编辑草图】按钮 ，进入草图界面，修改草图，如图26-68所示。

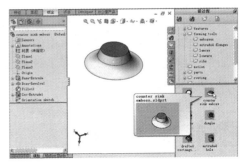

图 26-67 选择需要编辑的【成型】工具

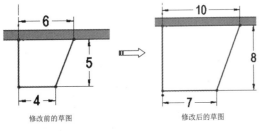

图 26-68 修改成型特征的草图

**03** 在操作界面左侧的特征管理器设计树中右击【Fillet1】，在弹出的快捷菜单中单击【编辑特征】按钮 ，弹出【圆角工具（1）】面板，如图26-69所示。

**04** 在【圆角项目（1）】面板中的【半径】数值框 中值改为3mm，在【边线、面、特征和环】 中添加边线2，如图26-70所示。单击【圆角项目（1）】面板左上角的【确定】按钮 ，完成倒角的修改。

图 26-69 【圆角项目（1）】面板　　图 26-70 添加边线2

**05** 完成成型工具的编辑，结果如图26-71所示。

图 26-71 编辑好的成型工具

**06** 执行【文件】|【保存】或【另存为】命令，将编辑后的成型工具保存。

### 26.5.3 创建新成型工具

在 SolidWorks 中设计工程师可以根据实际设计中的需要创建新的成型工具，然后把新的成型工具添加到【设计库】中，以备设计时运用，创建新的成型工具和创建其他的实体零件方法一样。

创建新的成型工具操作步骤如下：

**01** 单击【新建】按钮，创建一个新的文件，在特征管理器设计树中选择前视基准面作为草图基准面，接着单击【草图】工具栏中的【矩形】按钮，绘制一个矩形。

**02** 执行【插入】|【凸台/基体】|【拉伸】命令，或者单击【特征】工具栏上的【拉伸凸台/基体】按钮。在【拉伸】面板中的【深度】数值框中输入深度值10mm，单击【拉伸】属性管理器左上角的【确定】按钮，生成拉伸特征，如图 26-72 所示。

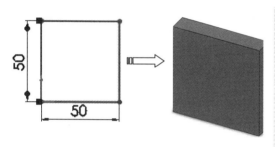

图 26-72 拉伸矩形凸台

**03** 执行【插入】|【凸台/基体】|【旋转】菜单命令，或者单击【特征】工具栏上的【旋转】按钮。选择如图 26-73 所示的表面为基准面，在基准面上绘制旋转特征的草图，如图 26-74 所示。

 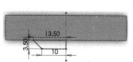

图 26-73 选择基准面　　图 26-74 绘制草图

**04** 退出草图环境后，单击【旋转】面板左上角的【确定】按钮，生成旋转特征，如图 26-75 所示。

**05** 执行【插入】|【特征】|【圆角】命令，或者单击【特征】工具栏上的【圆角】按钮。在【圆角】面板中的【半径】数值框中输入半径值2mm，在【边线、面、特征和环】中选择旋转凸台的顶圆线和底圆线为【边线1】和【边线2】单击【圆角】面板左上角的【确定】按钮，生成圆角特征，如图 26-76 所示。

图 26-75 生成旋转　　图 26-76 生成圆角
　　　　　特征　　　　　　　　特征

**06** 选择旋转凸台顶面为基准面，在基准面上绘制草图，如图 26-77 所示。

**07** 执行【插入】|【曲线】|【分割线】命令，或者单击【模具】工具栏上的【分割线】按钮。在【分割线】面板中【要投影的草图】中选择所绘制的草图，在【要分割的面】中，选择旋转凸台的顶面。单击【分割线】面板左上角的【确定】按钮，将旋转凸台的顶面分成两面，如图 26-78 所示。

**08** 执行【编辑】|【外观】|【外观颜色】命令。在【外观颜色】面板中的【所选几何体】中选择旋转凸台顶面中被分割出来的异形面，在【颜色】选项组中选择红色，单击【外观颜色】面板左上角的【确定】按钮，旋转凸台顶面中

的异形面变成红色,如图26-79所示。

图26-77 绘制草图　　图26-78 旋转凸台顶面被分成两个面　　图26-79 将异形面改为红色

**技术要点**

改变颜色后在生成此成型工具时,在钣金零件上才会有相应的异型孔生成;反之,则不会有相同的异型孔生成。

**09** 如图26-80所示,在指定面上绘制草图。执行【插入】|【切除】|【拉伸】命令,或者单击【特征】工具栏上的【拉伸切除】按钮。弹出【切除拉伸】面板,在面板中的【方向1】中选择【完全贯穿】方式,单击面板左上角的【确定】按钮,生成拉伸切除特征,如图26-81所示。

图26-80 绘制拉伸切除草图　　图26-81 生成拉伸切除特征

**10** 如图26-82所示,选择凸台底面为基准面,单击【草图】工具栏上的【绘制草图】按钮。在基准面上面绘制一个与凸台底面圆直径一样大的圆,如图26-83所示。

**11** 将零件文件保存,然后在特征管理器设计树中右击零件名称,在弹出的快捷菜单中选择【添加到库】命令,弹出【另存为】对话框,在对话框中打开保存路径【Design Library】|【forming tools】|【embosses】,单击【保存】按钮,把新创建的成型工具保存在【设计库】中。

 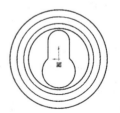

图26-82 选择成型工具定位草图基准面　　图26-83 成型工具定位草图

**技术要点**

最后绘制的草图是成型工具的定位草图,是必须绘制的,否则成型工具将不能放置到钣金零件上。

**技术要点**

在创建孔的成型工具时,拉伸凸台的高度一定要与钣金零件的材料厚度相等。如果拉伸凸台的高度大于钣金零件的材料厚度,钣金零件的背面将多出一部分,如图26-84所示;如果拉伸凸台的高度小于钣金零件的材料厚度,成型工具将不能在钣金零件彻底成型孔,如图26-85所示。

图26-84 多出钣金零件厚度的孔成型工具　　图26-85 少于钣金零件厚度的孔成型工具

## 26.6 编辑钣金特征

SolidWorks 2016钣金模块有6种不同的编辑钣金特征工具来设计钣金零件,这6种编辑钣金特征分别是:【切除拉伸】、【边角剪切】、【闭合角】、【断裂边角】、【将实体零件转换成钣金件】和【镜像】。使用这些编辑钣金特征工具可以对钣金零件进行编辑。

## 26.6.1 拉伸切除

【钣金】工具栏中的【拉伸切除】工具与【特征】工具栏中的【拉伸切除】工具相似，需要一个草图才可以进拉伸切除设计。

**动手操作——创建切除-拉伸**

在 SolidWorks 中使用【拉伸切除】工具在钣金零件上切除一个圆孔，如图 26-86 所示。

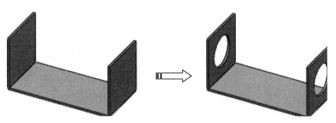

图 26-86　创建拉伸切除特征

操作步骤：

**01** 创建一个长为 100mm、宽为 50mm、两侧高为 50mm、厚度为 2mm 的钣金件，如图 26-87 所示。

**02** 在菜单栏执行【插入】|【切除】|【拉伸切除】命令，或者在【钣金】工具栏上单击【拉伸切除】按钮，选择钣金零件的左端面为草绘基准面，绘制草图，如图 26-88 所示，单击【退出草图】按钮。

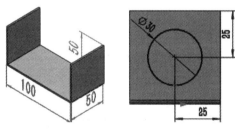

图 26-87　创建钣金零件　　图 26-88　绘制草图

单击【钣金】工具栏中的【拉伸切除】工具打开的面板中与单击【特征】工具栏中的【拉伸切除】工具打开的面板中各选项组中的选项、按钮的含义一样，在此就不重复介绍了。

在钣金零件的【折叠】和【展开】状态下都可以创建【拉伸切除】特征，其操作过程，分别如图 26-91 和图 26-92 所示。

**03** 在【切除-拉伸1】面板中的【终止条件】下拉列表中选择【完全贯穿】方式，如图 26-89 所示。然后单击【确定】按钮，生成拉伸切除特征，如图 26-90 所示。

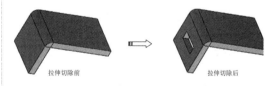

图 26-91　折叠钣金零件的拉伸切除

图 26-92　展开钣金零件的拉伸切除

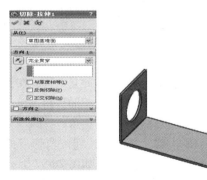

图 26-89　【拉伸-切除1】　图 26-90　创建拉伸切
　　　　　面板　　　　　　　　　　　除特征

**技术要点**

在展开的钣金上生成拉伸切除特征，一般都是在折弯处才用。

### 26.6.2 边角剪裁

使用【边角剪裁】工具可以把材料从展开的钣金零件的边线或面切除。

**动手操作——创建边角剪裁**

在钣金零件上创建边角剪裁特征，如图26-93所示。

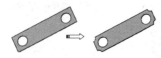

图26-93 创建边角剪裁特征

操作步骤：

**01** 以上一个动手操作的钣金零件为例，将其打开。

**02** 在【钣金】工具栏上单击【展开】按钮，将钣金零件整体展为平板。

**技术要点**

边角剪裁特征只能在展开的钣金零件上使用，当钣金零件被折叠后，所生成的边角剪裁特征将自动隐藏。

**03** 在菜单栏执行【插入】|【钣金】|【边角剪裁】命令，或者在【钣金】工具栏上单击【边角剪裁】按钮。在【边角-剪裁1】面板中单击【聚集所有边角】按钮，在【释放槽类型】下拉列表中选择【圆形】选项；在【半径】数值框中输入半径值10mm，如图26-94所示。然后单击【确定】按钮，生成剪裁边角特征，如图26-95所示。

图26-94 【边角-剪裁1】面板　　图26-95 创建剪裁边角特征

【边角-剪切1】面板中各选项组中的选项、按钮的含义如下：

- 边角边线：在此列表框中将显示选择好的边角边线。
- 聚集所有边角：单击此按钮，系统会自动选择所有的边角边线。
- 释放槽类型：在其下拉列表中提供了3种不同类型的释放槽，如图26-96所示。
- 在折弯线上置中：选中此复选框，释放槽位置的中心将自动放到折弯线上面；反正，则不在折弯线上。

【圆形】释放　　【方形】释放槽　　【折弯腰】释放槽

26-96 3种类型的释放槽

**技术要点**

只能在【圆形】和【方形】类型的释放槽下才能选中【在折弯线上置中】复选框。

- 与厚度的比例：选中此复选框，释放槽的大小将与钣金零件的厚度成比例。
- 与折弯相切：选中此复选框，释放槽的大小将与折弯相切。此复选框只能在选中【在折弯线上置中】复选框后才能选中。
- 添加圆角边角：选中此复选框，可以将释放槽的尖角变为圆角。
- 边角边线和/或法兰面：在此列表框中将显示所选的边角边线或法兰面。
- 仅内部边角：选中此复选框，在钣金零件上只能选择内部的边角；反之，则可以选择所有的边角。
- 倒角：单击此按钮，剪切后的边角将是一个斜面，如图26-97所示。
- 距离：通过输入值或单击微调按钮，来设置【倒角】类型的边角剪切。

- 圆角：单击此按钮，剪切后的边角将是一个圆弧面，如图 26-97 所示。
- 半径：通过输入值或单击微调按钮，来设置【圆角】类型的边角剪切。

【倒角】类型边角剪切　　　　　【圆角】类型边角剪切

图 26-97　两种类型的边角剪切

### 26.6.3　闭合角

使用【闭合角】特征工具可以使两个相交的钣金法兰之间添加闭合角，即在两个相交钣金法兰之间添加材料。

**动手操作——创建闭合角**

在钣金零件上创建闭合角特征，如图 26-98 所示。

操作步骤：

**01** 创建一个如图 26-99 所示、厚度为 2mm 的钣金件。

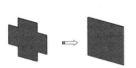 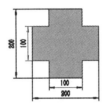

图 26-98　创建钣金体　　　图 26-99　料厚为 2mm 的钣金件

**02** 在菜单栏执行【插入】|【钣金】|【闭合角】命令，或者在【钣金】工具栏上单击【闭合角】按钮。在钣金零件上依次选择【要延伸的面】和【要匹配的面】；选择好面后在【闭合角】面板中单击【对接】按钮；在【缝隙距离】数值框中输入距离值 0.1mm，如图 26-100 所示。然后单击【确定】按钮，生成闭合角特征，如图 26-101 所示。

- 要延伸的面：在此列表框中显示选择的需要延伸的面。
- 要匹配的面：在此列表框中显示选择的所匹配的面。
- 边角类型：确定生成【闭合角】的形状，提供了 3 种不同的类型供选择，如图 26-102 所示。

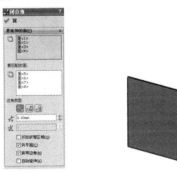 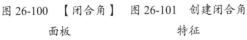

图 26-100　【闭合角】　图 26-101　创建闭合角
　　　　　　面板　　　　　　　　　　特征

【对接】类型闭合角　【重叠】类型闭合角　【欠重叠】类型闭合角

图 26-102　3 种类型的闭合角

【闭合角】面板中各选项组中的选项、按钮的含义如下：

- 缝隙间距：通过输入值或单击微调按钮，来设置要延伸的面和要匹配的面之间的缝隙。
- 重叠／欠重叠比率：通过输入值或单击微调按钮，来设置要延伸的面和要匹配的面之间的长度比率。

**技术要点**

【重叠／欠重叠】只能在【重叠】和【欠重叠】类型的闭合角下才能用。

### 26.6.4 断开边角

使用【断开边角】特征工具可把材料从折叠的钣金零件的边线或面切除。

**动手操作——创建断开边角**

在钣金零件上创建断开边角特征，如图 26-103 所示。

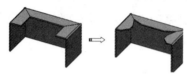

图 26-103　创建断开边角特征

操作步骤：

**01** 创建一个如图 26-104 所示、厚度为 2mm 的钣金件。

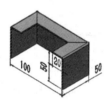

图 26-104　料厚为 2mm 的钣金件

**02** 在菜单栏执行【插入】|【钣金】|【断开边角】命令，或者在【钣金】工具栏上单击【断开边角】按钮。在钣金零件上依次选择【要断开的边角】，选择好边角后在【断开－边角 1】面板中单击【倒角】按钮；在【距离】数值框中输入距离值 10mm，如图 26-105 所示。然后单击【确定】按钮，生成断开边角特征，如图 26-106 所示。

【断开－边角 1】面板中各选项组中的选项、按钮的含义如下：

- 边角边线和／或法兰面：在此列表框中显示选择好的变形或法兰面。

- 折断类型：确定断开边角的形状，其下有两种不同的类型供选择，即【倒角】（如图 26-107（a）所示）和【圆角】（如图 26-107（b）所示）。
- 距离：通过输入值或单击微调按钮，来设置【倒角】类型折断的大小。
- 半径：通过输入值或单击微调按钮，来设置【圆角】类型折断的大小。

图 26-105　【断开－边角 1】面板

图 26-106　创建断开边角特征

图 26-107　两种类型的断开边角

**技术要点**

断开边角特征只能在折叠钣金零件中使用，在展开的钣金零件上是不能用的。

### 26.6.5 将实体零件转换成钣金件

先以实体的形式将钣金零件的最终形状大概画出来，然后将实体零件转换成钣金零件，这样就方便得多了。实现这个操作的工具是【转换到钣金】。

**动手操作——将实体零件转换成钣金零件**

在 SolidWorks 中，将实体零件转换成钣金零件，如图 26-108 所示。

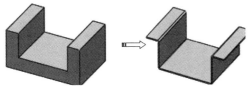

图 26-108　将实体零件转换成钣金零件

操作步骤：

**01** 新建一个零件文件，用【拉伸凸台/基体】特征工具创建一个实体，如图 26-109 所示。

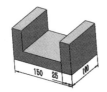

图 26-109　创建实体零件

**02** 在菜单栏执行【插入】|【钣金】|【转换到钣金】命令，或者在【钣金】工具栏上单击【转换到钣金】按钮 。在实体零件上选择一个固定面作为固定实体，如图 26-110 所示。在实体零件上选取 4 条代表折弯的边线，如图 26-111 所示。

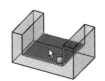

图 26-110　选择固定实体

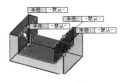

图 26-111　选择代表折弯的边线

**03** 在【转换实体 1】面板的【钣金厚度】数值框中输入厚度值 2mm；在【折弯的默认半径】中输入半径值 0.2mm，如图 26-112 所示。然后单击【确定】按钮 ，生成钣金零件，如图 26-113 所示。

 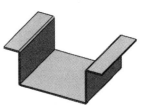

图 26-112　【转换实体 1】面板　　图 26-113　生成钣金零件

【转换实体 1】面板中各选项组中的选项、按钮的含义如下：

- 选取固定实体 ：在此列表框中显示选择好的固定实体。
- 钣金厚度 ：通过输入值或单击微调按钮，来设置钣金零件的厚度。
- 折弯的默认半径 ：通过输入值或单击微调按钮，来设置钣金零件的折弯半径。
- 反转厚度：选中此复选框，可以改变钣金零件厚度的生成方向。
- 选取代表折弯的边线/面 ：在此列表框中显示选择好的折弯边线或面。
- 采集所有折弯 采集所有折弯(C)：单击此按钮，系统将自动收集钣金零件上的所有折弯边线或面。

> **技术要点**
>
> 在为【选取代表折弯的边线/面】选取边线或面时，所选取的边线或面与固定面一定要处于同一边，否则将无法选取。

### 26.6.6　钣金设计中的镜像特征

在【钣金】工具栏上没有【镜像】工具，但在钣金设计中却时常需要镜像特征来进行设计，这样可以节约大量的设计时间。钣金设计中的镜像操作是通过【特征】工具栏上的【镜像】工具来实现的。

**动手操作——创建镜像特征**

在钣金零件上创建镜像特征，如图 26-114 所示。

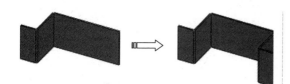

图 26-114　创建镜像特征

图 26-116　选择要镜像的特征　　图 26-117　选择镜像面

操作步骤：

**01** 创建一个如图 26-115 所示、厚度为 2mm 的钣金件。

**03** 选择好的镜像特征和镜像面在【镜像 1】面板中将一一显示，如图 26-118 所示。然后单击【确定】按钮，生成镜像特征，如图 26-119 所示。

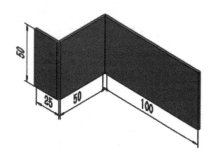

图 26-115　料厚为 2mm 的钣金件

图 26-118　【镜像 1】面板　　图 26-119　生成镜像特征

**02** 在菜单栏执行【插入】|【阵列镜像】|【镜像】命令，或者在【特征】工具栏上单击【镜像】按钮。在钣金零件上依次选择【要镜像的特征】，如图 26-116 所示，选择右视基准面作为镜像面，如图 26-117 所示。

钣金设计中的镜像特征中的面板与特征设计中的镜像特征中的面板都一样，在此就不多介绍了。

## 26.7　综合实战——ODF 单元箱主体设计

○ 结果文件：\ 实训操作 \ 结果文件 \Ch26\ODF 单元箱 .sldprt

○ 视频文件：\ 视频 \Ch26\ODF 单元箱 .avi

ODF 单元箱是一种光纤配线设备，其主要作用是装一体化熔配模块，然后再将其固定到配线架上，起中转作用。ODF 单元箱主体的模型如图 26-120 所示。

图 26-120　ODF 单元箱主体模型

操作步骤：

**01** 启动 SolidWorks 2016，然后新建一个模型文件。

**02** 绘制基体法兰草图。选择前视基准面作为绘制草图的基准面，在图形区域内绘制草图，如图 26-121 所示，单击【退出草图】按钮。

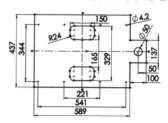

图 26-121　绘制草图

# 第 26 章　钣金结构件设计

**03** 创建基体法兰。选中所绘制的草图,执行【插入】|【钣金】|【基体法兰】命令,或者单击【钣金】工具栏上的【基体法兰/薄片】按钮。在【基体法兰】面板中设置各个参数,然后单击【确定】按钮,生成基体法兰,如图 26-122 所示。

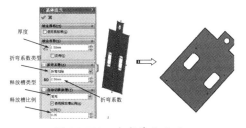

图 26-122　生成基体法兰

**04** 折弯基体法兰。执行【插入】|【钣金】|【绘制的折弯】命令,或者单击【钣金】工具栏上的【绘制的折弯】按钮。在钣金零件的表面绘制两条直线,单击【退出草图】按钮,在【绘制的折弯 1】面板中设置各个参数,然后单击【确定】按钮,将基体法兰进行折弯,如图 26-123 所示。

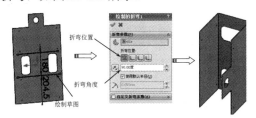

图 26-123　折弯基体法兰

**05** 二次折弯。执行【插入】|【钣金】|【转折】命令,或者单击【钣金】工具栏上的【转折】按钮。在钣金零件的表面绘制一条直线,单击【退出草图】按钮,退出草图后将弹出【转折 1】面板,在【转折 1】面板设置各个参数,然后单击【确定】按钮,将生成转折特征,如图 26-124 所示。

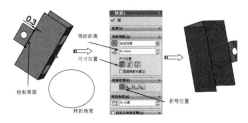

图 26-124　生成转折特征

**06** 添加边沿。执行【插入】|【钣金】|【斜接法兰】命令,或者单击【钣金】工具栏上的【斜接法兰】按钮。在钣金零件上绘制一条直线。单击【退出草图】按钮,退出草图后将弹出【斜接法兰 1】面板,在钣金零件上选择 3 条边,在【斜接法兰 1】面板中设置各个参数,然后单击【确定】按钮,将添加边沿,如图 26-125 所示。

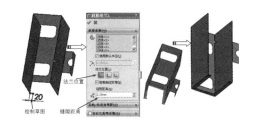

图 26-125　添加边沿

**07** 镜像边沿。执行【插入】|【特征】|【阵列/镜像】|【镜像】命令,或者单击【特征】工具栏上的【镜像】按钮。选择上视基准面为镜像面,在钣金零件上面选择斜接法兰作为要镜像的特征,然后单击【确定】按钮,将边沿进行镜像,如图 26-126 所示。

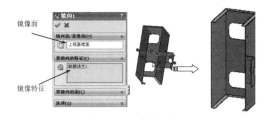

图 26-126　镜像边沿

**08** 利用成型特征生成百叶窗。单击任务窗格中的【设计库】按钮,打开【设计库】,在【设计库】中按照路径【Design Library】\【forming tools】\【louvers】,【louvers】拖动到钣金零件上面,如图 26-127 所示。

图 26-127　添加百叶窗

**09** 确定百叶窗的位置。右击百叶窗草图，在弹出的快捷菜单中单击【编辑草图】按钮，执行【工具】|【草图工具】|【修改】命令，弹出【修改草图】对话框，在对话框中【旋转】文本框中输入 270，单击对话框上的【关闭】按钮。单击【智能尺寸】按钮，确定百叶窗的位置，单击【退出草图】按钮，如图 26-128 所示。

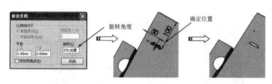

图 26-128　修改百叶窗的方向并确定位置

**10** 阵列百叶窗。执行【插入】|【特征】|【阵列/镜像】|【线性阵列】命令，或者单击【特征】工具栏上的【线性阵列】按钮。弹出【阵列线性】面板，在钣金零件上选择两条边作为【方向 1】和【方向 2】，在【阵列（线性 1）】面板中设置各个参数，然后单击【确定】按钮，将百叶窗进行阵列，如图 26-129 所示。

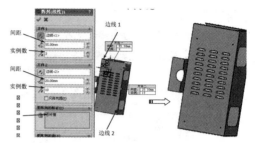

图 26-129　阵列百叶窗

**11** 镜像百叶窗。执行【插入】|【特征】|【阵列/镜像】|【镜像】命令，或者单击【特征】工具栏上的【镜像】按钮。选择右视基准面作为镜像面。在钣金零件上选择阵列好的百叶窗作为要进行镜像的特征，然后单击【确定】按钮，将百叶窗进行镜像，如图 26-130 所示。最后单击【保存】按钮，将其保存。

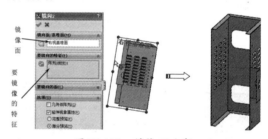

图 26-130　镜像百叶窗

## 26.8　课后习题

### 1．创建加强筋

使用【边线法兰】命令创建加强筋，如图 26-131 所示。

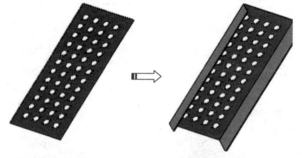

图 26-131　创建加强筋

### 2．镜像操作

使用【镜像】命令对文件夹左侧板进行镜像，如图 26-132 所示。

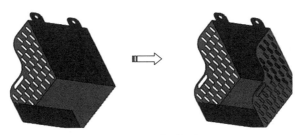

图 26-132 阵列侧板

### 3. 展开钣金

使用【展开】命令完成对零件的整体展开，如图 26-133 所示。

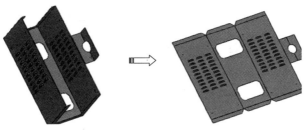

图 26-133 展开钣金零件

## 读书笔记

# 第27章 管道与线路设计

SolidWorks Routing 是用于管道与布线设计的专业插件。本章将主要介绍 Routing 插件的功能,以及管道与管筒线路的设计方法,具体包括自定义线路设计模板、添加零件到步路库中、通过各种自动和手动方法生成线路路径等。

资源二维码

百度云网盘

360云盘 密码6955

- ◆ SolidWorks Routing概述
- ◆ Routing零部件设计
- ◆ 管道设计
- ◆ 管筒线路设计

## 27.1 SolidWorks Routing 概述

Routing 是 SolidWorks 的一个插件。Routing 通过自动完成管道设计任务,节省了时间,也减少了设计错误。Routing 的强大管道设计功能使得设计人员方便、自动地进行管道设计,减少管道生成路线,缩短了编辑、装配、排列管道的时间,从而达到提高设计效率、优化设计、快速投放市场和降低成本的目的。

### 27.1.1 Routing 插件的应用

要应用 Routing 插件,必须在安装 SolidWorks 时一同安装 Routing 插件,如图 27-1 所示。插件安装后,需要在装配模式下才能应用 Routing 插件。

Routing 设计包括管道设计、软管设计和电气设计。Routing 包含在 SolidWorks Office Premium 软件包中,在【SolidWorks 插件】选项卡中选择【SolidWorks Routing】命令,或者在菜单栏执行【工具】|【插件】命令,在弹出的【插件】对话框中选中【Solidks Routing】复选框,就可以使用 Routing 了,如图 27-2 所示。

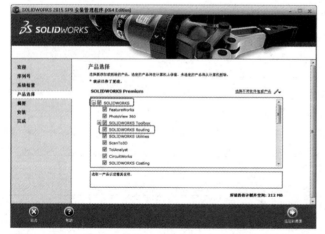

图 27-1 安装 Routing 插件

图 27-2 应用 Solidks Routing 插件

## 27.1.2 Routing 选项设置

Routing 依赖于那些包含标准电力、导管、管筒和管道零件的文件夹来步路。通过【搜索路径】可以查找到这些文件。其他的选项可以选择性地设置步路时的状态，包括自动生成草图圆角、最小折弯半径检查等设置。

在菜单栏执行【工具】|【Routing】|【Routing 工具】|【Routing 选项设置】命令，打开【系统选项 - 步路】对话框，如图 27-3 所示。

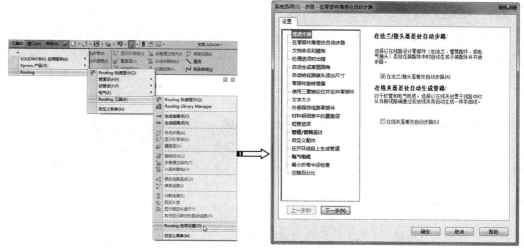

图 27-3　步路的系统选项设置

通过此对话框，可以设置相关的步路设计选项。

Routing 需要通过特殊的文件（SolidWorks 文件和文本文件）才能进行正确的操作。在菜单栏执行【工具】|【Routing】|【Routing 工具】|【Routing Library Manager】命令，打开【Routing Library Manager】窗口。在窗口的【Routing 文件位置和设定】选项卡中，可以设置文件位置和 Routing 条目的选项，如图 27-4 所示。

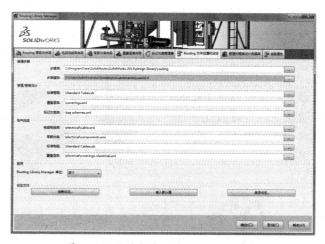

图 27-4　设置文件位置和 Routing 条目

### 27.1.3 Routing 文件命名

Routing 零部件默认的命名规则与 PDMWorks® 及其他 PDM 插件的命名规则相同。通常，用户可按自己的习惯或者企业标准来命名。线路子装配体的默认格式如下：

RouteAssy#-<装配体名称>.sldasm

线路子装配体中的电缆、管筒、管道零部件的默认格式如下：

Cable（Tube/Pipe）-RouteAssy#-<装配体名称>.sldprt（配置）

### 27.1.4 管道、管筒及线路设计术语

初学者学习 Solidks Routing 前，可以先了解关于 Routing 设计的术语，这有助于后面课程的学习。

**1. 线路类型**

Solidks Routing 使读者能够创建电路、电力导管、管筒和管道线路。线路有很多种，常见的有接线盒、电缆、铜杆、PVC、软管、管道焊接和配件组合等，如图 27-5 所示。

**2. 线路点**

线路点是用于将附件定位在 3D 草图中的交叉点或端点。用图标来生成线路点。对于具有多个端口的接头，线路点位于轴线交叉点处的草图点；对于法兰，线路点位于圆柱面同轴心的点，当法兰与另一个法兰配合，线路点位于配合面上。线路点的生成示意图如图 27-6 所示。

图27-5 常见的线路类型

**3. 连接点**

连接点是附件中的一个点，管道由此开始或终止。管道在管道装配体中总是从连接点开始的，或者最后连接到已装配好的装配体零件的连接点上。每个附件零件的每个端口都必须包含一个连接点，它决定相邻管道开始或终止的位置。

用图标来生成连接点，要根据管道连接的情况（管道是否伸进接头、是螺纹连接还是焊接等）来确定连接点的位置。连接点的生成示意图如图 27-7 所示。

**4. 附件**

在 Solidks Routing 管道设计中，将除管道之外的其他与连接管道的零件都称为管道附件，简称附件，如弯管、法兰、变径管和十字形接头等，如图 27-8 所示。附件都至少有一个连接点，但不一定有线路点。

图 27-8 管道系统附件

**5. 线路子装配体**

线路子装配体总是顶层装配体的零部件。当用户将某些零部件插入到装配体时，都将自动生成一个线路子装配体。与其他类型的

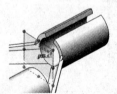

图 27-6 线路点

图 27-7 连接点

子装配体不同，在其自身窗口中生成线路子装配体，然后将之作为零部件插入更高层的装配体中。

#### 6．3D 草图

子装配体中包含一个【路线1】特征，通过【路线1】特征可以完成对管道属性及路径的编辑。线路子装配体的线路取决于主装配体中根据零件位置绘制的3D草图，3D草图与主要装配相关联，并且决定管道系统中管道、附件的位置与参数。

3D 草图决定了管道的位置和布局，管道附件的位置确定了每段管道的长度，如图27-9所示。包括整个3D草图在内的所有零件，均作为一个特殊的子装配体存在。

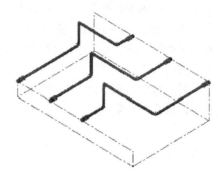

图 27-9　3D 草图与管道

## 27.2　Routing 零部件设计

对于管道、管筒线路装配体及电缆零部件设计，用户可以通过加载库零件或者自定义零部件形状来完成。

### 27.2.1　连接点

在 SolidWorks 步路设计中，需要使用线路点和连接点对管道路线进行草图定位。管道附件至少有一个连接点，但不一定要有线路点。

连接点是接头（法兰、弯管、电气接头等）中的一个点，步路段（管道、管筒或电缆）由此开始或终止，如图27-10所示。

图 27-10　连接点的作用

**技术要点**

> 电力接头至少需要一个连接点，该连接点提供线路零部件和非线路零部件之间的过渡。

管路段只有在至少有一端附加在连接点时才能生成。每个接头零件的每个端口都必须包含一个连接点，定位于使相邻管道、管筒、或电缆开始或终止的位置。

在【Routing 工具】工具栏中单击【生成连接点】按钮，或者在菜单栏执行【Routing】|【Routing 工具】|【生成连接点】命令，显示【连接点】属性面板，如图27-11所示。

图 27-11　【连接点】属性面板

【连接点】面板中各选项组及其选项的含义如下：

（1）【选择】选项组：该选项组用于设置连接点的线路类型。

- 线路草图线段：激活此列表框，可以指定3种类型的参考作为线段的原点。包括圆形面、圆形边线，以及面、基准面、草图点或顶点。如果选择第 3 种类型作为连接点，将生成一条垂直于基准面或面的轴。

- 选择线路类型 ：选择线路材料类型，如电气、管筒和装配式管道。
- 子类型：子类型是电力线路类型的子选项，其下拉列表中包含 4 种电力材料子类型，如缆束、电缆/电线、导管和带状电缆。

**技术要点**

若想将电线或电缆附加到导管线路，导管终端配件还必须包含缆束或电缆/电线连接点。

（2）【参数】选项组：该选项组用于设置各线路类型的参数。类型不同，参数选项也不同。电气线路的参数选项如图 27-12 所示；管道线路的参数选项如图 27-13 所示；管筒线路的参数选项如图 27-14 所示。

图 27-12　电气线路选项　　图 27-13 管道线路选项　　图 27-14　管筒线路选项

- 标称直径 ：为管道、管筒，及电气导管配件端口的标称直径。此尺寸与管道或管筒零件中的名义直径对应。单击【选择管道】按钮或【选择管筒】按钮，然后浏览到管道或管筒并选择一个配置以使用其直径，如图 27-15 和图 20-16 所示。

图 27-15　【管道】　　图 27-16　【管筒】
　　　配置选项　　　　　　配置选项

- 端头长度：指定在将接头或配件插入到线路中时从接头或配件所延伸的默认电缆端头长度。如果设定为 0，将使用线路直径乘以 1.5 的端头长度。
- 额外内部电线长度：仅对于电气线路，输入一增加电缆的切割长度的数值以允许脱皮、切线等。

**技术要点**

也可在步路选项中设定空隙百分比来增加电缆的切割长度。所计算的电缆切割长度按空隙百分比增量，从而弥补实际安装中可能产生的下垂、扭结等。

- 最低直长度：指定在线路开端和末尾所需的直管筒最小长度。
- 终端长度调整：仅对管筒而言，指定数值以添加到管筒的切除长度。
- 规格区域名称：过滤带匹配规格的配合零部件的选择。
- 规格数值：如果配件只有一个配置，输入与规格区域名关联的值。
- 端口 ID：在从 P&ID 文件定义线路设计装配体时指定设备步路端口。

**动手操作——利用连接点创建末端接头**

操作步骤：

01 打开本例的源文件【滑动线夹套.sldprt】。
02 单击【Routing 工具】工具栏上的【Routing Library Manager】按钮 ，打开【Routing

Library Manager】窗口。

**03** 单击【Routing 零部件向导】选项卡，进入【选择线路类型】设置页面。选择【电气】单选按钮，再单击【下一步】按钮，如图 27-17 所示。

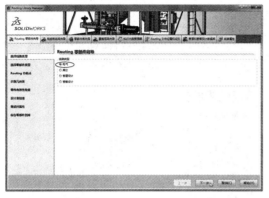

图 27-17　选择线路类型

**04** 在弹出的【选择零部件类型】设置页面中，选择【接头】类型，再单击【下一步】按钮，如图 27-18 所示。

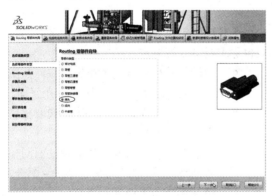

图 27-18　选择零部件类型

**05** 在随后的【Routing 功能点】页面中，单击【添加】按钮，如图 27-19 所示。

图 27-19　执行【添加】连接点命令

**06** 然后选择如图 27-20 所示的基准面 4 和点，并设置【标称直径】为 0.2500in。

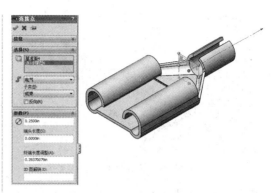

图 27-20　添加连接点并设置标称直径

**07** 设置后单击【确定】按钮，返回到【Routing 功能点】页面中。可以看见，添加的连接点显示在右侧图形预览中，同时显示连接点的点数为 1，如图 27-21 所示。

图 27-21　显示添加的连接点

**08** 单击【下一步】按钮，进入【步路几何体】设置页面，表面不要求有特殊几何体，因此直接单击【下一步】按钮。

### 技术要点

有些零部件还是需要添加特殊几何体的，例如变径管。

**09** 随后打开【配合参考】设置页面，单击【添加】按钮，到图形区域选择配合参考，如图 27-22 所示。

图 27-22　执行【添加】配合参考的命令

**10** 在图形区域分别选择第一参考、第二参考和第三参考，如图 27-23 所示。

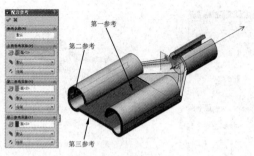

图 27-23 选择配合参考

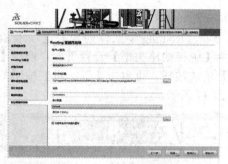

图 27-24 保存零部件

**11** 单击【配合参考】属性面板中的【确定】按钮✓，再次返回到【配合参考】设置页面。
**12** 连续单击【下一步】按钮，直到弹出【保存零部件到库】页面。此页面显示零部件的库文件夹位置，单击【保存】按钮，将零部件保存在默认的库文件夹中，如图 27-24 所示。
**13** 关闭【Routing Library Manager】窗口。在图形区域定义末端视图，如图 27-25 所示。
**14** 最后保存结果。

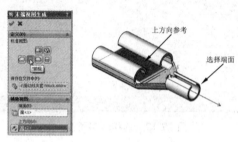

图 27-25 定义末端视图

### 27.2.2 线路点

线路点是配件（法兰、弯管、电气接头等）中用于将配件定位在线路草图中的交叉点或端点的点。线路点定义了管道附件安装位置。线路点也称步路点或管道点。

**技术要点**

在具有多个端口的接头中（如T形或十字形），用户在添加线路点之前必须在接头的轴线交叉点处生成一个草图点。

在【Routing 工具】工具栏中单击【生成线路点】按钮，或者在菜单栏执行【Routing】|【Routing 工具】|【生成线路点】命令，显示【步路点】属性面板。选择要成为步路点的参考点，单击【确定】按钮✓，完成线路点的指定，如图 27-26 所示。

在选择草图点或顶点时，可按以下方法进行：

- 对于硬管道和管筒配件，在图形区域选择一个草图点。
- 对于软管配件或电力电缆接头，在图形区域中选择一个草图点和一个平面。
- 在具有多个端口的配件中，选取轴线交叉点处的草图点。
- 在法兰中，选取与零件的圆柱面同轴心的点。如果法兰与另一个法兰配合，请在配合面上选择一个点。

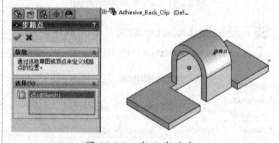

图 27-26 定义线路点

### 27.2.3 设计库零件

SolidWorks Routing 设计库中包含用于电力设计、管道设计和软管（管筒）设计的零件库，如图 27-27 所示。

# 第27章 管道与线路设计

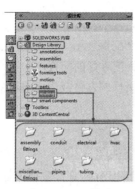

图 27-27 设计库

设计库方便了用户的装配设计操作,极大地提高了管道与管筒设计的效率。用户也可以将自定义设计的零件保存在设计库中,供后续设计使用。

几乎管道与管筒设计所需的零部件都可以从 SolidWorks Routing 设计库中找到。表 27-1 中列出了设计库中常见的管道和管筒设计的零部件。

表 27-1 常见的管道与管筒库零件类型

| 零件名称 | 使用说明 | 图解 |
| --- | --- | --- |
| 接头 | 特殊配件,一般用来连接线路及线路外的器件,包含配合参考 | |
| 线夹 | 是电力或管筒线路的附件,用来要求约束线路。线夹可以预置和作为参考位置,或者在步路时拖动线路到任意位置 | |
| 导管 | 用来连接硬的管筒和电路。末端接头包括电力导管和电力连接点,串联的线路零部件仅包含电力导管的线路点 | |
| 法兰 | 法兰是与管道、管筒一起使用的特殊配件。通常用来连接线路和线路外的器件,也包含配合参考 | |
| 管筒 | 是沿着路线方向并终止于草图的终点或配件的零件。管筒通常带有折弯,可以是直角的,也可以是任意形式的 | |
| 管道 | 是沿着路线位于弯管与法兰之间的零件 | |
| 标准弯管 | 是路线上方向改变处的零部件,以90°和45°折弯自动放置 | |
| 自定义弯管 | 是用于方向改变处的零部件,折弯小于90°,但不等于45° | |
| 配件 | 是一类通用零部件,但不会像管道和弯管那样自动添加线路中。包括T形管、变径管及四通管等 | |
| 装配体配件 | 装配体零部件,不会像管道和弯管那样自动添加到线路中。包括阀体、开关及其他含有多个零部件的线路配件 | |

### 27.2.4 管道和管筒零件设计

在管道和管筒零件中，每种类型和大小的原材料都由一个配置表示。在线路子装配体中，根据名义直径、管道标识号和切割长度，各个线段是管道或管筒零件的配置。

Ruting 提供了一些样例管道和管筒零件。用户可通过编辑样例零件或生成自己的零件文件来创建管道和管筒零件。

用户自定义设计管道和管筒零件，必须满足以下条件：

#### 1．必有的几何体

在 SolidWorks 中，零件是草图截面经拉伸、旋转、扫描等创建而成。在装配体的零件设计中，设计管道或管筒也需要确定管道截面或管筒截面。

要想使零部件在 SolidWorks Routing 中作为管道或管筒截面，要求有以下项目：管道草图、拉伸（扫描 - 路径草图）和过滤草图（详见表 27-2 中列出的项目）。

表 27-2　使用管道或管筒截面要求的项目

| 所需项目 | 说　明 | 图　解 |
| --- | --- | --- |
| 管道草图 | 命名为管道草图的前视图草图；<br>两个同心圆，置中于草图原点，尺寸命名为【内径@管道草图】；和【外径@管道草图】 | |
| 拉伸 | 命名为【拉伸】的拉伸基体特征，在正Z轴方向中拉伸；<br>命名为【长度@拉伸】的深度草图 | |
| 扫描-路径草图（管筒） | 在3D 草图中，与管道草图垂直的直线；<br>在直线的端点和圆的圆心之间添加同轴心几何关系 | |
| 过滤草图 | 命名为【过滤草图】的草图；<br>尺寸命名为【名义直径】的圆 | |

#### 2．管道识别符号

配置特定的属性命名为【$ 属性 @ 管道识别符号】，此值必须对每一个配置都独特。该属性有以下特点：

- 定义零件为管道零件，这样当从属性管理器的【线路属性】面板中可浏览管道零件时软件可将其识别。
- 当保存装配体时，用作管道零件本地复制的默认名称。
- 每个配置必须具有独特值。

#### 3．规格符号

配置特定的属性命名为【$ 属性 @ 规格】。该属性可用于【连接点的规格参数】以过滤管道和配件配置。

## 4. 系列零件设计表

系列零件设计表包括用户使用的原材料每种尺寸的配置。在表格中必须包括以下参数：
- 内径@管道草图。
- 外径@管道草图。
- 名义直径@过滤草图。
- $PRP@管道标识符。

**技术要点**

不要在系列零件设计表中包括【长度@拉伸】参数。此外，可以根据需要包括附加的参数，如单位长度的重量、费用、零件编号等属性的参数。

在【管道（Pipes）】、【管筒（Tubes）】零件中，每种类型和大小的原材料都由一个配置表示。在管道子装配体中，各个管段是【管道】、【管筒】零件的配置，以它的【名义直径】、【管道标识号】和【切割长度】为基础。

### 27.2.5 弯管零件设计

Routing 提供了一些样例弯管零件。用户可通过编辑样例零件或生成零件文件来创建自己的弯管零件。

在开始线路时，在属性管理器的【线路属性】面板中选择【总是使用弯管】选项，程序则在 3D 草图中存在圆角时自动插入弯管。用户也可以手动添加弯管。

要将零件识别为弯管零件，零件必须包含两个连接点，外加一个包含名称为折弯半径和折弯角度尺寸的草图。

**技术要点**

一个弯管零件可以包含多种不同类型和大小的弯管配置，包括不同的折弯角度和半径。

要自定义设计弯管零件，必须满足以下条件：
- 生成满足弯管【几何要求】的零件（几何要求如表 27-3 所示）。
- 在管道退出弯管处的两端生成连接点。此外，可包括规格参数，这样可过滤弯管配置。
- 插入系列零件设计表以生成配置。请在标题行中包括以下参数：
  - 折弯半径@弯管圆弧。
  - 折弯角度@弯管圆弧。
  - 直径@连接点1。
  - 直径@连接点2。
  - 规格@连接点1（推荐）。
  - 规格@连接点2（推荐）。
- 可以根据需要包括附加尺寸（外径、壁厚）和属性（零件编号、成本、单位长度的重量）。
- 在步路文件位置中所指定的步路库中保存零件。

表 27-3 使设计弯管所需的项目

| 所需项目 | 说 明 | 图 解 |
| --- | --- | --- |
| 弯管圆弧 | 命名为弯管圆弧的草图；<br>代表弯管的中心线的圆弧，尺寸命名为【折弯半径@弯管圆弧】和【折弯角度@弯管圆弧】 | |
| 线路 | 草图命名为线路，且位于垂直于圆弧一端的基准面上；<br>代表弯管外径的圆，尺寸命名为【直径@线路】；<br>在圆心和圆弧中心之间的尺寸命名为【折弯半径@线路】，且连接到【折弯半径@弯管圆弧】 | |
| 功能 | 扫描，使用：<br>线路作为轮廓；<br>弯管圆弧作为路径；<br>薄壁特征选项来设定壁厚 | |

## 27.2.6 法兰零件

法兰经常用于管路末端,用来将管道或管筒连接到固定的零部件(例如泵或箱)上。法兰也可用来连接管道的长直管段。

Routing 提供了一些样例法兰零件,用户可通过编辑样例零件或生成自己的零件文件,以此创建自定义的法兰零件。

要自定义设计法兰零件,必须满足以下条件:

- 生成满足法兰【几何要求】的零件(如图 27-28 所示)。

图 27-28 满足法兰【几何要求】的零件

- 在管道退出法兰处生成一个连接点。连接点必须是与法兰的圆形边线同心,或者在法兰内具有正确的深度(如果管道或管筒延伸到法兰)。
- 生成线路点。线路点可使用户终止带法兰的线路,或者在线路中将法兰背靠背放置。
- 插入系列零件设计表以生成配置。
- 在【步路文件设置】所指定的步路库中保存零件。

## 27.2.7 变径管零件

变径管用于更改所选位置的管道或管筒直径。变径管有两个带有不同直径参数值的连接点(CPoints)。

用户可以创建两种类型变径管:同心变径管和偏心变径管。

### 1. 同心变径管

同心变径管必须在连接点(CPoints)中间包括线路点(RPoint),如图 27-29 所示。RPoint 可让用户在草图段中点处插入同心变径管(使用草图工具栏上的【分割实体】工具在草图段中央处插入点)。

**技术要点**

当添加同心变径管到草图段末端时,线路将穿越变径管,并且将有一短线路段添加到变径管之外,这样就可继续步路。

### 2. 偏心变径管

偏心变径管无线路点,如图 27-30 所示。依据规定,用户只可在草图线段的端点插入偏心变径管,而不是在草图线段的中点插入。

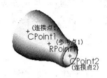 

图 27-29 同心变径管　　图 27-30 偏心变径管

## 27.2.8 其他附件零件

用户可以在 3D 草图中的交叉点处添加 T 形接头、Y 形接头、十字形接头和其他多端口接头。

**技术要点**

具有多分支的接头必须在每个端口有一个连接点,并在这些分支的交叉点处有一个管道点。

例如 T 形接头有 3 个连接点和一个线路点(参考点),当插入该接头时,线路点与 3D 草图中的交叉点重合,如图 27-31 所示。

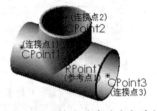

图 27-31 T 形接头的线路点与连接点

附件零件的交叉点,必须满足以下条件:

在 3D 草图中,T 形接头的直线主管必须由两个单独的线段而不是由一个连续的线段组成(因为直线主管必须由两个路线或管筒段组成),如图 27-32 所示。

第 27 章 管道与线路设计

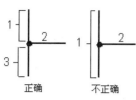

图 27-32 草图中的交叉点

- 十字形接头的直线主管也必须由分开的线段组成。
- 交叉点上草图直线的数量可以少于想要插入的附件中端口的数量。可按需要插入并对齐附件，然后再添加其余的草图线段。
- 可以在附件中生成一个轴，如一个阀，来控制附件在线路子装配体中的角度方向。此轴必须命名为竖直，并且垂直于通过附件的路线。

**技术要点**

如果在交叉点处有一个以上构造性直线，程序将提示为对齐选择一直线。

## 27.3 管道线路设计

要利用 SolidWorks Ruting 进行管道设计，需要做一些前期的准备工作。前期准备工作包括以下内容：

- 新建管道装配体所需的零件文档。
- 将管道、配件（法兰、弯管、变径管及其他附件）、步路硬件（如线夹、托座）等零件文档储存在步路库中。
- 打开或创建主装配体文件，其中包含需要连接的零部件（箱、泵等）。

### Routing库文件路径

Routing设计库包括步路库、步路模板、标准管筒、电缆/电线库、零部件库和标准电缆等库文件。

Routing各种库文件的浏览路径如下：C:\Documents and Settings\All Users\Application Data\SolidWorks\SolidWorks 2013
- 步路库：\design library\routing。
- 步路模板：\templates\routeAssembly.asmdot。
- 标准管筒：\design library\routing\Standard Tubes.xls。

### 27.3.1 管道步路选项设置

管道线路与其他线路不同（如电力线路、管筒线路等），其他线路均使用刚性管，在线段的端点处自动创建圆角，而管道路线在线路中添加弯管，同时使用自动步路工具和直角选项。

在标准工具栏中单击【选项】按钮，程序弹出系统选项对话框。在【系统选项】选项卡中选择【步路】选项，然后在右边选项设置区域中取消选中【自动给线路端头添加尺寸】复选框，然后将【连接和线路点的文字大小】的值根据设计需要进行更改，如图 27-33 所示。

图 27-33 设置管道线路选项

### 27.3.2 通过拖/放来开始

要设计管道线路，需使用【通过拖/放开始】工具通过将库零件拖动到装配体中开始第一个线路。

在【管道设计】工具栏上单击【通过拖/放来开始】按钮，图形区右侧的【设计库】中将显示 Routing 文件夹下的库零件文件。选择一个库零件，将其拖动至装配体的合适处并放开鼠标，程序将弹出【选择配置】对话框，如图 27-34 所示。

图 27-34 拖放零件至装配体中

在【选择配置】对话框中选择库零件的配置，然后单击【确定】按钮，属性管理器将显示【线路属性】面板。通过该面板，为第一个线路进行参数设置后，再单击【确定】✔按钮，即可创建管道的第一个线路，如图 27-35 所示。

若用户需要自定义管道路线，可以单击面板中的【取消】✖按钮，仅加载库零件而不生成第一个管道线路，如图 27-36 所示。

图 27-35 仅加载库 　　图 27-36 加载库零件
零件　　　　　　　 并生成第一个线路

### 27.3.3 手动步路

在 SolidWorks Ruting 中，3D 草图用来定义管道路线。绘制 3D 草图也称手动步路。草图绘制完成后，还可以直观地观察 3D 草图。

**1. 绘制 3D 草图**

在 3D 草图中，将通过从起点到终点绘制正交的线段完成管道步路。与 2D 草图绘制相同，3D 草图中线段将自动捕捉到水平或竖直几何关系。对于在不同平面中的草图，使用【直线】工具绘制起点后，按【Tab】键切换草绘平面，并完成直线绘制，如图 27-37 所示。

图 27-37 绘制 3D 草图

**2. 显示 3D 空间**

如要直观地显示 3D 空间中的草图，可以将单一视图设为二视图。在其中一个视图中用上色模式显示等轴测图，而在另一个视图中用线架图模式显示前视图或上视图，如图 27-38 所示。

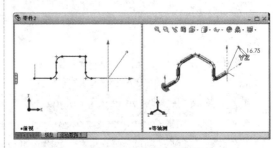

图 27-38 显示 3D 空间

**技术要点**

如要显示草图中虚拟的尖锐交角，可在系统选项的【草图】选项设置中，选中【显示虚拟交点】复选框。

### 27.3.4 自动步路

使用【自动步路】工具，可以根据起点和终点的位置自动生成相切于端头的、且带有圆角的 3D 草图，如图 27-39 所示为根据自动步路生成的管道。

在【管道设计】工具栏中单击【自动步路】

按钮⚙️，属性管理器中显示【自动步路】面板，如图 27-40 所示。

图 27-39　由自动步路　　图 27-40　【自动步路】
　　　　生成管道　　　　　　　　　面板

【自动步路】面板中各选项组的含义如下：

- 【步路模式】选项组：该选项组包括 3 个步路模式单选按钮，如自动步路、编辑（拖动）和重新步路样条曲线。【自动步路】选项可以生成自动步路；【编辑（拖动）】选项用于编辑起点或终点位置；【重新步路样条曲线】选项可以重新自动步路。
- 【自动步路】选项组：该选项组用于设置自动步路的线路样式。选中【正交线路】复选框，自动步路的线路（直线）向与起点或终点所在平面正交，即最短路径。取消选中，将生成样条曲线。
- 【选择】选项组：该选项组用于选择并添加步路所用起点，以及要步路到的点、线夹轴或直线。激活【当前编辑点】文本框，可以删除点。

## 27.3.5　开始步路

使用【开始步路】工具，从连接点开始，可以创建一定长度的管道。此段管道为步路设计的初始线路。当使用【通过拖 / 放来开始】工具载入步路库零件后，也会自动生成一段【开始步路】。

**技术要点**

用户无须执行【通过拖/放来开始】命令来创建开始步路。可以在图形区右侧的设计库中直接拖动步路库零件进装配体中。

当装配中存在连接点时，右击连接点并选择【最近的命令】|【开始步路】命令，属性管理器中显示【线路属性】面板，如图 27-41 所示。

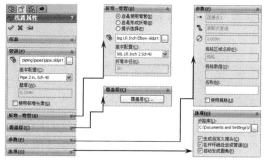

图 27-41　【线路属性】面板

【线路属性】面板中各选项组的含义如下：

- 【管道】选项组：该选项组用于设置管道规格及是否使用标准长度。如果选中【使用标准长度】复选框，用户可自定义【开始步路】的长度，以及是否插入耦合零件（如十字形接头、弯管等）。
- 【折弯 - 弯管】选项组：该选项组可以确定管道线路中是否使用弯管或形成折弯。该选项组仅当有两个连接点以上且不在同一平面时，才会生成弯管或被折弯。
- 【覆盖层】选项组：单击【覆盖层】按钮，可以为管道添加覆盖层。覆盖层就是金属或非金属涂层。
- 【参数】选项组：该选项组用于设置管道参数，包括连接点、管道直径、规格及名称等。
- 【选项】选项组：该选项组用于设置【开始步路】的选项。这包括自定义步路库、生成自定义接头、在开环先处生成管道、自动生成圆角。

通过【线路属性】面板完成【开始步路】的管道设置后，关闭该面板，然后在图形区右上角依次单击 按钮与 按钮，程序自动生成【开始步路】，如图 27-42 所示。

图 27-42　创建【开始步路】管道特征

### 27.3.6　编辑线路

创建管道线路后，可以使用【编辑线路】工具来改变线路路径。在【管道设计】工具栏上单击【编辑线路】按钮，激活管道 3D 草图编辑状态。在图形区中管道 3D 草图中双击要编辑的草图尺寸，可以通过打开的【修改】对话框重新输入尺寸数值，如图 27-43 所示。

图 27-43　编辑管道路线的 3D 草图尺寸

要改变管道路径，可以拖动 3D 草图至任意位置，但要保证圆角的尺寸符合生成条件，如图 27-44 所示。

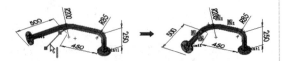

图 27-44　拖动 3D 草图改变管路路径

**技术要点**

Routing 设计只能在装配模式下进行。零件设计环境和工程图设计环境均不能使用此插件功能。

### 27.3.7　更改线路直径

通过使用【更改线路直径】工具，可以更改配件配置，并通过为线路中所有单元（法兰、弯管、管道等）选择新的配置来更改管道或管筒线路的直径和规格。

在【管道设计】工具栏中单击【更改线路直径】按钮，属性管理器将显示【更改线路】面板，按信息提示在图形区域选择要更改直径的某段线路后，属性面板将显示用于更改线路直径的选项设置，如图 27-45 所示。

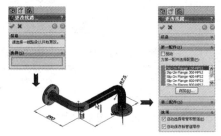

图 27-45　显示【更改线路】面板

【更改线路】面板中各选项组的含义如下：

- 【第一配件】选项组：该选项组用于第一配件的配置设置。靠近所选线路段的装配零件称为【第一配件】。选中【驱动】复选框，将其他配件可用的选择限制于与第一配件匹配的选择。

- 【第二配件】选项组：该选项组用于第二配件的配置设置。远离所选线路段的装配零件称为【第二配件】。选中【驱动】复选框，将其他配件可用的选择限制于与第二配件匹配的选择。

- 【选项】选项组：该选项组包含自动选择弯管和管道】复选框和【自动保存新管道零件】复选框。取消选中【自动保存新管道零件】复选框，面板中将显示【折弯】和【管道】选项组，如图 27-46 和图 27-47 所示。通过这两个选项组，用户可以选择折弯或管道零件的新配置用以更改。

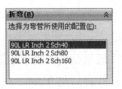

图 27-46　【折弯】选项组　　图 27-47　【管道】选项组

## 27.3.8 覆盖层

用户可以使用【覆盖层】工具将包含材料外观、厚度、尺寸及名称元素的覆盖层添加到线路子装配体中。覆盖层在覆盖的线路中透明显示,如图 27-48 所示。

在【管道设计】工具栏中单击【覆盖层】按钮,属性管理器中显示【覆盖层】面板,如图 27-49 所示。

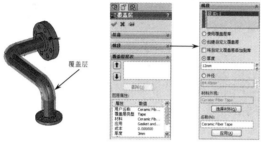

图 27-48 覆盖层    图 27-49 【覆盖层】面板

【覆盖层】面板中各选项组的含义如下:

- 【线段】选项组:通过该选项组,可以设置覆盖层是使用库还是自定义,自定义覆盖层后,可以将其添加进库中。单击【选择材料】按钮,在弹出的【材料】对话框中定义材料的属性、外观、剖面线、应用程序数据等,如图 27-50 所示。在【名称】文本框可以为材料定义新的名称,然后单击【应用】按钮将其添加进【覆盖层】选项组的材料列表框中。

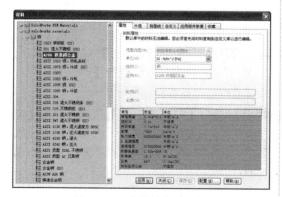

图 27-50 【材料】对话框

- 【覆盖层层次】选项组:通过该选项

可以设置覆盖层的层属性。单击↑按钮或↓按钮,可以上选择或下选择覆盖层材料,单击【删除】按钮可删除选择的材料。【图层属性】列表中列出了覆盖层的属性参数。选择的材料不同,则显示的覆盖层属性参数也会不同。

### 技术要点

若想将覆盖层只添加到线路某部分,使用【分割线路】工具将线路分割。

### 动手操作——支架管道设计

本例将介绍在钢结构支架中设计管道线路的步骤,如图 27-51 所示。

图 27-51 钢结构中的管道线路

为了便于讲解及后续设计,将钢架中的 4 个配件分别编号为配件 1、配件 2、配件 3 和配件 4,如图 27-52 所示。

#### 1. 创建【配件 1—配件 2】管道

操作步骤:

**01** 应用 Solidks Routing 插件,然后从光盘中打开本例练习模型。

**02** 从打开的模型中可以看见,有 3 个配件显示了连接点。有一个配件没有显示连接点,说明需要添加连接点才可创建管道。

### 技术要点

一般情况下,连接点和线路点是默认显示的。若不显示,则在菜单栏执行【视图】|【步路点】命令即可。

**03** 打开系统选项对话框,将【步路】选项下取消选中【自动给线路端头添加尺寸】复选框。

**04** 在【管道设计】工具栏中单击【起始与点】按钮，属性管理器中显示【连接点】面板。在【选择】选项组下的列表框被自动激活情况下，选择配件1中的一个孔边线作为管道起点参考，如图27-53所示。

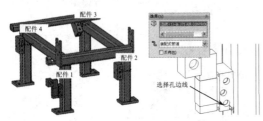

图27-52　查看模型　　图27-53　选择起点参考

**05** 在【参数】选项组单击【选择管道】按钮，面板中将显示【管道】选项组。在该选项组下通过浏览打开 threaded steel pipe.sldprt 管道部件，并选择基本配置为 Thread Pipe0.375in,Sch80，如图27-54所示。

图27-54　选择管道部件

**06** 单击面板中的【确定】按钮，关闭【管道】选项区。

**07** 在【参数】选项组设置端头的长度为【1.000in】，然后单击面板中的【确定】按钮，随后显示【线路属性】面板。

**08** 在【线路属性】面板的【折弯-弯管】选项组中通过浏览，将 SolidWorks 2013\design library\routing\piping\threaded fittings (npt)\threaded elbow--90deg.sldprt 库零件打开，如图27-55所示。

**09** 再单击【线路属性】面板中的【确定】按钮，关闭面板。随后在配件1中自动创建管道端头，然后拖动端头至一定距离，并通过【点】面板将长度参数设为6，如图27-56所示。

图27-55　选择弯管部件　　图27-56　拖动端头并设定长度

**10** 同理，在【管道设计】工具栏单击【添加点】按钮，通过显示的【连接点】面板在配件2的中间孔上也创建出长度为6的管道端头，如图27-57所示。

在【管道设计】工具栏中单击【直线】按钮，然后在两个端头之间绘制3D草图，程序则自动生成带有圆角的管道。绘制的草图必须添加【垂直】几何约束，如图27-58所示。

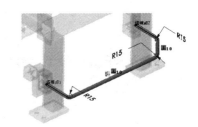

图27-57　在配件2中创建管道端头　　图27-58　绘制3D草图并创建正交的管道

### 技术要点

绘制的3D草图（或者是管段之间）必须是两两相互垂直，否则不能正常加载弯管部件，并弹出警告信息。

**11** 单击【完成草图】按钮，退出草图。随后程序弹出【折弯-弯管】对话框，如图27-59所示。单击该对话框的【确定】按钮，在管道折弯处自动添加弯管接头。

**12** 最后单击【完成装配】按钮，完成【配件1—配件2】的管道设计。在设计的管道线路中，包含4条管段和3个弯管接头，如图27-60所示。

图 27-59 【折弯-弯管】　　图 27-60　设计的
　　对话框　　　　　　【配件1—配件2】的管道

**2. 创建【配件1—配件4】管道**

创建【配件1—配件4】管道，将采用【自动步路】的方法来生成管道草图，并自动添加弯管部件。

操作步骤：

**01** 使用【起始于点】工具，在配件1和配件4中各创建出管道端头，如图27-61所示。

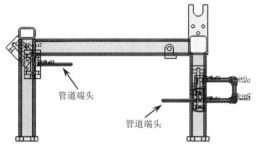

图 27-61　创建管道端头

**02** 在【管道设计】工具栏中单击【自动步路】按钮，属性管理器显示【自动步路】面板。在图形区中选择两个管道端头的端点作为自动步路的起点与终点，随后在图形区域生成步路草图，并显示管道预览，单击【确定】按钮，完成管道草图的创建，如图27-62所示。

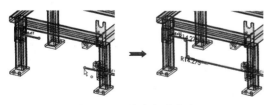

图 27-62　创建自动步路

**03** 单击【完成草图】按钮，退出草图环境。随后程序在管道折弯处自动添加弯管接头。

最后单击【完成装配】按钮，完成【配件1—配件4】管道的设计，如图27-63所示。

**3. 创建【配件2~配件3】管道**

操作步骤：

**01** 使用【起始于点】工具，在配件2和配件3中各创建出管道端头。其中一个端头长度为6，另一个端头长度为2，如图27-64所示。

 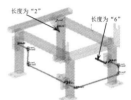

图 27-63　设计的　　　图 27-64　创建管道
【配件1—配件4】管道　　　端头

**02** 使用【直线】工具，在两端头之间绘制如图27-65所示的3D草图。

**03** 单击【完成草图】按钮，退出草图环境。随后程序弹出【折弯-弯管】对话框，通过该对话框选择 threaded elbow--45deg.sldprt 弯管类型。最后单击该对话框中的【确定】按钮，在管道折弯处自动添加45°弯管接头。

**04** 最后单击【完成装配】按钮，完成【配件2—配件3】的管道设计，如图27-66所示。

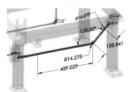 

图 27-65　绘制3D　　　图 27-66　设计的
　　草图　　　　　　【配件2—配件3】管道

### 技术要点

像这样具有角度的草图，可以先绘制一个大概轮廓，然后使用尺寸进行约束。例如，上图中两直线的夹角为135°。

**05** 最后单击标准工具栏中的【保存】按钮，将管道设计的结果保存。

## 27.4 管筒线路设计

管筒线路使用由 3D 草图生成的管筒零件形成子装配体，包括管筒和配件。管筒可以是垂直的（刚性管筒），也可以是变形的（软管或韧性管），如图 27-67 所示。

**技术要点**

管筒的设计与管道设计类似，不同之处在于管道必须创建弯管接头，而管筒不需要。因为管筒属于软管，材料质软、可以弯折。

### 27.4.1 创建自由线路的管筒

**动手操作——自由线路设计**

管筒不同于管道，管筒可以是垂直的，也可以是变形的，例如软管、韧性管等。本例管筒设计的范例模型如图 27-68 所示。

图 27-67 管筒零部件　　图 27-68 管筒设计模型

操作步骤：

**01** 从光盘中打开本例模型，模型中包括钢架及两个配件。

**02** 在配件 1 中右击连接点，并在弹出的快捷菜单中选择【开始步路】命令，属性管理器显示【线路属性】面板。

**03** 在【管筒】选项组中选中【使用软管】复选框，在【折弯 - 弯管】选项组中设置折弯半径为 1in，如图 27-69 所示。

**04** 单击面板中【确定】按钮 ✓，程序自动创建一段管筒，如图 27-70 所示。

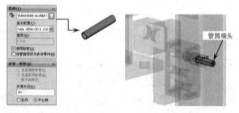

图 27-69 设置管筒参数　　图 27-70 创建管筒端头

**05** 在配件 2 的连接点上单击，并在弹出的快捷菜单中选择【添加到线路】命令，随后在该连接点上自动创建一段管筒，如图 27-71 所示。

图 27-71 添加新【开始线路】

**06** 在【管筒设计】工具栏上单击【自动步路】按钮，属性管理器显示【自动步路】面板。

从设计库中将管筒线夹拖动至钢架的小孔中，如图 27-72 所示。

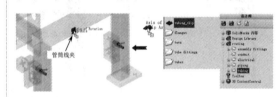

图 27-72 拖动管筒线夹至钢架小孔

**07** 由于钢架有两个小孔，需要再次拖动管筒线夹到小孔中。载入管筒线夹后，在配件 1 中选择管筒端点和线夹的连接点，程序自动创建样条草图，并显示管筒预览，如图 27-73 所示。

**08** 继续选择另一线夹连接点和配件 2 中管筒线路端点，以此创建出自动步路，如图 27-74 所示。

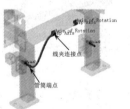 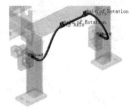

图 27-73 选择管筒端点　　图 27-74 完成自动
和线夹连接点　　　　　　步路的创建

**09** 最后单击【自动步路】中的【确定】按钮✓关闭面板。单击【完成草图】按钮，退出草图。最后单击【完成装配】按钮，完成管筒的设计，设计完成的管筒线路如图27-75所示。

图27-75 设计完成的管筒线路

### 27.4.2 创建正交线路的管筒

通过自动步路也可以创建正交线路，设置完【线路属性】后，在【编辑线路】模式下创建草图，但仅能使用直角折弯。下面以实例来说明正交线路的管筒设计方法。

**动手操作——正交线路设计**

操作步骤：

**01** 打开本例模型文件，如图27-76所示。

**02** 右击配件1中的连接点2，然后执行【开始步路】命令，如图27-77所示。

图27-76 打开装配模型　　图27-77 执行【开始步路】命令

**03** 随后打开【线路属性】属性面板。按默认设置，单击【确定】按钮✓。

### 技术要点

注意，在属性面板中的【管筒】选项组中一定不要选中【使用软管】复选框。因为此选项是用来设置自由线路的，如图27-78所示。

**04** 然后将管筒端头的长度设为60，如图27-79所示。

 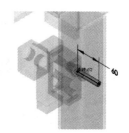

图27-78 取消选中【使用　　图27-79 设置端头
软管】复选框　　　　　　　长度

**05** 在配件2的连接点上右击，并选择快捷菜单中的【添加到线路】命令，创建端头，然后将长度修改为70，如图27-80所示。

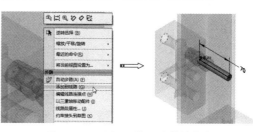

图27-80 添加配件2的管筒线路

**06** 在菜单栏执行【Routing】|【Routing工具】|【自动步路】命令，打开【自动步路】属性面板。然后选择两个端头草图上的点，随后自动创建正交的管筒线路，如图27-81所示。

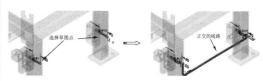

图27-81 创建正交的管筒线路

**07** 单击面板中的【确定】按钮✓，完成管筒的创建。再连续单击按钮和按钮结束操作，并将结果保存。

## 27.5 综合实战——锅炉管道系统设计

◎ **结果文件:** \综合实战\结果文件\Ch27\锅炉管道系统设计\锅炉管道系统.sldasm
◎ **视频文件:** \视频\Ch27\锅炉管道系统设计.avi

本例的锅炉管道系统中包括两个锅炉装配体、3个管道架,以及其他管道附件,如管道体、阀门等,如图27-82所示。

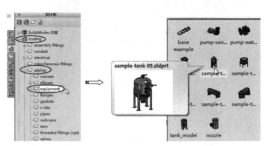

图27-85 加载设计库零件

图27-82 锅炉管道系统

操作步骤:

### 1. 创建镜像锅炉的管道系统

**01** 新建装配体文件,如图27-83所示。先不装配零件,直接关闭【开始装配体】属性面板,如图27-84所示。

图27-86 保存装配文件

**04** 单击【线路属性】属性面板中的【取消】按钮✕,关闭此面板。完成第一个锅炉的加载,如图27-87所示。

**05** 单击【装配体】选项卡中的【配合】按钮,打开【配合】面板。然后选择锅炉装配体的原点和装配环境中的坐标系原点进行重合约束,如图27-88所示。

图27-83 新建装配体文件   图27-84 关闭【开始装配体】面板

**02** 在设计库中,在 routing → piping → equipment 文件目录下,找到 sample-tank-05 锅炉装配体,然后将其拖移到图形区中,如图27-85所示。

**03** 随后单击【SolidWorks】对话框中的【确定】按钮,然后将装配文件重新命名为【锅炉管道系统】并保存在计算机系统路径中,如图27-86所示。

图27-87 第一个锅炉   图27-88 将锅炉原点重合到坐标系原点

**06** 利用【基准面】工具，创建一个新基准面1，如图27-89所示。

图 27-89　创建基准面1

**07** 单击【镜像零部件】按钮，打开【镜像零部件】属性面板。选择基准面1作为镜像基准面，再选择锅炉装配体作为要镜像的零部件，最后单击【确定】按钮✓完成镜像操作，结果如图27-90所示。

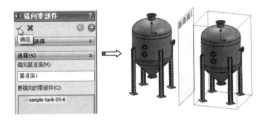

图 27-90　镜像锅炉装配体

**08** 在设计库中将法兰零件拖移到镜像锅炉装配体的管道接口上，如图27-91所示。

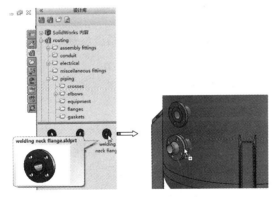

图 27-91　选择法兰零件并拖移到管道接口位置

### 技术要点

拖移法兰时光标拾取到原管道接口位置，Routing将自动选择适合管道接口的法兰规格尺寸。

**09** 随后弹出【选择配置】对话框。保留默认的配置并单击【确定】按钮，如图27-92所示。

**10** 在【线路属性】属性面板中也保留默认选项设置，再单击【确定】按钮✓，随后弹出【保存修改的文档】对话框，单击【保存所有】按钮完成保存，如图27-93所示。

图 27-92　选择配置　　图 27-93　保存文档

**11** 随后在3D草图环境中，修改端头长度为700，如图27-94所示。

**12** 然后利用【直线】命令，从端头端点出发绘制如图27-95所示的3D草图。

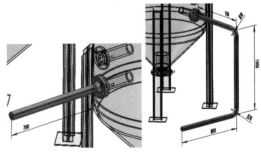

图 27-94　修改端头　　图 27-95　绘制
　　　　　长度尺寸　　　　　　3D草图

### 技术要点

绘制3D草图时，须【按Tab】键实时切换草图平面。

**13** 在设计库中将 globe valve (asme b16.34) fl-150-2500 阀门零件拖到3D草图的端点，然后选择默认的规格尺寸配置，如图27-96所示。

图 27-96 安装阀门

**14** 修改阀门端头的长度尺寸，如图 27-97 所示。

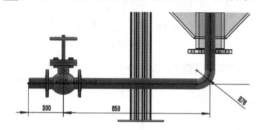

图 27-97 修改端头尺寸

**15** 在设计库中，将 routing → piping → threaded fittings (npt) 文件目录下的 threaded tee（三通管）零件拖移到阀门端头上，如图 27-98 所示。

图 27-98 装配三通管零件

**16** 接着再修改三通管水平方向上的端头长度为 900，如图 27-99 所示。

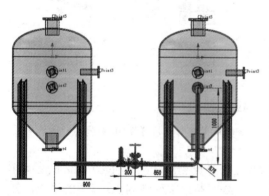

图 27-99 修改三通管端头长度

**17** 同理，再装配 threaded tee 三通管零件到前一个三通管端头上，如图 27-100 所示。

**18** 然后再修改后一个三通管的端头长度尺寸为 2000，如图 27-101 所示。

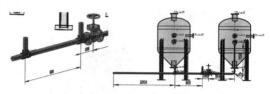

图 27-100 装配第二个　　图 27-101 修改端头
三通管零件　　　　　　　长度

**19** 设计库中，将 routing → piping → valves 文件目录下的 swing check valve fl -150-2500 型管道接头装配到端头上，如图 27-102 所示。

图 27-102 装配管道接头

**20** 退出 3D 草图环境和装配体编辑模式。

**21** 同理，在镜像的锅炉装配体上，按前面创建管道的方法，创建相邻管道接口的管道系统，结果如图 27-103 所示。

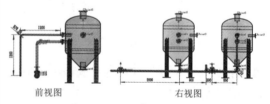

前视图　　　　　　　右视图

图 27-103 创建完成的管道

### 2. 创建第一个锅炉的管道系统

**01** 将 routing → piping → flanges 文件目录下的 welding neck flange 法兰装配到如图 27-104 所示的管道接口上。

**02** 随后修改其端头长度，如图 27-105 所示。

 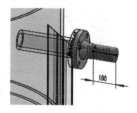

图 27-104 装配法兰　　图 27-105 修改端头长度

## 第27章 管道与线路设计

**03** 利用【直线】工具，在第一根管道的三通管接头上绘制直线，设置其长度为900，如图27-106所示。

**04** 在菜单栏执行【Routing】|【Rouing工具】|【自动步路】命令，选择法兰端头的点和草图曲线端点来创建自动步路，结果如图27-107所示。

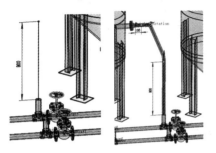

图27-106 绘制3D草图　图27-107 创建自动步路

### 技术要点

3D草图直线如果太短，在创建自动步路时会产生不理想的管道路线，如图27-108所示。此外，创建自动步路选择点时，必须先选择法兰端头上的点，否则会弹出警告提示。若强行创建管道，会产生不理想的效果，如图27-109所示。

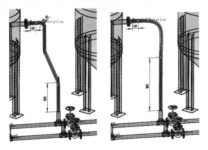

图27-108 另一种线路　图27-109 不理想的线路

**05** 完成后退出3D草图环境和装配体编辑模式。接下来需要改变管道中线路的尺寸。首先绘制如图27-110所示的辅助线。

### 技术要点

由于担心镜像锅炉的管道三通管接头与第一锅炉管道接口不在一个平面内，所以必须要精确定义它们在同一平面上，否则不能正确创建连接管道。

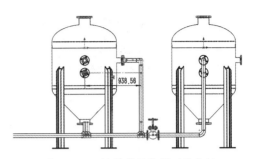

图27-110 绘制草图获得测量数据

**06** 根据测得的距离参数，选中内侧管道的草图曲线，然后执行右键菜单中的【编辑线路】命令，修改尺寸，如图27-111所示。

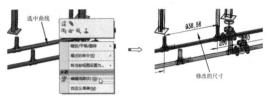

图27-111 修改管道线路尺寸

**07** 编辑尺寸后，将设计库中的 routing → piping → valves 文件目录下的 sw3dps-1_2 in ball valve 阀门装配到三通管竖直方向的端头上，如图27-112所示。

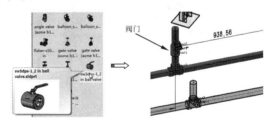

图27-112 装配阀门

**08** 同理，再修改另一管道中的线路尺寸，并装配相同的阀门，如图27-113所示。

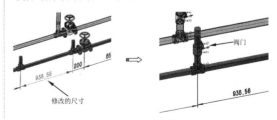

图27-113 修改另一管道中线路的尺寸

**09** 接下来再装配法兰零件到如图27-114所示的管道接口上。

图 27-114　装配法兰到管道接口上

**10** 然后在三通管端头上绘制草图直线，绘制完成后将自动生成管道线路，如图27-115所示。

**11** 将草图曲线的所有几何约束（不包括尺寸约束）全部删除，如图27-116所示。

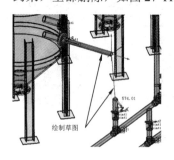

图 27-115　绘制草图　　图 27-116　删除几何约束

**12** 删除后重新约束两条草图直线，水平直线约束为【沿Z】，竖直的直线约束为【沿Y】，如图27-117所示。

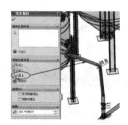
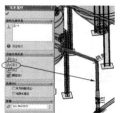

图 27-117　约束草图

**13** 最后退出 3D 草图环境，打开【折弯 - 弯管】对话框。选择【制作自定义弯管】单选按钮，并选择弯管【配置】。退出装配体编辑模式，完成管道的创建，如图 27-118 所示。

图 27-118　创建弯管

### 技术要点

为什么会产生这样的情况呢？因为原先的约束被清除了，后面添加的约束还不至于达到弯管折弯角度为90°的要求。

**14** 同理，按此方法创建相邻管道接口上的管道系统。至此完成了整个锅炉的管道系统设计，最终结果如图 27-119 所示。

图 27-119　设计完成的锅炉管道系统

## 27.7　课后习题

本练习创建的管筒线路如图27-120所示。
练习要求与步骤：
（1）打开练习模型。
（2）显示步路点。
（3）使用【开始步路】创建一个管筒端头。
（4）然后使用【添加到线路】工具创建其余管筒端头。

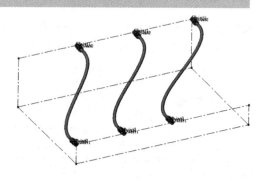

图27-120　管筒线路

(5)使用【自动步路】工具创建管筒线路（非正交）。

(6)保存设计的管筒线路。

### 2. 管道设计

本练习设计管道线路如图 27-121 所示。

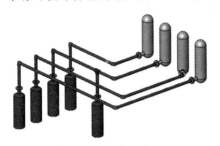

图 27-121 管道线路

图 27-122 载入法兰零件　　图 27-123 自动步路

练习要求与步骤：

(1)打开练习模型。

(2)使用【通过拖/放来开始】工具从设计库中载入法兰，创建管道端头，如图 27-122 所示。

(3)使用【自动步路】工具绘制正交的管道线路草图（正交时选择【YXZ】交替路径），如图 27-123 所示。

(4)绘制 3D 草图，以生成竖直短管道，如图 27-124 所示。

(5)使用【分割线路】工具，以短管道与水平管道的交点进行分割。

(6)在分割点上载入三通接头，如图 27-125 所示。

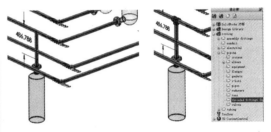

图 27-124 绘制竖直 3D 草图　图 27-125 载入三通管

(7)通过【折弯 - 弯管】对话框载入 90°弯管接头。

(8)完成管道线路的创建，并保存结果。

## 读书笔记